EDA 工程技术丛书

PRINCIPLE AND REALIZATION OF PROGRAMMABLE SOC ON ARM CORTEX-M0
TO PROCESSOR, PROTOCOL, PERIPHERAL, PROGRAMMING AND OS

ARM Cortex-M0 全可编程SoC原理及实现

面向处理器、协议、外设、编程和操作系统

何宾 编著

He Bin

清華大學出版社

北京

内容提要

本书以ARM公司免费开放的Cortex-M0 DesignStart处理器IP核为基础，以Cortex-M0处理器架构、AMBA规范、外设、汇编语言、C语言、CMSIS、驱动程序开发以及RTX操作系统为主线，详细介绍了通过Xilinx Vivado以及Keil μVision5集成开发环境构建Cortex-M0全可编程嵌入式系统的硬件和软件设计方法。

全书共分18章，主要内容包括：全可编程SoC设计导论、Cortex-M0 CPU结构、Cortex-M0指令集、Cortex-M0低功耗特性、AHB-Lite总线结构分析、Cortex-M0汇编语言编程基础、Cortex-M0 DesignStart架构、Xilinx Artix-7 FPGA结构、Cortex-M0嵌入式系统设计与实现、7段数码管控制器设计与实现、中断系统设计与实现、定时器设计与实现、UART串口控制器设计与实现、VGA控制器设计与实现、DDR3存储器系统设计与实现、Cortex-M0 C语言编程基础、CMSIS和驱动程序开发、RTX操作系统原理及应用。

本书可作为讲授ARM Cortex-M0嵌入式系统课程以及Cortex-M0可编程SoC系统设计课程的教学参考用书，也可作为学习Xilinx Vivado集成开发环境和Verilog HDL语言的参考用书。

图书在版编目(CIP)数据

ARM Cortex-M0全可编程SoC原理及实现：面向处理器、协议、外设、编程和操作系统/何宾编著.—北京：清华大学出版社，2017（2023.8重印）
（EDA工程技术丛书）
ISBN 978-7-302-45732-9

Ⅰ.①A… Ⅱ.①何… Ⅲ.①微处理器－系统设计 Ⅳ.①TP332

中国版本图书馆CIP数据核字(2016)第288775号

责任编辑：盛东亮
封面设计：李召霞
责任校对：白 蕾
责任印制：杨 艳

出版发行：清华大学出版社
网　　址：http://www.tup.com.cn，http://www.wqbook.com
地　　址：北京清华大学学研大厦A座　　**邮　　编**：100084
社 总 机：010-83470000　　**邮　　购**：010-62786544
投稿与读者服务：010-62776969，c-service@tup.tsinghua.edu.cn
质量反馈：010-62772015，zhiliang@tup.tsinghua.edu.cn
课件下载：http://www.tup.com.cn，010-83470236
印 装 者：天津鑫丰华印务有限公司
经　　销：全国新华书店
开　　本：185mm×260mm　　**印　　张**：31.25　　**字　　数**：738千字
版　　次：2017年3月第1版　　**印　　次**：2023年8月第5次印刷
定　　价：79.00元

产品编号：068550-01

前言

在当今社会中，嵌入式系统的应用越来越广泛，例如以智能手机为代表的嵌入式系统应用已经融入人们的日常生活中。英国 ARM 公司作为全球知名的嵌入式处理器 IP 核供应商，其所提供的 Cortex-M、Cortex-R 和 Cortex-A 三大系列处理器 IP 核以及基于这些 IP 核所构建的生态系统，已经成为当今嵌入式系统设计和应用的基础。

由于保护知识产权的需要，一直以来 ARM 公司对其处理器设计技术进行严格保密，这使得掌握 Cortex 处理器架构并熟练高效应用 Cortex 处理器变得异常困难。此外，ARM Cortex 处理器架构和指令集也比较复杂。这些因素都使得一个嵌入式系统设计人员很难从处理器架构、接口、外设、编程语言和操作系统等方面全面彻底掌握嵌入式系统设计知识。

近年来，国内很多高校都相继开设了嵌入式系统相关的课程。但是，由于前面所提到的诸多因素，在市面上已经出版的 ARM 嵌入式系统教材并没有全面系统地从处理器架构、AMBA 规范、接口、外设、编程语言和操作系统等方面全方位系统地对设计嵌入式系统所需要的知识进行解读，这给 ARM 嵌入式系统技术在国内教育界的普及推广造成很大困难。目前，国内嵌入式系统课程的教学大都局限在 APP 开发，API 函数调用的层面，与工业界对培养高素质嵌入式人才的要求有相当大的差距。

去年，ARM 公司做了一件让中国教育界非常高兴的事情，它提供了免费开放的 Cortex-M0 DesignStart 内核等效 RTL 级设计代码，可用于中国高校的嵌入式系统课程教学。通过 ARM 大学计划经理陈玮先生的帮助，本书作者得到了这个免费开放的 Cortex-M0 DesignStart 内核 RTL 级等效设计代码。通过这个免费开放的 Cortex-M0 DesignStart IP 核以及 Xilinx 的 Vivado 2016.1 集成开发环境，作者在 Xilinx 最新的 7 系列 FPGA 内构建了 Cortex-M0 嵌入式系统硬件，同时，通过 Keil μVision5 集成开发环境为该嵌入式系统硬件开发了软件应用程序。

与传统采用专用 Cortex-M 处理器介绍嵌入式系统设计的教学模式相比，采用在 FPGA 内构建 Cortex-M0 嵌入式系统的方法可以为嵌入式系统课程的教学带来以下好处：

(1) 当采用开放的 Cortex-M0 内核构建嵌入式系统时，教师和学生可以清楚地理解 Cortex-M0 的运行机制，包括处理器架构、指令集、存储器空间映射和中断机制。

(2) 通过对 AHB-Lite 规范的详细介绍和说明，教师和学生可以清楚地知道在一个芯片内将 Cortex-M0 嵌入式处理器与外设模块和存储器系统连接的方法。

(3) 通过使用 Verilog HDL 对实现特定功能外设的寄存器传输级 RTL 描述，教师和学生可以清楚地理解软件寄存器与硬件逻辑行为之间的关系，也就是将软件命令转换成硬件逻辑行为的方法。

(4) 通过为所定制的 Cortex-M0 嵌入式系统硬件编写软件应用，教师和学生可以彻

前言

底理解和掌握软件和硬件协同设计、协同仿真和协同调试的方法。

(5) 基于开放的 Cortex-M0 DesignStart IP 核，教师和学生可以从硬件底层逐步完成嵌入式系统的构建，以深入理解和全面掌握嵌入式系统的设计流程。

正是由于这种方法在未来嵌入式系统课程教学中有着无可比拟的巨大优势，使得作者可以从处理器架构、指令集、AHB-Lite 规范、汇编语言、C 语言、外设、CMSIS 和驱动，以及操作系统等几个方面，全方位地对嵌入式系统的构建方法进行介绍，以期解决目前国内高校嵌入式系统课程教学所面临的困境，并且为学习更高层次的嵌入式系统设计和应用抛砖引玉。

本书的最大特色就是将嵌入式系统的设计理论和实践深度融合，通过典型且完整的设计案例多角度全方位地解读嵌入式系统的设计方法。为了方便老师的教学和学生的自学，本书提供了教学课件和设计实例的完整代码，以及公开的视频教学资源，这些资源的获取方式详见书中的学习说明。

本书的编写得到了 ARM 大学计划经理陈玮先生的大力支持和帮助，他为本书申请了免费开放的 Cortex-M0 DesignStart IP 核设计资源以及教学资源。此外，Xilinx 公司的 FAE 对作者设计案例时遇到的问题进行了耐心细致的回答。作者的研究生李宝隆编写了本书第 1 章的内容，张艳辉编写了本书第 2 章的内容，作者的本科生汤宗美编写并整理了本书的配套教学课件，王中正对本书的部分设计案例进行了验证。此外，在本书编写期间，平凉职业技术学院的惠小军和唐海天老师进行了相关内容的学习，并帮助作者编写了第 17 章和第 18 章的内容。他们的支持和帮助是作者高质量按时完成该书的重要保证，在此一并向他们表示感谢。

在本书出版的过程中，也得到了清华大学出版社各位编辑的帮助和指导，在此也表示深深的谢意。由于编者水平有限，编写时间仓促，书中难免有疏漏之处，敬请读者批评指正。

作　者

2017 年 1 月

于北京

学习说明

本书提供的教学视频、教学课件、设计文件、硬件原理图、使用说明下载地址

北京汇众新特科技有限公司技术支持网址：

http://www.edawiki.com

注意：所有教学课件及工程文件仅限购买本书读者学习使用，不得以任何方式传播！

本书作者联络方式

电子邮件：hb@gpnewtech.com

购买硬件事宜由北京汇众新特科技有限公司负责

公司官网：http://www.gpnewtech.com

市场及服务支持热线：010—83139176，010-83139076

何宾老师微信公众号

目录

目录

目录

目录

目录

目录

目录

目录

第1章 全可编程SoC设计导论

片上系统(System-on-Chip,SoC)是嵌入式设计领域的热点,它已成为未来嵌入式系统设计的发展方向和潮流。

从系统角度出发,本章对全可编程SoC所涉及的知识点进行了介绍,内容包括:SoC基础知识、SoC设计流程、SoC体系架构、全可编程SoC技术和全可编程SoC设计流程。

通过本章的学习,读者可从整体上把握SoC器件的结构和特点,尤其是理解Xilinx全可编程SoC的特点和优势,为学习本书后续内容奠定基础。

1.1 SoC基础知识

本节介绍SoC的概念、SoC与MCU及CPU的比较以及典型的商用SoC器件。

1.1.1 SoC的概念

在二三十年前,构建一个嵌入式系统需要使用大量的器件,典型地,对于一台计算机来说,其主板由大量的电子元器件、散热装置以及固定连接器组成,如图1.1所示。

从图1.1可以看出,构成一台完整的计算机的主板需要使用大量的机械连接装置,以及额外的专用集成电路(Application Specific Integrated Circuit,ASIC)器件,这会带来以下几个方面的问题:

(1) 增加系统的整体功耗。

(2) 增加系统的总成本。

(3) 降低系统可靠性。

(4) 维护成本较高。

随着半导体技术的不断发展,可以将构成计算机基本结构的大量元件集成到一个芯片中,如CPU内核、总线结构、功能丰富的外设控制器,以及模数混合器件。典型地,ARM公司向其合作伙伴提供了以ARM CPU体系结构为基础的嵌入式处理器物理知识产权

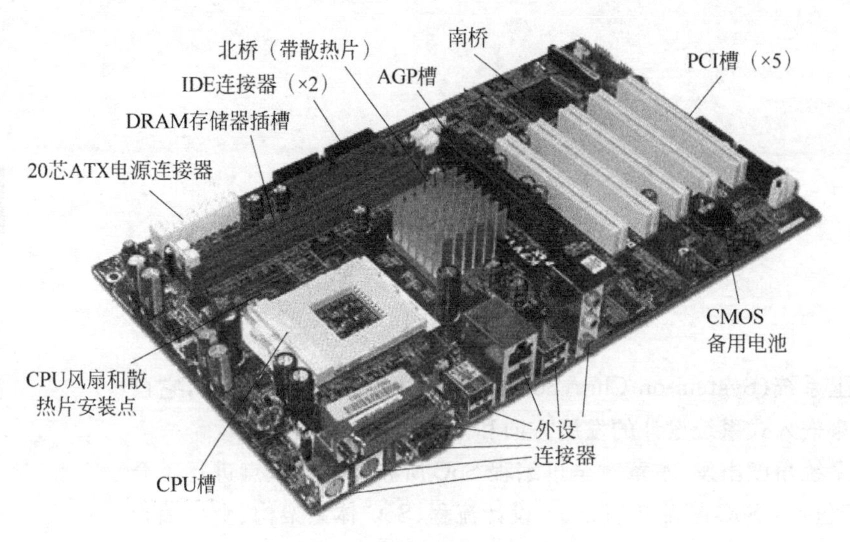

图 1.1　传统计算机的主板结构

(Intellectual Property,IP)核，以该嵌入式处理器结构为核心，可以在单个芯片内搭载功能丰富的外设资源，如图 1.2 所示。这种将一个计算机系统集成到单芯片中的结构称为片上系统(System on a Chip,SoC)。在该结构中，集成了 ARM CPU 核、ARM 制定的高级微控制器总线结构(Advanced Microcontroller Bus Architecture,AMBA)，以及用于和外部不同设备连接的物理 IP 核。

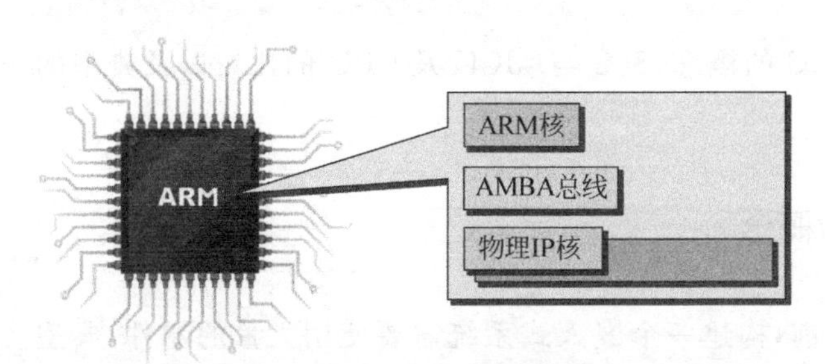

图 1.2　以 ARM CPU 体系结构为核心的片上系统

通过图 1.1 和图 1.2 的比较，采用 SoC 结构的优势体现在以下几个方面：

1) 性能改善

(1) 由于将构成计算机结构的绝大部分功能部件集成在单个芯片中，显著地缩短了它们之间的连线长度，因此极大地减少了 CPU 和外设之间信号的传输延迟。

(2) 在 SoC 内，由于构成计算机功能部件的晶体管具有更低的阻抗，因此也降低了逻辑门的翻转延迟。

2) 降低功耗

(1) 由于半导体技术的不断发展，要求给 SoC 器件供电的电压在不断地降低。典型地，供电电压可以减低到 2.0V 以下。

(2) 在 SoC 内，由于降低了晶体管的电容值，因此在相同的 CPU 工作频率下，系统的整体功耗显著降低。

3）减少体积

由于将整个计算机系统的绝大部分元件集成在一个芯片内，因此极大地降低了系统的体积和重量。

4）可靠性提高

将整个计算机系统的绝大部分元件集成在一个芯片内，减少了使用外部器件的数量，与外设连接所需要的接口数量也相应减少。因此，提高了系统的可靠性。

5）降低总成本

由于减少了使用外部元器件的数量，因此构成系统所使用印刷电路板的面积也相应地缩小。更进一步地缩小了封装系统的体积。所以，构成系统的总成本显著降低。

1.1.2 SoC与MCU及CPU的比较

SoC在功能方面的优势体现在以下几个方面：

（1）在SoC器件内，可以集成多个功能强大的处理器内核。

（2）在SoC器件内，可以集成容量更大的存储器块、不同的I/O资源，以及其他外设。

（3）随着半导体工艺的不断发展，在SoC器件内也集成了功能更强大的图形处理器单元（Graphics Processing Unit，GPU）、数字信号处理器（Digital Signal Processor，DSP）以及视频和音频解码器等。

（4）在基于SoC所构成的系统上，可以运行不同的操作系统。典型地有微软公司的Windows操作系统、Linux操作系统和谷歌公司的Android操作系统。

（5）SoC强大的功能使得它可以用于更高级的应用，如数字设备的主芯片（智能手机、平板电脑）。

中央处理单元（Central Processing Unit，CPU）具有以下几个特点：

（1）单个处理器核。对于Intel公司量产的包含多个CPU核的芯片来说，已经不是传统意义上的CPU了，它已经出现了SoC的影子。

（2）CPU可以用于绝大多数的应用场合，但是需要额外的存储器和外设的支持。

对于微控制器（Microcontroller Unit，MCU）而言：

（1）典型地，它只有一个处理器内核。

（2）其内部包含了存储器块、I/O和其他外设。

（3）MCU主要用于工业控制领域，如嵌入式应用。

1.1.3 典型的商用SoC器件

在功耗方面，由于SoC具有比传统CPU和MCU更强的优势，它被广泛地应用在移动设备中，如智能手机、平板电脑和数字相机。

目前，在市场上推出了大量的SoC器件，如：

（1）高通（Qualcomm）公司的骁龙（Snapdragon）SoC器件。

（2）英伟达（Nvidia）公司的图睿（Tegra）SoC器件，如图1.3和表1.1所示。

图 1.3　英伟达公司的图睿 2 SoC 器件内部结构

表 1.1　图睿 2 SoC 器件的性能参数

制造商	英伟达
年份	2010 年
处理器	ARM 公司的 Cortex-A9 双核处理器
主频	最高 1.2GHz
存储器	容量为 1GB 的 LP-DDR2,工作频率达到 667MHz
图像处理	超低功耗 GeForce
制造工艺	40nm
封装	12mm×12mm
应用领域	宏基的平板电脑 A500 华硕的 Eee Pad Transformer 平板电脑 摩托罗拉的 Xoom 平板电脑 三星的 Galaxy 平板电脑 东芝的 Thrive 平板电脑

(3) 苹果(Apple)公司的 A 系列 SoC 器件,如图 1.4 和表 1.2 所示。

表 1.2　苹果公司 A 系列 SoC 器件的性能参数

SoC	模型编号	CPU	CPU ISA	制造工艺	晶圆尺寸	日期	所使用的设备
N/A	APL0098	ARM11	ARMv6	90nm	N/A	2007.06	iPhone iPod Touch(第 1 代)
A4	APL0398	ARM Cortex-A8	ARMv7	45nm	$53.29mm^2$	2010.03	iPad,iPhone4,Apple TV(第 2 代)

续表

SoC	模型编号	CPU	CPU ISA	制造工艺	晶圆尺寸	日期	所使用的设备
A5	APL0498	ARM Cortex-A9	ARMv7	45nm	122.6mm^2	2011.03	iPad2，iPhone 4S
	APL2498	ARM Cortex-A9	ARMv7	32nm	71.1mm^2	2012.03	Apple TV（第3代）
	APL7498	ARM Cortex-A9	ARMv7	32nm	37.8mm^2	2013.03	Apple TV 3
A5X	APL5498	ARM Cortex-A8	ARMv7	45nm	162.94mm^2	2012.03	iPad(第3代)
A6	APL0598	Swift	ARMv7s	32nm	96.71mm^2	2012.09	iPhone 5
A6X	APL5598	Swift	ARMv7s	32nm	123mm^2	2012.10	iPad(第4代)
A7（64位）	APL0698	Cyclone	ARMv8-A	28nm	102mm^2	2013.09	iPhone 5S，IPad Mini(第二代)
	APL5698	Cyclone	ARMv8-A	28nm	102mm^2	2013.10	iPad Air

图 1.4　苹果公司 A 系列 SoC 芯片

(4) 德州仪器（Texas Instruments）公司的开放多媒体应用平台（Open Multimedia Application Platform，OMAP）SoC 器件。

目前，绝大多数应用于移动领域的 SoC 器件均采用了 ARM 公司的微处理器的架构，这是由于该微处理器架构在提供高性能的同时，可以满足移动应用领域低功耗的要求。

思考与练习 1-1：说明片上系统 SoC 的定义。

思考与练习 1-2：说明在基于 ARM 处理器的 SoC 系统中，所包含的主要功能单元。

思考与练习 1-3：说明 SoC、CPU 和 MCU 之间的差别，以及 SoC 的优势。

1.2 SoC 设计流程

SoC 的设计流程包括硬件和软件两个方面，如图 1.5 所示。

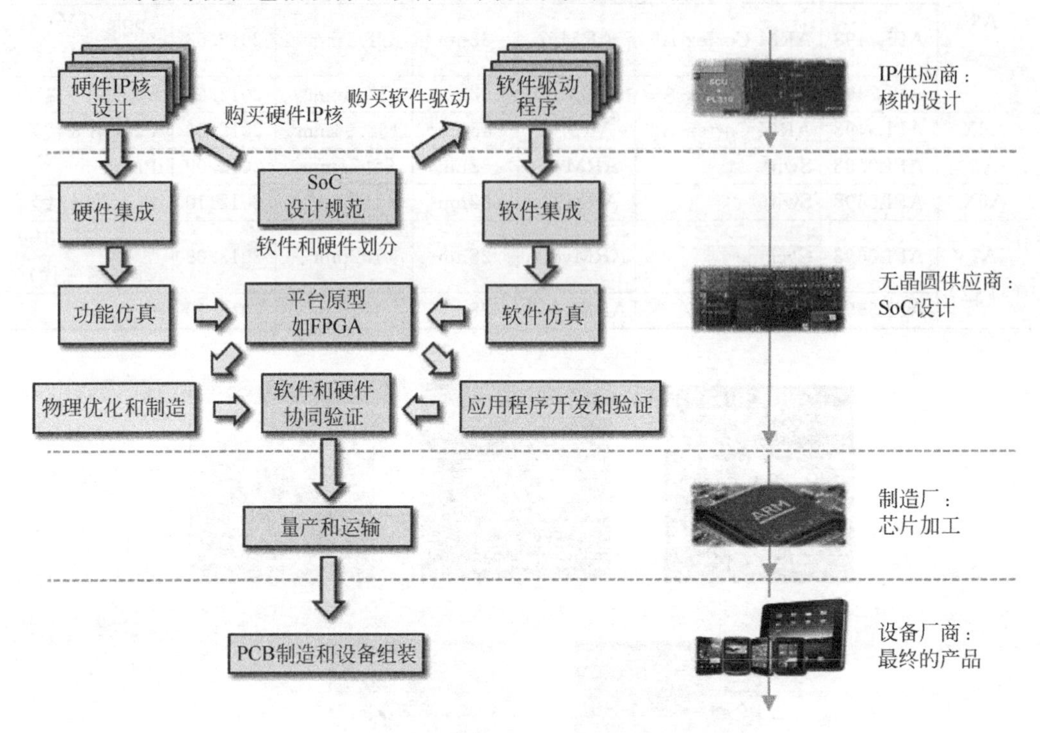

图 1.5　SoC 设计流程

设计阶段主要包括：

1）软件和硬件划分

在 SoC 设计开始阶段，需要制定 SoC 设计规范，完成软件和硬件的划分。一方面明确 SoC 芯片内包含的硬件单元及结构，如：处理器架构、总线规范、存储器类型和容量、所提供的基本输入输出引脚、实现与外设连接的外设接口/外设控制器。一旦明确了硬件单元和结构，就需要向相应的厂商购买 SoC 芯片内所需要使用的硬件 IP 核。另一方面，明确 SoC 芯片量产后需要提供给设计人员的软件驱动程序接口，以及所使用的开发环境。一旦明确了软件功能需求后，就需要购买软件开发工具和软件驱动代码。

当购买了硬件 IP 和软件驱动代码后，就可以分别实现硬件和软件的集成。

(1) 硬件集成

这里的硬件集成是指将不同功能的 IP 集成在单芯片中。典型地，在 Xilinx 的 FPGA 内将 Xilinx 及其第三方提供的免费和付费的 IP，如 ARM 公司提供的 Cortex-M0 CPU 的 IP 核，按照 ARM 公司的 AMBA 规范要求连接在一起，在 FPGA 内通过使用不同的逻辑设计资源构成一个满足某个应用需求的嵌入式硬件平台。

(2) 软件集成

这里的软件集成是指将得到的 SoC 驱动代码与所使用的软件代码开发工具相融合。

典型地，使用 Keil 的 μVision5 软件集成开发环境。

2）平台原型验证

一旦完成了硬件集成和软件集成，就需要对平台原型进行硬件和软件的验证。

（1）硬件原型验证

典型地，对于在 Xilinx FPGA 上实现的 SoC 来说，可通过 Xilinx Vivado 集成开发环境提供的 ISim 仿真工具或者是 Mentor 公司提供的 Modelsim-SE 工具，对该硬件设计原型进行验证。

（2）软件原型验证

可使用第三方提供的软件集成开发环境，以及所得到的软件驱动程序，对设计原型进行初步的验证，验证驱动代码的正确性，以及软件集成开发工具的兼容性等。

上面两个阶段与具体的芯片制造厂商没有关系，完成这两个阶段设计任务的厂商称为无半导体制造供应商。典型地，Xilinx 就是无代工工厂的设计公司，只负责 FPGA 芯片以及软件设计工具的开发，并不负责制造芯片。

3）软件和硬件协同验证

一旦完成了平台原型验证，就进入到软件和硬件协同验证阶段。在该阶段：

（1）对硬件原型进行物理综合，将原型转换为可以制造芯片的物理布局布线设计。然后将设计送到芯片制造厂商，制造出样片。典型地，Xilinx 的芯片合作厂商是台积电，它负责将 Xilinx 的 FPGA 设计原型，转换成具体的物理芯片。

（2）在软件原型环境下，开发满足不同应用需求的应用程序。

然后，在 SoC 样片上运行这些应用程序。一方面，验证 SoC 芯片的设计是否有缺陷；另一方面，验证软件驱动、应用程序以及开发环境是否满足应用的要求。这个阶段就是软件和硬件系统验证阶段。通过该阶段，评估 SoC 量产的可能性，并彻底解决量产所遇到的硬件和软件问题。

4）量产和运输

一旦完成软件和硬件协同验证，则可由芯片制造厂商批量生产芯片，并将芯片运输到 SoC 设计厂商指定的地方。

5）PCB 制造和设备组装

当设备制造厂商从 SoC 设计厂商拿到芯片后，按照设计要求和芯片封装尺寸设计印刷电路板 PCB 图，然后将 PCB 图送到 PCB 制造工厂，由 PCB 制造工厂完成 PCB 的加工。当设备厂商拿到 PCB 后，就可以将 SoC 芯片以及所需要的外围芯片，以及连接装置装配到 PCB 板上，最终完成设备的组装和调试。

如果基于 ARM 公司的 IP 核制造 SoC 芯片，则该过程包括：

（1）从 ARM 和其他第三方供应商获得 IP 核，如图 1.6(a)所示。

（2）按照 SoC 芯片所需要实现的功能，将这些 IP 核集成到单芯片设计中，如图 1.6(b)所示。

（3）将该 SoC 设计提交给半导体芯片生产厂商，由他们制造出最终的 SoC 芯片，如图 1.6(c)所示。

思考与练习 1-4：根据图 1.5，说明 SoC 的设计流程。

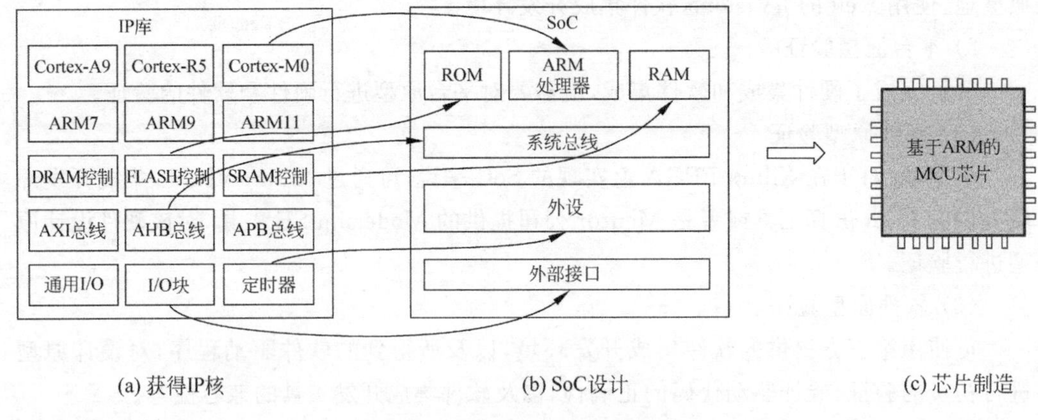

图 1.6　SoC 芯片和制造流程说明

1.3　SoC 体系架构

SoC 芯片内包含下面的基本功能部件，如图 1.7 所示。

(1) 一个系统主设备，如微处理器或者数字信号处理器。

(2) 不同类型的系统外设，如存储器块、定时器、外部数字/模拟接口(模拟-数字转换器 ADC 以及数字-模拟转换器 DAC)。

(3) 系统总线，该系统总线通过预先约定的总线规范，如 AMBA，将系统主设备与外设连接在一起。

此外，随着半导体技术的不断发展，在 SoC 内集成了更复杂的模块，如多核处理器、数字信号处理器(DSP)、图像处理器(GPU)，以及通过总线桥所连接的多总线结构。

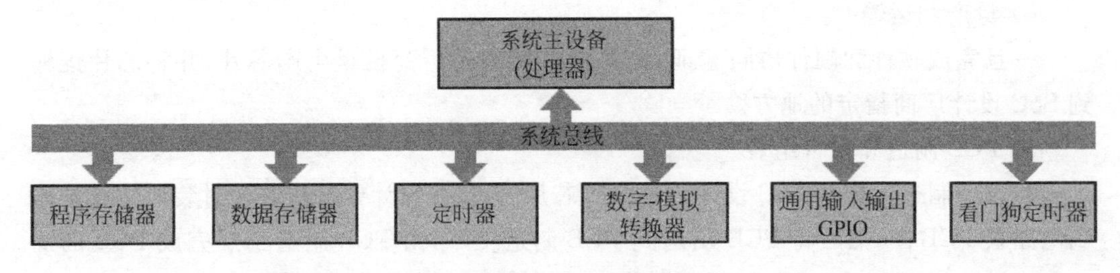

图 1.7　SoC 内的一个简单系统

对于使用 ARM 处理器架构所实现的一个简单的 SoC 器件而言，包含下面的基本功能部件，如图 1.8 所示。

(1) 一个 ARM 处理器，如 Cortex-M0。

(2) 高级微控制器总线结构(Advanced Microcontroller Bus Architecture，AMBA)。

(3) 来自 ARM 或者第三方的 IP 核。

(4) 此外，一些 SoC 提供更复杂的结构，如：包含总线桥的多总线系统、DMA 引擎、时钟生成器单元，以及电源管理单元等。

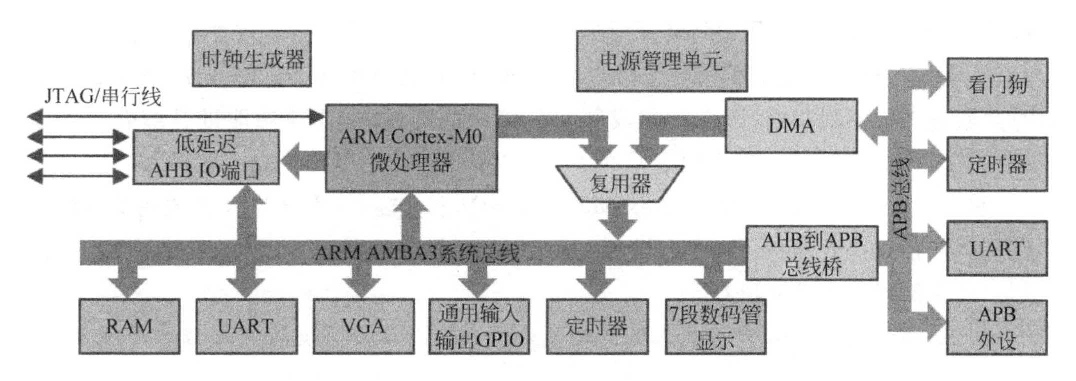

图 1.8 基于 ARM 处理器架构的 SoC 器件的基本功能部件

1.4 全可编程 SoC 技术

前面从不同角度介绍了 SoC，正如任何事情总不是十全十美的，SoC 也有其局限性，主要表现在以下几方面：

1）灵活性差

一旦 SoC 量产投入市场后，最终用户不可能根据自己的要求修改 SoC 内部的结构。例如，如果 SoC 提供的接口数量不满足要求，用户只能通过在 SoC 外部外扩芯片来满足特定的接口要求。

2）专用性强

由于不同类型的 SoC 器件都有其特定的应用领域（用途），因此很难将其应用到其他的领域，或作为其他用途。

3）设计复杂

通常情况下，当使用 SoC 设计嵌入式系统时，要求具备软件和硬件相关的系统级设计知识，这个要求要比传统基于 PCB 板的系统设计要求要高很多。

因此，一种更灵活的 SoC 结构应运而生，这就是全球知名的可编程逻辑器件厂商美国 Xilinx 公司，提出的全可编程（All Programmable）SoC 结构。

这里的全可编程是指，在 FPGA 内基于芯片结构定制（构建）嵌入式系统的要素，包括：处理器、总线、存储器系统以及外设控制器/外设。然后，为这个定制的硬件系统编写软件代码，包括驱动、操作系统以及应用程序等。

与 SoC 相比，全可编程 SoC 充分利用了现场可编程门阵列（Field Programmable Gate Arrary，FPGA）内部结构的灵活性，克服了传统 SoC 器件灵活性差、专用性强，以及设计复杂的缺点；同时，又具备了传统 SoC 器件的所有优势。采用 FPGA 架构实现全可编程 SoC 系统，可以很好地实现成本、性能和功耗之间的权衡。

1.4.1 基于软核的全可编程 SoC

以传统的现场可编程门阵列（Field Programmable Gate Array，FPGA）结构为基础，通过使用硬件描述语言（Hardware Description Language，HDL）描述一个 CPU 的架构

和功能。典型地，本书使用 ARM 开源的 Cortex-M0 CPU 就是通过这种方式进行描述。也就是说，在 FPGA 内并不存在这样一个 CPU，而是通过使用 FPGA 内的通用逻辑资源，并通过 Xilinx 提供的 Vivado 集成开发环境对所描述的 CPU 功能进行综合和实现后，在 FPGA 内实现一个与专用 SoC 内 CPU 功能一样的处理器结构。

然后，基于这个所描述的 Cortex-M0 CPU 架构和功能，使用 FPGA 内通用的逻辑设计资源(包括查找表、触发器、块存储器、互连线和时钟管理器等)构建时钟、AHB-Lite 总线接口、存储器和外设控制器等。

注：本书基于 ARM 提供的软核处理器 Cortex-M0 IP 核构建全可编程 SoC 系统。

1.4.2 基于硬核的全可编程 SoC

在基于硬核的全可编程 SoC 中，将专用处理器的物理结构(版图)集成在 FPGA 芯片内。典型地，Xilinx 新推出的 Zynq-7000 SoC 系列，则将 ARM 公司专用 Cortex-A9 双核处理器集成到 FPGA 芯片内部，构成了强大的处理器系统(Processing System，PS)。也就是说，在 Zynq-7000 SoC 器件内部，我们可以看到真正存在这样一个处理器核。

与专用 SoC 不同的是，PS 外围的总线接口、存储器系统、外设控制器等构成嵌入式系统的这些要素是采用 FPGA 内的通用逻辑设计资源实现。

从上面可以看出，当采用硬核处理器时，其性能较高，但是整个器件的成本也相对较高，同时灵活性较差。而采用软核处理器正好相反，即性能较低，但是整个器件的成本相对较低，同时灵活性较高，即只有用户需要的时候，才会在 FPGA 内通过使用逻辑资源生成一个专用嵌入式处理器。

思考与练习 1-5：在全可编程 SoC 系统中，可使用的处理器 IP 核的类型，以及它们各自的特点。

1.5 全可编程 SoC 设计流程

采用 Xilinx 7 系列 FPGA 实现 Cortex-M0 全可编程系统设计的过程，如图 1.9 所示。在构建全可编程 SoC 系统时，包含两个开发环境：

1) Xilinx 的 Vivado 2016.1 集成开发环境

在该集成开发环境中，实现的主要功能包括：

(1) 对 Cortex-M0 处理器硬件系统的描述，包括：Cortex-M0 处理器、时钟、总线、存储器和外设，描述方法采用 HDL 和 IP 核混合设计方法。

注：这种描述方法属于寄存器传输级(Register Transfer Level，RTL)描述。

(2) 对所描述的系统进行行为级仿真。通过仿真，及时发现系统描述中存在的缺陷。

(3) 对系统进行详细描述和综合。通过详细描述和综合，将 RTL 描述转换成逻辑网表。

(4) 对设计分配物理和时序约束。在本书介绍的内容中，物理约束主要是引脚位置

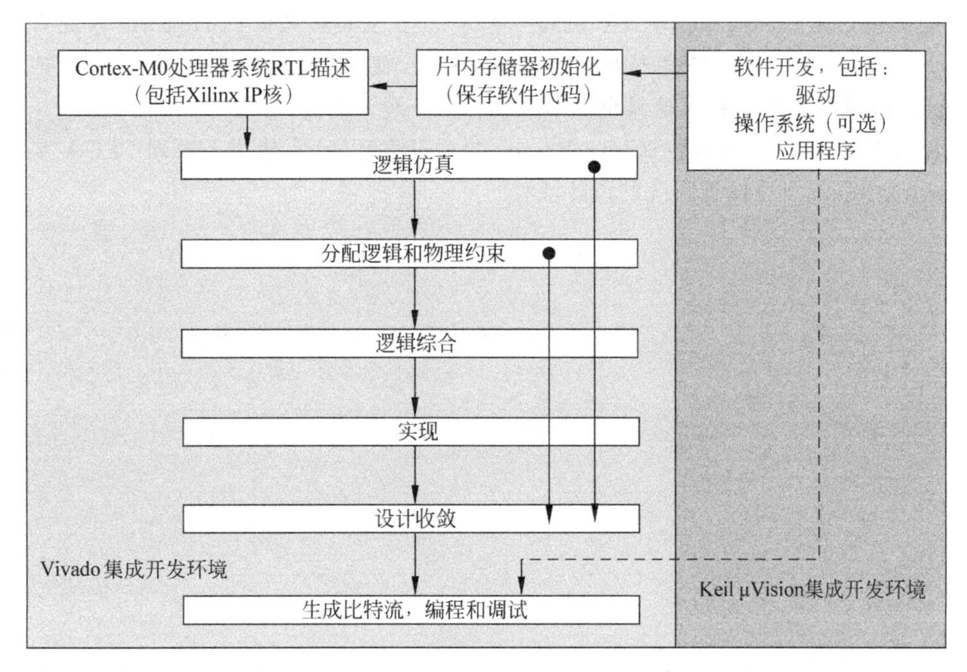

图 1.9 全可编程 SoC 设计流程

和电气标准；时序约束，目标是保证整个 Cortex-M0 嵌入式系统正常运行所需的时序，主要包括建立时间和保持时间。

(5) 对设计进行实现。实现过程包括转换、映射以及布局布线。转换将逻辑网表变成 Xilinx 可以识别的网表格式；映射将 Xilinx 可以识别的网表格式对应到 Xilinx 具体的 FPGA 器件；布局布线就是在 FPGA 器件内选择所使用的逻辑设计资源，并使用 FPGA 内的互联资源将所使用的逻辑设计资源进行连接。

(6) 时序收敛。时序收敛的目标是保证整个硬件系统工作时，不会出现竞争冒险和亚稳定工作状态等时序问题。通过对设计进行布局布线后仿真(时序仿真)，读者可以分析所设计的系统在考虑时序(延迟等)时，能否正常工作。当不满足时序收敛条件时，读者需要修改时序约束条件。

(7) 生成比特流文件。将实现后的设计转换成可以配置成 FPGA 的比特流文件。

(8) 下载比特流文件。将生成后的比特流文件下载到 FPGA 内，用于在 FPGA 内生成全可编程 SoC 硬件系统结构。

(9) 逻辑分析和调试。通过使用 Xilinx 提供的在线逻辑分析工具，分析设计的逻辑功能。以便在出现运行故障时，帮助定位引起故障的原因。

2) Keil 的 μVision5 集成开发环境

在该开发环境中，可以使用汇编语言、C 语言编写驱动、用户应用程序，以及选择使用 RTX 操作系统。并且，通过该集成开发环境提供的编译器、汇编器和链接器等工具，生成可以用于配置 Cortex-M0 硬件系统内存储器的十六进制文件。该文件就是所设计软件的机器码描述。

注：可以使用两种方式将十六进制文件初始化 Cortex-M0 系统。第一种方法是将十

六进制文件作为 Cortex-M0 硬件系统的一部分，用于直接初始化 Cortex-M0 系统内的存储器；第二种方法是在下载和配置完 FPGA 后，使用串口将十六进制文件下载到 Cortex-M0 硬件系统内的存储器中。本书采用第一种方法。

思考与练习 1-6：说明在 Xilinx Vivado 集成开发环境中，使用 7 系列 FPGA 实现基于 Cortex-M0 的全可编程系统的设计流程。

第2章 Cortex-M0 CPU结构

本章介绍 ARM Cortex-M0 CPU 的结构，内容包括：ARM 处理器类型、Cortex-M 系列处理器概述、Cortex-M0 处理器性能和结构、Cortex-M0 处理器寄存器组、Cortex-M0 处理器空间映射、Cortex-M0 程序镜像原理及生成方法、Cortex-M0 的端及分配、Cortex-M0 处理器异常及处理。

通过本章的学习，读者可理解并掌握 Cortex-M0 CPU 的结构及功能，为进一步学习该处理器的指令集打下坚实的基础。

2.1 ARM 处理器类型

ARM 处理器采用的是精简指令集（Reduced Instruction Set Computing，RISC）处理器架构。RISC 架构的特点包括：

（1）在功耗，尤其是低功耗方面优势明显。

（2）这种架构已经广泛地应用在移动设备中，如智能电话和平板电脑。

（3）这种架构具有良好的生态系统支持，生态系统包括：技术文档、设计参考、驱动程序代码，以及不同的操作系统。对于设计用户来说，很容易找到相关的设计资源。

ARM 公司英文全称为 Advanced RISC Machine，中文名字称为高级 RISC 机器，该公司总部在英国。到目前为止，ARM 公司只设计基于 ARM 的处理器知识产权（Intellectual Property，IP）核，并不制造芯片。但是，它将 IP 授权给不同的半导体合作伙伴，如：Xilinx、STM 和三星等。这样，这些公司就可以基于这些授权的 IP 制造 ARM 处理器芯片，并将其提供给不同的最终设备制造商。此外，ARM 公司也提供其他的可用设计，包括物理 IP、图形核，以及开发工具等。

目前，ARM 处理器主要分为 Cortex-A、Cortex-R、Cortex-M、SecurCore 和 Classic 几大类，如图 2.1 所示。

1) Cortex-A 系列

该系列处理器也称为应用处理器，该系列属于高性能处理器，可使用各种开放的操作系统，如 Linux。Cortex-A 系列处理器主要应用于智能电话、数字电视、智能书和家用网关等。

2）Cortex-R 系列

该系列处理器也称为实时处理器，基于该处理器在异常事件处理方面的性能，它主要用于实时方面的应用，包括汽车刹车系统和动力装置等。

3）Cortex-M 系列

该系列处理器主要应用于对价格比较敏感，也就是低成本的场合，如微控制器、混合信号设备、智能传感器、汽车电子和安全气囊。

4）SecurCore 系列

该系列处理器主要应用于对安全性要求较高的场合。

5）Classic 系列

该系列是以前传统的处理器架构，包括 ARM7、ARM9 和 ARM11 等。

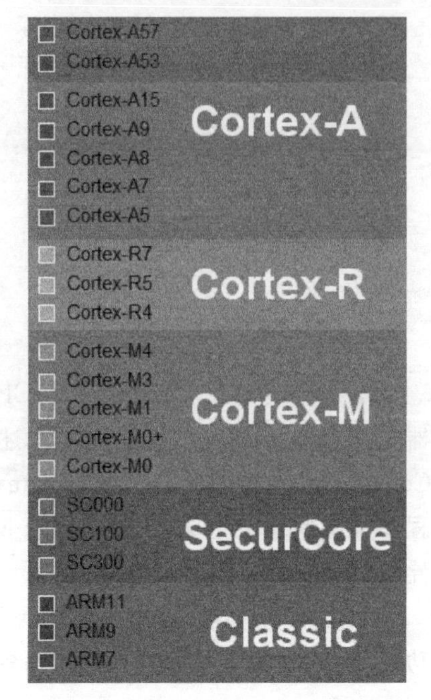

图 2.1　ARM 系列处理器类型列表

思考与练习 2-1：说明 ARM 的具体含义，以及所采用的处理器架构。

思考与练习 2-2：说明 Cortex-A、Cortex-R 和 Cortex-M 系列处理器所适用的领域。

2.2　Cortex-M 系列处理器概述

本书所介绍的全可编程 SoC 设计是基于 ARM 公司的 Cortex-M 系列的处理器 IP 核实现的。因此，本节将详细介绍该系列处理器的特点及其性能参数。

2.2.1　Cortex-M 系列处理器的特点

Cortex-M 系列处理器包括：Cortex-M0、Cortex-M0＋、Cortex-M1、Cortex-M3、Cortex-M4、Cortex-M7，该系列处理器的特点主要包括：

(1) 该系列处理器主要应用于低功耗，以及对电池续航能力要求较高的场合。

(2) 该系列处理器结构相对简单，所消耗的晶圆面积较少，因此该系列处理器封装体积较小。

(3) 通过 Keil μVision 集成开发环境，可以迅速完成软件应用程序的开发，以及实现设计代码的重用。

该系列处理器的应用领域包括：智能测量、人机接口、汽车和工业控制系统、家用电器、消费产品，以及医疗仪器等。

2.2.2 Cortex-M 系列处理器的性能参数

表 2.1 给出了 ARM Cortex-M 系列处理器的性能参数。

表 2.1 ARM Cortex-M 系列处理器的性能参数

处理器	ARM 架构	内核架构	Thumb	Thumb-2	硬件乘法	硬件除法	饱和数学运算	DSP 扩展	浮点
Cortex-M0	ARMv6-M	冯诺依曼	大部分	子集	1 或者 32 个周期	无	无	无	无
Cortex-M0+	ARMv6-M	冯诺依曼	大部分	子集	1 或者 32 个周期	无	无	无	无
Cortex-M1	ARMv6-M	冯诺依曼	大部分	子集	3 或者 33 个周期	无	无	无	无
Cortex-M3	ARMv7-M	哈佛	全部	全部	1 个周期	是	是	无	无
Cortex-M4	ARMv7E-M	哈佛	全部	全部	1 个周期	是	是	是	可选
Cortex-M7	ARMv7E-M	哈佛	全部	全部	1 个周期	是	是	是	是

注：(1)ARM 架构描述了指令集的细节、编程模型、异常模型，以及存储器映射方式。读者可以参考 ARM 提供的架构参考手册(Architecture Reference Manual)。

(2) ARM 处理器使用了其中一种 ARM 架构，它给出了更多的实现细节，如时序信息，以及与实现相关的信息。读者可以参考 ARM 提供的处理器技术参考手册(Processor's Technical Reference Manual)。

ARM 处理器架构之间的关系，以及每个架构的典型处理器，如图 2.2 所示。

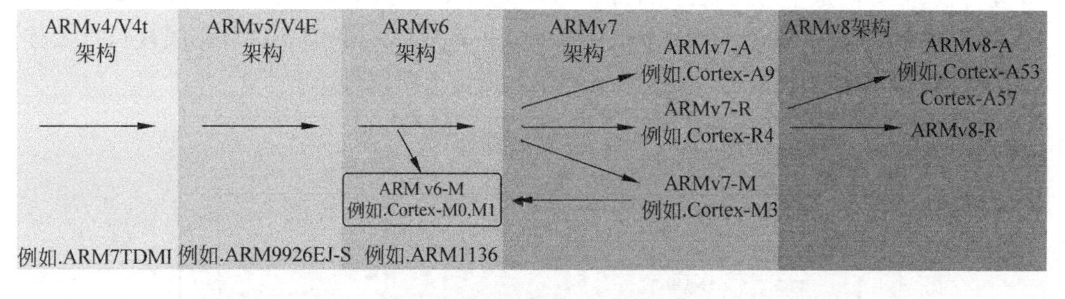

图 2.2 ARM 架构之间的关系

思考与练习 2-3：说明 Corex-M 系列中所包含的处理器类型，以及每种处理器使用的架构。

2.3 Cortex-M0 处理器性能和结构

本节详细介绍 Cortex-M0 处理器的性能和结构，以帮助读者从整体上把握 Cortex-M0 处理器的关键点。

2.3.1 Cortex-M0 处理器的性能

Cortex-M0 处理器是 Cortex-M 系列处理器中结构和功能最简单的一个处理器，其性能和特点主要包括：

(1) 采用 32 位 RISC 架构的处理器。

(2) 采用冯诺依曼架构，即指令和数据共享一个总线接口及存储器。

注： 这点将在后面的设计中进行详细分析，以帮助读者进一步理解冯诺依曼架构的实质。

(3) 当使用 Cortex-M0 处理器的最小配置时，构成该处理器大约只消耗 12 000 个逻辑门资源。

(4) 该处理器支持绝大部分的 16 位 Thumb-1 指令和某些 32 位 Thumb-2 指令。

(5) 采用了 90nm 低功耗制造工艺。当使用 Cortex-M0 的最小配置时，功耗仅为 16μW/MHz。

(6) 该处理器指令集包含 56 条指令，提供对 C 语言的友好设计框架 CMSIS。

(7) 该处理器采用 ARMv6-M 架构。

(8) 该处理器支持一个不可屏蔽中断(NMI)和 1～32 个物理中断。

(9) 提供休眠模式。

2.3.2 Cortex-M0 处理器的结构

Cortex-M0 微处理器的内部结构，如图 2.3 所示。ARM Cortex-M0 微处理器包括：处理器核、嵌套向量中断控制器(Nested Vector Interrupt Controller，NVIC)、调试子系统、唤醒中断控制器(Wakeup Interrupt Controller，WIC)、AHB LITE 总线接口以及连接这些单元的内部总线系统。下面对这些单元进行详细说明。

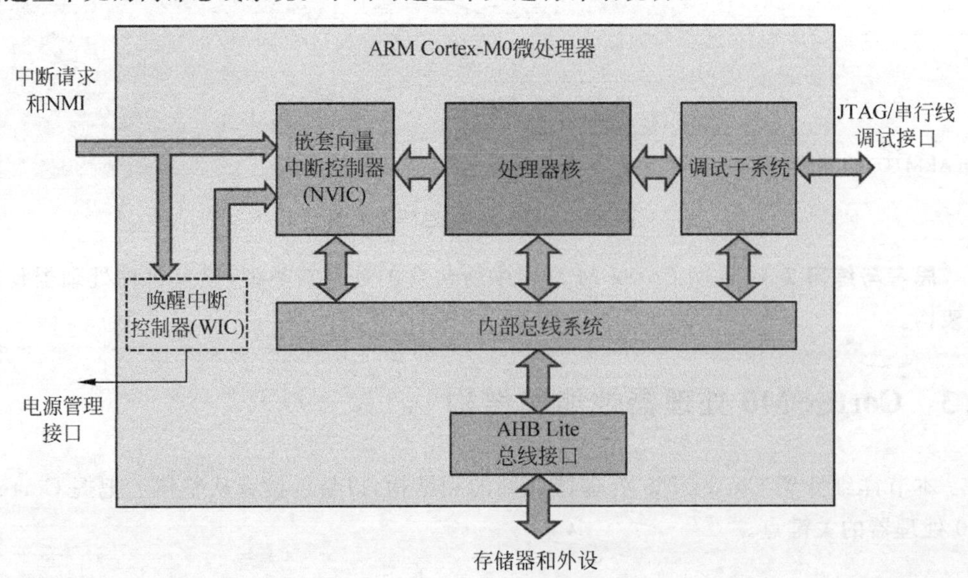

图 2.3 Cortex-M0 内部结构

1) 处理器核

处理器核是 Cortex-M0 最核心的功能部件,它负责对数据进行处理。

(1) 该处理器包含内部寄存器、算术逻辑单元(ALU)、数据通路和控制逻辑。

(2) 该处理器核内部用于取指、译码和执行指令的指令通道采用三级流水结构,如图 2.4 所示。三级流水线结构显著提高了处理器指令通道的吞吐量和运行效率。

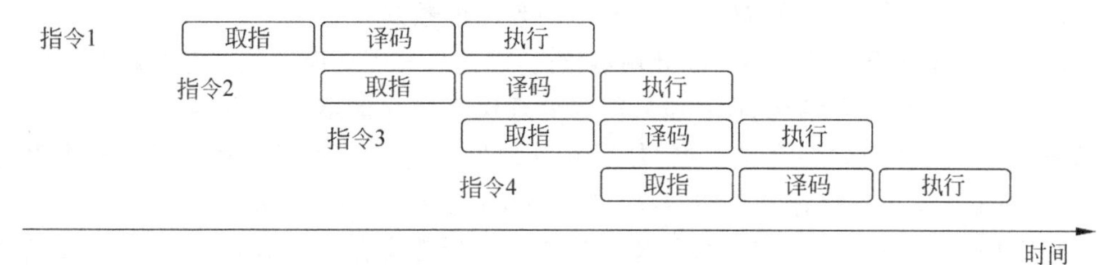

图 2.4　指令通道三级流水线结构

2) 嵌套向量中断控制器

专用的 NVIC 用于对中断进行管理,并且向处理器核发出中断请求信号。

(1) 包含最多 32 个中断请求信号,以及 1 个不可屏蔽中断。

(2) 自动处理嵌套中断,包括:比较中断请求之间的优先级以及当前中断的优先级。

3) 总线系统

总线系统用于将 Cortex-M0 内部的各个功能部件连接在一起。总线系统包含:

(1) 内部总线系统。

(2) 处理器核内部的数据通道。

(3) AHB Lite 接口单元。

注:(1) Cortex-M0 总线系统的所有总线均为 32 位宽度。

(2) AHB Lite 是 ARM 公司指定的片上总线规范,广泛地应用在 SoC 器件设计中,本书后续章节将详细介绍该总线规范。

4) 调试子系统

作为 Cortex-M0 处理器重要的一部分,调试子系统提供下面的功能:

(1) 管理调试控制、程序断点,以及数据监控点。

(2) 当产生调试事件时,它将处理器核设置为停止状态。此时,开发人员可以在该点分析处理器的状态,如寄存器值和标志。

5) 唤醒中断控制器(可选)

WIC 用于低功耗应用。通过关闭大部分的元件,使微处理器进入休眠模式。当检测到发生中断事件时,WIC 通知电源管理单元给系统上电,使处理器从休眠状态进入到正常工作状态。

思考与练习 2-4:说明 Cortex-M0 的主要性能参数。

思考与练习 2-5:说明 Cortex-M0 采用的流水线结构。

2.4 Cortex-M0 处理器寄存器组

本节详细介绍 Cortex-M0 处理器的寄存器组，对于处理器的内部寄存器来说，其特点主要包括：

(1) 它们用于保存和处理处理器核内暂时使用的数据。

(2) 这些寄存器在 Cortex-M0 处理器核内，因此处理器访问这些寄存器速度较快。

(3) 采用加载-保存结构，即：如果需要处理保存在存储器中的数据，需要将保存在存储器中的数据加载到一个寄存器，然后在处理器内部进行处理。在处理完这些数据后，如果需要将其重新保存到存储器，则将这些数据重新写回到存储器中。

对于 Cortex-M0 寄存器来说，包含寄存器组和特殊寄存器，如图 2.5 所示。下面将对这些寄存器的功能进行详细介绍。

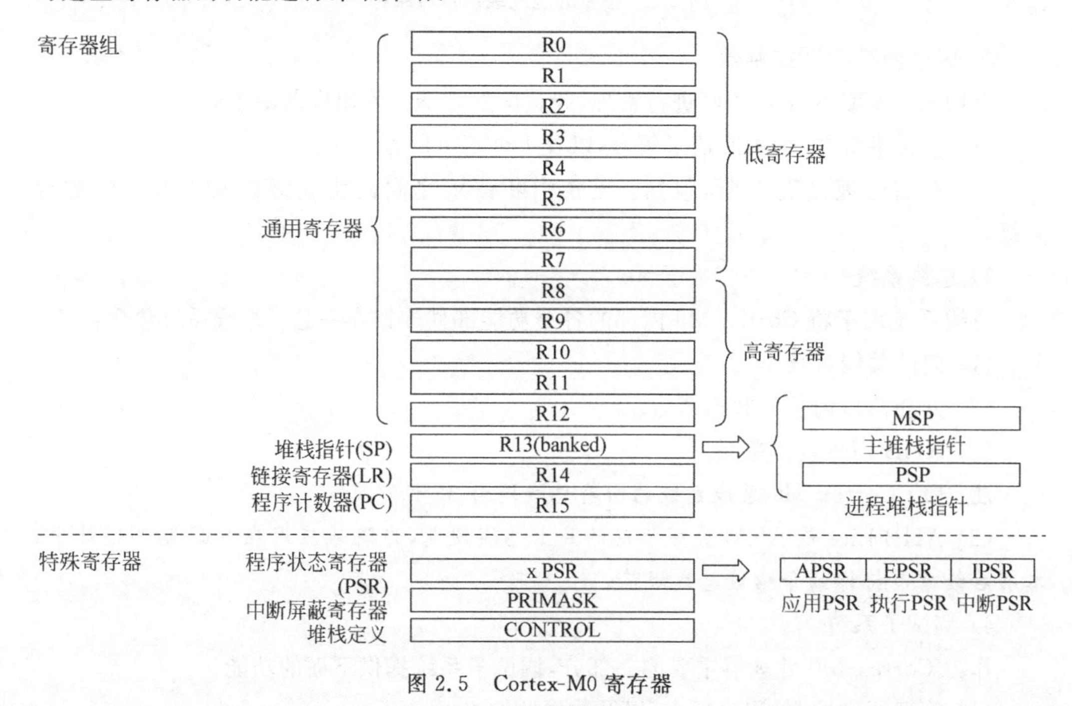

图 2.5　Cortex-M0 寄存器

2.4.1 通用寄存器

在寄存器组中，提供了 16 个寄存器，其中 R0～R12 可作为通用寄存器，其中：

(1) R0～R7 为低寄存器，这些寄存器可以被任何指令访问。

(2) R8～R12 为高寄存器，一些 Thumb 指令不可以访问这些寄存器。

2.4.2 堆栈指针

寄存器组中的 R13 寄存器可以用作堆栈指针(Stack Pointer，SP)，如图 2.6 所示。

其功能主要包括：

(1) SP用于记录当前堆栈的地址。

(2) 当在不同的任务之间切换时，堆栈用于保存上下文(现场)。

(3) 在Cortex-M0中，将SP进一步细分为：

① 主堆栈指针(Main Stack Pointer，MSP)。在应用程序中，需要特权访问时会使用MSP，如访问操作系统内核、异常句柄。

② 进程堆栈指针(Process Stack Pointer，SP)。当没有运行一个异常句柄时，该指针可用于基本层次的应用程序代码中。

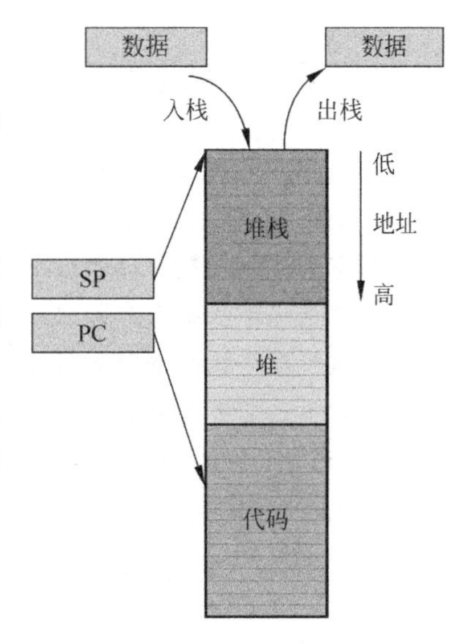

图2.6 Cortex-M0堆栈操作图

2.4.3 程序计数器

寄存器组中的R15寄存器可用作程序计数器(Program Counter，PC)，其功能主要包括：

(1) 用于记录当前指令代码的地址。

(2) 除了执行分支指令外，在其他情况下，对于32位指令代码来说，在每个操作时，PC递增4，即：

(PC)+4－＞(PC)

(3) 对于分支指令，如函数调用，在将PC指向所指定地址的同时，将当前PC的值保存到链接寄存器(Link Register，LR)R14中。

2.4.4 链接寄存器

寄存器组中的R14寄存器可用作链接寄存器(Link Register，LR)，其功能主要包括：

(1) 该寄存器用于保存子程序或者一个程序调用的返回地址，如图2.7(a)所示。

(2) 当程序调用结束后，Cortex-M0将链接寄存器LR中的值加载到程序计数器PC，如图2.7(b)所示。

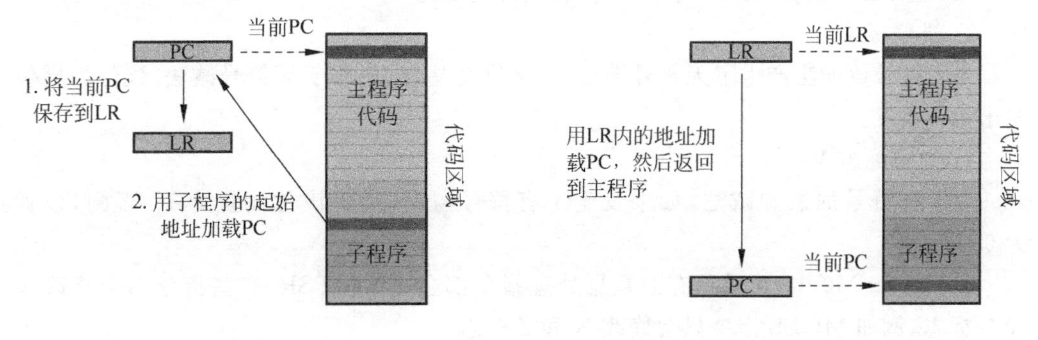

图2.7 程序调用和返回

2.4.5 组合程序状态寄存器

组合程序状态寄存器(x Program Status Register,xPSR),用于提供执行程序的信息,以及 ALU 的标志位,如图 2.8 所示。它包含下面三个寄存器:

(1) 应用程序状态寄存器(Application Program Status Register,APSR)。

(2) 中断程序状态寄存器(Interrupt Program Status Register,IPSR)。

(3) 执行程序状态寄存器(Execution Program Status Register,EPSR)。

注:对于这三个寄存器来说,它们可以作为一个寄存器 xPSR 来访问。如,当发生中断的时候,xPSR 会被自动压入堆栈,从中断返回时,会自动恢复。在入栈和出栈时,将 xPSR 作为一个寄存器。

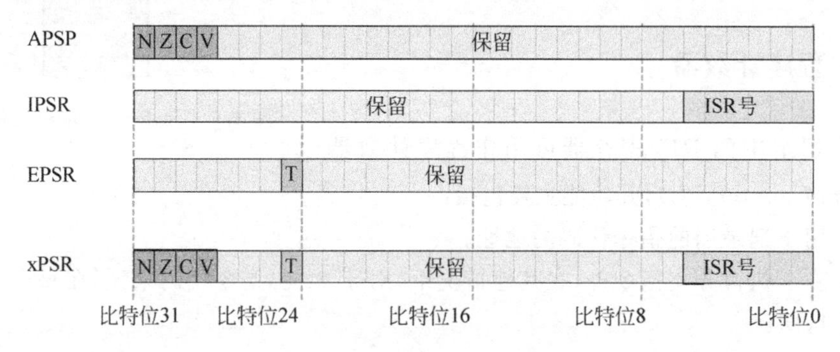

图 2.8 xPSR 寄存器的含义

1. APSR

APSR 寄存器内保存着 ALU 操作后所产生的标志位,这些标志位包括:

1) 符号标志 N

(1) 当 ALU 运算结果为负数时,将该位设置为 1。

(2) 当 ALU 运算结果为正数时,将该位设置为 0。

2) 零标志 Z

(1) 当 ALU 运算结果等于 0 时,将该位设置为 1。

(2) 当 ALU 运算结果不等于 0 时,将该位设置为 0。

3) 进位标志 C

当无符号数加法产生了无符号溢出,将该位设置为 1;对于无符号减法,该位为借位输出状态取反。

4) 溢出标志 V

对于有符号加法和减法,如果发生了有符号溢出,则将该位设置为 1;否则,设置为 0。

在 Cortex-M0 中,几乎所有的数据处理指令都会更改 APSR,有些指令不会修改 V 和 C 标志,例如 MULS 指令只会修改 N 和 Z 标志。

2. IPSR

该寄存器保存当前正在执行中断服务程序(Interrupt Service Routine,ISR)的编号。在Cortex-M0中每个异常中断都会有一个特定的中断编号用于表示中断类型。在调试时,它对于识别当前中断非常有用,并且在多个中断共享一个中断处理的情况下,可以识别出其中一个中断。

3. EPSR

该寄存器中只包含了T比特位,该位用于表示是否处于Thumb状态。由于Cortex-M0只支持Thumb状态,因此T位总是为1。

2.4.6 中断屏蔽特殊寄存器

中断屏蔽特殊寄存器(Interrupt Mask Special Register, IMSR)中包含一位PRIMASK,如图2.9所示。当该位设置为1时,除了不可屏蔽中断NMI和硬件故障异常外,将屏蔽掉其他所有的中断。

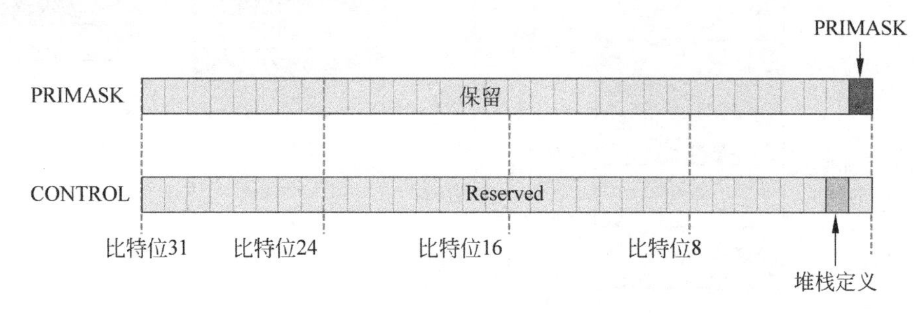

图2.9 PRIMASK和CONTROL寄存器含义

2.4.7 特殊寄存器

特殊寄存器(CONTROL)中包含了一位,该位用于定义堆栈,如图2.9所示。

(1) 当该位设置为1时,使用进程堆栈指针PSP。

(2) 当该位设置为0时,使用主堆栈指针MSP。

思考与练习2-6:说明在Cortex-M0中通用寄存器的范围。

思考与练习2-7:说明在Cortex-M0中用于实现堆栈指针的寄存器。

思考与练习2-8:说明在Cortex-M0中所提供的堆栈指针的类型,以及它们各自的作用。

思考与练习2-9:说明在Cortex-M0中用于实现程序计数器的寄存器,以及程序计数器所实现的功能。

思考与练习2-10:说明在Cortex-M0中用于实现链接寄存器的寄存器,以及在调用程序以及从程序返回时,链接寄存器的作用。

思考与练习 2-11：说明在 Cortex-M0 中组合程序状态寄存器中所包含的寄存器，以及它们各自的作用。

思考与练习 2-12：说明在 Cortex-M0 中中断屏蔽特殊寄存器所实现的功能。

思考与练习 2-13：说明在 Cortex-M0 中特殊寄存器所实现的功能。

2.5 Cortex-M0 存储器空间映射

Cortex-M0 处理器提供了 4GB 的存储器寻址空间，如图 2.10 所示。根据不同的使用目的，将该寻址空间分成不同的区域。

注：尽管默认规定了这些区域的使用方法，但是程序设计人员可以根据具体要求灵活定义存储器映射空间，如访问内部私有外设总线。

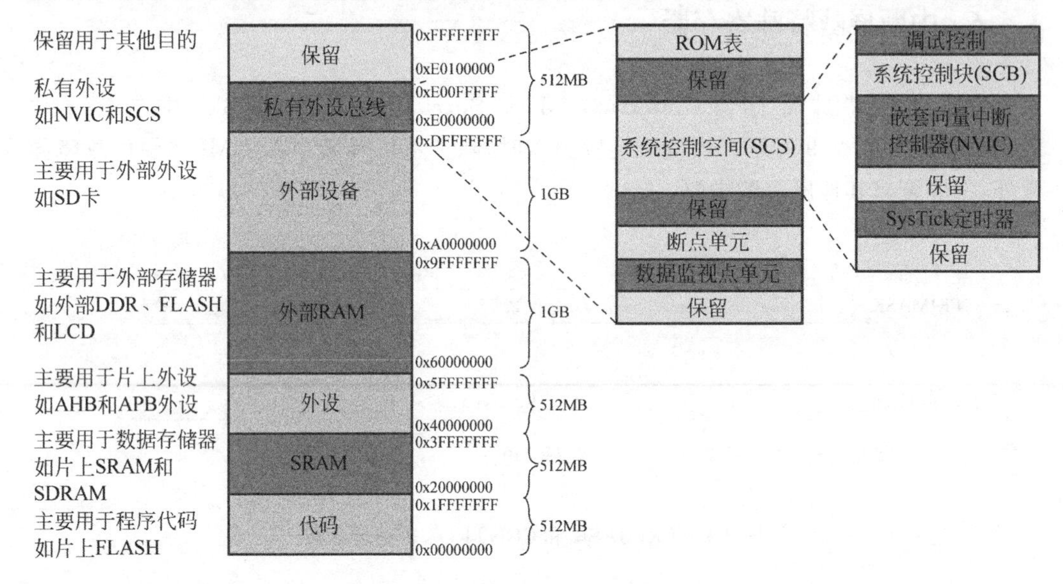

图 2.10 Cortex-M0 存储器寻址空间

1) 代码区域

代码区域主要功能包括：

(1) 该区域主要用于保存程序代码。

(2) 该区域也可以用作数据存储器。

(3) 构成该区域的物理设备是片上存储器，如片上 Flash。

2) SRAM 区域

SRAM 区域主要功能包括：

(1) 该区域主要用于保存数据，如堆(heap)和堆栈(stack)。

(2) 该区域也可以用于程序代码区。

(3) 构成该区域的物理设备是片上存储器，如 SRAM。

注：尽管是 SRAM，但实际上可能是 SRAM、SDRAM 或者其他类型。

3) 外设区域

外设区域的主要功能包括：

(1) 该区域主要用于外设,如:

① 高级高性能总线(Advanced High-performance Bus,AHB);

② 高级外设总线(Advanced Peripheral Bus,APB)外设。

(2) 片上外设。

4) 外部 RAM 区域

外部 RAM 区域的主要功能包括:

(1) 主要用于保存大的数据块或者作为存储器高速缓存。

(2) 由于片外存储器(也称为 Off-chip Memory)是 Cortex-M0 SoC 系统的片外物理存储空间扩展,因此要比访问片上存储器速度慢。

5) 外部设备区域

外部设备区域的主要功能包括:

(1) 主要用于映射到外部设备。

(2) 片外设备(也称为 Off-chip Device),是 Cortex-M0 SoC 系统连接的外部设备,如 SD 卡。

6) 内部私有外设总线(Internal Private Peripheral Bus,PPB)

内部私有外设总线的主要功能包括:

(1) 内部处理器使用该总线对处理器内部进行控制。

(2) 在 Cortex-M0 中,给 PPB 定义了一个存储空间,该空间定义为系统控制空间(System Control Space,SCS)。

(3) 在 SCS 中,包含嵌套向量中断控制器 NVIC。

一个 Cortex-M0 存储器映射的例子如图 2.11 所示。

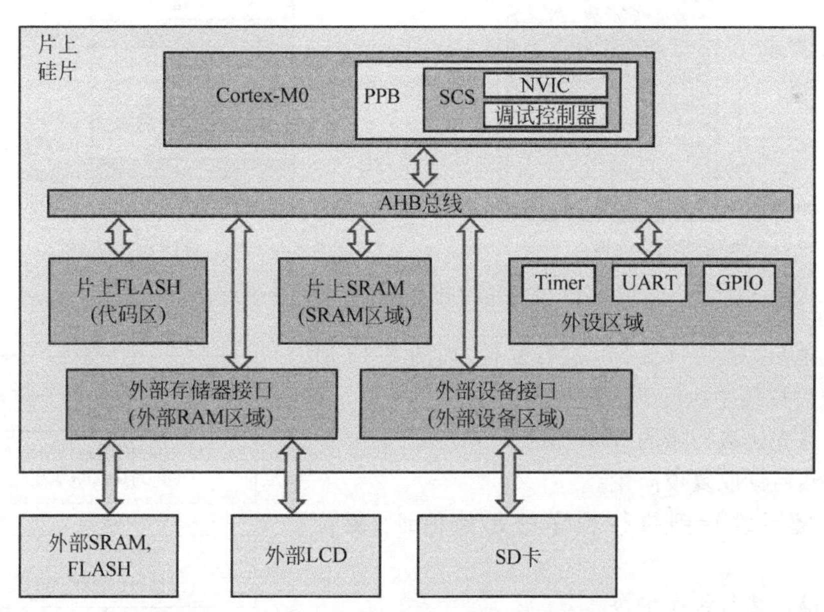

图 2.11 Cortex-M0 存储器空间映射的例子

图 2.11 中:

(1) 外部存储器接口挂在 Cortex-M0 内部的 AHB 总线上。在外部存储器接口上分配了外部 SRAM 和 Flash,以及 LCD 设备。

(2) 类似地,外部设备接口挂在 Cortex-M0 内部的 AHB 总线上。在外部设备接口上分配了 SD 卡设备。

(3) 片上 Flash、片上 SRAM 及片上外设(包括定时器、串口和 GPIO)都挂在 Cortex-M0 内部的 AHB 总线上。

思考与练习 2-14：说明 Cortex-M0 处理器的存储器空间映射。

思考与练习 2-15：说明在 Cortex-M0 处理器中中断向量表的位置。

思考与练习 2-16：说明在 Cortex-M0 处理器中私有外设总线所实现的功能。

2.6 Cortex-M0 程序镜像原理及生成方法

前面提到 Cortex-M0 的程序代码保存在片上代码存储空间，程序代码以镜像文件的形式存在，如图 2.12 所示。用于 Cortex-M0 处理器的程序镜像文件包含：

(1) 向量表，包含异常(向量)起始地址，以及主堆栈指针(Main Stack Pointer，MSP)的值。

(2) C 语言编写的启动代码。

(3) 程序代码，包含应用程序和数据。

(4) C 库代码，用于 C 库函数的程序代码。

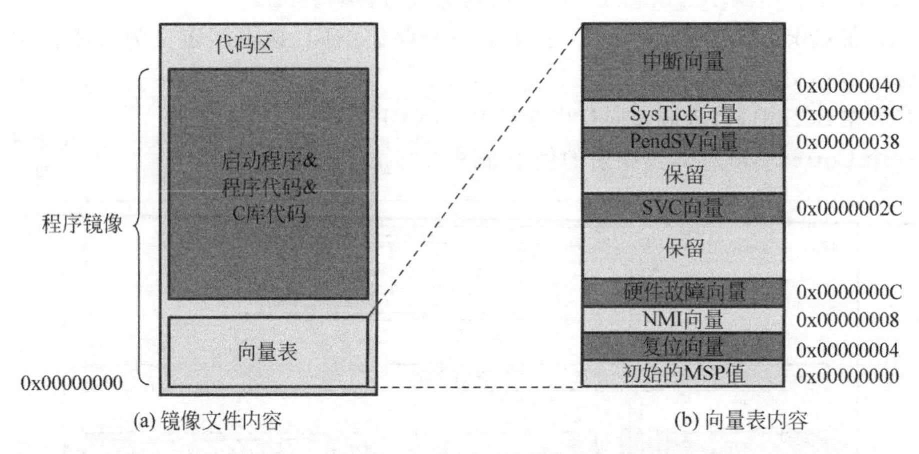

图 2.12 Cortex-M0 向量文件和向量表内容

当上电后，对 Cortex-M0 进行复位，如图 2.13 所示。复位后按顺序执行下面的步骤：

(1) 首先读取初始的 MSP 值。

(2) 然后读取复位向量。

(3) 随后跳转到执行程序的起始地址(复位句柄)。

(4) 最后执行程序指令。

思考与练习 2-17：说明 Cortex-M0 的镜像文件中所包含的内容。

思考与练习 2-18：说明上电复位后 Cortex-M0 的启动过程。

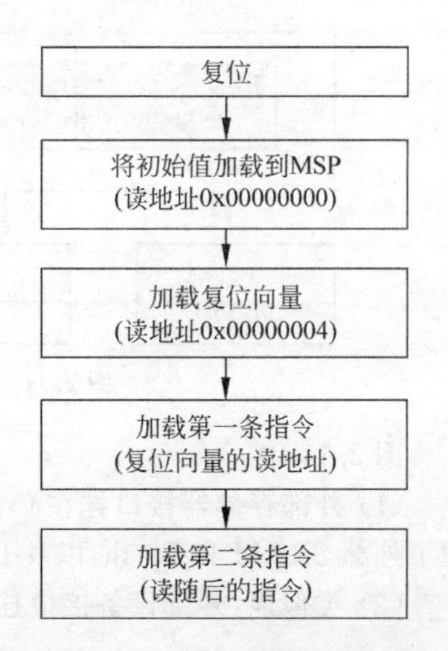

图 2.13 Cortex-M0 复位启动过程

2.7 Cortex-M0 的端及分配

端(Endian)是指保存在存储器中的字节顺序。根据字节在存储器中的保存顺序,将其划分为大端(Big Endian)和小端(Little Endian)。

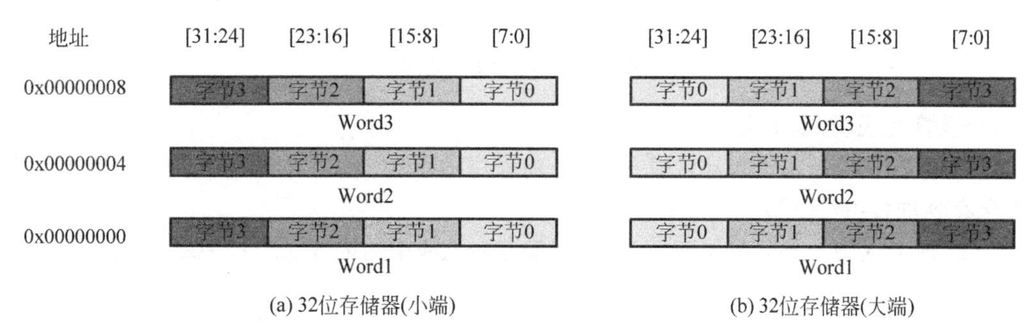

图 2.14　Cortex-M0 小端和大端定义

(1) 小端

对于一个 32 位字长的数据来说,最低字节保存在第 0 位～第 7 位,如图 2.14(a)所示,也就是我们常说的“低址低字节,高址高字节”。

(2) 大端

对于一个 32 位字长的数据来说,最低字节保存该数据的第 24 位～第 31 位,如图 2.14(b)所示,也就是我们常说的“低址高字节,高址低字节”。

Cortex-M0 处理器提供了对大端和小端的支持,然而,端概念只存在于硬件这一层。

思考与练习 2-19:说明在 Cortex-M0 中“端”的含义。

思考与练习 2-20:说明大端和小端的区别。

2.8 Cortex-M0 处理器异常及处理

本节介绍 Cortex-M0 处理器异常处理、异常优先级和异常向量表。

2.8.1 异常原理

异常(Exception)是事件,它将使程序流退出当前的程序线程,然后执行与该事件相关的代码片段(子程序),如图 2.15 所示。通过软件代码,可以使能或者禁止处理器核对异常事件的响应。事件可以是内部的也可以是外部的,如果事件来自外部,则称为中断请求(Interrupt Request,IRQ)。

图 2.15 中:

(1) 异常句柄是指在异常模式中所执行的一段代码,也称为异常服务程序。如果异常是由 IRQ 引起的,则将其称为中断句柄(Interrupt Handler)/中断服务程序(Interrupt Service Route,ISR)。

(2) 现场(上下文)切换(Context Switching),现场(上下文)切换包括保存现场/上下

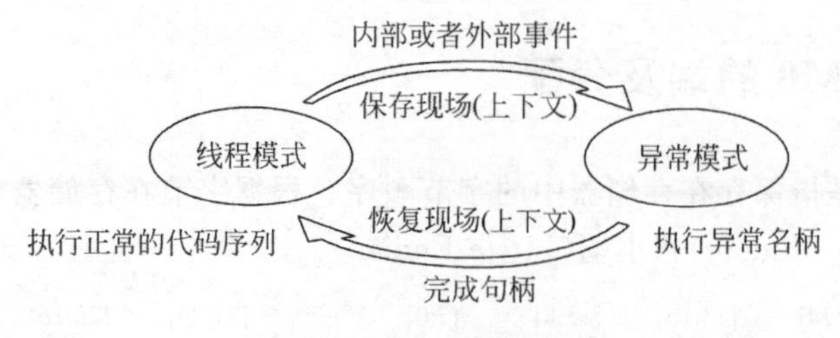

图 2.15　异常及其处理

文，以及恢复现场/上下文。

① 保存现场。在进入异常模式前，当前程序的现场/上下文，如当前寄存器的值，将被保存到堆栈中(入栈)。

② 恢复现场。当完成句柄后，将先前保存在堆栈中的内容从堆栈中取出(出栈)。

2.8.2　异常优先级

在 Cortex-M0 中，通常将异常(中断)分成多个优先级。当 Cortex-M0 的处理器核正在处理低优先级的异常事件时，可以触发高优先级的事件。高优先级事件可以打断正在处理低优先级事件的能力，称为中断嵌套，如图 2.16 所示。

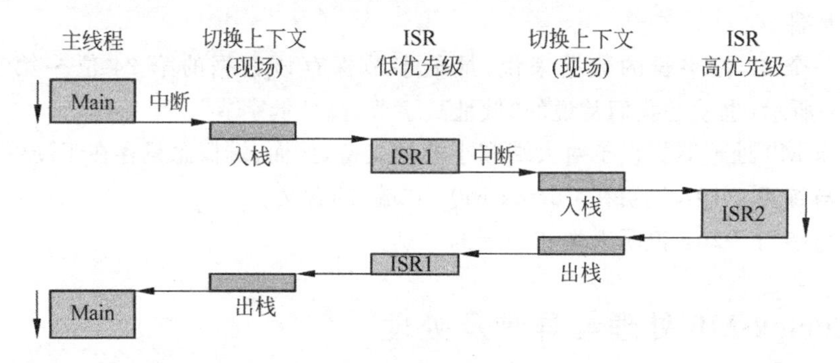

图 2.16　嵌套中断

在 Cortex-M0 中的 NVIC，支持最多 32 个中断请求 IRQ 以及一个 NMI 的输入。

注：NMI 和 IRQ 类型的主要区别，不能屏蔽 NMI，它具有最高优先级，因此它可以用于对安全性要求比较苛刻的系统，如工业控制或者汽车。

2.8.3　向量表

Cortex-M0 的向量表，如图 2.17 所示。从图中可以看出：

(1) 向量表中的第一个入口处为初始的 MSP。

(2) 其他入口用于异常句柄的地址。

(3) 向量表最多包含 496 个外部中断，可以根据实现的要求定义它们。在 Cortex-M0 中，向量表的大小为 2048 个字节。

(4) 在 Cortex-M0 中，通过使用向量表偏置寄存器，读者可以重新分配向量表的位

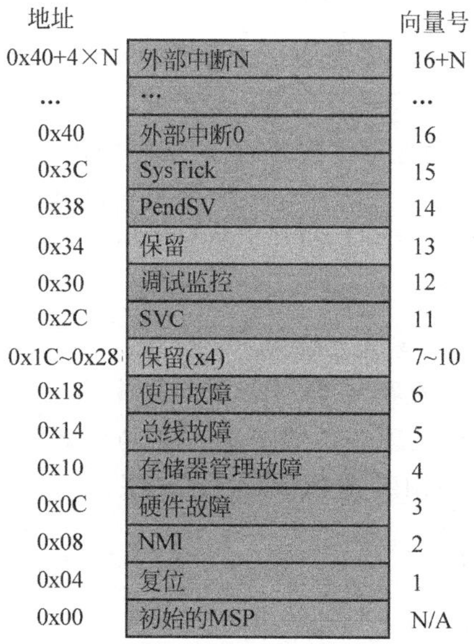

地址		向量号
0x40+4×N	外部中断N	16+N
…	…	…
0x40	外部中断0	16
0x3C	SysTick	15
0x38	PendSV	14
0x34	保留	13
0x30	调试监控	12
0x2C	SVC	11
0x1C~0x28	保留(x4)	7~10
0x18	使用故障	6
0x14	总线故障	5
0x10	存储器管理故障	4
0x0C	硬件故障	3
0x08	NMI	2
0x04	复位	1
0x00	初始的MSP	N/A

图 2.17　Cortex-M0 向量表

置。但是,仍然要求在 0x0 有最小的向量表入口,它用于启动核。

(5) 在 Cortex-M0 中,为每个异常分配了一个向量号,寄存器用于表示活动或者挂起的异常类型。

注:活动就是表示处理器核当前正在处理的异常事件,挂起就是等待需要处理的异常事件。

(6) 可以使用 C 代码生成向量表。使用汇编语言定义的向量表,如代码清单 2-1 所示。

代码清单 2-1　向量表的汇编语言描述

```
            RESERVE8
            THUMB
            IMPORT ||Image$$ARM_LIB_STACK$$ZI$$Limit||
            AREA        RESET, DATA, READONLY
            EXPORT      __Vectors
__Vectors   DCD         ||Image$$ARM_LIB_STACK$$ZI$$Limit|| ; 栈顶
            DCD         Reset_Handler                       ; 复位向量
            DCD         NMI_Handler                         ; NMI 句柄
            DCD         HardFault_Handler                   ; 硬件故障句柄
            DCD         MemManage_Handler                   ; 存储器管理句柄
            DCD         BusFault_Handler                    ; 总线故障句柄
            DCD         UsageFault_Handler                  ; 使用故障句柄
            DCD         0, 0, 0, 0,                         ; 保留 x4
            DCD         SVC_Handler,                        ; SVCall 句柄
            DCD         Debug_Monitor                       ; 调试监控句柄
            DCD         0                                   ; 保留
            DCD         PendSV_Handler                      ; PendSV 句柄
            DCD         SysTick_Handler                     ; SysTick 句柄
                                                            ; 外部向量起始
```

2.8.4 异常类型

Cortex-M0 提供了不同的异常类型，以满足不同应用的需求，包括复位、不可屏蔽中断、硬件故障、请求管理调用、可挂起的系统调用、系统滴答和外部中断。

1. 复位

ARMv6-M 框架支持两级复位，包括：

(1) 上电复位，用于复位处理器，SCS 和调试逻辑；

(2) 本地复位，用于复位处理器和 SCS，不包括与调试相关的资源。

对于复位来说，其优先级固定为 3，即最高优先级。

2. 不可屏蔽中断 NMI

对于不可屏蔽中断 NMI 来说，特点如下：

(1) 它的优先级仅次于复位，其优先级固定为 2，用户不可屏蔽 NMI；

(2) 它用于对安全性苛刻的系统中，如工业控制或者汽车；

(3) 可以用于电源失败或者看门狗。

3. 硬件故障(HardFault)

硬件故障常用于处理程序执行时产生的错误，这些错误可以是尝试执行未知的操作码、总线接口或存储器系统的错误，也可以是尝试切换到 ARM 状态之类的非法操作。

4. 请求管理调用(SuperVisor Call)

在执行 SVC 指令时，就会产生 SVC 异常，通常用于运行操作系统的嵌入式系统中，它为应用程序提供了访问系统服务的入口。

5. 可挂起的系统调用(PendSV)

PendSV 是用于包含 OS(操作系统)的应用程序的另一个异常，在 SVC 指令执行后会马上开始 SVC 异常，PendSV 在这点上有所不同，它可以延迟执行，在 OS 上使用 PendSV 可以确保高优先级任务完成后才执行系统调度。

6. 系统滴答(SysTick)

NVIC 中的 SysTick 定时器为 OS 应用可以使用的另外一个特性。几乎所有操作系统的运行都需要上下文(现场)切换，而这一过程通常需要依靠定时器来完成。Cortex-M0 内集成了一个简单的定时器，这样使得操作系统的移植更加容易。在实际应用中，SysTick 为选配。

7. 外部中断

Cortex-M0 微控制器可以支持 1～32 个外部中断，中断信号可以连接到片上外设，也可以通过 I/O 端口连接到外部中断源上。根据微控制器设计的不同，有些情况下，外部中断的数目可能与 Cortex-M0 处理器的中断个数不同。

只有用户使能外部中断后，才能使用它。如果禁止了外部中断，或者处理器正在运行另一个相同或者更高优先级的异常处理，则将中断请求保存在挂起状态寄存器中。当处理完高优先级的中断或返回后，才能执行挂起的中断请求。对于 NVIC 来说，可接受的中断请求信号可以是高逻辑电平，也可以是中断脉冲(最少为一个时钟周期)。

注：(1)在 MCU 外部接口中，外部中断信号可以是高电平也可以是低电平，或者可以通过编程配置。

(2) 程序可以修改外部中断的优先级。

思考与练习 2-21：说明在 Cortex-M0 中异常的定义，以及处理异常的过程。

思考与练习 2-22：根据图 2.17 说明处理中断嵌套的过程。

思考与练习 2-23：说明在 Cortex-M0 中向量表所实现的功能。

思考与练习 2-24：说明在 Cortex-M0 中异常的类型。

第3章 Cortex-M0指令集

本章介绍 ARM Cortex-M0 指令集，内容包括：Thumb 指令集、Cortex-M0 汇编语言格式、寄存器访问指令（MOVE）、存储器访问指令（LOAD 和 STORE）、多数据访问指令、堆栈访问指令、算术指令、逻辑操作指令、移位操作指令、反序操作指令、扩展操作指令、程序流控制指令、存储器屏蔽指令、异常相关指令和其他指令。

本章为后续学习汇编语言和 C 语言编程模型打下基础。

3.1 Thumb 指令集

早期的 ARM 处理器使用了 32 位指令集，称为 ARM 指令。该指令集具有较高的运行性能。与 8 位和 16 位的处理器相比，有更大的程序存储空间，但是也带来了较大的功耗。

在 1995 年，16 位的 Thumb-1 指令集首先应用在 ARM7TDMI 处理器上，它是 ARM 指令集的子集。与 32 位的 RISC 结构相比，它提供了更好的代码密度，将代码长度减少了 30%，但是性能也降低了 20%。通过使用多路复用器，它能与 ARM 指令集一起使用，如图 3.1 所示。

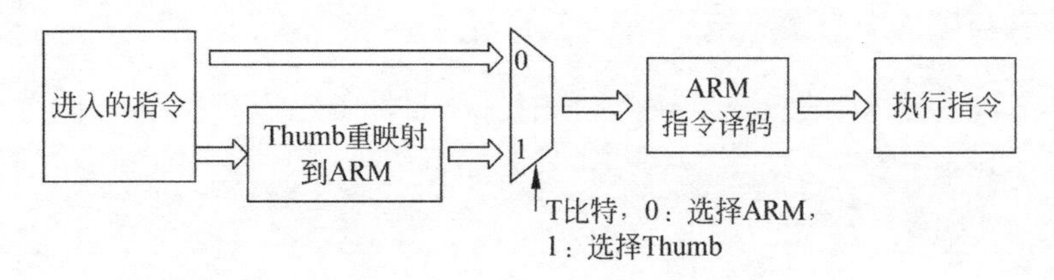

图 3.1 Thumb 指令选择

Thumb-2 指令集由 32 位的 Thumb 指令和最初的 16 位 Thumb 指令组成，与 32 位的 ARM 指令集相比，代码长度减少了 26%，并保持相似的运行性能。

Cortex-M0 采用了 ARMv6-M 的结构，将电路规模降低到最小，它采用了 16 位 Thumb-1 的超集，以及 32 位 Thumb-2 的最小子集。表 3.1 给出了 Cortex-M0 支持的 16 位 Thumb 指令，表 3.2 给出了 Cortex-M0 支持的 32 位 Thumb 指令。

表 3.1 Cortex-M0 支持的 16 位 Thumb 指令

ADCS	ADDS	ADR	ANDS	ASRS	B	BIC	BLX	BKPT	BX
CMN	CMP	CPS	EORS	LDM	LDR	LDRH	LDRSH	LDRB	LDRSB
LSLS	LSRS	MOV	MVN	MULS	NOP	ORRS	POP	PUSH	REV
REV16	REVSH	ROR	RSB	SBCS	SEV	STM	STR	STRH	STRB
SUBS	SVC	SXTB	SXTH	TST	UXTB	UXTH	WFE	WFI	YIELD

表 3.2 Cortex-M0 支持的 32 位 Thumb 指令

BL	DSB	DMB	ISB	MRS	MSR				

思考与练习 3-1：说明 Thumb 指令集的主要特点。

思考与练习 3-2：说明 Thumb-1 指令集和 Thumb-2 指令集的区别。

3.2 Cortex-M0 汇编语言格式

ARM 汇编语言(适用于 ARM RealView 开发组件和 Keil)使用下面的指令格式：

```
标号
助记符 操作数 1, 操作数 2, …                                    ;注释
```

其中：

(1) 标号：用作地址位置的参考，即符号地址。

(2) 助记符：指令的汇编符号表示。

(3) 操作数 1：目的操作数。

(4) 操作数 2：源操作数。

(5) 注释：在符号“;”后表示对该行指令的注解。注解的存在不影响汇编器对该行指令的理解。

注：对于不同类型的指令，操作数数量也会有所不同。有些指令不需要任何操作数，而有些指令只需要一个操作数。

下面的指令

```
MOVS R3, #0x11
```

将立即数 0x11 复制到 R3 寄存器。

注：可以通过 ARM 汇编器(armasm)或者不同厂商的汇编工具(GNU 工具链)对该代码进行汇编将其转换成机器指令。当使用 GNU 工具链时，对标号和注释的语法会稍有不同。

Cortex-M0 的一些指令，需要在其后面添加后缀，如表 3.3 所示。

表 3.3 后缀及含义

后 缀	标 志	含 义
S	-	更新 APSR (标志)
EQ	Z=1	等于

续表

后　缀	标　志	含　义
NE	Z=0	不等于
CS/HS	C=1	高或者相同，无符号
CC/LO	C=0	低，无符号
MI	N=1	负数
PL	N=0	正数或零
VS	V=1	溢出
VC	V=0	无溢出
HI	C=1 和 Z=0	高，无符号
LS	C=0 或 Z=1	低或者相同，无符号
GE	N=V	大于或者等于，有符号
LT	N!=V	小于，有符号
GT	Z=0 和 N=V	大于，有符号
LE	Z=1 和 N!=V	小于等于，有符号

思考与练习 3-3：说明 Cortex-M0 汇编语言指令的格式及特点。

3.3　寄存器访问指令：MOVE

本节介绍寄存器访问指令：MOVE，下面对该类指令进行详细说明。

1）MOV <Rd>，#immed8

该指令将立即数 immed8（范围 0～255）复制到寄存器 Rd 中。下面的指令

```
MOV R0, #0x31
```

将寄存器 R1 的内容复制到寄存器 R0 中。

2）MOV <Rd>，<Rm>

该指令将 Rm 寄存器的内容复制到 Rd 寄存器中。下面的指令

```
MOV R0, R1
```

将寄存器 R1 的内容复制到寄存器 R0 中。

3）MOVS <Rd>，<Rm>

该指令将 Rm 寄存器的内容复制到 Rd 寄存器中，并且更新 APSR 寄存器中的 Z 和 N 标志。下面的指令

```
MOVS R0, R1
```

将寄存器 R1 的内容复制到寄存器 R0 中，并且更新 APSR 寄存器中的标志。

4）MOVS <Rd>，#immed8

该指令将立即数 immed8（范围 0～255）复制到寄存器 Rd 中，并且更新 APSR 寄存器中的 Z 和 N 标志。下面的指令

```
MOVS R0, #0x31
```

将数字 0x31（十六进制）复制到寄存器 R0 中，并且更新 APSR 寄存器中的 Z 和 N 标志。

5）MRS < Rd >，< SpecialReg >

该指令将由 SpecialReg 标识的特殊寄存器内容复制到寄存器 Rd 中，该指令不影响 APSR 寄存器中的任何标志位。下面的指令

```
MRS R1, CONTROL
```

将 CONTROL 寄存器的内容复制到寄存器 R1 中。

6）MSR < SpecialReg >，< Rd >

该指令将寄存器 Rd 中的内容复制到 SpecialReg 标识的特殊寄存器中，该指令影响 APSR 寄存器中的 N、Z、C 和 V 标志，下面的指令

```
MSR PRIMASK, R0
```

将寄存器 R0 的内容复制到 PRIMASK 寄存器中。

注：SpecialReg 所标识的特殊寄存器可以是以下任意一个：APSR、IPSR、EPSR、IEPSR、IAPSR、EAPSR、PSR、MSP、PSP、PRIMASK 或 CONTROL。

思考与练习 3-4：说明下面指令所实现的功能。

(1) MOVS R0，#0x000B ________

(2) MOVS R1，#0x0 ________

(3) MOV R10，R12 ________

(4) MOVS R3，#23 ________

(5) MOV R8，SP ________

3.4 存储器访问指令：LOAD

本节介绍存储器访问指令：LOAD，下面对该指令进行详细说明，该指令不影响 APSR 寄存器中的任何标志位。

1. LDR < Rt >，[< Rn >,< Rm >]

该指令从[< Rn >+< Rm >]寄存器所指向存储器的地址中取出一个字(32 位)，并将其复制到寄存器 Rt 中。下面的指令

```
LDR R0, [R1, R2]
```

从[R1+R2]所指向存储器的地址中取出一个字(32 位)，并将其复制到寄存器 R0 中。

2. LDRH < Rt >，[< Rn >,< Rm >]

该指令从[< Rn >+< Rm >]寄存器所指向存储器的地址中取出半个字(16 位)，将其复制到寄存器 Rt 的[15:0]位中，并将寄存器 Rt 的[31:16]位清零。下面的指令

```
LDRH R0, [R1,R2]
```

从[R1+R2]所指向存储器的地址中取出半个字(16 位),将其复制到寄存器 R0 的[15:0]位中。

3. LDRB <Rt>, [<Rn>,<Rm>]

该指令从[<Rn>+<Rm>]寄存器所指向存储器的地址中取出一个字节(8 位),将其复制到寄存器 Rt 的[7:0]位中,并将寄存器 Rt 的[31:8]位清零。下面的指令

```
LDRB R0, [R1, R2]
```

从[R1+R2]寄存器所指向存储器中,取出一个字节(8 位),并将其复制到寄存器 R0 的[7:0]位中。

4. LDR <Rt>, [<Rn>,#immed5]

该指令从[<Rn> +零扩展(#immed5 << 2)]指向存储器的地址中取出一个字(32 位),并将其复制到寄存器 Rt 的[31:0]位中。下面的指令

```
LDR R0,[R1, #0x4]
```

从[R1+0x4]所指向存储器的地址中取出一个字(32 位),并将其复制到寄存器 R0 中。

注:零扩展(#immed5 << 2)表示给出立即数#immed5 的范围为 0000000～1111111,并且满足字对齐关系,即#immed5%4=0。

下面的指令非法:

```
LDR R0,[R1,#80]                    ;立即数超过范围
LDR R0,[R1,#7E]                    ;立即数 7E 没有字对齐
```

5. LDRH <Rt>, [<Rn>,#immed5]

该指令从[<Rn> +零扩展(#immed5 << 1)]指向存储器的地址中取出半个字(16 位),并将其复制到寄存器 Rt 的[15:0]位中,用零填充[31:16]位。下面的指令

```
LDRH R0, [R1, #0x2]
```

从[(R1) + (0x2)]指向存储器的地址中取出半个字(16 位),并将其复制到寄存器 R0 的[15:0]中,[31:16]用零填充。

注:零扩展(#immed5 << 1)表示给出立即数#immed5 的范围为 000000～111111,并且满足字对齐关系,即#immed5%2=0。

下面的指令非法:

```
LDRH R0,[R1,#40]                   ;立即数超过范围
LDRH R0,[R1,#3F]                   ;立即数 3F 没有半字对齐
```

6. LDRB <Rt>, [<Rn>,#immed5]

该指令从[<Rn> +零扩展(#immed5)]指向存储器的地址中取出一个字节(8 位),并将其复制到寄存器 Rt 的[7:0]位中,用零填充[31:8]位。下面的指令

```
LDRB R0, [R1, #0x1]
```

从[(R1) ＋ 0x01]指向存储器的地址中取出一个字节,并将其复制到寄存器 Rt 的[7:0]中。

注:零扩展(＃immed5)表示给出立即数＃immed5 的范围为 00000～11111,这就是＃immed5 所表示的真正含义。

7. LDR < Rt >, ＝立即数

该指令将立即数加载到寄存器 Rt 中。

下面的指令

```
LDR R0, = 0x12345678
```

将立即数 0x12345678 的值复制到寄存器 R0 中。

8. LDR < Rt >, [PC (SP), ＃immed8]

该指令从[PC (SP) ＋零扩展(＃immed8 << 2)]指向存储器的地址中取出一个字,并将其复制到寄存器 Rt 中。下面的指令

```
LDR R0, [PC, ＃0x04]
```

从[(PC) ＋ 0x04]指向存储器的地址中取出一个字,并将其复制到寄存器 R0 中。

注:零扩展(＃immed8 << 2)表示给出立即数＃immed8 的范围为 0000000000～1111111111,并且满足字对齐关系,即＃immed8％4＝0。

9. LDRSH < Rt >, [< Rn >,< Rm >]

该指令从[Rn＋Rm]所指向的存储器中取出半个字(16 位),并将其复制到 Rt 寄存器的[15:0]位中。对于[31:16]来说,取决于第[15]位,采用符号扩展:

(1) 当该位为 1 时,[31:16]各位均用 1 填充;

(2) 当该位为 0 时,[31:16]各位均用 0 填充。

下面的指令

```
LDRSH R0, [R1, R2]
```

从[R1＋R2]所指向的存储器地址中取出半个字(16 位),并将其复制到 R0 寄存器的[15:0]位中,并进行符号扩展。

10. LDRSB < Rt >, [< Rn >,< Rm >]

该指令从[Rn＋Rm]所指向存储器的地址中取出一个字节(8 位),并将其复制到 Rt 寄存器[7:0]中。对于[31:8]来说,取决于第[7]位,采用符号扩展:

(1) 当该位为 1 时,[31:8]各位均用 1 填充;

(2) 当该位为 0 时,[31:8]各位均用 0 填充。

下面的指令

```
LDRSB R0, [R1, R2]
```

从[R1＋R2]所指向的存储器中取出一个字节(8 位),并将其复制到 R0 寄存器的[7:0]位

中，并进行符号扩展。

思考与练习 3-5：说明下面指令所实现的功能。

(1) LDR R1，=0x54000000 ________________

(2) LDRSH R1，[R2，R3] ________________

(3) LDR R0，LookUpTable ________________

(4) LDR R3，[PC，#100] ________________

3.5 存储器访问指令：STORE

本节介绍存储器访问指令：STORE，下面对该指令进行详细说明，该指令不影响APSR寄存器中的任何标志位。

1. STR <Rt>，[<Rn>,<Rm>]

该指令将Rt寄存器中的字数据复制到[<Rn>+<Rm>]所指向存储器的地址单元中。下面的指令

```
STR R0, [R1, R2]
```

将R0寄存器中的字数据复制到[R1+R2]所指向存储器的地址单元中。

2. STRH <Rt>，[<Rn>,<Rm>]

该指令将Rt寄存器的半字，即[15:0]位复制到[<Rn>+<Rm>]所指向存储器的地址单元中。下面的指令

```
STRH R0,[R1, R2]
```

将R0寄存器中的[15:0]位数据复制到[R1+R2]所指向存储器的地址单元中。

3. STRB <Rt>，[<Rn>,<Rm>]

该指令将Rt寄存器的字节，即[7:0]位复制到[<Rn>+<Rm>]所指向存储器的地址单元中。下面的指令

```
STRB R0, [R1, R2]
```

将R0寄存器中的[7:0]位复制到[R1+R2]所指向存储器的地址单元中。

4. STR <Rt>，[<Rn>,#immed5]

该指令将Rt寄存器的字数据复制到[<Rn> +零扩展(#immed5 << 2)]所指向存储器地址的单元中。下面的指令

```
STR R0, [R1, #0x4]
```

将R0寄存器的字复制到[R1+ 0x04 << 2)]所指向存储器的地址单元中。

注：零扩展(# immed5 << 2)表示给出立即数#immed5的范围为0000000～

1111111，并且满足字对齐关系，即#immed5%4=0。

5. STRH < Rt >, [< Rn >, #immed5]

该指令将Rt寄存器的半字数据，即[15:0]位复制到[< Rn > +零扩展(#immed5 << 1)]所指向存储器的地址单元中。下面的指令

```
STRH R0,[R1, #0x2]
```

将R0寄存器的半字，即[15:0]位复制到[R1 + 0x2]所指向存储器的地址单元中。

注：零扩展(#immed5 << 1)表示给出立即数#immed5的范围为000000～111111，并且满足字对齐关系，即#immed5%2=0。

6. STRB < Rt >, [< Rn >, #immed5]

该指令将Rt寄存器的字节数据复制到[< Rn > +零扩展(#immed5)]所指向存储器的单元中。下面的指令

```
STRB R0,[R1, #0x1]
```

将R0寄存器的字节[7:0]位复制到[R1+ 0x01]所指向存储器的地址单元中。

注：零扩展(#immed5)表示给出立即数#immed5的范围为00000～11111，这就是#immed5所表示的真正含义。

7. STR < Rt >, [SP, #immed8]

该指令将Rt寄存器中的字数据复制到[SP +零扩展(#immed5 << 2)]所指向存储器地址的单元中。下面的指令

```
STRB R0,[SP, #0x4]
```

将R0寄存器的字数据复制到[SP + (0x4)]所指向存储器的地址单元中。

注：零扩展(#immed8 << 2)表示给出立即数#immed8的范围为0000000000～1111111111，并且满足字对齐关系，即#immed8%4=0。

思考与练习3-6：说明下面指令所实现的功能。

(1) STR R0, [R5, R1]____________________

(2) STR R2, [R0, #const-struc]____________________

3.6 多数据访问指令：LDM和STM

本节介绍多数据访问指令，下面对这些指令进行详细说明。

1. LDM < Rn >, {< Ra >, < Rb >, …}

该指令将存储器的内容加载到多个寄存器中。下面的指令

```
LDM R0, {R1, R2 - R7}
```

实现以下操作：

(1) 将寄存器 R0 所指向存储器地址单元的内容复制到寄存器 R1 中；

(2) 将寄存器 R0＋4 所指向存储器地址单元的内容复制到寄存器 R2 中；

(3) 将寄存器 R0＋8 所指向存储器地址单元的内容复制到寄存器 R3 中；

⋮

(7) 将寄存器 R0＋24 所指向存储器地址单元的内容复制到寄存器 R7 中。

2. LDMIA <Rn>!, {<Ra>, <Rb>, …}

该指令将存储器的内容加载到多个寄存器中，然后将 Rn 的值更新到最后一个地址＋4 的值。下面的指令

```
LDMIA R01, {R1, R2 - R7}
```

实现以下操作：

(1) 将寄存器 R0 所指向存储器地址单元的内容复制到寄存器 R1 中；

(2) 将寄存器 R0＋4 所指向存储器地址单元的内容复制到寄存器 R2 中；

(3) 将寄存器 R0＋8 所指向存储器地址单元的内容复制到寄存器 R3 中；

⋮

(7) 将寄存器 R0＋24 所指向存储器地址单元的内容复制到寄存器 R7 中。

最后，将 R0 的值更新到最初 R0＋24＋4 的值。

注：！表示更新寄存器 Rn 的值。

3. STMIA <Rn>!, {<Ra>, <Rb>, …}

该指令将多个寄存器的内容保存到存储器中，然后将 Rn 的值递增到最后一个地址＋4 的值。下面的指令

```
STMIA R01, {R1, R2 - R7}
```

实现以下操作：

(1) 将寄存器 R1 的内容复制到寄存器 R0 所指向存储器地址的单元中；

(2) 将寄存器 R2 的内容复制到寄存器 R0＋4 所指向存储器地址的单元中；

(3) 将寄存器 R3 的内容复制到寄存器 R0＋8 所指向存储器地址的单元中；

⋮

(7) 将寄存器 R7 的内容复制到寄存器 R0＋24 所指向存储器地址的单元中。

最后，将 R0 的值更新到最初 R0＋24＋4 的值。

注：(1) !表示更新寄存器 Rn 的值。

(2) 可用的寄存器范围为 R0～R7。

(3) 对于 STM 来说，如果 Rn 也出现在列表中，则 Rn 应该是列表中的第一个寄存器。

思考与练习 3-7：说明下面指令所实现的功能。

(1) LDM R0,{R0,R3,R4} ________________

(2) STMIA R1!,{R2-R4,R6} ________________

3.7 堆栈访问指令：PUSH 和 POP

本节介绍堆栈访问指令：PUSH 和 POP，下面对这些指令进行详细说明。

1. PUSH {< Ra >, < Rb >, …}

该指令将一个/多个寄存器保存到寄存器（入栈），并且更新堆栈指针寄存器。下面的指令

```
PUSH {R0, R1, R2 }
```

实现以下操作：

(1) 将寄存器 R0 中的内容保存到 SP－4 所指向堆栈空间的地址单元中；

(2) 将寄存器 R1 中的内容保存到 SP－8 所指向堆栈空间的地址单元中；

(3) 将寄存器 R2 中的内容保存到 SP－12 所指向堆栈空间的地址单元中。

最后，将 SP－12 的结果作为 SP 最终的值。

2. POP {< Ra >, < Rb >, …}

该指令将存储器中的内容恢复到多个寄存器中，并且更新堆栈指针寄存器。下面的指令

```
POP { R0, R1, R2 }
```

实现以下操作：

(1) 将 SP 所指向堆栈空间地址单元的内容恢复到寄存器 R2 中；

(2) 将 SP＋4 所指向堆栈空间地址单元的内容恢复到寄存器 R1 中；

(3) 将 SP＋8 所指向堆栈空间地址单元的内容恢复到寄存器 R0 中。

最后，将 SP＋12 的结果作为 SP 最终的值。

思考与练习 3-8：说明下面指令所实现的功能。

(1) PUSH {R0,R4-R7} ________________________

(2) PUSH {R2,LR} ________________________

(3) POP {R0,R6,PC} ________________________

3.8 算术运算指令

本节介绍算术运算指令，包括加法指令、减法指令和乘法指令。

3.8.1 加法指令

1. ADDS < Rd >, < Rn >, < Rm >

该指令将 Rn 寄存器的内容和 Rm 寄存器的内容相加，结果保存在寄存器 Rd 中，并

更新寄存器 APSR 中的 N、Z、C 和 V 标志。下面的指令

```
ADDS R0, R1, R2
```

将 R1 寄存器的内容和 R2 寄存器的内容相加，结果保存在寄存器 R0 中，并且更新寄存器 APSR 中的标志。

2. ADDS <Rd>, <Rn>, #immed3

该指令将 Rn 寄存器的内容和立即数 #immed3（该立即数的范围为 000～111）相加，结果保存在寄存器 Rd 中，并更新寄存器 APSR 中的 N、Z、C 和 V 标志。下面的指令

```
ADDS R0,R1, #0x01
```

将 R1 寄存器的内容和立即数 0x01 相加，结果保存在寄存器 R0 中，并且更新寄存器 APSR 中的标志。

3. ADDS <Rd>, #immed8

该指令将 Rd 寄存器的内容和立即数 #immed8（该立即数的范围为 00000000～11111111）相加，结果保存在寄存器 Rd 中，并更新寄存器 APSR 中的 N、Z、C 和 V 标志。下面的指令

```
ADDS R0, #0x01
```

将 R0 寄存器的内容和立即数 0x01 相加，结果保存在寄存器 R0 中，并更新寄存器 APSR 中的标志。

4. ADD <Rd>, <Rm>

该指令将 Rd 寄存器的内容和 Rn 寄存器的内容相加，结果保存在寄存器 Rd 中，不更新寄存器 APSR 中的标志。下面的指令

```
ADD R0, R1
```

将 R0 寄存器的内容和 R1 寄存器的内容相加，结果保存在寄存器 R0 中，不更新寄存器 APSR 中的标志。

5. ADCS <Rd>, <Rm>

该指令将 Rd 寄存器的内容、Rm 寄存器的内容和进位标志相加，结果保存在寄存器 Rd 中，并更新寄存器 APSR 中的 N、Z、C 和 V 标志。下面的指令

```
ADCS R0, R1
```

将 R0 寄存器的内容、R1 寄存器的内容和进位标志相加，结果保存在寄存器 R0 中，并且更新寄存器 APSR 中的标志。

6. ADD <Rd>, PC, #immed8

该指令将 PC 寄存器的内容和立即数 #immed8 相加，结果保存在寄存器 Rd 中，不

更新寄存器 APSR 中的标志。下面的指令

```
ADD R0, PC, #0x04
```

将 PC 寄存器的内容和立即数 0x04 相加，结果保存在寄存器 R0 中，不更新寄存器 APSR 中的标志。

注：该立即数#immed8 的范围为 0x00000000～0x000003FF，且#immed8%4=0。

7. ADR <Rd>,<标号>

该指令将 PC 寄存器的内容与标号所表示的偏移量进行相加，结果保存在寄存器 Rd 中，不更新 APSR 中的标志。下面的指令

```
ADR R3, JumpTable
```

将 JumpTable 的地址加载到寄存器 R3 中。

注：标号必须是字对齐，且范围在 0～1020 个字节内，可以在汇编语言中使用 ALIGN 命令实现标号的字对齐。

3.8.2 减法指令

1. SUBS <Rd>, <Rn>, <Rm>

该指令将寄存器 Rn 的内容减去寄存器 Rm 的内容，结果保存在 Rd 中，并且更新寄存器 APSR 寄存器中的 N、Z、C 和 V 标志。下面的指令

```
SUBS R0, R1, R2
```

将寄存器 R1 的内容减去寄存器 R2 的内容，结果保存在 R0 中，并且更新寄存器 APSR 寄存器中的标志。

2. SUBS <Rd>, <Rn>, #immed3

该指令将 Rn 寄存器的内容和立即数#immed3(该立即数的范围为 000～111)相减，结果保存在寄存器 Rd 中，并且更新寄存器 APSR 中的 N、Z、C 和 V 标志。下面的指令

```
SUBS R0, R1, #0x01
```

将 R1 寄存器的内容和立即数 0x01 相减，结果保存在寄存器 R0 中，并且更新寄存器 APSR 中的标志。

3. SUBS <Rd>, #immed8

该指令将 Rd 寄存器的内容和立即数#immed8(该立即数的范围为 00000000～11111111)相减，结果保存在寄存器 Rd 中，并更新寄存器 APSR 中的 N、Z、C 和 V 标志。下面的指令

```
SUBS R0, #0x01
```

将 R0 寄存器的内容和立即数 0x01 相减，结果保存在寄存器 R0 中，并且更新寄存器 APSR 中的标志。

4. SBCS <Rd>, <Rd>, <Rm>

该指令将 Rd 寄存器的内容、Rm 寄存器的内容和借位标志相减，结果保存在寄存器 Rd 中，并且更新寄存器 APSR 中的 N、Z、C 和 V 标志。下面的指令

```
SBCS R0, R0, R1
```

将 R0 寄存器的内容、R1 寄存器的内容和借位标志相减，结果保存在寄存器 R0 中，并且更新寄存器 APSR 中的标志。

5. RSBS <Rd>, <Rm>, #0

该指令用数字 0 减去寄存器 Rm 中的内容，结果保存在寄存器 Rd 中，并且更新寄存器 APSR 中的 N、Z、C 和 V 标志。下面的指令

```
RSBS R0, R0, #0
```

用数字 0 减去寄存器 R0 中的内容，结果保存在寄存器 R0 中，并且更新寄存器 APSR 中的标志。

3.8.3 乘法指令

MULS <Rd>, <Rm>, <Rd>

该寄存器将寄存器 Rm 的内容和寄存器 Rd 的内容相乘，结果保存在 Rd 寄存器中，并且更新寄存器 APSR 中的 N、Z、C 和 V 标志。下面的指令

```
MULS R0, R1, R0
```

将寄存器 R1 的内容和寄存器 R0 的内容相乘，结果保存在 R0 寄存器中，并且更新寄存器 APSR 中的标志。

3.8.4 比较指令

1. CMP <Rn>, <Rm>

该指令比较寄存器 Rn 和寄存器 Rm 的内容，得到(Rn)－(Rm)的结果，但不保存该结果，并且更新寄存器 APSR 中的 N、Z、C 和 V 标志。下面的指令

```
CMP R0, R1
```

比较寄存器 R0 和寄存器 R1 的内容，得到(R0)－(R1)的结果，但不保存该结果，并且更新寄存器 APSR 中的标志。

2. CMP <Rn>, #immed8

该指令将寄存器 Rn 的内容和立即数 # immed8（其范围为 0x00000000～0x000000FF）进行比较，得到(Rn)－#immed8 的结果，但不保存该结果，并且更新寄存器 APSR 中的 N、Z、C 和 V 标志。下面的指令

```
CMP R0, #0x01
```

将寄存器 R0 的内容和立即数#0x01 进行比较，得到(R0)－0x01 的结果，但不保存该结果，并且更新寄存器 APSR 中的标志。

3. CMN <Rn>, <Rm>

该指令比较寄存器 Rn 的内容和对寄存器 Rm 取反后内容，得到(Rn)＋(Rm)的结果，但不保存该结果，并且更新寄存器 APSR 中的 N、Z、C 和 V 标志。下面的指令

```
CMN R0, R1
```

比较寄存器 R0 和对寄存器 R1 取反后的内容，得到(R0)＋(R1)的结果，但不保存该结果，并且更新寄存器 APSR 中的标志。

思考与练习 3-9：将保存在寄存器 R0 和 R1 内的 64 位整数，与保存在寄存器 R2 和 R3 内的 64 位整数相加，结果保存在寄存器 R0 和 R1 中。使用 ADDS 和 ADCS 指令实现该 64 位整数的相加功能。

思考与练习 3-10：将保存在寄存器 R1、R2 和 R3 内的 96 位整数，与保存在寄存器 R4、R5 和 R6 内的 96 位整数相减，结果保存在寄存器 R4、R5 和 R6 中。使用 SUBS 和 SBCS 指令实现该 96 位整数的相减功能。

3.9 逻辑操作指令

本节介绍逻辑操作指令，下面对这些指令进行详细说明。

1. ANDS <Rd>, <Rm>

该指令将寄存器 Rd 和寄存器 Rm 中的内容做“逻辑与”运算，结果保存在寄存器 Rd 中，并且更新寄存器 APSR 中的 N 和 Z 标志。下面的指令

```
ANDS R0, R1
```

将寄存器 R0 和寄存器 R1 中的内容进行“逻辑与”运算，结果保存在寄存器 R0 中，并且更新寄存器 APSR 中的标志。

2. ORRS <Rd>, <Rm>

该指令将寄存器 Rd 和寄存器 Rm 中的内容进行“逻辑或”运算，结果保存在寄存器 Rd 中，并且更新寄存器 APSR 中的 N 和 Z 标志。下面的指令

```
ORRS R0, R1
```

将寄存器 R0 和寄存器 R1 中的内容进行“逻辑或”运算，结果保存在寄存器 R0 中，并且更新寄存器 APSR 中的标志。

3. EORS <Rd>, <Rm>

该指令将寄存器 Rd 和寄存器 Rm 中的内容进行“逻辑异或”运算，结果保存在寄存器 Rd 中，并且更新寄存器 APSR 中的 N 和 Z 标志。下面的指令

```
EORS R0, R1
```

将寄存器 R0 和寄存器 R1 中的内容进行“逻辑异或”运算，结果保存在寄存器 R0 中，并且更新寄存器 APSR 中的标志。

4. MVNS <Rd>, <Rm>

该指令将寄存器 Rm 的[31:0]位按位进行“逻辑取反”运算，结果保存在寄存器 Rd 中，并且更新寄存器 APSR 中的 N 和 Z 标志。下面的指令

```
MVNS R0, R1
```

将寄存器 R1 的[31:0]位按位进行“逻辑取反”运算，结果保存在寄存器 R0 中，并且更新寄存器 APSR 中的标志。

5. BICS <Rd>, <Rm>

该指令将寄存器 Rm 的[31:0]位按位进行“逻辑取反”运算，然后与寄存器 Rd 中的[31:0]位进行“逻辑与”运算，结果保存在寄存器 Rd 中，并且更新寄存器 APSR 中的 N 和 Z 标志。下面的指令

```
BICS R0, R1
```

将寄存器 R1 的[31:0]位按位进行“逻辑取反”运算，然后与寄存器 R0 中的[31:0]位进行“逻辑与”操作，结果保存在寄存器 R0 中，并且更新寄存器 APSR 中的标志。

6. TST <Rd>, <Rm>

该指令将寄存器 Rd 和寄存器 Rm 中的内容进行“逻辑与”运算，但是不保存结果，并且更新寄存器 APSR 中的 N 和 Z 标志。下面的指令

```
TST R0, R1
```

将寄存器 R0 和寄存器 R1 中的内容进行“逻辑与”运算，但是不保存结果，并且更新寄存器 APSR 中的标志。

思考与练习 3-11：说明下面指令所实现的功能。

(1) ANDS R2, R2, R1 ______________________

(2) ORRS R2, R2, R5 ______________________

(3) ANDS R5, R5, R8 ______________________

(4) EORS R7, R7, R6 ______________________________

(5) BICS R0, R0, R1 ______________________________

3.10 移位操作指令

本节介绍右移和左移操作指令,下面对这些指令进行详细介绍。

3.10.1 右移指令

1. ASRS < Rd >, < Rm >

该指令执行算术右移操作。将保存在寄存器 Rd 中的数据向右移动 Rm 所指定的次数,移位的结果保存在寄存器 Rd 中,即 Rd=Rd >> Rm。在右移过程中,最后移出去的位保存在寄存器 APSR 的 C 标志中,同时更新 N 和 Z 标志。在算术右移时,最高位的规则如图 3.2(a)所示。下面的指令

```
ASRS R0, R1
```

将保存在寄存器 R0 中的数据向右移动 R1 所指定的次数,移位的结果保存在寄存器 R0 中。在右移过程中,最后移出去的位保存在寄存器 APSR 的 C 标志中,同时更新 N 和 Z 标志。

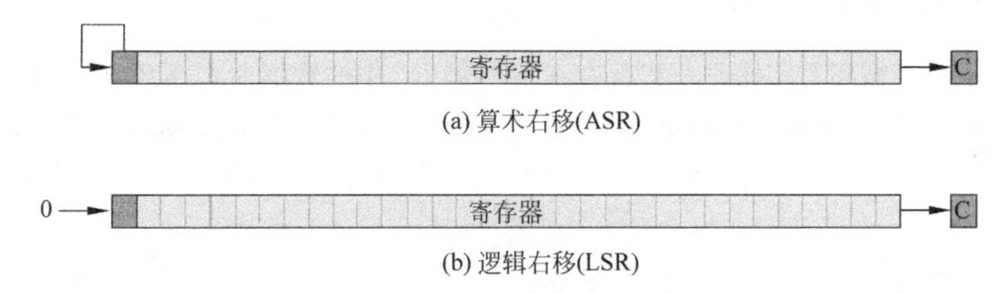

(a) 算术右移(ASR)

(b) 逻辑右移(LSR)

图 3.2 算术和逻辑右移操作

2. ASRS < Rd >, < Rm >, #immed5

该指令执行算术右移操作。将保存在寄存器 Rm 中的数据向右移动立即数 #immed5 所指定的次数(范围为 1～32),移位的结果保存在寄存器 Rd 中,即 Rd=Rm >> #immed5。在右移过程中,最后移出去的位保存在寄存器 APSR 的 C 标志中,同时更新 N 和 Z 标志。下面的指令

```
ASRS R0, R1, #0x01
```

将保存在寄存器 R1 中的数据向右移动 1 次,移位的结果保存在寄存器 R0 中。在右移过程中,最后移出去的位保存在寄存器 APSR 的 C 标志中,同时更新 N 和 Z 标志。

3. LSRS < Rd >, < Rm >

该指令执行逻辑右移操作。将保存在寄存器 Rd 中的数据向右移动 Rm 所指定的次

数，移位的结果保存在寄存器 Rd 中，即 Rd=Rd>>Rm。在右移过程中，最后移出去的位保存在寄存器 APSR 的 C 标志中，同时更新 N 和 Z 标志。在逻辑右移时，最高位的规则如图 3.2(b)所示。下面的指令

```
LSRS R0, R1
```

将保存在寄存器 R0 中的数据向右移动 R1 所指定的次数，移位的结果保存在寄存器 R0 中。在右移过程中，最后移出去的位保存在寄存器 APSR 的 C 标志中，同时更新 N 和 Z 标志。

4. LSRS <Rd>, <Rm>, #immed5

该指令执行逻辑右移操作。将保存在寄存器 Rm 中的数据向右移动立即数 #immed5 所指定的次数(范围为 1～32)，移位的结果保存在寄存器 Rd 中，即 Rd=Rm>> #immed5。在右移过程中，最后移出去的位保存在寄存器 APSR 的 C 标志中，同时更新 N 和 Z 标志。下面的指令

```
LSRS R0, R1, #0x01
```

将保存在寄存器 R1 中的数据向右移动 1 次，移位的结果保存在寄存器 R0 中。在右移过程中，最后移出去的位保存在寄存器 APSR 的 C 标志中，同时更新 N 和 Z 标志。

5. RORS <Rd>, <Rm>

该指令执行循环右移操作。将保存在寄存器 Rd 中的数据向右循环移动 Rm 所指定的次数，移位的结果保存在寄存器 Rd 中。在循环右移过程中，最后移出去的位保存在寄存器 APSR 的 C 标志中，同时更新 N 和 Z 标志。循环右移的规则如图 3.3 所示。

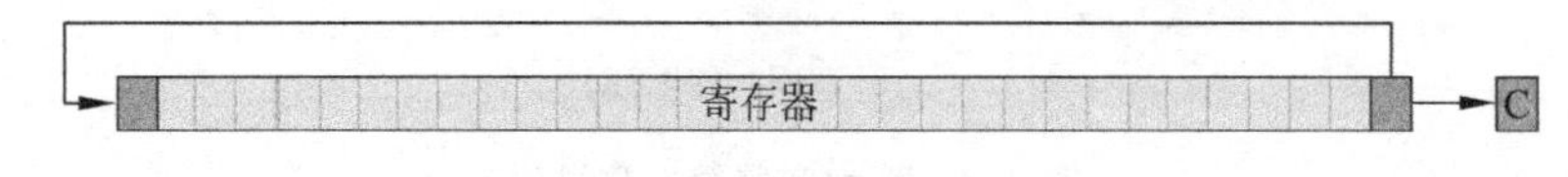

图 3.3 循环右移操作

下面的指令

```
RORS R0, R1
```

将保存在寄存器 R0 中的数据向右循环移动 R1 所指定的次数，移位的结果保存在寄存器 R0 中。在循环右移过程中，最后移出去的位保存在寄存器 APSR 的 C 标志中，同时更新 N 和 Z 标志。

3.10.2 左移指令

1. LSLS <Rd>, <Rm>

该指令执行逻辑左移操作。将保存在寄存器 Rd 中的数据向左移动 Rm 所指定的次数，移位的结果保存在寄存器 Rd 中，即 Rd=Rd<<Rm。在左移过程中，最后移出去的位

保存在寄存器 APSR 的 C 标志中，同时更新 N 和 Z 标志。循环右移的规则如图 3.4 所示。下面的指令

```
LSLS R0, R1
```

将保存在寄存器 R0 中的数据向左移动 R1 所指定的次数，移位的结果保存在寄存器 R0 中。在左移过程中，最后移出去的位保存在寄存器 APSR 的 C 标志中，同时更新 N 和 Z 标志。

图 3.4　逻辑左移操作

2. LSLS <Rd>, <Rm>, #immed5

该指令执行逻辑左移操作。将保存在寄存器 Rd 中的数据向左移动立即数 #immed5 所指定的次数(范围为 1～32)，移位的结果保存在寄存器 Rd 中，即 Rd＝Rm << #immed5。在左移过程中，最后移出去的位保存在寄存器 APSR 的 C 标志中，同时更新 N 和 Z 标志。下面的指令

```
LSLS R0, R1, #0x01
```

将保存在寄存器 R1 中的数据向左移动 1 次，移位的结果保存在寄存器 R0 中。在左移过程中，最后移出去的位保存在寄存器 APSR 的 C 标志中，同时更新 N 和 Z 标志。

思考与练习 3-12：说明下面指令所实现的功能。

(1) ASRS R7, R5, #9 ________________

(2) LSLS R1, R2, #3 ________________

(3) LSRS R4, R5, #6 ________________

(4) RORS R4, R4, R6 ________________

3.11　反序操作指令

本节介绍反序操作指令，下面对这些指令进行详细说明。

1. REV <Rd>, <Rm>

该指令将寄存器 Rm 中字节的顺序按逆序重新排列，结果保存在寄存器 Rd 中，如图 3.5 所示。

Bit[31:24] Bit[23:16] Bit[15:8] Bit[7:0]

图 3.5　REV 操作

下面的指令

```
REV R0, R1
```

将寄存器中 R1 的数据逆序重新排列，即{R1[7:0], R1[15:8], R1[23:16], R1[31:24]}，结果保存在寄存器 R0 中。

2. REV16 <Rd>, <Rm>

该指令将寄存器 Rm 中的内容以半字为边界，半字内的两个字节逆序重新排列，结果保存在寄存器 Rd 中，如图 3.6 所示。

下面的指令

```
REV16 R0, R1
```

将寄存器中 R1 的数据以半字为边界，半字内的字节按逆序重新排列，即{R1[23:16]，R1[31:24]，R1[7:0]，R1[15:8]}，结果保存在寄存器 R0 中。

3. REVSH <Rd>, <Rm>

该指令将寄存器 Rm 中的低半字内的两个字节逆序重新排列，结果保存在寄存器 Rd[15:0]中，对于 Rd[31:16]中的内容由交换字节后 R[7]的内容决定，即符号扩展，如图 3.7 所示。

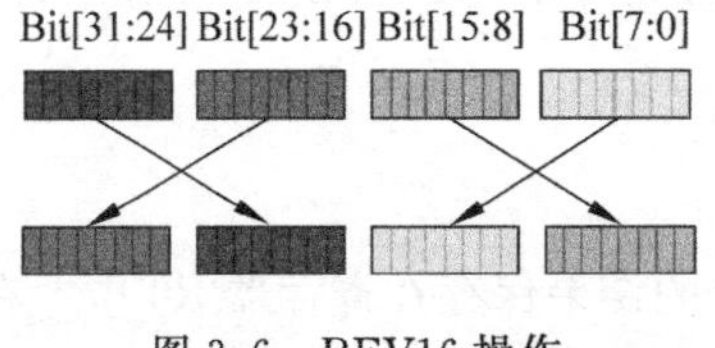

图 3.6　REV16 操作

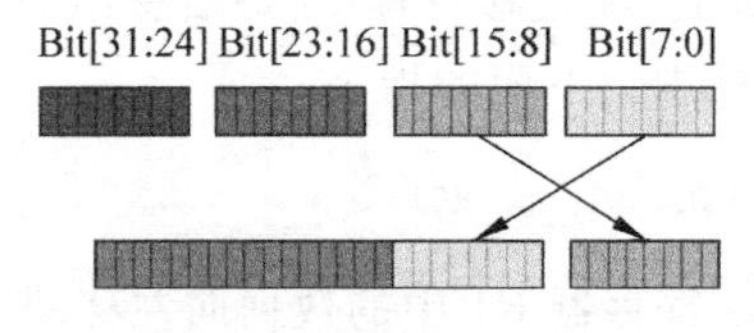

图 3.7　REVSH 操作

下面的指令

```
REVSH R0, R1
```

将寄存器中 R1 的低半字内的两个字节按逆序重新排列，结果保存在寄存器 R0[15:0]中，对于 R0[31:16]中的内容由交换字节后 R0[7]的内容决定，即符号扩展，表示为

```
R0 = 符号扩展{R1[7:0],R1[15:8]}
```

思考与练习 3-13：说明下面指令所实现的功能。

(1) REV R3，R7 ______________________________

(2) REV16 R0，R0 ______________________________

(3) REVSH R0，R5 ______________________________

3.12　扩展操作指令

本节介绍扩展操作指令，下面对这些指令进行详细说明。

1. SXTB <Rd>, <Rm>

将寄存器 Rm 中的[7:0]进行符号扩展，结果保存在寄存器 Rd 中。下面的指令

```
SXTB R0, R1
```

将寄存器 R1 中的[7:0]进行符号扩展，结果保存在寄存器 R0 中，表示为

```
R0 = 符号扩展{R1[7:0]}
```

2. SXTH <Rd>, <Rm>

将寄存器 Rm 中的[15:0]进行符号扩展，结果保存在寄存器 Rd 中。下面的指令

```
SXTH R0, R1
```

将寄存器 R1 中的[15:0]进行符号扩展，结果保存在寄存器 R0 中，表示为

```
R0 = 符号扩展{R1[15:0]}
```

3. UXTB <Rd>, <Rm>

将寄存器 Rm 中的[7:0]进行零扩展，结果保存在寄存器 Rd 中。下面的指令

```
UXTB R0, R1
```

将寄存器 R1 中的[7:0]进行零扩展，结果保存在寄存器 R0 中，表示为

```
R0 = 零扩展{R1[7:0]}
```

4. UXTH <Rd>, <Rm>

将寄存器 Rm 中的[15:0]进行零扩展，结果保存在寄存器 Rd 中。下面的指令

```
UXTH R0, R1
```

将寄存器 R1 中的[15:0]进行零扩展，结果保存在寄存器 R0 中，表示为

```
R0 = 零扩展{R1[15:0]}
```

思考与练习 3-14：说明下面指令所实现的功能。

(1) SXTH R4, R6 ____________________

(2) UXTB R3, R1 ____________________

3.13 程序流控制指令

本节介绍程序流控制指令，下面对这些指令进行详细说明。

1. B <label>

该指令表示无条件跳转到 label 所标识的地址，跳转地址为当前 PC±2048 字节的范围内。下面的指令

```
B loop
```

实现无条件跳转到 loop 标识的地址。

2. B < cond >< label >

有条件跳转指令，根据寄存器 APSR 中的 N、Z、C 和 V 标志，跳转到 label 所标识的地址。对于下面的指令来说：

```
BEQ loop
```

当寄存器 APSR 寄存器中的标志位 Z 为 1 时，将 PC 值修改为 loop 标号所标识的地址值，也就是跳转到标号为 loop 的位置执行程序。

注：具体条件的表示参考本章第 2 节所介绍的后缀含义。

3. BL < label >

该指令表示跳转和链接，跳转到一个地址，并且将返回地址保存到寄存器 LR 中。跳转地址为当前 PC±16M 字节的范围内。该指令通常用于调用一个子程序或者函数。一旦完成了函数，通过执行指令“BX LR”就可以返回。下面的指令

```
BL functionA
```

将 PC 值修改为 functionA 标号所表示的地址值，寄存器 LR 的值等于 PC+4。

4. BX < Rm >

该指令表示跳转和交换，跳转到寄存器所指定的地址，根据寄存器的第 0 位的值(1 表示 Thumb，0 表示 ARM)，在 ARM 和 Thumb 模式之间切换处理器的状态。下面的指令

```
BX R0
```

将 PC 值修改为 R0 寄存器内的内容，即 PC=R0。

5. BLX < Rm >

跳转和带有交换的链接。跳转到寄存器所指定的地址，将返回地址保存到寄存器 LR 中，并且根据寄存器的第 0 位的值(1 表示 Thumb，0 表示 ARM)，在 ARM 和 Thumb 模式之间切换处理器的状态。下面的指令

```
BLX R0
```

将 PC 值修改为 R0 寄存器内的内容，即 PC=R0，并且寄存器 LR 的值等于 PC+4。

思考与练习 3-15：说明下面指令所实现的功能。

(1) B loopA ________________

(2) BL funC ________________

(3) BX LR ________________

(4) BLX R0 ________________

(5) BEQ labelD ________________

3.14 存储器屏蔽指令

本节介绍存储器屏蔽指令,下面对这些指令进行详细说明。

1. DMB

数据存储器屏蔽指令。在提交新的存储器访问之前,确保已经完成所有的存储器访问。

2. DSB

数据同步屏蔽指令。在执行下一条指令前,确保已经完成所有的存储器访问。

3. ISB

指令同步屏蔽指令。在执行新的指令前,刷新流水线,确保已经完成先前所有的指令。

3.15 异常相关指令

本节介绍异常相关指令,下面对这些指令进行详细说明。

1. SVC <immed8>

管理员调用指令,触发 SVC 异常。下面的指令

```
SVC ＃3
```

表示触发 SVC 异常,其参数为 3。

2. CPS

该指令修改处理器的状态,使能/禁止中断,该指令不会阻塞 NMI 和硬件故障句柄。指令如下:

```
CPSIE 1                    ;使能中断,清除 PRIMASK
CPSID 1                    ;禁止中断,设置 PRIMASK
```

3.16 休眠相关指令

本节介绍休眠相关指令,下面对这些指令进行详细说明。

1. WFI

该指令等待中断,停止执行程序,直到中断到来或者处理器进入调试状态。

2. WFE

该指令等待事件，停止执行程序，直到事件到来（由内部事件寄存器设置）或者处理器进入调试状态。

3. SEV

在多处理环境（包括自身）中，向所有处理器发送事件。

3.17 其他指令

本节介绍其他指令，下面对这些指令进行详细说明。

1. NOP

该指令为空操作指令，该指令用于产生指令对齐，或者引入延迟。

2. BKPT <immed8>

该指令为断点指令，使处理器处于停止阶段。在该阶段，通过调试器，用户执行调试任务。由调试器插入 BKPT 指令，以代替原来的指令。

注：immed8 表示用于断点的标号，其范围为 0x00～0xFF。

下面的指令

```
BKPT #0
```

表示标号为 0 的断点。

3. YIELD

该指令用于表示停止一个任务。在多线程系统中，使用该指令用于表示延迟当前线程（如等待硬件），并且能被交换/换出。在 Cortex-M0 中，作为 NOP 执行，即与 NOP 一样。

3.18 数据插入和对齐操作

本节介绍在程序中插入数据以及对齐数据的方法。

1. 使用下面的语句在程序中插入数据

(1) DCD 表示插入一个字数据(32 位)。
(2) DCB 表示插入一个字节数据(8 位)。

2. 使用 ALIGN 用于对齐数据

(1) 在插入一个字数据之前使用它。

(2) 使用一个数据来确定对齐的大小。

如：

```
…
ALIGN       4                ;对齐到字边界
MY_DATA     DCD 0x12345678   ;插入一个字数据
MY_STRING   DCB "Hello",0    ;插入一个字符串,0表示字符串的结束
```

第4章 Cortex-M0低功耗特性

本章介绍 ARM Cortex-M0 的低功耗特性，内容包括：低功耗要求、Cortex-M0 低功耗特性及优势、Cortex-M0 休眠模式、唤醒中断控制器，以及降低功耗的其他方法等内容。

该特性也是该处理器的一大优势，正是由于在功耗方面的优势，使得 Cortex-M0 在低功耗应用中有着广泛的用途。

4.1 低功耗要求

在一些环境中，系统需要满足不同的低功耗要求，例如：

1) 低工作功耗

在系统处于工作状态时，功耗主要由晶体管的切换电流引起。

2) 低待机功耗

在系统处于待机模式时，功耗主要由漏电流、时钟电路、活动的外设、模拟系统和 RAM 保持数据引起。

3) 高能效

高能效是通过测量处理能力与功耗的比值得到，如 Dhrystone 百万条指令/秒/毫瓦（Dhrystone Million Instruction Per Second/micro Walt，DMIPS/mW）。

4) 唤醒延迟

唤醒延迟指从发出一个中断请求到处理器开始处理中断（进入中断服务程序 ISR）所经历的时间。所消耗的时间越短，处理器处于休眠模式的时间就越多，这样就显著增加了电池的寿命。

思考与练习 4-1：根据本节介绍的内容，简要说明满足低功耗要求的方法。

4.2 Cortex-M0 低功耗特性及优势

ARM 处理器目标就是服务于低功耗的应用，ARM 公司拥有超过 20 年的低功耗处理器设计经验。不同类型的应用对功耗的要求是不一样的，因此应针对不同的应用对 ARM 处理器进行优化。

4.2.1 Cortex-M0 低功耗特性

Cortex-M0 处理器的设计目标就是用于较小的嵌入式系统，以满足超低功耗以及高能效的要求。主要表现在如下几方面：

(1) Cortex-M0 是 32 位处理器，但是只消耗了 12K 个逻辑门，使得它的逻辑电路规模小于大多数的 16 位处理器，与其他 32 位处理器相比，其逻辑电路规模要小得多。

(2) 32 位的结构使得 Cortex-M0 处理器有较高的处理能力，从而显著减少了操作占空周期。

对于在传统嵌入式领域应用最多的 8051 单片机来说：

(1) 在工作和休眠模式下，均要求较低的电流；

(2) 由于有较低的处理速度，因此需要较长的处理时间。

而对于 Cortex-M0 处理器来说：

(1) 在工作和休眠模式下，均要求较高的电流；

(2) 由于处理速度较高，因此显著降低了所需要的处理时间。

典型地，在一个中断驱动的应用中，由于减少了占空周期值，从而使 Cortex-M0 的功耗更低，如图 4.1 所示。

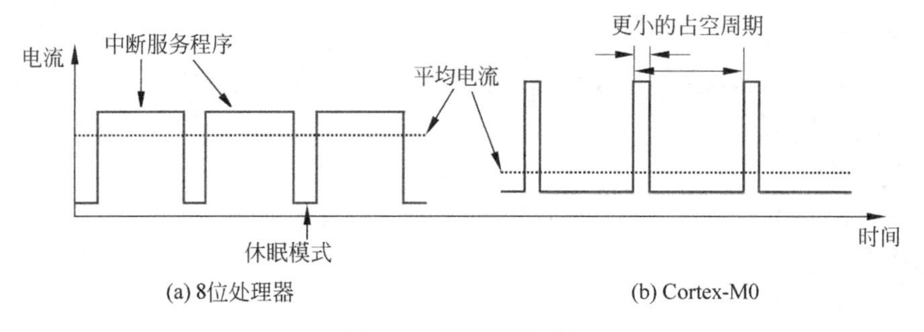

图 4.1　中断功耗比较

4.2.2 Cortex-M0 低功耗结构

为了实现上面的低功耗要求，Cortex-M0 提供了相应的结构，主要表现在：

(1) 提供两种休眠模式，即正常休眠和深度休眠。

(2) 提供进入休眠的两个指令，即 WFE(等待事件)以及 WFI(等待中断)。

(3) 提供退出休眠特性，这样允许处理器尽可能地处于休眠模式。

(4) 提供唤醒中断控制器，它是一个可选特性，允许在深度休眠时将处理器时钟完全去除，也就是停止处理器的运行。

(5) 低功耗设计实现。由于实现 Cortex-M0 所需的门个数很少，因此与其他处理器相比，其漏电流引起的功耗很小。

思考与练习 4-2：说明 ARM Cortex-M0 的低功耗特性。

思考与练习 4-3：说明 ARM Cortex-M0 采用的低功耗结构。

4.3 Cortex-M0 休眠模式

在上面已经提到，Cortex-M0 处理器支持两种休眠模式，即正常休眠和深度休眠。这两种模式的准确含义与微控制器的实现有关，如：

(1) 对于普通休眠模式来说，关闭一些时钟信号；

(2) 对于深度休眠模式来说，降低给存储器模块的供电电压，关闭额外的元件。

通过使用 WFE(等待事件)以及 WFI(等待中断)命令，Cortex-M0 可以进入休眠模式。当发生一个事件时，处理器可以退出休眠模式。

通过访问系统控制块(System Control Block，SCB)内的系统控制寄存器(System Control Register，SCR)，就可以通过程序控制 Cortex-M0 的休眠特性，如表 4.1 所示。

注：SCR 在存储空间地址为 0xE000ED10 的位置。

表 4.1　SCR 寄存器各位的含义

比特	[31:5]	4	3	2	1	0
名字	—	SevOnPend	—	SleepDeep	SleepOnExit	—

其中：

1) SevOnPend

当该位为 1 时，每次新的中断挂起都会产生一个事件，如果使用了 WFE 休眠，它可以用于唤醒处理器。

2) SleepDeep

当该位为 1 时，进入休眠模式后首先选择深度休眠；当该位为 0 时，进入休眠模式后首先选择普通休眠。

3) SleepOnExit

当该位为 1 时，退出异常处理并返回程序线程模式时，处理器自动进入休眠模式(WFI)；当该位为 0 时，禁止该特性。

当遇到下面的条件时，处理器可以退出休眠模式，如表 4.2 所示。

表 4.2　处理器退出休眠模式的条件

类型	优 先 级	SevOnPend	PRIMASK	唤醒	执行 ISR
WFE	IRQ 优先级＞当前级	—	0	是	是
	IRQ 优先级＞当前级	0	1	否	否
	IRQ 优先级≤当前级	0	—	否	否
	IRQ 优先级≤当前级	1	—	是	否
WFI	IRQ 优先级＞当前级	—	0	是	是
	IRQ 优先级＞当前级	—	1	是	否
	IRQ 优先级≤当前级	—	—	否	否

当程序从 ISR 返回时，休眠退出特性并不执行堆栈操作，如图 4.2 所示，因此减少了功耗，这是如下两方面的原因：

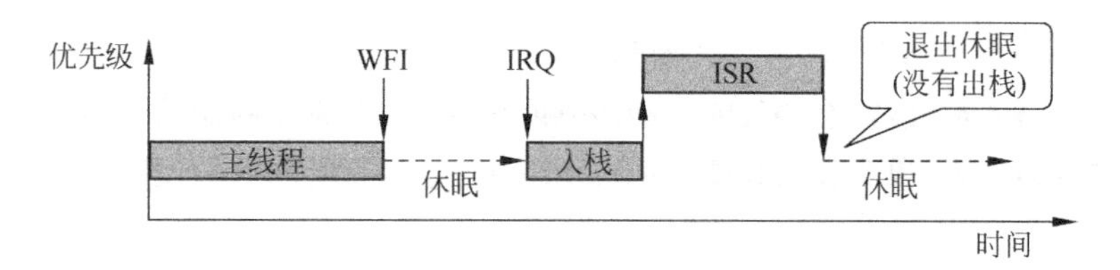

图 4.2　退出中断特性

(1) 避免在主线程中执行不必要的程序。

(2) 避免了不必要的入栈和出栈操作。

思考与练习 4-4：说明 ARM Cortex-M0 所支持的休眠模式，以及这些休眠模式的区别。

思考与练习 4-5：说明 ARM Cortex-M0 进出休眠模式的方法。

4.4　唤醒中断控制器

唤醒中断控制器（Wakeup Interrupt Controller，WIC）是一个可选的元件，用于在深度休眠模式下做出唤醒的决定，如图 4.3 所示。

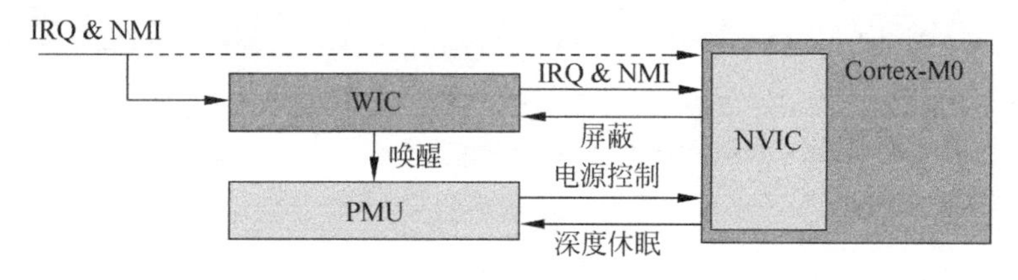

图 4.3　WIC 结构

其特性包括：

(1) 它不需要额外的可编程寄存器。

(2) 通常要求系统级电源管理单元（Power Management Unit，PMU）。

(3) 用于深度休眠。

如图 4.4 所示，进入和退出深度休眠模式的过程主要包括：

(1) 执行用于深度休眠的 WFI 指令。

(2) 处理器向 WIC 发出屏蔽信息。

(3) 处理器通知 PMU 进入低功耗状态。

(4) 处理器深度休眠。

(5) 产生 IRQ。

(6) WIC 首先检测到 IRQ，然后通知 PMU 返回到正常状态。

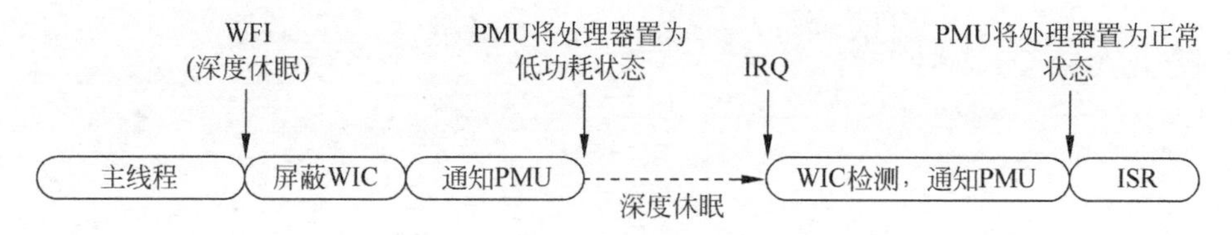

图 4.4　进入和退出深度休眠的过程

(7) WIC 唤醒处理器,启动 ISR 操作。

思考与练习 4-6：说明在 ARM Cortex-M0 中,唤醒中断控制器的作用。

思考与练习 4-7：说明在 ARM Cortex-M0 中,进出深度休眠的过程。

4.5 降低功耗的其他方法

尽管 Cortex-M0 提供了低功耗特性,但仍然可以通过下面的方法来降低其功耗：

(1) 使处理器运行在合理的频率。

(2) 当不使用外设时,禁止它。

(3) 对于中断驱动的应用来说,应使处理器尽可能处于休眠模式,如使用休眠退出特性。

(4) 优化应用程序代码,降低活动的周期数(这可能导致较长的代码)。

(5) 当不使用某些电路时,关闭一些时钟信号或者电源。

思考与练习 4-8：简要说明在设计嵌入式系统时降低功耗的方法。

第5章 AHB-Lite总线结构分析

ARM公司提供的高级微控制器总线结构(Advanced Microcontroller Bus Architecture,AMBA)规范是实现ARM处理器和外部设备互连的基础。在基于ARM Cortex-M0的SoC中,通过AMBA规范中的AHB-Lite协议,实现ARM Cortex-M0处理器主设备对多个从设备的无障碍访问。

根据ARM AMBA规范,本章将详细介绍AMBA规范中的AHB-Lite协议,内容主要包括总线及分类、ARM AMBA系统总线、AMBA3 AHB-Lite总线、AHB-Lite总线结构、AHB-Lite总线时序,以及硬件实现。

通过本章的学习,要求读者掌握AHB-Lite的结构、接口信号和访问时序关系,这些内容是读者可以顺利学习本章后续内容的基础。

5.1 总线及分类

本节介绍总线的概念及分类。

5.1.1 总线的概念

传统上,总线是一个通信系统,用于在一个计算机的不同部件之间实现数据传输。硬件和软件两个方面定义了构成总线的要素:

(1) 从硬件上来说,包括物理实现,如电缆或者连线。例如,使用PCI总线电缆连接一个台式计算机内的部件,如图5.1所示。

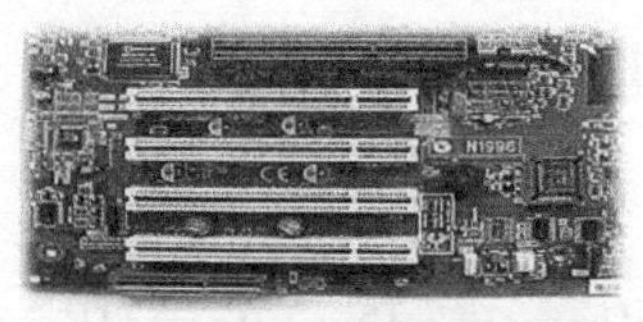

(a) 主板上的PCI插槽

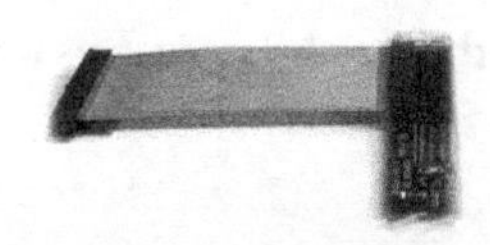

(b) PCI总线电缆

图5.1 PCI插槽和连线

(2) 从软件上来说，包括总线协议，如 PCI 总线协议。

5.1.2 总线分类

在计算机系统中，通常将总线分为两类。

1) 外部总线

外部总线主要用于连接外部设备，例如，将一台计算机与一台打印机进行连接。

2) 内部总线

(1) 内部总线也称为系统总线，用于连接一台计算机的内部部件，例如，将 CPU 连接到存储器。

(2) 较少的开销，例如，不需要处理电特性，以及配置检测等。

(3) 内部总线的工作速度比外部总线要快。

(4) 在 SoC 内，将内部总线集成到单个芯片中，因此称它为片上系统总线。

思考与练习 5-1：说明计算机系统总线的分类，以及它们的作用。

5.2 ARM AMBA 系统总线

在 SoC 设计中，高级微控制器总线结构(Advanced Microcontroller Bus Architecture, AMBA)用于片上总线。自从 AMBA 出现后，其应用领域早已超出了微控制器设备，现在被广泛地应用于各种范围的 ASIC 和 SOC 器件，包括用于便携设备的应用处理器。

AMBA 协议是一个开放标准的片上互联规范(除 AMBA-5 以外)，用于 SoC 内功能模块的连接和管理。它便于第一时间开发包含大量控制器和外设的多处理器设计。其发展过程如下：

1) 1996 年，ARM 公司推出了 AMBA 的第一个版本，包括：

(1) 高级系统总线(Advanced System Bus, ASB)；

(2) 高级外设总线(Advanced Peripheral Bus, APB)。

2) 第 2 个版本为 AMBA2，ARM 增加了 AMBA 高性能总线(AMBA High-performance Bus, AHB)，它是一个单个时钟沿的协议。AMBA2 用于 ARM 公司的 ARM7 和 ARM9 处理器。

3) 2003 年，ARM 推出了第三个版本即 AMBA3，增加了以下规范：

(1) 高级可扩展接口(Advanced Extensible Interface, AXI) v1.0/AXI3，它用于实现更高性能的互连。

(2) 高级跟踪总线(Advanced Trace Bus, ATB) v1.0，它用于 CoreSight 片上调试和跟踪解决方案。

此外，还包含下面的协议：

(1) 高级高性能总线简化(Advanced High-performance Bus Lite, AHB-Lite) v1.0。

(2) 高级外设总线(Advanced Peripheral Bus, APB) v1.0。

其中：

(1) AHB-Lite 和 APB 规范用于 ARM 的 Cortex-M0、M3 和 M4。

(2) AXI 规范,用于 ARM 的 Cortex-A9、A8、R4 和 R5 的处理器。

4) 2009 年,Xilinx 同 ARM 密切合作,共同为基于 FPGA 的高性能系统和设计定义了 AXI4 规范。并且在其新一代可编程门阵列芯片上采用了高级可扩展接口 AXI4 协议。主要包括:

(1) AXI 一致性扩展(AXI Coherency Extensions,ACE)。

(2) AXI 一致性扩展简化(AXI Coherency Extensions Lite,ACE-Lite)。

(3) 高级可扩展接口 4(Advanced eXtensible Interface 4,AXI4)。

(4) 高级可扩展接口 4 简化(Advanced eXtensible Interface 4 Lite,AXI4-Lite)。

(5) 高级可扩展接口 4 流(Advanced eXtensible Interface 4 Stream,AXI4-Stream) v1.0。

(6) 高级跟踪总线(Advanced Trace Bus,ATB)v1.1。

(7) 高级外设总线(Advanced Peripheral Bus,APB)v2.0。

其中的 ACE 规范用于 ARM 的 Cortex-A7 和 A15 处理器。

5) 2013 年,ARM 推出了 AMBA5。该协议增加了一致集线器接口(Coherent Hub Interface,CHI)规划,用于 ARM Cortex-A50 系列处理器,以高性能、一致性处理"集线器"方式协同工作,这样就能在企业级市场中实现高速可靠的数据传输。

思考与练习 5-2:说明 ARM AMBA 的含义,以及所实现的目的。

思考与练习 5-3:说明在 ARM Cortex-M0 中所采用的总线规范。

思考与练习 5-4:在 ARM AMBA 中,对于 APB、AHB 和 AXI 来说,性能最高的是________,性能最低的是________。

5.3 AMBA3 AHB-Lite 总线

AMBA3 中的 AHB,被称为高性能总线,主要体现在:

(1) 可以实现高性能的同步设计;

(2) 支持多个总线主设备;

(3) 提供高带宽操作。

而 AHB-Lite 是 AHB 的子集,简化了 AHB 总线的设计,典型地,只有一个主设备。

5.3.1 AHB-Lite 概述

在基于 AHB-Lite 总线构成的系统中,通过该总线,处理器实现对所有外设的控制,如图 5.2 所示。在该系统中,所有外设均提供 AHB-Lite 接口,用于和主处理器进行连接。对于 AHB-Lite 来说,它包含数据总线、控制总线和额外的控制信号,其中:

(1) 数据总线用于交换数据信息。

(2) 地址总线用于选择一个外设,或者一个外设中的某个寄存器。

(3) 控制信号用于同步和识别交易,如:准备,写/读以及传输模式信号。

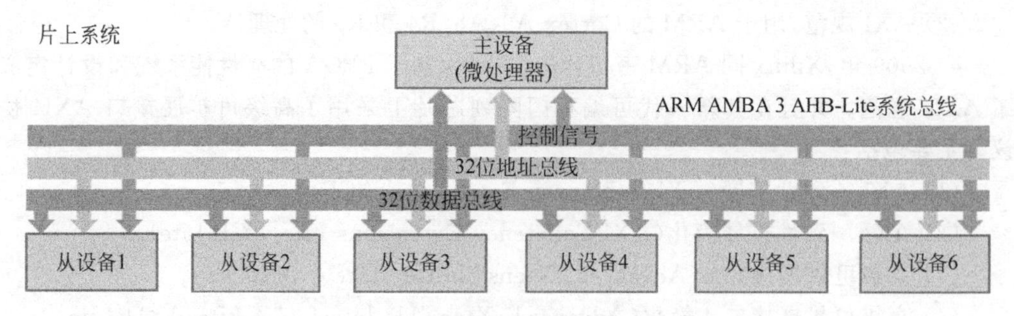

图 5.2　由 AHB-Lite 构成的处理系统

5.3.2　AHB-Lite 总线操作

处理器访问一个 AHB-Lite 外设的操作过程，如图 5.3 所示。该过程主要包括：

(1) 通过地址总线，处理器给出所要访问 AHB-Lite 外设的地址信息。

(2) 通过地址译码器，生成选择一个外设或者寄存器的选择信号。同时，处理器提供用于控制所选 AHB-Lite 外设的控制信号，如读/写，传输数据的数量等。

(3) 如果处理器给出的是读取 AHB-Lite 外设的控制信号，则等待外设准备好后，读取该外设的数据。

除了上面介绍的基本操作过程外，AHB-Lite 总线可以实现更多复杂的功能，如传输个数和猝发模式等。

思考与练习 5-5：说明在 AHB-Lite 中所包含的总线类型，以及这些总线各自的作用。

思考与练习 5-6：根据图 5.3，详细说明 Cortex-M0 处理器和 AHB-Lite 外设的信息交互过程。

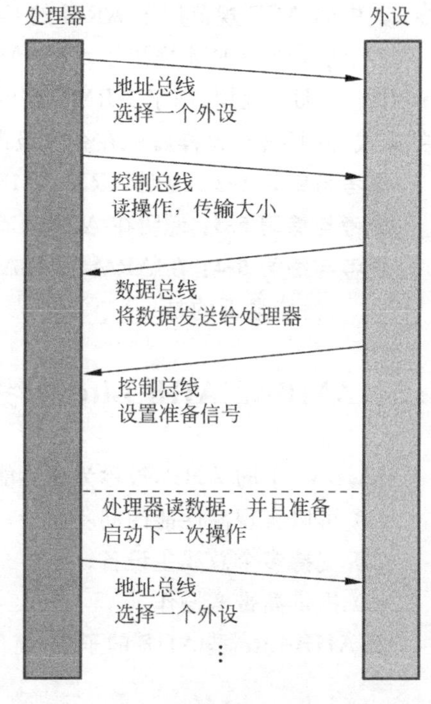

图 5.3　总线操作过程

5.4　AHB-Lite 总线结构

基于 AHB-Lite 总线所构成的计算机系统架构，如图 5.4 所示。在该系统中，包括以下功能部件：

(1) 主设备。在本书中，主设备是指 Cortex-M0 处理器。此外，在包含直接存储器访问(Direct Memory Access，DMA)控制器的系统中，主设备还包括 DMA 控制器。

(2) 地址译码器。主要用于选择 Cortex-M0 所要访问的从设备。

(3) 从设备多路复用器。主要用于从多个从设备中选择所要读取的数据和响应信号。

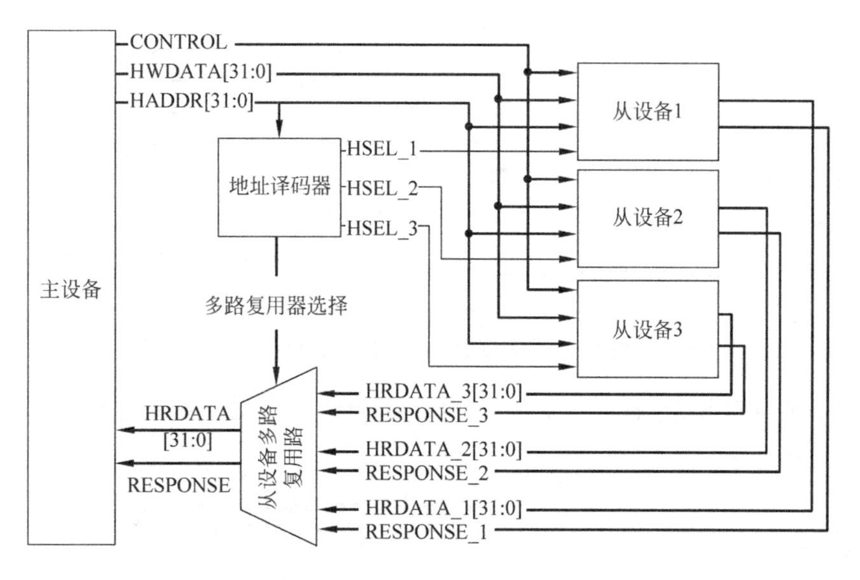

图 5.4　构成 AHB-Lite 系统的单元

(4) 多个从设备。它们都包含 AHB-Lite 接口，主设备可以通过该接口访问它们。

此外，系统还应该包含时钟和复位模块单元。时钟模块用于为整个 SoC 系统提供时钟源；复位模块用于为整个 SoC 系统提供复位信号。通过时钟和复位信号，使得 SoC 系统内的各个功能部件有序工作。

5.4.1　全局信号

在 AHB-Lite 协议中，提供了两个全局信号，如表 5.1 所示。在该设计中，HCLK 的频率与 Cortex-M0 处理器的频率相同。在 Cortex-M0 系统中，所有的功能部件都包含该全局信号。在基于 ARM Cortex-M0 处理器的 SoC 系统中，时钟模块和复位模块用于提供全局信号。

表 5.1　AHB-Lite 协议中的全局信号

信　号	名字和方向	描　　述
HCLK	时钟，源指向所有的部件	总线时钟用来驱动所有的总线传输。所有信号的时序均以 HCK 时钟的上升沿为基准
HRESETn	复位，由控制器指向所有的部件	总线复位信号低有效，用于复位系统和总线

5.4.2　AHB-Lite 主设备接口

AHB-Lite 主设备提供地址和控制信息，用于初始化读和写操作。然后，主设备接收来自从设备的响应信息，包括数据、准备信号和响应信号，如图 5.5 所示。在该设计中，主设备只有 Cortex-M0 处理器，它用于提供访问从设备的 AHB-Lite 接口信号。

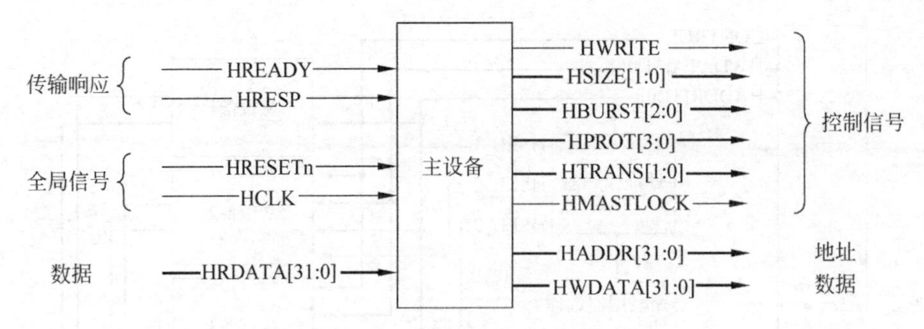

图 5.5　构成 AHB-Lite 主设备接口信号

为了方便对本书后续内容的学习，下面给出 AHB-Lite 主设备接口信号的详细信息，如表 5.2 所示。

表 5.2　AHB-Lite 主设备接口信号

信　号	方　向	描　述
HADDR [31:0]	由主设备指向从设备以及译码器	32 位系统地址总线
HWDATA [31:0]	由主设备指向从设备	写数据总线，用于在写操作周期内将数据从主设备发送到从设备
HWRITE	由主设备指向从设备	用于指示传输的方向。当该信号为高时，表示写传输；当该信号为低时，表示读传输
HSIZE [2:0]	由主设备指向从设备	表示传输的宽度，如字节、半字和字
HBURST [2:0]	由主设备指向从设备	猝发类型，表示传输是单个传输还是猝发的一部分
HPROT [3:0]	由主设备指向从设备	保护控制信号提供了关于总线访问的额外的信息。它被模块使用，用于实现某个级别的保护
HTRANS [1:0]	由主设备指向从设备	表示当前传输的类型，可以是 IDLE、BUSY、NONSEQUENTIAL 或 SEQUENTIAL
HMASTLOCK	由主设备指向从设备	当该信号为高时，表示当前传输是某个锁定序列的一部分

本书所使用的 Cortex-M0 处理器 IP 核，通过组合表 5.2 中的信号可以得到四种基本的传输类型，如表 5.3 所示。

表 5.3　处理器 AHB-Lite 交易类型

交　易	访问	描　述
HSTRANS[1:0]=2'b00	空闲	处理器不希望执行任何交易
HSTRANS[1:0]=2'b10 HPROT[0]=1'b0 HSIZE[1:0]=2'b10 HWRITE=1'b0	取指	处理器希望执行取指操作。处理器一次从存储器中取出 32 位的指令，如果有其他要求，则处理器内部缓冲和管理两个 16 位指令的提取
HSTRANS[1:0]=2'b10 HPROT[0]=1'b1 HSIZE[1:0]=2'b00	字节	处理器希望执行一个由 LDRB、LDRBS、STRB 指令所产生的 8 位数据访问操作。加载指令将驱动 HWRITE 信号为低；保存指令将驱动 HWRITE 信号为高

续表

交　易	访问	描　述
HSTRANS[1:0]=2'b10 HPROT[0]=1'b1 HSIZE[1:0]=2'b01	半字	处理器希望执行一个由LDRH、LDRHS、STRH指令所产生的16位数据访问操作。加载指令将驱动HWRITE信号为低；保存指令将驱动HWRITE信号为高
HSTRANS[1:0]=2'b10 HPROT[0]=1'b1 HSIZE[1:0]=2'b10	字	处理器希望执行一个由LDR、LDM、POP、STR、STM、PUSH指令，或者异常入口的一部分，或者返回所产生的32位数据访问操作。加载指令将驱动HWRITE信号为低；保存指令将驱动HWRITE信号为高

本书所使用的Cortex-M0处理器，总是工作在小端模式，所有的交易总是自然对齐。HRDATA和HWDATA活动字节的通道，以及它们在Cortex-M0处理器里对应的源/目的寄存器，如表5.4所示。

表5.4　处理器AHB-Lite读/写数据字节通道

地址阶段		数据阶段			
HSIZE[1:0]	HADDR[1:0]	HxDATA[31:24]	HxDATA[23:16]	HxDATA[15:8]	HxDATA[7:0]
00	00	—	—	—	Rd[7:0]
00	01	—	—	Rd[7:0]	—
00	10	—	Rd[7:0]	—	—
00	11	Rd[7:0]	—	—	—
01	00	—	—	Rd[15:8]	Rd[7:0]
01	10	Rd[15:8]	Rd[7:0]	—	—
10	00	Rd[31:24]	Rd[23:16]	Rd[15:8]	Rd[7:0]

用于Cortex-M0处理器的存储器属性由ARMv6-M架构决定，其地址空间的使用规则是固定的。从HADDR映射出来的HPROT[3:2]位含义如表5.5所示。

表5.5　处理器存储器映射属性

HADDR[31:0]	类　型	HPROT[3:2]	推荐的用法
32'hF0000000～32'hFFFFFFFF	设备	01	无
32'hE0000000～32'hEFFFFFFF	保留	—	映射到处理器内部的外设，如NVIC
32'hA0000000～32'hDFFFFFFF	设备	01	外设
32'h80000000～32''h9FFFFFFF	正常(写通过)	10	片外RAM
32'h60000000～32'h7FFFFFFF	正常(写回和写分配)	11	片外RAM

续表

HADDR[31:0]	类　型	HPROT[3:2]	推荐的用法
32'h40000000～32'h5FFFFFFF	设备	01	外设
32'h20000000～32'h3FFFFFFF	正常(写回和写分配)	11	片上 RAM
32'h00000000～32'h1FFFFFFF	正常(写通过)	10	程序代码

5.4.3 AHB-Lite 从设备接口

为了响应系统主设备所建立的传输，从设备也需要提供对应的 AHB-Lite 接口，如图 5.6 所示。通过本身所提供的 AHB-Lite 接口，从设备与主设备实现数据传输。

在从设备接口上，有一个 HSELx 信号，由地址译码器的输出信号 HSELx 给出，用于在一个时刻选择所要访问的一个从设备。

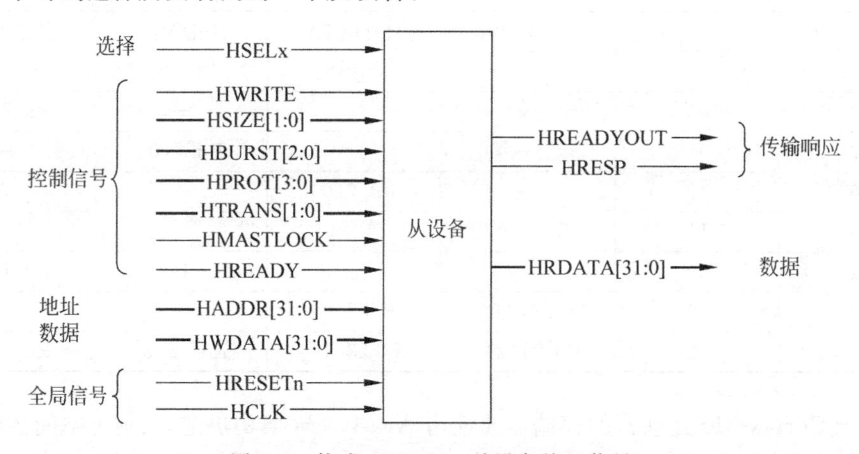

图 5.6　构成 AHB-Lite 从设备接口信号

为了方便本书后续内容的学习，下面给出 AHB-Lite 从设备接口信号的详细信息，如表 5.6 所示。

表 5.6　AHB-Lite 从设备接口信号

信　号	方　向	描　述
HRDATA[31:0]	由从设备指向多路选择器	在读传输时，读数据总线将所选中从设备的数据发送到从设备多路选择器，然后由从设备多路选择器将数据传给主设备
HREADYOUT	由从设备指向多路选择器	当该信号为高时，完成总线上的传输过程；该信号驱动为低时，扩展一个传输
HRESP	由从设备指向多路选择器	传输响应，当通过多路复用器时，为主设备提供额外的传输状态信息。当该信号为低时，表示传输状态为 OKAY；当该位为高时，表示传输状态是 ERROR

5.4.4 地址译码器和多路复用器

基于 AHB-Lite 所构建的 Cortex-M0 SoC 系统还提供了地址译码器和多路复用器。从结构上来说：

(1) 地址译码器为一对多设备，由一个主设备指向多个从设备；

(2) 多路复用器为多对一设备，由多个从设备指向一个主设备。

注：在本书中，主设备只有 ARM Cortex-M0 处理器。

1. 地址译码器的功能

在系统中，地址译码器的输入为地址信号，输出为选择信号，如图 5.7 所示，它实现的功能主要包括：

(1) 根据主设备在地址总线上所提供的访问地址空间信息，生成选择一个从设备的选择信号。

(2) 同时，选择信号也连接到从设备多路选择器，用于从多个从设备中选择所对应的从设备返回信息。

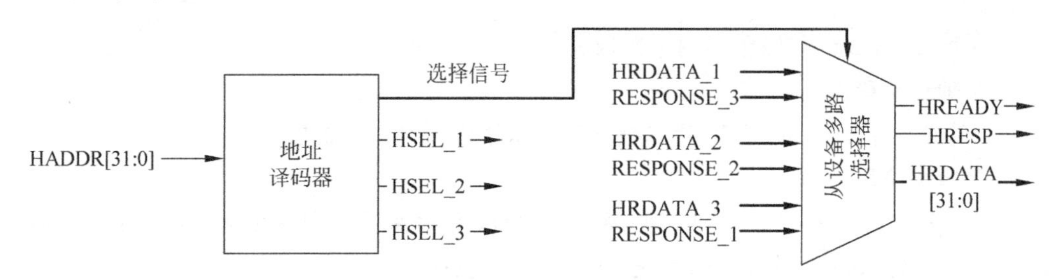

图 5.7　地址译码器和从设备多路复用器

2. 多路复用器的功能

在系统中，来自不同从设备的响应信号，包括：HRDATA、HREADY 和 HRESP 连接到多路复用器的输入，如图 5.7 所示。根据地址译码器所生成的选择信号，多路复用器将选择的从设备响应信号送给主设备。

3. 接口信号

译码器和多路选择器信号的详细信息，如表 5.7 所示。

表 5.7　译码器和多路选择器信号

信　号	方　向	描　述
HRDATA [31:0]	由多路复用器指向主设备	来自多路复用器到主设备的读数据
HREADY	由多路复用器指向主设备和从设备	来自多路复用器到主设备的准备信号。当该位为高时，该信号表示到主设备和先前完成传输的所有从设备

续表

信　号	方　向	描　述
HRESP	由多路复用器指向主设备	来自多路复用器到主设备的传输响应信号
HSELx	由译码器指向从设备	每个 AHB-Lite 从设备有自己的从设备选择信号 HSELx，该信号表示当前传输所对应的从设备。当一开始就选中该从设备时，它也必须监视 HREADY 的状态，以确保在响应当前传输前，已经完成前面的总线传输

思考与练习 5-7：说明在基于 AHB-Lite 所构建的 SoC 系统中所包含的主要功能部件。

思考与练习 5-8：说明在基于 AHB-Lite 所构建的 SoC 系统中地址译码器的功能。

思考与练习 5-9：说明在基于 AHB-Lite 所构建的 SoC 系统中多路复用器的功能。

思考与练习 5-10：根据图 5.7，分析基于 AHB-Lite 的架构。

5.5 AHB-Lite 总线时序

一个 AHB-Lite 传输包括两个阶段：

1）地址阶段

只持续一个 HCLK 周期，除非被前面的总线传输进行了扩展。

2）数据阶段

可能要求几个 HCLK 周期。使用 HREADY 信号来控制完成传输所需要的周期数。

在 AHB-Lite 中，引入了流水线传输的机制，包括：

（1）当前操作的数据访问可以与下一个操作的地址访问重叠。

（2）使能高性能的操作，同时仍然为从设备提供充分的时间，为传输提供响应信息。

注：*在后续的介绍中，只实现基本的总线操作，即*

（1）HBURST[2:0]=3'b000，表示没有猝发交易；

（2）HMASTLOCK=1'b0，表示不产生带锁定的交易；

（3）HTRANS[1:0]=2'b00 或者 2'b10，表示发起的交易为非顺序的传输。

5.5.1 无等待基本读传输

无等待的基本读传输时序，如图 5.8 所示，包括：

1）地址阶段（第一个时钟周期）

在该阶段，主设备给出地址和控制信号，并将 HWRITE 设置为 0。

2）数据阶段（第二个时钟周期）

在该阶段，从设备将主设备所要读取的数据放置在 HRDATA 总线上。

在该读传输过程中，没有等待状态。也就是说，在该图 5.8 中，没有插入等待状态，表示从设备可以持续提供读取的数据。换言之，HREADY 信号持续有效。

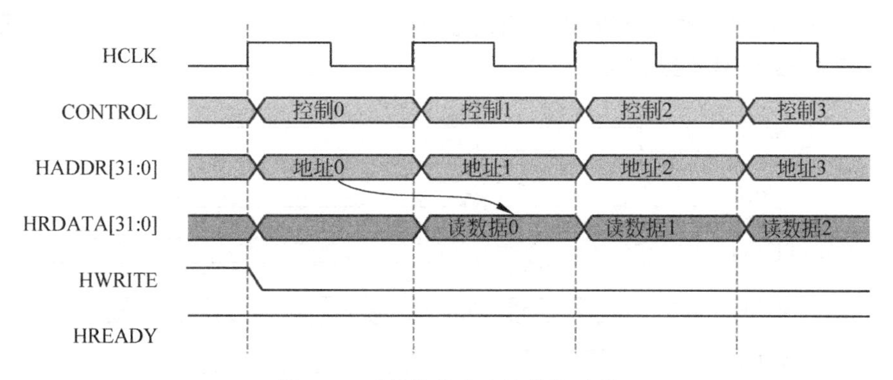

图 5.8　无等待的基本读传输过程

5.5.2　有等待基本读传输

有等待的基本读传输时序，如图 5.9 所示，包括：

1）地址阶段（第一个时钟周期）

在该阶段，给出地址和控制信号，将 HWRITE 设置为 0。

2）数据阶段（多个时钟周期）

（1）如果从设备没有准备好数据，则将 HREADY 信号拉低。此时，主设备将延迟下一次数据传输过程。

（2）当从设备准备好后，将主设备所要读取的数据放在 HRDATA。同时，从设备将 HREADY 信号拉高。这样，主设备就可以开始下一个数据交易过程。

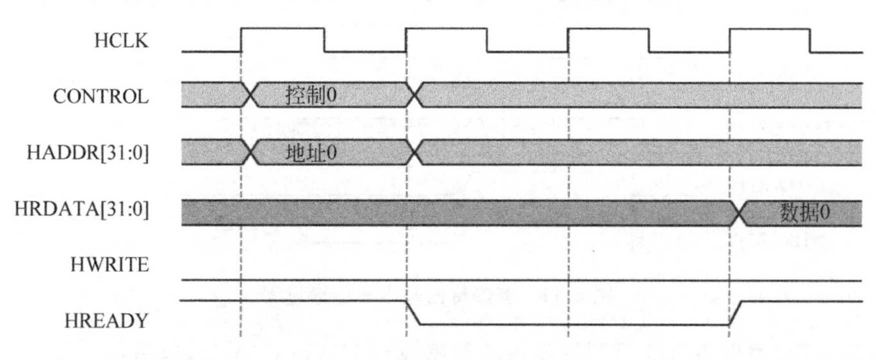

图 5.9　有等待的基本读传输过程

5.5.3　无等待基本写传输

无等待基本写传输的时序，如图 5.10 所示，包括：

1）地址阶段（第一个时钟周期）

在该阶段，给出地址和控制信号，将 HWRITE 设置为 1。

2）数据阶段（第二个时钟周期）

在该阶段，主设备将要写到从设备的数据放到 HWDATA 上。在无等待的写传输过程中，没有等待状态。也就是说，没有插入等待状态，表示从设备可以持续接收数据。换言之，HREADY 信号持续有效。

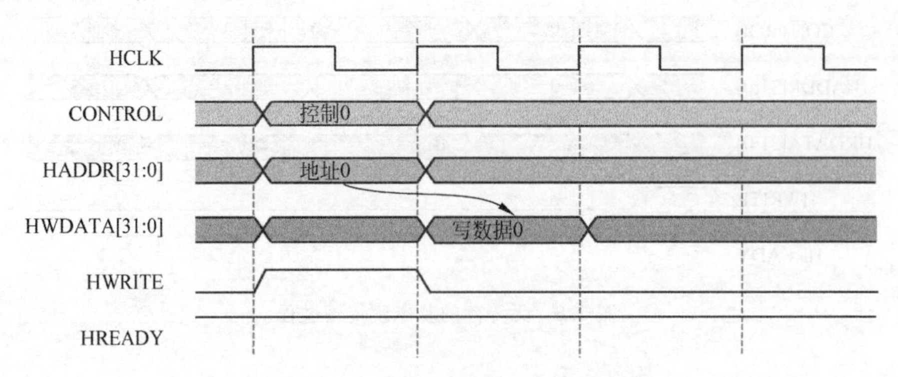

图 5.10　无等待的基本写传输过程

5.5.4　有等待基本写传输

有等待的基本写传输时序，如图 5.11 所示，包括：

1) 地址阶段(第一个时钟周期)

在该阶段，给出地址和控制信号，将 HWRITE 设置为 1。

2) 数据阶段(多个时钟周期)

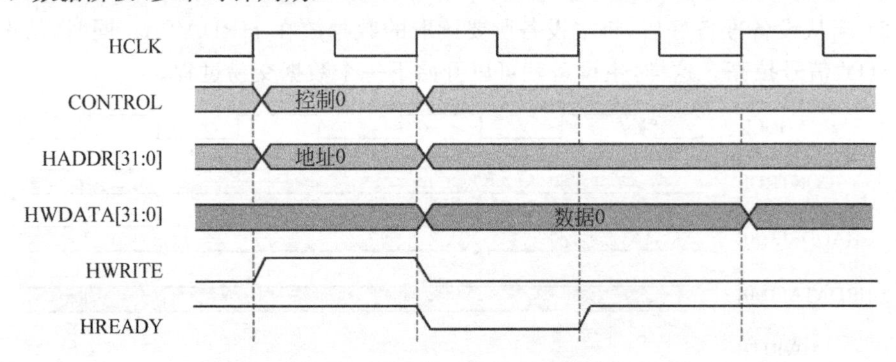

图 5.11　有等待的基本写传输过程

在该阶段，主设备将要写到从设备的数据放到 HWDATA 上，但是：

(1) 如果从设备没有准备好接收数据，则将 HREADY 信号拉低。此时，主设备延迟它的下一个传输。

(2) 当从设备准备好后，它将准备接收主设备给出的数据，并将 HREADY 信号拉高。这样，主设备将开始下一个数据交易过程。

思考与练习 5-11：根据图 5.8，分析无等待基本读传输时序。

思考与练习 5-12：根据图 5.9，分析有等待基本读传输时序。

思考与练习 5-13：根据图 5.10，分析无等待基本写传输时序。

思考与练习 5-14：根据图 5.11，分析无等待基本写传输时序。

5.6 硬件实现

由于 AHB-Lite 提供了流水线操作，因此必须专门地延迟一些信号，如图 5.12 所示。需要延迟的信号包括：

(1) 由译码器到多路选择器的信号，需要一个时钟周期的延迟。

(2) 在反馈到多路选择器之前，HREADY 信号需要延迟一个时钟周期。

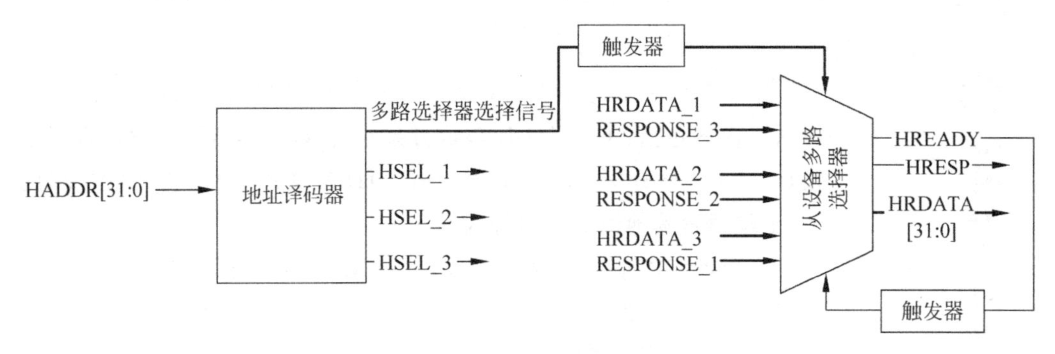

图 5.12 信号延迟的硬件实现细节

思考与练习 5-15：由于 AHB-Lite 将读写过程分为地址和数据两个阶段，请说明在实际实现时，如何完成对地址和数据阶段的同步处理。

第6章 Cortex-M0汇编语言编程基础

本章介绍在Keil MDK集成开发环境中，编写并调试汇编语言的方法。内容包括：Keil MDK集成开发环境、Cortex-M0汇编语言程序设计、.lst文件分析、.map文件分析、.HEX文件分析、软件仿真和调试、汇编语言其他语法介绍等内容。

通过本章的学习，掌握基于Cortex-M0和μVision5集成开发环境的汇编语言程序设计、仿真和调试的流程，并能独立通过Thumb指令编写汇编语言程序。

6.1 Keil MDK开发套件

用于ARM微控制器开发的软件工具种类很多，ARM公司的Keil微控制器开发套件(Microcontroller Development Kit，MDK)就是其中的一个软件工具。该工具提供了以下的功能：

(1) μVision集成开发环境。

(2) C编译器、汇编器、链接器和工具。

(3) 调试器。

(4) 模拟器。

(5) RTX实时内核，用于微控制器的嵌入式操作系统。

(6) 不同类型的微控制器启动代码。

(7) 不同类型的微控制器Flash编程算法。

(8) 编程实例和开发板支持文件。

6.1.1 下载MDK开发套件

为方便读者对本书后续内容的学习，本节介绍MDK软件的下载方法，下载MDK开发套件的主要步骤包括：

注：在进行下面的步骤前，必须保证网络正常工作。

(1) 在IE浏览器中，输入http://www.keil.com，登录Keil官网。

(2) 在Keil官网左侧的Software Downloads列表下找到并单击

Product Downloads 选项，如图 6.1 所示。

图 6.1 进入下载界面入口(一)

(3) 在打开的页面中，出现 Download Products 页面。在该页面中，单击 MDK-ARM v5，如图 6.2 所示。

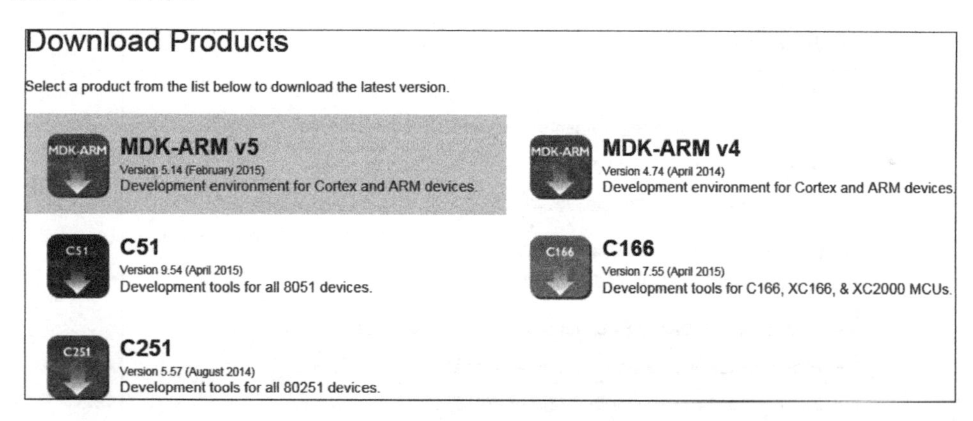

图 6.2 进入下载界面入口(二)

(4) 打开 MDK-ARM 界面，该界面提供了列表，需要填写相关信息，如图 6.3 所示。

注：凡是标识为黑体的项，都需要提供信息，不必是真实的信息，但是 E-mail 信息必须真实。

(5) 当填写所要求的必要信息后，单击该页面下方的 Submit 按钮。

(6) 出现新的界面。在该界面下，单击 MDK514. EXE 图标，如图 6.4 所示。

(7) 出现提示信息，单击“保存”按钮，出现浮动菜单，如图 6.5 所示。在浮动菜单内，选择“另存为”，将下载的安装包保存到读者指定的路径下。

至此，成功下载 MDK 安装包文件。

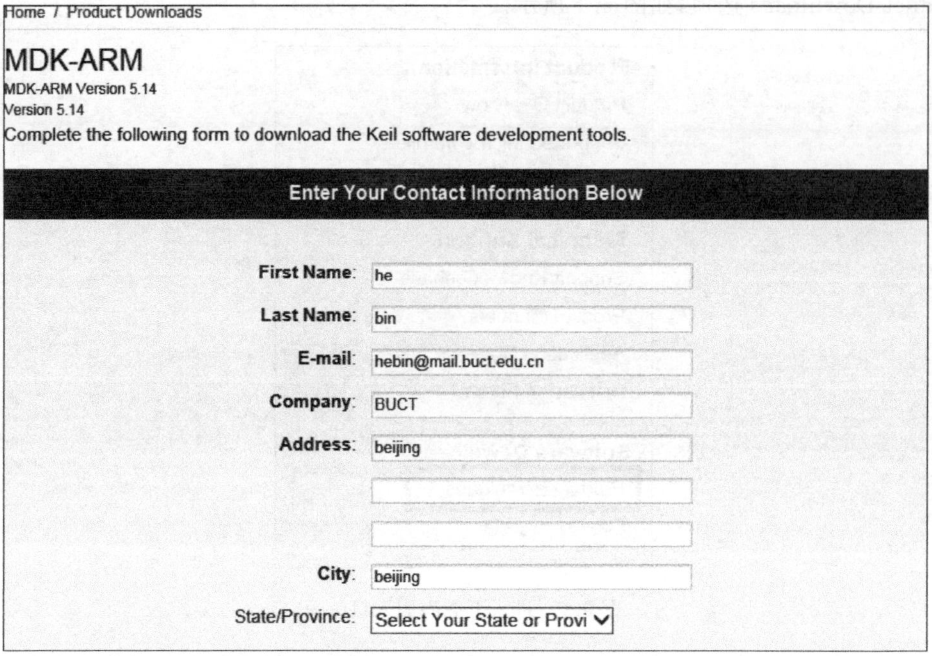

Home / Product Downloads

MDK-ARM

MDK-ARM Version 5.14

Version 5.14

Complete the following form to download the Keil software development tools.

Enter Your Contact Information Below

First Name: he

Last Name: bin

E-mail: hebin@mail.buct.edu.cn

Company: BUCT

Address: beijing

City: beijing

State/Province: Select Your State or Provi

图 6.3　进入下载界面入口(三)

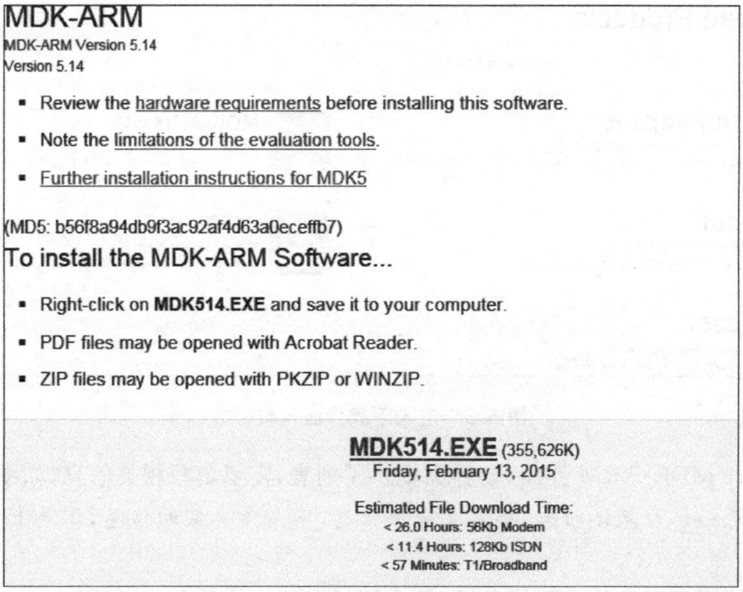

MDK-ARM

MDK-ARM Version 5.14

Version 5.14

- Review the hardware requirements before installing this software.
- Note the limitations of the evaluation tools.
- Further installation instructions for MDK5

(MD5: b56f8a94db9f3ac92af4d63a0eceffb7)

To install the MDK-ARM Software...

- Right-click on **MDK514.EXE** and save it to your computer.
- PDF files may be opened with Acrobat Reader.
- ZIP files may be opened with PKZIP or WINZIP.

MDK514.EXE (355,626K)

Friday, February 13, 2015

Estimated File Download Time:

< 26.0 Hours: 56Kb Modem

< 11.4 Hours: 128Kb ISDN

< 57 Minutes: T1/Broadband

图 6.4　进入下载界面入口(四)

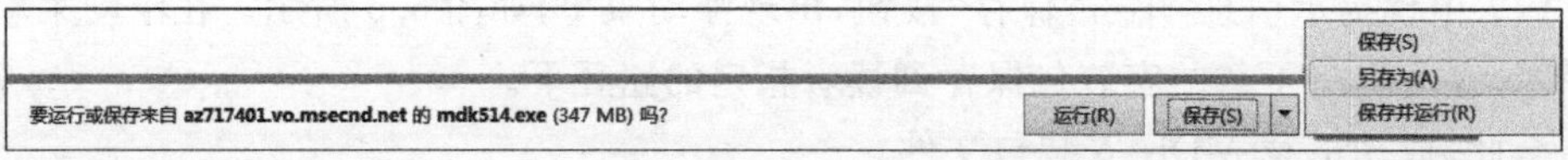

要运行或保存来自 az717401.vo.msecnd.net 的 mdk514.exe (347 MB) 吗?　运行(R)　保存(S)

保存(S)

另存为(A)

保存并运行(R)

图 6.5　保存安装包提示信息

6.1.2 安装 MDK 开发套件

为方便读者学习本书后续内容，本节介绍 MDK 开发套件的安装方法，安装 MDK 开发套件的主要步骤包括：

(1) 在保存安装包的路径下，双击安装包图标，开始安装软件的过程。

(2) 按照安装过程中的提示信息，完成软件的安装。

(3) 当安装成功后，可以看到在 Windows 7 操作系统的开始菜单下出现 Keil μVision5 图标，如图 6.6(a)所示；或者在 Windows 7 操作系统桌面上出现图标，如图 6.6(b)所示。

(a) 开始菜单中的μVision5图标

(b) 桌面上的图标

图 6.6　成功安装 μVision5 后的图标

(4) 双击图 6.6(b)所示的图标，打开 μVision 集成开发环境界面。

(5) 在 μVision 主界面工具栏中，单击按钮，如图 6.7 所示。

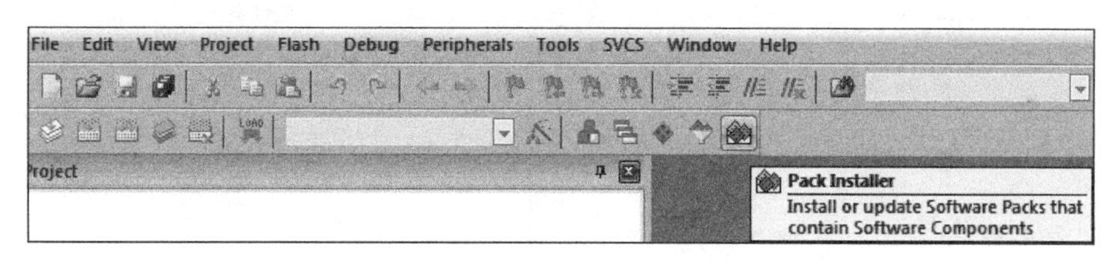

图 6.7　进入 Pack Installer 入口

(6) 出现 Pack Installer(包安装程序)对话框界面。在该界面中，出现 Welcome to the Keil Pack Installer(欢迎进入 Keil 包安装程序)信息。

注：Pack Installer 是一个工具，用于管理本地计算机的软件包。该工具提供了对软件包、实例程序、器件以及开发板的管理。

(7) 单击 OK 按钮。

(8) 出现 Pack Installer 对话框界面。在该界面中，单击 Install 按钮，安装需要的软件包。安装完所有软件包后的界面，如图 6.8 所示。

(9) 退出该界面。

注：在安装完该软件后，通过在 μVision 集成开发环境主界面主菜单下，选择 File→License Management，对该软件进行授权，读者可以通过网上找到授权的方法。

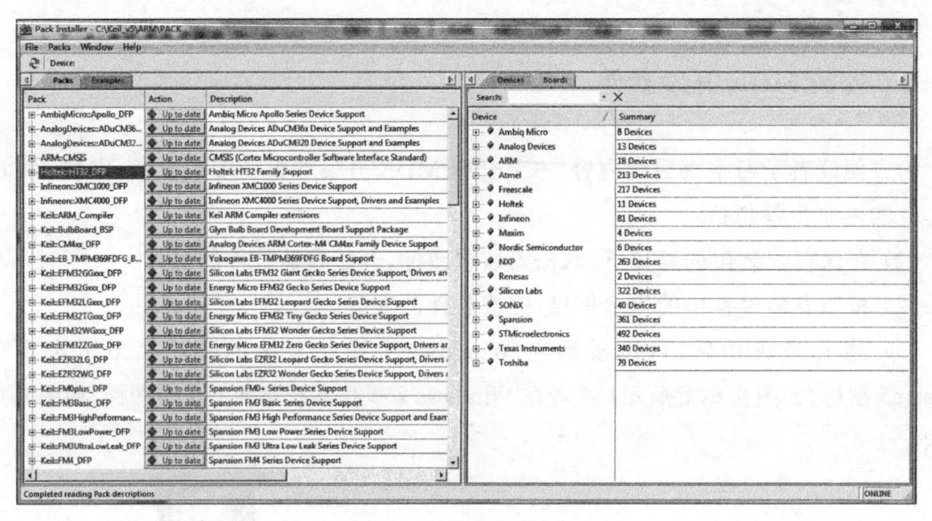

图 6.8 软件包安装界面

6.1.3 MDK程序处理流程

本节介绍 MDK 程序处理流程。首先介绍生成程序代码的流程，如图 6.9 所示。使用 ARM MDK 工具编译的流程，如图 6.10 所示。

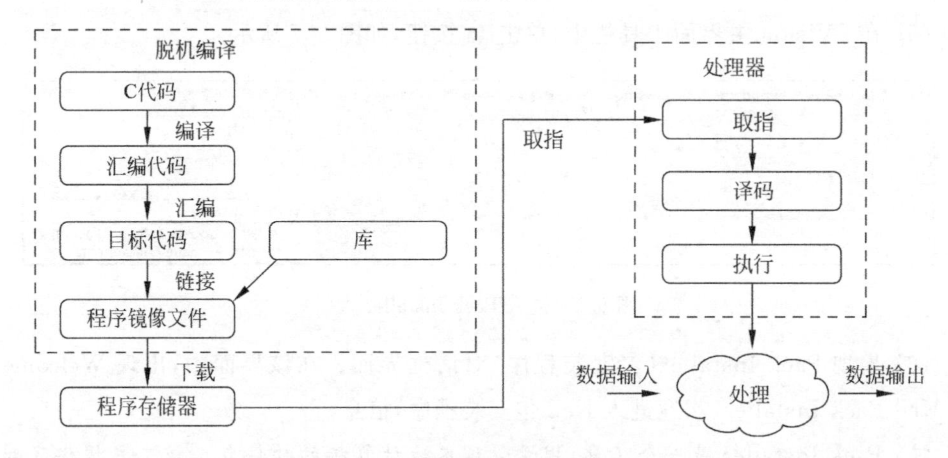

图 6.9 典型的程序生成流程

其中：

1) 解析器(工具)

实现的功能包括：读取 C 代码，检查语法错误以及生成中间代码(树形表示)。

2) 高级优化器(工具)

修改中间代码(独立于处理器)。

3) 代码生成器(工具)

从中间代码的每个节点一步步创建汇编代码，以及分配变量所使用的寄存器。

4) 低层次优化器(工具)

修改汇编代码(部分与处理器有关)。

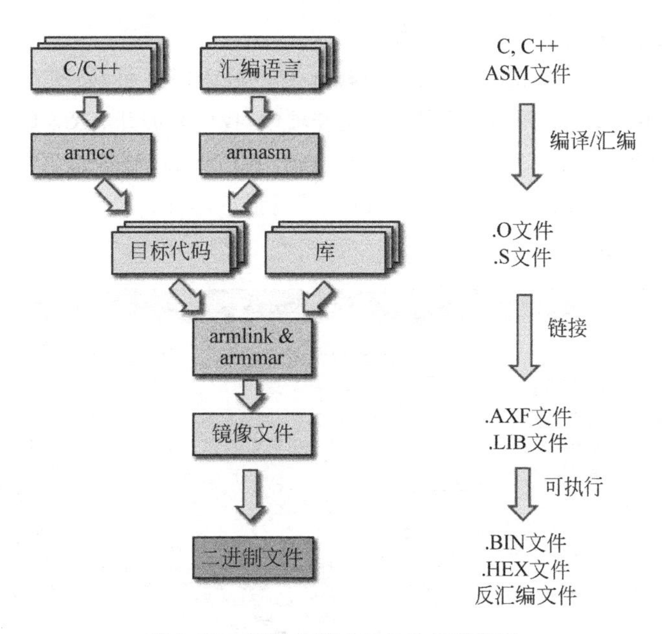

图 6.10 使用 ARM 工具的编程流程

5) 汇编器(工具)

创建目标代码(机器代码)。

6) 链接器/加载器(工具)

从目标代码中,创建可执行的镜像文件(可执行文件)。

注:对于 Cortex-M0 来说,镜像文件包括:向量表、C 启动代码、程序代码(应用程序和数据)和 C 库代码(用于 C 库函数的程序代码)。

思考与练习 6-1:说明在 Keil μVision 环境下,对 C 语言/汇编语言代码的处理流程。

6.2 Cortex-M0 汇编语言程序设计

本节通过 μVision5 集成开发环境,设计一个可以运行在 Cortex-M0 处理器上的汇编语言程序,并对其进行软件仿真。

6.2.1 建立新设计工程

建立新设计工程的主要步骤包括:

1) 在 μVision5 主界面主菜单下,选择 Project→New μVision Project…。

2) 出现 Create New Project(创建新工程)对话框界面。按下面设置参数:

(1) 指向下面的路径:

```
E:\cortex - m0_example\example6 - 1
```

(2) 在文本名右侧的文本框中输入 top,即该设计的工程名为 top. uvproj。

注:读者可以根据自己的情况选择路径以及输入工程名字。

3）单击“保存”按钮。

4）出现 Select Device for Target 'Target 1'…对话框界面，如图 6.11 所示。在该界面左下方的窗口中，找到并展开 ARM。在展开项中，找到并展开 ARM Cortex M0。在展开项中，选择 ARMCM0。在右侧 Description 中，给出了 Cortex-M0 处理器的相关信息。

5）出现“Manage Run-Time Environment”对话框界面。

6）单击 OK 按钮。

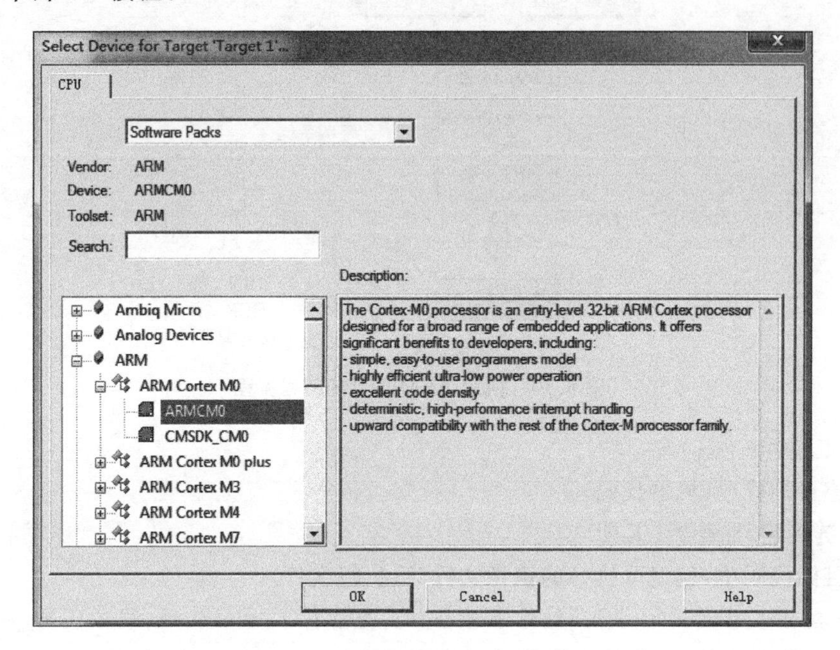

图 6.11　选择器件类型对话框界面

6.2.2　工程参数设置

设置工程参数的步骤主要包括：

1）在 μVision 左侧的 Project 窗口中，选择 Target 1，单击右键出现浮动菜单。在浮动菜单内，选择 Option for Target'Target 1'…选项，如图 6.12 所示。

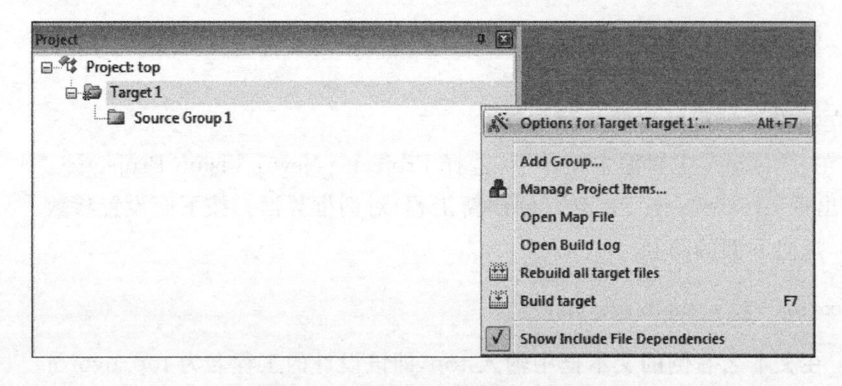

图 6.12　设计工程参数入口界面

2) 出现 Option for Target 'Target 1'对话框界面,如图 6.13 所示。在该界面中,选择 Target 标签。在该标签界面下,有两个设置区域:

(1) Read/Only Memory Areas(只读存储器区域);

(2) Read/Write Memory Areas(读写存储器区域)。

这两个区域用于创建一个链接器分散文件。因此,要求在 Linker 标签窗口下,选中 Use Memory Layout from Target Dialog 前面的复选框。

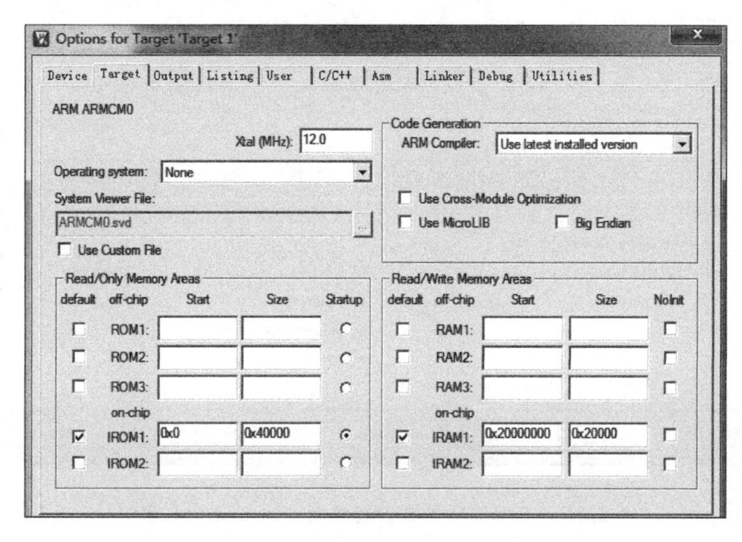

图 6.13　工程选项参数设置界面—Target 标签窗口

3) 在 Options for Target 'Target 1'对话框界面中,单击 Output 标签,如图 6.14 所示。在该标签窗口下,定义了工具链输出的文件,并且允许在建立过程结束后,启动用户程序。在该标签栏下,选中 Create HEX File 前面的复选框(表示在建立过程结束后,生成 HEX 文件)。

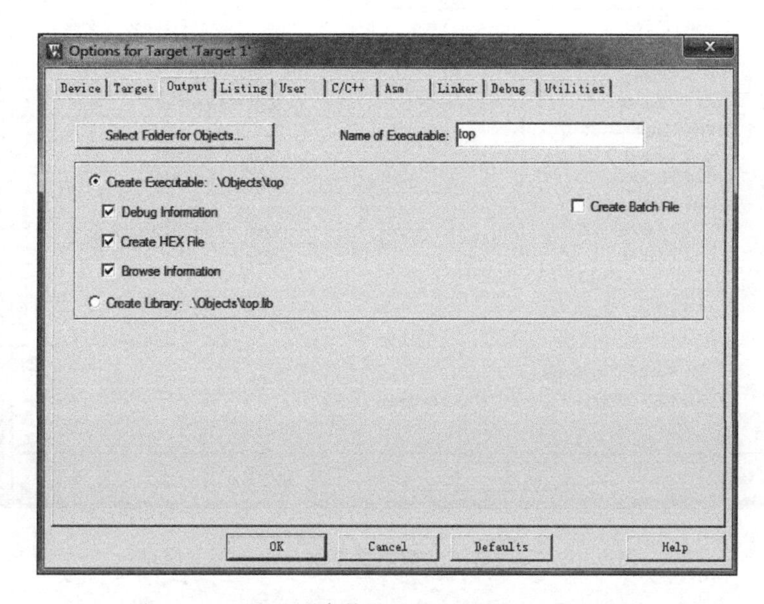

图 6.14　工程选项参数设置界面—Output 标签窗口

4）在 Options for Target 'Target 1'对话框界面中，单击 Listing 标签，如图 6.15 所示。在该标签窗口中，定义了工具链所生成的所有列表文件。

Options for Target 'Target 1'
Device
Target
Output
Listing
User
C/C++
Asm
Linker
Debug
Utilities
Select Folder for Listings...
Page Width: 79
Page Length: 66
Assembler Listing: .\Listings*.lst
Cross Reference
C Compiler Listing: .\Listings*.txt
C Preprocessor Listing: .\Listings*.i
Linker Listing: .\Listings\top.map
Memory Map
Symbols
Size Info
Callgraph
Cross Reference
Totals Info
Unused Sections Info
Veneers Info
OK
Cancel
Defaults
Help

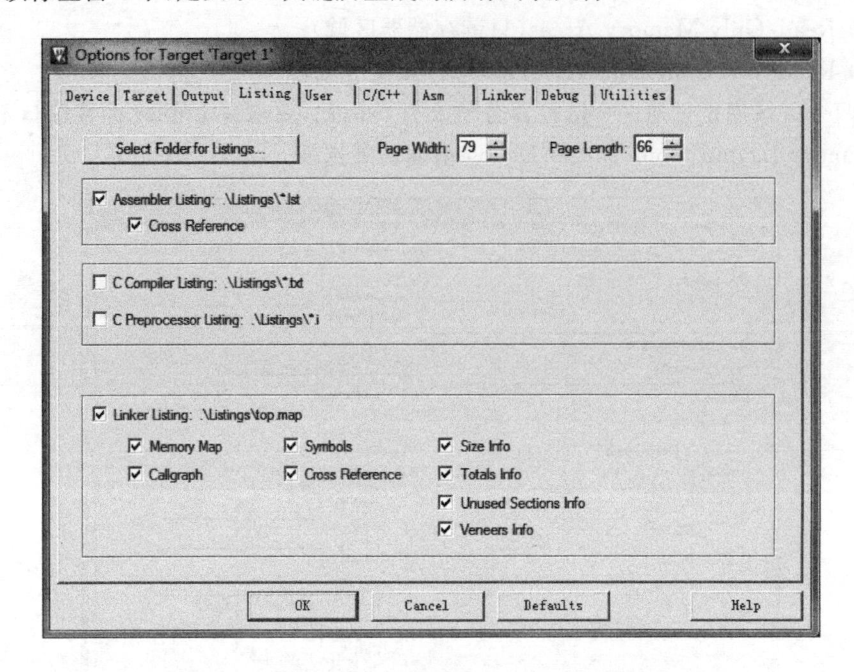

图 6.15　工程选项参数设置界面—Listing 标签窗口

5）在 Options for Target 'Target 1'对话框界面中，单击 User 标签，如图 6.16 所示。在该标签窗口中，指定了在编译/建立前或者建立后所执行的用户程序。

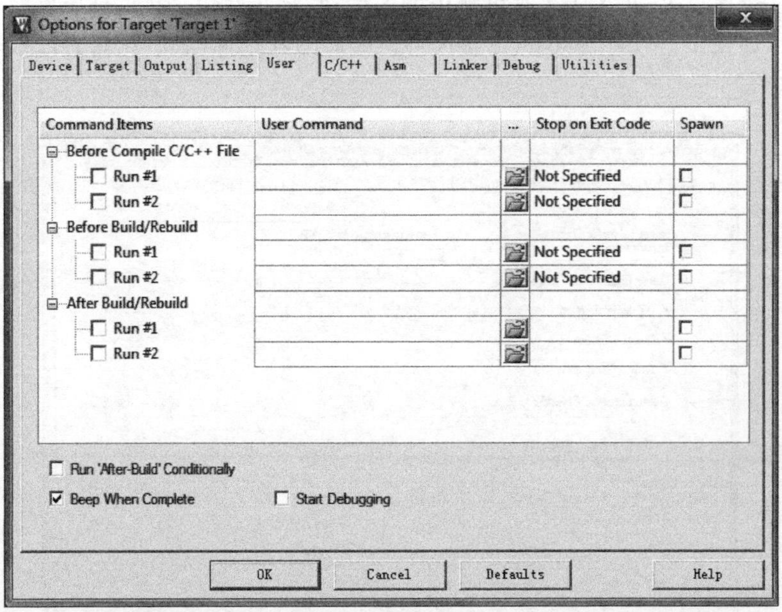

Options for Target 'Target 1'
Device
Target
Output
Listing
User
C/C++
Asm
Linker
Debug
Utilities
Command Items
User Command
...
Stop on Exit Code
Spawn
Before Compile C/C++ File
Run #1
Not Specified
Run #2
Not Specified
Before Build/Rebuild
Run #1
Not Specified
Run #2
Not Specified
After Build/Rebuild
Run #1
Run #2
Run 'After-Build' Conditionally
Beep When Complete
Start Debugging
OK
Cancel
Defaults
Help

图 6.16　工程选项参数设置界面—User 标签窗口

6）在 Options for Target 'Target 1'对话框界面中，单击 C/C++标签，如图 6.17 所示。在该标签窗口中，设置了 C/C++编译器所指定的工具选项，如：代码优化或变量分配等。

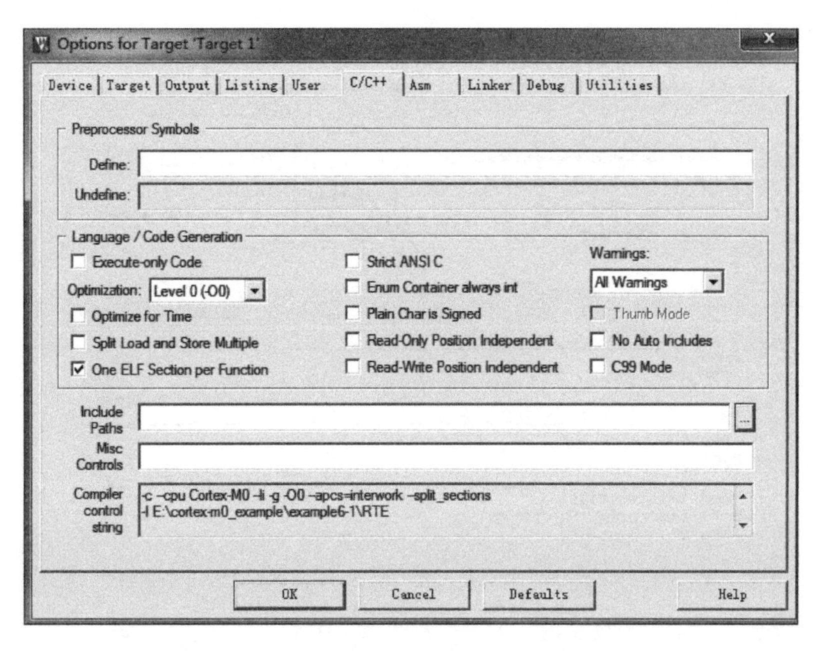

图 6.17　工程选项参数设置界面—C/C++标签窗口

7）在 Options for Target 'Target 1'对话框界面中，单击 Asm 标签，如图 6.18 所示。在该标签窗口中，设置了汇编器所指定的工具选项，如宏处理等。

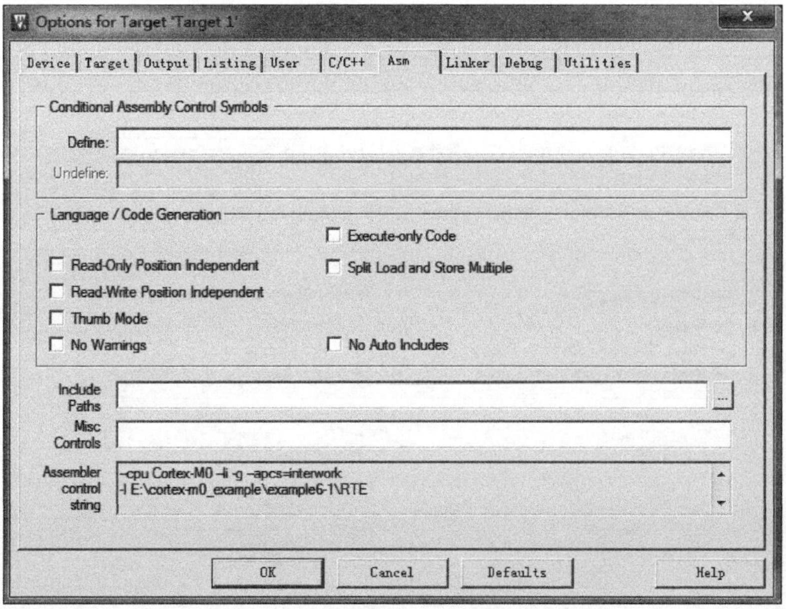

图 6.18　工程选项参数设置界面—Asm 标签窗口

8）在 Options for Target 'Target 1'对话框界面中，单击 Linker 标签，如图 6.19 所示。在该标签窗口中，设置链接器相关的选项。典型地，配置目标系统的物理存储器布局以及定义存储器类和区域位置。

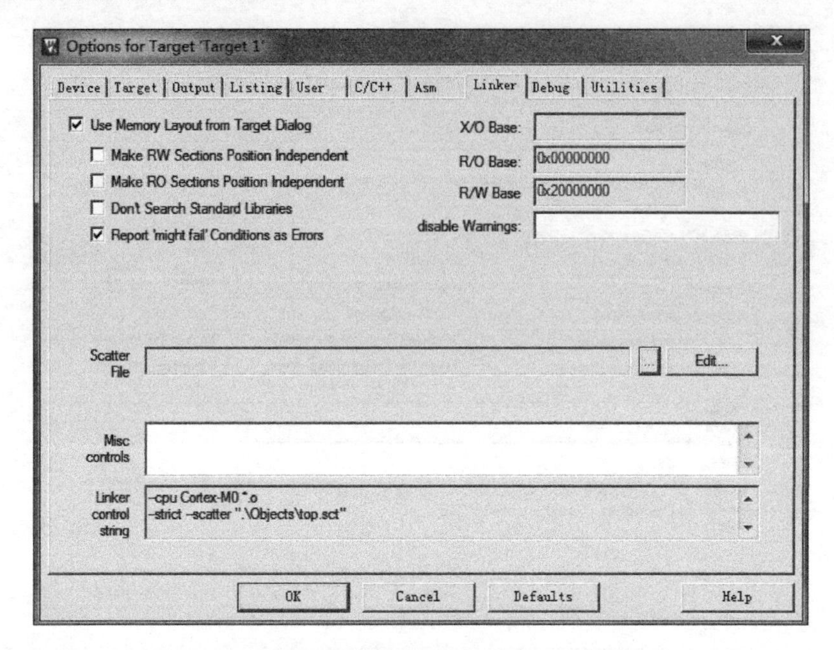

图 6.19　工程选项参数设置界面—Linker 标签窗口

9）在 Options for Target 'Target 1'对话框界面中，单击 Debug 标签，如图 6.20 所示。在该标签窗口中，选中 Use Simulator 前面的复选框，表示可以对设计的程序进行软件仿真。

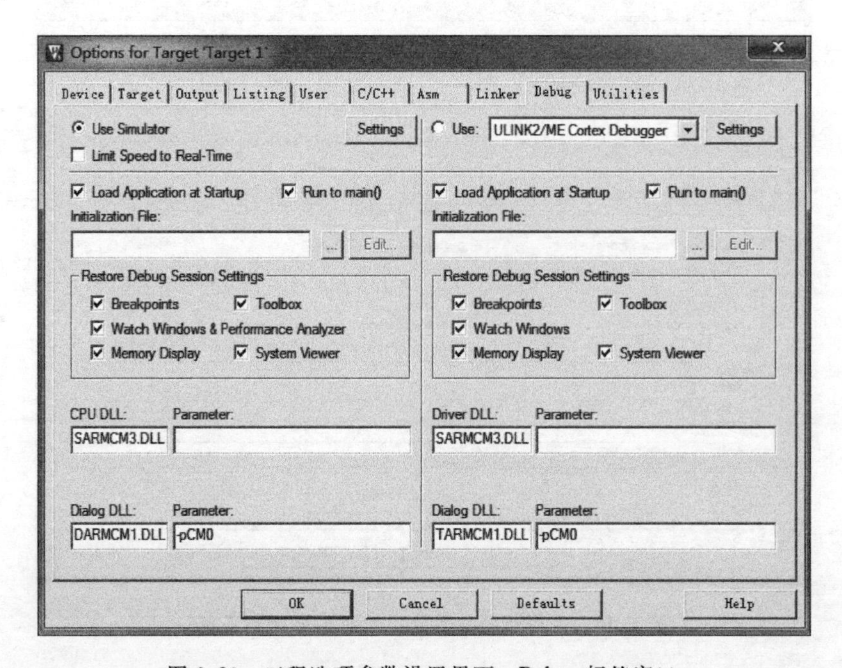

图 6.20　工程选项参数设置界面—Debug 标签窗口

10）在 Options for Target 'Target 1'对话框界面中，单击 Utility 标签。在该标签窗口下，提供了用于编程 Flash 的工具。

6.2.3　添加汇编文件

本节添加汇编文件，并在该文件中添加设计代码。添加汇编文件的主要步骤包括：

1）在 Project 窗口中，选择并展开 Target1。在展开项中，找到并选中 Source Group 1，右击，出现浮动菜单。在浮动菜单内，选择 Add New Item to Group 'Source Group 1'…，如图 6.21 所示。

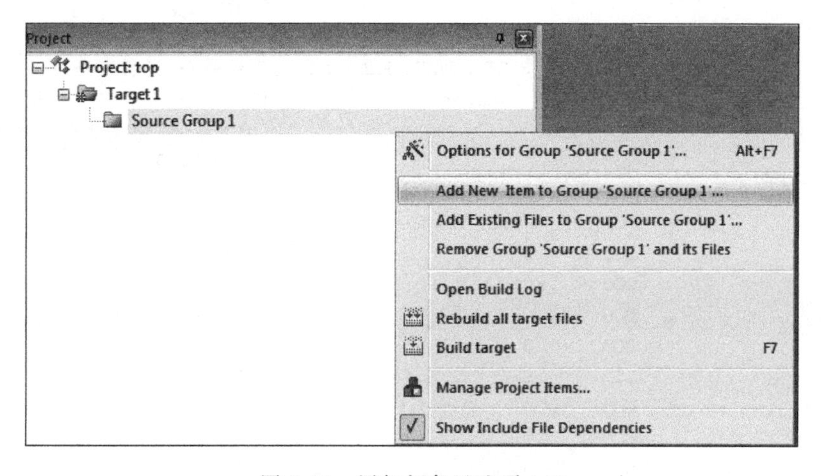

图 6.21　添加新条目选项入口

2）出现 Add New Item to Group 'Source Group 1'对话框界面，如图 6.22 所示。

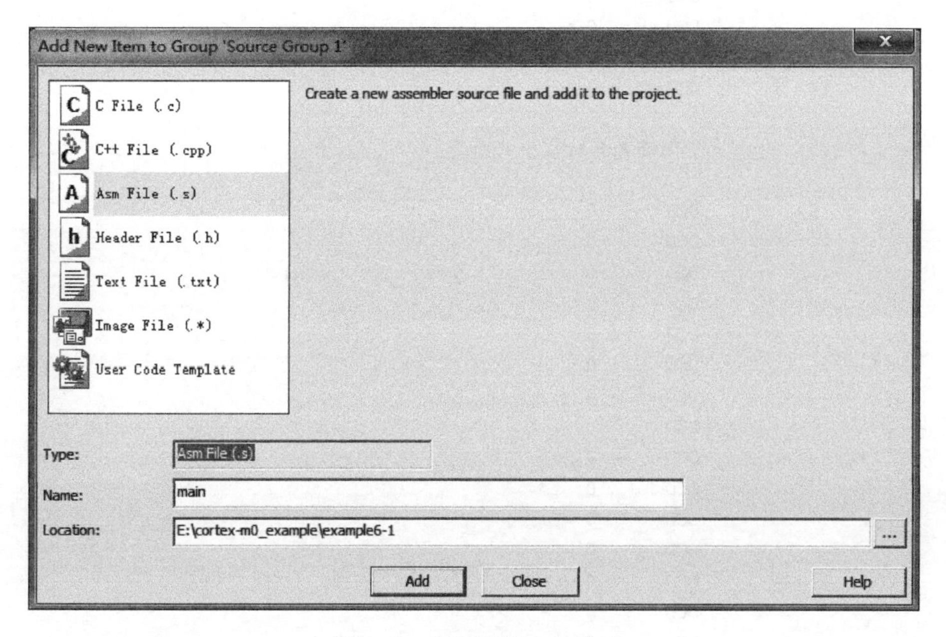

图 6.22　添加汇编文件模板

在该界面左侧窗口中，按下面设置参数：

(1) 选择 Asm File(.s)。

(2) 在 Name 右侧的文本框中，输入 main。

3) 单击 Add 按钮。

4) 在 main.s 文件中，添加如下设计代码：

代码清单 6-1　main.s

```
                    PRESERVE8                       ;汇编命令,指定当前文件保持堆栈八
                                                     字节对齐
                    THUMB                           ;汇编命令,告诉汇编器随后的指令为
                                                     Thumb 指令

                    AREA    RESET, DATA, READONLY   ;汇编命令,说明数据段
                    EXPORT  __Vectors               ;汇编命令,声明一个符号,
                                                    ;Cortex-M0 向量表默认地址
                                                     0x00000000
__Vectors           DCD     0x0000FFFC              ;MSP
                    DCD     Reset_Handler           ;复位向量
                    DCD     0
                    DCD     0
                    DCD     0
                    DCD     0
                    DCD     0
                    DCD     0
                    DCD     0
                    DCD     0
                    DCD     0
                    DCD     0
                    DCD     0
                    DCD     0
                    DCD     0
                    DCD     0

                    ; 下面开始对应中断向量

                    DCD     0
                    DCD     0
                    DCD     0
                    DCD     0
                    DCD     0
                    DCD     0
                    DCD     0
                    DCD     0
                    DCD     0
                    DCD     0
                    DCD     0
                    DCD     0
                    DCD     0
                    DCD     0
                    DCD     0
                    DCD     0
```

```
            AREA |.text|, CODE, READONLY    ;汇编命令,说明代码段
;复位句柄
Reset_Handler   PROC                        ;对应于复位向量的处理程序 Reset_Handler
                GLOBAL Reset_Handler        ;GLOBAL 命令含义和 EXPORT 相同
                ENTRY                       ;汇编命令,声明是程序的入口点

                LDR     R1, =0x20000000     ;将片上存储器首地址加载到寄存器 R1
                LDR     R0, =0x12345678     ;将立即数 0x12345678 加载到寄存器 R0
                MOVS    R2, #0x10           ;将立即数 0x10 加载到 R2,作为循环次数
LOOP            STR     R0, [R1]            ;将 R0 寄存器的内容写到 R1 指向的存储器单元
                ADDS    R0, #0x01           ; (R0)+1->(R0),并更新 APSR 寄存器
                ADDS    R1, #0x04           ;(R1)+4->(R1),并更新 APSR 寄存器
                SUBS    R2, #0x01           ;(R2)-1->(R2),并更新 APSR 寄存器
                BNE     LOOP                ;(R2)≠0,则跳转到 LOOP 标号继续执行
                ENDP                        ;程序结束
                ALIGN     4                 ;对齐字边界

      END                                   ;程序结束
```

5) 保存当前设计。

注:为使源文件更容易阅读,可以在行尾放置反斜杠字符(\),将较长的源代码行拆分为多个行。反斜杠后面不得有任何其他字符(包括空格和制表符)。汇编器将反斜杠后跟行尾序列视为空白。

6.2.4 汇编语言语法

本节对上面的设计代码中使用的 Cortex-M0 汇编语言语法进行简要说明:

1. 命令的功能

命令(Directive)和前面提到的汇编助记符指令(Instruction)不同,区别在于:

(1) 汇编助记符指令可以通过软件转换成机器指令。

(2) 命令不能转换为机器指令,它主要用于控制汇编器和编译器对程序代码的处理。

2. PRESERVE8

PRESERVE8 指令指定当前文件保持堆栈八字节对齐。它设置 PRES8 编译属性以通知链接器。链接器检查要求堆栈八字节对齐的任何代码是否仅由保持堆栈八字节对齐的代码直接或间接地调用。语法格式为

```
PRESERVE8 {bool}
```

其中,bool 是一个可选布尔常数,取值为{TRUE}或{FALSE}。

如果所设计的代码保持堆栈八字节对齐,需要时可使用 PRESERVE8 设置文件的 PRES8 编译属性。如果所设计的代码不保持堆栈八字节对齐,则可使 PRESERVE8 {FALSE}确保不设置 PRES8 编译属性。

注:如果省略 PRESERVE8 {FALSE},汇编器会检查修改 sp 的指令,以决定是否设

置 PRES8 编译属性。ARM 建议明确指定 PRESERVE8。

3. THUMB 命令

使用该语法，指示汇编器将后续指令解释为 Thumb 指令。对于本书所介绍的 Cortex-M0 来说，只能使用 THUMB 命令。

4. AREA 命令

用于标记段的开始。段是不可分的已命名独立的代码或数据块，由链接器处理。一组汇编代码必须至少有一个 AREA 指令。对于一个汇编程序来说，汇编或编译的输出内容可包括：

(1) 一个或多个代码段，通常代码段的属性为只读。

(2) 一个或多个数据段，通常数据段的属性为读写。

该指令对段进行命名并设置其属性。该命令的格式为

```
AREA sectionname{,attr}{,attr}...
```

其中：

1) sectionname 是为段指定的名称。

(1) 可以为段选择任何名称。但是，以非字母字符开头的名称必须包含在竖杠内，否则会生成缺失段名字错误。例如：

```
|1_DataArea|
```

(2) 有些名称是习惯性的名称。例如：

```
|.text|
```

用于表示由 C 编译器生成的代码段，或以某种方式与 C 库关联的代码段。

2) attr 是一个或多个用逗号分隔的节属性。有效的属性有：

(1) ALIGN=expression

默认情况下，ELF 段在四字节边界上对齐。其中，expression 可以取 0 到 31 之间的任何整数值。段在 expression 字节边界上对齐。例如，如果 expression 是 10，则节在 1KB 边界上对齐。

注：这与 ALIGN 指令所指定的方式不同。

(2) ASSOC=section

section 指定一个关联的 ELF 段。section 名字必须包含在含有 section 的任何链接中。

(3) CODE 包含机器指令。READONLY 是默认值。

(4) CODEALIGN

当在段内的 ARM 或 THUMB 指令后使用 ALIGN 指令时，该属性导致汇编器插入 NOP 指令，除非 ALIGN 指令指定了其他填充方式。

(5) COMDEF

COMDEF 是一个公共段定义，此 ELF 段可以包含代码或数据。它必须等同于其他

源文件中拥有相同名称的任何其他段。名称相同的同一 ELF 段在内存的同一段中被链接器覆盖。如果有任何不同,则链接器会生成一个警告,并且不覆盖这些段。

(6) COMGROUP=symbol_name

COMGROUP 是一个公共组段。公共组中的所有段都是公共的。当对象被链接后,其他对象文件可能具有带有 symbol_name 签名的一个 GROUP。最终映像中只包含一个组。

(7) COMMON

COMMON 是一个公共数据节,不能在其中定义任何代码或数据。它由链接器初始化为零。名称相同的所有公共节在内存的同一节中被链接器覆盖。它们并不需要具有相同大小。链接器按每个名称的最大公共段的需要分配空间。

(8) DATA

包含数据,不包含指令。READWRITE 是默认值。

(9) FINI_ARRAY

将当前区域的 ELF 类型设置为 SHT_FINI_ARRAY。

(10) GROUP=symbol_name

GROUP 是组的签名,必须由源文件或源文件中包含的文件定义。具有相同 symbol_name 签名的所有 AREAS 都被置于同一组中。组内的各段同时保存或出现。

(11) INIT_ARRAY

将当前区域的 ELF 类型设置为 SHT_INIT_ARRAY。

(12) LINKORDER=section

指定映像中当前节的相对位置,可确保具有 LINKORDER 属性的所有节彼此之间的顺序与映像中相应的已命名 sections 的顺序相同。

(13) MERGE=n

表示链接器可以将当前段与具有 MERGE=n 属性的其他段合并。n 为段中元素的大小,例如 n 为 1 表示字符。绝不能认定将会合并此段,因为该属性不会强制链接器合并段。

(14) NOALLOC

表示在目标系统上不为此区域分配内存。

(15) NOINIT

表示段未初始化,或初始化为零。它只包含空间保留指令 SPACE 或初始化值为零的 DCB、DCD、DCDU、DCQ、DCQU、DCW 或 DCWU。

(16) PREINIT_ARRAY

将当前区域的 ELF 类型设置为 SHT_PREINIT_ARRAY。

(17) READONLY

表示不应向此段写入其他信息。这是代码区域的默认值。

(18) READWRITE

指示可以读写此段。这是数据区域的默认值。

(19) SECFLAGS=n

将一个或多个(由 n 指定)ELF 标记添加到当前段。

(20) SECTYPE＝n

将当前段的 ELF 类型设置为 n。

(21) STRINGS

将 SHF_STRINGS 标记添加到当前节。要使用 STRINGS 属性，必须同时使用 MERGE＝1 属性。段的内容必须是使用 DCB 指令空终止的字符串。

使用 AREA 指令可将源文件细分为 ELF 段。可以在多个 AREA 指令中使用相同的名称，名称相同的所有区域都放在相同的 ELF 节中。只有特定名称的第一个 AREA 指令的属性才会被应用。

通常应对代码和数据使用不同的 ELF 段。大型程序通常可方便地划分为多个代码段，大量独立的数据集也最好放在不同的段中。

5. EXPORT/GLOBAL 命令

该指令声明一个符号，链接器可以使用该符号解析不同对象和库文件中的符号引用。GLOBAL 是 EXPORT 的同义词。语法格式为

```
EXPORT {[WEAK]}
EXPORT symbol {[type]}
EXPORT symbol [attr{,type}]
EXPORT symbol [WEAK{,attr}{,type}]
```

其中：

1) symbol 是要导出的符号名称。符号名区分大小写。如果省略了 symbol，则导出所有符号。

2) WEAK 仅当没有其他源导出另一个 symbol 时，才应将此 symbol 导入其他源中。如果使用了不带 symbol 的[WEAK]，则所有导出的符号都是处于次要地位的。

3) attr 可以是下列项之一：

(1) DYNAMIC 将 ELF 符号的可见性设置为 STV_DEFAULT；

(2) PROTECTED 将 ELF 符号的可见性设置为 STV_PROTECTED；

(3) HIDDEN 将 ELF 符号的可见性设置为 STV_HIDDEN；

(4) INTERNAL 将 ELF 符号的可见性设置为 STV_INTERNAL。

4) type 指定符号类型：

(1) DATA 对源进行汇编和链接时，symbol 将被看成数据；

(2) CODE 对源进行汇编和链接时，symbol 将被看成代码；

(3) ELFTYPE＝n，symbol 将被看作由 n 值指定的特定 ELF 符号，其中 n 是 0 到 15 之间的任何数字。如果没有指定，则由汇编器确定最适合的类型。

使用 EXPORT 可使其他文件中的代码能够访问当前文件中的符号。使用[WEAK]属性可通知链接器，如果可以使用其他源中的不同 symbol 实例，则不同实例将优先于此实例。[WEAK]属性可与任何符号的可见性属性一起使用。

6. FUNCTION/PROC 命令

该命令表示函数的开始。格式为

```
label FUNCTION [{reglist1} [, {reglist2}]]
```

其中：

（1）reglist1 是由被调用方保存 ARM 寄存器的可选列表。如果不存在 reglist1，并且调试器检查寄存器使用情况，则调试器假定正在使用 AAPCS。

（2）reglist2 是由被调用方保存的 VFP 寄存器的可选列表。

在为 ELF 生成 DWARF 调用帧信息时，汇编器使用 FUNCTION 来标识一个函数的开始。在使用该命令时，遵守下面的约定：

（1）FUNCTION 将规范帧地址设置为 r13（sp），并将帧状态堆栈清空。

（2）每个 FUNCTION 指令必须有一个匹配的 ENDFUNC 指令。不要嵌套 FUNCTION 和 ENDFUNC 对，并且它们不要包含 PROC 或 ENDP 指令。

注：FUNCTION 不会自动对齐字边界（或 Thumb 的半字边界）。如有必要，可使用 ALIGN 确保对齐，否则调用帧将无法指向函数的开始处。

7. ENTRY 命令

该命令标记要执行的第一个指令。在包含 C 代码的应用程序中，在 C 库初始化代码中也包含一个入口点。初始化代码和异常处理程序也包含入口点。必须为一个程序指定至少一个 ENTRY 点。如果不存在 ENTRY，则链接时会产生一个警告。

在一个源文件内不能使用多个 ENTRY 指令。并非每个源文件都必须包含 ENTRY 指令，如果在一个源文件内有多个 ENTRY 指令，则汇编时会产生错误消息。

8. ALIGN 命令

该指令使用零或 NOP 指令填充，将当前位置对齐到指定边界。语法格式为

```
ALIGN {expr{,offset{,pad{,padsize}}}}
```

其中：

（1）expr 是一个数值表达式，取值为 2^0 到 2^{31} 范围内 2 的任何次幂；

（2）offset 可以是任何数值表达式；

（3）pad 可以是任何数值表达式；

（4）padsize 可为 1、2 或 4。

通过下面命令，可使当前位置对齐到下一地址：

```
offset + n * expr
```

如果未指定 expr，则 ALIGN 会将当前位置设置到下一个字（四字节）边界处。前一个位置和当前新位置之间的未用空间用以下内容填充：

（1）如果指定了 pad，则用 pad 的副本填充。

（2）满足以下所有条件时，用 NOP 指令填充：

① 未指定 pad；

② ARM 或 THUMB 指令后面是 ALIGN 指令；

③ 在当前节中，AREA 指令设置了 CODEALIGN 属性；

④ 其他情况用零填充。

根据 padsize 值的情况，将 pad 看作一个字节、半字或字。如果未指定 padsize，则 pad 在数据节中默认为字节，在 Thumb 代码中默认为半字，在 ARM 代码中默认为字。

使用 ALIGN 可确保数据和代码对齐到适当的边界上。在下列情况下，这通常是必须的，即 ADR Thumb 伪指令只能加载字对齐的地址，但 Thumb 代码内的标签可能不是字对齐。使用 ALIGN 4 可确保 Thumb 代码内的地址为四字节对齐。

9. END 指令

此指令指示汇编器停止处理此源文件。每个汇编语言源文件模块都必须以单独一行的 END 指令结束。

思考与练习 6-2：说明在汇编语言中，指令和命令的区别。

思考与练习 6-3：说明在 Cortex-M0 汇编语言程序设计中，使用 THUMB 命令的作用。

思考与练习 6-4：说明在 Cortex-M0 汇编语言程序设计中，使用 AREA 命令的作用。

思考与练习 6-5：说明在 Cortex-M0 汇编语言程序设计中，使用 EXPORT/GLOBAL 命令的作用。

思考与练习 6-6：说明在 Cortex-M0 汇编语言程序设计中，使用 ENTRY 命令的作用。

思考与练习 6-7：说明在 Cortex-M0 汇编语言程序设计中，使用 ALIGN 命令的作用。

6.3 .lst 文件分析

编译器给出的列表文件.lst 包括了编译过程的各种信息。它由不同的部分构成，主要包括页面头部、汇编语言列表、命令行和符号列表等。本节对.lst 文件进行分析，主要步骤包括：

(1) 在 μVision 主界面主菜单下，选择 Project→Build target。对设计进行编译和链接，生成可执行文件和 HEX 文件。

(2) 定位到当前设计工程目录的 Listings 子目录下，即

```
E:\cortex-m0_example\example6-1\Listings
```

(3) 找到并双击打开 main.lst 文件，对该文件进行分析。

(4) 第一部分代码如图 6.23 所示。从图中可以看出，汇编命令并不产生机器指令代码。

(5) 第二部分代码如图 6.24 所示。从图中可以看出，该段代码描述了 Cortex-M0 向量表。可以看到用于处理复位向量的向量在向量表 0x00000004 的位置，也就是在程序存储空间地址为 0x00000004 的单元。在该单元中，保存着用于处理复位事件的服务程序的入口地址，用符号地址 Reset_Handler 表示。通过该符号地址，当复位事件到来时，

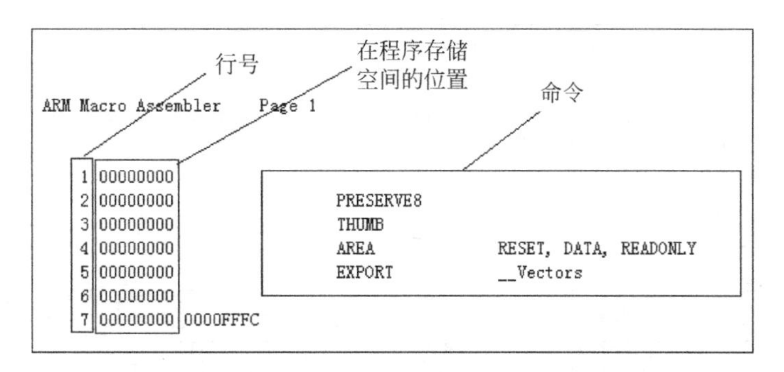

图 6.23 分析代码(1)

就直接跳转到标号为 Reset_Handler 的复位事件服务程务中，执行代码。

```
                          __Vectors
                                DCD            0x0000FFFC
 8  00000004  00000000          DCD            Reset_Handler
 9  00000008  00000000          DCD            0
10  0000000C  00000000          DCD            0
11  00000010  00000000          DCD            0
12  00000014  00000000          DCD            0
13  00000018  00000000          DCD            0
14  0000001C  00000000          DCD            0
15  00000020  00000000          DCD            0
16  00000024  00000000          DCD            0
17  00000028  00000000          DCD            0
18  0000002C  00000000          DCD            0
19  00000030  00000000          DCD            0
20  00000034  00000000          DCD            0
21  00000038  00000000          DCD            0
22  0000003C  00000000          DCD            0
23  00000040
24  00000040                 外部中断
25  00000040
26  00000040  00000000          DCD            0
27  00000044  00000000          DCD            0
28  00000048  00000000          DCD            0
29  0000004C  00000000          DCD            0
30  00000050  00000000          DCD            0
31  00000054  00000000          DCD            0
32  00000058  00000000          DCD            0
33  0000005C  00000000          DCD            0
34  00000060  00000000          DCD            0
35  00000064  00000000          DCD            0
36  00000068  00000000          DCD            0
37  0000006C  00000000          DCD            0
38  00000070  00000000          DCD            0
39  00000074  00000000          DCD            0
40  00000078  00000000          DCD            0
41  0000007C  00000000          DCD            0
```

图 6.24 分析代码(2)

(6) 第三部分代码如图 6.25 所示。可以看到用于处理复位事件的程序起始于程序存储空间地址为 0x00000080 的位置，在该地址下从 ENTRY 是机器指令开始的偏移地址位置，按照 0x00000000、0x00000002、0x00000004…线性递增。也就是说，每条机器指令占用两个字节，这与 THUMB 指令长度为 16 位一致。在地址后，为该汇编语言助记符所对应的指令，如下面的汇编语言指令

```
LDR R1, = 0x20000000
```

在程序起始地址和偏移量
行号
机器指令代码

```
43 00000080                   AREA      |.text|, CODE, READONLY
44 00000000         ;Reset Handler
45 00000000         Reset_Handler
                              PROC
46 00000000                   GLOBAL    Reset_Handler
47 00000000                   ENTRY
48 00000000
49 00000000 4903              LDR       R1, =0x20000000
50 00000002 4804              LDR       R0, =0x12345678
51 00000004 2210              MOVS      R2, #0x10
52 00000006 6008    LOOP      STR       R0, [R1]
53 00000008 3001              ADDS      R0, #0x01
54 0000000A 3104              ADDS      R1, #0x04
55 0000000C 3A01              SUBS      R2, #0x01
56 0000000E D1FA              BNE       LOOP
```

图 6.25　分析代码(3)

所定义的机器指令代码为 0x4903。

(7) 关闭 main. lst 文件。

思考与练习 6-8：说明列表文件的内容，以及各部分的详细信息。

6.4　.map 文件分析

对汇编源文件处理完成后，会生成. map 文件，在该文件中给出了程序代码在存储器空间的分配信息。本节对. map 文件进行详细分析，主要步骤包括：

(1) 在与. lst 文件相同的目录下，双击打开 top. map 文件。

(2) 镜像符号表中符号的值、类型和大小等信息，如图 6.26 所示。

```
Image Symbol Table

    Local Symbols

    Symbol Name                              Value     Ov Type        Size  Object(Section)

    RESET                                    0x00000000   Section      128  main.o(RESET)
    main.s                                   0x00000000   Number         0  main.o ABSOLUTE
    .text                                    0x00000080   Section       24  main.o(.text)

    Global Symbols

    Symbol Name                              Value     Ov Type        Size  Object(Section)

    BuildAttributes$$THM_ISAv3M$S$PE$A:L22$X:L11$S22$IEEE1$IW$USESV6$~STKCKD$USESV7$~SHL$OSPA
    __Vectors                                0x00000000   Data           4  main.o(RESET)
    Reset_Handler                            0x00000081   Thumb Code    16  main.o(.text)
```

图 6.26　镜像符号表

(3) 程序代码不同段在镜像中分配情况，如图 6.27 所示。从图中可以看出 Data 段的名字、属性、基地址、大小信息，以及 Code 段的名字、属性、基地址、大小信息。

(4) 关闭该文件。

思考与练习 6-9：说明映像文件的内容，以及各部分的详细信息。

```
Memory Map of the image

  Image Entry point : 0x00000081

  Load Region LR_IROM1 (Base: 0x00000000, Size: 0x00000098, Max: 0x00040000, ABSOLUTE)

    Execution Region ER_IROM1 (Base: 0x00000000, Size: 0x00000098, Max: 0x00040000, ABSOLUTE)

    Base Addr    Size         Type   Attr      Idx    E Section Name        Object

    0x00000000   0x00000080   Data   RO           1     RESET               main.o
    0x00000080   0x00000018   Code   RO           2   * .text               main.o


    Execution Region RW_IRAM1 (Base: 0x20000000, Size: 0x00000000, Max: 0x00020000, ABSOLUTE)
```

图 6.27　镜像存储器映射

6.5　.hex 文件分析

当下载程序到 Cortex-M0 处理器系统的程序存储器时，使用 HEX 文件。本节对建立后生成的.hex 文件进行分析，帮助读者掌握编程文件的一些关键点，分析.hex 文件的步骤包括：

1）在当前设计工程的目录中，进入到 Objects 子目录。

2）找到并用写字板打开 top.hex 文件，如图 6.28 所示。

```
:020000040000FA
:10000000FCFF0000810000000000000000000000000074
:100010000000000000000000000000000000000000E0
:100020000000000000000000000000000000000000D0
:100030000000000000000000000000000000000000C0
:100040000000000000000000000000000000000000B0
:100050000000000000000000000000000000000000A0
:10006000000000000000000000000000000000000090
:10007000000000000000000000000000000000000080
:10008000034904481022086001300431013AFAD1D2
:08009000000000207856341234
:0400000500000081 76
:00000001FF
```

图 6.28　HEX 文件格式

许多 Flash 编程器都要求输入文件具有 Intel HEX 格式，一个 Intel HEX 文件的一行称为一个记录，每个记录都由十六进制字符构成，两个字符表示一个字节的值。Intel HEX 文件通常由若干记录组成，每个记录具有如下的格式：

```
: ll aaaa tt dd...dd cc
```

其中：

(1) :表示记录起始的标志。Intel HEX 文件的每一行都是以:开头。

(2) ll 表示记录的长度。用来标识该记录的数据字节数。

(3) aaaa 装入地址。它是该记录中第一个数据字节的 16 位地址值，用于表示该记录在 EPROM 存储器中的绝对地址。

(4) tt 记录类型。00 表示数据记录，01 表示文件结束。

(5) dddd 记录的实际字节数据值。每一个记录都由 ll 个字节的数据值构成。

(6) cc 校验和。将它的值与记录中所有字节(包括记录长度字节)内容相加，其结果应该为 0，如果为其他数值则表明该记录有错。

3) 关闭该文件。

6.6 软件仿真和调试

本节对设计进行软件仿真和调试，这种仿真不依赖于具体的硬件平台，目的是让读者掌握在 μVision5 集成开发环境中调试软件程序的方法。主要步骤包括：

(1) 在 μVision5 集成开发环境主界面主菜单下，选择 Debug→Start/Stop Debug Session 选项。进入调试器界面，如图 6.29 所示。

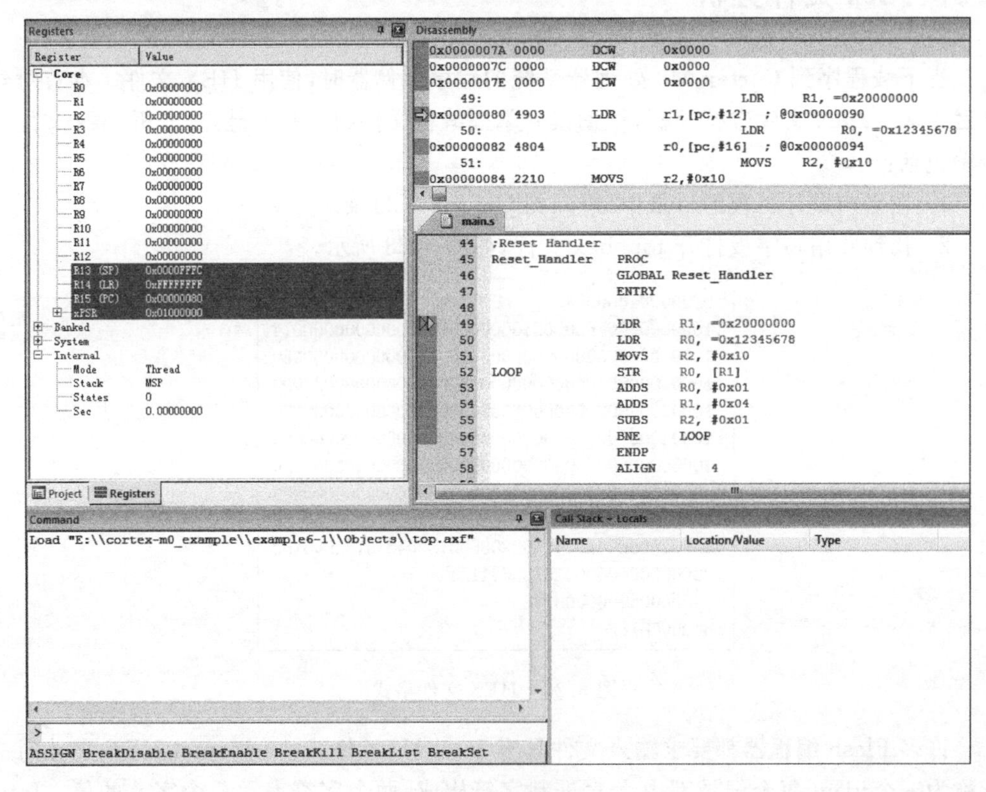

图 6.29 调试主界面

(2) 在该界面，左上方是 Registers 窗口界面，右上方是 Disassembly(反汇编)窗口，下方是汇编源文件窗口，左下方是 Command 窗口，右下方是 Call Stack 窗口。

注：(1) 如果没有显示 Register 窗口，则在当前调试主界面主菜单下选择 View→Registers Window 选项。

(2) 如果没有显示 Disassembly 窗口，则在当前调试主界面主菜单下选择 View→Disassembly Window 选项。

(3) 如果没有显示 Call Stack ＋ Locals 窗口，则在当前调试主界面主菜单下选择 View→Call Stack Window 选项。

6.6.1 查看 Cortex-M0 寄存器内容

本节对 main. s 执行单步调试，并观察 Cortex-M0 寄存器内容的变化，主要步骤包括：

(1) 在当前调试器主界面工具栏中，找到并单击按钮，或者按 F11 按键，运行单步调试。

(2) 每执行一步单步调试就观察一下 Register 窗口中各个寄存器内容变化情况，并填写表 6.1。

表 6.1 寄存器的内容及含义

寄存器的名字	内　容	含　义
R0		
R1		
R2		
PC		
xPSR		
MSP		

(3) 分析实际运行结果与程序代码是否一致。

(4) 单步运行到程序结束为止。

6.6.2 查看 Cortex-M0 存储器内容

本节查看 Cortex-M0 存储器内容的变化情况，主要步骤包括：

1) 在当前调试主界面主菜单下，选择 View→Memory Windows→Memory 1 选项，打开 Memory 1 窗口。

2) 在当前调试主界面主菜单下，选择 View→Reset CPU 选项，重新开始运行程序。

3) 在 Memory 1 窗口 Address：右侧的文本框中输入 0x00000080，然后按 Enter 键，如图 6.30 所示。

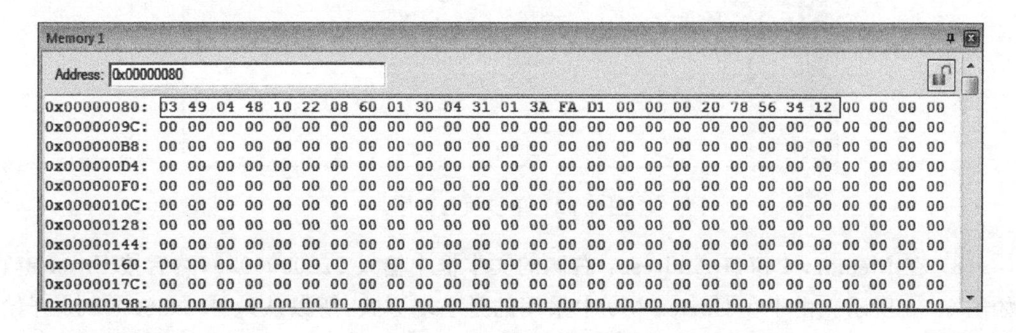

图 6.30　Memory 1 窗口内容(1)

4）可以看到在该地址起始地址的单元以此存放 03、49、04、48……，这是所编写汇编语言代码段内的机器指令代码。

注：可以与 Disassembly 窗口的内容进行比较，查看内容是否一致。

5）在 Memory 1 窗口 Address：右侧的文本框中输入 0x00000000，然后按 Enter 键，如图 6.31 所示。

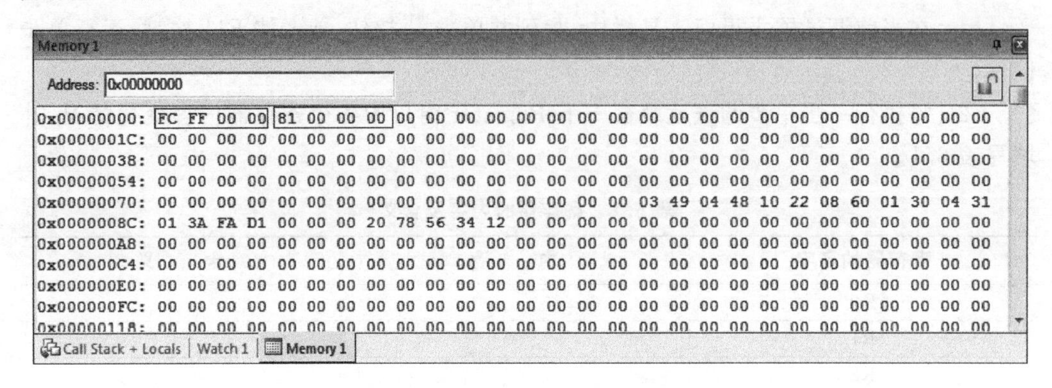

图 6.31　Memory 1 窗口内容(2)

6）可以看到 Cortex-M0 向量表内的内容，其中：

(1) 地址 0x00000000 开始的四个字节内容为 FC、FF、00、00，这是 MSP 的值。由于在 Cortex-M0 中采用的是小端方式，所以值为 0x0000FFFC。

(2) 地址 0x00000004 开始的四个字节内容为 81、00、00、00，这是复位事件的中断向量，即处理复位事件的程序入口地址。由于在 Cortex-M0 中采用的是小端方式，所以值为 0x00000081。

7）单击按钮，单步执行程序，52～56 行是循环，一共执行 16 次，如图 6.32 所示。该段代码所表示的意思是，在 Cortex-M0 片上存储器其实地址为 0x20000000 开始的位置，连续地写 16 个字的数据，开始的数据是 0x12345678，每写一次，这个数值就递增 1，直到写完 16 个数据为止。

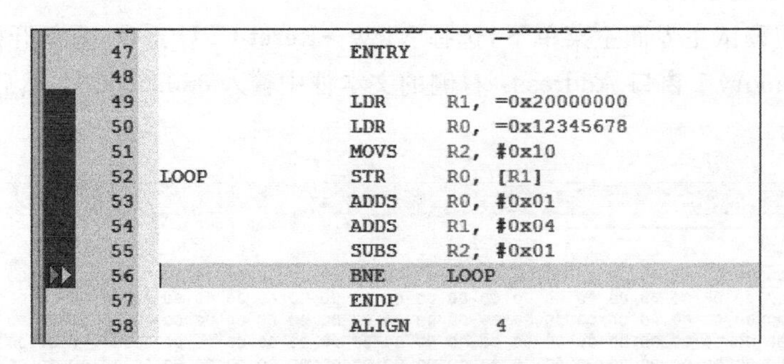

图 6.32　单步执行程序

8）在 Memory 1 窗口 Address：右侧的文本框中输入 0x20000000，然后按 Enter 键，如图 6.33 所示。由于在 Cortex-M0 中采用的是小端方式，所以从地址 0x20000000 开始保存的 16 个数为 0x12345678～0x12345687。每个数分配 4 个字节，相邻数之间递增 1。

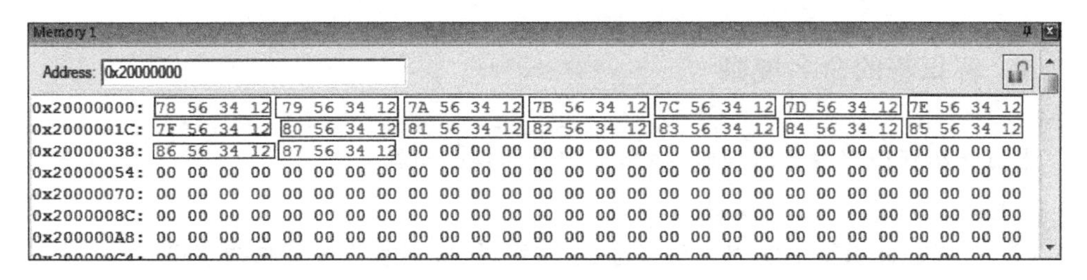

图 6.33　单步执行程序

6.6.3　查看监视窗口的内容

本节查看监视器窗口的内容，主要步骤包括：

(1) 在当前调试主界面主菜单下，选择 View→Watch Windows→Watch 1 选项，打开监视窗口 1。

(2) 在该窗口中 Name 下方分别输入 R1、R2 和 PC 名字，如图 6.34 所示。

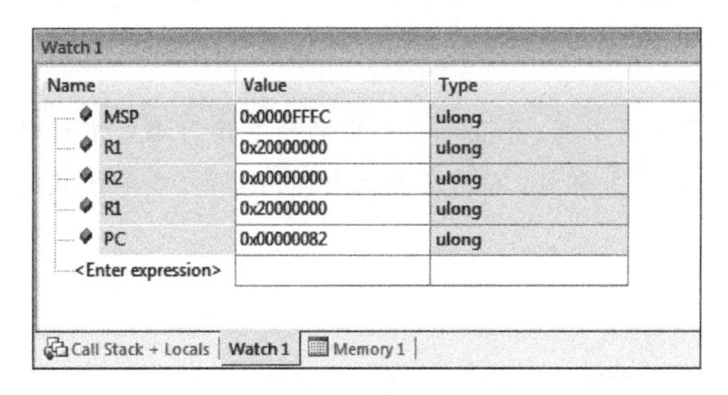

图 6.34　监视窗口界面

(3) 在当前调试主界面主菜单下，选择 View→Reset CPU 选项，重新开始运行程序。

(4) 单击按钮，单步执行程序，查看 Watch 1 窗口内寄存器变量的内容变化。

(5) 在当前调试主界面主菜单下，选择 Debug→Start/Stop Debug Session 选项，退出调试器界面。

(6) 关闭并退出当前设计工程。

思考与练习 6-10：打开调试器界面，单步运行软件代码，仔细查看寄存器的内容、存储器的内容，以及监视窗口的内容变化，进一步理解 Cortex-M0 指令集、存储器空间分配的知识。

6.7　汇编语言其他常用语法介绍

本节介绍 Cortex-M0 中汇编语言的语法规则，用以帮助读者正确使用汇编语言编写程序。

6.7.1 标识符的命名规则

本节介绍标识符的命名规则，命名标识符的规则包括：

(1) 标识符在其范围内必须唯一。

(2) 可以在标识符中使用大写字母、小写字母、数字字符或下画线字符。

(3) 除了在局部标签外，不要使用数字字符作为标识符的第一个字符。

(4) 标识符不得使用与内置变量名称或预定义符号名称相同的名字。

(5) 如果使用了与一个指令助记符或指令相同的名字，则应使用双竖杠“||”来标识标识符的边界。例如：

```
||ASSERT||
```

(6) 不得使用符号|$a|、|$t|、|$t.x|或|$d|作为程序标签。它们用于标记对象文件中的 ARM、Thumb、ThumbEE 和数据的映射符号。如果必须在符号中使用更宽的字符范围(例如在使用编译器时)，应使用单竖杠“|”来定界符号名。例如：

```
|.text|
```

注：(1)标识符区分大小写，并且标识符中的所有字符都是有效的。

(2) 竖杠不是符号的一部分，不能在竖杠内使用竖杠、分号或换行符。

6.7.2 变量

对于变量来说，可以在汇编的过程中修改它的值。变量包括：

1) 数字变量

数字变量可能的值的范围与数字常数或数字表达式可能的值的范围相同。

2) 逻辑变量

逻辑变量可能的值是{TRUE}或{FALSE}。

3) 字符串变量

字符串变量可能的值的范围与字符串表达式值的范围相同。

1. 定义变量

可以使用 GBLA、GBLL、GBLS、LCLA、LCLL 和 LCLS 命令声明表示变量的符号。

1) 对于全局变量声明来说：

(1) GBLA 命令声明一个全局算术变量，并将其值初始化为 0。

(2) GBLL 命令声明一个全局逻辑变量，并将其值初始化为{FALSE}。

(3) GBLS 命令声明一个全局字符串变量，并将其值初始化为空字符串“”。

2) 对于局部变量声明来说：

(1) LCLA 命令声明一个局部算术变量，并将其值初始化为 0。

(2) LCLL 命令声明一个局部逻辑变量，并将其值初始化为{FALSE}。

(3) LCLS 命令声明一个局部字符串变量,并将其值初始化为空字符串“”。

2. 变量赋值

可使用 SETA、SETL 和 SETS 命令为其赋值。

(1) SETA 命令用于设置局部或全局算术变量的值。

(2) SETL 命令用于设置局部或全局逻辑变量的值。

(3) SETS 命令用于设置局部或全局字符串变量的值。

变量的声明与赋值代码如下:

```
GBLA VersionNumber
VersionNumber SETA 21
GBLL Debug
Debug SETL {TRUE}
GBLS VersionString
VersionString SETS "Version 1.0"
```

6.7.3 常数

对于 Cortex-M0 汇编语言来说,常数包括:

1) 数字

(1) 十进制数,例如,123。

(2) 十六进制数,例如,0x7B。

(3) n_xxx,其中:

① n 是 2 到 9 之间的基数。

② xxx 是使用该基数的数字。

(4) 浮点数,例如 0.02、123.0 或 3.14159。

注:仅当系统包含可以使用浮点数的 VFP 或 NEON 单元时,浮点数才可用。

2) 布尔值

布尔常数 TRUE 和 FALSE 必须表示为{TRUE}和{FALSE}。

3) 字符

字符常数由左右单引号组成,中间包含单个字符或一个采用标准 C 转义字符的转义字符。

4) 字符串

字符串由双引号括起的多个字符和空格组成。如果在一个字符串内使用了双引号或美元符号作为文本字符,则这些符号必须用一对相应的字符来表示。例如,如果需要在字符串内使用单个 $,则必须书写为 $$。在字符串常数内可以使用标准 C 转义序列。

6.7.4 EQU 命令

EQU 命令为常量数值、寄存器相对的值或程序相对的值指定一个符号名称。* 和

EQU 命令功能一致。其语法格式为

```
name EQU expr{, type}
```

其中：

(1) name 是要为值指定的符号名称。

(2) expr 是一个寄存器相对的地址、程序相对的地址、绝对地址或 32 位整型常数。

(3) type 是可选的选项。type 可为下列值之一：ARM、THUMB、CODE32、CODE16 或者 DATA。

注：仅当 expr 是一个绝对地址时，才能使用 type。如果导出了 name，则会根据 type 的值，将对象文件的符号表中的 name 项标记为 ARM、THUMB、CODE32、CODE16 或 DATA。这些信息可由链接器使用。

6.7.5 IMPORT/EXTERN 命令

这些指令为汇编器提供一个未在当前汇编中定义的名称。语法格式为

```
directive symbol {[type]}
directive symbol [attr{,type}]
directive symbol [WEAK{,attr}{,type}]
```

其中：

1) directive 可为以下命令之一：

(1) IMPORT 无条件导入符号；

(2) EXTERN 仅导入在当前汇编中引用的符号。

2) symbol 是在单独汇编的源文件、对象文件或库中定义的一个符号名称。符号名区分大小写。

3) WEAK 阻止链接器在符号没有在其他地方定义时产生错误消息。同时，防止链接器搜索还没有包含的库。

4) attr 可以是下列项之一：

(1) DYNAMIC 将 ELF 符号可见性设置为 STV_DEFAULT；

(2) PROTECTED 将 ELF 符号可见性设置为 STV_PROTECTED；

(3) HIDDEN 将 ELF 符号可见性设置为 STV_HIDDEN；

(4) INTERNAL 将 ELF 符号可见性设置为 STV_INTERNAL。

5) type 指定符号类型：

(1) DATA 对源进行汇编和链接时，symbol 将被看作数据；

(2) CODE 对源进行汇编和链接时，symbol 将被看作代码；

(3) ELFTYPE＝n symbol 将被看作由 n 值指定的特定 ELF 符号，其中 n 可以是 0 到 15 之间的任何数字。如果未指定，则由链接器确定最适合的类型。在链接时，名字被解析为在其他对象文件中定义的符号。该符号被当作程序地址。如果未指定[WEAK]且在链接时没有找到相应的符号，则链接器会产生错误；如果指定了[WEAK]，且在链接时没有找到相应的符号时，当该引用是 B 或 BL 指令的目标，则将下一指令的地址作为该

符号的值。这样做的效果是将 B 或 BL 指令变成了 NOP。

6.7.6 子程序调用

若要调用子程序，应使用跳转和链接指令，其语法为

```
BL destination
```

其中：

destination 通常是位于子程序的第一个指令处的标签。destination 也可以是程序相对表达式。

在执行子程序代码后，可以使用 BX lr 指令返回。按照约定，寄存器 r0 到 r3 用于将参数传递给子程序，并且 r0 还用于将结果传递回调用方。

注：单独汇编或编译的模块之间进行的调用必须符合过程调用标准规定的限制和约定。

代码清单 6-2 子程序调用和返回

```
        AREA subrout, CODE, READONLY        ;命名该代码段
        ENTRY                               ;标识下面是第一条要执行的指令
start   MOV r0, #10                         ;设置参数
        MOV r1, #3
        BL doadd                            ; 调用子程序
stop    MOV r0, #0x18
        LDR r1, =0x20026
        SVC #0x123456
doadd   ADD r0, r0, r1                      ;子程序代码
        BX lr                               ;从子程序返回
        END                                 ;标记文件的结束
```

6.7.7 宏定义和使用

宏定义是位于 MACRO 和 MEND 指令之间的代码块。它定义了一个名称，在使用代码块时可以使用该名称，而不必重复整个代码块。

有两个指令用于定义一个宏。其语法为

```
MACRO
  {$label} macroname{$cond} {$parameter{, $parameter}...}
  ; code
MEND
```

其中：

(1) $label 是由调用宏时提供的符号替换的参数，该符号通常是一个标签。

(2) macroname 是宏的名称，它不能以指令或命令名开始。

(3) $cond 是专用于包含条件代码的特殊参数，允许有效条件代码以外的值。

(4) $parameter 是调用宏时被替换的一个参数。可用以下格式设置参数的默认值：

```
$ parameter = "default value"
```

如果默认值内或两端有空格，则必须使用双引号。

宏的主要用途如下：

(1) 通过使用有意义的单个名称来代替代码块，使用户更容易理解源代码的逻辑。

(2) 避免多次重复一个代码块。

可以定义一个与下面类似的宏定义：

代码清单 6-3　宏定义

```
MACRO
   $ label TestAndBranch $ dest, $ reg, $ cc
   $ label CMP $ reg, #0
  B $ cc $ dest
MEND
```

MACRO 指令后面的行是宏原型语句。其中：

(1) 该语句定义了用于调用该宏的名称(TestAndBranch)；

(2) 它还定义了一些参数($label、$dest、$reg 和 $cc)；

(3) 未指定的参数将被替换为一个空字符串。

对于此宏，必须为 $dest、$reg 和 $cc 赋值，以避免出现语法错误。汇编器会将所提供的值替换到代码中。

可以按如下方式调用此宏：

```
test TestAndBranch NonZero, r0, NE
…
…
NonZero
```

在替换后将变成：

```
test CMP r0, #0
BNE NonZero
…
…
NonZero
```

思考与练习 6-11：请说明在 Cortex-M0 汇编语言程序设计中，标识符的命名规则。

思考与练习 6-12：说明在 Cortex-M0 汇编语言程序设计中，IMPORT/EXTERN 命令的作用。

第7章 Cortex-M0 DesignStart架构

在编写本书的时候，ARM 公司开放了 ARM Cortex-M0 DesignStart 处理器的 Verilog HDL 源码级描述文件(版本号为 r0p0)，该处理器是 Cortex-M0 处理器固定配置的版本。本章详细介绍该处理器核，内容包括获取 Cortex-M0 DesignStart 和 Cortex-M0 DesignStart 顶层符号、AHB-Lite 接口，以及将 CORTEXM0DS 集成到系统的方法。

通过该简化配置的处理器核，读者可以实现对 Cortex-M0 的低成本访问。此外，通过这个开放的处理器核，读者可以更好地理解和掌握 Cortex-M0 架构以及运行原理。

7.1 获取 Cortex-M0 DesignStart

Cortex-M0 DesignStart 处理器是一个预配置、模糊的，但是可以综合的全功能 Cortex-M0 处理器的 Verilog HDL 版本。由于 Cortex-M0 DesignStart 处理器是 Cortex-M0 处理器的完全工作版本，它可以作为硬件产品和软件设计的基础。

Cortex-M0 处理器是一个高度确定的、低逻辑门个数的 32 位处理器，可以用来实现 ARMv6-M 结构。Cortex-M0 处理器使用较低的面积实现三级流水线结构，同时可以达到 0.9DMIPS/MHz 的性能。Cortex-M0 处理器的编程模型，与 Cortex-M1、Cortex-M3 和 Cortex-M4 处理器兼容，这样便于程序的移植。

Cortex-M0 DesignStart 是一个知识产权(Intellectual Property，IP)软核。当得到 ARM 公司的许可后，登录到 ARM 公司网站的指定页面上，就可以下载该 IP 核。该 IP 核以一个名为 AT510-BU-98000-r0p0-00rel0 的压缩文件提供。当解压缩该文件后，文件结构如图 7.1 所示。

由于提供了源码级的 Cortex-M0 的代码，读者可以将该处理器核移植到 Xilinx 的 FPGA 器件中。通过 Xilinx Vivado 2016.1 工具，对该 IP 核重新综合以及实现后就可以包含在读者自己的设计中。因此，就可以在 FPGA 内实现全功能 Cortex-M0 处理器功能。

注：本书基于 Xilinx 公司的 Artix 7 系列的 FPGA 器件实现基于该处理器核的 SoC 系统。

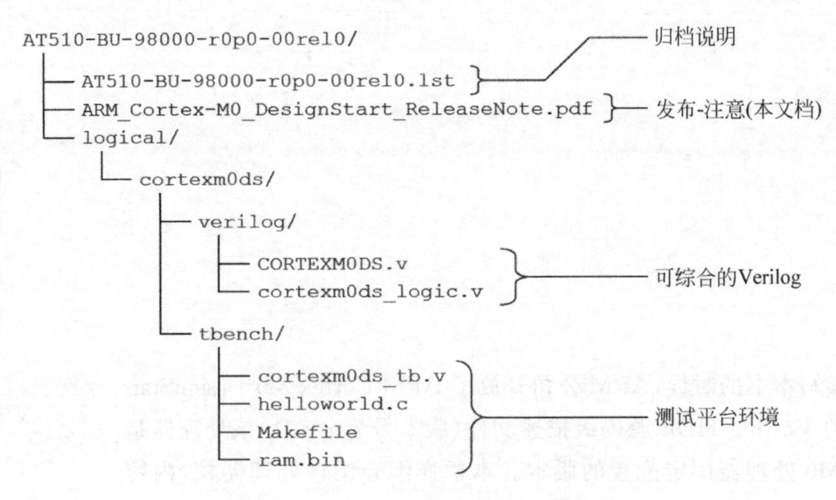

图 7.1　Cortex-M0 DesignStart 文件结构

7.2　Cortex-M0 DesignStart 顶层符号

在本书中，通过 Cortex-M0 DesignStart 处理器的外部接口信号与 FPGA 内通过 Verilog HDL 所描述的外设/外设控制器进行连接。Cortex-M0 DesignStart 处理器接口信号，如图 7.2 所示。

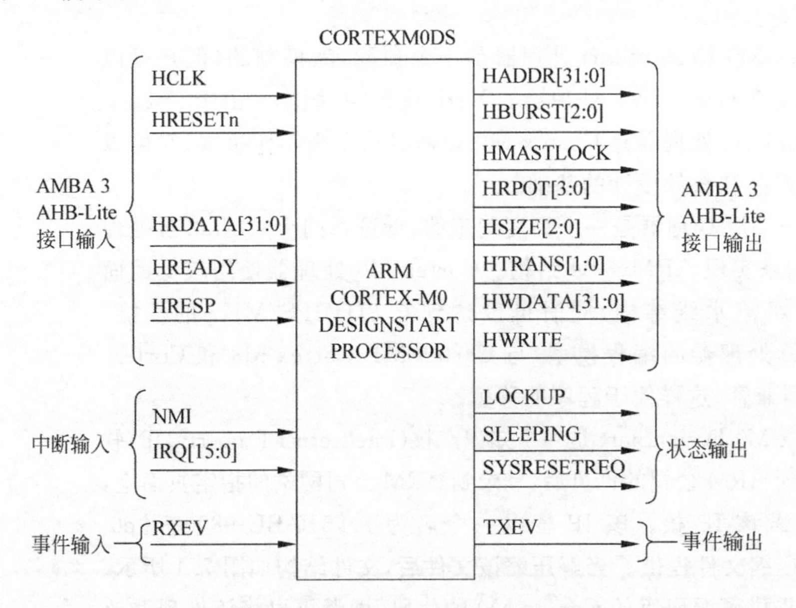

图 7.2　Cortex-M0 DesignStart 原理符号

Cortex-M0 DesignStart 处理器被包含在一个名为 CORTEXM0DS 的宏单元模块中，该处理器子模块名字为 cortexm0ds_logic。顶层的宏单元所实现的端口用于单个 AMBA 3 的 AHB-Lite 接口、中断和事件输入、三个状态输出和一个事件输出，表 7.1 给出了顶层符号的信号列表。

表 7.1 Cortex-M0 DesignStart 处理器端口描述

端　口	方向	描　述
HADDR[31:0]	输出	AHB-Lite 地址阶段接口地址。这些信号提供了 32 位地址用于识别交易正在访问的存储器或者设备。只有当 HTRANS[1]为高时，该信号线上的值才有效
HBURST[2:0]	输出	AHB-Lite 地址阶段的猝发信息。处理器只产生 SINGLE 类型的传输。这个信号上的值总是为 3'b000，表示为 SINGLE 类型的传输
HCLK	输入	AHB-Lite 接口和处理器时钟。所有进出处理器的信号均在这个信号的正沿/上升沿进行处理
HMASTLOCK	输出	AHB-Lite 地址阶段锁定交易信息。该处理器从不产生锁定交易。这个信号的值总是驱动为低，表示交易不是锁定序列的某一个部分
HPROT[3]	输出	AHB-Lite 地址阶段交易可缓存的信息。该位的值总是由交易的地址得到。如果 HTRANS[1]为高，则该信号的值有效
HPROT[2]	输出	AHB-Lite 地址阶段交易可缓冲的信息。该位的值总是由交易的地址得到。如果 HTRANS[1]为高，则该信号的值有效
HPROT[1]	输出	AHB-Lite 地址阶段交易特权信息。处理器总是工作在特权模式下。如果 HTRANS[1]为高，则该信号的值有效
HPROT[0]	输出	AHB-Lite 地址阶段交易数据对操作码信息。处理器使用这个信号用于区分由加载和保存所产生的取指和数据访问。对于取指来说，该信号驱动为低；对于加载/保存数据交易来说，该信号驱动为高
HRDATA[31:0]	输入	AHB-Lite 数据阶段交易读数据。该总线上包含和前一个 AHB-Lite 地址阶段相关的读数据。读数据由四个 8 位的字节通道构成，有效通道的个数以及位置取决于地址阶段的 HADDR[1:0]和 HSIZE[1:0]的值。当 HREADY 为高并且 HRESP 为低时，这个总线上的值必须有效，它用于一个读交易数据阶段周期
HREADY	输入	AHB-Lite 地址和数据阶段准备信号。这个信号表示接受来自处理器的地址阶段，以及任何数据阶段的完成。这个信号的值必须总是有效，即驱动为高，表示 AHB-Lite 总线处于空闲状态或者正在接受一个地址阶段，或者正在完成一个数据阶段，并且正在接受一个地址阶段。当接受地址阶段后，HREADY 可以被驱动为低，用于扩展当前的数据阶段
HRESETn	输入	AHB-Lite 接口和处理器复位。这个信号低有效，当为低时，异步复位处理器内的所有状态。这个信号应该至少维持两个 HCLK 周期的低电平，然后变成无效(与 HCLK 同步)。当复位后，这个信号应该保持为高，以允许正常执行
HRESP	输入	AHB-Lite 数据阶段错误响应信号。这个信号表示当前数据阶段指向一个不能提供有效读取数据的位置，如果试图从这个位置执行指令或者在该位置进行加载/保存数据的操作时，处理器应该出现异常。注：HRESP 操作必须遵守 AHB-Lite 要求两个 HCLK 时钟。当不希望产生任何错误时，允许在一个系统中连续驱动 HRESP 信号为低
HSIZE[2:0]	输出	AHB-Lite 地址阶段交易宽度信息。处理器能产生字节(8 位)、半字(16 位)和字(32 位)交易，用于加载/保存数据交易，或者字(32 位)取指。这个总线的值为 3'b000 时，表示字节交易；3'b001 时，表示半字交易；3'b010 时，表示一个字交易。如果 HTRANS[1]为高时，该总线上的值有效

续表

端　口	方向	描　述
HTRANS[1:0]	输出	AHB-Lite地址阶段传输类型信息。处理器使用这个总线用于表示一个AHB-Lite交易。开始所有的传输作为非顺序的传输(没有保证与前面传输地址之间的关系)。这个总线的值总是驱动为2'b00用于表示空闲周期,或者2'b10用于表示一个非顺序(NONSEQ)传输
HWDATA[31:0]	输出	AHB-Lite数据阶段交易写数据。该总线上包含和前一个AHB-Lite地址阶段相关的写数据。写数据由四个8位的字节通道构成,有效通道的个数以及位置取决于地址阶段的HADDR[1:0]和HSIZE[1:0]的值。这个总线上的值必须有效,它用于一个写交易数据阶段周期
HWRITE	输出	AHB-Lite地址周期交易读写信息。这个信号表示处理器希望对HADDR指定的地址进行读或者写操作。对于读交易来说,该信号为低;对于写交易来说,该信号为高。如果HRTANS[1]为高时,这个信号的值有效
IRQ[15:0]	输入	优先级中断输入。该总线上的每一个信号对应于每个优先级的输入。必须驱动每个信号与HCLK同步。如果一个源是异步的,则在驱动和它相关的IRQ输入以前必须进行同步化。如果给两个中断分配了相同的优先级,并且确认了相同的时间,则总线上最低的一个将获得中断。将IRQ[n]信号驱动至少一个HCLK周期将使得中断n被挂起。在每个周期,这个总线上的每个信号必须有效,并且应该保持为低,除非应该挂起一个中断
LOCKUP	输出	处理器在锁定状态指示器。处理器使用这个信号表示发生两个或者更多的不可恢复的错误,如总线故障、一个非对齐存储器交易,或者执行一个没有定义的指令,这样就进入到锁定状态。当处理器正常运行时,将这个信号驱动为低;当处理器正在锁定状态等待时,将这个信号驱动为高。在每个周期,这个信号有效。典型地,这个信号应该连接到一个看门狗类型的设备
NMI	输入	不可屏蔽中断输入。这个信号必须和HCLK同步。如果一个源是异步的,如一个通用的输入,则在驱动与它相关的NMI输入以前必须进行同步化。NMI信号为高有效。将该信号驱动为高至少一个HCLK周期,将引起处理器发生NMI异常。在每个周期,这个信号必须有效,并且保持为低,除非应该产生一个NMI
RXEV	输入	事件异常端口。将该信号驱动为高至少一个HCLK周期,将置位处理器内的ARMv6-M事件寄存器。系统使用该信号告诉软件发生了一些事件。如果正在轮询一个可以驱动RXEV的事件时,在软件的一个循环中使用WFE指令,用于减少系统轮询
SLEEPING	输出	处理器处于空闲状态。如果处理器在空闲状态,则将该信号驱动为高;在执行任意操作前,将该信号驱动为低。在每个周期,该信号有效
SYSRESETREQ	输出	处理器请求整个系统复位。这个信号映射到处理器内的SYSTESETREQ系寄存器。在正常操作时,将该信号驱动为低。处理器将该信号驱动为高,用于响应一个有效的软件写内部复位请求寄存器。这个信号由异步HRESETn信号复位为低。因此,这个信号不能通过组合逻辑端口连接到HRESETn端口。在每个周期,该信号有效
TXEV	输出	事件发送端口。当每次执行SEV指令时,处理器将该信号驱动为高。软件可以使用该信号表示系统执行了一些操作。在每个周期,该信号有效

7.2.1 中断

Cortex-M0 DesignStart 处理器提供一个不可屏蔽中断（Non Maskable Interrupt，NMI）和最多十六个可配置优先级的中断。所有的中断信号为高有效，并且通过电平和单周期（脉冲）发出的信号，处理器支持对中断的挂起。

NMI 总是最高优先级异常，总是使得处理器暂时放弃正在处理的事情，并且不允许另一个 NMI 句柄。

IRQ[15:0]映射到包含优先级的中断（从 15 到 0），其中可以通过软件，单独使能每个中断，以及设置其优先级。

将所有的中断看作由处理器进行同步。如果连接到异步中断源，则应仔细考虑合理的同步机制，用于解决亚稳定问题。

7.2.2 状态输出

Cortex-M0 DesignStart 处理器提供了三个额外的状态输出。包括：

1) LOCKUP

表示处理器正处于锁定状态。系统设计者可以选择该信号通知一个看门狗定时器，表明处理器处于不希望的状态。

2) SYSRESETREQ

高有效信号，它用于反映软件可访问的应用中断和复位控制寄存器（Application Interrupt and Reset Control Register，AIRCR）中的 SYSRESETREQ 位状态。这个信号用于通知系统复位控制器，软件希望复位整个系统。要保证在使用这个信号前，需要先寄存该信号。此外，将 HRESETn 信号驱动为低，将使得 SYSRESETREQ 信号变成异步复位低。

3) SLEEPING

高有效信号，表示处理器处于空闲状态。执行等待事件（WFE）或者等待中断（WFI）指令，将使得处理器进入空闲状态。此外，利用 Cortex-M0 的休眠退出功能也会使处理器进入空闲状态。当进入空闲状态时，处理器不执行任何 AHB-Lite 交易，或者执行任何指令，而同时它正在驱动 SLEEPING 为高。

7.2.3 事件信号

TXEV 是高有效信号。当处理器执行一条 SEV 指令时，将该信号拉高一个 HCLK 周期（脉冲）。其他处理器或者系统元件使用该信号，作为一个简单的通信机制，表示处理器已经执行了一些感兴趣的操作，如释放了一个基于存储器的信号量。

思考与练习 7-1：根据 Cortex-M0 DesignStart 顶层符号，说明该 IP 核所提供接口信号的功能。

思考与练习 7-2：说明在 Cortex-M0 DesignStart 中提供可屏蔽中断的个数。

7.3 AHB-Lite 接口

Cortex-M0 DesignStart 处理器实现了与 AMBA 3 AHB-Lite 规范兼容的基本存储器和系统总线接口。此外，Cortex-M0 DesignStart 处理器使用了 AHB-Lite 的 reset 和 clock 信号作为它的时钟和复位源。对接口上所有信号地采样和驱动都以 AHB-Lite HCLK 信号的上升沿为基准。

Cortex-M0 DesignStart 处理器可以产生四种基本的交易类型，如表 7.2 所示。

表 7.2 四种基本的交易类型

交易	访问	描述
HTRANS[1:0] = 2'b00	IDLE	处理器不希望执行任何操作
HTRANS[1:0] = 2'b10 HPROT[0] = 1'b0 HSIZE[1:0] = 2'b10 HWRITE = 1'b0	FETCH	处理器希望执行一个取指操作。CPU 在一个时刻从存储器中取出 32 位的指令。如果需要的话，则在处理器内部进行缓冲，并且负责管理提取两条 16 位的指令
HTRANS[1:0] = 2'b10 HPROT[0] = 1'b1 HSIZE[1:0] = 2'b00	BYTE	处理器希望执行由指令 LDRB、LDRSB 或者 STRB 指令所引起的 8 位数据访问。加载指令将 HWRITE 信号驱动为低；保存指令将 HWRITE 信号驱动为高
HTRANS[1:0] = 2'b10 HPROT[0] = 1'b1 HSIZE[1:0] = 2'b01	HALF-WORD	处理器希望执行由指令 LDRH、LDRSH 或者 STRH 指令所引起的 16 位数据访问。加载指令将 HWRITE 信号驱动为低；保存指令将 HWRITE 信号驱动为高
HTRANS[1:0] = 2'b10 HPROT[0] = 1'b1 HSIZE[1:0] = 2'b10	WORD	处理器希望执行由指令 LDR、LDM、POP、STR、STM 或者 PUSH 指令所引起的 32 位数据访问。加载指令将 HWRITE 信号驱动为低；保存指令将 HWRITE 信号驱动为高

Cortex-M0 DesignStart 处理器的 AHB-Lite 接口总是工作在小端模式下。所有的交易总是自然对齐。用于 HRDATA 和 HWDATA 的活动字节通道和它们所对应的 Cortex-M0 处理器内的源/目的寄存器(Rd)如表 7.3 所示。

表 7.3 处理器 AHB-Lite 读/写数据字节通道

地址阶段		数据阶段			
HSIZE[1:0]	**HADDR[1:0]**	**HxDATA [31:24]**	**HxDATA [23:16]**	**HxDATA [15:8]**	**HxDATA [7:0]**
00	00	—	—	—	Rd[7:0]
00	01	—	—	Rd[7:0]	—
00	10	—	Rd[7:0]	—	—
00	11	Rd[7:0]	—	—	—
01	00	—	—	Rd[15:8]	Rd[7:0]
01	10	Rd[15:8]	Rd[7:0]	—	—
10	00	Rd[31:24]	Rd[23:16]	Rd[15:8]	Rd[7:0]

Cortex-M0 处理器中存储器的属性由 ARMv6-M 结构确定，并且对于一个给定地址来说，存储器的属性是固定的。HADDR 与 HPROT[3:2]之间的对应关系，以及推荐的每个空间的用法，如表 7.4 所示。

表 7.4　处理器存储器映射属性

HADDR[31:0]	类　型	HPROT[3:2]	推荐用法
32'hF0000000～32'hFFFFFFFF	器件	01	无
32'hE0000000～32'hEFFFFFFF	保留	—	映射到处理器的内部外设，例如 NVIC
32'hA0000000～32'hDFFFFFFF	器件	01	外设
32'h80000000～32'h9FFFFFFF	正常(写通过)	10	片外 RAM
32'h60000000～32'h7FFFFFFF	正常(写回，写分配)	11	片外 RAM
32'h40000000～32'h5FFFFFFF	器件	01	外设
32'h20000000～32'h3FFFFFFF	正常(写回，写分配)	11	片上 RAM
32'h00000000～32'h1FFFFFFF	正常(写通过)	10	程序代码

思考与练习 7-3：说明 Cortex-M0 DesignStart 所能产生的交易类型。

思考与练习 7-4：说明 Cortex-M0 DesignStart 的端模式。

7.4　将 Cortex-M0 Design Start 集成到系统的方法

本节介绍将 Cortex-M0 Design Start 集成到系统的方法，主要包含以下步骤：

1) 产生和连接 HCLK 时钟信号。

2) 产生和同步 HRESETn 低有效复位信号。

(1) 将 HRESETn 信号至少保持两个 HCLK 周期的高电平，然后变为同步无效。

(2) 如果希望的话，将 SYSRESETREQ 信号集成到复位同步/控制电路中。

(3) 如果希望的话，将 LOCKUP 信号集成到复位同步/控制电路中。

3) 建立和连接 AHB-Lite 系统的剩余部分。

注：Cortex-M0 要求访问 0x0～0x4，用于提供初始堆栈指针的值以及复位句柄的值。

4) 将来自外设的中断连接到合适的 IRQ 引脚。

注：将其他没有使用 IEQ 信号拉低。

5）如果有要求，则将 NMI 输入连接到正确的源。

注：由于在软件初始化处理器或者 C 库完成之前，NMI 有优先抢占的能力，所以最好对 NMI 信号添加额外的一些正确屏蔽，用于防止 NMI 错误触发 CPU。

6）将外部事件激励源连接到 RXEV 引脚。

7）验证设计正常运行。

思考与练习 7-5：说明将 Cortex-M0 Design Start 集成到系统的方法。

第8章 XILINX Artix-7 FPGA结构

本章对 Xilinx Artix-7 FPGA 性能、内部结构进行详细介绍，以帮助读者更好地通过 Artix-7 FPGA 内部的逻辑构建高性能的基于 Cortex-M0 的全可编程平台。

从第 7 代现场可编程门阵列(Fileld Programmable Gate Array，FPGA)开始，Xilinx 将 FPGA 分成 Artix-7、Kintex-7 和 Virtex-7 三个系列，采用了台积电的 28nm 工艺。与前面 FPGA 不同的是，从第 7 代 FPGA 开始，它们的内部结构相同。这样使得设计者在其中一个系列 FPGA 上的设计，可以很轻松地放到另一个系列 FPGA 上进行实现，而不需要修改其设计。Artix-7 延续了前面 Spartan 的低成本和低性能的特点；Virtex-7 延续了前面 Virtex 的高成本和高性能的特点；Kintex-7 在成本和性能方面进行了折衷。对于相同规模的 FPGA 来说，Kintex-7 的成本要比 Artix-7 高，而性能要低于 Virtex-7。

8.1 Artix-7 器件逻辑资源

Xilinx Artix-7 器件的逻辑资源，如表 8.1 所示。下面将对 Artix-7 器件内部逻辑资源进行进一步的说明，以帮助读者充分了解 Artix-7 器件所提供的设计资源。这样，在使用 Xilinx 最新的 Vivado 2016.1 集成开发环境进行基于 Cortex-M0 的片上全可编程系统设计时，可以更加充分高效地利用这些资源，从而进一步提高设计效率。

表 8.1 Xilinx Artix-7 器件类型和逻辑资源列表

	器件型号	XC7A15T	XC7A35T	XC7A50T	XC7A75T	XC7A100T	XC7A200T
逻辑资源	逻辑单元	16 640	33 280	52 160	75 520	101 440	215 360
	切片	2600	5200	8150	11 800	15 850	33 650
	CLB 触发器	20 800	41 600	65 200	94 400	126 800	269 200
存储器资源	最大分布式 RAM(Kb)	200	400	600	892	1188	2888
	块 RAM/FIFO w/ECC(36Kb/块)	25	50	75	105	135	365
	总的 BRAM(Kb)	900	1800	2700	3780	4860	13 140

续表

	器件型号	XC7A15T	XC7A35T	XC7A50T	XC7A75T	XC7A100T	XC7A200T
时钟资源	CMT(1个MMCM+1个PLL)	5	5	5	6	6	10
I/O资源	最多单端I/O	250	250	250	300	300	500
	最多差分I/O对	120	120	120	144	144	240
嵌入式硬IP资源	DSP切片	45	90	120	180	240	740
	PCIe Gen2	1	1	1	1	1	1
	模拟混合信号(AMS)/XADC	1	1	1	1	1	1
	配置AES/HMAC块	1	1	1	1	1	1
	GTP收发器(6.6Gb/s)	4	4	4	8	8	16
速度等级	商业	−1,−2	−1,−2	−1,−2	−1,−2	−1,−2	−1,−2
	扩展	−2L,−3	−2L,−3	−2L,−3	−2L,−3	−2L,−3	−2L,−3
	工业	−1,−2,−1L	−1,−2,−1L	−1,−2,−1L	−1,−2,−1L	−1,−2,−1L	−1,−2,−1L

8.2 可配置逻辑块

可配置的逻辑块(Configurable Logic Block, CLB)是主要的逻辑资源,用于实现时序和组合逻辑电路。

8.2.1 可配置逻辑块概述

7系列FPGA的CLB和Virtex-6系列的FPGA结构相同。7系列的可配置逻辑块提供了高级、高性能的FPGA逻辑：

(1) 真正的6输入查找表；

(2) 双LUT5(5输入LUT)选项；

(3) 分布式存储器和移位寄存器能力；

(4) 用于算术功能的高速进位逻辑；

(5) 宽的多路复用器,用于高效的利用。

对于Xilinx 7系列的FPGA来说,每个CLB连接到一个开关矩阵用于访问通用的布线资源,如图8.1所示。每一个CLB内包含一对切片(Slice)。对于一个CLB内的两个切片来说,它们之间并没有直接连接。在CLB内的每个切片以列的形式排列。对于每个CLB来说：

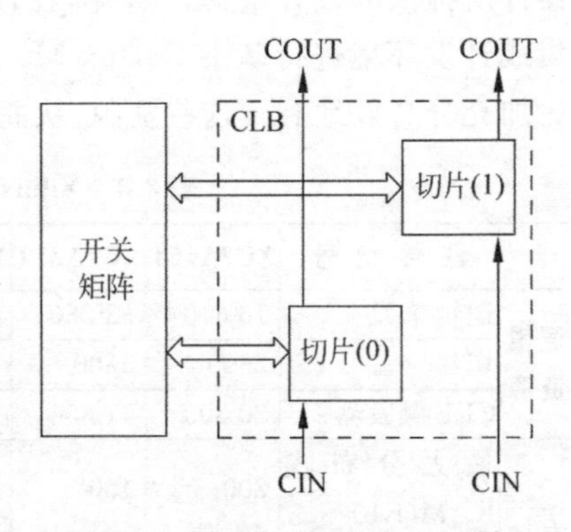

图8.1 7系列FPGA中CLB内的切片排列

(1) 切片(0)：在CLB的底部和左边一列。

(2) 切片(1)：在CLB的顶部和右边一列。

每个切片包含 4 个 6 输入的查找表、8 个触发器、多路复用器和算术进位逻辑。每个 CLB 内提供的逻辑资源，如表 8.2 所示。

表 8.2 一个 CLB 内的逻辑资源

切片	LUT	触发器	算术和进位链	分布式 RAM	移位寄存器
2	8	16	2	256 比特	128 比特

对于 7 系列 FPGA 的所有切片来说：

(1) 大约 2/3 的切片是 SLICEL 逻辑切片(L 表示 Logic，逻辑)；

(2) 剩下的是 SLICEM(M 表示 Memory，存储器)。SLICEM 内的 LUT 可作为分布式的 64 位 RAM 或者 32 位的移位寄存器(SRL32)，或者两个 SRL16。

对 CLB 的使用，给出了一些设计规则，这些设计规则将帮助读者实现高效率的设计：

(1) 在 CLB 内的触发器提供了复位/置位功能，但是在设计的时候不能同时使用它们。

(2) FPGA 内提供了大量的触发器资源，通过使用触发器实现流水线结构可以提高设计性能。

(3) 控制输入由切片或者 CLB 共享。对于一个设计来说，不同控制输入的数量应尽可能少。

(4) 在 SLICEM 内，一个 6 输入的 LUT 可以实现一个 32 位的移位寄存器，用于高效的实现。

(5) 在 SLICEM 内，一个 6 输入的 LUT 可以实现一个 64×1 位的存储器，用于满足小的存储要求。

(6) 每个 CLB 内提供了专用的进位逻辑，用于实现高效的算术运算功能。

在 CLB 中，X 后面的数字标识切片对内每个切片的位置，以及切片列的位置，如图 8.2 所示。

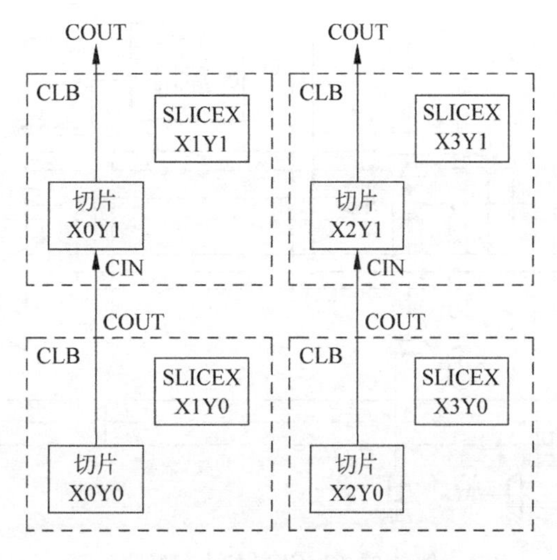

图 8.2 CLB 和切片的位置关系

（1）X 编号后的数字标识切片所在列的位置。切片位置从底部以顺序 0、1 开始计算（第 1 列 CLB）；2、3（第 2 列 CLB）等。

（2）Y 编号后的数字标识切片所在行的位置。在一个 CLB 内，Y 后面的值是一样的，从底部的 CLB 开始，以递增的顺序从一行 CLB 到另一行 CLB。

SLICEM 的内部结构，如图 8.3 所示。SLICEL 的内部结构，如图 8.4 所示。

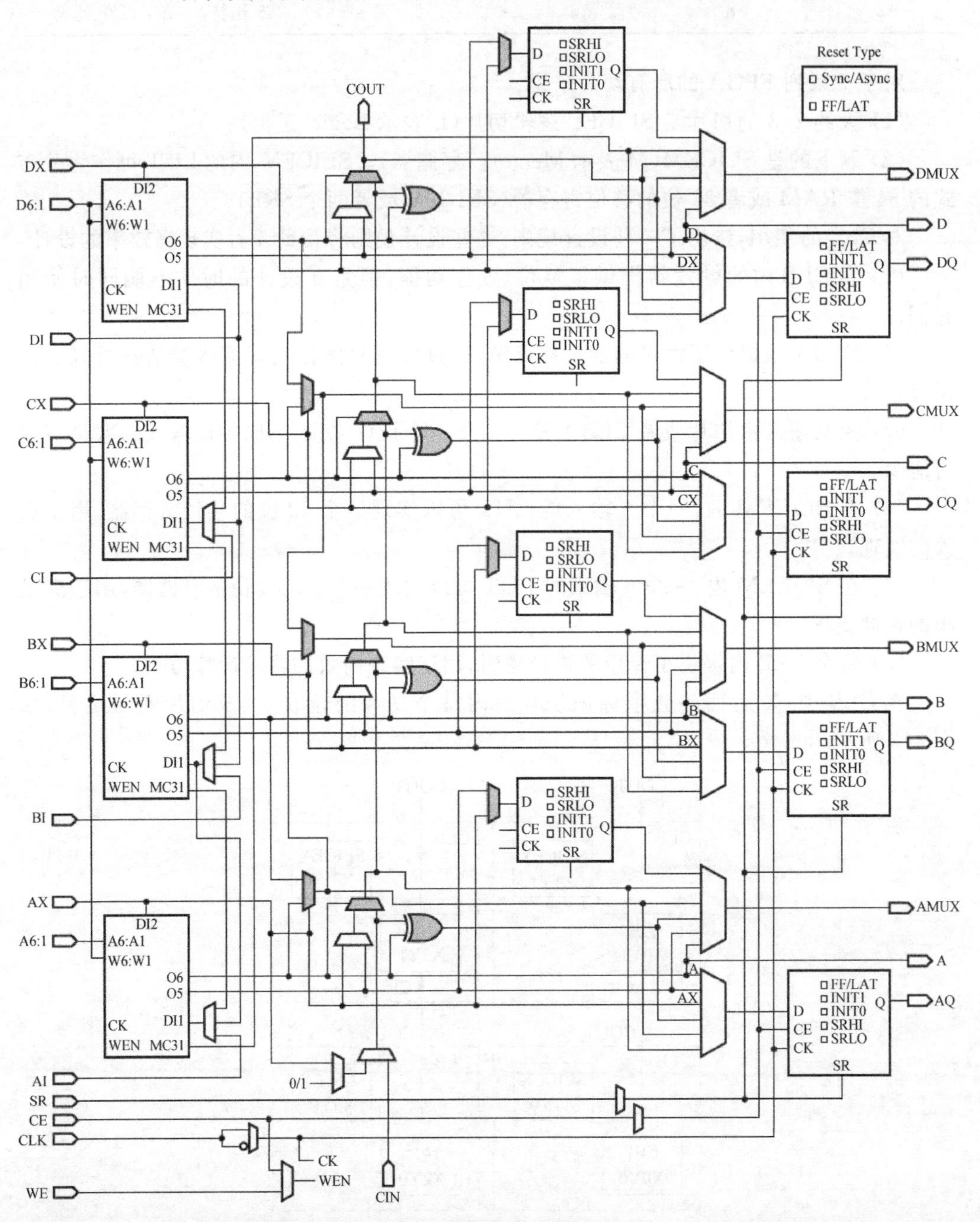

图 8.3　SLICEM 的内部结构

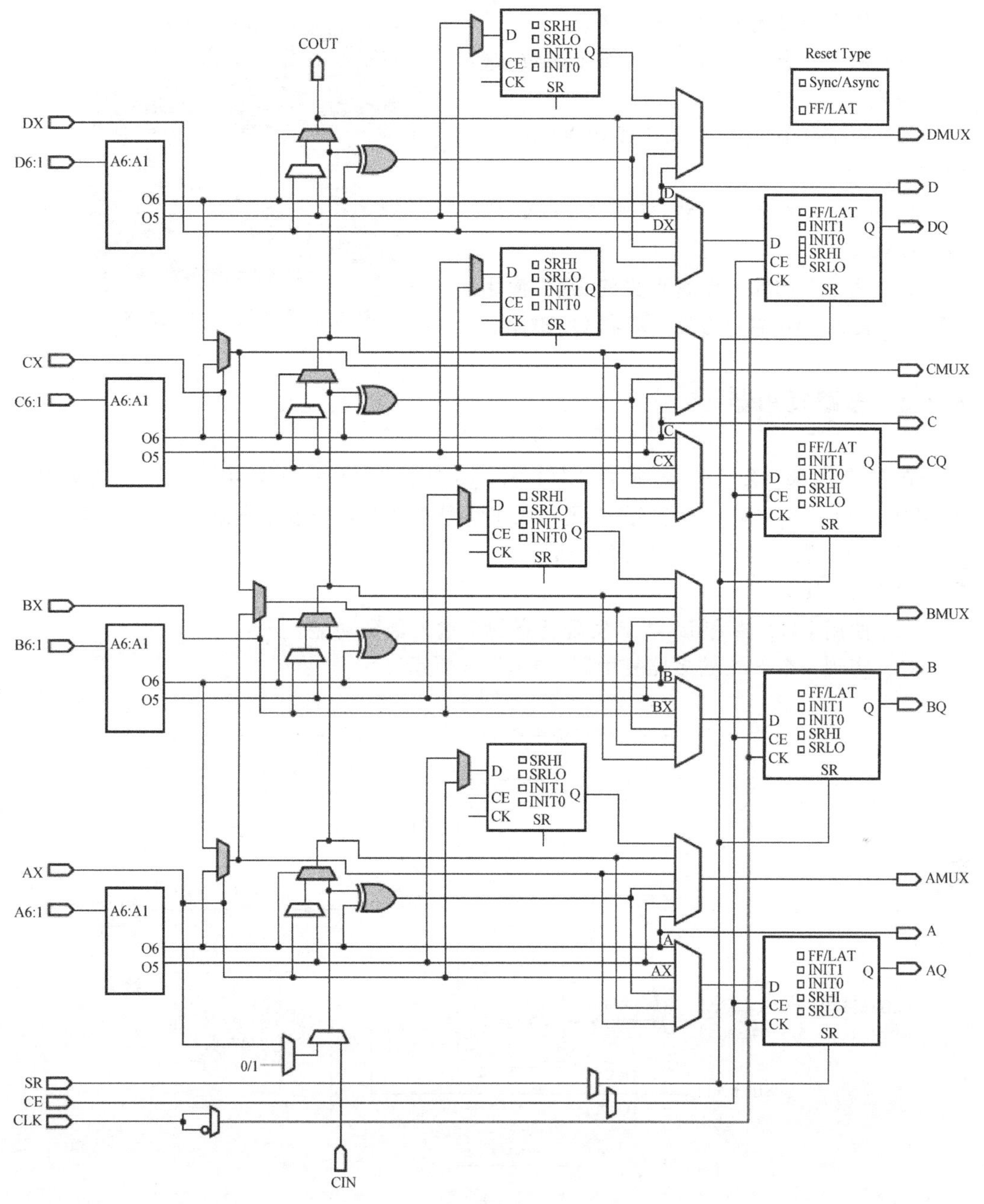

图 8.4　SLICEL 的内部结构

8.2.2　查找表

在 7 系列的 FPGA 中，可以通过 6 输入的查找表实现函数发生器。6 输入查找表有 6 个独立的输入（A 输入从 A1～A6），以及两个独立的输出（O5 和 O6），用于一个切片内的四个函数发生器，如图 8.5 所示。

函数发生器可以实现的功能包括：

(1) 任意定义的6输入布尔函数。

(2) 两个任意定义的5输入布尔函数(这两个函数共享公共的输入)。

(3) 两个任意定义的3/2或者更少输入的布尔函数。

(4) 一个6输入的函数，使用A1～A6输入、O6输出。

(5) 两个5的输入或者更少的函数，使用A1～A5输入、A6驱动为高、O5和O6输出。

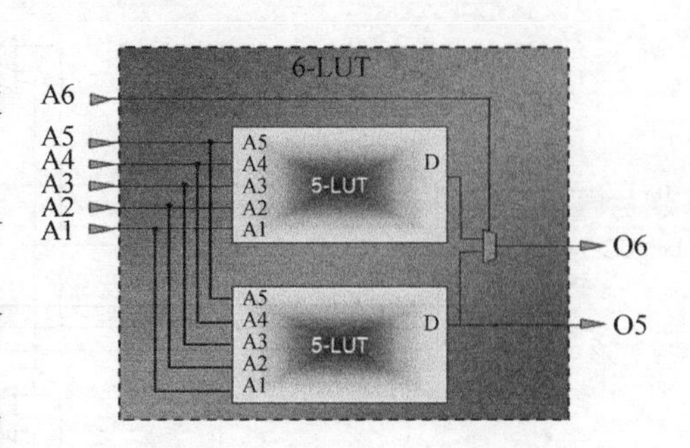

图8.5　7系列LUT的结构

8.2.3　多路复用器

在切片内部，除了有基本的LUT外，还包含三个多路复用器，即F7AMUX、F7BMUX和F8MUX。这些多路复用器用于将最多四个函数发生器组合在一起，用于在一个切片内提供7/8个输入的任何函数。

1) F7AMUX

(1) 使用LUT A和LUT B实现任意的7输入函数功能。

(2) 实现一个8∶1的多路复用器，如图8.6所示。

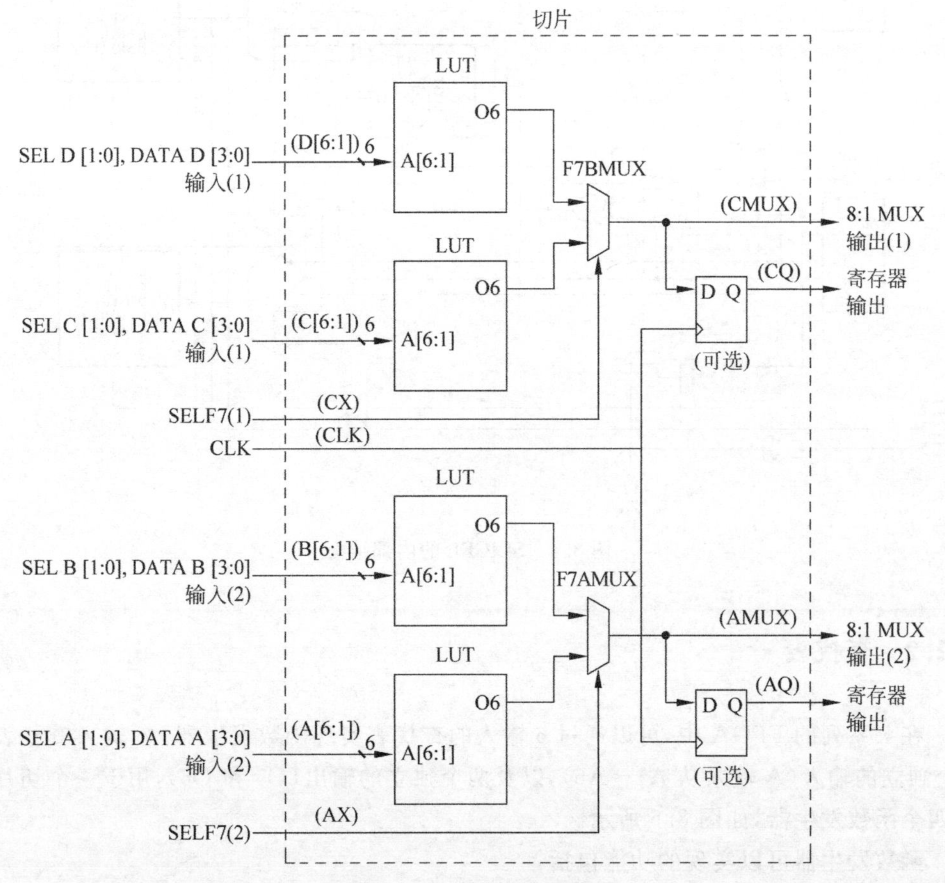

图8.6　8∶1多路选择器

F7AMUX 和 F7BMUX 将两个 LUT 的输出进行组合，用于生成最多 13 个输入(8:1 多路选择器)的组合函数。在一个切片中，可以实现最多两个 8:1 的多路选择器。

2) F7BMUX

(1) 使用 LUT C 和 LUT D 实现任意的 7 输入函数功能。

(2) 实现一个 8:1 的多路复用器。

3) F8MUX

(1) 用于组合两个 F7MUX 的输出，实现任意的 8 输入函数功能。

(2) 实现一个 16:1 的多路复用器，如图 8.7 所示。

每个切片有一个 F8MUX，它将 F7AMUX 和 F7BMUX 的输出进行组合以生成最多 27 个输入(或者 16:1 多路选择器)的组合函数。在一个切片中，只能实现一个 16:1 的多路选择器。

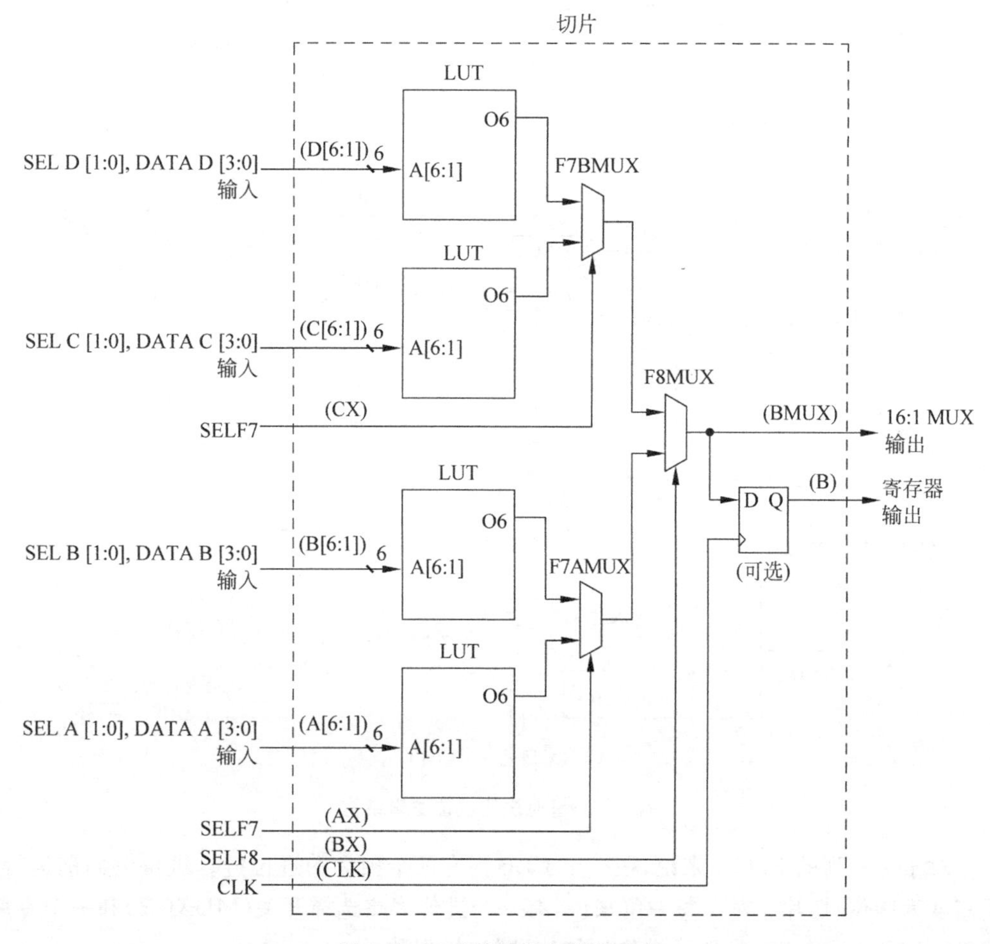

图 8.7　16:1 多路选择器的实现

8.2.4　进位逻辑

在一个切片内，提供了一个专用的快速超前进位逻辑，用来执行快速的加法和减法运算。多个快速进位逻辑可以级联在一起，实现更宽位数的加法和减法运算。超前快速进位逻辑结构，如图 8.8 所示。

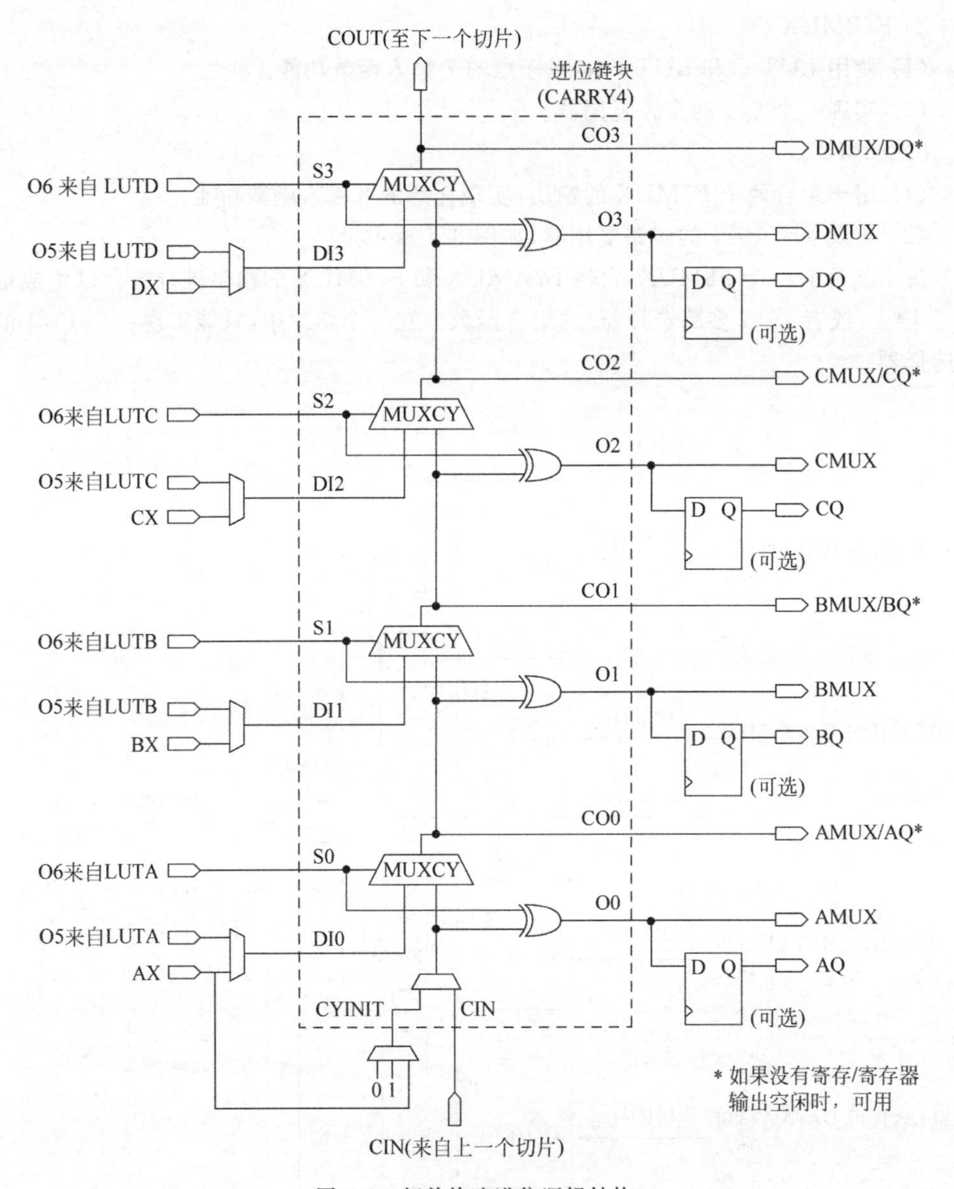

图 8.8　超前快速进位逻辑结构

对于 7 系列的 FPGA 来说，在一个 CLB 内有两个独立的进位链。进位链向前运行，其高度为四位/切片。对于每一位来说，有一个进位多路选择开关(MUXCY)和一个专用的 XOR 门用于带有一个选择进位的加法/减法操作数。

8.2.5　存储元素

在 7 系列的 FPGA 中，每个 CLB 的切片内有 8 个存储元素，其中的每一个都可以配置为边沿触发的D触发器或者电平触发的锁存器。通过AFFMUX、BFFMUX、CFFMUX和DFFMUX,LUT的输出可以直接用来驱动D输入,或者旁路函数发生器,引入AX、BX、CX或者DX的输入。当配置为一个锁存器时,当CLK为高的时候,才能锁存数据。

这里有四个额外的存储元素,它们只能配置成边沿触发的D触发器。D的输入由LUT的O5输出驱动,或者通过AX、BX、CX或者DX输入。当最初的四个存储元素被配置为锁存器时,则不能使用这四个额外的存储元素,如图8.9所示。

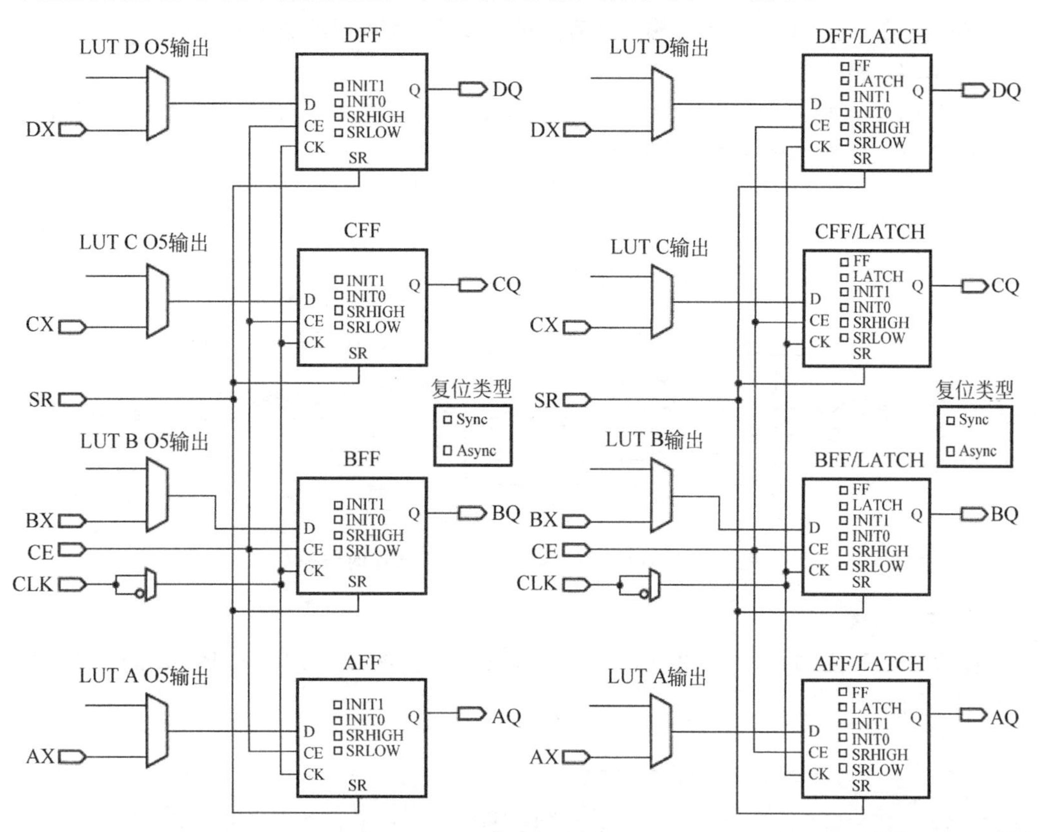

图8.9 存储元素

对于所有的触发器来说:

(1) 它们都是D触发器,包含Q输出。

(2) 所有触发器有一个时钟输入。在切片的边界,可以将时钟反相。

(3) 所有触发器有一个高有效的芯片使能信号(CE)。

(4) 所有触发器有一个高有效的SR输入。

注:输入可以是同步或者异步的,这取决于相应的配置位。此外,根据相应的配置位,将触发器的值设置到预知的状态。

在一个切片中,所有的触发器和触发器/锁存器共享相同的CK、SR和CE信号。将这些信号称为触发器的"控制集"。如果任何一个触发器使用了一个CE信号,则其他所有的触发器必须使用相同的 CE 信号。如果任何一个触发器使用了一个 SR 信号，则其他所有的触发器必须使用相同的 SR 信号。根据 SRVAL 的属性，单独设置每个触发器的复位值。

8.2.6 分布式 RAM(只有 SLICEM)

SLICEM 内的函数发生器(LUT)可以作为同步 RAM 资源，也称为分布式 RAM。SLICEM 内的多个 LUT 可组合构成大容量的 RAM。其可以配置成：

1) 单端口模式

包括 32×1 位、64×1 位、128×1 位、256×1 位或者 512×1 位。64×1 位单端口分布式 RAM 的结构，如图 8.10 所示。

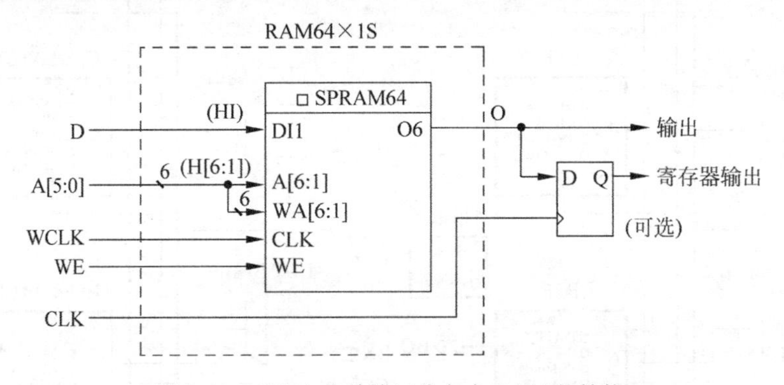

图 8.10　64×1 位单端口分布式 RAM 的结构

2) 双端口模式

包括 32×1 位、64×1 位和 128×1 位。64×1 位双端口分布式 RAM 的结构，如图 8.11 所示。

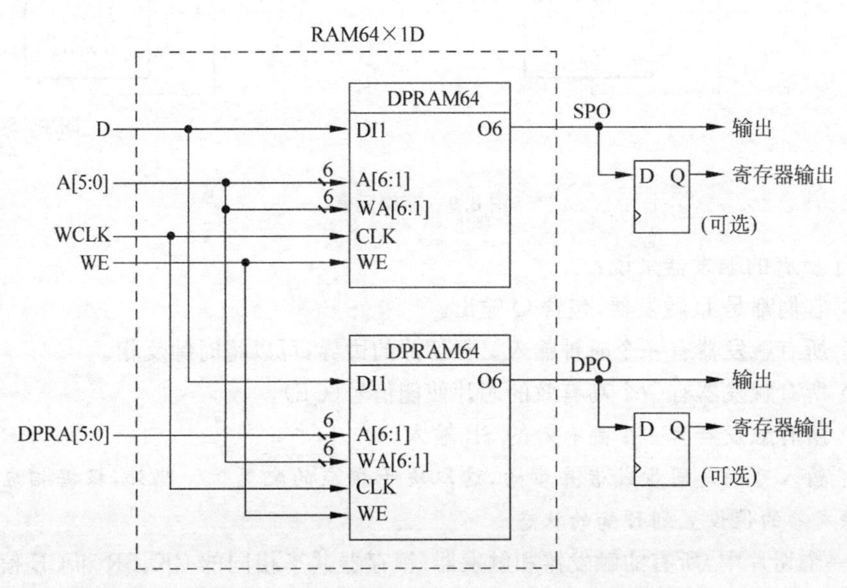

图 8.11　64×1 位双端口分布式 RAM 的结构

3）简单双端口模式

包括：32×6位和64×3位。

4）四端口模式

包括：32×2位和64×1位。

8.2.7 只读存储器(ROM)

SLICEM和SLICEL内的每个LUT都可以实现一个64×1位ROM。提供了三种ROM的配置方式：

(1) ROM64×1(1个LUT)；

(2) ROM128×1(2个LUT)；

(3) ROM256×1(4个LUT)。

8.2.8 移位寄存器(只有SLICEM)

在不使用触发器的情况下,可以将一个SLICEM的函数发生器配置为一个32位的移位寄存器。当用作移位寄存器时,每个LUT可以将串行数据延迟1～32个时钟。当把移位输入D(LUT引脚DI1)和移位输出Q31(LUT引脚MC31)连接在一起时,就可以构成更大的移位寄存器。因此,当把一个SLICEM内的4个LUT级联时,则可以产生最多128个时钟周期的延迟。在7系列FPGA中,可以跨越SLICEM将移位寄存器进行组合。因此,最终得到的可编程延迟,用于平衡数据流水线的时序。32位移位寄存器的配置,如图8.12所示。

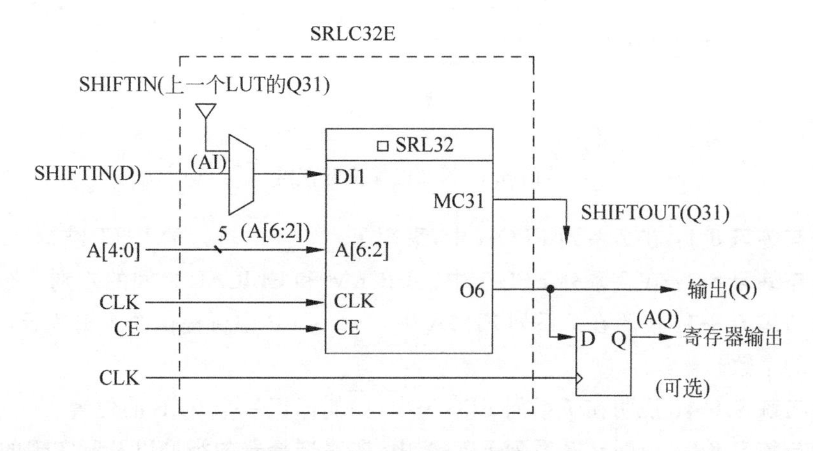

图8.12 32位移位寄存器的配置

移位寄存器的应用包括：

1）补偿时延或者延迟。

2）同步FIFO和内容可寻址存储器(Content Addressable Memory,CAM)。

移位寄存器的功能包括：

1) 写操作

通过时钟输入(CLK)和一个可选的时钟使能(CE)进行同步。

2) 到 Q31 的固定读访问,用于级联到下面的 LUT。

最下面 LUT A 的 Q31 连接到 SLICEM 的输出,用于直接使用或者级联到下一个 SLICEM。

3) 动态地读访问

(1) 通过 5 位地址线 A[4:0]执行,没有使用 LUT 地址的 LSB,软件工具自动地将其拉高。

(2) 通过不同的地址,可以异步地读出任何 32 位数据。

当创建小的(少于 32 位)移位寄存器时,这个功能非常有用。如,当构建一个 13 位的移位寄存器时,简单地将地址设置为第 13 位。

4) 一个存储元素或者触发器可以用来实现一个同步的读操作。

时钟到触发器的输出决定了整个延迟,并且改善了性能,因此增加了一个额外的延迟。

5) 不支持对移位寄存器的置位或者复位。但是,当配置完成后,可以初始化为任意的值。

一个移位寄存器配置的例子,如图 8.13 所示。该设计占用了一个函数发生器。

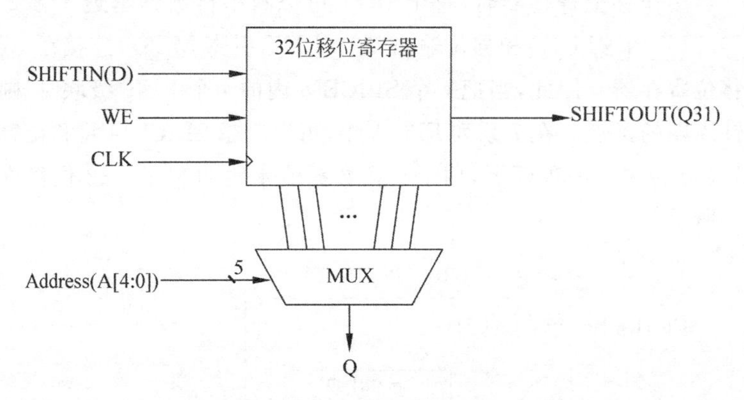

图 8.13　32 位移位寄存器

思考与练习 8-1：在 7 系列 FPGA 中,采用了________输入的 LUT 结构。

思考与练习 8-2：在 7 系列 FPGA 中,SLICEM 和 SLICEL 之间的差别。

思考与练习 8-3：说明在 7 系列 FPGA 中,一个 CLB 中所提供的逻辑资源,以及这些逻辑资源的个数。

思考与练习 8-4：说明在 7 系列 FPGA 中,如何标识一个 CLB 的位置。

思考与练习 8-5：说明在 7 系列 FPGA 中,多路选择器的类型以及所实现的功能。

8.3　时钟资源和时钟管理单元

7 系列 FPGA 时钟与 Virtex-6 FPGA 有相似的结构,支持很多相同的特性。然而,存在结构上的差异和各种时钟元素以及它们功能的变化。与 Spartan-6 相比,在结构和功能上有显著的变化。一些 Spartan-6 上的时钟原语不再可用，而是被一些更强大和简洁的结构所取代。

与 Virtex-6 时钟资源的不同点包括：

1）7 系列 FPGA 的基本 BUFIO 时钟功能基本没有变化，除了 BUFIO 现在只能跨越一个单独的组(Bank)。

2）7 系列不再支持全局时钟输入引脚 GC。

3）全局时钟复用器 BUFGMUX 添加了一个属性 CLK_SEL_TYPE。

4）BUFHCE 有一个扩展的时钟使能，允许同步或异步使能时钟。

5）7 系列引入了新的缓冲类型：BUFMR/BUFMRCE。

6）7 系列 CMT 包含一个 MMCM 和一个 PLL，取代了两个 MMCM 和专用的存储器接口逻辑。

7）小数分频器不再共享输出计数器。

8）CLOCK_HOLD 特性不再可用。

与 Spartan-6 时钟资源的不同点包括：

1）7 系列不支持 Spartan-6 内的 DCM_SP、DCM_CLKGEN、BUFIO2、BUFIO2_2CLK、BUFIO2FB、BUFPLL 和 BUFPLL_MCB。

2）取代 Spartan-6 内一个 DCM 和一个 PLL，在 7 系列内使用包含一个 MMCM 和 PLL 的 CMT。

3）在 7 系列中不再支持全局输入时钟 GCLK，在每个组中提供了 4 个 CCIO。

4）7 系列引入了新的缓冲类型：BUFMR/BUFMRCE。

5）Spartan-6 只支持 BUFH，而 7 系列提供了更强功能的 BUFHCE。

8.3.1 7 系列 FPGA 时钟资源

7 系列的 FPGA 提供了 6 种不同类型的时钟线(BUFG、BUFR、BUFIO、BUFH、BUFMR 和高性能的时钟)来解决不同的时钟要求，这些要求包括高扇出、短传递延迟和特别低抖动。图 8.14 给出了组和全局时钟的描述。

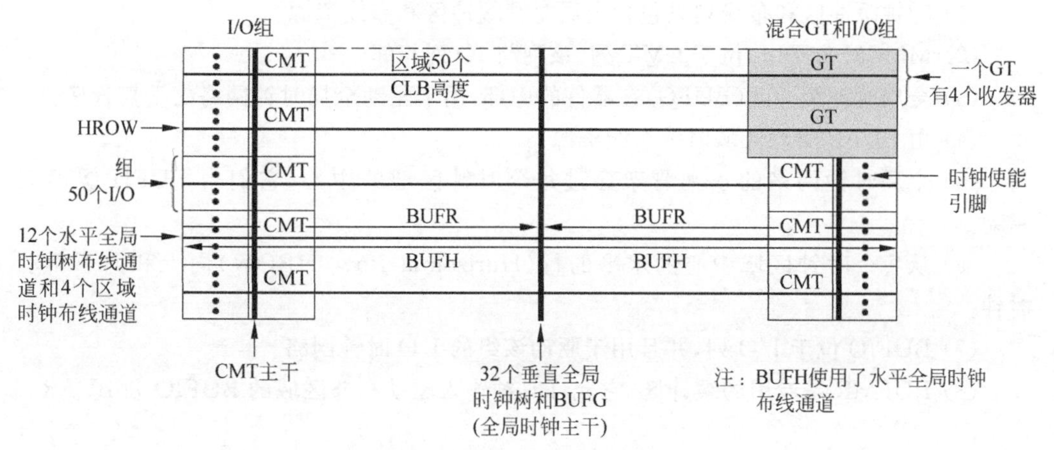

图 8.14 组和全局时钟的描述

1）全局时钟

7系列FPGA提供了具有最高扇出的32个全局时钟线，能到达每个触发器时钟、时钟使能和置位/复位。在任何时钟域的12个全局时钟线通过水平时钟缓冲区BUFH驱动。每个BUFH能单独地进行使能/禁止，允许关闭一个区域的时钟，因此提供了细粒度控制时钟域的功能。全局时钟缓冲区也能驱动全局时钟线，能实现无毛刺的时钟复用和时钟使能功能。全局时钟常常由CMT驱动，能完全消除基本时钟分布延迟。

2）区域时钟

区域时钟能驱动它区域内的所有时钟目的。一个区域定义为任何一个有50个I/O和50个CLB高和半个芯片宽度的区域。7系列FPGA有8～24个区域。每个区域内有4个时钟跟踪。可以通过4个时钟使能输入(Clock-capable Clock,CCIO)引脚中的一个来驱动每个区域时钟缓冲区，时钟频率为1～8之间的整数分频。在7系列中，有两种类型的CCIO：两个多区域(Multi-region Clock-capable Clock，MRCC)和两个单区域(Single-region Clock-capable Clock，SRCC)。

注： SRCC可以在相同的时钟域中布线时钟输入。MRCC可以将时钟输入布线到多个时钟域，且可以访问多个时钟域和全局时钟树。MRCC的功能和SRCC的功能一样，并且能驱动时钟区域缓冲区(BUFMR)，最多可以访问三个时钟域。

CCIO的输入方式可以是差分或者单端，它可以用来驱动4个I/O时钟BUFIO，以及4个区域时钟BUFR和本区域中CMT的任何一个。

7系列FPGA引入了多区域缓冲区BUFMR，提供了跨越区域/组的能力。

3）I/O时钟

I/O时钟速度很快，只用于I/O逻辑和串行/解串行(SerDes)电路。7系列FPGA提供了从MMCM到I/O的直接连接，用于低扭曲和高性能的接口。

思考与练习8-6： 说明在7系列FPGA中，全局时钟、区域时钟和I/O时钟的功能。

8.3.2 7系列内部时钟结构

图8.15给出了7系列内部时钟结构。

(1) 时钟缓冲区和布线列只包含全局时钟缓冲区和布线资源。

(2) MMCM和PLL位于CMT列，该列与IO列相邻。

(3) 全局时钟缓冲区(BUFG)在器件的中部，用于驱动全局时钟网络的垂直骨架。

(4) 由BUFR驱动区域时钟布线资源。

(5) 全局时钟网络的水平骨架穿过每个时钟区域的中心，它们由BUFH缓冲区驱动。

(6) 从每个时钟区域中心的水平的行(Horizontal Row，HROW)向上和向下驱动时钟。

(7) BUFIO位于I/O列，并且用于驱动该组的I/O时钟网络。

(8) BUFMR是专用的缓冲区，它允许时钟输入驱动相邻区域的BUFIO和BUFR。

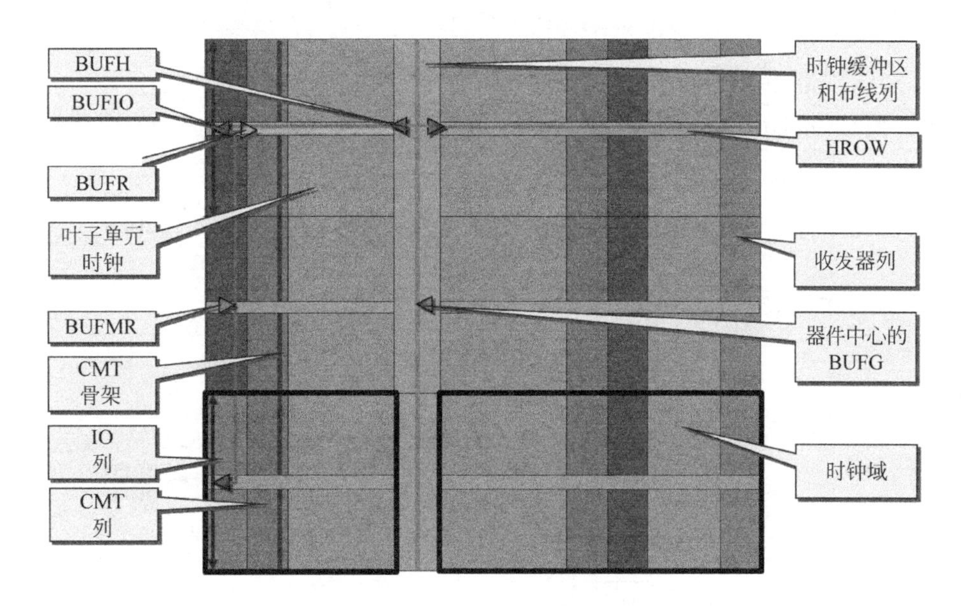

图 8.15　7 系列 FPGA 内部时钟结构

8.3.3　7 系列 FPGA 时钟管理模块

对于 7 系列的 FPGA 来说，每个时钟管理模块(Clock Management Tile, CMT)包含一个混合模式的时钟管理器(Mixed-mode Clock Manager，MMCM)和一个相位锁相环(Phase Lock Loop, PLL)。PLL 包含了 MMCM 功能的一部分。7 系列 FPGA 的 CMT 核和 V5/V6 类似，只不过对功能和能力进行了扩展。

7 系列 FPGA CMT 的块图结构，如图 8.16 所示。从图中可以清楚地看到各种时钟源和 MMCM/PLL 的连接。通过输入多路复用器，从 IBUFG、BUFG、BUFR、BUFH、GT 或者互联中，选择参考源和反馈时钟。

在 7 系列的 FPGA 中，提供最多 24 个 CMT。MMCM 和 PLL 用于频率合成器，用于宽范围的频率。MMCM 和 PLL 的符号描述，如图 8.17 所示。

7 系列 PLL 是 MMCM 功能的一部分，PLL 是基于 MMCM，而不是以前的 PLL 设计。MMCM 支持的额外特性包括：

(1) 使用 CLKOUT[0:3]实现直接高性能路径(High-performance Path Connection, HPC)到 BUFR 或者 BUFIO 的连接；

(2) 反向的时钟输出 CLKBOUT[0:3]；

(3) CLKOUT6；

(4) CLKOUT4_CASCADE；

(5) 小数分频时钟 CLKOUT0_DIVIDE_F；

(6) 小数倍频时钟 CLKFBOUT_MULT_F；

(7) 细的相位移动；

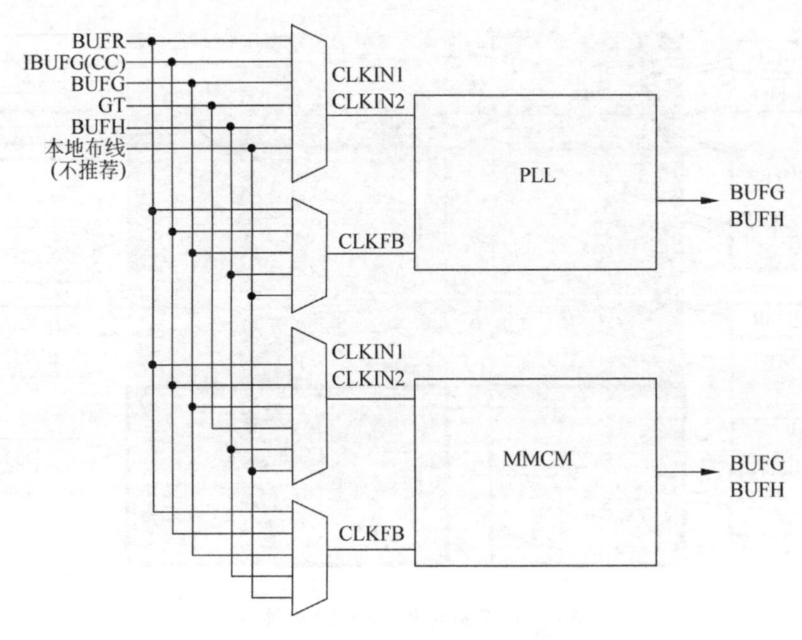

图 8.16　7 系列的 FPGA CMT 的结构

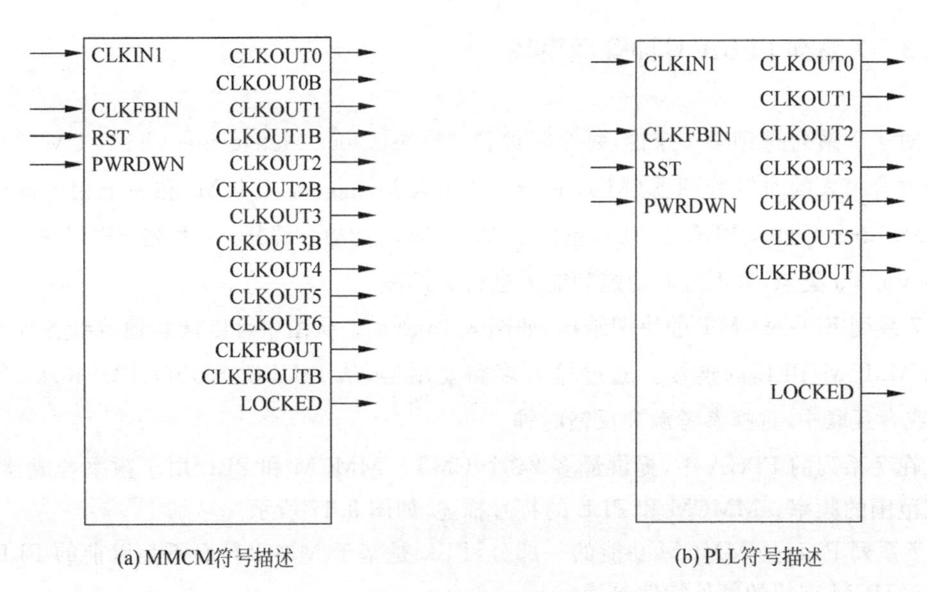

图 8.17　MMCM 和 PLL 的符号描述

（8）动态的相位移动。

MMCM 的内部结构，如图 8.18 所示。MMCM 的相位-频率检测器 PFD 用于比较输入时钟和反馈时钟，上升沿的频率和相位。在两个时钟之间，PFD 产生与相位和频率成比例的信号。这个信号驱动充电泵 CP 和环路滤波器 LF 产生一个连接到压控振荡器 VCO 的参考电压。

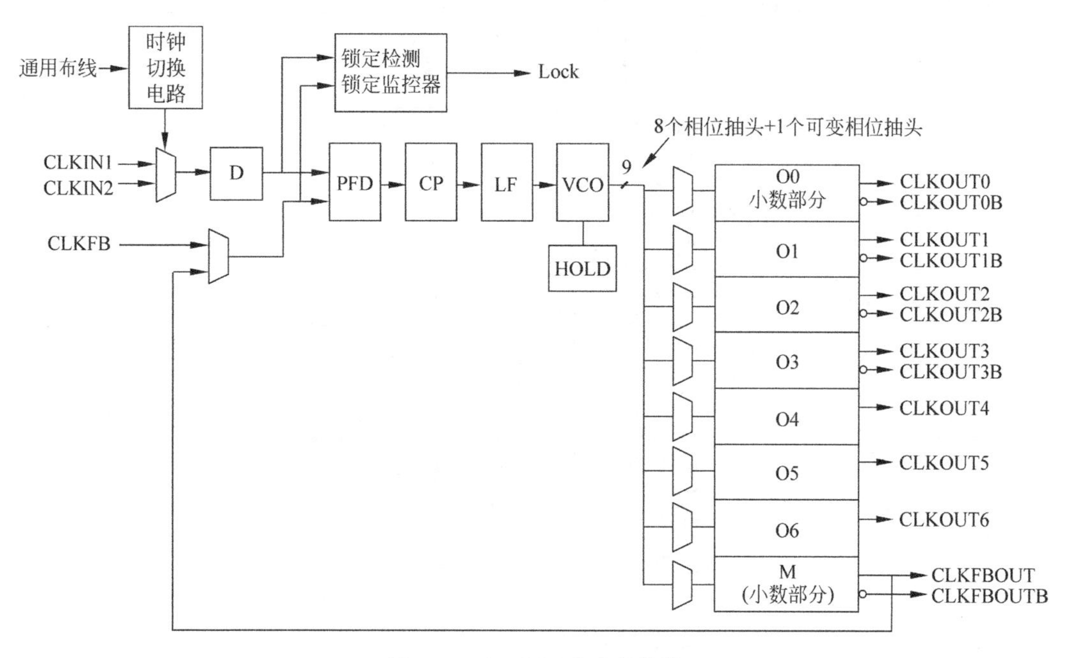

图 8.18　MMCM 的内部结构

8.4　块存储器资源

大多数 FPGA 都具有内嵌的块 RAM，这极大地拓展了 FPGA 的应用范围和灵活性。BRAM 用于高效的数据存储或者缓冲，可用于高性能的状态机、FIFO 缓冲区，大的移位寄存器、大的 LUT 或者 ROM。块 RAM 的结构，如图 8.19 所示。7 系列的 FPGA 内提供了大量的双端口的块存储器，每个 BRAM 的容量为 36Kb。它可以配置两个独立的 18Kb RAM 或者一个 36Kb RAM。7 系列 FPGA 内的 BRAM 关键特性包括：

(1) 每个 36Kb 的 BRAM 可以配置成简单双端口模式，此时数据宽度最大到 72 位；18Kb 的 BRAM 可以配置成简单双端口模式，此时数据宽度最大到 36 位。

注： 简单双端口模式定义为有一个只读端口和一个只写端口，它们分别有独立的时钟。该模式支持一侧端口固定数据宽度，而另一侧端口数据宽度可变。

(2) 两个相邻的 RAM 可以组合成一个更深的 64K×1 存储器，而不需要任何外部逻辑。

(3) 为每个 36Kb 的 BRAM 或者 36Kb 的 FIFO 提供了一个 64 位的纠错能力。

(4) BRAM 可以配置为 18Kb 或者 36Kb 的 FIFO。

(5) 所有的输出都有一个读功能或者在写时读功能，这取决于写使能(WE)引脚的状态。在时钟到输出时序间隔后，输出可用。在写时读输出有下面三种模式：

① WRITE_FIRST：写到 DIA 上的数据，在 DOA 上可用。

② READ_FIRST：出现 ADDRA 所指向的以前 RAM 内容。

③ NO_CHANGE：DOA 保持它以前的值(降低功耗)。

通过两个端口实现对每个 BRAM 寻址，但是也可以将其配置为一个单端口 RAM。

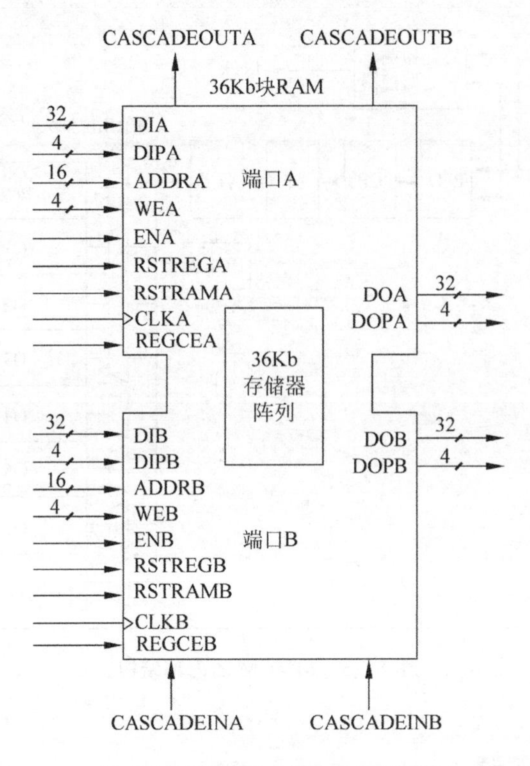

图 8.19　双端口 36Kb 的块 RAM

每个存储器的读/写访问由时钟控制。所有的输入数据、地址、时钟使能和写使能都经过寄存。输入地址总由时钟驱动，一直保持数据直到下一个操作为止。一个可选的输出数据流水线寄存器，允许以一个额外时钟的代价，产生更高的时钟速率。

1. BRAM 的配置

(1) 对于每个 36Kb 的 BRAM 来说，在简单双端口模式下，可以配置成 32K×1，16K×2，8K×4，4K×9，2K×18，1K×36 或者 512×72。

(2) 对于每个 18Kb 的 BRAM 来说，在简单双端口模式下，可以配置成 16K×1，8K×2，4K×4，2K×9，1K×18 或者 512×36。

两个相邻的 BRAM 能级连构成一个 64K×1 的双端口存储器，而不需要添加任何逻辑。

2. 检错和纠错

每个 64 位宽的 BRAM 能产生、保存和利用 8 位额外的海明码。在读过程中，执行单比特错误的纠错和两比特错误的检测。在写或者读外部 64～72 位宽的存储器时，也可以使用 ECC 逻辑。

3. FIFO 控制器

7 系列 FPGA 的 FIFO 结构，如图 8.20 所示。7 系列内建的 FIFO 控制器，使用单时钟(同步)或者双时钟(异步)操作,递增内部的地址,并且提供了4个握手信号线:FULL(满)、EMPTY(空)、ALMOST FULL(几乎满)和ALMOST EMPTY(几乎空)。几乎满和几乎空标志可自由编程。类似于BRAM,FIFO的宽度和深度也可以编程,但是读和写端口宽度总是一样的。

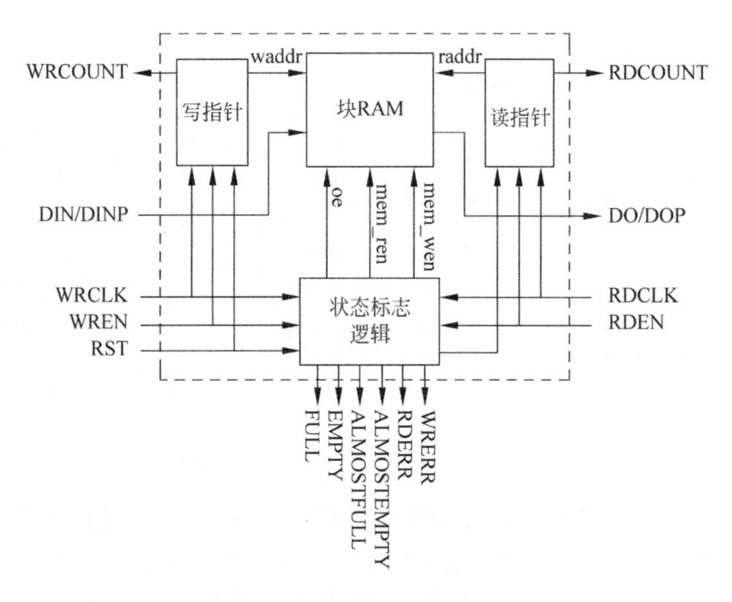

图8.20 内部FIFO的结构

注:(1) 首字跌落(First Word Fall-through)模式中,第一个写入的字在第一个读操作前,出现在数据输出端。当读取第一个字后,这个模式就和标准模式一样了。

(2) 图中的读写指针专用于FIFO。

对于FIFO的配置来说:

(1) 任意36Kb的BRAM可以配置成:8K×4、4K×9、2K×18、1K×36或512×72。

(2) 任意18Kb的BRAM可以配置成:4K×4、2K×9、1K×18或者512×72。

思考与练习8-6:说明7系列FPGA中BRAM的容量。

思考与练习8-7:说明7系列FPGA中,当BRAM配置双端口模式时,其工作特点。

思考与练习8-8:说明在FIFO中FULL和EMPTY信号的作用。

8.5 专用的DSP模块

7系列的FPGA内集成了专用的、充分定制的低功耗XtremeDSP DSP48E1 DSP模块,如图8.21所示。其增强的特性主要表现在:

(1) 25×18的补码乘法器/累加器,高分辨率48位的信号处理器,其工作频率最高为638MHz。

(2) 节省功率的预加法器用于对成滤波器的应用,减少了50%需要消耗的DSP切片。

(3) 高级的特性:可选的流水线,可选的ALU和用于级连的专用总线。

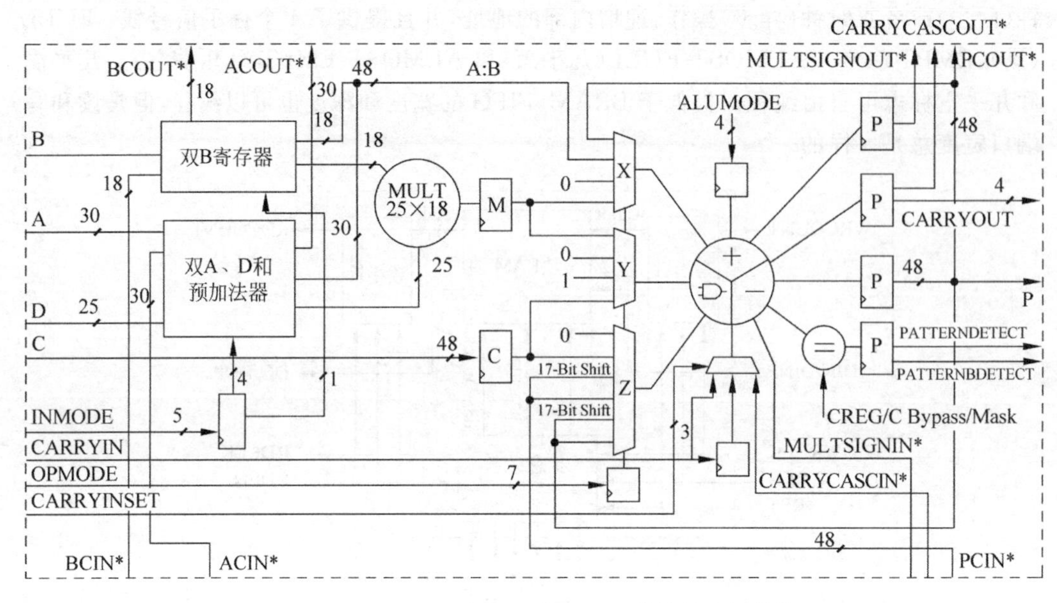

图 8.21　XtremeDSP DSP48E1 DSP 模块的内部结构

DSP 应用使用了很多的二进制乘法器和累加器，最好在专用的 DSP 切片中实现。乘法器能动态的旁路，两个 48 位的输入能送到一个单指令多数据流 SIMD 的算术单元（双 24 位加/减/累加，或者 4 个 12 位的加/减/累加），或者一个逻辑单元（它能产生 10 种不同的逻辑功能）。

DSP 包含一个 48 位的模式检测器，用于收敛或者对称的舍入。当与逻辑单元一起使用时，模式检测器也能实现 96 位宽的逻辑功能。

DSP 切片提供了广泛的流水线且扩展了能力，提高了处理速度和处理效率。

下面是数字信号处理设计中使用的加法器树，如图 8.22 所示。将该加法器中的所有流水线去除，这样更加容易理解这个结构；然后，重新调整树的结构（不能改变加法器树的功能），如图 8.23 所示。

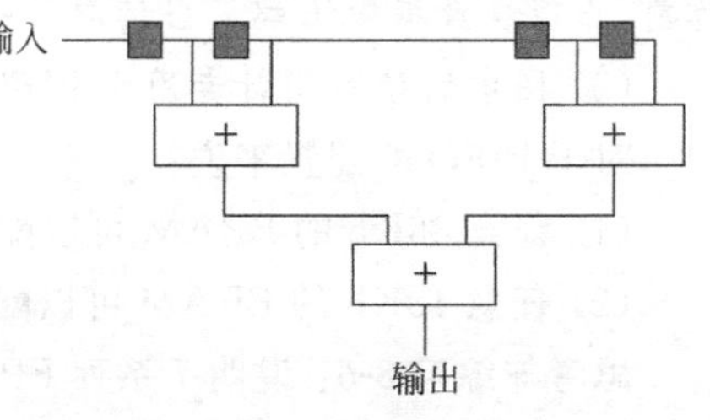

图 8.22　加法树结构

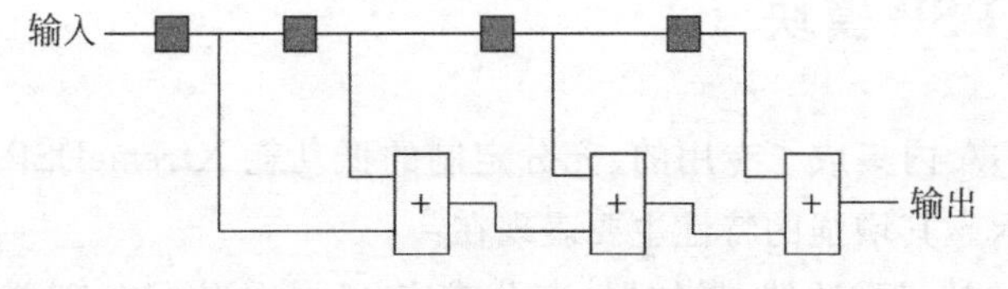

图 8.23　重排序后的加法树结构

在重排序后的加法树结构中，增加流水线用于提高性能。每添加一级流水线，就会增加一个数据路径延迟。这个结构很容易映射到 DSP48E 结构，如图 8.24 所示。

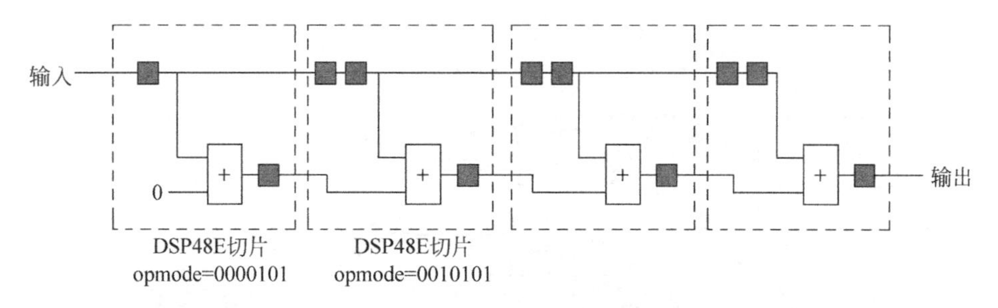

图 8.24　添加流水线后的加法树结构

8.6　输入/输出块

对于 FPGA 的 I/O 接口来说,面临着下面的挑战:

1) 高速操作,同时保持信号完整性。

(1) 源同步操作(时钟朝前)。

(2) 系统同步操作(公共的系统时钟)。

(3) 对传输线进行端接,以避免出现信号反射。

2) 在宽的并行总线上驱动和接收数据。

(1) 补偿总线抖动和时钟时序误差;

(2) 在串行和并行之间进行转换;

(3) 达到高比特率(>1Gbps)。

3) 单数据率(Single Data Rate,SDR)或者双数据率(Double Data Rate,DDR)接口。

4) 与不同标准接口。

不同电压、驱动能力和协议。

8.6.1　I/O 特性概述

7 系列 FPGA I/O 的结构,如图 8.25 所示,特点主要包括:

1) 宽范围电压(1.2～3.3V)

2) 支持更多的 I/O 标准

(1) 单端和差分;

(2) 参考电压输入;

(3) 三态输出控制。

3) 高性能

(1) 对于 LVDS 来说,最高速度可以达到 1600Mbps;

(2) 对于 DDR3 单端来说,最高速度可以达到 1866Mbps。

4) 便捷的存储器接口

硬件支持 QDRII 和 DDR3。

5) 数字控制阻抗(Digital Controlled Impedance,DCI)

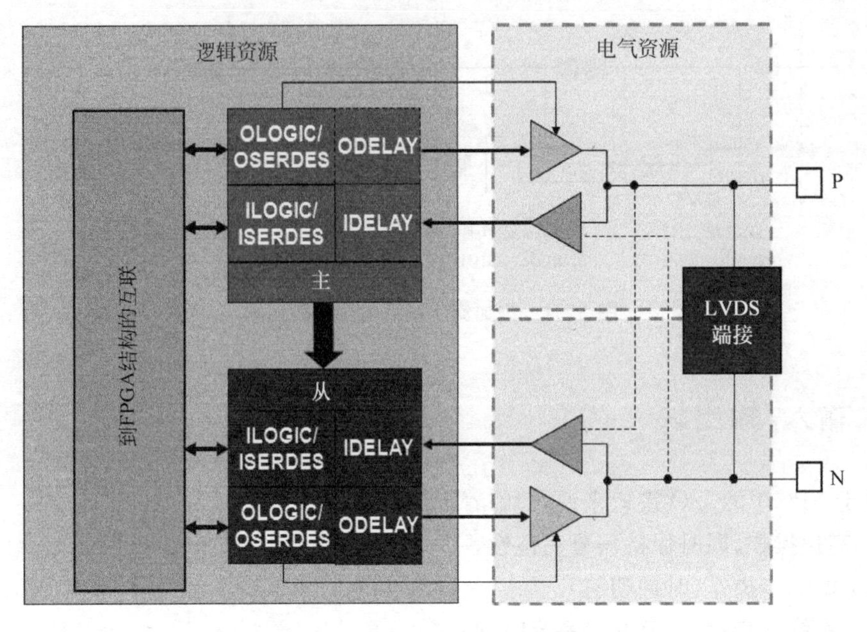

图 8.25　7 系列 FPGA I/O 结构

6）降低功耗特性

在 7 系列 FPGA 中，提供了两种不同类型的 I/O，即：

1）高范围(High Range，HR)

支持 Vcco 电压最高达到 3.3V。

2）高性能(High Performance，HP)

支持 Vcco 电压最高只能达到 1.8V，它用于最高性能，提供了 ODELAY 和 DCI。在 7 系列 FPGA 中，对 HP 和 HR 的支持，如表 8.3 所示。

表 8.3　不同 7 系列 FPGA 对 HP 和 HR 的支持

I/O 类型	Artix-7 系列	Kintex-7 系列	Virtex-7 系列	Virtex-7 XT/HT 系列
HR 类型	所有	大部分	一些	无
HP 类型	无	一些	大部分	所有

8.6.2　Artix-7 中的 I/O 列和类型

图 8.26 给出了 Artix-7 的 I/O 列和类型。对于不同规模的 Artix-7 器件来说，CMT 列、I/O 列和 GP Quad 个数如表 8.4 所示。

表 8.4　Artix-7 CMT 列、I/O 列和 GP Quads 的资源

特　性	中间范围器件	较大器件
CMT 列	1+部分	2
I/O 列	1+部分	2
GP Quad	部分，与 I/O 共享	嵌入在结构中

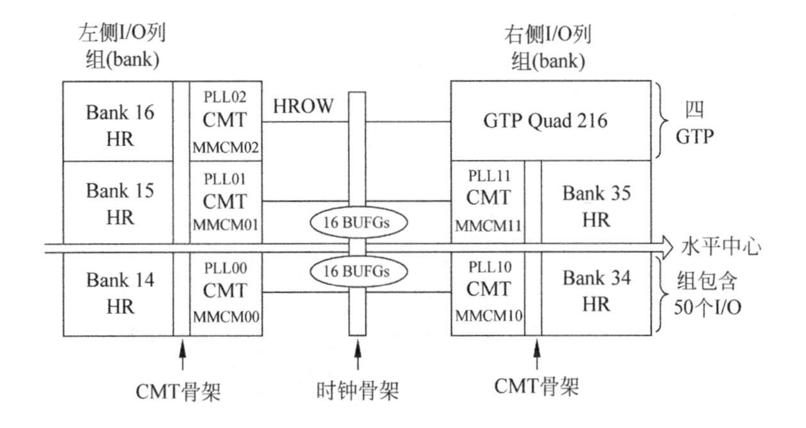

(a) XC7A50T、XA7A50T和XQ7A50T组

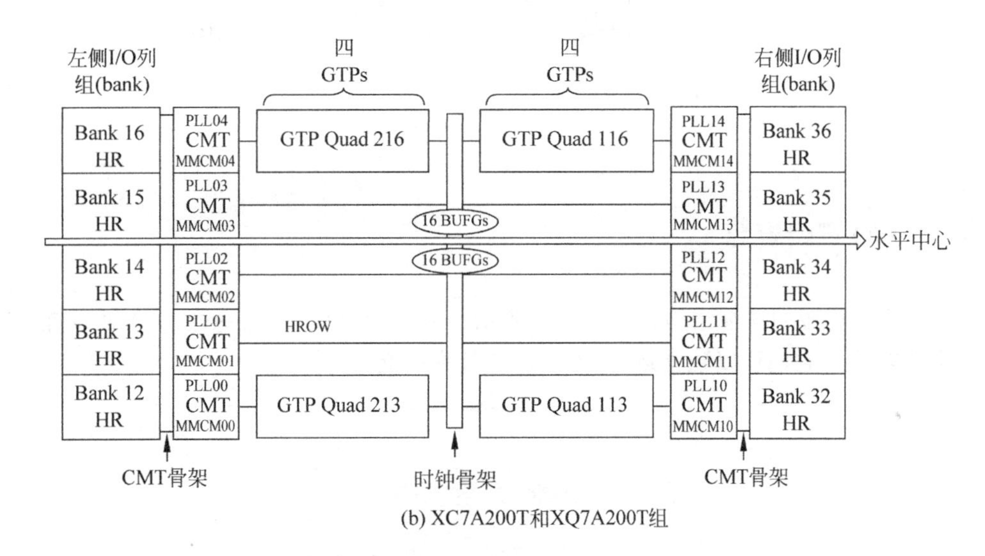

(b) XC7A200T和XQ7A200T组

图 8.26　Artix7 系列 FPGA I/O 分布

8.6.3　I/O 电气资源

I/O 电气资源的详细结构，如图 8.27 所示。对于标识为 P 和 N 的引脚来说，它们可以配置为差分对(P 表示正端，N 表示负端)。接收器可以是标准的 CMOS 或者电压比较器。即：

1) 作为标准的 CMOS 时

(1) 当接近于地时，表示逻辑'0'；

(2) 当接近于 Vcco 时，表示逻辑'1'。

2) V_{REF} 作为参考时

(1) 当低于 V_{REF} 时，表示逻辑'0'；

(2) 当高于 V_{REF} 时，表示逻辑'1'。

3）差分时

（1）当 Vp<Vn 时，表示逻辑‘0’；

（2）当 Vp>Vn 时，表示逻辑‘1’。

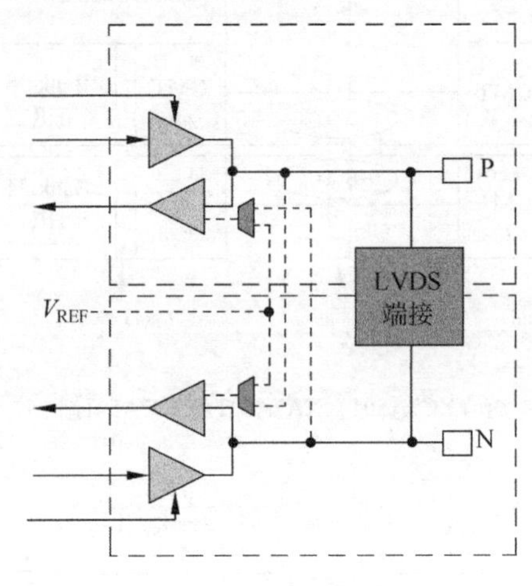

图 8.27　I/O电气资源结构

8.6.4　I/O逻辑资源

I/O 逻辑资源的详细结构，如图 8.28 所示。从图中可以看出，每个 I/O 对中有主和从两个逻辑块。它们可以独立运行，也可以连接在一起。

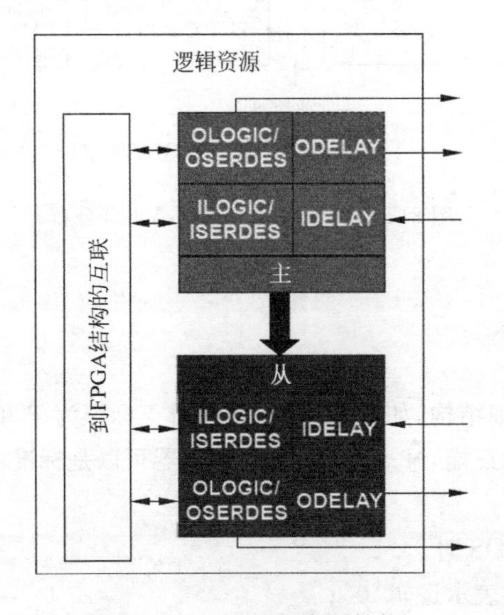

图 8.28　I/O逻辑资源结构

每个块中包含：

1）ILOGIC/ISERDES

SDR、DDR 或者高速串行输入逻辑。

2) OLOIGC/OSERDES

SDR、DDR 或者高速串行输出逻辑。

3) IDELAY

可选择的细粒度输入延迟。

4) ODELAY

可选择的细粒度输出延迟,只可用于 HP I/O。

1. ILOGIC

ILOGIC 的内部结构,如图 8.29 所示。它包含两种类型的 ILOGIC 块: ILOGIC2 用于 HP 组; ILOGIC3 用于 HR 组,它具有零保持延迟能力。

ILOGIC 的输入直接或者间接地来自输入接收器。当间接来自输入接收器时,通过 IDELAY 块。

ILOGIC 的输出直接或者间接驱动 FPGA 内的逻辑资源。当直接驱动时,不需要时钟逻辑; 当间接驱动时,需要经过 IDDR。

注: IDDR 有单速率和双速率两种模式。当在单速率模式时,在时钟上升沿/下降沿工作; 当在 DDR 模式时,在时钟的上升沿和下降沿均工作。此外,也可以使用两个相差 180°的时钟。

2. OLOGIC

OLOGIC 内部结构,如图 8.30 所示。它包含两种类型的 OLOGIC 块: OLOGIC2 用于 HP 组; OLOGIC3 用于 HR 组。

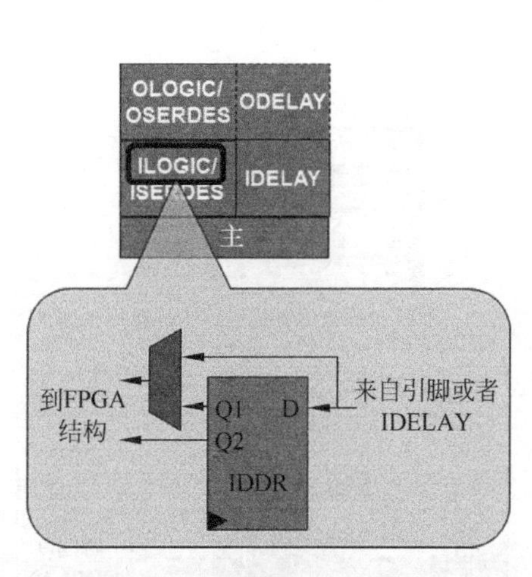

图 8.29 ILOGIC 的内部结构

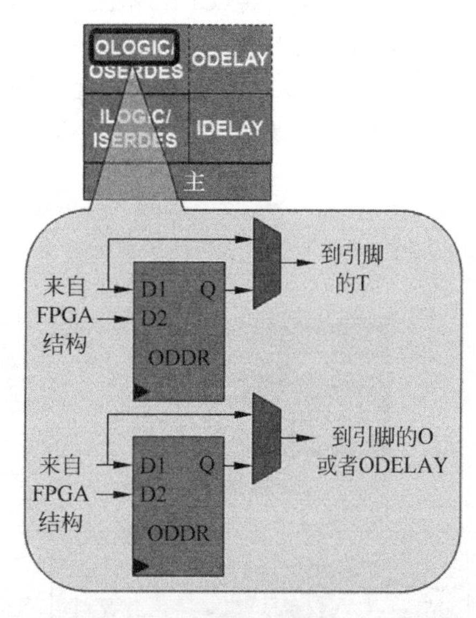

图 8.30 OLOGIC 内部结构

OLOGIC 的输入直接或者间接地来自输入接收器。当间接连接到输出接收器时,通过 ODELAY 块。

OLOGIC 的输出由 FPGA 内逻辑资源直接地驱动,即经过 SDR 触发器或者 ODDR

（上升沿和下降沿均工作）。

每个 OLOGIC 块包含两个 ODDR：一个用于控制到输出驱动器的数据；另一个用于控制三态使能。它们均由相同的时钟和复位驱动。

3. ISERDES

ISERDES 的内部结构，如图 8.31 所示。其中：

1）数据中的时钟来自引脚或者 IDELAY。

（1）D 由高速时钟（CLK）触发（“记忆”）；

（2）它可以为 SDR 或者 DDR。

2）将解串行化后的数据送到 FPGA 内部逻辑资源。Q 由低速时钟（CLKDIV）触发（“记忆”）。

3）CLK 和 CLKDIV 必须为同相位。

4）对于解串行化后的数据来说：

（1）当在单数据率时，为 2、3、4、5、6、7 和 8 比特位；

（2）当在双数据率时，为 4、6 和 8 比特位。

当把 ISERDESE 级联时，可以得到更宽的解串行数据。在双数据率时，可以得到 10 和 14 比特位。

4. OSERDES

OSERDES 内部结构如图 8.32 所示。其中：

1）串行化数据送到输出引脚或者 ODELAY。

（1）Q 由高速时钟（CLK）触发（“记忆”）；

（2）它可以为 SDR 或者 DDR。

2）并行数据来自 FPGA 内部逻辑资源。D 由低速时钟（CLKDIV）触发（“记忆”）。

3）CLK 和 CLKDIV 必须为同相位。

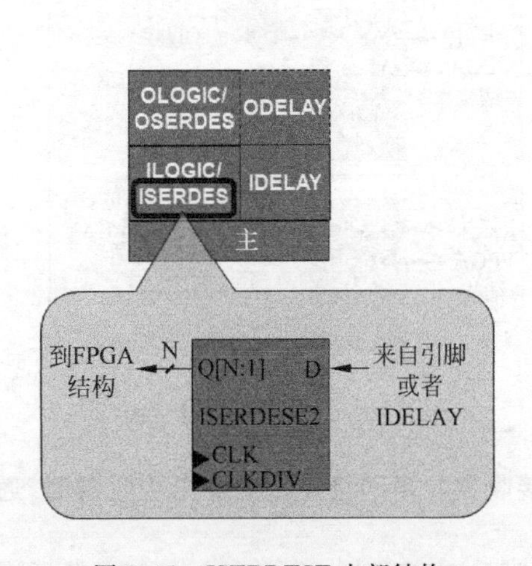

图 8.31 ISERDESE 内部结构

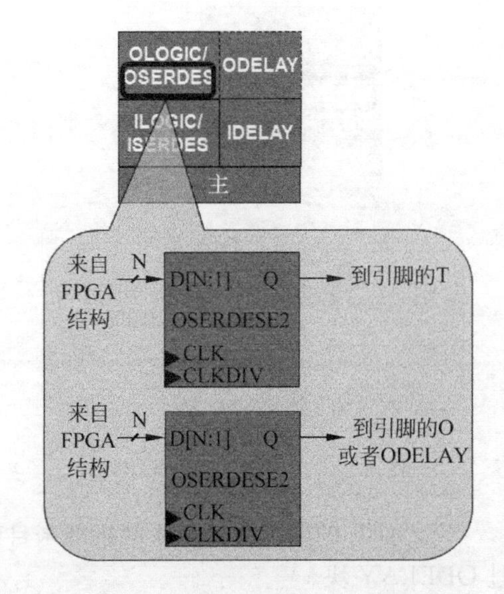

图 8.32 OSERDESE 内部结构

4）对于串行化后的数据来说：

（1）当在单数据率时，为2、3、4、5、6、7和8比特位。

（2）当在双数据率时，为4、6和8比特位。

当把OSERDESE级联时，可以得到更宽的串行数据。在双数据率时，可以得到10和14比特位。

注：当使用三态串行化器时，所有的数据和三态宽度必须是4。在所有的串行化器之间，共享时钟。

5. IDELAY和ODELAY

IDELAY和ODELAY的结构，如图8.33所示。对于IDELAY来说，在HP和HR组中均提供该模块；对于ODELAY来说，只有HP中才提供该模块。使用IDELAYCTRL单元对延迟线元件进行标定。在7系列FPGA中，IDELAY和ODELAY的能力基本相同，对于IDELAY来说，可以通过FPGA内部结构进行访问。此外，计数器的值也可以通过FPGA内部结构进行访问。在全速等级下，其参考频率可以达到200MHz；在最快速度等级下，可以达到300MHz。

图8.33 IDELAY和ODELAY

思考与练习8-9：说明在7系列FPGA中，将I/O分组的目的和意义。

思考与练习8-10：说明在不同的I/O组中，HR和HP I/O电特性的差异。

思考与练习8-11：说明在I/O中，ISERDES/OSERDES的作用。

8.7 XADC模块

在“数字化革命”时代，模拟技术的需求依然强劲。从严格定义来说，常用于测量真实世界信息的大多数传感器都是模拟电路。电压、电流、温度、压力、流量和重力均属于连续的时域信号。由于数字技术具有高度的精确性和可重复性，因此常用于监控和控制这些模拟信号。数据转换器包括ADC、数模转换器(DAC)和模拟多路复用器，它们为数字世界和模拟世界架起了至关重要的桥梁。

随着模拟传感器市场和数字控制系统市场的不断发展，对连接模拟世界和数字世界的需求也持续增长。推动模拟混合信号技术市场发展的因素包括：智能电网技术、触摸屏、工业控制安全系统、高可用性系统、先进马达控制器，以及对各种设备更高安全性的需求。

2005年，随着Virtex-5系列FPGA器件的推出，赛灵思意识到有必要集成名为System Monitor的子系统来支持模拟混合信号功能。System Monitor能够让设计人员监控FPGA的关键性指标和外部环境。System Monitor得到了众多设计者的支持，并被广泛用于各种领域中。

在经历两代产品之后，赛灵思进一步强化了这方面的工作，推出了具备模拟混合信号功能的Artix-7、Kintex-7和Virtex-7 FPGA以及Zynq EPP。赛灵思通过集成两个独立通用1 MSPS 12位分辨率ADC，显著增强了嵌入式模拟子系统的功能。这个功能强大的模拟子系统与高度灵活、功能强劲的 FPGA 逻辑紧密结合，实现了高度可编程混合信号平台——灵活混合信号解决方案。

值得一提的是，Xilinx 的 FPGA 也在向混合信号处理方向发展。赛灵思推出的业界领先的 28nm 7 系列 FPGA 与前几代 FPGA 系列相比，极大地丰富了集成模拟子系统的功能。7 系列的模拟子系统被命名为 XADC，内置两个独立的 12 位 1MSPS 模数转换器(ADC)和一个 17 通道模拟多路复用器前端。通过将 XADC 与 FPGA 逻辑紧密集成，赛灵思能够提供业界最灵活的模拟子系统。这种将模拟系统与可编程逻辑结合的全新技术被称为灵活混合信号处理(AMS)技术。

7 系列 XADC 模块的结构，如图 8.34 所示。该 ADC (XADC)子系统包括：

(1) 17 个支持单极性和双极性模拟信号的差分模拟输入通道；

(2) 可选的片上和外部参考源；

(3) 片上电压和温度传感器；

(4) 采样序列控制器；

(5) 片上传感器的可配置阈值逻辑及相关告警功能。

注：该模块内的控制和状态寄存器为数字可编程逻辑提供了无缝接口。

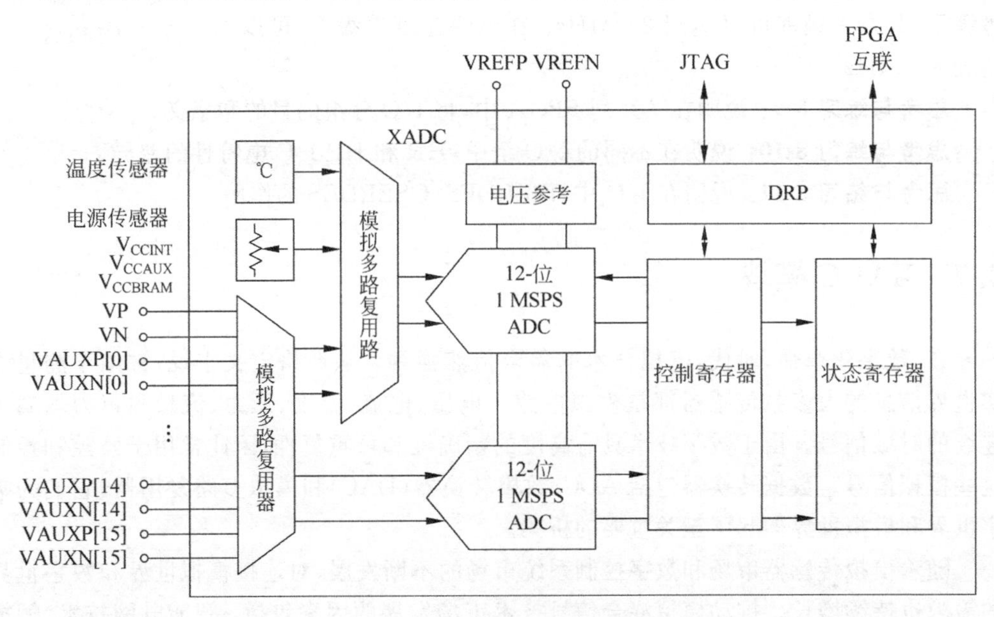

图 8.34 XADC 模块的结构图

通过 JTAG 接口和 XADC FPGA 接口，设计者可以访问 XADC 模块。

XADC 的一个重要特性就是能够通过 JTAG 端口访问，而无需占用 FPGA 内部的逻辑资源，同时也不需要专门配置 FPGA。通过 JTAG 接口，可以访问数据、状态以及控制 XADC 的工作模式，可以让 JTAG 提供另一级功能和系统工作状态的监控。负责控制 JTAG 总线的中央处理器能够采集远程的功率、温度和其他模拟数据，然后执行系统范围内的系统监控。对高可用性系统，灵活混合信号提供了一种监控系统、控制冗余硬件和报告需求的低成本途径。在线逻辑分析仪为访问片上传感器的信息和通过 JTAG，以及配置 XADC 提供了便捷的访问方式。

采用 Vivado 软件中提供的 XADC 设计向导工具，可以在设计中大大简化灵活混合信号解决方案的实现。这种互动图形用户界面可以自动创建带有所有主要配置特性的 HDL 实例模块，如：

(1) ADC；

(2) FPGA 温度和电压监控；

(3) 根据用户设定的阈值发出告警。

一旦完成实例化，XADC 就可以通过一系列配置寄存器得到进一步控制。

思考与练习 8-12：在 7 系列 FPGA 中，集成了 XADC 模块，简要说明该模块的功能及特点。

8.8 吉比特收发器

7 系列 FPGA 内提供吉比特收发器的一些重要特性包括：

(1) 高性能的收发器最高能达到 6.6Gb/s(GTP)，12.5Gb/s(GTX)，13.1Gb/s(GTH)，28.05Gb/s(GTZ)线速率。

(2) 优化的低功耗模式，用于芯片到芯片的接口。

(3) 高级的预发送和后加重，与接收器线性 CTLE，以及判决反馈均衡(Decision Feedback Equalization，DFE)，包括用于额外余量的自适应均衡。

到光纤、PCB 内 IC 直接、背板以及长距离的超高速串行数据发送，变得日益流行，因此要求专业的专用片上电路和差分 I/O 能应付这些高数据率的信号完整性问题。

Artix-7 和 Kintex-7 系列内提供了 0～32 个收发器电路，Virtex-7 系列提供最多 96 个收发器电路。每个串行收发器是发送器和接收器的组合。对于不同的 7 系列 FPGA 来说，串行收发器使用了环形振荡器和 LC 谐振的组合。每个收发器有大量用户定义的特性和参数。设计者可以在配置设备的时候，定义这些性能参数。对于其中的一些参数，可以在操作的时候进行修改。

(1) 发送器是一个并行到串行的转换器，可使用的转换率为 16、20、32、40、64 或者 80。此外，GTZ 发送器支持最高 160 位数据宽度。通过差分输出信号，发送器的输出实现对 PC 板的驱动。对于输入数据来说，可以通过一个可选的 FIFO 和额外的硬件支持用于 8B/10B、64B/66B 和 64B/67B 编码策略。

(2) 接收器是一个串行到并行的转换器，它将接收到的位串行差分信号变成并行的字流，每个并行数据可以是 16、20、32、40、64 或者 80 位宽度。此外，GTZ 发送器支持最高 160 位数据宽度。接收器将接收的差分数据流送到可编程的线性和判决反馈均衡器，使用参考时钟来初始化时钟识别。数据模式使用 NRZ 编码。

8.9 PCI-E 模块

集成在 7 系列 FPGA 内的 PCI-E 模块的特点包括：

(1) 兼容 PCI-E 基本规范 2.1 或 3.0(取决芯片系列)，具有端点和根端口的能力。

(2) 支持 Gen1(2.5Gb/s)、Gen2(5Gb/s)和 Gen3(8Gb/s)(取决于芯片系列)。

(3) 高级配置选项，高级错误报告(Advanced Error Reporting，AER)和端到端的ECRC高级错误报告和ECRC特性。

(4) 多重功能和单个启动I/O虚拟化(SR-IOV)支持，使能通过软件逻辑包装或者嵌入式，取决于7系列芯片的集成模块。

7系列中包含收发器的芯片至少有一个集成模块用于PCI-E技术，可以配置成端点和根端口。根端口能用来建立用于兼容根联合体的基础，一方面，允许通过PCI-E协议，使得定制FPGA到FPGA的通信；另一方面，附加ASSP端点设备，如以太网控制器或者光纤通道HBA到FPGA。

这个模块是高度可配置的，满足系统设计要求。该模块能以2.5Gb/s、5.0Gb/s和8.0Gb/s的速率，以1、2、4或8通道方式工作。对于高级的应用，模块的高级缓冲技术提供了一个灵活的最大1024字节的有效负荷。到集成高速收发器的接口用于串行连接，到BRAM的接口用于数据缓冲。模块中的这些要素提供了PCI-E规范中的物理层、数据链路层和交易层。

Xilinx提供了轻量级的，可配置的且容易使用的IP包装，将各种构建的模块(用于PCI-E的集成模块、收发器、BRAM和时钟资源)绑定到端点或根端口，如图8.35所示。系统设计者可以控制多个可配置的参数，如通道宽度、最大载荷大小、FPGA逻辑接口速度、参考时钟频率和基地址寄存器译码和过滤。

Xilinx提供了两种封装接口用于集成模块：AXI-4 Stream和AXI4。

注：传统的TRN/本地连接在7系列中不可使用。

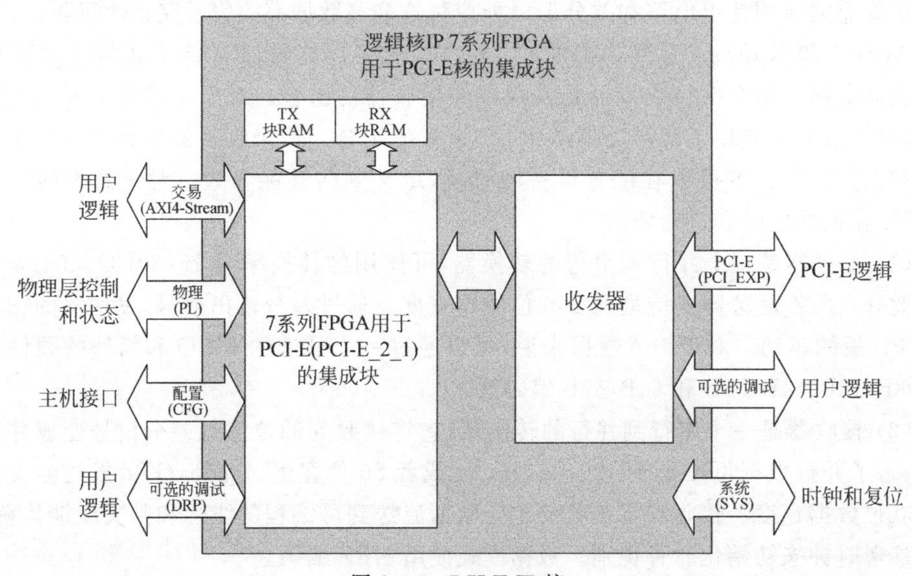

图8.35 PCI-E IP核

8.10 配置模块

对于7系列的FPGA来说，其配置数据保存在CMOS配置锁存器(CMOS Configuration Latche，CCL)内。因此，当给FPGA重新上电时，必须重新加载数据。在任何时候，通过将 FPGA 的 PROGRAM_B 拉低，就可以重新加载保存的配置数据。7 系列结构的 FPGA 有三个模式引脚 M0、M1 和 M2，用于确定加载配置数据的方法，其他专用的配置数据引脚用于简化配置的过程，如表 8.5 所示。

表 8.5　7 系列 FPGA 配置模式

配置模式	M[2:0]	总线宽度	CCLK 方向
主串行	000	×1	输出
主 SPI	001	×1、×2、×4	输出
主 BPI	010	×8、×16	输出
主 SelectMAP	100	×8、×16	输出
JTAG	101	×1	—
从 SelectMAP	110	×8、×16、×32	输入
从串行	111	×1	输入

SPI（串行 NOR）接口（×1、×2、×4 和双×4 模式）和 BPI（并行 NOR）接口（×8 和×16 模式）是两种用于配置 FPGA 非常普通的方法。设计者可以将 SPI 或者 BPI Flash 直接连接到 FPGA，FPGA 的内部配置逻辑读取来自外部 Flash 的比特流，然后配置自己。在配置的过程中，FPGA 自动检测总线的宽度，而无须使用外部控制或者开关进行识别。较宽的数据增加了配置的速度，减少了配置 FPGA 花费的时间。

在主模式下，通过 FPGA 内的一个内部生成时钟，FPGA 能驱动配置时钟；或者为了更高速度的配置，FPGA 可以使用一个外部的配置时钟源，以允许高速的配置，且容易使用主模式。FPGA 配置也支持从模式，其数据宽度最多到 32 位，这对于使用处理器驱动的配置非常有用。此外，新的媒体控制访问端口（Media Control Access Port，MCAP）提供了在 PCI-E 集成模块和配置逻辑之间的直接连接，从而简化了 PCI-E 的配置。

使用 SPI 或者 BPI Flash，FPGA 可以使用不同的镜像重新配置自己，从而无须使用外部的控制器。当数据发送过程中出现错误时，FPGA 能重新加载它最初的设计，用于确保在过程结束时，FPGA 是可用的。对于最终产品出货后对产品进行升级时，这个特性非常有用。

思考与练习 8-13：说明 7 系列 FPGA 所支持的配置模式，以及所对应配置模式引脚的值。

8.11　互连资源

互联是信号传输路径的可编程网络。这些网络分布在 FPGA 内各个功能元素的输入和输出，这些功能单元包括 IO 块、CLB 切片、DSP 切片和块 RAM。FPGA 内的互联也称为布线，这些布线资源是分段的，用于优化功能单元之间的连接。

7 系列内的 CLB 切片以规则的阵列布局，如图 8.36 所示。每个 CLB 内的两个切片连接到一个开关阵列，用于访问通用的布线资源。这些布线以垂直和水平方向分布在 CLB 切片的行和列之间。一个类似的开关阵列连接其他资源，如 DSP 切片和块 RAM 资源。

在7系列结构的FPGA内，不同长度的垂直和水平布线资源可以跨越一个或者多个CLB。这样，确保信号能很容易地从源传输到目的。

思考与练习8-14：说明在7系列FPGA中互联资源的作用。

思考与练习8-15：说明在7系列FPGA中开关阵列的作用。

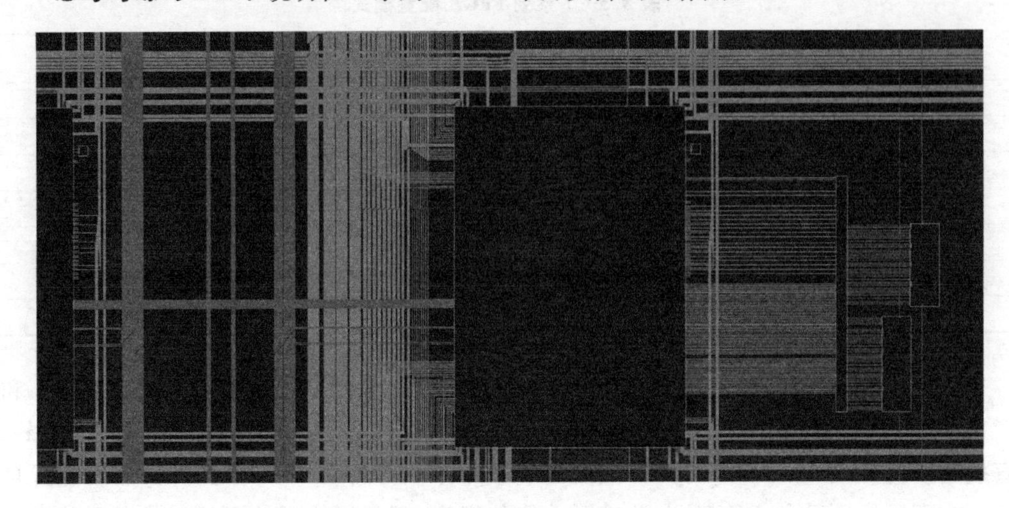

图8.36 CLB和互联开关的连接结构

第9章 Cortex-M0嵌入式系统设计与实现

本章要在 Xilinx Artix 7 系列的 FPGA 器件中，设计并实现一个 ARM Cortex-M0 最小嵌入式系统，内容包括：设计目标、Cortex-M0 SoC 系统的构建、设计文件修改和分析、程序代码的编写、RTL 详细描述和分析、仿真原理和行为级仿真、设计综合和分析、创建实现约束、设计实现和分析、实现后时序仿真、生成编程文件、下载比特流文件到 FPGA 以及生成并下载外部存储器文件。

通过本章的学习，读者可掌握在 Xilinx Vivado 2016 集成开发环境下，构建片上嵌入式系统的基本方法，以及在 Cortex-M0 处理器上使用汇编语言编程的方法。

9.1 设计目标

本章介绍的系统设计目标包括硬件和软件两个方面。

1）硬件设计和实现

（1）在 Vivado 2016.1 集成开发环境中（以下简称 Vivado 2016），实现 Cortex-M0 的片上系统框架结构。

（2）通过 Vivado 2016 集成开发环境，将包含 Cortex-M0 处理器的嵌入式系统设计下载到 FPGA，在 FPGA 内构建一个可以运行软件的嵌入式片上系统，如图 9.1 所示。

2）软件编程

（1）在 Keil μVision5 集成开发环境中，使用汇编语言对 Cortex-M0 处理器进行编程。

（2）建立（build）汇编语言设计文件，生成十六进制的编程文件。

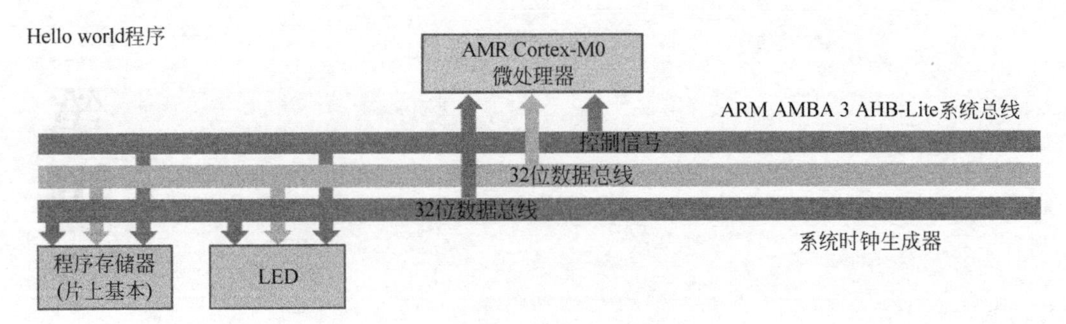

图 9.1　片上系统的内部结构

9.2　Cortex-M0 SoC 系统的构建

本节介绍在 Xilinx Artix-7 FPGA 内构建 Cortex-M0 嵌入式系统硬件环境的方法，硬件主要模块包括：

(1) ARM Cortex-M0 处理器。

(2) AHB-Lite 系统总线。

(3) 两个 AHB 外设，即：

① 程序存储器，通过 FPGA 内的块存储器实现；

② 简单功能的 LED 外设。

(4) 时钟生成器 IP 核。

9.2.1　启动 Vivado 2016 集成开发环境

本节介绍启动 Vivado 2016 集成设计环境的方法。读者可以通过下面四种方法中的一种启动 Vivado 2016 集成开发环境。

注：(1) 读者可以登录 Xilinx 官网(网址为 http://www.xilinx.com/support/download.html)，下载 Vivado 2016.1 集成开发环境，并安装该软件。

(2) 建议安装 Vivado 2016.1 集成开发环境的电脑内存最低为 4GB(推荐 8GB)，操作系统最低为 Windows 7(64 位)。

(1) 在 Windows 7 操作系统主界面下，选择“开始”→“所有程序”→Xilinx Design Tools→Vivado 2016.1→Vivado 2016.1 选项。

(2) 在 Windows 7 操作系统主界面下，单击图 9.2 所示的图标。

(3) 在 Windows 7 操作系统主界面左下方的搜索框中输入 vivado，然后按 Enter 键，如图 9.3 所示。

图 9.2　Vivado 桌面图标

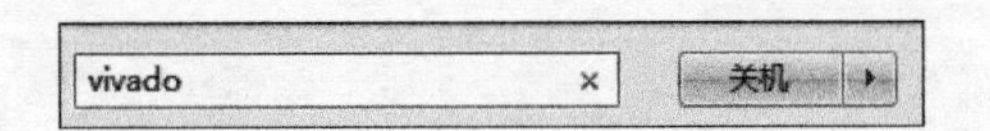

图 9.3　输入 Vivado 启动命令

(4) 在 Windows 7 操作系统主界面下，选择“开始”→“所有程序”→Xilinx Design Tools→Vivado 2016.1→Vivado 2016.1 Tcl Shell 选项，出现如图 9.4 所示的界面。

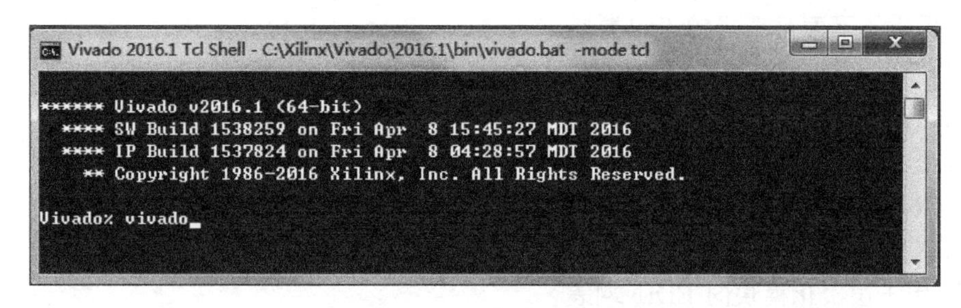

图 9.4　Vivado 2016.1 Tcl Shell 界面

注：在 Vivado%提示符后面输入 start_gui，将启动 Vivado 2016.1 集成开发环境。

9.2.2　创建新的设计工程

本节创建新的设计工程，其步骤包括：

1) 在 Vivado 集成开发环境主界面内的 Quick Start 分组下，单击 Create New Project(创建新工程)选项。

2) 出现 Create a New Vivado Project(创建一个新的 Vivado 工程)对话框。

3) 单击 Next 按钮。

4) 出现 New Project-Project Name(新工程-工程名字)对话框，如图 9.5 所示。

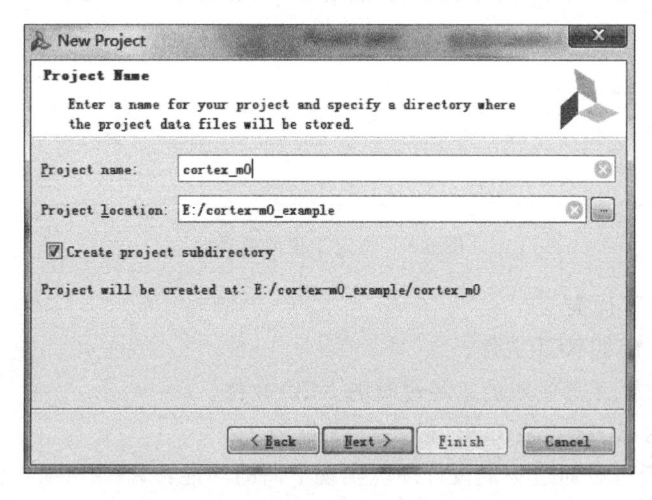

图 9.5　指定工程路径和工程的名字

在该对话框界面中，按如下参数设置：

① Project name(工程名字)：cortex_m0。

② Project location(工程路径)：E:/cortex-m0_exampe。

注：读者可以根据自己的需要命名工程名字和指定工程路径，但是不要命名中文名字以及将文件放到中文路径下，这样可能会导致后续处理时 Vivado 产生一些异常错误。

5）单击 Next 按钮。

6）出现 New Project-Project Type(新工程-工程类型)对话框，如图 9.6 所示。在该界面内提供了下面可选择的工程类型：

(1) RTL Project。

当选择该选项时，通过 Vivado 集成设计环境管理从 RTL 创建到生成比特流的整个设计流程。设计者可以添加下面的文件：

① RTL 源文件。

② Xilinx IP 目录内的 IP。

③ 用于层次化模块的 EDIF 网表。

④ Vivado IP 集成器内创建的块设计。

⑤ 数字信号处理(DSP)源文件。

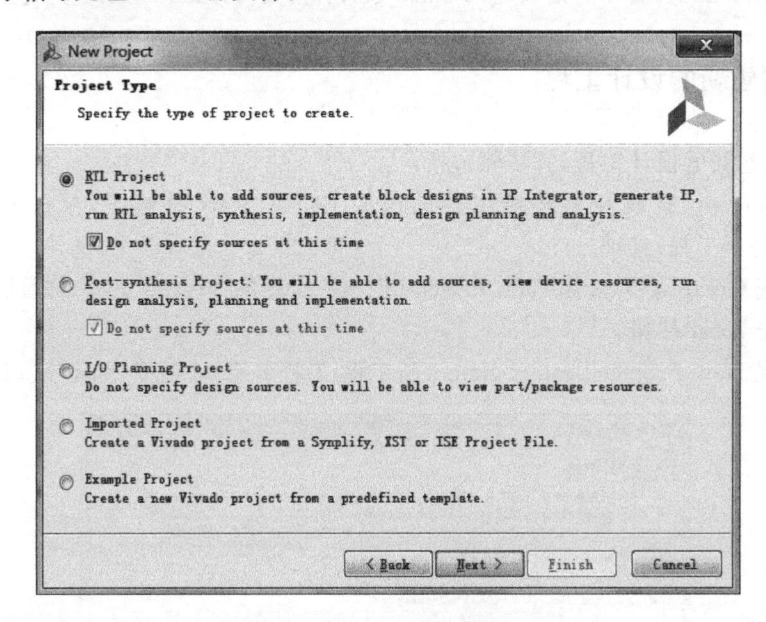

图 9.6　指定工程类型界面

IP 可以包含下面类型：

①Vivado 生成的 XCI 文件。

② 由核生成器工具生成的已经过时的 XCO 文件。

③ 预编译的 EDIF 或者 GNC 格式的 IP 网表。

此外，设计者可以通过集成设计环境实现下面的功能：

① 详细说明和分析 RTL，用于保证正确的结构。

② 启动和管理不同的综合和实现运行过程。

③ 分析设计和运行结果。

④ 可以尝试不同的约束和实现策略，用于实现时序收敛。

(2) Post-synthesis Project。

当选择该选项时，设计者可以使用综合后的网表创建工程。可以通过 Vivado、XST 或者第三方的综合工具生成网表，例如，Vivado 集成开发环境可以导入 EDIF、NGC、结构的 SystemVerilog，或者结构的 Verilog 格式网表，以及 Vivado 设计检查点(Design CheckPoint，DCP)文件。

此外，设计者可以通过集成设计环境实现下面功能：

① 分析和仿真逻辑网表。

② 启动和管理不同的实现运行过程。

③ 分析布局和布线结果。

④ 可以尝试不同的约束和实现策略。

(3) I/O Planning Project。

当选择该选项时，通过创建一个空的 I/O 规划工程，在设计的早期阶段就可以执行时钟资源和 I/O 规划。设计者可以在 Vivado 集成开发环境中定义 I/O 端口，也可以通过逗号分隔的值(CSV)或者 XDC 文件导入它们。设计者可以创建一个空的 I/O 规划工程，用于探索在不同器件结构中可用的逻辑资源。

当分配完 I/O 后，Vivado 集成开发环境可以创建 CSV、XDC 和 RTL 输出文件。当有可用的 RTL 源文件或者网表文件时，这些文件可用于设计的后期。输出文件也可用于创建原理图符号，它用于印刷电路板(PCB)设计过程。

(4) Imported Project。

选择该选项时，设计者可以导入通过 synplify、xst 或者 ISE 设计套件所创建的 RTL 工程数据。通过该选项将设计移植到 Vivado 工具中。当导入这些文件时，同时也导入工程源文件和编译顺序，但是不导入实现的结果和工程设置。

(5) Example Project。

从预定义的模板设计中，创建一个新的 Vivado 工程。

注：对于当前设计，在该界面中按如下参数设置：

(1) 选中 RTL Project 前面的复选框。

(2) 选中 Do not specify sources at this time(此次不指定源文件，表示在生成工程后，再添加设计源文件到工程中)前面的复选框。

7) 单击 Next 按钮。

8) 出现 New Project-Default Part(新工程-默认器件)对话框，如图 9.7 所示。在该界面中，为了加速寻找所需器件的速度，按下面设置参数：

① Product category：All。

② Family：Artix-7。

③ Sub-Family：Artix-7。

④ Package：fgg484。

⑤ Speed grade：−1。

⑥ Temp grade：c。

⑦ Si Revision：All Remaining。

注：该设计基于北京汇众新特科技有限公司开发的 A7-EDP-1 开发平台实现，设计资源详见本书学习说明。

在该界面下方给出的元件列表中，选中型号为 xc7a75tffg484-1 的一行。

注：(1) xc 表示 Xilinx 的 FPGA 器件。

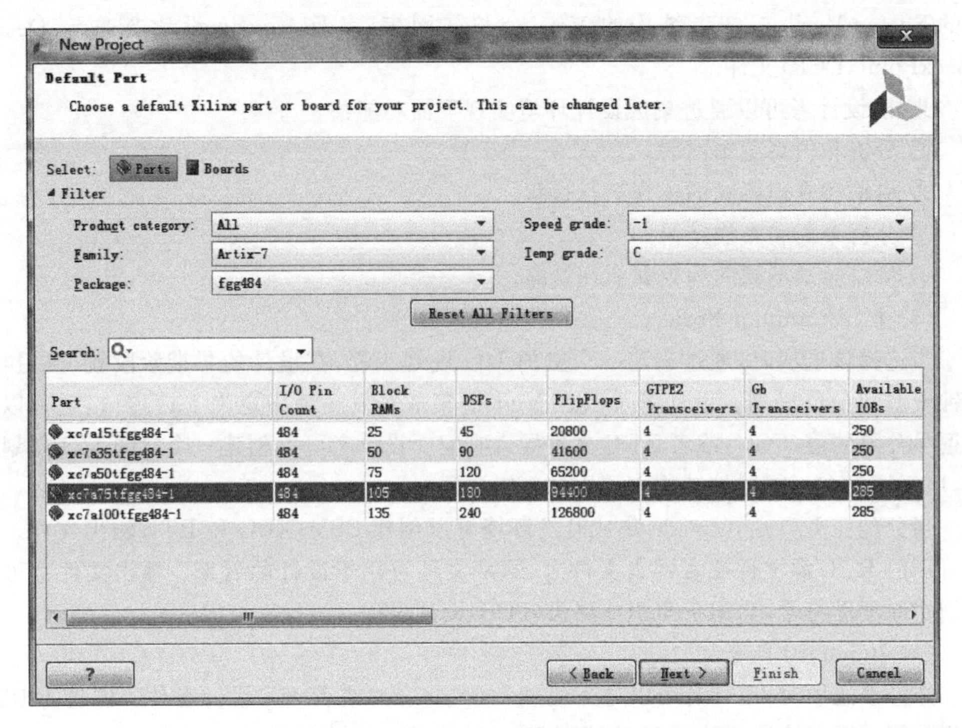

图 9.7　指定器件界面

(2) 7a75t 表示 Artix-7 系列的一个具体的器件 75t(关于该器件的逻辑资源参考前面所介绍的参数)。

(3) ffg484 表示球阵列封装,该芯片共有 484 个引脚。

(4) －1 表示速度等级。

9) 单击 Next 按钮。

10) 出现 New Project-New Project Summary(新工程-新工程总结)对话框。在该对话框中,给出了工程类型、工程名字和器件信息的说明。

11) 单击 Finish 按钮。

9.2.3　添加 Cortex-M0 处理器源文件

本节为该设计添加 Cortex-M0 处理器源文件,主要步骤包括:

(1) 在 Sources 窗口下,找到并选择 Design Sources,右击,出现浮动菜单。在浮动菜单内,选择 Add Sources…选项,如图 9.8 所示。

(2) 出现 Add Sources(添加源文件)对话框,如图 9.9 所示。该对话框内提供了下面的选项:

① Add or create constraints(添加或者创建约束)。

② Add or create design sources(添加或者创建设计源文件)。

③ Add or create simulation sources(添加或者创建仿真文件)。

④ Add or create DSP sources(添加或者创建 DSP 源文件)。

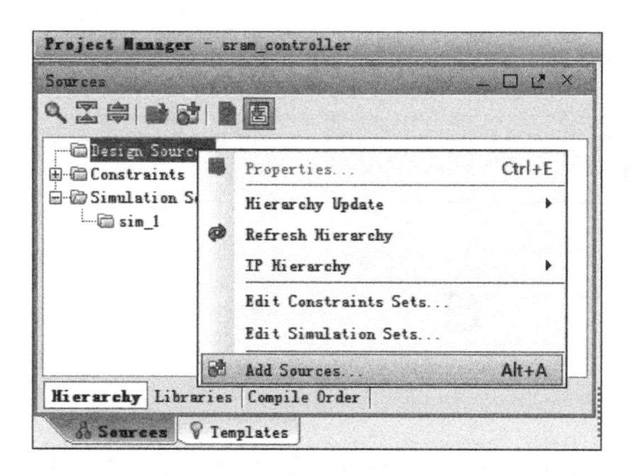

图 9.8 添加设计文件入口

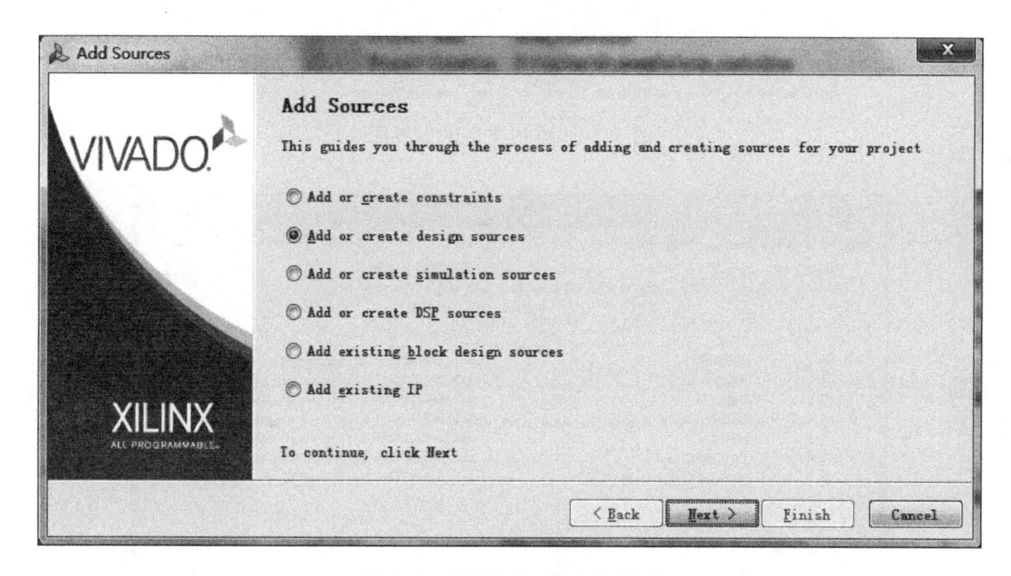

图 9.9 选择添加源文件类型

⑤ Add existing block design sources(添加已经存在的块设计源文件)。

⑥ Add existing IP(添加已经存在的 IP)。

在该设计中,选中 Add or create design sources 前面的复选框。

(3) 单击 Next 按钮。

(4) 出现 Add Sources-Add or Create Design Sources(添加源文件-添加或者创建设计源文件)对话框,如图 9.10 所示。在该界面中,单击 + 按钮,出现浮动菜单。在浮动菜单内,选择 Add Files…选项。

(5) 出现 Add Source Files 对话框,如图 9.11 所示。在该对话框界面中,将路径指向:

```
E:\cortex - m0_example\source
```

同时选中 CORTEXM0DS. v、cortexm0ds _ logic. v、AHBDCD. v、AHBMUX. v、AHB2BRAM. v、AHB2LED. v 和 AHBLITE_SYS. v 文件。

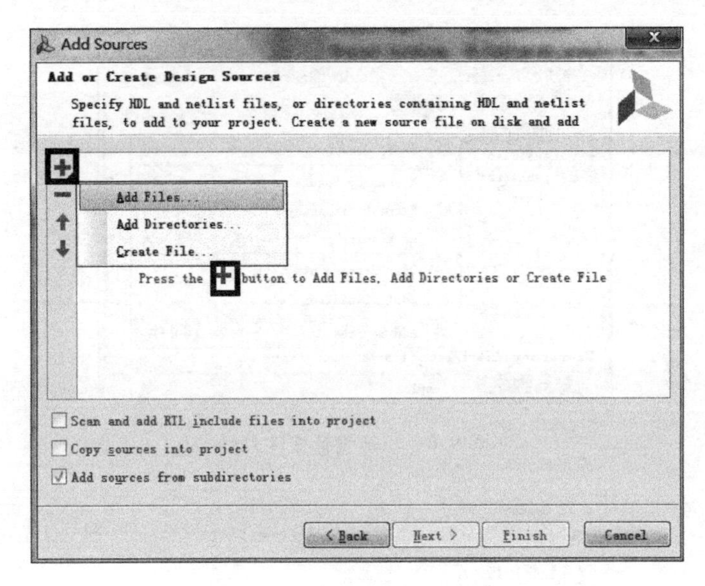

图 9.10　添加文件入口界面

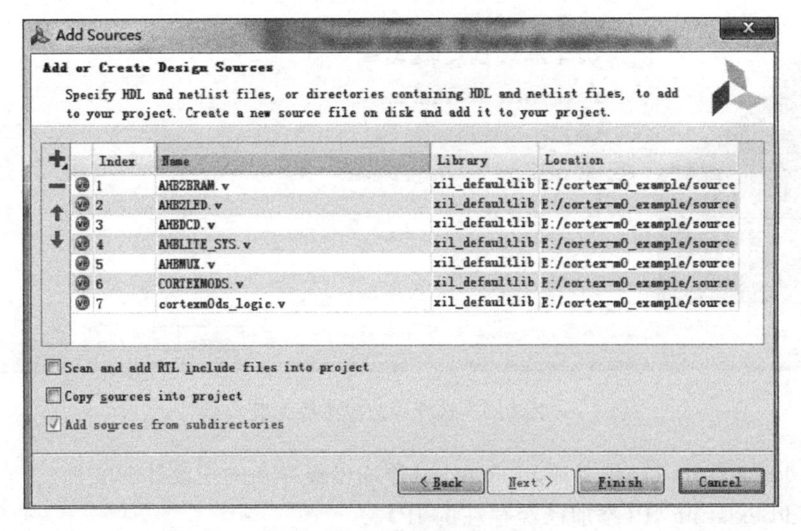

图 9.11　添加文件后的界面

(6) 单击 OK 按钮。

(7) 可以看到在图 9.11 的界面中，新添加了 7 个文件。这 7 个文件的功能如表 9.1 所示。

表 9.1　文件的名字和功能说明

模　块	文 件 名	功 能 描 述
Cortex-M0 处理器	cortexm0ds_logic.v	Cortex-M0 DesignStart 处理器逻辑层 Verilog HDL 文件。DesignStart 是简化版本，主要用于教育，或者提供快速和高效的访问供工业使用
	CORTEXM0DS.v	Cortex-M0 DesignStart 处理器宏单元级描述

续表

模　　块	文　件　名	功 能 描 述
AHB 总线元件	AHBDCD. v	AHB 总线地址译码器
	AHBMUX. v	AHB 总线从设备多路选择器
AHB 片上存储器外设	AHB2BRM. v	片上存储器(BRAM)用于 Cortex-M0 处理器的程序存储器
AHB LED 外设	AHB2LED. v	LED 外设模块
顶层模块	AHBLITE_SYS. v	顶层模块

注：在图 9.11 的界面中选中 Copy sources into project 前面的复选框，表示将这些来自其他文件夹的文件复制到当前的工程路径中。

(8) 单击 Finish 按钮。

9.2.4 添加系统主时钟 IP 核

本节添加 Xilinx 提供的时钟 IP 核，通过该 IP 核产生 20MHz 的时钟，该时钟将作为运行整个系统的主时钟，主要步骤包括：

1) 在 Vivado 主界面左侧的 Flow Navigator 窗口中，找到并展开 Project Manager。在展开项中，找到并单击 IP Catalog。

2) 在 Vivado 主界面右侧窗口中出现 IP Catalog 界面，如图 9.12 所示。在该界面中，找到并展开 FPGA Features and Design。在 FPGA Features and Design 展开项中，找到并展开 Clocking。在 Clocking 展开项中，找到并单击 Clocking Wizard。

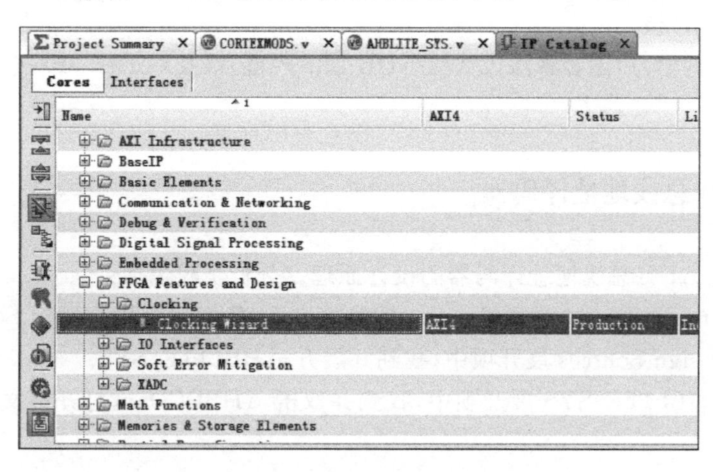

图 9.12　IP 核目录界面

3) 出现 Customize IP-Clocking Wizard 对话框。按下面设置参数：

(1) 在 Clocking Options 标签界面中：

① 将 Input Clock 下面所对应的 Primary 右侧的 Input Frequency(MHz)设置为 100.00，表示系统的输入时钟为 100MHz。

注：在本书的设计中，使用 A7-EDP-1 开发平台，该平台上搭载了 100MHz 的有源晶

体振荡器。

② 其余按默认参数设置。

(2) 在 Output Clocks 标签界面中，按如下设置参数：

① 将 Output Clock 下面所对应 clk_out1 右侧的 Output Freq(MHz)Requested 设置为 20.000，表示输出时钟的频率为 20MHz，该时钟为整个系统的主时钟。

② 其余按默认参数设置。

注：确认在 Ouput Clocks 标签界面下方，将 Reset Type 设置为 Active High。这点要特别注意，因为整个系统的复位都是高电平有效。

4) 单击 OK 按钮。

5) 出现 Generate Output Products 对话框。在该界面给出将要生成的文件信息。

6) 单击 Generate 按钮。

7) 出现 Generate Output Products 提示界面。该界面提示成功输出文件信息。

8) 单击 OK 按钮。

时钟 IP 核的符号描述如图 9.13 所示。

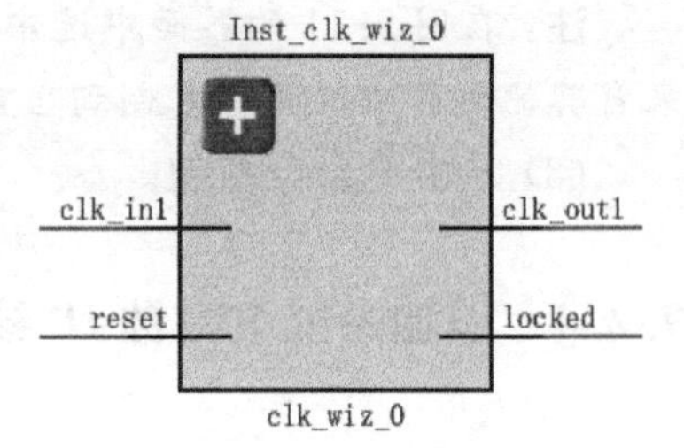

图 9.13　时钟 IP 核的符号描述

9.3　设计文件修改和分析

本节对 AHB 总线地址译码器、AHB 总线从设备多路复用器、AHB 片上存储器外设、AHB LED 外设设计原理进行详细分析。并且，通过修改 AHBLITE_SYS 顶层文件包含例化时钟 IP 核。

通过本节的学习，读者将深入掌握 AHB-Lite 规范，以及 Cortex-M0 嵌入式片上系统的构建原理。

9.3.1　AHB 总线地址译码器

本节分析 AHB 总线地址译码器的设计原理。分析步骤包括：

(1) 在 Vivado 2016 主界面 Sources 标签窗口下，找到并展开 Design Sources。

(2) 在 Design Sources 展开项中，找到并展开 AHBLITE_SYS。

(3) 在 AHBLITE_SYS 展开项中，找到并双击 AHBDCD.v，打开该文件，如代码清单 9-1 所示。

代码清单 9-1　AHBDCD.v 文件

```
module AHBDCD(
input wire [31:0] HADDR,
output wire HSEL_S0,
output wire HSEL_S1,
output wire HSEL_S2,
output wire HSEL_S3,
output wire HSEL_S4,
```

```
output wire HSEL_S5,
output wire HSEL_S6,
output wire HSEL_S7,
output wire HSEL_S8,
output wire HSEL_S9,
output wire HSEL_NOMAP,
output reg [3:0] MUX_SEL
  );
reg [15:0] dec;

//参考 CM0 - DS 参考手册,了解 RAM 和存储器的映射
//                              //存储器映射 -->起始地址   结束地址   大小
assign HSEL_S0 = dec[0];        //存储器映射 --> 0x0000_0000 到 0x00FF_FFFF 16MB
assign HSEL_S1 = dec[1];        //存储器映射 --> 0x5000_0000 到 0x50FF_FFFF 16MB
assign HSEL_S2 = dec[2];        //存储器映射 --> 0x5100_0000 到 0x51FF_FFFF 16MB
assign HSEL_S3 = dec[3];        //存储器映射 --> 0x5200_0000 到 0x52FF_FFFF 16MB
assign HSEL_S4 = dec[4];        //存储器映射 --> 0x5300_0000 到 0x53FF_FFFF 16MB
assign HSEL_S5 = dec[5];        //存储器映射 --> 0x5400_0000 到 0x54FF_FFFF 16MB
assign HSEL_S6 = dec[6];        //存储器映射 --> 0x5500_0000 到 0x55FF_FFFF 16MB
assign HSEL_S7 = dec[7];        //存储器映射 --> 0x5600_0000 到 0x56FF_FFFF 16MB
assign HSEL_S8 = dec[8];        //存储器映射 --> 0x5700_0000 到 0x57FF_FFFF 16MB
assign HSEL_S9 = dec[9];        //存储器映射 --> 0x5800_0000 到 0x58FF_FFFF 16MB
assign HSEL_NOMAP = dec[15];    //剩下的区域没有覆盖上面的区域

always@ *
begin
case(HADDR[31:24])
  8'h00:                        //存储器映射 --> 0x0000_0000 到 0x00FF_FFFF 16MB
    begin
      dec = 16'b0000_0000_00000001;
      MUX_SEL = 4'b0000;
    end
  8'h50:                        //存储器映射 --> 0x5000_0000 到 0x50FF_FFFF 16MB
    begin
      dec = 16'b0000_0000_0000_0010;
      MUX_SEL = 4'b0001;
    end
  8'h51:                        //存储器映射 --> 0x5100_0000 到 0x51FF_FFFF 16MB
    begin
      dec = 16'b0000_0000_0000_0100;
      MUX_SEL = 4'b0010;
    end
  8'h52:                        //存储器映射 --> 0x5200_0000 到 0x52FF_FFFF 16MB
    begin
      dec = 16'b0000_0000_0000_1000;
      MUX_SEL = 4'b0011;
    end
  8'h53:                        //存储器映射 --> 0x5300_0000 到 0x53FF_FFFF 16MB
    begin
      dec = 16'b0000_0000_0001_0000;
      MUX_SEL = 4'b0100;
```

```
    end
  8'h54:                      //存储器映射 --> 0x5400_0000 到 0x54FF_FFFF 16MB
    begin
      dec = 16'b0000_0000_0010_0000;
      MUX_SEL = 4'b0101;
    end
  8'h55:                      //存储器映射 --> 0x5500_0000 到 0x55FF_FFFF 16MB
    begin
      dec = 16'b0000_0000_0100_0000;
      MUX_SEL = 4'b0110;
    end
  8'h56:                      //存储器映射 --> 0x5600_0000 到 0x56FF_FFFF 16MB
    begin
      dec = 16'b0000_0000_1000_0000;
      MUX_SEL = 4'b0111;
    end
  8'h57:                      //存储器映射 --> 0x5700_0000 到 0x57FF_FFFF 16MB
    begin
      dec = 16'b0000_0001_0000_0000;
      MUX_SEL = 4'b1000;
    end
  8'h58:                      //存储器映射 --> 0x5800_0000 到 0x58FF_FFFF 16MB
    begin
      dec = 16'b0000_0010_0000_0000;
      MUX_SEL = 4'b1001;
    end
  default: //NOMAP
    begin
      dec = 16'b1000_0000_00000000;
      MUX_SEL = 4'b1111;
    end
  endcase
end
endmodule
```

地址译码器的端口连接，如图 9.14 所示。

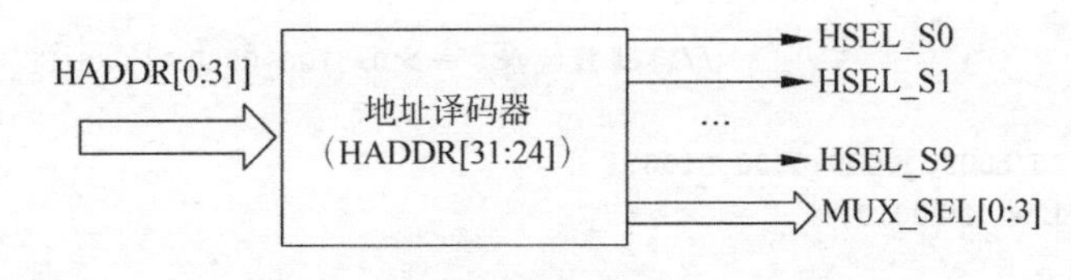

图 9.14　地址译码器端口连接示意图

9.3.2　AHB 总线从设备多路复用器

本节分析 AHB 总线从设备多路复用器的设计原理。分析步骤包括：

(1) 在 Vivado 2016 主界面 Sources 标签窗口下，找到并展开 Design Sources。

(2) 在 Design Sources 展开项中，找到并展开 AHBLITE_SYS。

(3) 在 AHBLITE_SYS 展开项中,找到并双击 AHBMUX.v,打开该文件,如代码清单 9-2 所示。

代码清单 9-2　AHBMUX.v 文件

```
module AHBMUX(
  //全局时钟和复位
  input wire HCLK,
  input wire HRESETn,

  //来自地址译码器的多路选择器选择信号
  input wire [3:0] MUX_SEL,

  //来自从设备的读数据
  input wire [31:0] HRDATA_S0,
  input wire [31:0] HRDATA_S1,
  input wire [31:0] HRDATA_S2,
  input wire [31:0] HRDATA_S3,
  input wire [31:0] HRDATA_S4,
  input wire [31:0] HRDATA_S5,
  input wire [31:0] HRDATA_S6,
  input wire [31:0] HRDATA_S7,
  input wire [31:0] HRDATA_S8,
  input wire [31:0] HRDATA_S9,
  input wire [31:0] HRDATA_NOMAP,

  //来自所有从设备的 READY 信号输出
  input wire HREADYOUT_S0,
  input wire HREADYOUT_S1,
  input wire HREADYOUT_S2,
  input wire HREADYOUT_S3,
  input wire HREADYOUT_S4,
  input wire HREADYOUT_S5,
  input wire HREADYOUT_S6,
  input wire HREADYOUT_S7,
  input wire HREADYOUT_S8,
  input wire HREADYOUT_S9,
  input wire HREADYOUT_NOMAP,

  //将 HREADY 和 HRDATA 多路复用到主设备
  output reg HREADY,
  output reg [31:0] HRDATA
);

  reg [3:0] APHASE_MUX_SEL;        // 锁存地址阶段的 MUX_SELECT 信号
                                   // 在数据阶段发送正确的响应和 RDATA
  always@ (posedge HCLK or negedge HRESETn)
  begin
    if(!HRESETn)
      APHASE_MUX_SEL <= 4'h0;
    else if(HREADY)                //只有 HREADY = 1'b1 时,所有的信号才是有效的
```

```
    APHASE_MUX_SEL <= MUX_SEL;
  end

  always@ *
  begin
    case(APHASE_MUX_SEL)
      4'b0000: begin            // 如果前面的地址周期用于 S0,则选择对应的响应和数据
        HRDATA = HRDATA_S0;
        HREADY = HREADYOUT_S0;
      end
      4'b0001: begin            // 如果前面的地址周期用于 S1,则选择对应的响应和数据
        HRDATA = HRDATA_S1;
        HREADY = HREADYOUT_S1;
      end
      4'b0010: begin            // 如果前面的地址周期用于 S2,则选择对应的响应和数据
        HRDATA = HRDATA_S2;
        HREADY = HREADYOUT_S2;
      end
      4'b0011: begin            // 如果前面的地址周期用于 S3,则选择对应的响应和数据
        HRDATA = HRDATA_S3;
        HREADY = HREADYOUT_S3;
      end
      4'b0100: begin            // 如果前面的地址周期用于 S4,则选择对应的响应和数据
        HRDATA = HRDATA_S4;
        HREADY = HREADYOUT_S4;
      end
      4'b0101: begin            // 如果前面的地址周期用于 S5,则选择对应的响应和数据
        HRDATA = HRDATA_S5;
        HREADY = HREADYOUT_S5;
      end
      4'b0110: begin            // 如果前面的地址周期用于 S6,则选择对应的响应和数据
        HRDATA = HRDATA_S6;
        HREADY = HREADYOUT_S6;
      end
      4'b0111: begin            // 如果前面的地址周期用于 S7,则选择对应的响应和数据
        HRDATA = HRDATA_S7;
        HREADY = HREADYOUT_S7;
      end
      4'b1000: begin            // 如果前面的地址周期用于 S8,则选择对应的响应和数据
        HRDATA = HRDATA_S8;
        HREADY = HREADYOUT_S8;
      end
      4'b1001: begin            // 如果前面的地址周期用于 S9,则选择对应的响应和数据
        HRDATA = HRDATA_S9;
        HREADY = HREADYOUT_S9;
      end
      default: begin
        HRDATA = HRDATA_NOMAP;
        HREADY = HREADYOUT_NOMAP;
      end
    endcase
```

```
  end
endmodule
```

AHB 总线多路复用器的端口，如图 9.15 所示。

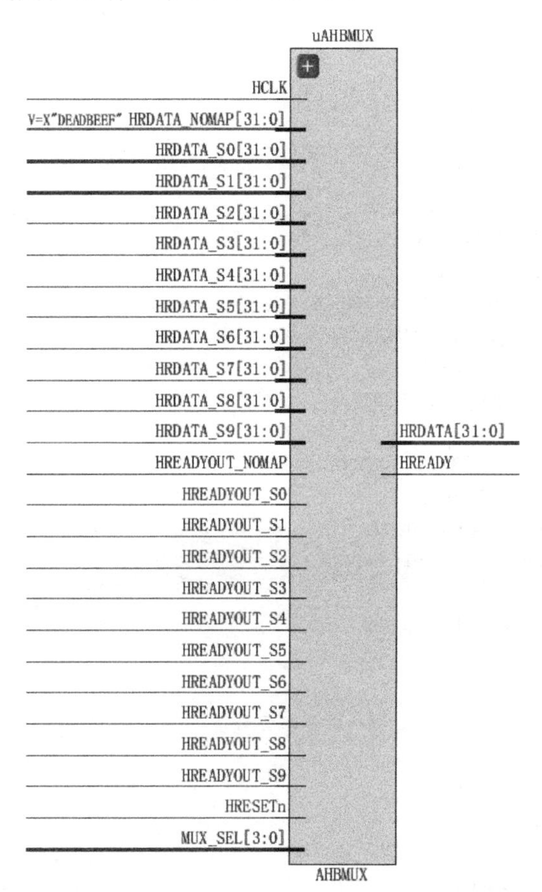

图 9.15　多路选择器端口连接示意图

9.3.3　AHB 片上存储器外设

为了使 Cortex-M0 处理器可以运行软件代码，需要将所编写的软件代码转换成机器码(机器指令)，这些机器码可以直接运行在 Cortex-M0 处理器上。用于保存这些机器指令的物理存储器称为程序存储器。在该设计中，通过使用 Xilinx Artix-7 系列 FPGA 内部的片上块存储器实现 Cortex-M0 程序存储器的功能。因此，在该设计中，就需要使用 Verilog HDL 编写模块以实现将 FPGA 内的块存储器连接到 Cortex-M0 处理器上。分析实现 AHB 片上存储器外设的主要步骤包括：

(1) 在 Vivado 2016 主界面 Sources 标签窗口下，找到并展开 Design Sources。

(2) 在 Design Sources 展开项中，找到并展开 AHBLITE_SYS。

(3) 在 AHBLITE_SYS 展开项中，找到并双击 AHB2MEM. v，打开该文件，如代码清单 9-3 所示。

代码清单 9-3　AHB2MEM.v 文件

```
module AHB2MEM
#(parameter MEMWIDTH = 10)     // 大小 = 1KB = 256 字
(
    //AHBLITE 接口
        //从设备选择信号
            input wire HSEL,
        //全局信号
            input wire HCLK,
            input wire HRESETn,
        //地址,控制和写数据
            input wire HREADY,
            input wire [31:0] HADDR,
            input wire [1:0] HTRANS,
            input wire HWRITE,
            input wire [2:0] HSIZE,

            input wire [31:0] HWDATA,
        // 发送响应和读数据
            output wire HREADYOUT,
            output wire [31:0] HRDATA,
        //LED 输出
            output wire [7:0] LED
);

  assign HREADYOUT = 1'b1;      // 总是准备好

// 寄存,用于保存地址阶段的信号
  reg APhase_HSEL;
  reg APhase_HWRITE;
  reg [1:0] APhase_HTRANS;
  reg [31:0] APhase_HADDR;
  reg [2:0] APhase_HSIZE;

// 存储器阵列
  reg [31:0] memory[0:(2 ** (MEMWIDTH - 2) - 1)];

  initial
  begin
    (* rom_style = "block" *) $readmemh("code.hex", memory);
  end

// 采样地址阶段
  always @(posedge HCLK or negedge HRESETn)
  begin
      if(!HRESETn)
      begin
          APhase_HSEL <= 1'b0;
          APhase_HWRITE <= 1'b0;
          APhase_HTRANS <= 2'b00;
```

```
            APhase_HADDR <=  32'h0;
            APhase_HSIZE <=  3'b000;
        end
      else if(HREADY)
      begin
            APhase_HSEL <=  HSEL;
            APhase_HWRITE <=  HWRITE;
            APhase_HTRANS <=  HTRANS;
            APhase_HADDR <=  HADDR;
            APhase_HSIZE <=  HSIZE;
    end
    end

// 根据HSIZE和HADDR[1:0],解码字节通道
  //确定是字节、半字还是字
  wire tx_byte  = ~APhase_HSIZE[1] & ~APhase_HSIZE[0];
  wire tx_half  = ~APhase_HSIZE[1] & APhase_HSIZE[0];
  wire tx_word  =  APhase_HSIZE[1];

  //如果是字节,则确定是哪个字节通道
  wire byte_at_00  =  tx_byte & ~APhase_HADDR[1] & ~APhase_HADDR[0];
  wire byte_at_01  =  tx_byte & ~APhase_HADDR[1] & APhase_HADDR[0];
  wire byte_at_10  =  tx_byte & APhase_HADDR[1] & ~APhase_HADDR[0];
  wire byte_at_11  =  tx_byte & APhase_HADDR[1] & APhase_HADDR[0];

  //如果是半字,则确定是哪个半字通道
  wire half_at_00  =  tx_half & ~APhase_HADDR[1];
  wire half_at_10  =  tx_half & APhase_HADDR[1];
  //如果是字
  wire word_at_00  =  tx_word;

  wire byte0  =  word_at_00 | half_at_00 | byte_at_00;
  wire byte1  =  word_at_00 | half_at_00 | byte_at_01;
  wire byte2  =  word_at_00 | half_at_10 | byte_at_10;
  wire byte3  =  word_at_00 | half_at_10 | byte_at_11;

  // 写到存储器中
  always @(posedge HCLK)
  begin
      if(APhase_HSEL & APhase_HWRITE & APhase_HTRANS[1])
      begin
          if(byte0)
              memory[APhase_HADDR[MEMWIDTH:2]][7:0] <=  HWDATA[7:0];
          if(byte1)
              memory[APhase_HADDR[MEMWIDTH:2]][15:8] <=  HWDATA[15:8];
          if(byte2)
              memory[APhase_HADDR[MEMWIDTH:2]][23:16] <=  HWDATA[23:16];
          if(byte3)
```

```
            memory[APhase_HADDR[MEMWIDTH:2]][31:24] <= HWDATA[31:24];
        end
    end

// 从存储器中读
  assign HRDATA = memory[APhase_HADDR[MEMWIDTH:2]];

// 诊断信号输出
  assign LED = memory[0][7:0];
endmodule
```

片上存储器外设端口连接，如图 9.16 所示。在该设计中，由于该模块的 HSEL 信号连接到 AHB 总线地址译码器的 HSEL_S0 信号端口上，而该端口所对应的存储器的地址范围为 0x0000_0000～0x00FF_FFFF，而该存储器的大小为 1KB。因此，该存储器的地址范围为 0x0000_0000～0x0000_03FF。

注：AHB 片上存储器外设和 AHB 总线地址译码器之间的连接关系，在后面给出的系统连接结构图中可以看到。

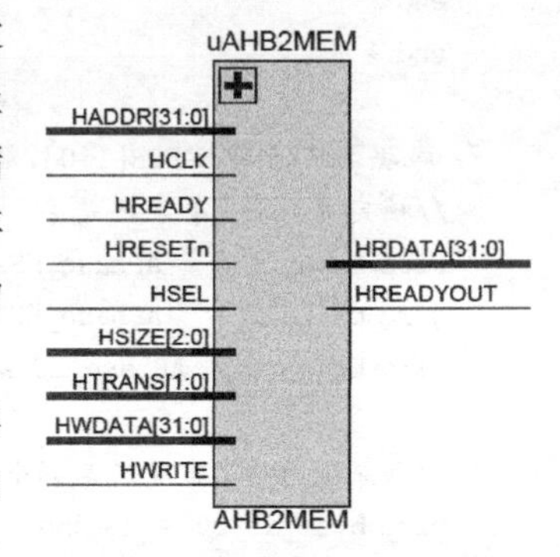

图 9.16　片上存储器外设端口连接示意图

在上面的代码中，注意到有这样一段代码：

```
initial
  begin
      (* rom_style = "block" *) $readmemh("code.hex", memory);
  end
```

在该设计中，为了将所编写的程序代码加载到 FPGA 内的存储器中，在对设计进行综合的时候，需要将生成的软件程序镜像文件与硬件设计进行合并。例如，如果需要将程序文件预先加载到硬件中，则使用上面的 Verilog HDL 代码指向该程序文件（如 code.hex）。

$readmemh 是 Verilog HDL 提供的系统任务，用于从文本文件中读取数据，并将其加载到指定的存储器中，该系统任务要求以十六进制格式存放数据文件。其格式为

```
<task_name>(<file_name>,<memory_name>,<start_addr>,<end_addr>);
```

其中：

(1) <task_name>，用于指定系统任务，为 $readmemb 或 $readmemh。

(2) <file_name>，为读出数据的文件名。

(3) <memory_name>，为要读入数据的存储器名字。

(4) <start>，为存储器的起始地址，实际就是建模存储器数组的索引值。

(5) <end>，为存储器的结束地址，实际就是建模存储器数组的索引值。

注：在 $readmemh 前面加入（* rom_style="block" *）是 Verilog HDL 中的 rom_style 属性声明，用于指导 Vivado 工具使用 FPGA 内的块存储器实现将该存储器，而不是使用 FPGA 内的分布式存储器实现。

9.3.4 AHB LED外设

在该设计中，将写数据的低8位显示在A7-EDP-1开发平台的8个LED灯上。因此，需要设计一个模块，该模块将FPGA外部的LED灯通过AHB-Lite连接到Cortex-M0处理器上。分析该AHB LED外设的主要步骤包括：

(1) 在Vivado 2016主界面Sources标签窗口下，找到并展开Design Sources。

(2) 在Design Sources展开项中，找到并展开AHBLITE_SYS。

(3) 在AHBLITE_SYS展开项中，找到并双击AHB2LED.v，打开该文件，如代码清单9-4所示。

代码清单9-4 AHB2LED.v文件

```
module AHB2LED(
  //AHBLITE接口
      //从设备选择信号
          input wire HSEL,
      //全局信号
          input wire HCLK,
          input wire HRESETn,
      //地址、控制和数据
          input wire HREADY,
          input wire [31:0] HADDR,
          input wire [1:0] HTRANS,
          input wire HWRITE,
          input wire [2:0] HSIZE,

          input wire [31:0] HWDATA,
      // 传输响应和读数据
          output wire HREADYOUT,
          output wire [31:0] HRDATA,
      //LED输出
          output wire [7:0] LED
);

//地址阶段采样寄存器
    reg rHSEL;
    reg [31:0] rHADDR;
    reg [1:0] rHTRANS;
    reg rHWRITE;
    reg [2:0] rHSIZE;
    reg [7:0] rLED;

//地址阶段采样
    always @(posedge HCLK or negedge HRESETn)
    begin
      if(!HRESETn)
      begin
          rHSEL     <= 1'b0;
```

```
            rHADDR   <= 32'h0;
            rHTRANS  <= 2'b00;
            rHWRITE  <= 1'b0;
            rHSIZE   <= 3'b000;
        end
      else if(HREADY)
      begin
            rHSEL    <= HSEL;
            rHADDR   <= HADDR;
            rHTRANS  <= HTRANS;
            rHWRITE  <= HWRITE;
            rHSIZE   <= HSIZE;
        end
end

//数据阶段数据传输
  always @(posedge HCLK or negedge HRESETn)
  begin
    if(!HRESETn)
      rLED<= 8'b0000_0000;
    else if(rHSEL & rHWRITE & rHTRANS[1])
      rLED<= HWDATA[7:0];
    end

//传输响应
  assign HREADYOUT = 1'b1;                      //单周期写和读,零等待状态操作

//读数据
  assign HRDATA = {24'h0000_00,rLED};
  assign LED = rLED;
endmodule
```

LED外设端口连接如图9.17所示。在该设计中，由于该模块的HSEL信号连接到AHB总线地址译码器的HSEL_S1信号端口上，而该端口所对应的存储器地址范围为0x5000_0000～0x50FF_FFFF。因此，Cortex-M0处理器访问AHB LED外设的地址范围为0x5000_0000～0x50FF_FFFF。

注：AHB LED外设和AHB总线地址译码器之间的连接关系，在后面给出的系统连接结构图中可以看到它。

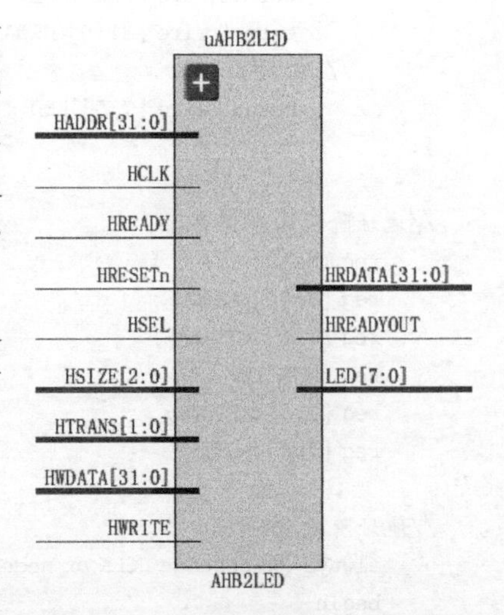

图9.17　LED外设端口连接示意图

9.3.5　AHBLITE_SYS顶层文件

AHBLITE_SYS文件是整个设计的顶层文件。在该文件中，通过Verilog HDL语言将CORTEXM0DS.v、

AHBCDC.v、AHBMUX.v、AHB2BRAM.v 和 AHB2LED.v 文件例化到 AHBLITE_SYS.v 文件中，作为该设计组成部分。

注：在本书中，ARM Cortex-M0 的工作频率为 20MHz，即通过对 FPGA 外部 100MHz 的 5 分频，得到用于运行 ARM Cortex-M0 的 20MHz 主时钟。该时钟由前面的时钟 IP 核产生。

在本书中，需要对顶层设计文件进行修改。添加并例化系统主时钟，主要步骤包括：

(1) 在 Vivado 主界面的 Sources 窗口中，找到并单击 IP Sources 标签，如图 9.18 所示。在该标签界面中，找到并展开 clk_wiz_0。在 clk_wiz_0 展开项中，找到并展开 Instantiation Template。在 Instantiation Template 展开项中，找到并单击 clk_wiz_0.veo。

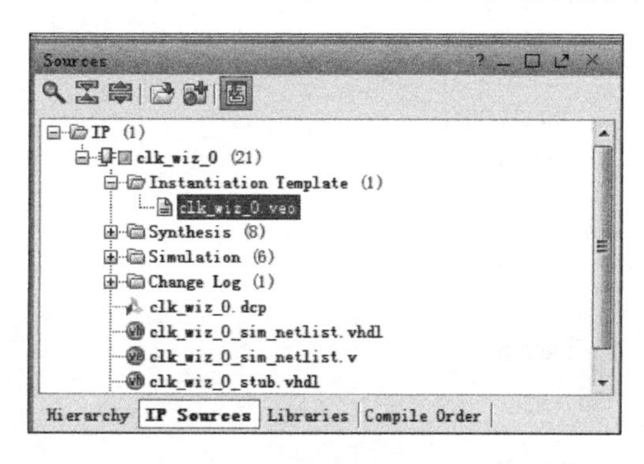

图 9.18　时钟例化模板界面

(2) 在该文件中给出了时钟的例化代码模板，如代码清单 9-5 所示，复制下面的代码，并将其粘贴到 AHBLITE_SYS.v 文件中。

代码清单 9-5　clk_wiz_0.veo 文件

```
clk_wiz_0 instance_name
 (
 // Clock in ports
  .clk_in1(clk_in1),                  // input clk_in1
  // Clock out ports
  .clk_out1(clk_out1),                // output clk_out1
  // Status and control signals
  .reset(reset),                      // input reset
  .locked(locked));                   // output locked
// INST_TAG_END ------ End INSTANTIATION Template ---- -----
```

(3) 打开 AHBLITE_SYS.v 文件，对该文件代码进行修改，修改后的代码如代码清单 9-6 所示。

代码清单 9-6　AHBLITE_SYS.v 文件

```
module AHBLITE_SYS(
    //CLOCKS & RESET
    input       wire        CLK,
    input       wire        RESET,

    //连接板上的 LEDs
```

```
    output     wire[7:0]     LED

);

//AHB-Lite信号
//全局信号
wire                    HCLK;
wire                    HRESETn;
//地址、控制和写数据信号
wire [31:0]             HADDR;
wire [31:0]             HWDATA;
wire                    HWRITE;
wire [1:0]              HTRANS;
wire [2:0]              HBURST;
wire                    HMASTLOCK;
wire [3:0]              HPROT;
wire [2:0]              HSIZE;
//传输响应和读数据信号
wire [31:0]             HRDATA;
wire                    HRESP;
wire                    HREADY;

//选择信号
wire [3:0]              MUX_SEL;

wire                    HSEL_MEM;
wire                    HSEL_LED;

//从设备读数据
wire [31:0]             HRDATA_MEM;
wire [31:0]             HRDATA_LED;

//从设备 HREADYOUT 信号
wire                    HREADYOUT_MEM;
wire                    HREADYOUT_LED;

//CM0-DS边带信号
wire                    LOCKUP;
wire                    TXEV;
wire                    SLEEPING;
wire [15:0]             IRQ;

//系统生成无错误响应
assign                  HRESP = 1'b0;

//CM0-DS中断信号
assign                  IRQ = {16'b0000_0000_0000_0000};

// 时钟分频器,将输入时钟2分频
clk_wiz_0 Inst_clk_wiz_0
(
```

```
// Clock in ports
  .clk_in1(CLK),          // 输入时钟 CLK
  // Clock out ports
  .clk_out1(HCLK),        //输出时钟 HCLK
  // 状态和控制信号
  .reset(RESET),          // input reset
  .locked(HRESETn));      //锁定信号

//AHB - Lite 主设备 --> CM0 - DS

CORTEXM0DS u_cortexm0ds (
  //全局信号
  .HCLK                   (HCLK),
  .HRESETn                (HRESETn),
  //地址、控制和写数据
  .HADDR                  (HADDR[31:0]),
  .HBURST                 (HBURST[2:0]),
  .HMASTLOCK              (HMASTLOCK),
  .HPROT                  (HPROT[3:0]),
  .HSIZE                  (HSIZE[2:0]),
  .HTRANS                 (HTRANS[1:0]),
  .HWDATA                 (HWDATA[31:0]),
  .HWRITE                 (HWRITE),
  //传输响应和读数据
  .HRDATA                 (HRDATA[31:0]),
  .HREADY                 (HREADY),
  .HRESP                  (HRESP),

  //CM0 边带信号
  .NMI                    (1'b0),
  .IRQ                    (IRQ[15:0]),
  .TXEV                   (),
  .RXEV                   (1'b0),
  .LOCKUP                 (LOCKUP),
  .SYSRESETREQ            (),
  .SLEEPING               ()
);

//地址译码器

AHBDCD uAHBDCD (
  .HADDR(HADDR[31:0]),

  .HSEL_S0(HSEL_MEM),
  .HSEL_S1(HSEL_LED),
  .HSEL_S2(),
  .HSEL_S3(),
  .HSEL_S4(),
  .HSEL_S5(),
  .HSEL_S6(),
  .HSEL_S7(),
```

```
    .HSEL_S8(),
    .HSEL_S9(),
    .HSEL_NOMAP(HSEL_NOMAP),

    .MUX_SEL(MUX_SEL[3:0])
);

//从设备到主设备多路复用器

AHBMUX uAHBMUX (
    .HCLK(HCLK),
    .HRESETn(HRESETn),
    .MUX_SEL(MUX_SEL[3:0]),

    .HRDATA_S0(HRDATA_MEM),
    .HRDATA_S1(HRDATA_LED),
    .HRDATA_S2(),
    .HRDATA_S3(),
    .HRDATA_S4(),
    .HRDATA_S5(),
    .HRDATA_S6(),
    .HRDATA_S7(),
    .HRDATA_S8(),
    .HRDATA_S9(),
    .HRDATA_NOMAP(32'hDEADBEEF),

    .HREADYOUT_S0(HREADYOUT_MEM),
    .HREADYOUT_S1(HREADYOUT_LED),
    .HREADYOUT_S2(1'b1),
    .HREADYOUT_S3(1'b1),
    .HREADYOUT_S4(1'b1),
    .HREADYOUT_S5(1'b1),
    .HREADYOUT_S6(1'b1),
    .HREADYOUT_S7(1'b1),
    .HREADYOUT_S8(1'b1),
    .HREADYOUT_S9(1'b1),
    .HREADYOUT_NOMAP(1'b1),

    .HRDATA(HRDATA[31:0]),
    .HREADY(HREADY)
);

// AHB - Lite 外设

//AHB - Lite 从设备
AHB2MEM uAHB2MEM (
    //AHBLITE 信号
    .HSEL(HSEL_MEM),
    .HCLK(HCLK),
    .HRESETn(HRESETn),
    .HREADY(HREADY),
```

```
    .HADDR(HADDR),
    .HTRANS(HTRANS[1:0]),
    .HWRITE(HWRITE),
    .HSIZE(HSIZE),
    .HWDATA(HWDATA[31:0]),

    .HRDATA(HRDATA_MEM),
    .HREADYOUT(HREADYOUT_MEM)
    //边带信号

);

//AHB - Lite 从设备
AHB2LED uAHB2LED (
    //AHBLITE 信号
    .HSEL(HSEL_LED),
    .HCLK(HCLK),
    .HRESETn(HRESETn),
    .HREADY(HREADY),
    .HADDR(HADDR),
    .HTRANS(HTRANS[1:0]),
    .HWRITE(HWRITE),
    .HSIZE(HSIZE),
    .HWDATA(HWDATA[31:0]),

    .HRDATA(HRDATA_LED),
    .HREADYOUT(HREADYOUT_LED),
    //边带信号
    .LED(LED[7:0])
);

endmodule
```

从上面的代码可以看出，在整个基本 SoC 系统中，包含 Cortex-M0 处理器、片上存储器系统、片上总线 AHB-Lite、片上译码器、片上多路复用器和系统主时钟 IP 核。

当在 FPGA 内部构建完该系统后，在 Cortex-M0 嵌入式系统外部只提供时钟输入、复位输入和 LED[7:0]输出端口，如图 9.19 所示。

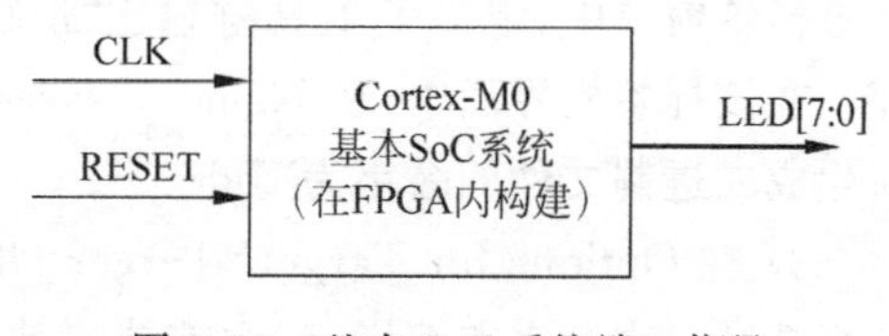

图 9.19　基本 SoC 系统端口信号

9.4　程序代码的编写

本节通过 Keil μVision5 集成开发环境，设计一个可以运行在 Cortex-M0 处理器上的汇编语言程序，通过对该程序进行编译和处理生成 HEX 文件，然后将该文件添加到 Vivado 设计工程中。

9.4.1 建立新设计工程

建立新的软件设计工程的主要步骤包括：

1) 在 Keil μVision5 集成开发环境主界面主菜单下，选择 Project→New μVision Project…。

2) 出现 Create New Project(创建新工程)对话框。按下面设置参数：

(1) 指向下面的路径：

```
E:\cortex-m0_example\cortex_m0\software
```

(2) 在文本名右侧的文本框中输入 top，即该设计的工程名称为 top.uvproj。

注：读者可以根据自己的需要选择合适的路径并输入工程名字。

3) 单击“保存”按钮。

4) 出现 Select Device for Target 'Target 1'…对话框。在该界面左下方的窗口中，找到并展开 ARM。在 ARM 展开项中，找到并展开 ARM Cortex-M0。在 ARM Cortex-M0 展开项中，选择 ARMCM0。在右侧 Description 中，给出了 Cortex-M0 处理器的相关信息。

5) 出现 Manage Run-Time Environment 对话框。

6) 单击 OK 按钮。

9.4.2 工程参数设置

设置工程参数的主要步骤包括：

1) 在 μVision 左侧的 Project 窗口中，选择 Target 1 并右击，出现浮动菜单。在浮动菜单内，选择 Option for Taget 'Target 1'…选项。

2) 在 Options for Target 'Target 1'对话框中，单击 Output 标签，如图 9.20 所示。在该标签窗口中，定义了工具链输出的文件，并且允许在建立过程结束后，启动用户程序。在该标签栏界面中，在 Name of Executable 右侧的文本框内输入 code，该设置表示所生成二进制文件的名字为 code。

3) 在 Options for Target 'Target 1'对话框中，单击 User 标签，如图 9.21 所示。在该标签窗口中给定在编译/建立前或者建立后所执行的用户程序。在该界面中，需要设置下面的参数：

(1) 在 After Build/Rebuild 标题栏下，选中 Run ＃1 前面的复选框。在右侧文本框中，输入下面的命令：

```
fromelf --cvf .\objects\code.axf --vhx --32x1 -o code.hex
```

(2) 在 After Build/Rebuild 标题栏下，选中 Run ＃2 前面的复选框。在右侧文本框中，输入下面的命令：

```
fromelf --cvf .\objects\code.axf -o disasm.txt
```

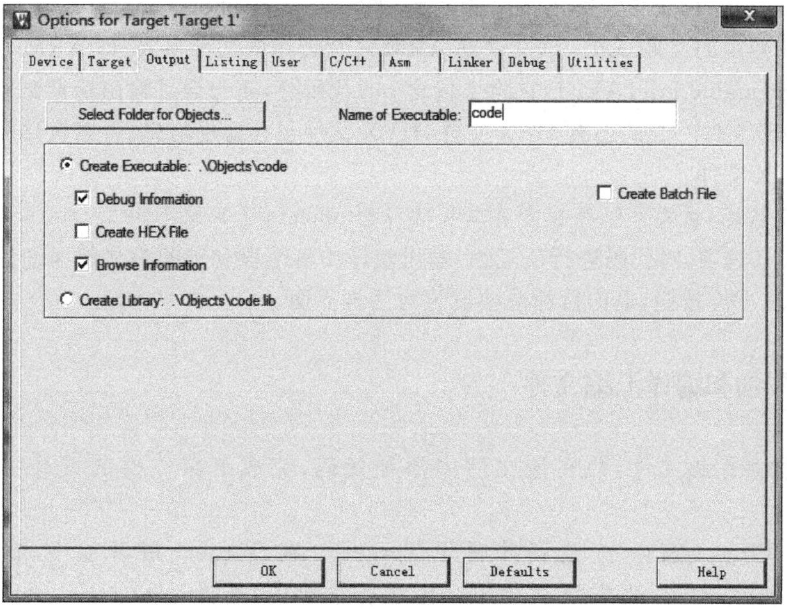

图 9.20　工程选项参数设置界面-Output 标签窗口

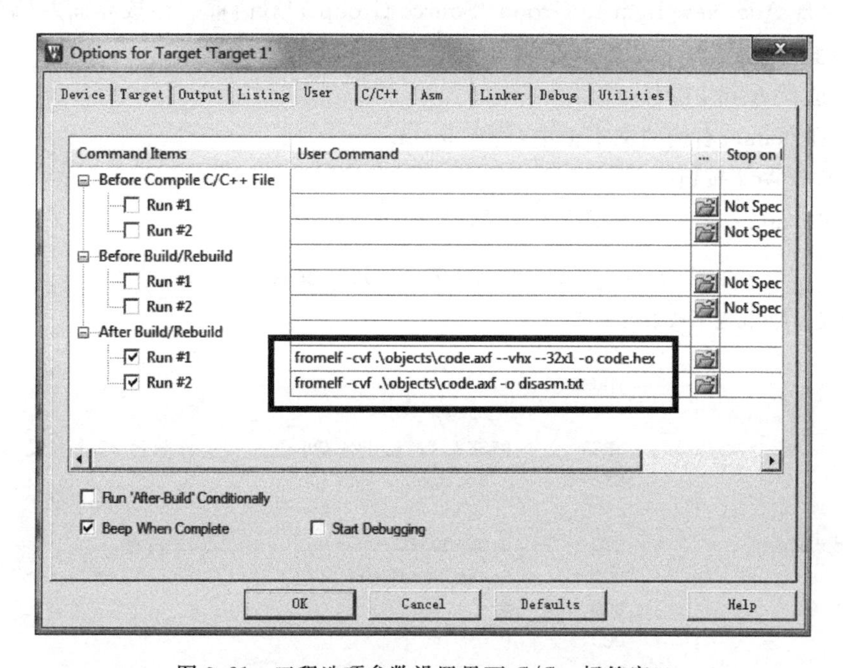

图 9.21　工程选项参数设置界面-C/C++标签窗口

fromelf 映像转换工具允许设计者修改 ELF 映像和目标文件，并且在这些文件中显示信息。其中：

(1) --vhx 选项，表示生成面向字节(Verilog HDL 内存模型)的十六进制格式。此格式适合加载到硬件描述语言仿真器的内存模型中。

(2) --32x1 选项，表示生成的内存系统中只有 1 个存储器，该存储器的宽度为 32 位。

(3) -o 选项，用于指定输出文件的名字，如 code. hex 和 disasm. txt。

(4) 所使用的文件. axf。该文件是 ARM 芯片使用的文件格式，即 ARM 可执行文件(ARM Executable File, AXF)，它除了包含 bin 代码外，还包含了输出给调试器的调试信息。与 AXF 文件一起的还有 HEX 文件，HEX 文件包含地址信息，可以直接用于烧写或者下载 HEX 文件。

注：默认地，该文件保存在当前工程路径的 objects 子目录下。

(5) -cvf 选项，对代码进行反汇编，输出映像中每个段和节的头文件详细信息。

4) 单击 OK 按钮，退出目标选项设置对话框界面。

9.4.3 添加和编译汇编文件

本节添加汇编文件，并在该文件中添加代码，完成汇编文件的设计。主要步骤包括：

1) 在 Project 窗口中，选择并展开 Target1。在 Target1 展开项中，找到并选中 Source Group1，右击，出现浮动菜单。在浮动菜单内，选择 Add New Item to Group 'Source Group 1'…。

2) 出现 Add New Item to Group 'Source Group 1'对话框。在该界面左侧窗口中，按下面设置参数：

(1) 选择 Asm File(. s)。

(2) 在 Name：右侧的文本框中，输入 main。

3) 单击 Add 按钮。

4) 在 main. s 文件中，输入设计代码，如代码清单 9-7 所示。

代码清单 9-7　main. s 文件

```
; 当复位时，向量表映射到地址 0
                        PRESERVE8
                        THUMB

                        AREA        RESET, DATA, READONLY        ; 开始的 32 个字是向量表
                        EXPORT      __Vectors

__Vectors               DCD         0x000003FC                   ; 1K 内存
                        DCD         Reset_Handler
                        DCD         0
                        DCD         0
                        DCD         0
                        DCD         0
                        DCD         0
                        DCD         0
                        DCD         0
                        DCD         0
                        DCD         0
                        DCD         0
                        DCD         0
```

```
                DCD         0
                DCD         0
                DCD         0

                ;外部中断

                DCD         0
                DCD         0
                DCD         0
                DCD         0
                DCD         0
                DCD         0
                DCD         0
                DCD         0
                DCD         0
                DCD         0
                DCD         0
                DCD         0
                DCD         0
                DCD         0
                DCD         0
                DCD         0

            AREA |.text|, CODE, READONLY
;复位句柄
Reset_Handler   PROC
            GLOBAL Reset_Handler
            ENTRY

AGAIN       LDR         R1, =0x50000000     ;0x55 写到 LED
            LDR         R0, =0x55
            STR         R0, [R1]

            LDR         R0, =0x2FFFFF       ;延迟
Loop        SUBS        R0,R0,#1
            BNE Loop

            LDR         R1, =0x50000000     ;0xAA 写到 LED
            LDR         R0, =0xAA
            STR         R0, [R1]

            LDR         R0, =0x2FFFFF       ;延迟
Loop1       SUBS        R0,R0,#1
            BNE Loop1

            B AGAIN
            ENDP

            ALIGN       4                   ; 对齐到字边界
END
```

5）在 Keil μVision5 主界面主菜单下，选择 Project→Build target，对程序进行编译。

注：当编译过程结束后，将在当前工程路径即

E:\cortex-m0_example\cortex-m0\software

路径下，生成 code.hex 文件。

6）读者可以在该路径下，找到并用写字板打开 code.hex 文件，如代码清单 9-8 所示。

代码清单 9-8　code.hex 文件

```
000003FC
00000081
00000000
00000000
00000000
00000000
00000000
00000000
00000000
00000000
00000000
00000000
00000000
00000000
00000000
00000000
00000000
00000000
0000000
00000000
00000000
00000000
00000000
00000000
00000000
00000000
00000000
00000000
00000000
00000000
00000000
00000000
48074906
4A076008
D1FD1E52
48064903
4A046008
D1FD1E52
0000E7F2
50000000
```

```
00000055
002FFFFF
000000AA
```

9.4.4 分析 HEX 文件与汇编文件的关系

本节对 HEX 文件与所编写汇编文件之间的关系进行分析，以帮助读者全面正确地理解两者之间的联系。分析步骤包括：

1) 在 Keil μVision5 集成开发环境中，打开当前的软件设计工程。

2) 在该集成开发环境主界面主菜单下，选择 Debug→Start/Stop Debug Session，打开调试器界面。

3) 在 Disassembly 窗口中，给出了该汇编文件被反汇编后的详细信息，如图 9.22 所示。

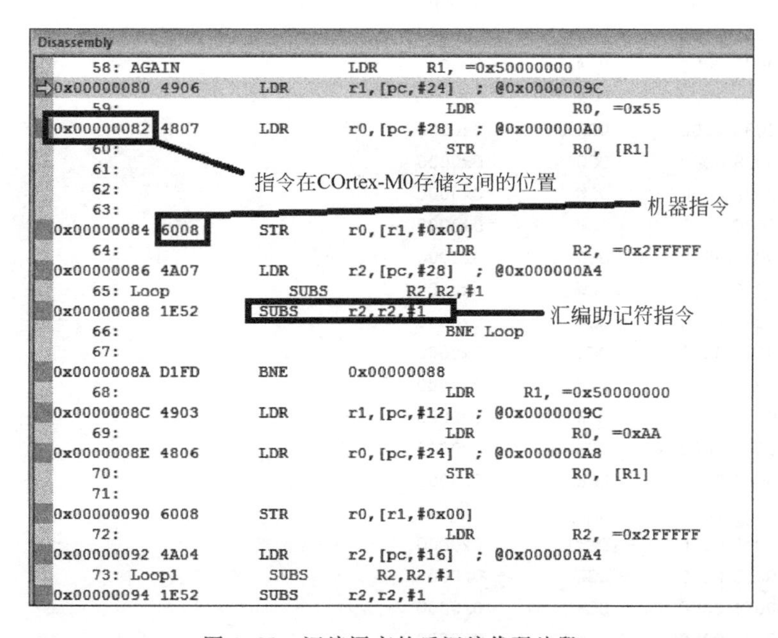

图 9.22 汇编语言的反汇编代码片段

从图 9.22 中可以看出，每一行汇编语言助记符指令经过反汇编后，得到该助记符指令在 Cortex-M0 存储器空间的位置，以及该助记符指令所对应的机器码。该汇编文件所对应的所有反汇编代码，如代码清单 9-9 所示。

代码清单 9-9 汇编助记符代码所对应的完整反汇编代码

```
0x00000000 03FC        DCW        0x03FC
0x00000002 0000        DCW        0x0000
0x00000004 0081        DCW        0x0081
0x00000006 0000        DCW        0x0000
0x00000008 0000        DCW        0x0000
0x0000000A 0000        DCW        0x0000
0x0000000C 0000        DCW        0x0000
```

```
0x0000000E 0000        DCW          0x0000
0x00000010 0000        DCW          0x0000
0x00000012 0000        DCW          0x0000
0x00000014 0000        DCW          0x0000
0x00000016 0000        DCW          0x0000
0x00000018 0000        DCW          0x0000
0x0000001A 0000        DCW          0x0000
0x0000001C 0000        DCW          0x0000
0x0000001E 0000        DCW          0x0000
0x00000020 0000        DCW          0x0000
0x00000022 0000        DCW          0x0000
0x00000024 0000        DCW          0x0000
0x00000026 0000        DCW          0x0000
0x00000028 0000        DCW          0x0000
0x0000002A 0000        DCW          0x0000
0x0000002C 0000        DCW          0x0000
0x0000002E 0000        DCW          0x0000
0x00000030 0000        DCW          0x0000
0x00000032 0000        DCW          0x0000
0x00000034 0000        DCW          0x0000
0x00000036 0000        DCW          0x0000
0x00000038 0000        DCW          0x0000
0x0000003A 0000        DCW          0x0000
0x0000003C 0000        DCW          0x0000
0x0000003E 0000        DCW          0x0000
0x00000040 0000        DCW          0x0000
0x00000042 0000        DCW          0x0000
0x00000044 0000        DCW          0x0000
0x00000046 0000        DCW          0x0000
0x00000048 0000        DCW          0x0000
0x0000004A 0000        DCW          0x0000
0x0000004C 0000        DCW          0x0000
0x0000004E 0000        DCW          0x0000
0x00000050 0000        DCW          0x0000
0x00000052 0000        DCW          0x0000
0x00000054 0000        DCW          0x0000
0x00000056 0000        DCW          0x0000
0x00000058 0000        DCW          0x0000
0x0000005A 0000        DCW          0x0000
0x0000005C 0000        DCW          0x0000
0x0000005E 0000        DCW          0x0000
0x00000060 0000        DCW          0x0000
0x00000062 0000        DCW          0x0000
0x00000064 0000        DCW          0x0000
0x00000066 0000        DCW          0x0000
0x00000068 0000        DCW          0x0000
0x0000006A 0000        DCW          0x0000
0x0000006C 0000        DCW          0x0000
0x0000006E 0000        DCW          0x0000
0x00000070 0000        DCW          0x0000
0x00000072 0000        DCW          0x0000
```

```
0x00000074 0000      DCW        0x0000
0x00000076 0000      DCW        0x0000
0x00000078 0000      DCW        0x0000
0x0000007A 0000      DCW        0x0000
0x0000007C 0000      DCW        0x0000
0x0000007E 0000      DCW        0x0000
    58: AGAIN        LDR        R1,  = 0x50000000      ;0x55 写到 LED
0x00000080 4906      LDR        r1,[pc, #24]           ; @0x0000009C
    59:              LDR        R0,  = 0x55
0x00000082 4807      LDR        r0,[pc, #28]           ; @0x000000A0
    60:              STR        R0, [R1]
    61:
    62:
    63:
0x00000084 6008      STR        r0,[r1, #0x00]
    64:              LDR        R2,  = 0x2FFF          ;延迟
0x00000086 4A07      LDR        r2,[pc, #28]           ; @0x000000A4
    65:Loop          SUBS       R2,R2, #1
0x00000088 1E52      SUBS       r2,r2, #1
    66:              BNE Loop
    67:
0x0000008A D1FD      BNE        0x00000088
    68: LDR          R1,  = 0x50000000                 ;0xAA 写到 LED
0x0000008C 4903      LDR        r1,[pc, #12]           ; @0x0000009C
    69:              LDR        R0,  = 0xAA
0x0000008E 4806      LDR        r0,[pc, #24]           ; @0x000000A8
    70:              STR        R0, [R1]
    71:
0x00000090 6008      STR        r0,[r1, #0x00]
    72:              LDR        R2,  = 0x2FFFFF        ;延迟
0x00000092 4A04      LDR        r2,[pc, #16]           ; @0x000000A4
   73: Loop1         SUBS       R2,R2, #1
0x00000094 1E52      SUBS       r2,r2, #1
    74:              BNE Loop1
    75:
0x00000096 D1FD      BNE        0x00000094
    76:              B AGAIN
0x00000098 E7F2      B          Reset_Handler (0x00000080)
0x0000009A 0000      DCW        0x0000
0x0000009C 0000      DCW        0x0000
0x0000009E 5000      DCW        0x5000
0x000000A0 0055      DCW        0x0055
0x000000A2 0000      DCW        0x0000
0x000000A4 FFFF      DCW        0xFFFF
0x000000A6 002F      DCW        0x002F
0x000000A8 00AA      DCW        0x00AA
0x000000AA 0000      DCW        0x0000
```

将该反汇编代码与前面的 HEX 文件进行比较，可以看到：

(1) 在 code. hex 文件中，虽然没有出现任何机器码所在存储空间的具体地址信息，

但很明显，在 code.hex 文件中，默认从 0x00000000 开始线性递增，按照 4 字节的边界对齐。

（2）每条汇编指令所对应的机器码是 16 位的，也就是前面提到 Cortex-M0 处理器使用的基本是 Thumb-1 的 16 位指令集。

（3）在 code.hex 文件中，每两个 16 位的机器指令（以十六进制表示）拼成一个 32 位的数（以十六进制表示），存放在 code.hex 文件的每一行中。

（4）也就是说，经过 Keil μVision 集成开发环境的处理，将所编写的汇编文件，毫无差错地转换成了以十六进制所表示的机器指令。

注：下面详细介绍用于保存该代码的 FPGA 内片上存储器结构，以及与 Cortex-M0 处理器连接的方法。

9.4.5 添加 HEX 文件到当前工程

本节将前面生成的 code.hex 文件添加到当前工程中，主要步骤包括：

（1）在 Vivado 主界面的在 Sources 窗口下，找到并选择 Design Sources，右击，出现浮动菜单。在浮动菜单内，选择 Add Sources…选项。

（2）出现 Add Sources（添加源文件）对话框。在该对话框内，选中 Add or create design sources 前面的复选框。

（3）单击 Next 按钮。

（4）出现 Add Sources-Add or Create Design Sources（添加源文件-添加或者创建设计源文件）对话框。在该界面中，单击 + 按钮，出现浮动菜单。在浮动菜单内，选择 Add Files…选项。

（5）出现 Add Source Files 对话框界面。在该对话框界面中，将路径指向：

```
E:\cortex-m0_example\cortex-m0\software
```

在该路径下，选中 code.hex 文件。

注：在 Add Source Files 对话框中，将 Files of type（文件类型）设置为 All Files。

（6）单击 OK 按钮。

（7）返回到 Add Sources-Add or Create Design Sources 对话框。在该界面中，选中 Copy sources into project（复制源文件到工程）前面的复选框。

（8）单击 Finish 按钮。

（9）可以看到，在 Sources 标签窗口下添加了 code.hex 文件，如图 9.23 所示，但是该文件在 Unknown 文件夹下。

（10）选中 Unknown 文件下的 code.hex 文件，右击，出现浮动菜单。在浮动菜单内，选中 Source File Properties…选项。

（11）在图 9.23 下方出现 Source File Properties 界面，在该界面中单击 按钮。

（12）出现 Set Type 对话框界面，如图 9.24 所示。在该对话框中 File Type 右侧的下拉框中选择 Memory Initialization Files 选项。

（13）单击 OK 按钮。

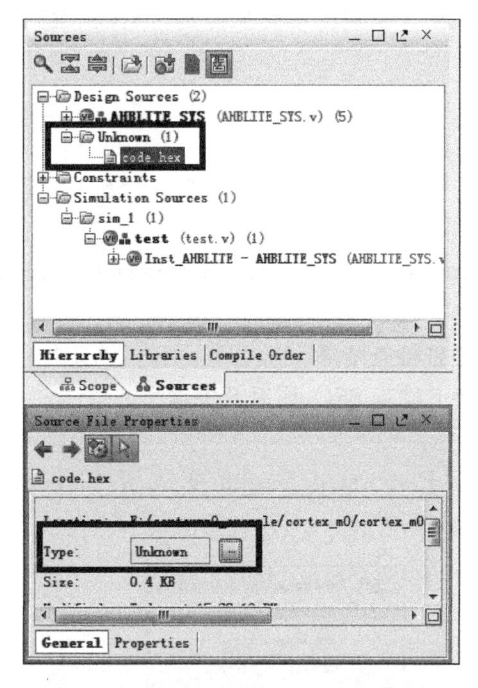

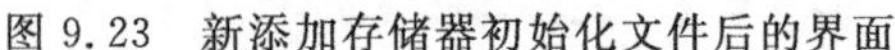
图 9.23　新添加存储器初始化文件后的界面

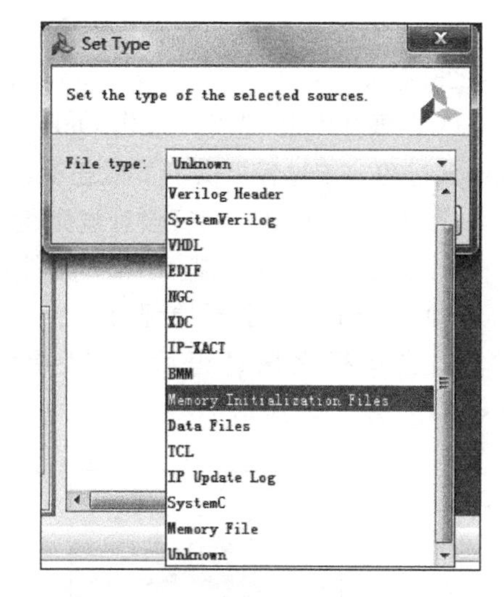

图 9.24　选择文件类型设计界面

(14) 可以看到 UnKnown 文件夹的名字变成了 Memory Initialization Files。

至此,已将软件代码成功添加到 Vivado 设计工程中。这样,对该设计进行后续处理时,就能用于初始化 FPGA 内的片内存储器。

9.5　RTL 详细描述和分析

详细描述(Elaboration)是指将 RTL 优化到 FPGA 技术。Vivado 集成开发环境允许实现下面的功能:

1) 设计者导入和管理下面的 RTL 源文件,包括 Verilog、System Verilog、VHDL、NGC 或者测试平台文件。

2) 通过 RTL 编辑器创建和修改源文件。

3) 源文件视图:

(1) 层次:以层次化显示设计中的模块。

(2) 库:以目录的形式显示源文件。

在基于 RTL 的设计中,详细描述是第一步。当设计者打开一个详细描述的 RTL 设计时,Vivado 集成环境编译 RTL 源文件,并且加载 RTL 网表,用于交互式分析。设计者可以查看 RTL 结构、语法和逻辑定义。分析和报告能力包括:

(1) RTL 编译有效性和语法检查。

(2) 网表和原理图研究。

(3) 设计规则检查。

(4) 使用一个 RTL 端口列表的早期 I/O 引脚规划。

(5) 可以在一个视图中选择一个对象，然后在其他视图中交叉检测，包含在 RTL 内定义的实例和逻辑定义。

RTL 详细描述和分析的主要步骤包括：

1) 在源窗口下，选择 AHBLITE_SYS. v 文件。

2) 在 Vivado 左侧的流程管理窗口，找到并展开 RTL Analysis(RTL 分析)选项，如图 9.25 所示。

3) 在展开项中，选择并双击 Open Elaborated Design。Vivado 开始运行 Elaborated Design 过程。该过程提供了下面选项：

(1) Report DRC：运行设计规则检查，并报告检查结果。

(2) Report Noise：基于 XDC 文件，在设计上检查 SSO(同时开关输出)。

(3) Schematic：打开原理图。

4) 当运行完该过程后，可以看到 Open Elaborated Design 变成了 Elaborated Design，如图 9.26 所示。

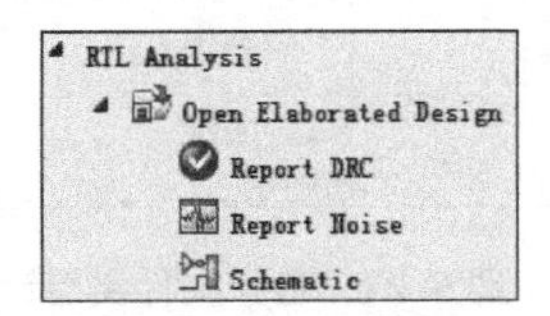

图 9.25　执行 RTL 分析

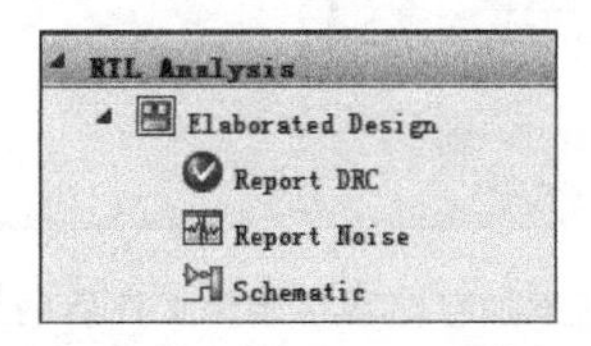

图 9.26　执行完 RTL 分析

5) 自动打开 RTL Schematic，如图 9.27 所示。可以看到对 RTL 设计详细描述后得到的网表结构。需要注意：

(1) 在该阶段，并不推断出 I/O 缓冲区。

(2) 将每个模块打开，用于更进一步地揭示层次内下面的逻辑和子模块。

(3) 网表结构是对真实设计代码最贴切的表示。

注：(1)如果设计者要重新运行 Elaborated Design，则需要在图 9.26 所示的界面内，选择 Elaborated Design，右击，出现浮动菜单。在浮动菜单内选择 Reload Design。

(2) 在图 9.27 所示的原理图界面内，选择一个对象并右击，出现浮动菜单。在浮动菜单内，选择 Go To Source 选项，将自动跳转到定义该对象的源代码的位置。

6) 在源窗口内选择 RTL Netlist 标签，可以看到网表逻辑结构，如图 9.28 所示。下面对图标含义进行说明：

(1) ：表示总线。

(2) ：表示 IO 总线。

(3) ：表示网络。

(4) ：表示 IO 网络。

(5) ：表示层次化单元(逻辑)。

(6) ：表示层次化单元(黑盒)。

注：那些不包含网表或者逻辑内容的层次化单元，由 Vivado 理解为黑盒。一个层次化的单元可能是一个设计的黑盒，也可能是编码错误或者丢失文件。

(7) ：表示层次化单元(分配到 Pblock)。

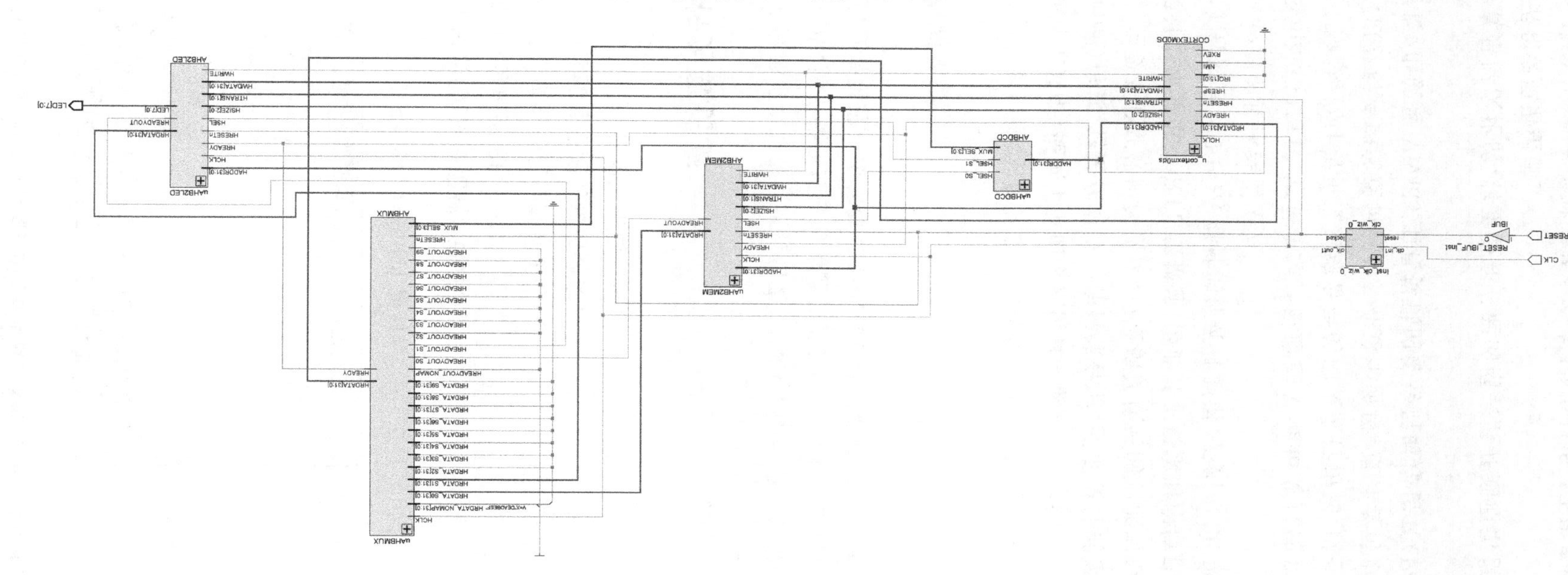

图 9.27　基本 SoC 系统结构

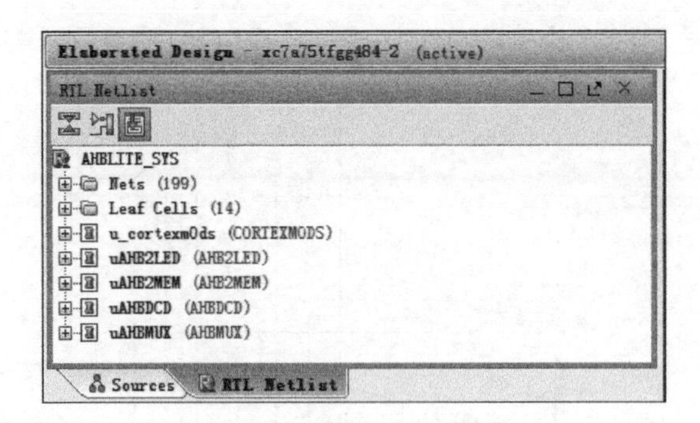

图 9.28　查看 RTL 级网表

(8) ：表示层次化单元(黑盒分配到 Pblock)。

(9) ：表示原语单元(分配到 Pblock)。

(10) ：表示原语单元(放置并且分配到 Pblock)。

(11) ：表示原语单元(没有分配的布局约束)。

(12) ：表示原语单元(已经分配了布局约束)。

9.6　仿真原理和行为级仿真

在设计过程的不同阶段都可以对设计进行仿真，例如，在设计输入完成后的第一步，或者是在实现后的最后一步，用于验证最后的功能和设计性能。本节将对设计执行行为级仿真，通过行为级仿真，读者可进一步掌握 Cortex-M0 处理器的工作原理。

9.6.1　仿真实现的不同功能

仿真是一个迭代的过程，直白地说，就是翻来覆去的一个过程，直到满足设计功能和时序要求为止。在 Vivado 工具中，提供了下面多种仿真功能：

(1) 行为级(Behavioral)仿真，它是在对设计进行综合前，验证设计的逻辑行为。在 RTL 级上的行为级仿真，主要是验证代码的语法，以及确认代码的功能与最初构想的一致性。在这个过程中，设计基本是基于 RTL 级描述，因此并不要求时序信息。

除非在设计中包含了针对具体 FPGA 器件的库元件原语，否则 RTL 级仿真没有指定结构，也就是与 FPGA 内部的具体结构无关。

(2) 综合后(Post-Synthesis)仿真，它是在综合后通过 Vivado 集成的软件仿真工具对设计进行验证。在这个阶段，设计者可以对综合后的网表进行仿真，以验证综合后的设计是否满足功能要求，以及所希望的逻辑行为。在这个阶段，设计者可以根据估计的时序对设计进行时序仿真，也就是 Vivado 工具提供的综合后时序仿真(Post-synthesis Timing Simulation)。

对网表的功能性仿真是层次化的，将重叠在一起的网表展开到原语模块和实体一级；层次的最底层由原语和宏原语组成。

注：当使用 Verilog HDL 描述时，这些原语包含在 UNISIMS_VER 库中。

(3) 实现后(Post-Implement)仿真,它是在实现后(完成对设计布局布线后)通过Vivado集成的软件仿真工具对设计进行验证。在完成实现过程后,可以执行实现后功能仿真(Post-implementation Functional Simulation)或者实现后时序仿真(Post-implementation Timing Simulation)。

注:时序仿真最接近于把设计下载到FPGA芯片后的运行情况。通过该仿真,可验证实现后的设计是否满足功能、时序要求,以及器件所希望的逻辑行为。

9.6.2 Vivado所支持的仿真工具

Vivado集成开发工具支持下面的仿真器:

(1) Vivado仿真器:该仿真器已经集成到Vivado集成开发环境中。

注:在本书对设计执行仿真时,使用的就是Vivado自带的仿真器。

(2) Mentor Graphics QuestaSim/ModelSim:集成在Vivado中。

(3) Cadence Incisive Enterprise Simulator(IES):集成在Vivado中。

(4) Synopsys VCS和VCS MX:集成在Vivado中。

(5) Aldec Active-HDL和Rivera-PRO:Aldec提供了对这些仿真器的支持。

注:当使用其他仿真器时,需要额外安装这些仿真工具。

9.6.3 行为级仿真实现

本节对所设计的Cortex-M0嵌入式片上系统执行行为仿真,主要步骤包括:

1) 在Vivado源文件窗口内选择Simulation Sources文件夹,右击,出现浮动菜单。在浮动菜单内,选择Add sources…选项。

2) 出现Add Source(添加源文件)对话框。在该界面内,默认选中Add or create simulation sources(添加或者创建仿真源文件)前面的复选框。

3) 单击Next按钮。

4) 出现Add Sources-Add or Create Simulation Sources(添加或者创建仿真源文件)对话框。在该界面内,单击+按钮,出现浮动菜单。在浮动菜单内,选择Create File…选项。

5) 出现Create Source File对话框界面,如图9.29所示。在该界面中,按如下设置参数:

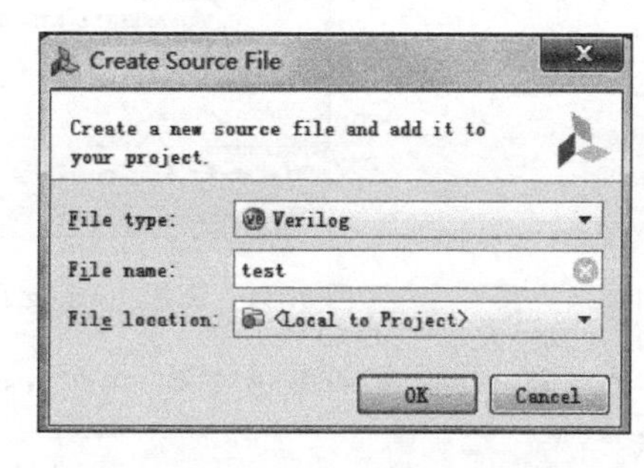

图9.29 添加Verilog类型的仿真文件入口

(1) File type:Verilog。

(2) File name:test。

(3) File location:Local to Project。

6) 单击OK按钮。

7) 在Add Sources对话框中,新添加了名字为test.v的仿真源文件,如图9.30所示。

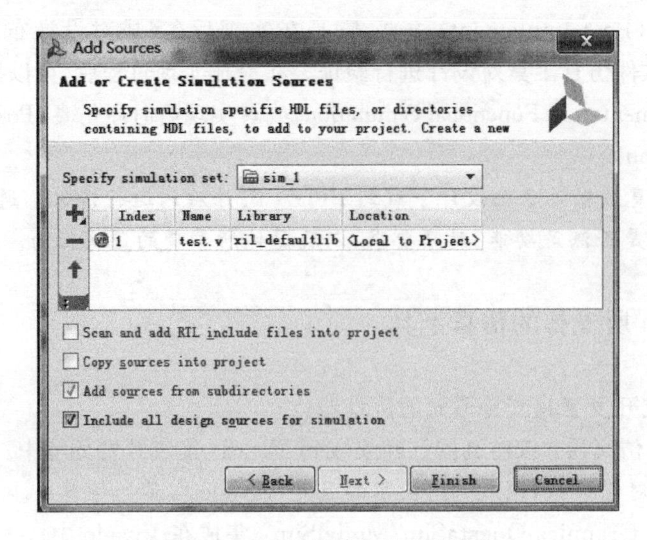

图 9.30　添加仿真文件后的界面

8）在 Add Sources 对话框中，单击 Finish 按钮。

9）出现 Define Module（定义模块）对话框。

10）单击 OK 按钮。

11）出现 Define Module（定义模块）提示对话框。

12）单击 Yes 按钮。

13）在源文件窗口的 simulation Sources 文件夹下新添加了 test. v 文件，如图 9.31 所示。

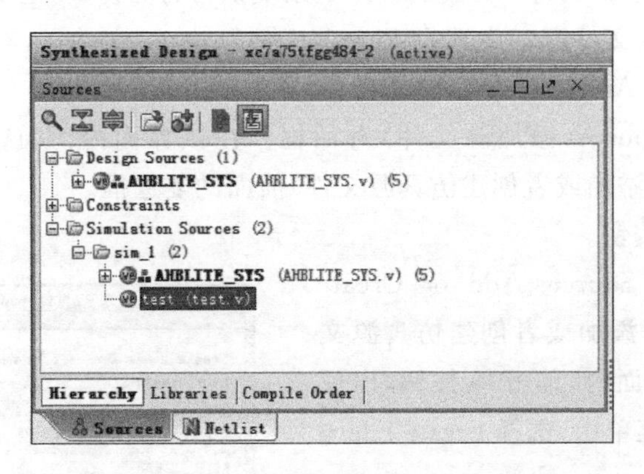

图 9.31　添加 Verilog HDL 仿真文件后的源文件窗口

14）双击 test. v，打开该文件，并在 test. v 文件中添加仿真测试代码，如代码清单 9-10 所示。

代码清单 9-10　test. v 文件

```
'timescale 1ns / 1ps

module test;
reg CLK;
reg RESET;
```

```
wire [7:0] LED;
AHBLITE_SYS Inst_AHBLITE(
        .CLK(CLK),
        .RESET(RESET),
        .LED(LED)
    );
initial
begin
  CLK = 0;
  RESET = 1;
  #100;
  RESET = 0;
end
always
begin
 CLK = ~CLK;
 #5;
end
endmodule
```

15) 保存 test.v 文件。

16) 在 Source 标签窗口中，选择 test.v 文件。

17) 在 Vivado 设计界面左侧的 Flow Navigator 窗口中，找到并展开 Simulation 选项，如图 9.32 所示。

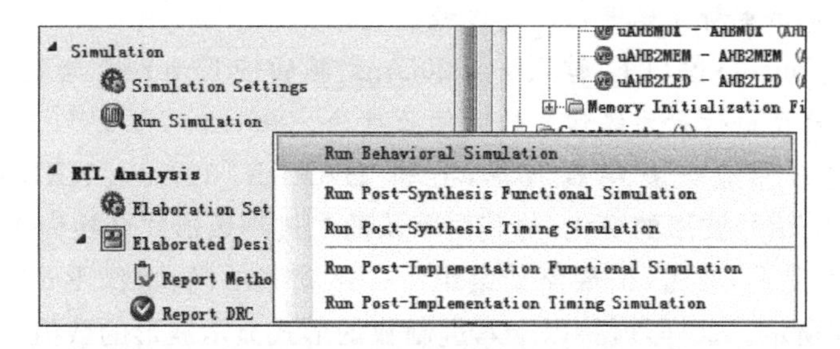

图 9.32 选择运行综合后功能仿真

18) 在展开项中，单击 Run Simulation(运行仿真)，出现浮动菜单。在浮动菜单内，选择 Run Behavioral Simulation(运行行为级仿真)选项，Vivado 开始对设计执行行为级仿真。

注：Vivado 内建的仿真器默认仿真时间长度为 1000ns。

9.6.4 添加信号并仿真

默认地，只给出顶层端口的仿真波形。为了更清楚地看到该设计内部模块的一些信号，将添加新的信号到仿真波形界面中。主要步骤包括：

(1) 在 Scope 标签窗口中选中 uAHB2MEM，右击，出现浮动菜单。在浮动菜单内，选择 Add To Wave Window 选项，将 uAHB2MEM 模块内的所有信号添加到波形窗口中，如图 9.33 所示。

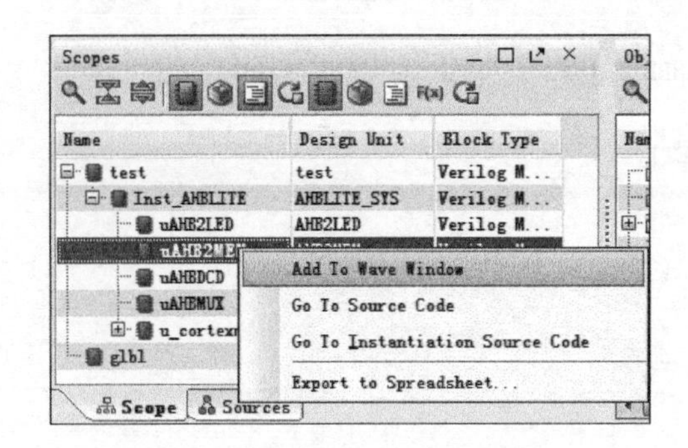

图 9.33　选择添加信号到波形窗口

(2) 类似地，在 Scopes 界面的 Scope 标签窗口中选中 uAHB2LED，右击，出现浮动菜单。在浮动菜单内，选择 Add To Wave Window 选项，将 uAHB2LED 模块内的所有信号添加到波形窗口中。

(3) 在当前仿真界面下方的 Tcl Console 窗口下，输入 restart 命令，如图 9.34 所示。然后按 Enter 键，运行该命令。

图 9.34　在 Tcl Console 窗口下输入命令

注：该命令表示重新开始进行仿真过程。

(4) 在 Tcl Console 窗口下，输入 run 2000ns，然后按 Enter 键，运行该命令。

注：该命令表示运行行为级仿真的时间长度为 2000ns。

(5) 为了更方便地查看仿真波形，分析 HARRR[31:0]、HRDATA[31:0]和 HWDATA[31:0]信号波形的变化，将其由默认的二进制数形式转换为十六进制数格式。同时，选中这三个信号，右击，出现浮动菜单。在浮动菜单内，选择 Radix→Hexadecimal 选项，如图 9.35 所示。这样，就将以十六进制数的形式显示波形的数值。

(6) 单击图 9.35 左侧一列工具栏中的 (放大)或者 (缩小)按钮，将波形调整到合适的大小。

注：单击工具栏中的 按钮，添加若干标尺，使得可以测量某两个逻辑信号跳变之间的时间间隔。

9.6.5　仿真结果分析

本节对仿真结果进行分析，以帮助读者理解并掌握 Cortex-M0 处理器的运行机制。分析步骤如下：

1) 单击图 9.35 中的 按钮将波形图放大，并将所要观察的波形移动到当前的波形窗口中，如图 9.36 所示。在该窗口中，重点观察信号 HADDR[31:0]和 HRDATA [31:0]，这两个信号与 SoC 系统内的片上存储器连接。其中：

(1) HADDR[31:0]为地址线，也就是指向保存 CPU 所要执行指令的存储器地址。

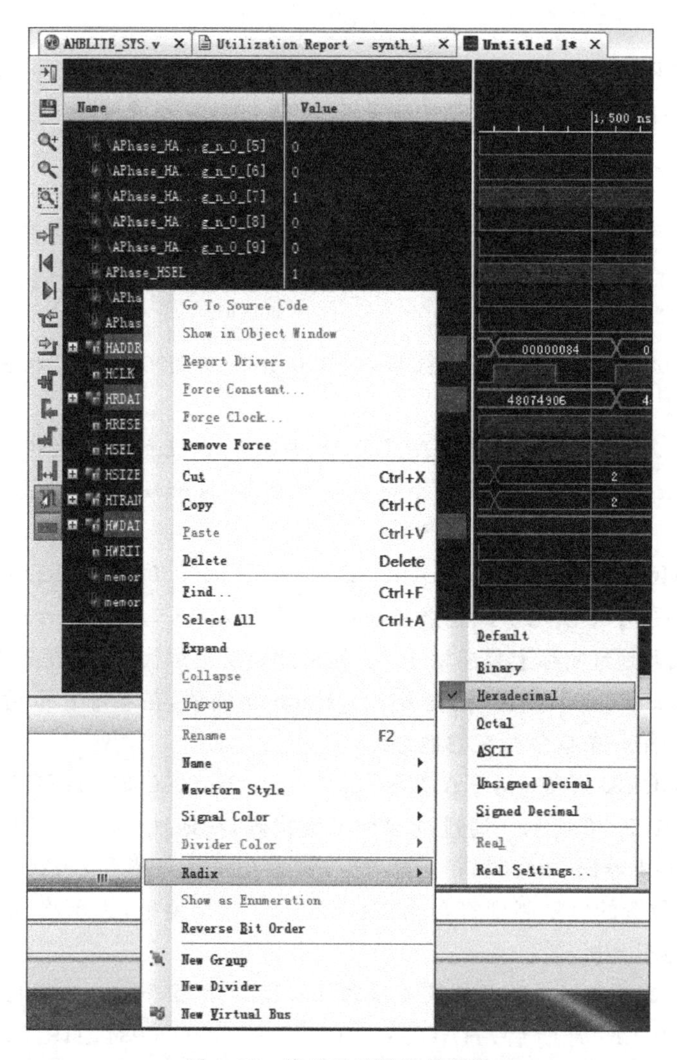

图 9.35　修改显示波形的基数

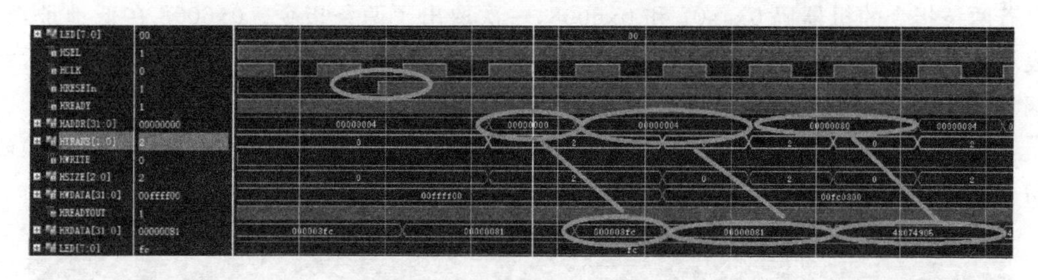

图 9.36　波形窗口界面(1)

(2) HRDATA[31:0]为从指向存储器地址所取出的 CPU 所要执行的指令/机器码(图中以十六进制表示)。

注：(1)由前面的设计分析可知，由于系统的复位信号 HRESETn 来自于系统主时钟生成器 IP 核的 lock 引脚，因此当 IP 内的锁相环实现锁定后，lock 信号变为高，取反后送给 HRESETn 信号。因此，所有仿真结果在 HRESETn 变低后才有效，时间大约

为 1150ns。

(2) 由于 ARM Cortex-M0 采用冯·诺依曼架构，即把数据和指令保存在一个存储器内，因此，从存储器中读取的内容可能是指令，也可能是程序中所使用的数据，这点要特别注意。

(3) 通过以下的分析，读者也可以深入理解 Cortex-M0 的一些运行机制。

2) 当复位信号无效的一个 HCLK 周期后，HADDR[31:0]=0x00000000，HRDATA[31:0]=0x000003fc，如图 9.36 所示。通过读取反汇编代码，可以知道表示栈顶的值。

注：(1) 0x000003fc 表示两个机器码，0x03fc 和 0x0000，一次取出了两条指令。0x03fc 在低地址，0x0000 在高地址。

(2) 从仿真波形中，可以看出 HADDR 和 HRDATA 上的有效数据相差一个时钟周期。由 AHB-Lite 协议可知，前面一个是地址周期/地址阶段，后一个是数据周期/数据阶段。

3) 一个 HCLK 周期后，HADDR[31:0]=0x00000004，HRDATA[31:0]=0x00000081，如图 9.36 所示。此处推测，PC+1 赋值给 PC，由于 Cortex-M0 为 32 位(4 个字节对齐)，因此地址实际上是递增了 4。通过读取反汇编代码，它表示复位向量 Reset_Handler 的值(0x000000081)，即根据 Reset_Handler 的值，在系统复位后，Cortex-M0 跳转到所要执行的第一条指令所在的地址。

4) 两个 HCLK 周期后，HADDR[31:0]=0x00000080，HRDATA[31:0]=0x48074906，如图 9.36 所示。通过读取反汇编代码，在地址 0x80 开始的字长度位置保存着两条指令的机器码 0x4807 和 0x4906，一次取出了两条指令。0x4906 在低地址，表示将[pc,#24]位置的值复制到寄存器 R1；0x4807 在高地址，表示将[pc,#28]位置的值复制到寄存器 R0 中。

注：要执行这两条指令的条件是要读取[pc,#24]位置和[pc,#28]位置的内容。

5) 两个 HCLK 周期后，HADDR[31:0]=0x00000084，HRDATA[31:0]=0x4a076008，如图 9.37 所示。通过读取反汇编代码，在地址 0x84 开始的字长度位置保存着两条指令的机器码 0x4a07 和 0x6008，一次取出了两条指令。0x6008 在低地址，它表示将 r0 寄存器的内容写到[r1,#0x00]的地址空间位置；0x4a07 在高地址，它表示将偏移地址为[pc,#28]内的内容复制到寄存器 R2 中。

注：从步骤 3)和步骤 4)可以看出，在没有执行步骤 3)的情况下，又取出了步骤 4)的指令，很明显 Cortex-M0 的取指操作采用了流水线的方式。

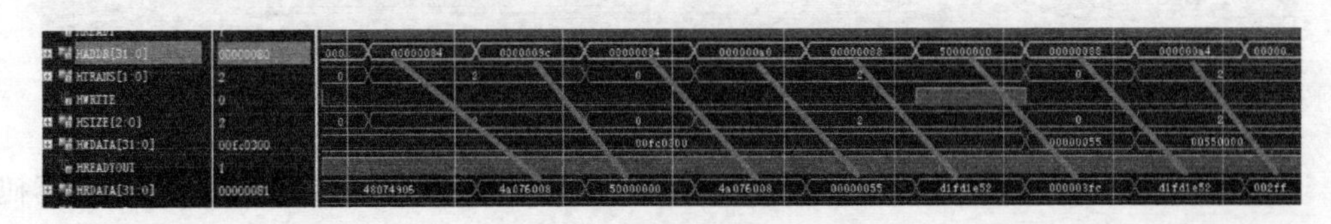

图 9.37 波形窗口界面(2)

6) 一个 HCLK 周期后，HADDR[31:0]=0x0000009c，HRDATA[31:0]=0x50000000。如图 9.37 所示。通过读反汇编代码，在地址为 0x0000009c 的存储空间位

置一个字的内容为 0x50000000。根据前面的分析，该数字为存储空间的地址。

7）一个 HCLK 周期后，HADDR[31:0]=0x00000084，HRDATA[31:0]=0x4a076008，如图 9.37 所示。

8）一个 HCLK 周期后，HADDR[31:0]=0x000000a0，HRDATA[31:0]=0x00000055，如图 9.37 所示。从反汇编代码可以知道，在地址 0x000000a0 的存储空间位置一个字的内容为 0x00000055。根据前面的分析，该数字为将要给存储空间 0x50000000 写的数据 0x00000055。

9）一个 HCLK 周期后，HADDR[31:0]=0x00000088，HRDATA[31:0]=0xD1FD1E52，如图 9.37 所示。从反汇编代码可以知道，在地址 0x88 开始的字长度位置保存着两条指令的机器码 0xD1FD 和 0x1E52，一次取出了两条指令。通过读取反汇编代码，0x1E52 在低地址，它表示寄存器 R2 递减操作；0xD1FD 在高地址，表示比较跳转操作。

10）一个 HCLK 周期后，HADDR[31:0]=0x50000000，并且 HWRITE 信号变成高电平，表示要执行写操作，在下一个 HCLK 周期后，HWDATA[31:0]=0x00000055，HWRITE 信号重新变成低电平，同时，观察顶层文件的 LED[7:0]由 0x00 变成了 0x55。

注：(1)在 AXI-LITE 中，存在地址周期和数据周期，为了将数据写到 0x50000000 的存储器映射的外设中，需要将 HWRITE 信号和 HADDR 信号进行寄存(延迟一个周期)，如图 9.38 所示。

(2) 在介绍 AHB-Lite 规范时，也详细说明了这些信号之间的时序关系。

11）一个 HCLK 周期后，HADDR[31:0]=0x00000088，HRDATA[31:0]=0xD1FD1E52，如图 9.37 所示。

12）一个 HCLK 周期后，HADDR[31:0]=0x000000a4，HRDATA[31:0]= 0x002FFFFF。如图 9.37 所示。通过读反汇编代码，在地址为 0x000000a4 的存储空间位置的一个字的内容为 0x002FFFFF。根据前面的分析，该数字为软件延迟的初始值。

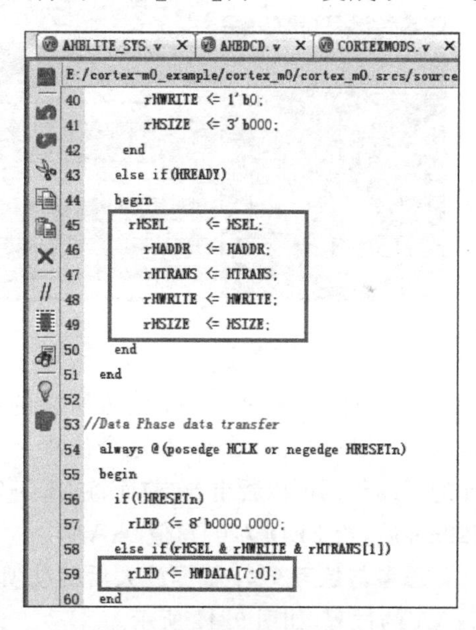

图 9.38 AHB2LED.v 文件片段

注：(1)分析到这个地方，读者应该对“软件”和“硬件”的概念和协同设计方法有了一定的了解。即“软件”就是运行在 Cortex-M0 处理器上的代码，而“硬件”就是在 FPGA 内所构成的包括 Cortex-M0 处理器、片上存储器、片上总线和片上外设在内的系统。

(2) 所谓的“软件”和“硬件”协同设计，是指软件代码的编写尤其是与 CPU 接口有关的片上外设有关的代码，必须符合片上系统为该外设/接口所分配的存储空间的位置，访问(读/写)时序要求等。在片上嵌入式系统的层次上，通过使用硬件描述语言 Verilog HDL 描述“硬件”，通过 Vivado 集成开发工具的自动处理，在 FPGA 内通过占用 CLB 内的 LUT、FF 和 BRAM、互连线和 I/O 等资源，构成的一个嵌入式系统硬件结构。

思考与练习 9-1：根据图 9.39 的仿真波形窗口界面，分析在上面的写端口结束后，Cortex-M0 处理器如何开始执行延迟程序的过程。

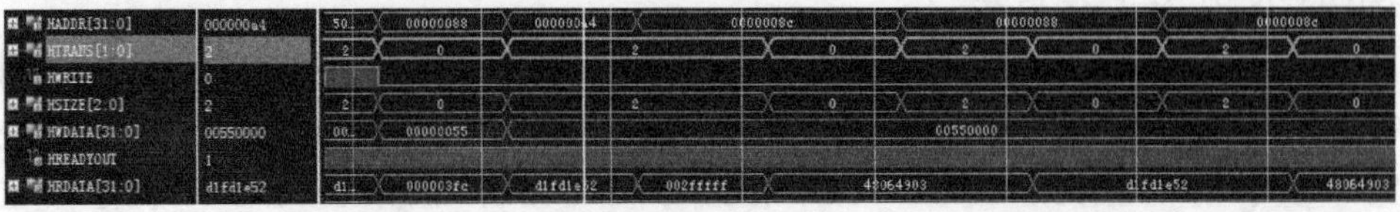

图 9.39　波形窗口界面(3)

13）在 Tcl Console 窗口界面中，再次输入 run 1100ms。然后，按 Enter 键，继续运行仿真过程，直到 1100ms 为止。

注：由于在 Verilog HDL 文件中，将时间精度默认设置为 1ps，因此这个仿真过程相当漫长。在一台性能很好的笔记本电脑上，大约需要好几个小时的时间。从这个漫长的仿真过程中，读者就可以知道在 RTL 级上，对复杂设计进行仿真效率非常低。

14）执行完所要求的 1100ms 时间后的波形如图 9.40 所示。

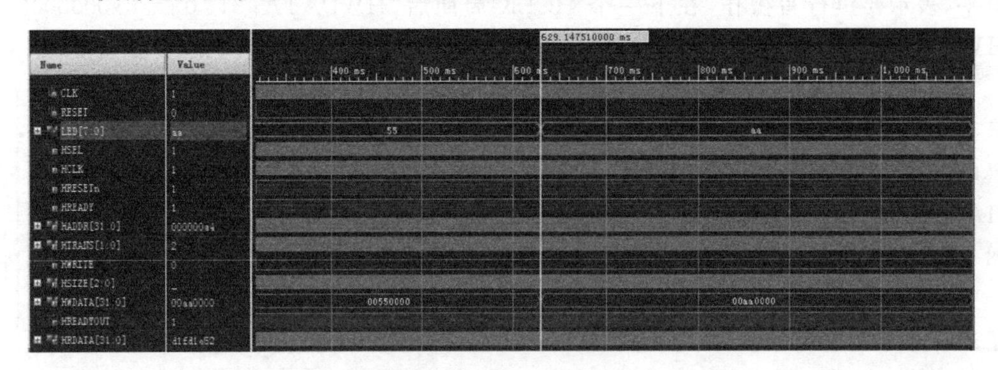

图 9.40　波形窗口界面(4)

15）将图中大约 629ms 附近所在的信号波形放大。为什么要选择这个位置呢？这是因为，从图中可以看出，在这个位置上 LED[7:0]的值从 0x55 变化到 0xAA。从所设计的汇编代码可以看出，在前面将 LED[7:0]设置为 0x55 后，延迟了这么长时间后(大约 629ms 后，给 LED[7:0]写值 0xAA。

思考与练习 9-2：根据放大后的仿真波形，详细说明 Cortex-M0 给 LED[7:0]写值 0xAA 的过程，如图 9.41 所示。

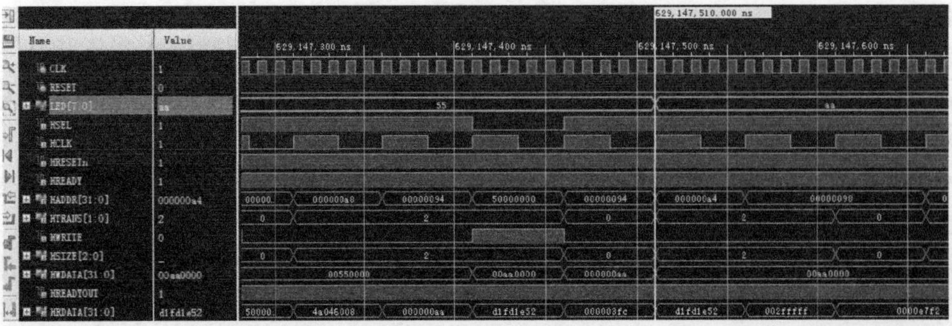

图 9.41　波形窗口界面(5)

9.7 设计综合和分析

本节对设计进行综合。综合就是将 RTL 级的设计描述转换成门级的描述。在该过程中，将进行逻辑优化，并且映射到 Xilinx 器件原语(也称为技术映射)。

Vivado 集成环境综合是基于时间驱动的机制，它专门为存储器的利用率和性能进行了优化。综合工具支持 SystemVerilog，以及 VHDL 和 Verilog HDL 混合语言。该综合工具支持 Xilinx 设计约束(Xilinx Design Constraint，XDC)。

注：XDC 约束基于工业标准的 Synopsys 设计约束 SDC 格式。

9.7.1 综合过程的关键问题

在综合的过程中，需要知道下面的基本概念：

(1) 在综合的过程中，综合工具使用 XDC 约束来驱动综合优化，因此必须存在 XDC 文件。

(2) 时序约束考虑：

① 首先必须综合设计，而没有用约束编辑器中的时序约束。

② 当完成综合后，可以使用约束向导定义时序约束。

(3) 综合设置提供了对额外选项的访问。

(4) 当打开综合后的设计时，注意设计流程管理器的变化。通过设置调试选项允许集成调试特性。

9.7.2 设计综合选项

本节介绍设置综合选项参数的含义，便于后面在修改综合选项参数时，理解这些参数的含义。在 Vivado 集成开发环境左侧的 Flow Navigator 窗口界面中，找到并展开 Synthesis 选项。在 Synthesis 展开项中，选择 Systhesis Settings 选项。出现综合属性设置对话框，如图 9.42 所示。

1) 在 Default constraint set 右侧通过下拉框可以选择用于综合的多个不同设计约束集合。一个约束集合是多个文件的集合，它包含 XDC 文件中用于该设计的设计约束条件。在 Vivado 工具中，提供两种类型的设计约束。

(1) 物理约束定义了引脚的位置和内部单元的绝对/相对位置。内部单元包括 BRAM、LUT、触发器和器件配置设置。

(2) 时序约束定义了设计要求的频率。如果没有时序约束，Vivado 集成设计环境仅对布线长度和布局阻塞进行优化。

通过选择不同的约束策略，可以得到不同的综合结果。在后面章节中，会详细说明不同约束策略对设计性能的影响。

2) 在 Options 区域下的 Strategy(策略)右侧的下拉框，选择用于运行综合的预定义综合策略。读者也可以定义自己的策略。运行策略选项、默认设置和其他选项，如表 9.2

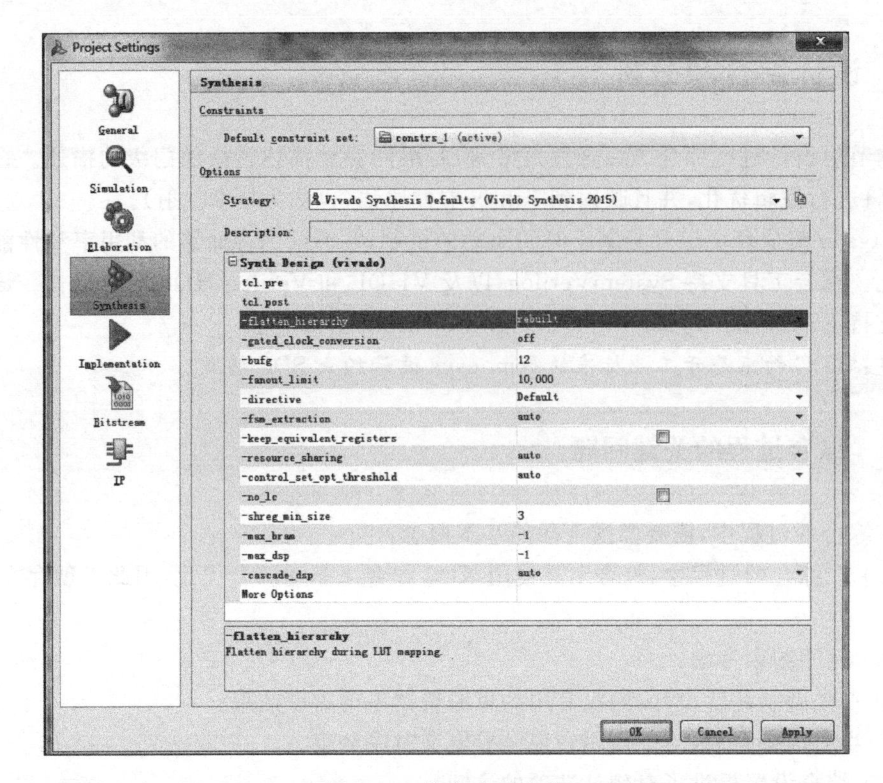

图 9.42　综合选项列表

所示。

注：在该设计中，将-flatten_hierarchy 设置为 none，表示在综合的过程中，保持原来的层次化设计结构。

表 9.2　运行策略选项、默认设置和其他选项

运行策略 / 选项	默认设置	Flow_Runtime Optimized	Flow_Area Optimized_High	Flow_PerfOp timized_High
-flatten_hierarchy	rebuilt	none	rebuilt	rebuilt
-gated_clock_conversion	off	off	off	off
-bufg	12	12	12	12
-fanout_limit	10 000	10 000	10 000	400
-directive	default	RunTimeOptimized	AreaOptimizedHigh	Default
-fsm_extraction	auto	off	auto	one_hot
-keep_equivalent_registers	unchecked	unchecked	unchecked	Checked
-resource_sharing	auto	auto	auto	off
-control_set_opt_threshold	auto	auto	1	auto
-no_lc	Unchecked	unchecked	unchecked	checked
-shreg_min_size	3	3	3	5
-max_bram	-1	-1	-1	-1
-max_dsp	-1	-1	-1	-1
-cascade_dsp	auto	auto	auto	auto

1) tcl. pre 和 tcl. post

该选项用于 Tcl 文件的挂钩，它在综合前和综合后立即运行。

注：(1)tcl. pre 和 tcl. post 脚本中设置的路径是相对于当前工程的路径：

```
<project>/<project.runs>/<run_name>
```

(2) 可以使用当前工程或者当前运行的 DIRECTORY 属性来定义脚本中的相对路径：

```
get_property DIRECTOTY [current_project]
get_property DIRECTOTY[current_run]
```

2) -flatten_hierarchy

(1) none：告诉综合工具不要将层次设计平面化(展开)。综合的输出和最初的 RTL 有相同的层次。

(2) full：告诉综合工具将层次化设计充分展开，只留下顶层。

(3) rebuilt：当选择该设置的时候，rebuilt 允许综合工具展开层次，执行综合，然后基于最初的 RTL 重新建立层次。这个值允许跨越边界进行优化。最终的层次类似于 RTL，这是为了分析方便。

3) -gate_clcok_conversion

该选项提供了对包含使能时钟逻辑转换的能力。门控时钟转换的使用也要求使用 RTL 属性。

4) -bufg

该选项控制综合工具推断设计中所需 BUFG 的个数。在网表内，当设计中使用的其他 BUFG 对综合过程不可见时，使用该选项。

-bufg 后面的数字用于指定工具所能推断出的 BUFG 个数。当-bufg 选项设置为最多 12 个时，如果在 RTL 内例优化了 3 个 BUFG，则工具还能推断出 9 个 BUFG。

5) -fanout_limit

在开始复制逻辑前，该选项确定信号必须驱动负载的个数。这个目标约束通常具有引导性质。当工具确定必须复制逻辑时，就忽略该选项。

注：该选项不影响控制信号，如置位、复位和时钟使能。如果需要，则使用 MAX_FANOUT 来复制这些信号。

6) -directive

代替 effort_level 选项。当使用不同选项时，使用不同的优化策略执行 Vivado 综合过程。当它的值为 Default 和 RuntimeOptimized 时，可以更快地运行综合过程，但执行很少的优化。

7) -fsm_extraction

该选项控制提取和映射有限自动状态机的方法。当该选项设置为 off 时，将状态机综合为逻辑。此外，设计者可以从下面的选项中指定状态机的编码类型，包括 one_hot、sequential、johnson、gray 或者 auto。

8) -keep_equivalent_registers

该选项阻止将包含相同逻辑输入的寄存器合并。

9）-resource_sharing

该选项用于在不同的信号间共享算术操作符。可选的值有 auto、on 和 off。

注：选择 auto 时，根据设计要求的时序，决定是否使用资源共享；on 表示总是进行资源共享；off 表示总是关闭资源共享。

10）-control_set_opt_threshold

该选项设置用于时钟使能优化的门限，用于降低控制设置的个数。默认情况下，该选项设置为 1。给定的值是扇出的个数，Vivado 工具将把这些控制设置移动到一个 D 触发器的逻辑中。如果扇出比这个值多，则工具尝试让信号驱动寄存器上的 control_set_pin。

11）-no_lc

当选中该选项时，关闭 LUT 的组合。即不允许将两个 LUT 组合在一起构成一个双输出 LUT。

12）-shreg_min_size

该选项用于推断 SRL 的门限，即用于推断将寄存器链接起来映射到 SRL 的个数。

13）-max_bram

默认-1，表示让工具尽可能使用 BRAM，它由器件内 BRAM 的个数所限制。

14）-max_dsp

类似于上面的选项的含义，只是该选项用于 DSP。

15）cascade_dsp

用于控制在求和 DSP 模块中实现加法器输出的方法。默认使用内建的加法器链计算 DSP 的求和输出。Tree 的值强迫使用 FPGA 内部的结构实现求和过程。

注：如果读者想更进一步了解每个选项的说明，单击并高亮显示每个选项的名字。在选项下方的窗口内将给出每个选项的具体含义。

9.7.3 Vivado 支持的属性

本节详细介绍 Vivado 支持的属性。这些属性用在设计代码或者约束文件中，以控制综合的结果。

注：不支持在 RTL 内嵌入时序约束。

1. ASYNC_REG

该选项用于通知 Vivado，D 输入引脚能够接收相对于时钟源的异步数据，或者说寄存器是一个同步链上正在同步的寄存器。该属性可以放置在任何寄存器上，其值为 FALSE 或者 TRUE。ASYNC_REG 属性的 Verilog HDL 例子如下：

```
(* ASYNC_REG = "TRUE" *) reg [2:0] sync_regs;
```

2. BLACK_BOX

该属性是一个非常有用的调试属性，它用于关闭层次上的某一级，使能综合可以为该模块或者实体创建黑盒。该属性可以放置在一个模块、实体或者元件上。由于该属性影响综合编译器，所有它只能在 RTL 级上设置。BLACK_BOX 属性的 Verilog HDL 例子如下：

```
(* black_box *) module test(in1, in2, clk, out1);
```

注：不需要值。

3. BUFFER_TYPE

该属性用于输入，确定所使用的缓冲区类型。默认，对于时钟来说，Vivado 综合工具使用 IBUF/BUFG；对于输入使用 IBUF。其值可以是 ibuf、ibufg 和 none。它放置在顶层端口，只能在 RTL 级描述中使用。BUFFER_TYPE 属性的 Verilog HDL 例子如下：

```
(* buffer_type = "none" *) input in1;        //这将导致没有缓冲区
(* buffer_type = "ibuf" *) input clk1;       //这将导致一个时钟没有 bufg 缓冲类型
```

4. DONT_TOUCH

使用该属性，用于替换 KEEP 或者 KEEP_HIERARCHY 属性。其原理和这两个属性一样。然而，不像这两个属性，DONT_TOUCH 属性是向前注解到布局和布线，以阻止逻辑优化，其取值为 TRUE/FALSE 或者 yes/no。该属性可以放置在信号、模块、实体或者元件上。DONT_TOUCH 属性的 Verilog HDL 例子如下：

(1) Wire 例子：

```
(* dont_touch = "true" *) wire sig1;
assign sig1 = in1 & in2;
assign out1 = sig1 & in2;
```

(2) Module 例子：

```
(* DONT_TOUCH = "true|yes" *)
module example_dt_ver(clk, In1, In2, out1);
```

(3) Instance 例子：

```
(* DONT_TOUCH = "true|yes" *) example_dt_ver U0 (.clk(clk), .in1(a), .in2(b), out1(c));
```

5. FSM_ENCODING

该属性用于控制状态机的编码。典型地，基于启发式的方法，Vivado 工具为状态机选择一个编码协议。在指定某些编码类型时，这些设计类型可以工作得更好。该属性放置于状态寄存器上，它的有效的值为 one_hot、sequential、johnson、gray 和 auto。可以在 RTL 级或者 XDC 中设置该属性。FSM_ENCODING 属性的 Verilog HDL 例子如下：

```
(* fsm_encoding = "one_hot" *) reg [7:0] my_state;
```

6. FSM_SAFE_STATE

当检测到状态机中有非法状态时，该属性告诉综合工具将逻辑插入到状态机中。当下一个时钟周期到来时，将其置为一个已知状态。如果是 onehot 编码，而进入“0101”状态（对于 onehot 编码，这是非法的），则应该能够恢复状态机。该属性放在状态寄存器上，其有效的取值为 reset_state 或者 power_on_state，该属性只能用于 RTL 级。FSM_SAFE_STATE 属性的 Verilog HDL 例子如下：

```
(* fsm_safe_state = "reset_state" *) reg [7:0] my_state;
```

7. FULL_CASE (Verilog Only)

该属性表示在 case、casex 或者 casez 描述中给出了所有可能情况的取值。如果指定了 case 的值，Vivado 综合工具不能创建额外的逻辑用于 case 值。该属性放置在 case 描述，由于该属性影响综合器，可以改变设计的逻辑行为，因此它只能在 RTL 中设置。FULL_CASE 属性的 Verilog HDL 例子如下：

```
(* full_case *)
case select
  3'b100 : sig = val1;
  3'b010 : sig = val2;
  3'b001 : sig = val3;
endcase
```

8. GATED_CLOCK

Vivado 允许门控时钟的转换。有两项用于执行这个转换：

1) Vivado GUI 的开关，用于指导工具尝试转换。在 Vivado 主界面左侧 Flow Navigator 窗口下，找到 Synthesis Settings。在选项设置中，将-gated_clock_conversion 选项设置为 off、on 和 auto。当选择 auto 时，如果发生下面的事件，则进行转换：

(1) gated_clock 属性设置为 true；

(2) Vivado 综合工具检测到门，并且设置了有效的时钟约束。

该选项是让工具做出决策。

2) RTL 属性指导工具，在门控逻辑中确定用于时钟的信号。该属性放置在时钟信号或者端口上。GATED_CLOCK 属性的 Verilog HDL 例子如下：

```
(* gated_clock = "true" *) input clk;
```

9. IOB

IOB 不是综合属性，下游的实现工具使用它。该属性确定是否将寄存器放入到 I/O 缓冲区内。其值为 true 或者 false，将这个属性放置在需要寄存器的 I/O 上。可以在 RTL 级或者 XDC 中设置该属性。IOB 属性的 Verilog HDL 例子如下：

```
(* IOB = "true" *) reg sig1;
```

10. KEEP

该属性用于阻止优化，即信号被优化或者被吸收进逻辑块中。该属性告诉 Vivado 综合工具保持放置信号，则该信号将出现在网表中，其取值为 true 或者 false。该属性可以放置在信号、寄存器或者 wire 上。Xilinx 推荐在 RTL 中设置该属性。KEEP 属性的 Verilog HDL 例子如下：

```
(* keep = "true" *) wire sig1; assign sig1 = in1 & in2; assign out1 = sig1 & in2;
```

注：该属性不强迫布局和布线工具保持该信号。在这种情况下，使用 DONT_TOUCH 属性。

11. KEEP_HIERARCHY

该属性用于阻止在层次边界的优化，Vivado 综合工具尝试保持在 RTL 级所定义的层次，但是由于 QoR 的原因，它会展开它们。如果在实例上放置了该属性，综合工具将保持静态级的逻辑层次。它不能用于那些描述控制三态输出和 I/O 缓冲区的模块。该属性可以放置在实例的模块或者结构级上。只能在 RTL 级使用该属性。KEEP_HIERARCHY 属性的 Verilog HDL 例子如下：

(1) On Module：

```
(* keep_hierarchy = "yes" *) module bottom (in1, in2, in3, in4, out1, out2);
```

(2) On Instance：

```
(* keep_hierarchy = "yes" *)bottom u0 (.in1(in1), .in2(in2), .out1(temp1));
```

12. MAX_FANOUT

该属性告诉综合工具，对于寄存器和信号限制扇出能力。可以在 RTL 中指定该属性，作为工程的一部分，该属性的值为整数，它只能用于寄存器和组合信号。可以在 RTL 或者 XDC 中设置该属性。该属性可以覆盖综合属性中为-fanout_limit 所设置的值。MAX_FANOUT 属性的 Verilog HDL 例子如下：

On Signal：

```
(* max_fanout = 50 *) reg sig1;
```

13. PARALLEL_CASE (Verilog Only)

该属性用于指示以并行结构构建 case 描述，只能用于 RTL 描述中。PARALLEL_CASE 属性的 Verilog HDL 例子如下：

```
(* parallel_case *) case select
  3'b100 : sig = val1;
  3'b010 : sig = val2;
  3'b001 : sig = val3;
endcase
```

14. RAM_STYLE

该属性用于帮助 Vivado 综合工具推断存储器的实现方式，可用的值为 block 或者 distributed。可以在 RTL 或者 XDC 中设置该属性。RAM_STYLE 属性的 Verilog HDL 例子如下：

```
(* ram_style = "distributed" *) reg [data_size-1:0] myram [2**addr_size-1:0];
```

15. ROM_STYLE

该属性用于帮助 Vivado 综合工具推断 ROM 存储器的实现方式，可用的值为 block 或者 distributed。可以在 RTL 或者 XDC 中设置该属性。ROM_STYLE 属性的 Verilog HDL 例子如下：

```
(* rom_style = "distributed" *) reg [data_size-1:0] myrom [2**addr_size-1:0];
```

16. SHREG_EXTRACT

该属性用于帮助 Vivado 工具推断是不是 SRL 结构，可接受的值是 yes 或者 no。该属性放在用于 SRL 的信号上或者包含 SR 的模块或者实体上，可以在 RTL 或者 XDC 中设置该属性。SHREG_EXTRACT 属性的 Verilog HDL 例子如下：

```
(* shreg_extract = "no" *) reg [16:0] my_srl;
```

17. SRL_STYLE

该属性告诉综合工具，推断在设计中发现 SR 的方法，可用的值为 register、srl、srl_reg、reg_srl 和 reg_srl_reg。将该属性放置在声明为 SRL 的信号上，只能在 RTL 中设置该属性。此外，该属性只能用于静态 SRL。SRL_STYLE 属性的 Verilog HDL 例子如下：

```
(* srl_style = "register" *) reg [16:0] my_srl;
```

18. TRANSLATE_OFF/TRANSLATE_ON

该属性告诉 Vivado 综合工具忽略代码块。该属性在 RTL 中的注释中给出，注释用下面的关键字开始：synthesis、synopsys 和 pragma。该属性只能在 RTL 中设置。TRANSLATE_OFF/TRANSLATE_ON 属性的 Verilog HDL 例子如下：

```
// synthesis translate_off
   code....
// synthesis translate_on
```

19. USE_DSP48

该属性告诉 Vivado 综合工具处理综合算术指令的方法。默认情况下，乘法、乘法-加法、乘法-减法、乘法-累加使用 DSP48 块。加法器、减法器和累加器可以使用这些块，但是默认使用分布逻辑实现。该属性强迫使用 DSP48 块，可用的值是 yes 和 no。该属性可以放置在 RTL 内的信号、结构和元件、实体和模块。可以在 RTL 和 XDC 中设置该属性。USE_DSP48 属性的 Verilog HDL 例子如下：

```
(* use_dsp48 = "yes" *) module test(clk, in1, in2, out1);
```

9.7.4 执行设计综合

本节对设计进行综合，主要步骤包括：

1) 在流程处理窗口下，找到并展开 Synthesis，如图 9.43 所示。

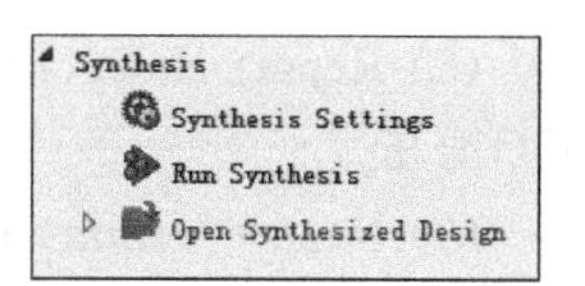

图 9.43 查看 RTL 级网表

2) 在展开项中，选择 Run Synthesis，并单击，Vivado 开始对设计进行综合。

3) 当完成对设计的综合过程后，出现 Synthesis Completed(综合完成)对话框，如图 9.44 所示。该界面提供了三个选项：

(1) Run Implementation(运行实现过程)。

(2) Open Synthesized Design(打开综合后的设计)。

(3) View Reports(查看报告)。

注：*在该设计中，选择 Open Synthesized Design 选项。*

4) 单击 OK 按钮。

5) 出现 Vivado 提示对话框。在该界面中，提示信息 Do you want to close 'Elaborated Design' before opening 'Synthesized Design'?（在打开综合后的设计之前，是否先关闭详细说明的设计）。

6) 单击 Yes 按钮。

7) 当执行完综合后，可以展开 Synthesized Design 选项，如图 9.45 所示。在 Synthesized Designed 选项中提供了下面的选项：

图 9.44 综合完成提示对话框

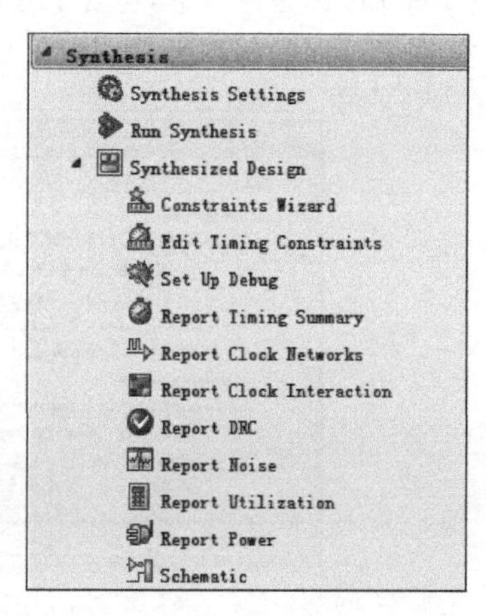

图 9.45 Synthesized Design 选项列表

(1) Constraints Wizard(约束向导)。

(2) Edit Timing Constraints(编辑时序约束)：该选项用于启动时序约束标签。

(3) Set Up Debug(设置调试)：该选项用于启动标记网络视图界面，这些标记过的网络视图将用于调试目的。

(4) Report Timing Summary(报告时序总结)：该选项生成一个默认的时序报告。

(5) Report Clock Networks(报告时钟网络)：该选项生成该设计的时钟树。

(6) Report Clock Interaction(报告时钟相互作用)：该选项用于在时钟域之间，验证路径上的约束收敛。

(7) Report DRC(报告 DRC)：该选项用于对整个设计执行设计规则检查。

(8) Report Noise(报告噪声)：该选项用于对设计中的输出和双向引脚执行一个 SSO 分析。

(9) Report Utilization(报告利用率)：该选项用于生成一个图形化的利用率报告。

(10) Report Power(报告功耗)：该选项用于生成一个详细的功耗分析报告。

(11) Schematic(原理图)：该选项用于打开原理图视图界面。

思考与练习 9-3：在原理图界面中，找到名字为 uAHBMUX 的模块。分析在该基本 SoC 系统中，片上存储器和 LED 模块通过 uAHBMUX 模块连接到 Cortex-M0 处理器的方法。

思考与练习 9-4：在 Xilinx FPGA 内，通过综合实现了 Cortex-M0 处理器的功能。根据这个过程，说明软核 IP 的含义。

思考与练习 9-5：在片内实现了 Cortex-M0、总线、存储器、系统主时钟和定制外设 LED 的功能，也就是在 FPGA 内实现了计算机系统的基本结构，说明这种通过 FPGA 实现 SoC 的方式有什么特点，和传统使用 ASIC 实现 SoC 的方式相比，它有什么优势。

9.7.5 查看综合报告

本节查看综合后的报告。Vivado 可以提供最重要的报告，而 Vivado 当前工程窗口底部的 Reports 标签窗口下，包含了其他有用的报告。在 Reports 标签窗口下的 synth_1 选项下，提供了下面的报告选项，如图 9.46 所示。

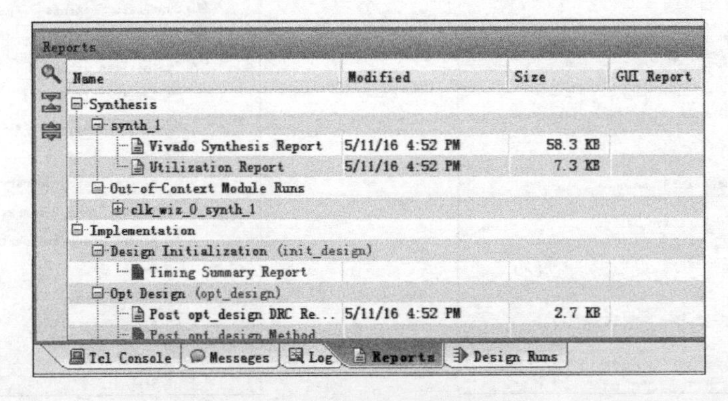

图 9.46　Report 标签窗口内容

1) Vivado Synthesis Report(Vivado 综合报告)

(1) HDL 文件的综合、综合的过程、读取时序约束以及来自 RTL 设计中的 RTL 原语。

(2) 时序优化目标、技术映射、去除引脚/端口和最终使用的单元(技术映射)。

2) Utilization Report(利用率报告)

以表格的形式给出技术映射单元的使用情况。双击图 9.46 内的 Utilization Report 条目,打开利用率报告,如图 9.47 所示,内容包括切片逻辑、存储器、DSP 切片、IO、时钟,以及设计中所用到的其他资源。

思考与练习 9-6:阅读该报告,得到该 Cortex-M0 片上嵌入式系统所占用资源的情况(包括逻辑资源、IO 等)。

31	Site Type	Used	Fixed	Available	Util%
33	Slice LUTs*	2792	0	47200	5.92
34	LUT as Logic	2536	0	47200	5.37
35	LUT as Memory	256	0	19000	1.35
36	LUT as Distributed RAM	256	0		
37	LUT as Shift Register	0	0		
38	Slice Registers	852	0	94400	0.90
39	Register as Flip Flop	852	0	94400	0.90
40	Register as Latch	0	0	94400	0.00
41	F7 Muxes	134	0	31700	0.42
42	F8 Muxes	0	0	15850	0.00

图 9.47 资源使用情况报告

9.8 创建实现约束

本节介绍实现约束的原理和具体过程。只介绍设计添加引脚约束的过程,对于时序等高级约束的问题,将在后续章节进行介绍和说明。

9.8.1 实现约束的原理

Vivado 成功完成综合过程后,就会生成综合后的网表。设计者可以将综合后的网表,以及 XDC 文件或者 Tcl 脚本一起加载到存储器中,用于后续的实现过程。

注:在一些情况下,综合后网表的对象名字和详细描述后设计中对象的名字并不相同。如果出现这种情况,设计者必须要使用正确的名字重新创建约束,并将其只保存在实现过程所使用到的 XDC 文件中。

一旦 Vivado 工具可以正确地加载所有的 XDC 文件,设计者就可以运行时序分析,用于:

(1) 添加缺失的约束;

(2) 添加时序异常;

(3) 识别在设计中由于长路径导致的大的冲突,并且修改 RTL 描述。

9.8.2 I/O规划器功能

通过I/O规划器可以约束引脚位置。I/O规划器允许设计者查看晶圆和封装视图，以帮助设计者理解I/O与内部逻辑之间的关系。

1. 器件视图

I/O规划器工具中的器件视图，如图9.48所示。器件视图内给出了器件内部逻辑资源详细的布局信息。

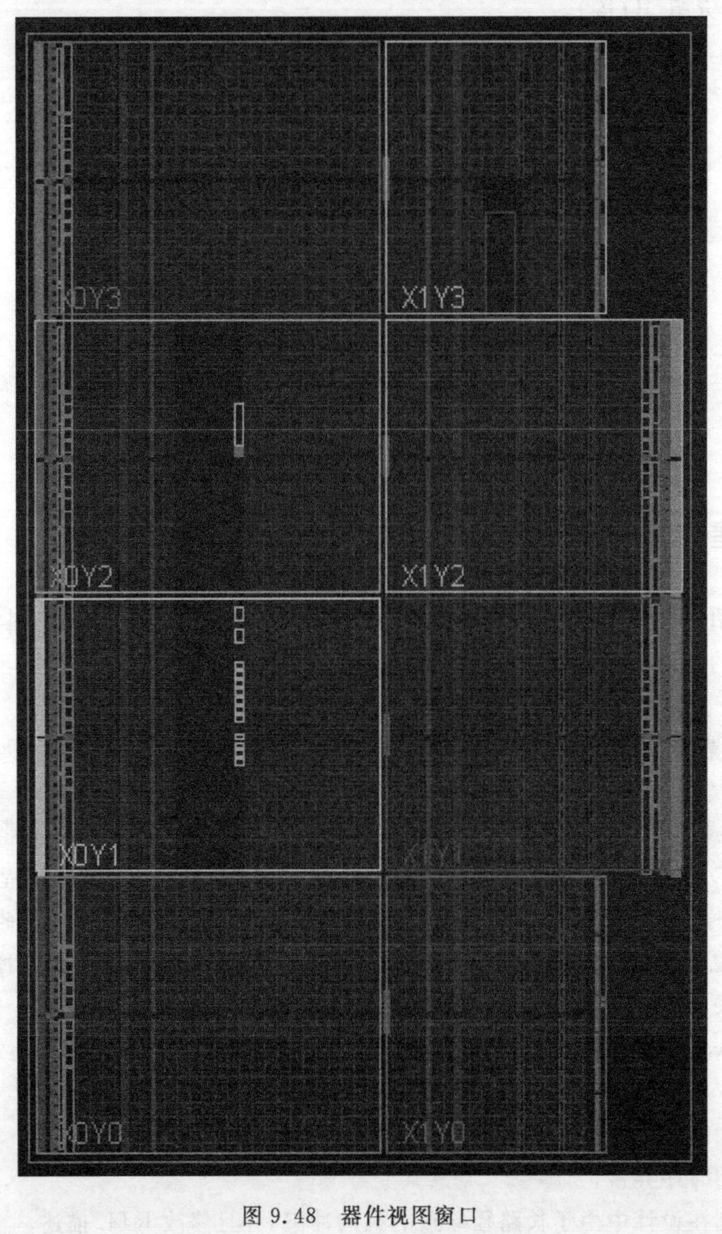

图9.48 器件视图窗口

2. 封装视图

I/O 规划器工具中的封装视图，如图 9.49 所示。封装视图的功能表现在以下几个方面：

(1) 显示 I/O 封装规范和分配状态，允许设计者查看线延迟、引脚类型、电压标准和差分对。

(2) 在一个 I/O 组内，可以以组或者列表的形式显示引脚。

注：(1)在打开 I/O 规划器界面前，必须要打开综合后的网表，否则，不能进入 I/O 规划器界面。

(2) 在封装视图中，引脚之间的不同颜色区域标识了不同的 I/O 组，同时显示了差分对。从图 9.49 中可以看到时钟使能引脚、VCC、GND，以及没有连接的引脚，这些引脚通过不同的形状标识。

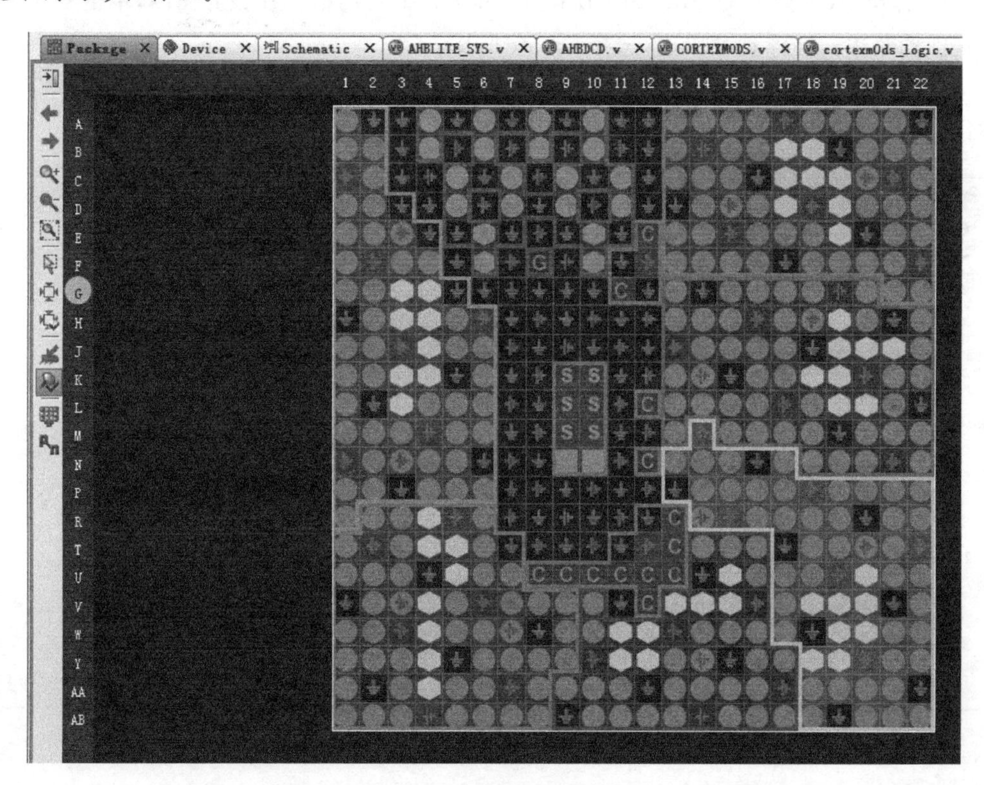

图 9.49 器件视图窗口

9.8.3 引脚位置约束的实现

在该设计中，使用 A7-EDP-1 开发平台上的 100MHz 晶体振荡器作为该设计的时钟输入；用开发平台上的开关 SW0 作为该设计的复位输入；用开发平台上的 8 个 LED 灯作为该设计的 LED 输出显示。

注：本书给出的引脚约束参考了北京汇众新特科技有限公司提供的 A7-EDP-1 开发

平台的设计图纸和相关资料，详见书中学习说明。

1. 通过 GUI 设置引脚约束

本节通过 I/O 规划器的图形化界面添加引脚约束，主要步骤包括：

注：确认在执行下面的步骤之前已经打开了综合后的网表文件。如果没有打开，则应该先打开综合后的网表。

1）在 Vivado 集成开发环境的 Sources 标签窗口中，选择 Constraints 文件夹，右击，出现浮动菜单。在浮动菜单内，选择 Add Sources…选项，如图 9.50 所示。

2）弹出 Add Sources 对话框。在该界面内，默认选中 Add or create constraints（添加或者创建约束）前面的复选框。

3）单击 Next 按钮。

4）弹出 Add Sources-Add or Create Constraints 对话框。在该界面内，单击➕按钮，出现浮动菜单。在浮动菜单内，选择 Create File…。

5）弹出 Create Constraints File（创建约束文件）对话框，如图 9.51 所示。在该界面中，按下面设置参数：

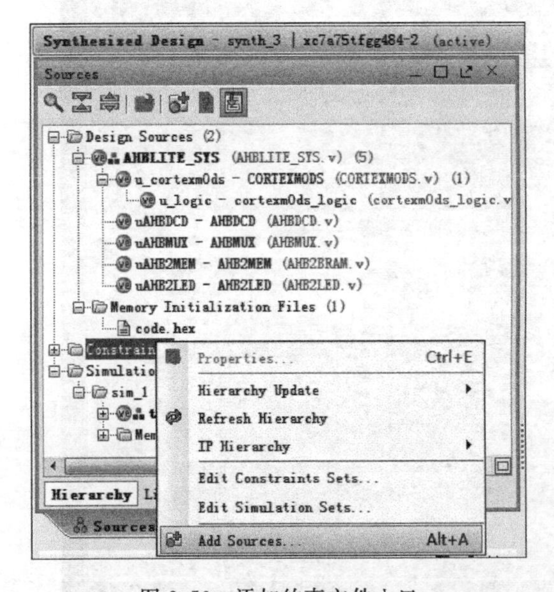

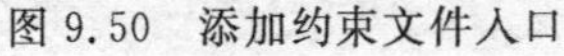
图 9.50　添加约束文件入口

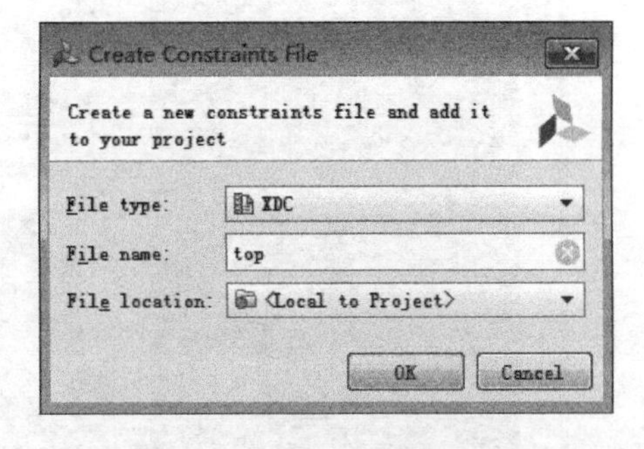

图 9.51　创建约束文件界面

（1）File type：XDC。

（2）File name：top。

（3）File location：Local to Project。

6）单击 OK 按钮。

7）返回到 Add Sources-Add or Create Constraints 对话框，可以看到在该界面中，添加了名字为 top.XDC 的约束文件。

注：在 Vivado 集成开发环境中，约束文件的后缀名为.xdc，用于取代 Xilinx 过去在 ISE 集成开发环境中所使用的后缀名为.ucf 的约束文件。

8）单击 Finish 按钮。

9）可以看到在 Constraints 目录下，新建了一个名为 constrs_1 的子目录。在该子目录下，新添加了名为 top. xdc 的设计约束文件，如图 9.52 所示。

10）在 Vivado 集成开发环境上方的下拉框中选择 I/O Planning（I/O 规划）选项，如图 9.53 所示。

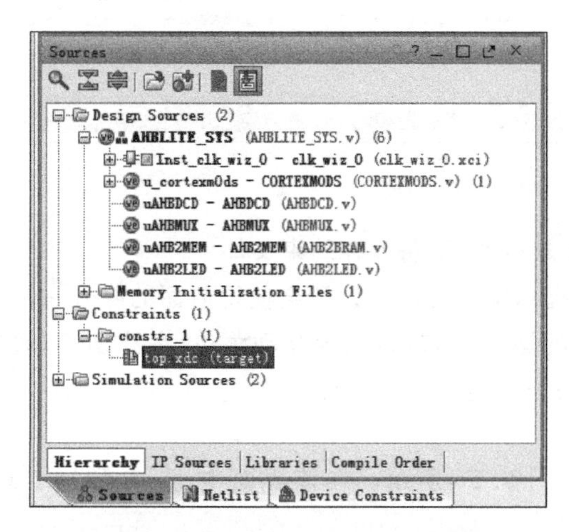

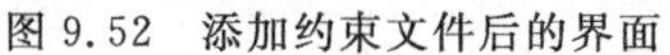
图 9.52 添加约束文件后的界面

图 9.53 选择 I/O Planning 选项界面

11）在当前约束界面下方的 I/O Ports 窗口内给出了在设计中顶层所使用的端口，如图 9.54 所示。在该窗口中：

（1）显示了工程中定义的所有端口。

（2）将总线分组到可扩展的文件夹内。

（3）将端口显示为一组总线或者列表。

（4）图标标识 I/O 端口的方向和状态。

12）按表 9.3 所示，在 Site 标题下面输入每个逻辑端口在 FPGA 上的引脚位置，并在 I/O Std（I/O 标准）标题下，为每个逻辑端口定义 I/O 电气标准，如图 9.54 所示。

表 9.3 逻辑端口的 I/O 约束

逻辑端口	所使用的 FPGA 引脚位置	I/O 标准
LED[7]	AA15	LVCMOS33
LED[6]	AB13	LVCMOS33
LED[5]	AA13	LVCMOS33
LED[4]	AB17	LVCMOS33
LED[3]	AB16	LVCMOS33
LED[2]	AA15	LVCMOS33
LED[1]	Y16	LVCMOS33
LED[0]	Y17	LVCMOS33
CLK	K19	LVCMOS33
RESET	T5	LVCMOS33

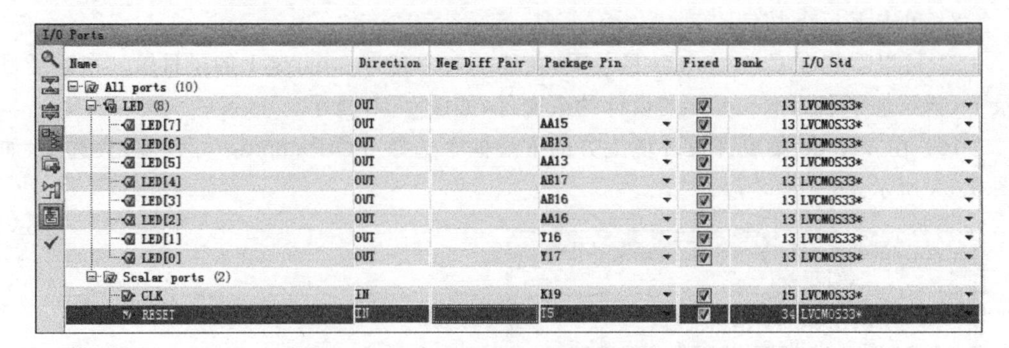

图 9.54　I/O ports 标签界面

13）在当前约束界面的工具栏内，单击 按钮，准备保存约束文件。

14）出现 Out of Date Design 对话框，提示保存当前的设计会使得前面的综合过期，并提示防止综合过期的方法。即选择当前的运行并右击，出现浮动菜单，在浮动菜单内选择 Force up-to date。这样，就可以避免对设计重新进行综合。

15）单击 OK 按钮。

16）出现 Save Constraints 对话框，如图 9.55 所示。在该界面中，选中 Select an existing file 前面的复选框。

注：该选项表示将前面所设置的约束条件保存到已经存在的 top.xdc 文件中。

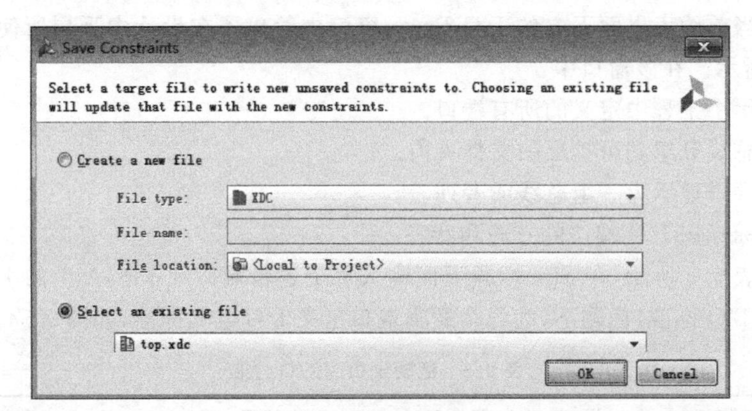

图 9.55　提示保存约束条件的文件

17）单击 OK 按钮。

18）在 Vivado 上方的下拉框中，选择 Default Layout 选项，退出 I/O 约束界面。

19）在 Sources 窗口下，再次找到并双击 top.xdc 文件，约束代码如代码清单 9-11 所示。

代码清单 9-11　top.xdc 文件

```
set_property IOSTANDARD LVCMOS33 [get_ports CLK]
set_property IOSTANDARD LVCMOS33 [get_ports RESET]
set_property IOSTANDARD LVCMOS33 [get_ports {LED[7]}]
set_property IOSTANDARD LVCMOS33 [get_ports {LED[6]}]
set_property IOSTANDARD LVCMOS33 [get_ports {LED[5]}]
set_property IOSTANDARD LVCMOS33 [get_ports {LED[4]}]
```

```
set_property IOSTANDARD LVCMOS33 [get_ports {LED[3]}]
set_property IOSTANDARD LVCMOS33 [get_ports {LED[2]}]
set_property IOSTANDARD LVCMOS33 [get_ports {LED[1]}]
set_property IOSTANDARD LVCMOS33 [get_ports {LED[0]}]
set_property PACKAGE_PIN K19 [get_ports CLK]
set_property PACKAGE_PIN AA15 [get_ports {LED[7]}]
set_property PACKAGE_PIN AB13 [get_ports {LED[6]}]
set_property PACKAGE_PIN AA13 [get_ports {LED[5]}]
set_property PACKAGE_PIN AB17 [get_ports {LED[4]}]
set_property PACKAGE_PIN AB16 [get_ports {LED[3]}]
set_property PACKAGE_PIN AA16 [get_ports {LED[2]}]
set_property PACKAGE_PIN Y16 [get_ports {LED[1]}]
set_property PACKAGE_PIN Y17 [get_ports {LED[0]}]
set_property PACKAGE_PIN T5 [get_ports RESET]

set_property CLOCK_DEDICATED_ROUTE FALSE [get_nets {Inst_clk_wiz_0/inst/clk_in1_clk_wiz_0}]
```

注：在该 XDC 文件中，添加下面一行约束条件：

```
set_property CLOCK_DEDICATED_ROUTE FALSE [get_nets {Inst_clk_wiz_0/inst/clk_in1_clk_wiz_0}]
```

这是由于在 A7-EDP-1 开发平台上的 100MHz 时钟没有使用专用的时钟输入引脚，该约束条件的意义是告诉 Vivado 工具使用非专用时钟布线网络。

20）关闭 top. xdc 文件。

2. 约束条件说明

下面给出用于 I/O 约束的 XDC 语法格式，以帮助读者理解上面给出的 xdc 文件内容。

（1）I/O 引脚分配设置命令的语法格式为

```
set_property PACKAGE_PIN <pin name> [get_ports <port>]
```

（2）I/O 引脚驱动能力设置命令的语法格式为

```
set_property DRIVE <2 4 6 8 12 16 24> [get_ports <ports>]
```

（3）I/O 引脚电气标准设置命令的语法格式为

```
set_property IOSTANDARD <IO standard> [get_ports <ports>]
```

（4）I/O 引脚抖动设置命令的语法格式为

```
set_property SLEW <SLOW|FAST> [get_ports <ports>]
```

（5）I/O 引脚上拉设置命令的语法格式为

```
set_property PULLUP true [get_ports <ports>]
```

（6）I/O 引脚下拉设置命令的语法格式为

```
set_property PULLDOWN true [get_ports <ports>]
```

注：其他 I/O 约束命令可以参考 Vivado 提供的 XDC 语言模板。

9.9 设计实现和分析

本节对实现过程进行详细分析，并对实现过程不同阶段的结果进行分析。

9.9.1 实现过程原理

Vivado 集成设计环境的实现处理过程包括对设计的逻辑和物理转换。Xilinx 早期的 ISE 设计工具和 Xilinx 最新的 Vivado 设计工具在设计实现过程的比较，如表 9.4 所示。

表 9.4 ISE 和 Vivado 实现过程比较

ISE 工具实现流程：可执行	Vivado 工具实现流程：Tcl 命令	
Ngdbuild	link_design	对设计进行翻译，应用约束条件
Map	opt_design	对逻辑设计进行优化，使其容易适配到目标 Xilinx 器件
	power_opt_design	对设计元素进行优化，以降低目标 Xilinx 器件的功耗要求
	place_design	在目标 Xilinx 器件上，对设计进行布局
	phys_opt_design	对高扇出网路驱动器进行复制，对其负载进行分散，即降低将高扇出负载量，以优化设计时序
Par	route_design	在目标 Xilinx 器件上，对设计进行布线
Trce	report_timing_summary	分析时序，并生成时序分析报告
Bitgen	write_bitstream	生成比特流文件

9.9.2 设计实现选项

本节介绍设计实现选项参数，以便后续对设计实现选项进行修改时，能理解这些参数的含义。在 Vivado 集成开发环境左侧的 Flow Navigator 窗口下，找到并展开 Implementation 选项。在 Implementation 展开项中，找到并选择 Implementation Settings 选项，如图 9.56 所示。

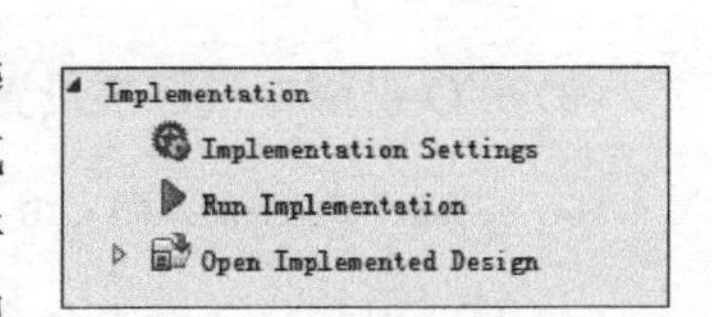

图 9.56 执行实现处理过程

出现 Project Settings（工程设置）对话框，如图 9.57 所示。在该对话框的左侧窗口中，单击 Implementation 按钮。可以看到右侧窗口出现实现过程选项设置界面。

1. 策略选项含义

从图 9.57 可以看出，Vivado 集成设计套件包含预定义的策略集。设计者也可以创建自己的策略。

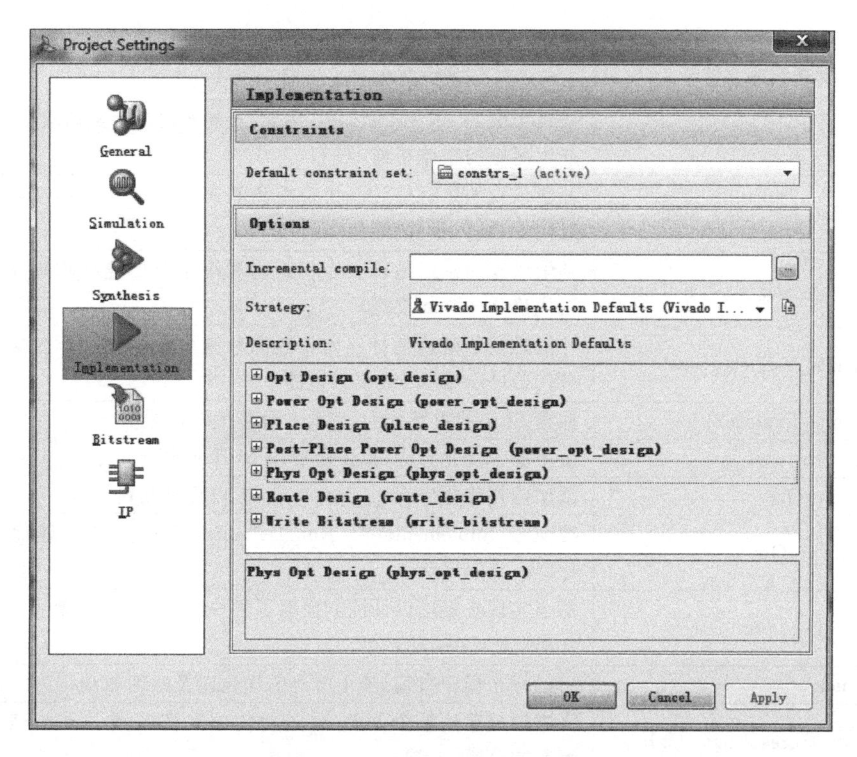

图 9.57　实现设计设置对话框

根据策略的目的可将其分解为不同的类。类的名字可作为策略的前缀、类及其用途，如表 9.5 所示。实现策略的种类和功能描述，如表 9.6 所示。

表 9.5　类及其用途

类　别	目　的
Performance	提高设计性能
Area	减少 LUT 个数
Power	添加整体功耗优化
Flow	修改流程步骤
Congestion	减少阻塞和相关的问题

表 9.6　实现策略的种类和功能描述

实现策略名字	描　述
Vivado Implementation Defaults	平衡运行时间，努力实现时序收敛
Performance_Explore	使用多个算法进行优化、布局和布线，这是为了得到潜在的较好的优化结果
Performance_RefinePlacement	在布局后优化阶段内，防止在布线器内出现时序发散（时序的不收敛）的情况，提高布局器的努力程度
Performance_WLBlockPlacement	忽略用于布局 BRAM 和 DSP 的时序约束，取而代之的是使用线长
Performance_WLBlockPlacementFanoutOpt	忽略用于布局 BRAM 和 DSP 的时序约束，取而代之的是使用线长，并且执行对高扇出驱动器的复制

续表

实现策略名字	描　述
Performance_LateBlockPlacement	使用大概的 BRAM 和 DSP 布局，直到布局的后期阶段，这样可能产生更好的整体布局
Performance_NetDelay_high	补偿乐观的延迟估计。为长距离和高扇出的连接添加额外的延迟代价（high 设置，最悲观的）
Performance_NetDelay_medium	补偿乐观的延迟估计。为长距离和高扇出的连接添加额外的延迟代价（medium 设置）
Performance_NetDelay_low	补偿乐观的延迟估计。为长距离和高扇出的连接添加额外的延迟代价（low 设置，最不悲观的）
Performance_ExploreSLLs	探索 SLR 的重新分配，以改善整体的时序余量
Area_Explore	使用多个优化算法，减少所使用 LUT 的数量
Area_DefalutOpt	添加功耗优化（power_opt_design），以降低功耗
Area_RunPhysOpt	类似于 Implementation Run Defaults，但是使能物理优化步骤（phys_opt_design）
Flow_RuntimeOptimized	每个实现步骤用设计性能换取了更好的设计时间，禁止物理优化（phys_opt_design）
Flow_Quick	只运行布局和布线，禁止所有的优化以及时间驱动行为
Congestion_SpreadLogic_high	将逻辑分散到整个器件，以避免创建阻塞区域。High 表示最高程度的分散
Congestion_SpreadLogic_medium	将逻辑分散到整个器件，以避免创建阻塞区域。Medium 表示中等程度的分散
Congestion_SpreadLogic_low	将逻辑分散到整个器件，以避免创建阻塞区域。low 表示最低程度的分散
Congestion_SpreadLogicSLLs	分配 SLL，这样所有的逻辑能分配到所有的 SLR，以避免在 SLR 内创建阻塞区域
Congestion_BalanceSLLs	分配 SLL，这样不存在两个 SLR 要求一个不成比例的较多 SLL，因此减少了 SLR 内的阻塞
Congestion_BalanceSLRs	分区，这样每个 SLR 有相似的区域，以避免在一个 SLR 内创建阻塞区域
Congestion_CompressSLRs	用较高 SLR 利用率分区，以降低整体 SLL 的数量

注：包含 SLL 或者 SLR 的策略。只用于 SSI 器件。

2. 实现过程选项含义

1）opt_design 选项

opt_design 用于控制逻辑优化过程。opt_Design 选项参数设置界面，如图 9.58 所示。执行该过程为布局提供最优的网表，包括对来自综合后 RTL、IP 模块的网表进行更进一步的逻辑优化。

(1) 对输入的网表执行逻辑裁剪。

(2) 去除不必要的静态逻辑。

(3) LUT 逻辑等式重映射。

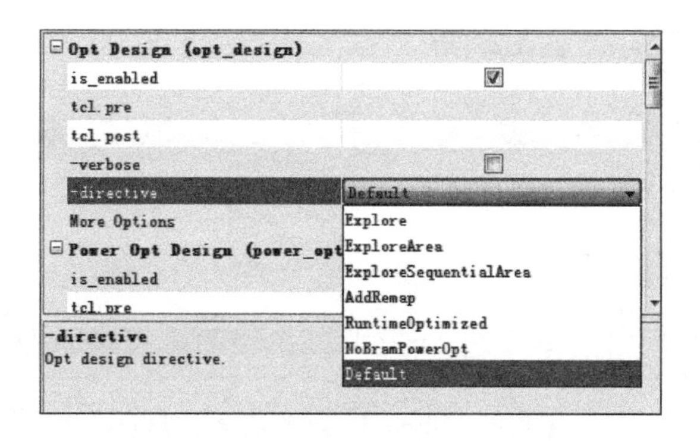

图 9.58 Opt Design 选项设置界面

2) power_opt _design 选项

该选项控制功耗优化过程。power_opt_design 选项界面，如图 9.59 所示。该过程包含细粒度时钟门控解决方法，它能降低大约 30%的功耗。在整个设计中，自动执行智能时钟门控优化，而不会改变已经存在的逻辑或者时钟，如图 9.60 所示。此外，在设计的所有部分，算法执行分析过程。

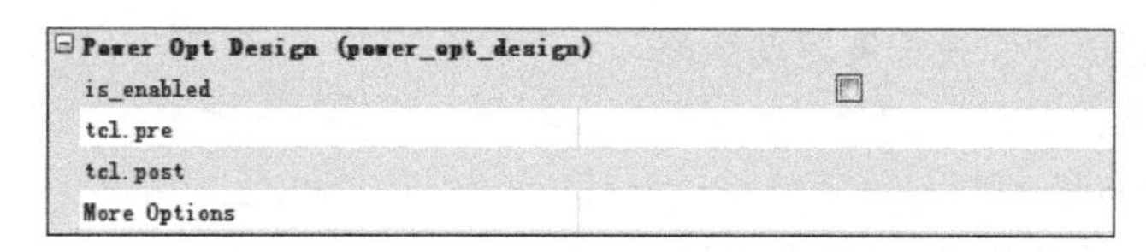

图 9.59 power_opt _design 选项设置界面

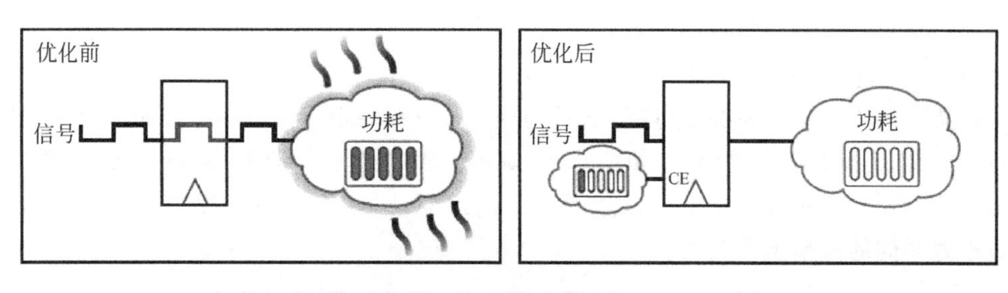

图 9.60 时钟门控方法

在这个过程中，自动降低功耗：

(1) 关闭设计中没有使用的部分。

(2) 不要求深入的系统级知识。

在全局和对象级上，Vivado 集成开发环境提供了优化控制，包括：

(1) 用于优化设计的全局命令：power_opt_design。

(2) 用于局部一级控制的 SDC 命令：set_power_opt。

① 实例级：包含或者排除实例，用于功耗优化过程。

② 时钟域：优化由指定时钟驱动的实例。

③ 单元类型级：块 RAM、寄存器和 SRL 等。

3) Place Desgin 选项

该选项用于控制布局过程。place_design 选项设置界面，如图 9.61 所示。在布线过

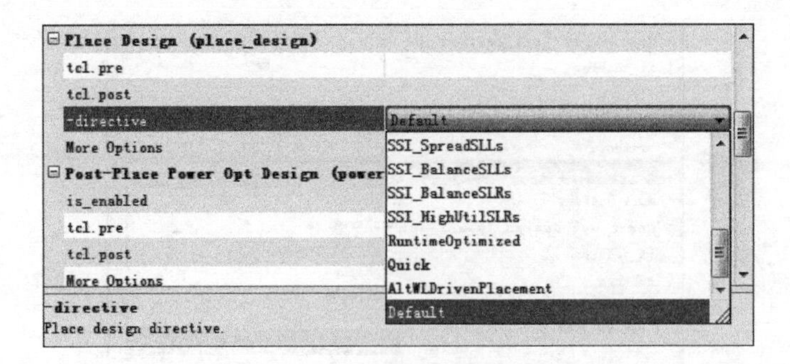

图 9.61　place_design 选项设置界面

程中，可以使用一个输入的 XDEF 作为起始点。在该过程是一个完整的布局阶段，在该过程中执行：

(1) 预布局 DRC。

① 检查不能布线的连接，有效的约束，以及是否过度使用资源。

② 执行 I/O 和时钟布局。

(2) 宏和原语布局。

① 采用时序驱动和线长度驱动策略。

② 感知拥塞。

(3) 详细的布局。

① 改进小形状的位置，如触发器和 LUT。

② 封装到切片。

(4) 提交后优化。

4) phys_opt_design 选项

该选项用于控制物理综合过程，该过程处于 place_design 和 route_design 过程中间。phys_opt_design 选项设置界面，如图 9.62 所示。通过选择/不选择 is_enabled 前面的复选框，选择执行/不执行该步骤。该过程基于时序驱动机制，在该过程中，复制和放置带有负松弛时间的高扇出驱动器。

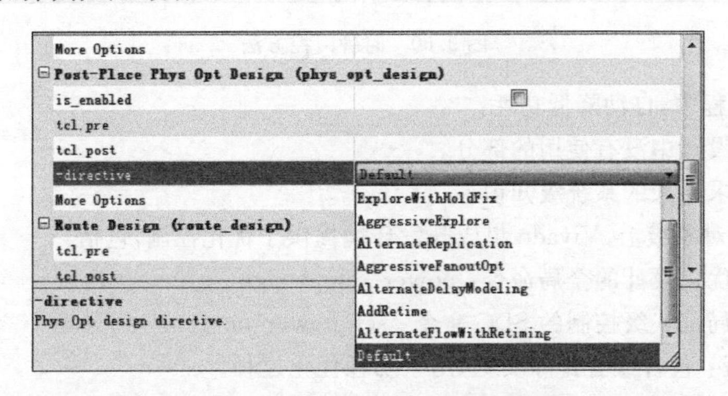

图 9.62　phys_opt_design 选项设置界面

注：(1) 如果改善时序，才复制它。

(2) 松弛必须在一个严格的范围内，大约是 WNS 的 10%。

5）route_design 选项

该选项用于控制布线过程。route_design 选项设置界面，如图 9.63 所示。该过程是一个完整的布线阶段。该过程执行：

（1）特殊网络和时钟布线。

（2）时序驱动布线。

① 优先考虑关键的建立/保持路径。

② 交换 LUT 输入引脚，以改善关键路径。

③ 修复合理的保持时间冲突。

默认在执行该过程时，布线器开始于布局后的设计，并且尝试布线所有的网络。但是，对于非工程模式批处理的可重入模式下，布线器可以布线/不布线，以及锁定/不锁定指定的网络。

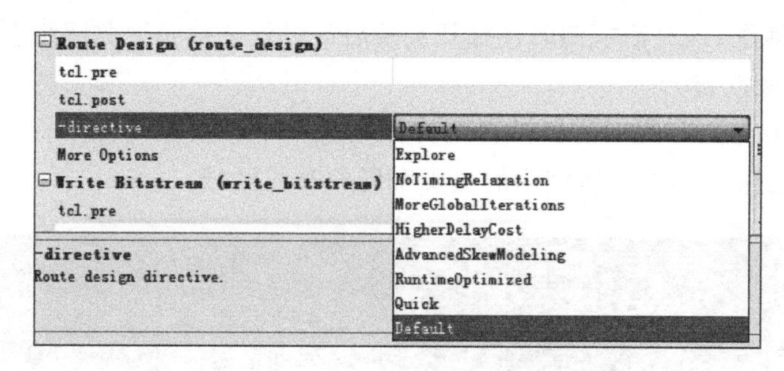

图 9.63　route_design 选项设置界面

在该过程中，可以使用 report_route_status 命令生成布线状态的报告。在报告中给出了检查单个网络的布线状态：

（1）对于完全布线的网络，列出布线资源。

（2）给出失败的布线。

9.9.3　设计实现

本节执行设计实现过程，主要步骤包括：

（1）在 Vivado 的 Sources 窗口下，找到并选中 AHBLITE_SYS.v 文件。

（2）在 Vivado 左侧的 Flow Navigator 窗口中，找到并展开 Implementation 选项。

（3）在 Implementation 展开项中，选择 Run Implementation 选项，Vivado 开始执行设计实现过程。或者在 Tcl 命令行中，输入 launch_runs impl_1 脚本命令，运行实现过程。

注：（1）如果前面已经运行过实现，需要重新运行实现前，必须执行 reset_run impl_1 脚本命令，然后再执行 launch_runs impl_1 脚本命令。

（2）实现过程包括转换、映射，以及布局布线三个阶段。

9.9.4　查看布局布线后的结果

本节查看布局布线后的结果，主要步骤包括：

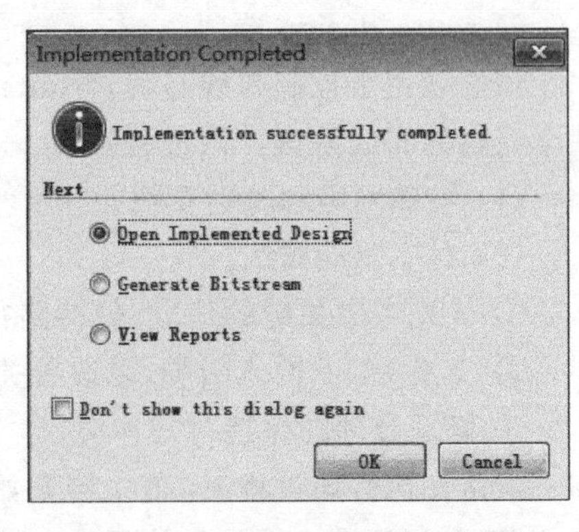

图 9.64　实现完成后的对话框界面

1）当 Vivado 完成对设计的实现过程后，弹出 Implementation Completed（实现完成）对话框，如图 9.64 所示。在该在该界面内提供了三个选项：

（1）Open Implemented Design（打开实现后的设计）。

（2）View Reports（查看报告）。

（3）Launch iMPACT（启动 iMPACT）。

注：*在该设计中，使用默认的 Open Implemented Design 选项。*

2）单击 OK 按钮。

3）如果没有关闭综合后的设计，则会弹出 Vivado 提示对话框，该对话框询问在打开实现后的设计之前是否关闭综合后的设计。

4）单击 Yes 按钮。

5）自动打开布局布线后的器件视图界面，如图 9.65 所示。图中标出了 Cortex-M0 嵌入式片上系统在 FPGA 内所使用的主要布局和布线区域。

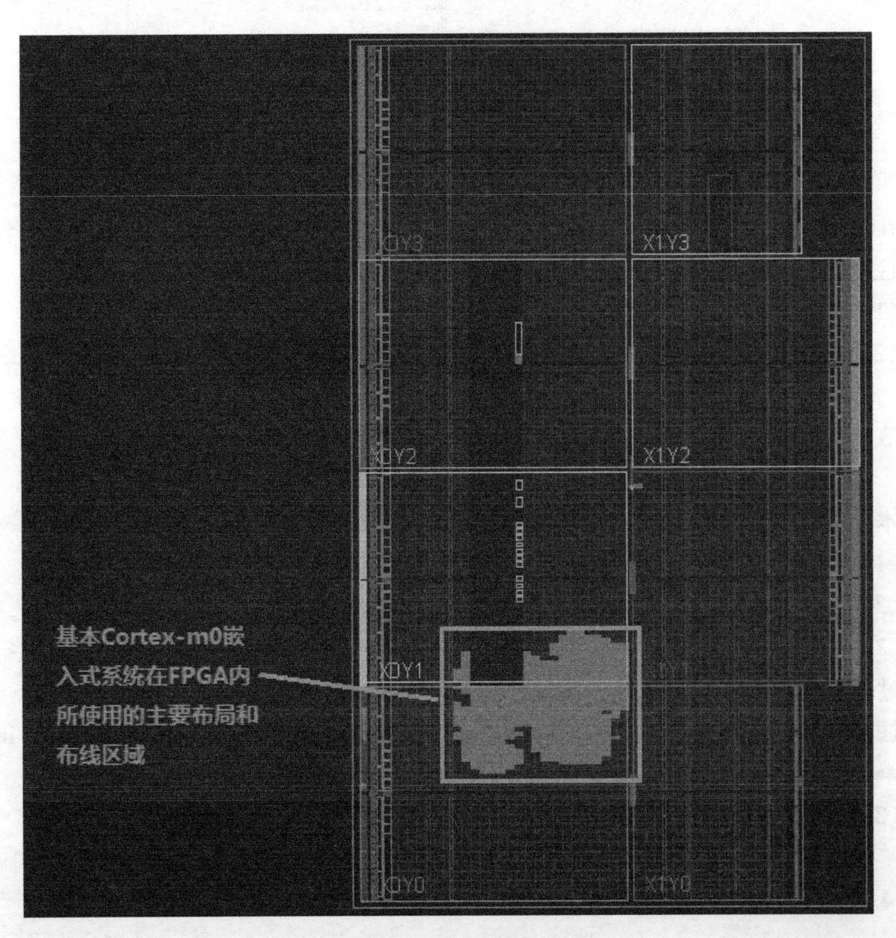

图 9.65　布局布线后的器件视图界面

6）单击 (放大视图)按钮，将图 9.65 内用方框标识的区域放大，并通过拖曳调整该区域在窗口中的位置。可以看到标有橙色颜色方块的引脚，表示在该设计中已经使用这些 IO 块，如图 9.66 所示。

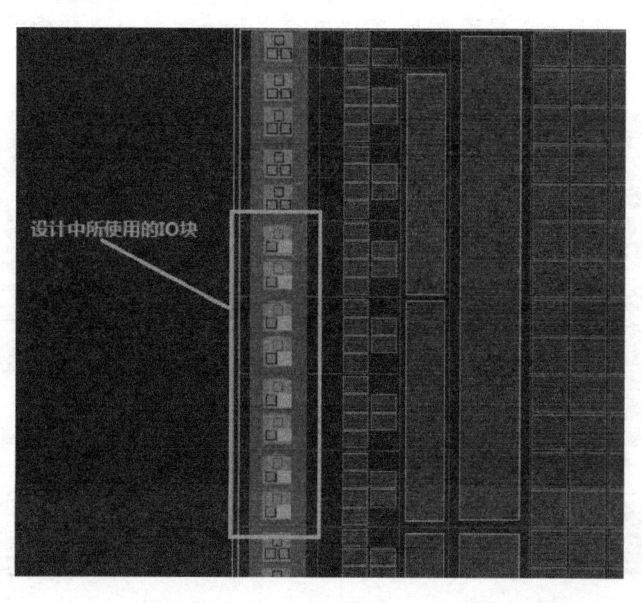

图 9.66　基本 SoC 系统所使用的 FPGA 的引脚

7）单击左侧一列工具栏内的 (显示布线资源)按钮和 (放大视图)或者 (缩小视图)按钮，并调整视图在窗口的位置。

8）如图 9.67 所示，该部分区域显示了设计所使用的连线。其中绿色的线表示设计中使用的互连线资源。

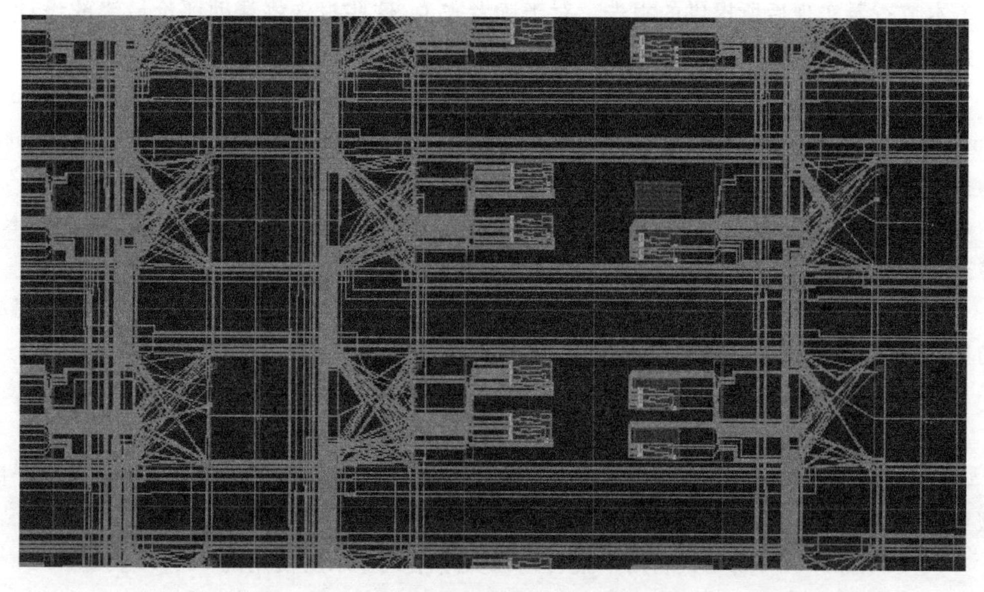

图 9.67　该设计所使用的布线资源

9）放大图 9.67，并调整该区域在窗口的位置。如图 9.68 所示，可以看到用绿色标记的地方为 Cortex-M0 嵌入式片上系统所使用的逻辑设计资源，包括 CLB、Slice、LUT、MUX 和 FF 等。

注：将鼠标放到每个逻辑资源上，可以查看 Xilinx 对每个逻辑资源的位置定义。这对于读者深入理解位置（布局）约束也是非常重要的。

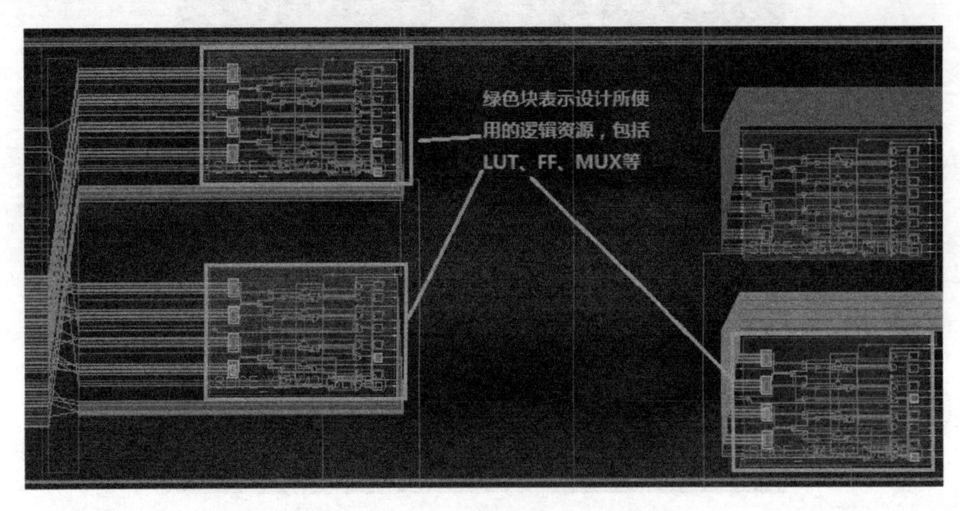

图 9.68 该设计所使用的布线资源

10）关闭器件视图界面。

9.9.5 查看实现后的报告

本节查看实现后所提供的报告。对于读者来说，这些报告将帮助评价最终的设计性能是否能满足要求。

在 Vivado 左侧的 Flow Navigator 窗口中的 Implementation 选项下的 Open Implemented Design 中提供了最重要的报告，并且在 Vivado 当前工程界面下的 Reports 标签窗口中也包含了一些其他有用的报告，如图 9.69 所示。该视图界面内容包括：

（1）Post Optimization DRC Report（优化后 DRC 报告），列出已经完成的 I/O DRC 检查。

（2）Post Power Optimization DRC Report（功耗优化后 DRC 报告），列出已经完成的功耗 DRC 检查。

（3）Place and Route Log（布局和布线日志），描述实现过程中所遇到的任何问题。

（4）IO Report（IO 报告），列出用于设计的最终引脚分配。

（5）Clock Utilization Report（时钟利用率报告），描述使用的时钟资源，以及基于区域到区域时钟的利用率资源。

（6）Utilization Report（利用率报告），以文本格式显示所使用的 FPGA 资源。

（7）Control Sets Report（控制集报告），描述对控制信号进行分组的方法。

注：读者可以双击每个条目，以文本格式显示具体的信息。

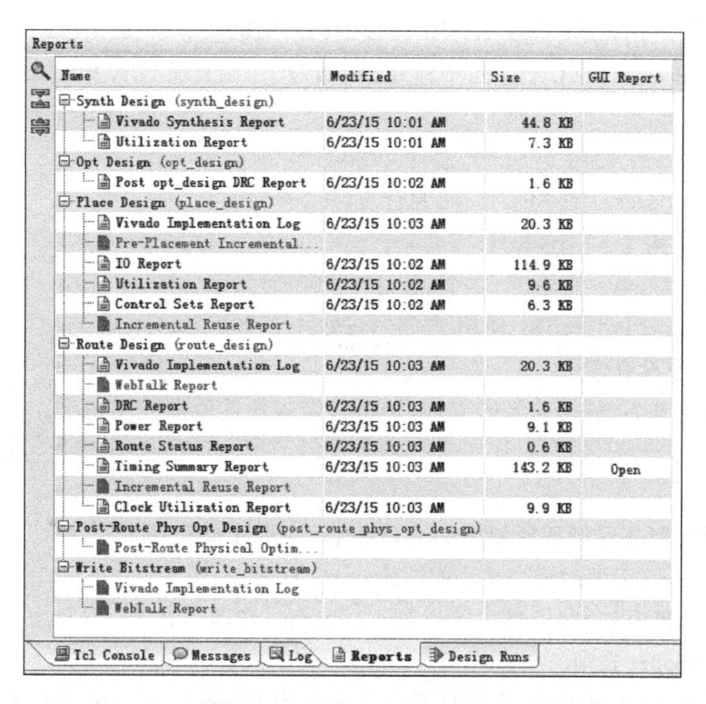

Name	Modified	Size	GUI Report
Synth Design (synth_design)			
Vivado Synthesis Report	6/23/15 10:01 AM	44.8 KB	
Utilization Report	6/23/15 10:01 AM	7.3 KB	
Opt Design (opt_design)			
Post opt_design DRC Report	6/23/15 10:02 AM	1.6 KB	
Place Design (place_design)			
Vivado Implementation Log	6/23/15 10:03 AM	20.3 KB	
Pre-Placement Incremental...			
IO Report	6/23/15 10:02 AM	114.9 KB	
Utilization Report	6/23/15 10:02 AM	9.6 KB	
Control Sets Report	6/23/15 10:02 AM	6.3 KB	
Incremental Reuse Report			
Route Design (route_design)			
Vivado Implementation Log	6/23/15 10:03 AM	20.3 KB	
WebTalk Report			
DRC Report	6/23/15 10:03 AM	1.6 KB	
Power Report	6/23/15 10:03 AM	9.1 KB	
Route Status Report	6/23/15 10:03 AM	0.6 KB	
Timing Summary Report	6/23/15 10:03 AM	143.2 KB	Open
Incremental Reuse Report			
Clock Utilization Report	6/23/15 10:03 AM	9.9 KB	
Post-Route Phys Opt Design (post_route_phys_opt_design)			
Post-Route Physical Optim...			
Write Bitstream (write_bitstream)			
Vivado Implementation Log			
WebTalk Report			

图 9.69　Reports 窗口界面

1. 利用率报告

本节介绍查看设计利用率报告的方法，主要步骤包括：

(1) 在 Vivado 集成开发环境左侧的 Flow Navigator 窗口内，找到并展开 Implementation。在 Implementation 展开项中，找到并展开 Implemented Design。在 Implemented Design 展开项中，找到并双击 Report Utilization 选项。

(2) 出现 Report Utilization 对话框。在该对话框中，默认利用率报告的名字为 utilization_1。

(3) 单击 OK 按钮。

(4) 可以看到在 Vivado 主界面下方的窗口中，新出现了名字为 Utilization 的标签窗口，如图 9.70 所示。

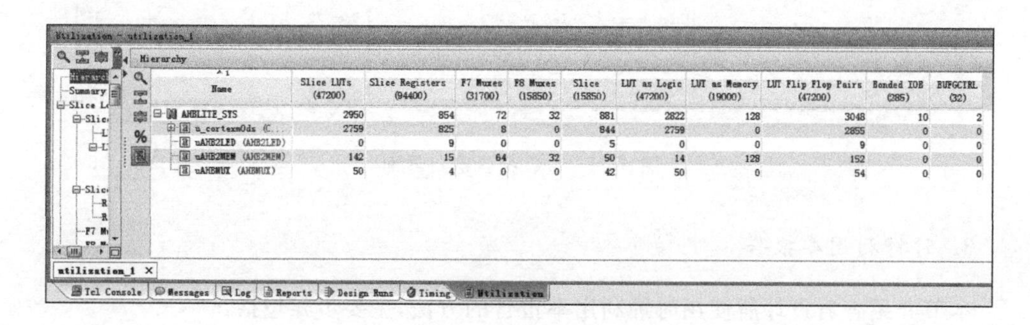

Name	Slice LUTs (47200)	Slice Registers (94400)	F7 Muxes (31700)	F8 Muxes (15850)	Slice (15850)	LUT as Logic (47200)	LUT as Memory (19000)	LUT Flip Flop Pairs (47200)	Bonded IOB (285)	BUFGCTRL (32)
AHBLITE_SYS	2950	854	72	32	881	2822	128	3048	10	2
u_cortexm0ds (C...	2759	825	8	0	844	2759	0	2855	0	0
uAHB2LED (AHB2LED)	0	9	0	0	5	0	0	9	0	0
uAHB2MEM (AHB2MEM)	142	15	64	32	50	14	128	152	0	0
uAHBMUX (AHBMUX)	50	4	0	0	42	50	0	54	0	0

图 9.70　Reports 窗口界面

从图中可以看出，顶层模块 AHBLITE_SYS 下面包含 u_cortexm0ds、uAHB2LED、uAHB2MEM 和 uAHBMUX 这四个模块，例如对于 uAHBMUX 模块来说，给出了占用资源的情况：

① Slice LUTs：使用了 50 个，总计 47200 个。

② Slice Registers：使用了 4 个，总计 94400 个。

③ Slice：使用了 42 个，总计 15850 个。

④ LUT as Loigc：使用了 50 个，总计 47200 个。

⑤ LUT Flip Flop Pairs：使用了 54 个，总计 47200 个。

⑥ 其余资源没有使用。

思考与练习 9-7：根据前面的方法，分析其余模块的资源使用情况。

2. I/O 报告

本节介绍如何查看设计所使用的 I/O 报告，主要步骤包括：

(1) 在 Vivado 下面的窗口中，单击 Reports 标签。

(2) 在该标签窗口中，找到并展开 Place Design 选项。在 Place Design 展开项中，找到并双击 IO Reoprt 选项。

(3) 在 Vivado 主界面中，自动打开一个名字为 IO-Report-impl_1 的窗口，如图 9.71 所示，表示该报告是针对 impl_1 实现策略所生成的报告。在该界面中，提供了一个表格，该表格列出了每个信号、信号的属性，以及它在 FPGA 上最终的引脚位置。

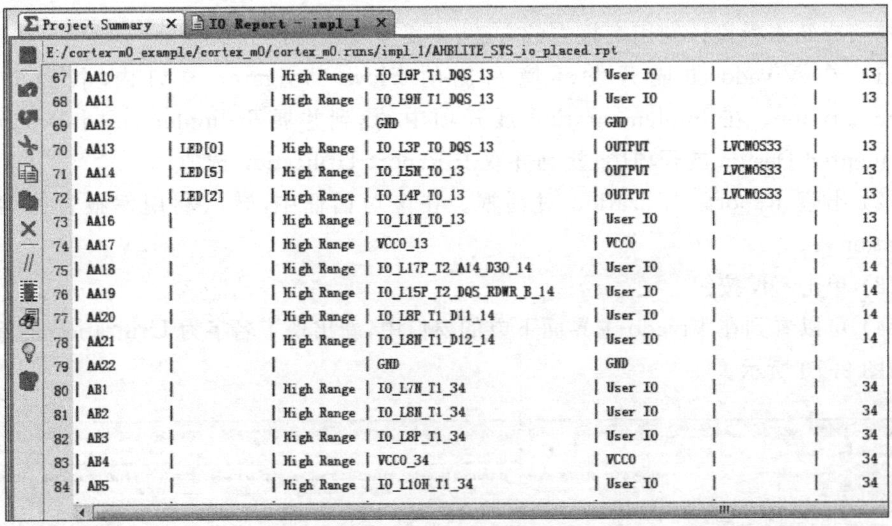

Project Summary | IO Report - impl_1

E:/cortex-m0_example/cortex_m0/cortex_m0.runs/impl_1/AHBLITE_SYS_io_placed.rpt

67	AA10		High Range	IO_L9P_T1_DQS_13	User IO		13
68	AA11		High Range	IO_L9N_T1_DQS_13	User IO		13
69	AA12			GND	GND		
70	AA13	LED[0]	High Range	IO_L3P_T0_DQS_13	OUTPUT	LVCMOS33	13
71	AA14	LED[5]	High Range	IO_L5N_T0_13	OUTPUT	LVCMOS33	13
72	AA15	LED[2]	High Range	IO_L4P_T0_13	OUTPUT	LVCMOS33	13
73	AA16		High Range	IO_L1N_T0_13	User IO		13
74	AA17		High Range	VCCO_13	VCCO		13
75	AA18		High Range	IO_L17P_T2_A14_D30_14	User IO		14
76	AA19		High Range	IO_L15P_T2_DQS_RDWR_B_14	User IO		14
77	AA20		High Range	IO_L8P_T1_D11_14	User IO		14
78	AA21		High Range	IO_L8N_T1_D12_14	User IO		14
79	AA22			GND	GND		
80	AB1		High Range	IO_L7N_T1_34	User IO		34
81	AB2		High Range	IO_L8N_T1_34	User IO		34
82	AB3		High Range	IO_L8P_T1_34	User IO		34
83	AB4		High Range	VCCO_34	VCCO		34
84	AB5		High Range	IO_L10N_T1_34	User IO		34

图 9.71　I/O 报告窗口界面

3. 时钟利用率报告

本节介绍查看设计所使用时钟利用率报告的方法，主要步骤包括：

(1) 在 Vivado 下面的窗口中，单击 Reports 标签。

(2) 在该标签窗口中，找到并展开 Route Design 选项。在 Route Design 展开项中，找到并双击 Clock Utilization Report 选项。

(3) 在 Vivado 窗口中,自动打开一个名字为 Clock Utilization Report-impl_1 的报告,该报告的名字表示该报告是针对 impl_1 实现策略所生成的报告,如图 9.72 所示。在该报告中,给出了设计中所用到的时钟资源,包括 BUFG、BUFH、BUFHCE、MMCM 和时钟域分析。

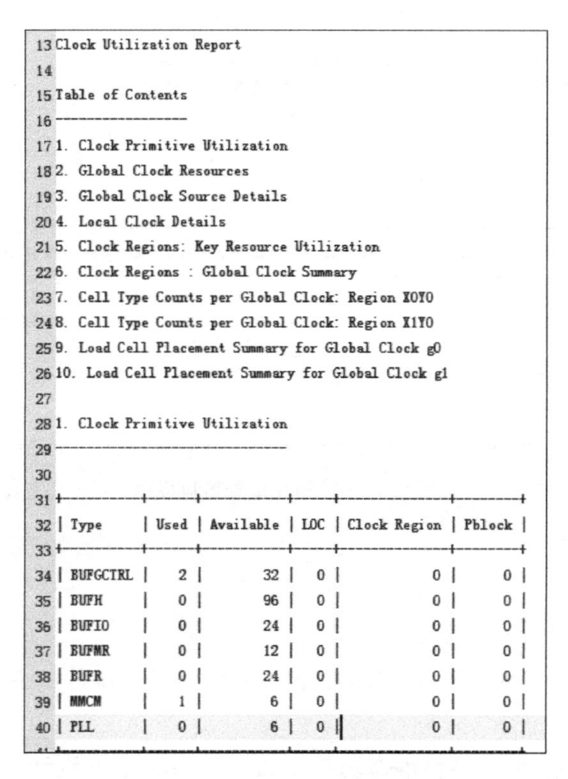

```
13 Clock Utilization Report
14
15 Table of Contents
16 -----------------
17 1. Clock Primitive Utilization
18 2. Global Clock Resources
19 3. Global Clock Source Details
20 4. Local Clock Details
21 5. Clock Regions: Key Resource Utilization
22 6. Clock Regions : Global Clock Summary
23 7. Cell Type Counts per Global Clock: Region X0Y0
24 8. Cell Type Counts per Global Clock: Region X1Y0
25 9. Load Cell Placement Summary for Global Clock g0
26 10. Load Cell Placement Summary for Global Clock g1
27
28 1. Clock Primitive Utilization
29 ------------------------------
30
31 +----------+------+-----------+-----+--------------+--------+
32 | Type     | Used | Available | LOC | Clock Region | Pblock |
33 +----------+------+-----------+-----+--------------+--------+
34 | BUFGCTRL |    2 |        32 |   0 |            0 |      0 |
35 | BUFH     |    0 |        96 |   0 |            0 |      0 |
36 | BUFIO    |    0 |        24 |   0 |            0 |      0 |
37 | BUFMR    |    0 |        12 |   0 |            0 |      0 |
38 | BUFR     |    0 |        24 |   0 |            0 |      0 |
39 | MMCM     |    1 |         6 |   0 |            0 |      0 |
40 | PLL      |    0 |         6 |   0 |            0 |      0 |
```

图 9.72　时钟利用率报告窗口界面

从图中可以很清楚地看出,在该系统的设计中使用了一个 MMCM 资源,以及使用了两个 BUFGCTRL 资源。

4. 控制集报告

本节将查看实现后的控制集报告,该报告描述了设计中控制集的个数(理想情况下,该数字应尽可能小)。控制集的个数用于描述对控制信号进行分组的方法。具体体现在:

(1) 确定了工具的能力,即能达到高器件利用率。

(2) 设计中控制集的个数由下面因素确定,即推断出的置位、复位和时钟使能信号。

(3) 如果设计者希望在设计中尽可能地共享控制,可以减少控制信号的个数。

查看控制集报告的主要步骤包括:

(1) 在 Vivado 下面的窗口中,单击 Reports 标签。

(2) 在该标签窗口中,找到并展开 Place Design 选项。在 Place Design 展开项中,找到并双击 Control Sets Report 选项。

（3）在 Vivado 窗口中，自动打开一个名字为 Control Sets Report-impl_1 的报告，表示该报告是针对 impl_1 实现策略所生成的报告，如图 9.73 所示。在该报告中，给出了控制集的个数，以及具体的使用细节。

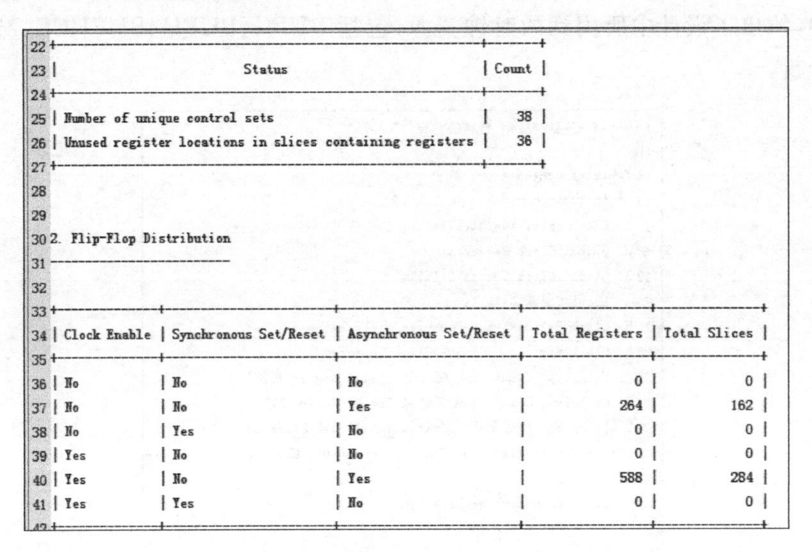

Status	Count
Number of unique control sets	38
Unused register locations in slices containing registers	36

2. Flip-Flop Distribution

Clock Enable	Synchronous Set/Reset	Asynchronous Set/Reset	Total Registers	Total Slices
No	No	No	0	0
No	No	Yes	264	162
No	Yes	No	0	0
Yes	No	No	0	0
Yes	No	Yes	588	284
Yes	Yes	No	0	0

图 9.73　控制集报告窗口界面

9.9.6　功耗分析

本节对该设计在实现后生成的功耗报告进行分析。器件的总功耗由下面的公式确定：

器件总功耗 ＝ 器件静态功耗 ＋ 设计静态功耗 ＋ 设计动态功耗

其中：

（1）器件静态功耗与漏电流有关，表示晶体管漏电流所引起的功耗，它是在器件上电后、配置前得到的值。

（2）设计静态功耗。

该功耗是指在配置完器件后还没有产生逻辑切换，也就是处于不活动状态，功耗包括：I/O DCI 端接和时钟管理器等。Xilinx 的功耗估计工具(Xilinx Power Estimator，XPE)使用一个空白的比特流，将其加载到当前设计所使用的逻辑资源中。

（3）设计动态功耗。

该功耗是指设计中用户逻辑的利用率以及开关活动率，对于开关活动率来说，包括切换速率以及信号速度。

功耗分析的主要步骤包括：

（1）在 Vivado 主界面左侧的 Flow Navigator 窗口中，找到并展开 Implementation。在 Implementation 展开项中，找到并展开 Implemented Design。在 Implemented Design 展开项中，选择并双击 Report Power。

（2）弹出 Report Power 对话框界面，如图 9.74 所示。在该界面中，需要设置器件参数，以及环境参数。环境参数包括：输出的负载电容值、结温度、环境温度、有效的热阻、气流、散热片、热阻散热器、板子的尺寸、板子的层数、结到板子的热阻和板子温度等。其中：

① ΘJA(℃/W)确定了 Xilinx 器件向外部环境耗散的功耗。

② ΘSA(℃/W)表示散热片到周围空气的热阻。

③ ΘJB(℃/W)表示器件的结到板子的热阻。

在该设计中，将 Number of board layers 设置为 4 to 7。

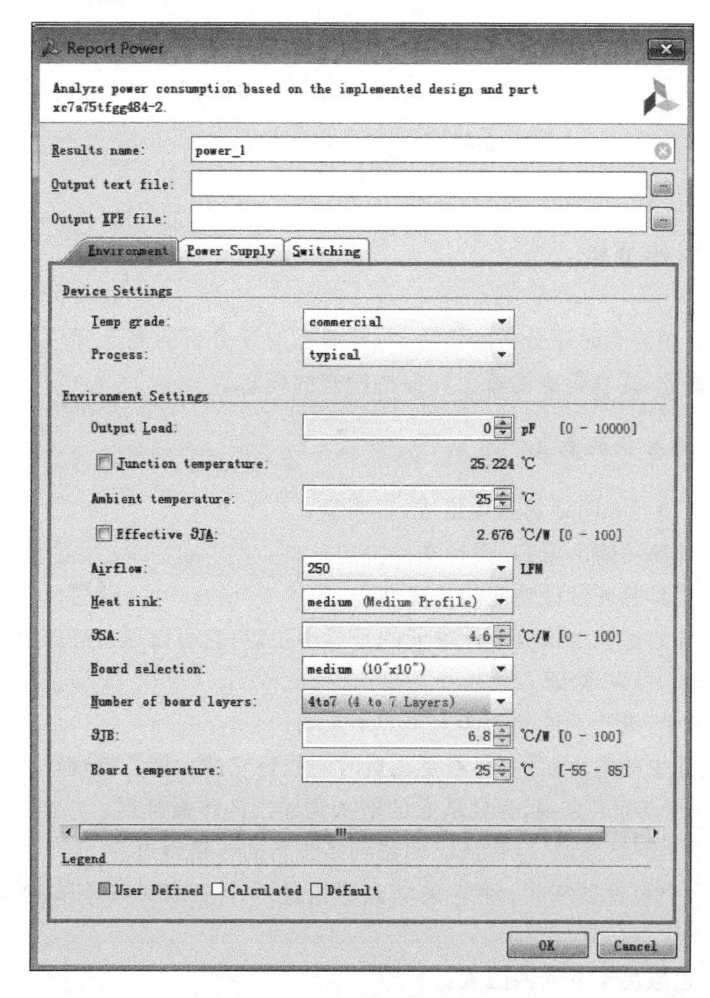

图 9.74　XPE 所用参数设置界面

(3) 单击 OK 按钮。

(4) 在 Vivado 主界面下方自动添加并打开 Power 标签窗口，如图 9.75 所示。在该报告中，给出了分析所用的设置参数(Settings)、功耗总结(Summary)、每个模块的功耗(Hierarchical)、时钟功耗(Clocks)、数据功耗(Data)、时钟使能功耗(Clock Enable)、置位和复位功耗(Set/Reset)、逻辑功耗(Logic)和 I/O 功耗(I/O)。

思考与练习 9-8：打开功耗报告的相关内容，查看设计中的功耗。

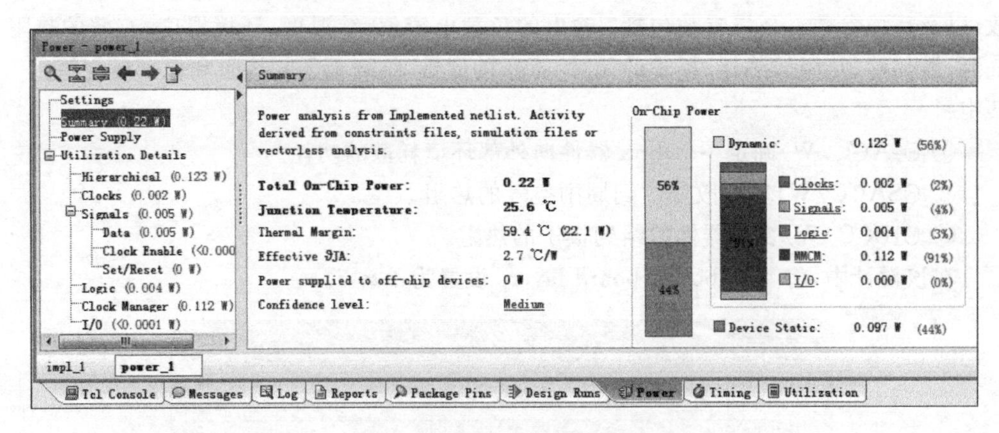

图 9.75 设计功耗报告界面

9.9.7 静态时序分析

本节简单介绍静态时序分析的作用，包括静态时序分析的意义、静态时序分析报告、静态时序路径概念、建立检查的概念和保持检查的概念。

1. 静态时序分析的意义

一个设计由单元和网络的互连组成，很明显：

1) 一个设计的功能由 RTL 设计文件决定；

2) 由仿真工具验证设计功能的正确性；

3) 一个器件的性能由构成设计单元的延迟所决定，它可以通过静态时序分析(Static Timing Analysis，STA)验证。

4) 在 STA 中，设计元件的功能显得并不重要。

5) 对于设计中的每个元件，都需要花费时间执行它的功能。表现在：

(1) 对于一个 LUT 来说，存在从它的输入到输出的传播延迟。

(2) 对于一个网络来说，存在从驱动器到接收器的传播延迟。

(3) 对于一个触发器来说，在它采样点附近的一个要求时间范围内需要有稳定的数据。

6) 这些延迟取决于下面的因素：

(1) 由 FPGA 的组件和设计实现决定，即元素的物理特性(也就是构成结构)和对象的位置(即一个对象向对于其他对象的位置)。

(2) 由环境因素决定，包含器件的制造工艺、单元上的电压和温度。Xilinx 提供了元件和网络的延迟，这些延迟通过对量产器件的特性细化得到。

7) 在 STA 时，使用在合适拐点的特性化延迟。

在 FPGA 的设计过程中，STA 的必要性体现在：

(1) 很多 FPGA 实现的过程基于时序驱动。典型地表现在：

① 综合器用于电路的结构；

② 布局器用于优化单元的位置；

③ 布线器用于选择布线的元素。

(2) 必须对工具进行约束，以确定所期望的性能目标。

(3) 在设计的过程中使用STA，然后生成报告。

(4) STA确定最终的设计是否提供了所期望的性能。

2. 静态时序分析报告

在实现过程结束后，可以在Vivado主界面左侧的Flow Navigator窗口内找到并展开Implementation。在Implementation展开项中，找到并展开Open Implemented Design。在Open Implemented Design展开项中，找到并双击Report Timing Summary，打开当前设计时序报告，如图9.76所示。

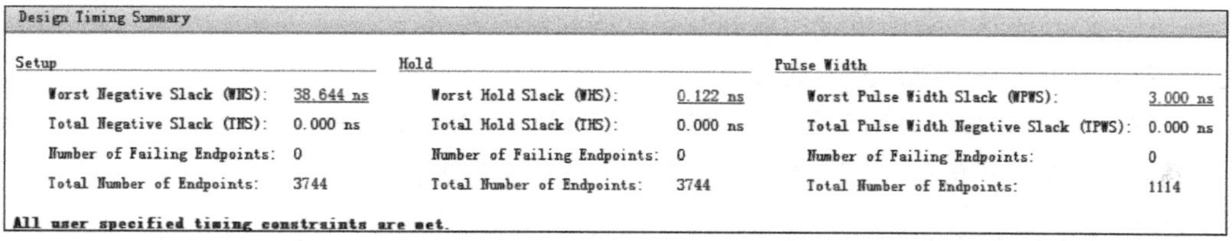

Design Timing Summary

Setup		Hold		Pulse Width	
Worst Negative Slack (WNS):	38.644 ns	Worst Hold Slack (WHS):	0.122 ns	Worst Pulse Width Slack (WPWS):	3.000 ns
Total Negative Slack (TNS):	0.000 ns	Total Hold Slack (THS):	0.000 ns	Total Pulse Width Negative Slack (TPWS):	0.000 ns
Number of Failing Endpoints:	0	Number of Failing Endpoints:	0	Number of Failing Endpoints:	0
Total Number of Endpoints:	3744	Total Number of Endpoints:	3744	Total Number of Endpoints:	1114

All user specified timing constraints are met.

图9.76 时序总结报告窗口界面

图中：

1) Setup(建立)

(1) 最坏负松弛(Worst Negative Slack，WNS)。

所有时序路径上的最坏松弛，用于分析最大延迟。WNS可以是正数或者负数。当WNS值为正时，表示没有冲突。

(2) 总的负松弛(Total Negative Slack，TNS)。

当只考虑每个时序路径端点最坏的冲突时，为所有WNS的和。当满足所有的时序约束时，为0ns；否则，有冲突时，为负数。

(3) 失败端点的个数(Number of Failing Endpoints)。

有一个冲突(即WNS<0ns)端点总的个数。

2) 保持(Hold)

最坏保持松弛(Worst Hold Slack，WHS)。

对应于所有时序路径上的最坏松弛，用于分析最小延迟。WHS可以是正数或者负数。当WHS为正时，表示没有冲突；

3) 脉冲宽度(Pulse Width)

最坏脉冲宽度松弛(Worst Pulse Width Slack，WPWS)。

当使用最小和最大延迟时，对应于以上所列出的所有时序检查中最坏的松弛。

3. 静态时序路径概念

一个静态时序路径，如图9.77所示。一个静态时序路径是指：

(1) 起始于一个时钟控制的元素；

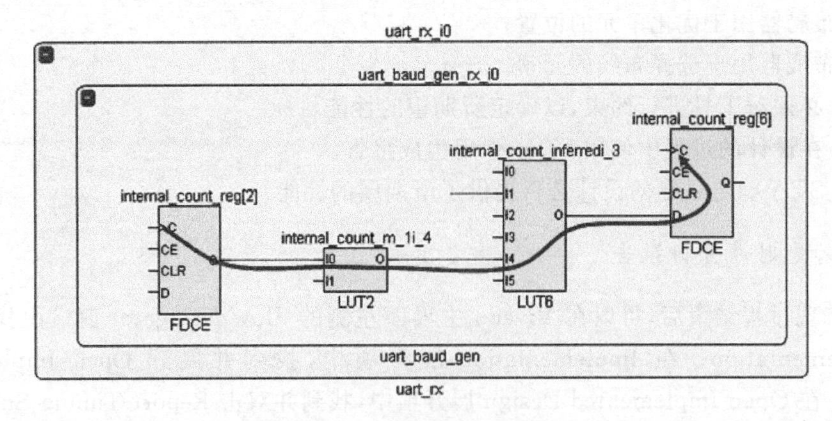

图 9.77　静态时序路径

(2) 经过任意个数的组合元素和互连这些元素的网络；

(3) 结束于一个时钟控制的元素。

注：(1)时钟控制的元素包含触发器、块 RAM 和 DSP 切片等。

(2) 组合元素包含 LUT、宽的多路复用器 MUX 和进位链等。

4. 建立检查的概念

在下一个时钟事件之前，检查在一个时钟控制元素的变化需要传播到另一个时钟控制元素需要的时间，如图 9.78 所示。

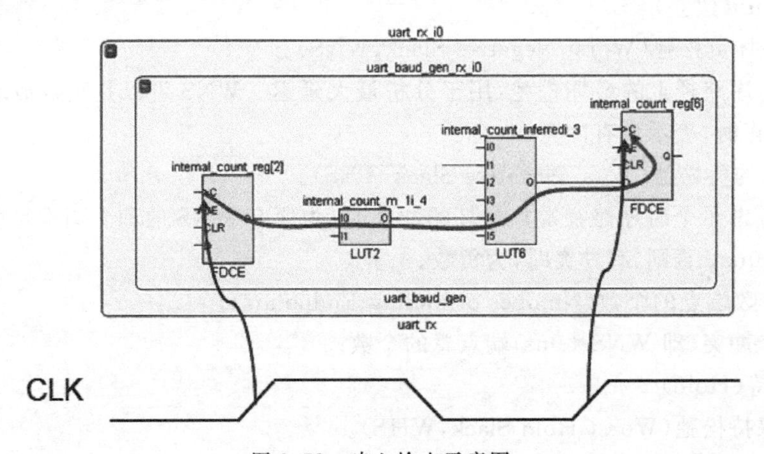

图 9.78　建立检查示意图

5. 保持检查的概念

在相同的时钟事件到达目的元素前，检查由一个时钟事件所引起的在一个时钟控制元素上变化不传播到目的时钟控制元素的时间。通常是指从时钟的上升沿到该时钟相同的边沿。保持检查检查所有时序路径，如图 9.79 所示。

最短的延迟用于源时钟和数据路径延迟，最长的延迟用于目的时钟延迟。

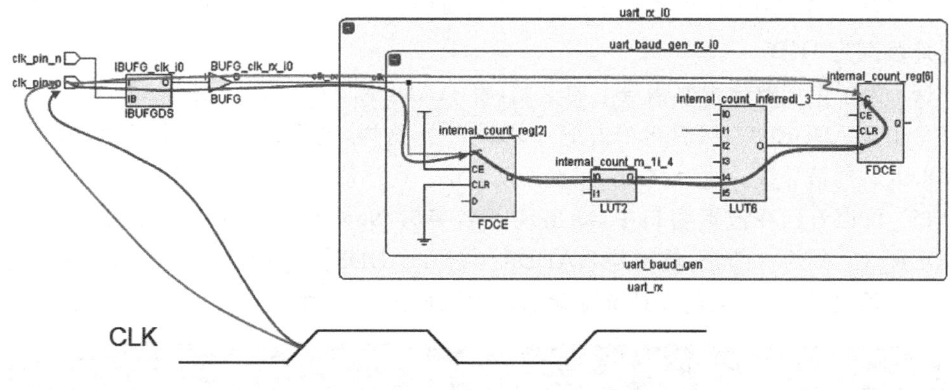

图 9.79 保持检查示意图

9.10 实现后时序仿真

本节对设计执行时序仿真。时序仿真是对布局布线后的设计进行验证,是对将该设计下载到 FPGA 真实运行情况的评估。我们常说的毛刺和竞争冒险等时序问题都可能反映到当前的时序仿真中。执行实现后时序仿真的主要步骤包括:

(1) 在 Vivado 集成开发环境的 Sources 窗口中,找到并展开 Simulation Sources 文件夹。在 Simulation Sources 展开项中,找到并展开 sim_1 子目录。在 sim_1 展开项中,选择 test. v 文件。

(2) 在 Vivado 左侧的 Flow Navigator 窗口中,找到并展开 Simulation。在 Simulation 展开项中,选择并单击 Run Simulation,出现浮动菜单。在浮动菜单内,选择 Run Post-Implementation Timing Simulation。默认,Vivado 仿真工具自动运行 1000ns。

注:时序仿真前必须执行实现的过程。

(3) 将 uAHB2LED 和 uAHB2MEM 模块的信号添加到波形窗口中。

(4) 重新运行仿真 4000ns。

(5) 将仿真波形调整到合适的窗口,可以看到当前的波形和综合后仿真的波形,在一些地方明显不同,如图 9.80 所示。

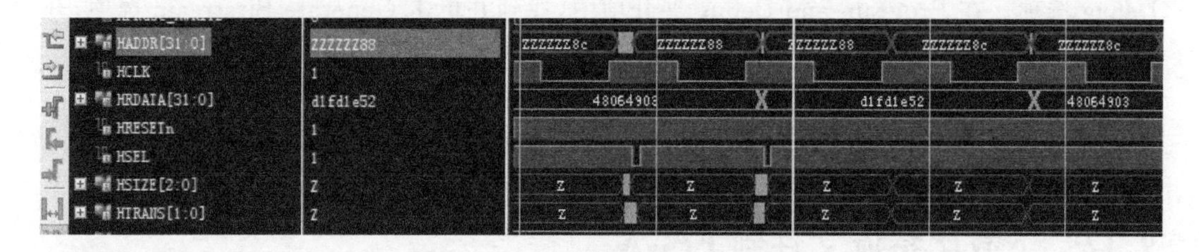

图 9.80 实现后的时序仿真结果

从图中可以看到,HADDR[31:0]、HSIZE[2:0]和 HRANS[1:0]信号出现蓝色,如果将这些信号展开则可以看到,在这些信号集中的某些信号出现高阻状态。典型地,单击 HADDR[31:0]前面的"+"号,可以看到 HADDR[10]~HADDR[31]信号都是蓝色,表示高阻状态，这是由于这些信号在存储器模块中只使用了 HADDR[0]～HARRR[9]，其寻址范围为 1KB。

(6) 为了更细致地观察信号上的毛刺，将 HADDR[31:0]信号展开，同时按 Shift 按键并单击 HADDR[9]，然后再单击 HADDR[0]。这样，就可以同时选择 HADDR[0]～HADDR[9]的信号线。然后，右击，出现浮动菜单。在浮动菜单内，选择 New Virtual Bus。

(7) 可以看到在波形窗口中，新出现了名字为 New Virtual Bus 的总线，该总线是 HADDR[31:0]的一部分，范围是 HADDR[0]～HADDR[9]，如图 9.81 所示。由于各个信号的传输延迟不同，因此在地址变化的过渡区域出现毛刺。

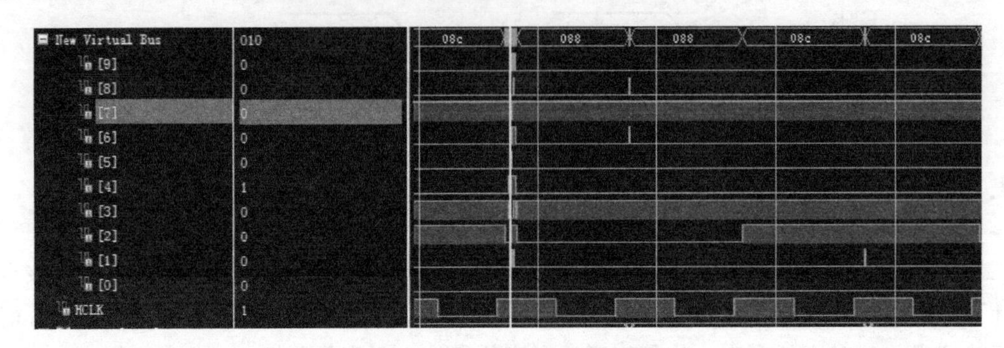

图 9.81　进一步观察信号波形界面

注：想让一个设计跑得很快，也就是频率很高是一件不容易的事情，这是因为只有使用正确的方法应对毛刺和延迟，才可以实现该目的。但是，这往往又是一件比较困难的事情。这就是为什么 FPGA 厂商给出的频率都很高，但是实际设计的频率要比这个值低得多的原因。

9.11　生成编程文件

本节生成比特流文件，主要步骤包括：

(1) 在 Vivado 源文件窗口中，选择顶层设计文件 AHBLITE_SYS.v。

(2) 在 Vivado 主界面左侧的 Flow Navigator 窗口下方，找到并展开 Program and Debug 选项。在 Program and Debug 展开项中，找到并单击 Generate Bitstream 选项，开始生成编程文件。

(3) 当完成生成比特流的过程后，出现 Bitstream Generation Completed 对话框。

(4) 单击 Cancel 按钮。

9.12　下载比特流文件到 FPGA

当生成用于编程 FPGA 的比特流数据后，需要将比特流数据下载到目标 FPGA 器件。Vivado 集成工具允许设计者对一个或多个 FPGA 同时进行编程，以及与这些 FPGA 进行交互。设计者可以通过 Vivado 集成环境用户接口或者使用 Tcl 命令连接 FPGA 硬件系统。在这两种方式下，连接目标 FPGA 器件的步骤都是相同的。包括：

(1) 打开硬件管理器(Hardware Manager)。

(2) 通过运行在主机上的硬件服务器(Hardware Server),打开硬件目标器件。

(3) 为需要编程的目标 FPGA 器件分配对应的比特流编程文件。

(4) 编程或者将编程文件下载到目标器件。

使用 Vivado 硬件管理器编程 FPGA 的主要步骤包括:

(1) 通过 USB 电缆,将 A7-EDP-1 开发平台上名字为 J12 的 USB-JTAG 插座与 PC/笔记本电脑上的 USB 接口进行连接。

(2) 将外部+5V 电源连接到 A7-EDP-1 开发平台的 J6 插座。

(3) 将 A7-EDP-1 开发平台上的 J11 跳线设置为 EXT 模式,即外部供电模式。

(4) 将 A7-EDP-1 开发平台上的 J10 插座设置为 JTAG,表示将使用 JTAG 下载设计到 FPGA。

(5) 将 A7-EDP-1 开发平台上的 SW8 开关设置为 ON 状态,给开发平台供电。

(6) 在 Vivado 主界面左侧的 Flow Navigator 窗口下方,找到并展开 Program and Debug 选项。在 Program and Debug 展开项中,找到并单击 Open Hardware Manager 选项。

(7) 在 Vivado 界面上方出现 Hardware Manager-unconnected 界面,如图 9.82 所示。

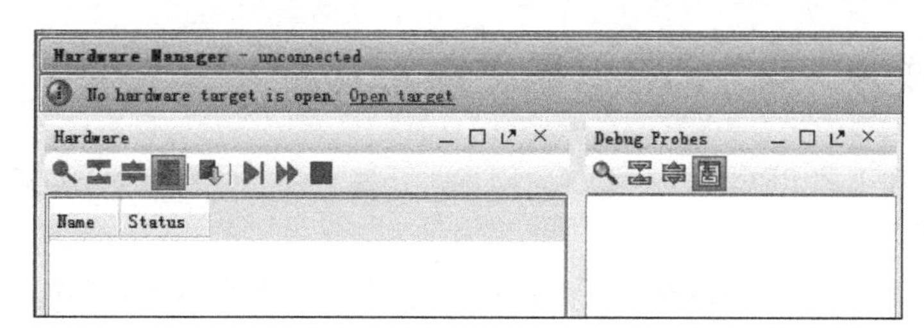

图 9.82 启动硬件目标入口

(8) 单击 Open target 选项,出现浮动菜单。在浮动菜单内,选择 Auto Connect 选项。

(9) 出现 Auto Connect 对话框,如图 9.83 所示。

图 9.83 正在连接服务器界面

(10) 当硬件电路设计正确且没有任何错误时,在 Hardware 窗口中,会出现所检测到的 FPGA 类型和 JTAG 电缆的信息,如图 9.84 所示。

(11) 在图 9.84 中,选中名字为 xc7a75t_0 的一行并右击,出现浮动菜单。在浮动菜单内,选择 Program Device…。

(12) 出现 Program Device 对话框。在该界面中,默认将 Bitstream file(比特流文

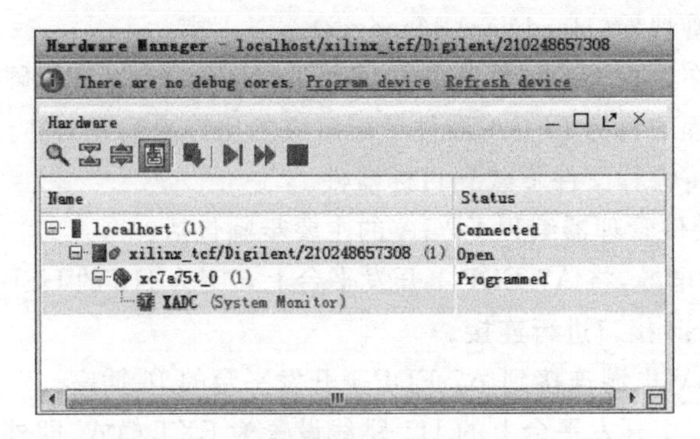

图 9.84　检测到 FPGA 器件后的界面

件)的路径指向

E:/cortex-m0_example/cortex_m0/cortex_m0.runs/impl_1/AHBLITE_SYS.bit

(13) 单击 Program 按钮。Vivado 工具自动将比特流文件下载到 FPGA 中。

思考与练习 9-9：观察 A7-EDP-1 开发平台上的 LED7～LED0 的现象是否符合前面的软件设计要求。

思考与练习 9-10：修改软件设计代码，在 LED7～LED0 上亮灭交替显示。

9.13　生成并下载外部存储器文件

本节生成和下载 PROM 文件到 A7-EDP-1 开发平台上型号为 N25Q32 的 Flash 中。主要步骤包括：

注：在执行以下步骤前，确保 A7-EDP-1 开发平台正常供电，以及正确连接 USB 电缆。

(1) 在 Vivado 主界面左侧的 Project Manager 窗口中，找到并展开 Program and Debug。在 Program and Debug 展开项中，找到并单击 Bitstream Settings。

(2) 出现 Project Settings 对话框。在该界面左侧窗口中，默认选中 Bitstream 图标。在右侧窗口中，选中-bin_file 右侧的复选框。该选项表示在生成比特流文件的同时，生成 bin 文件。

(3) 单击 OK 按钮，退出 Project Settings 对话框。

(4) 在 Program and Debug 下面，找到并单击 Generate Bitstream。重新生成比特流文件，并且也生成了 bin 文件。

(5) 出现 Bitstream Generation Completed 对话框。在该界面中，选择 Open Hardware Manager 前面的复选框。

(6) 单击 OK 按钮。

(7) 在 Hardware Manager 窗口中，单击 Open target，出现浮动菜单。在浮动菜单内选择 Auto Connect。

(8) 当正确检测到 FPGA 器件后，在 Hardware 窗口中出现所检测到的器件信息。在该界面中，选中 xc7a75t_0 并右击，出现浮动菜单。在浮动菜单内，选择 Add

Configuration Memory Device…。

(9) 出现 Add Configuration Memory Device 对话框,如图 9.85 所示。在该界面中,为了加快搜索 Flash 的速度,设置下面参数:

① Manufacturer: Micron。

② Density(Mb): 32。

③ Type: spi。

④ Width: x1_x2_x4。

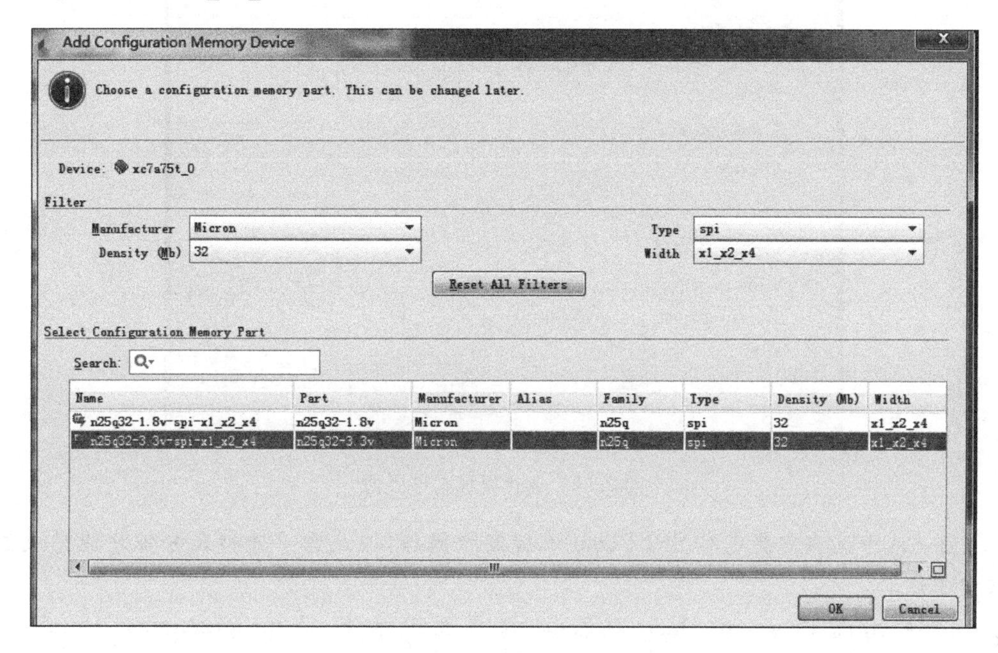

图 9.85 选择外部 Flash 类型界面

在下面的 Select Configuration Memory Part 列表中,选中名字为 n25q32-3.3v-spi-x1_x2_x4 的一行。

(10) 单击 OK 按钮,退出 Add Configuration Memory Device 对话框。

(11) 出现 Add Configuration Memory Device Completed 对话框。

(12) 单击 OK 按钮,退出该对话框界面。

(13) 出现 Program Configuration Memory Device 对话框,如图 9.86 所示。在该界面中,单击 Configruation file:右侧的[...]按钮。

(14) 出现 Specify File 对话框。在该界面中,指向下面路径:

```
E:/cortex-m0_example/cortex_m0/cortex_m0.runs/impl_1
```

在该路径下,选中名字为 AHBLITE_SYS.bin 的 bin 文件。

(15) 单击 OK 按钮,退出 Specify File 对话框界面。

(16) 在 Program Configuration Memory Device 对话框中,添加编程文件,其余按默认参数设置。

(17) 单击 OK 按钮。Vivado 开始将 bin 文件烧写到 N25Q32 存储器中。

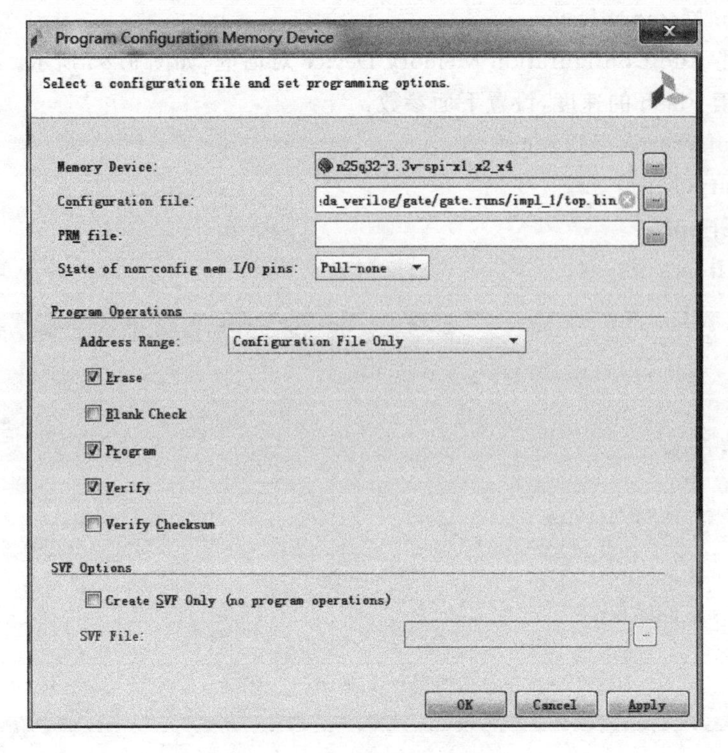

图 9.86　选择编程文件界面

注：这个过程需要先对 SPI Flash 进行擦除操作，因此需要等待几分钟才能完成该操作过程。

(18) 出现 Program Flash 对话框，该界面提示 Flash programming completed successfully 信息。

(19) 单击 OK 按钮。

(20) 给 A7-EDP-1 开发平台断电，然后将开发平台上名字为 J10 的跳线设置到标记 SPI 的位置。

(21) 重新给 A7-EDP-1 开发平台上电。

思考与练习 9-11：SPI Flash 启动后，验证启动是否正常。

第10章 7段数码管控制器设计与实现

本章要在 Xilinx Artix-7 系列的 FPGA 器件中，设计并实现一个基于 ARM Cortex-M0 的片上系统，该片上系统增加了一个用于控制 A7-EDP-1 开发平台上的 7 段数码管控制器。内容包括：设计目标、打开前面的设计工程、添加并分析 7 段数码管控制器源文件、修改并分析顶层设计文件、编写程序代码、设计综合、添加约束条件、设计实现、下载比特流文件、系统在线调试原理以及系统在线调试实现。

通过本章的学习，读者可掌握在 Xilinx Vivado 2016.1 和 Keil μVision5 集成开发环境下，添加外设控制器到系统的实现方法，以及软件控制硬件的程序设计方法。此外，可通过使用在线逻辑分析仪工具，进一步理解底层硬件的逻辑行为。

10.1 设计目标

本章设计 7 段数码管控制器模块，并将其连接到前面所设计的 Cortex-M0 嵌入式系统中，主要设计目标包括：

1) 硬件设计和实现

(1) 在 Vivado 2016 集成开发环境中(以下简称 Vivado 2016)，实现 Cortex-M0 嵌入式片上系统框架结构，在该结构搭载了一个 7 段数码管控制器，用于控制板上的 2 个四位的 7 段数码管。

(2) 在 Vivado 2016 中，下载包含 Cortex-M0 处理器的嵌入式片上系统设计到 FPGA，在 FPGA 内构建一个包含 7 段数码管控制器的 Cortex-M0 嵌入式片上系统，如图 10.1 所示。

(3) 在该设计中，使用在线逻辑分析仪工具观察 AHB-Lite 上的信号变化，进一步了解 AHB-Lite 总线。

2) 软件编程

(1) 在 Keil μVision5 集成开发环境中，使用汇编语言对 Cortex-M0 处理器进行编程。

(2) 建立(build)汇编语言设计文件，生成十六进制的编程文件。

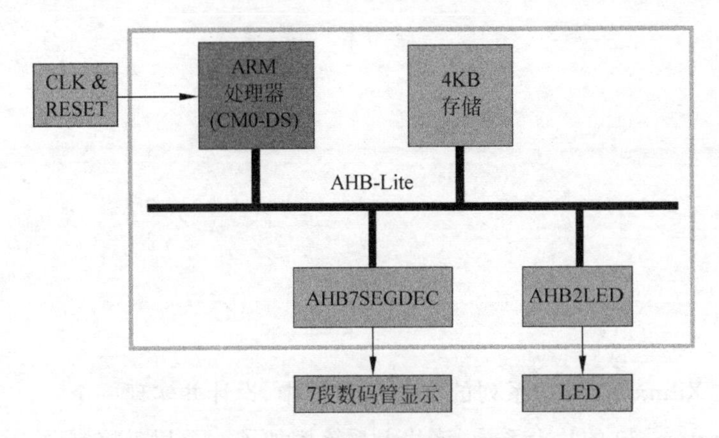

图 10.1　片上系统内部结构

10.2　打开前面的设计工程

本节打开前面的设计工程，主要步骤包括：

(1) 在 E:/cortex-m0_example 目录中，新建一个名字为 cortex_m0_seg7 的子目录。

(2) 将 E:/cortex-m0_example/cortex_m0 目录中的所有文件和文件夹的内容复制到刚才新建的 cortex_m0_seg7 子目录中。

(3) 启动 Vivado 2016.1 集成开发环境。

(4) 在 Vivado 集成开发环境主界面内的 Quick Start 分组下，单击 Open Project 图标。

(5) 出现 Open Project 对话框界面。在该界面中，将路径指向：

```
E:/cortex - m0_example/cortex_m0_seg7
```

(6) 在该路径中，选择 cortex_m0. xprj。

(7) 单击 OK 按钮。

10.3　添加并分析 7 段数码管控制器源文件

本节添加 7 段数码管控制器源文件，并对设计代码进行分析。

10.3.1　添加 7 段数码管控制器源文件

本节为该设计添加 7 段数码管控制器源文件，主要步骤包括：

(1) 在 Sources 窗口下，找到并选择 Design Sources，右击，出现浮动菜单。在浮动菜单内，选择 Add Sources…选项。

(2) 出现 Add Source 对话框界面。在该设计中，选中 Add or create design sources 前面的复选框。

(3) 单击 Next 按钮。

(4) 出现 Add Sources-Add or Create Design Sources 对话框界面。在该界面中单击

按钮，出现浮动菜单。在浮动菜单内，选择 Add Files…选项。

(5) 出现 Add Source Files 对话框界面。在该对话框界面中，将路径指向：

```
E:\cortex-m0_example\source
```

选中 AHB7SEGDEC_V1.v 文件。

(6) 单击 OK 按钮。

(7) 可以看到在 Add Source-Add or Create Design Sources 对话框界面中，新添加了名字为 AHB7SEGDEC_V1.v 的文件。

(8) 单击 Finish 按钮。

(9) 在 Sources 窗口中，找到并打开 AHB7SEGDEC_V1.v 文件。在该文件中，添加设计代码，如代码清单 10-1 所示。

代码清单 10-1　AHB7SEGDEC_V1.v

```
module AHB7SEGDEC(
//AHBLITE 接口
    //从设备选择信号
        input wire HSEL,
    //全局信号
        input wire HCLK,
        input wire HRESETn,
    //地址、控制和写信号
        input wire HREADY,
        input wire [31:0] HADDR,
        input wire [1:0] HTRANS,
        input wire HWRITE,
        input wire [2:0] HSIZE,

        input wire [31:0] HWDATA,
    //传输响应和读数据
        output wire HREADYOUT,
        output wire [31:0] HRDATA,

    //7 段数码管接口信号
        output reg [6:0] seg,
        output [7:0] an,
        output dp
  );

//地址周期采样寄存器
  reg rHSEL;
  reg [31:0] rHADDR;
  reg [1:0]  rHTRANS;
  reg rHWRITE;
  reg [2:0] rHSIZE;

//地址周期采样
  always @(posedge HCLK or negedge HRESETn)
  begin
    if(!HRESETn)
    begin
```

```
            rHSEL         <= 1'b0;
            rHADDR        <= 32'h0;
            rHTRANS       <= 2'b00;
            rHWRITE       <= 1'b0;
            rHSIZE        <= 3'b000;
        end
      else
      begin
        if(HREADY)
          begin
            rHSEL         <= HSEL;
            rHADDR        <= HADDR;
            rHTRANS       <= HTRANS;
            rHWRITE       <= HWRITE;
            rHSIZE        <= HSIZE;
            end
        end
    end

//数据周期数据传输

  reg [31:0]DATA;
  always @(posedge HCLK or negedge HRESETn)
  begin
    if(!HRESETn)
      DATA <= 32'h12345678;
    else
      begin
      if(rHSEL & rHWRITE & rHTRANS[1])
          DATA <= HWDATA[31:0];
    end
end

//传输响应
  assign HREADYOUT = 1'b1;                  //单周期写和读,零等待状态操作

//读数据
  assign HRDATA = DATA;

  reg [15:0] counter;
  reg [7:0] ring = 8'b00000001;

  wire [3:0] code;
  wire [6:0] seg_out;
  reg scan_clk;
  assign an = ring;
  assign dp = 1'b1;
  //扫描时钟生成模块
  always @(posedge HCLK or negedge HRESETn)
  begin
    if(!HRESETn)
    begin
        counter <= 16'h0000;
        scan_clk <= 1'b0;
```

```
        end
      else
        begin
            if(counter == 16'h7000)
                begin
                    scan_clk <= ~scan_clk;
                    counter <= 16'h0000;
                end
            else
                counter <=  counter + 1'b1;
      end
end
//数码管选信号生成模块
    always @(posedge scan_clk or negedge HRESETn)
    begin
        if(!HRESETn)
            ring <=  8'b00000001;
        else
            ring <=  {ring[6:0],ring[7]};
    end
//数据和 7 段数码管中每个数码管的对应关系
    assign code =
        (ring == 8'b00000001) ? DATA[3:0] :
        (ring == 8'b00000010) ? DATA[7:4] :
        (ring == 8'b00000100) ? DATA[11:8] :
        (ring == 8'b00001000) ? DATA[15:12] :
        (ring == 8'b00010000) ? DATA[19:16]:
        (ring == 8'b00100000) ? DATA[23:20]:
        (ring == 8'b01000000) ? DATA [27:24]:
        (ring == 8'b10000000) ? DATA [31:28]:
        8'b1111110;
//十六进制数 0~F 与 7 段码之间的对应关系
always @( * )
case (code)                                  //a-b-c-d-e-f-g
    4'b0000 :seg = 7'b00000001;              //0
    4'b0001 :seg = 7'b1001111;               //1
    4'b0010 :seg = 7'b0010010;               //2
    4'b0011 :seg = 7'b0000110;               //3
    4'b0100 :seg = 7'b1001100;               //4
    4'b0101 :seg = 7'b0100100;               //5
    4'b0110 :seg = 7'b0100000;               //6
    4'b0111 :seg = 7'b0001111;               //7
    4'b1000 :seg = 7'b0000000;               //8
    4'b1001 :seg = 7'b0000100;               //9
    4'b1010 :seg = 7'b0001000;               //A
    4'b1011 :seg = 7'b1100000;               //B
    4'b1100 :seg = 7'b0110001;               //C
    4'b1101 :seg = 7'b1000010;               //D
    4'b1110 :seg = 7'b0110000;               //E
    4'b1111 :seg = 7'b0111000;               //F
    default :seg = 7'b1111111;               //不显示
  endcase
endmodule
```

(10) 保存该设计文件。

10.3.2 分析7段数码管控制器源文件

本节分析7段数码管控制器源文件,该设计的模块符号如图10.2所示。

思考与练习10-1：说明该模块所包含的接口。(**提示**：与Cortex-M0 CPU通过AHB-Lite接口以及用于连接7段数码管的驱动接口)。

思考与练习10-2：参考本书AHB-Lite的介绍,说明图10.2接口信号的含义。

思考与练习10-3：根据上面代码清单,说明其寄存器的地址,以及实现的功能,如表10.1所示。

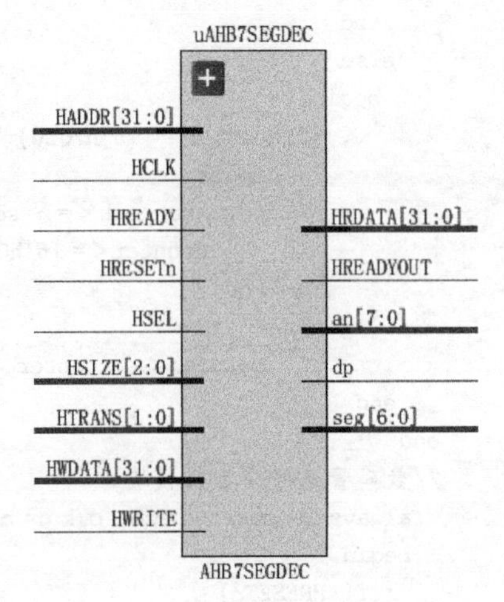

图10.2 7段数码管控制器符号

表10.1 寄存器所实现的功能

地址	类型	宽度	复位值	寄存器名字	描述
Base + 0x00	读/写	32	0x12345678	DATA	DATA[3:0],对应7段数码管第一位 DATA[7:4],对应7段数码管第二位 DATA[11:8],对应7段数码管第三位 DATA[15:12],对应7段数码管第四位 DATA[19:16],对应7段数码管第五位 DATA[23:20],对应7段数码管第六位 DATA[27:24],对应7段数码管第七位 DATA[31:28],对应7段数码管第八位

思考与练习10-4：根据上面的代码清单,分析如何将软件给到寄存器DATA的命令,转换成可以驱动A7-EDP-1开发平台上8个七段数码管的驱动逻辑,包括管扫描和第i位数码管的对应关系实现。

10.4 修改并分析顶层设计文件

本节修改顶层设计文件AHBLITE_SYS.v,主要步骤包括：

(1) 在该文件的第44行,添加下面的设计代码：

```
output  wire  [6:0] seg,
output  wire  [7:0] an,
output  wire dp
```

注：这三行代码用于在顶层设计文件中添加用于驱动七段数码管的端口seg、an和dp接口信号。

(2) 在第74行,添加下面的设计代码：

```
wire HSEL_SEG7;
```

注：该行代码用于声明 HSEL_SEG7 信号，该信号用于选择 7 段数码管控制器模块。

(3) 在第 78 行，添加下面的设计代码：

```
wire [31:0] HRDATA_SEG7;
```

注：该行代码用于声明返回给 Cortex-M0 CPU 的 32 位读数据 HRDATA_SEG7。

(4) 在第 82 行，添加下面的设计代码：

```
wire HREADYOUT_SEG7;
```

注：该行代码用于声明提供给 Cortex-M0 CPU 的数据准备好信号 HREADYOUT_SEG7。

(5) 在第 147 行，添加下面的设计代码：

```
.HSEL_S2(HSEL_SEG7);
```

注：该行代码将 HSEL_SEG7 信号连接到 uAHBDCD 模块。

(6) 在第 169 行，添加下面的设计代码：

```
.HRDATA_S2(HRDATA_SEG7),
```

注：该行代码将 HRDATA_SEG7 连接到 AHBMUX 模块的 HRDATA_S2 端口。

(7) 在第 181 行，添加下面的设计代码：

```
.HREADYOUT_S2(HREADYOUT_SEG7)
```

注：该行代码将 HREADYOUT_SEG7 信号连接到 AHBMUX 模块的 HREADYOUT_S2 端口。

(8) 在第 235 行，添加下面的设计代码，如代码清单 10-2 所示。

代码清单 10-2 AHB7SEGDEC 模块例化语句

```
AHB7SEGDEC uAHB7SEGDEC(
    .HSEL(HSEL_SEG7),
    .HCLK(HCLK),
    .HRESETn(HRESETn),
    .HREADY(HREADY),
    .HADDR(HADDR),
    .HTRANS(HTRANS[1:0]),
    .HWRITE(HWRITE),
    .HSIZE(HSIZE),
    .HWDATA(HWDATA[31:0]),
    .HREADYOUT(HREADYOUT_SEG7),
    .HRDATA(HRDATA_SEG7),
    .seg(seg),
    .an(an),
    .dp(dp)
  );
```

(9) 保存该设计文件。

(10) 在 Vivao 主界面左侧的 Flow Navigator 窗口中，找到并展开 RTL Analysis。在展开项中，找到并展开 Elaborated Design。在展开项中，单击 Schematic，打开系统结构，如图 10.3 所示。

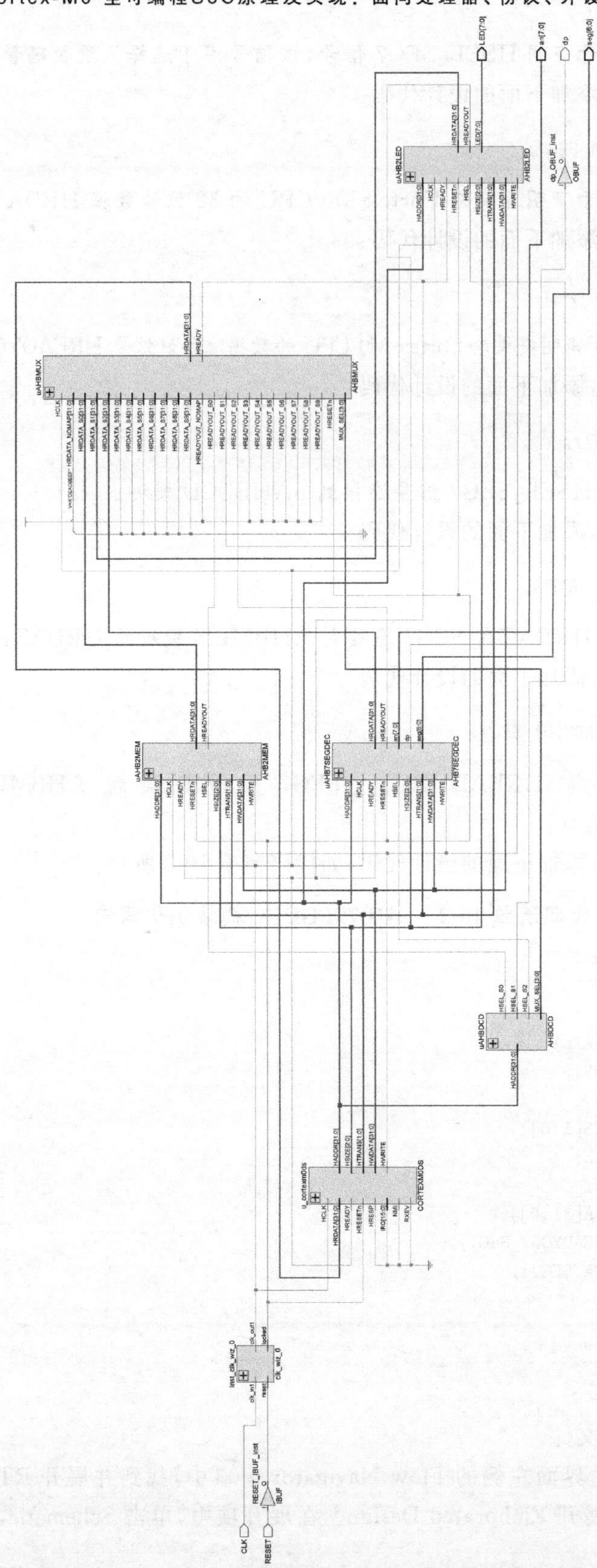

图 10.3　系统整体结构图

10.5 编写程序代码

本节通过 Keil μVision5 集成开发环境，设计一个可以运行在 Cortex-M0 处理器上的汇编语言程序。通过 FPGA 片内构建的 7 段数码管控制器，该汇编语言程序将对 A7-EDP-1 所搭载的 8 个七段数码管进行控制。在编写完汇编语言程序后，通过 Keil μVision5 内的编译器对该程序进行编译和处理。

10.5.1 建立新设计工程

建立新设计工程的主要步骤包括：

1) 在 μVision5 主界面主菜单下，选择 Project→New μVision Project…。

2) 出现 Create New Project(创建新工程)对话框界面。按下面设置参数：

(1) 指向下面的路径：

```
E:\cortex-m0_example\cortex_m0_seg7\software
```

(2) 在文本名右侧的文本框中输入 top，即该设计的工程名称为 top. uvproj。

注：读者可以根据自己的情况选择路径和输入工程名字。

3) 单击“保存”按钮。

4) 出现 Select Device for Target 'Target 1'…对话框界面。在该界面左下方的窗口中，找到并展开 ARM。在 ARM 展开项中，找到并展开 ARM Cortex-M0。在 ARM Cortex-M0 展开项中，选择 ARMCM0。在右侧 Description 中，给出了 Cortex-M0 处理器的相关信息。

5) 出现 Manage Run-Time Environment 对话框界面。

6) 单击 OK 按钮。

10.5.2 工程参数设置

设置工程参数的主要步骤包括：

1) 在 μVision 左侧的 Project 窗口中，选择 Target 1，右击，出现浮动菜单。在浮动菜单内选择 Option for Taget'Target 1'…选项。

2) 在 Options for Target 'Target 1'对话框界面中，单击 Output 标签。在该标签窗口下定义了工具链输出的文件，并且允许在建立过程结束后启动用户程序。在该标签栏下 Name of Executable 右侧的文本框内输入 code，该设置表示所生成的二进制文件的名字为 code。

3) 在 Options for Target ‘Target 1’对话框界面中，单击 User 标签。在该标签窗口中，制定了在编译/建立前或者建立后所执行的用户程序。在该界面中，需要设置下面的参数：

(1) 在 After Build/Rebuild 标题栏下，选中 Run #1 前面的复选框。在右侧文本框中，输入下面的命令：

```
fromelf --cvf .\objects\code.axf --vhx --32x1 -o code.hex
```

(2) 在 After Build/Rebuild 标题栏下，选中 Run #2 前面的复选框。在右侧文本框中输入下面的命令：

```
fromelf --cvf .\objects\code.axf -o disasm.txt
```

fromelf 映像转换工具允许设计者修改 ELF 映像和目标文件，并且在这些文件上显示信息。其中：

(1) --vhx 选项，表示生成面向字节(Verilog HDL 内存模型)的十六进制格式。此格式适合加载到硬件描述语言仿真器的内存模型中。

(2) --32x1 选项，表示生成的内存系统中只有 1 个存储器，该存储器宽度为 32 位。

(3) -o 选项，用于指定输出文件的名字，如 code.hex 和 disasm.txt。

(4) 所使用的文件.axf。该文件是 ARM 芯片使用的文件格式，即 ARM 可执行文件(ARM Executable File，AXF)，它除了包含 bin 代码外，还包含了输出给调试器的调试信息。与 AXF 文件一起的还有 HEX 文件，HEX 文件包含地址信息，可以直接用于烧写或者下载 HEX 文件。

注：默认，该文件保存在当前工程路径的 objects 子目录下。

(5) -cvf 选项，对代码进行反汇编，输出映像的每个段和节的头文件详细信息。

4) 单击 OK 按钮，退出目标选项设置对话框界面。

10.5.3 添加和编译汇编文件

本节添加汇编文件，并在该文件中添加代码，完成汇编文件的设计。主要步骤包括：

1) 在 Project 窗口中，选择并展开 Target1。在 Target1 展开项中，找到并选中 Source Group1，右击，出现浮动菜单。在浮动菜单内，选择 Add New Item to Group 'Source Group 1'…。

2) 出现 Add New Item to Group 'Source Group 1'对话框界面。在该界面左侧窗口中，按下面设置参数：

(1) 选择 Asm File(.s)。

(2) 在 Name：右侧的文本框中，输入 main。

3) 单击 Add 按钮。

4) 在 main.s 文件中，按代码清单 10-3 所示输入设计代码。

代码清单 10-3　main.s 文件

```
;当复位时，向量表映射到地址 0

                PRESERVE8
                THUMB
```

```
                        AREA    RESET, DATA, READONLY     ; 最开始的32个字是向量表
                        EXPORT  __Vectors

__Vectors               DCD     0x000003FC                ;1K 内部存储器
                        DCD     Reset_Handler
                        DCD     0
                        DCD     0
                        DCD     0
                        DCD     0
                        DCD     0
                        DCD     0
                        DCD     0
                        DCD     0
                        DCD     0
                        DCD     0
                        DCD     0
                        DCD     0
                        DCD     0
                        DCD     0

                        ;外部中断

                        DCD     0
                        DCD     0
                        DCD     0
                        DCD     0
                        DCD     0
                        DCD     0
                        DCD     0
                        DCD     0
                        DCD     0
                        DCD     0
                        DCD     0
                        DCD     0
                        DCD     0
                        DCD     0
                        DCD     0
                        DCD     0

                AREA |.text|, CODE, READONLY
;复位句柄
Reset_Handler   PROC
                GLOBAL Reset_Handler
                ENTRY

                LDR     R1, =0x51000000
                LDR     R4, =0

AGAIN           STR     R4, [R1]

                LDR     R0, =0xFFFFF
Loop            SUBS    R0,R0,#1
                BNE Loop
```

```
        ADDS    R4,R4,#1

        B AGAIN
        ENDP

    END
```

5）在 Keil μVision5 主界面主菜单下，选择 Project→Build target，对程序进行编译。

注：当编译过程结束后，将在当前工程路径

```
E:\cortex-m0_example\cortex_m0_seg7\software
```

生成 code.hex 文件。

思考与练习 10-5：在该路径下找到并用写字板打开 code.hex 文件，分析该文件。

思考与练习 10-6：通过分析反汇编代码，进一步熟悉和掌握 Cortex-M0 指令集。

10.5.4 添加 HEX 文件到当前工程

本节将前面生成的 code.hex 文件添加到当前工程中，主要步骤包括：

(1) 在 Vivado 主界面的在 Sources 窗口下，找到并选择 Design Sources，右击，出现浮动菜单。在浮动菜单内，选择 Add Sources…选项。

(2) 出现 Add Sources（添加源文件）对话框界面。在该对话框界面内，选中 Add or create design sources 前面的复选框。

(3) 单击 Next 按钮。

(4) 出现 Add Sources-Add or Create Design Sources（添加源文件-添加或者创建设计源文件）对话框界面。在该界面中，单击 + 按钮，出现浮动菜单。在浮动菜单内，选择 Add Files…选项。

(5) 出现 Add Source Files 对话框界面。在该对话框界面中，将路径指向

```
E:\cortex-m0_example\cortex_m0_seg7\software
```

在该路径下，选中 code.hex 文件。

注：在 Add Source Files 对话框中，将 Files of type（文件类型）设置为 All Files。

(6) 单击 OK 按钮。

(7) 返回到 Add Sources-Add or Create Design Sources 对话框界面。在该界面中，选中 Copy sources into project（复制源文件到工程）前面的复选框。

(8) 单击 Finish 按钮。

(9) 可以看到，在 Sources 标签窗口下添加了 code.hex 文件，但是，该文件在 Unknown 文件夹下。

(10) 选中 Unknown 文件下的 code.hex 文件，右击，出现浮动菜单。在浮动菜单内选中 Source File Properties…选项。

(11) 出现 Source File Properties 界面，在该界面中，单击 按钮。

(12) 出现 Set Type 对话框界面。在该对话框界面中，File Type 右侧的下拉框中，选择 Memory Initialization Files 选项。

(13) 单击 OK 按钮。

(14) 可以看到 UnKnown 文件夹的名字变成了 Memory Initialization Files 文件夹。

至此,已将软件代码成功添加到 Vivado 设计工程中。这样,当对该设计进行后续处理时,就能用于初始化 FPGA 内的片内存储器。

10.6 设计综合

本节对设计进行综合,主要步骤包括:

(1) 在 Vivado 集成开发环境左侧 Flow Navigator 窗口下,找到并展开 Synthesis。在展开项中单击 Run Synthesis,Vivado 开始对设计进行综合。

(2) 当完成综合过程后,弹出 Synthesis Completed(综合完成)对话框界面。在该界面中,选中 Open Synthesized Design 前面的复选框。

(3) 单击 OK 按钮。

思考与练习 10-7:打开综合后的资源利用率报告,评估在增加 7 段数码管控制器模块后资源的利用情况。

10.7 添加约束条件

本节通过 I/O 规划器的图形化界面添加 7 段数码管控制器的引脚约束条件。主要步骤包括:

注:*确认在执行下面的步骤之前,已经打开了综合后的网表文件。如果没有打开,则应该先打开综合后的网表。*

(1) 在 Vivado 集成开发环境上方的下拉框中,选择 I/O Planning(I/O 规划)选项。

(2) 在 Site 标题下面输入每个逻辑端口在 FPGA 上的引脚位置,以及在 I/O Std(I/O 标准)标题下,添加逻辑端口定义其 I/O 电气标准,如图 10.4 所示。

I/O Ports

Name	Direction	Neg Diff Pair	Package Pin	Fixed	Bank	I/O Std	Vcco	Vref
All ports (26)								
an (8)	OUT			✓	16	LVCMOS33*	3.300	
an[7]	OUT		F16	✓	16	LVCMOS33*	3.300	
an[6]	OUT		E17	✓	16	LVCMOS33*	3.300	
an[5]	OUT		C14	✓	16	LVCMOS33*	3.300	
an[4]	OUT		E16	✓	16	LVCMOS33*	3.300	
an[3]	OUT		D16	✓	16	LVCMOS33*	3.300	
an[2]	OUT		E14	✓	16	LVCMOS33*	3.300	
an[1]	OUT		C15	✓	16	LVCMOS33*	3.300	
an[0]	OUT		E13	✓	16	LVCMOS33*	3.300	
LED (8)	OUT			✓	13	LVCMOS33*	3.300	
seg (7)	OUT			✓	16	LVCMOS33*	3.300	
seg[6]	OUT		A16	✓	16	LVCMOS33*	3.300	
seg[5]	OUT		A15	✓	16	LVCMOS33*	3.300	
seg[4]	OUT		C13	✓	16	LVCMOS33*	3.300	
seg[3]	OUT		B13	✓	16	LVCMOS33*	3.300	
seg[2]	OUT		B16	✓	16	LVCMOS33*	3.300	
seg[1]	OUT		D14	✓	16	LVCMOS33*	3.300	
seg[0]	OUT		D15	✓	16	LVCMOS33*	3.300	
Scalar ports (3)								
CLK	IN		K19		15	LVCMOS33*	3.300	
dp	OUT		B15	✓	16	LVCMOS33*	3.300	
RESET	IN		T5	✓	34	LVCMOS33*	3.300	

图 10.4 I/O约束界面

(3) 在当前约束界面的工具栏内，按 Ctrl+S 组合按键，保存约束条件。

(4) 在 Vivado 上方的下拉框中，选择 Default Layout 选项，退出 I/O 约束界面。

10.8 设计实现

本节执行设计实现过程，主要步骤包括：

(1) 在 Vivado 的 Sources 窗口下，找到并选中 AHBLITE_SYS.v 文件。

(2) 在 Vivado 左侧的 Flow Navigator 窗口中，找到并展开 Implementation 选项。

(3) 在展开项中，单击 Run Implementation 选项，Vivado 开始执行设计实现过程；或者在 Tcl 命令行中，输入 launch_runs impl_1 脚本命令，运行实现过程。

10.9 下载比特流文件

本节生成比特流文件，主要步骤包括：

(1) 在 Vivado 源文件窗口中，选择顶层设计文件 AHBLITE_SYS.v。

(2) 在 Vivado 主界面左侧的 Flow Navigator 窗口下方，找到并展开 Program and Debug 选项。在 Program and Debug 展开项中，找到并单击 Generate Bitstream 选项，开始生成编程文件。

(3) 当生成比特流的过程结束后，出现 Bitstream Generation Completed 对话框界面。

(4) 单击 Cancel 按钮。

(5) 通过 USB 电缆，将 A7-EDP-1 开发平台上名字为 J12 的 USB-JTAG 插座与 PC/笔记本电脑上的 USB 接口进行连接。

(6) 将外部+5V 电源连接到 A7-EDP-1 开发平台的 J6 插座。

(7) 将 A7-EDP-1 开发平台上的 J11 跳线设置为 EXT 模式，即外部供电模式。

(8) 将 A7-EDP-1 开发平台上的 J10 插座设置为 JTAG，表示下面将使用 JTAG 下载设计。

(9) 将 A7-EDP-1 开发平台上的 SW8 开关设置为 ON 状态，给开发平台供电。

(10) 在 Vivado 主界面左侧的 Flow Navigator 窗口下方，找到并展开 Program and Debug 选项。在 Program and Debug 展开项中，找到并单击 Open Hardware Manager 选项。

(11) 在 Vivado 界面上方出现 Hardware Manager-unconnected 界面。

(12) 单击 Open target 选项，出现浮动菜单。在浮动菜单内选择 Auto Connect 选项。

(13) 出现 Auto Connect 对话框界面。

(14) 当硬件设计正确时，在 Hardware 窗口中，会出现所检测到的 FPGA 类型和 JTAG 电缆的信息。

(15) 选中名字为 xc7a75t_0 的一行，右击，出现浮动菜单。在浮动菜单内选择 Program Device…。

(16) 出现 Program Device 对话框界面。在该界面中，默认将 Bitstream file(比特流文件)的路径指向：

E:/cortex-m0_example/cortex_m0_seg7/cortex_m0. runs/impl_1/AHBLITE_SYS. bit

(17) 单击 Program 按钮。Vivado 工具自动将比特流文件下载到 FPGA 中。

思考与练习 10-8：观察 A7-EDP-1 开发平台上的七段数码管的变化情况是否符合前面的软件设计要求。

10.10 系统在线调试原理

对 FPGA 的调试，是一个反复迭代直到满足设计功能和设计时序的过程。对于 FPGA 这样比较复杂数字系统的调试，就是将其分解成一个个很小的部分，然后，通过仿真或者调试，对设计中的每个很小的部分进行验证。这样，要比在一个复杂设计完成后，再进行仿真或者调试的效率高得多。设计者可以通过使用下面的设计和调试方法，来保证设计的正确性：

(1) RTL 级的设计仿真。

(2) 实现后设计仿真。

(3) 系统内调试。

前两种方法在本书前面的章节进行了详细说明。本章将通过一个设计实例，详细介绍系统内调试方法。

1) 系统内逻辑设计调试

Vivado 集成设计环境包含逻辑分析特性，使得设计者可以对一个实现后的 FPGA 器件进行系统内调试。在系统内对设计进行调试可以在真正的系统环境下，以系统要求的速度，调试设计的时序准确性和实现后的设计。但是，与使用仿真模型相比，系统内调试降低了调试信号的可视性，潜在延长了设计/实现/调试迭代的时间。

注：(1)这个时间取决于设计的规模和复杂度。

(2) Vivado 工具提供了不同的方法用于调试设计，设计者可以根据需要使用这些方法。

2) 系统内串行 I/O 设计调试

为了实现系统对串行 I/O 的验证和调试，Vivado 集成开发环境包括一个串行的 I/O 分析特性。这样，设计者可以在基于 FPGA 的系统中，测量并且优化高速串行 I/O 连接。这个特性可以解决大范围的系统内调试和验证问题，从简单的时钟和连接问题，到复杂的松弛分析和通道优化问题。与使用外部测量仪器技术相比，使用 Vivado 内的串行 I/O 分析仪的优势在于设计者可以测量接收器对接收信号进行均衡后的信号质量。这样，就可以在 Tx 到 Rx 通道的最优点进行测量。因此，可以确保真实和准确的数据。

Vivado 集成开发环境提供的系统内串行 I/O 工具，可用于生成设计。该设计用于应用吉比特收发器端点和实时软件，进行测量，帮助设计者优化高速串行 I/O 通道。

系统内调试包括三个重要的阶段：

(1) 探测阶段，用于标识在设计中需要进行探测的信号，以及进行探测的方法。

(2) 实现阶段,实现设计,包括将额外的调试 IP 连接到被探测的网络。

(3) 分析阶段,通过与设计中的调试 IP 进行交互,调试和验证功能问题。

注：本节介绍探测设计用于系统内调试,关于实现过程和分析方法,在后面会详细地介绍。

探测阶段包括下面两个步骤：

(1) 识别需要探测的信号或者网络。

(2) 确认将调试核添加到设计中的方法。

在设计阶段,设计者确定需要探测的信号,以及探测这些信号的方法。设计者可以通过手工添加调试 IP 元件,将其例化到设计源代码中(称为 HDL 例化探测流程),或者让 Vivado 工具自动地插入调试核到综合后的网表中(称为网表插入探测流程)。不同调试方法的优势和权衡,如表 10.2 所示。

表 10.2 调试策略

调试目标	推荐的调试编程流程
在 HDL 源代码中识别调试信号,同时保留灵活性,用于流程后面使能或者禁止调试	(1) 在 HDL 中,使用 mark_debug 属性标记需要调试的信号； (2) 使用 Set up Debug 向导来引导设计者通过网表插入探测流程
在综合后的设计网表中识别调试网络,不需要修改 HDL 源代码	(1) 使用 Mark Debug,通过右击菜单选项,选择在综合设计的网表中需要调试的网络； (2) 使用 Set up Debug 向导来引导设计者使用网表插入探测流程
使用 Tcl 命令,自动调试探测流程	(1) 使用 set_property Tcl 命令,在调试网络上设置 mark_debug 属性； (2) 使用网表插入探测流程 Tcl 命令,创建调试核,并将其连接到调试网络
在 HDL 语言中,显式地将信号添加到 ILA 调试核中	(1) 识别用于调试的 HDL 信号； (2) 使用 HDL 例化探测流程产生和例化一个集成逻辑分析仪(ILA)核,并且将它连接到设计中的调试信号

10.11 系统在线调试实现

本节将在 Vivado 2015.4 集成开发环境下介绍系统调试的实现过程。内容包括：建立新的调试工程、添加调试网络和在线测试分析。

10.11.1 建立新的调试工程

本节在 Vivado 2015.4 集成开发环境下,建立新的调试工程,内容包括：

注：在作者编写本书时,在 Vivado 2016.1 环境下运行在线调试出现不稳定的情况,因此使用 Vivado 2015.4 集成开发环境介绍该调试工具的使用。

(1) 在 cortex-m0_example 目录下建立一个名字为 cortex_m0_debug 的子目录。

(2) 在 Vivado 2015.4 集成开发环境中,打开前面的 7 段数码管设计工程。

(3) 由于该工程是在 Vivado 2016.1 下建立,因此当用 Vivado 2015.4 集成打开该工程的时候,出现 Future Project Version 对话框界面。

(4) 单击 OK 按钮。

(5) 出现 Project is Read-Only 对话框界面。

(7) 单击 OK 按钮。

(8) 在 Vivado 2015.4 集成开发环境主界面主菜单中,单击 File→Save Project As…。

(9) 出现 Save Project As 对话框界面。在该界面中,按如下设置参数:

① Project name: cortex_m0。

② Project location: E:/cortex-m0_example/cortex_m0_debug。

③ 不选中 Create project subdirectory 前面的复选框。

④ 选中 Import all files to the new project 前面的复选框。

(10) 单击 OK 按钮。

(11) 删除 clk_wiz_0 IP 核,并且重新生成 clk_wiz_0 IP 核。

10.11.2 添加调试网络

本节在综合后的网表中添加调试网络,用于查看在程序运行时 Cortex-M0 接口读取指令的情况,主要步骤包括:

(1) 在 Vivado 2015.4 集成开发环境中,对该设计进行综合。

(2) 在综合完成后,在 Vivado 左侧的 Flow Navigator 窗口中,找到并展开 Synthesis。在 Synthesis 展开项中,单击 Open Synthesiszed Design。

(3) 在 Synthesized Design 窗口中,单击 Netlist 标签。

(4) 在 Netlist 窗口中,按下 Shift 按键和并单击,分别选中 HADDR、HRDATA、HSIZE、HTRANS、HWDATA、HSEL 和 HWRITE 网络,然后右击,出现浮动菜单。在浮动菜单内,选择 Mark Debug…,如图 10.5 所示。

(5) 可以看到,这些被选中的网络前面添加了☼标记,表示该网络已经被设置为调试网络。

(6) 在 Vivado 主界面集成开发环境主界面主菜单下,选择 Tools→Set Up Debug…。

(7) 出现 Setup Debug 对话框界面。

(8) 单击 Next 按钮。

(9) 出现 Set Up Debug-Nets to Debug 对话框界面,如图 10.6 所示。在该界面中,可以看到为所有需要捕获的网络配置了时钟源 Inst_clk_wiz_0/inst/clk_out1。

(10) 单击 Next 按钮。

(11) 出现 Set Up Debug-ILA Core Options 对话框界面。

(12) 单击 Next 按钮。

(13) 出现 Set Up Debug-Set up Debug Summary 对话框界面。

(14) 单击 Finish 按钮。

(15) 按 Ctrl+S 按键,保存对设计的修改。

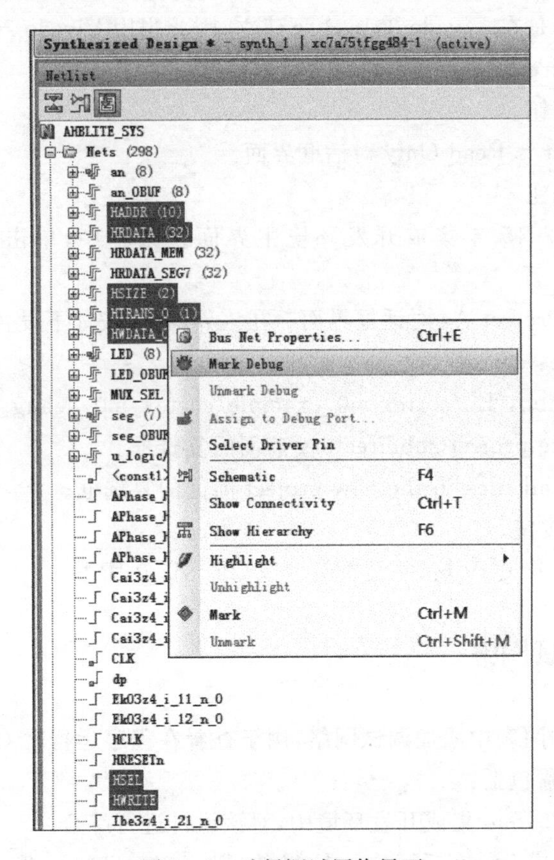

图 10.5　选择调试网络界面

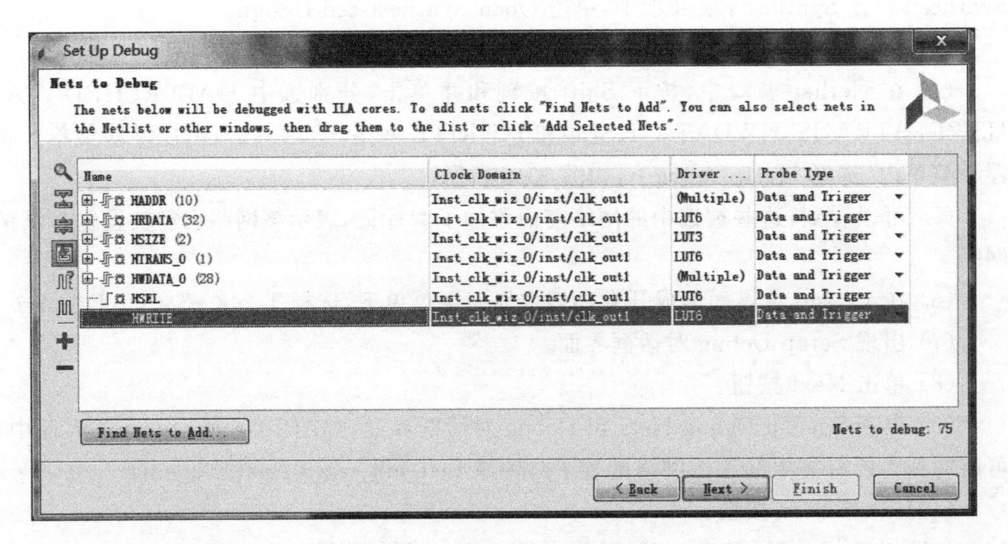

图 10.6　配置调试网络界面

(16) 对该设计执行 Implementation 和 Generate Bitstream 操作，直到生成比特流文件。

10.11.3 在线测试分析

本节介绍使用 Vivado 内集成的在线逻辑分析工具，观察在整个嵌入式系统运行时总线接口的逻辑行为，主要步骤包括：

(1) 在 Vivado 主界面左侧的 Flow Navigator 窗口下方，找到并展开 Program and Debug 选项。在 Program and Debug 展开项中，找到并单击 Open Hardware Manager 选项。

(2) 在 Vivado 界面上方出现 Hardware Manager-unconnected 界面。

(3) 单击 Open target 选项，出现浮动菜单。在浮动菜单内，选择 Auto Connect 选项。

(4) 出现 Auto Connect 对话框界面。

(5) 当硬件设计正确时，在 Hardware 窗口中会出现所检测到的 FPGA 类型和 JTAG 电缆的信息。

(6) 选中名字为 xc7a75t_0 的一行，右击，出现浮动菜单。在浮动菜单内选择 Program Device…。

(7) 出现 Program Device 对话框界面。在该界面中，除了将 Bitstream file(比特流文件)的路径指向

```
E:/cortex - m0_example/cortex_m0_debug/cortex_m0.runs/impl_1/AHBLITE_SYS.bit
```

外，可以看到，Debug probes files(调试探测文件)的路径指向：

```
E:/cortex - m0_example/cortex_m0_debug/cortex_m0.runs/impl_1/debug_nets.ltx.
```

(8) 单击 Program 按钮，Vivado 工具将.bit 和.ltx 文件下载到 FPGA 中。

(9) 当成功下载比特流文件和调试核文件后，在 Hardware 窗口中出现 hw_ila_1 核，如图 10.7 所示。

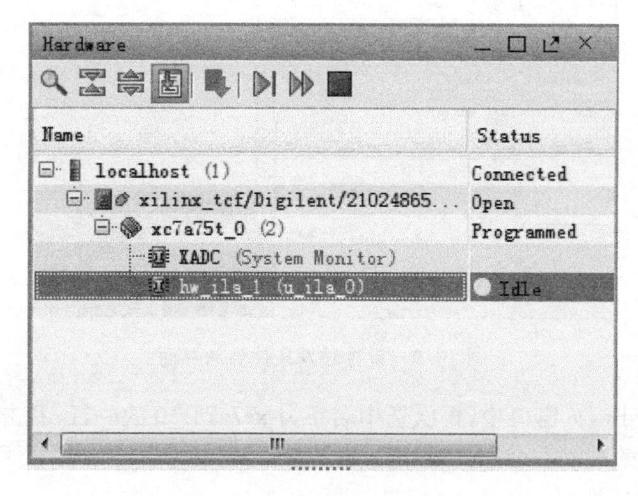

图 10.7 带有调试核的界面

(10) 单击图 10.7 中名字为 hw_ila_1 的一行，在 Trigger Setup 窗口中，单击 ✚ 按钮，出现浮动菜单，如图 10.8 所示。在浮动菜单内选择 HWRITE，并单击 OK 按钮。

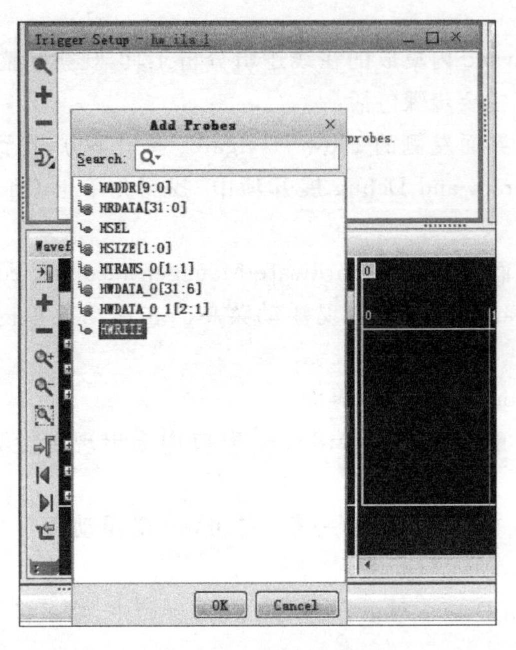

图 10.8　添加触发条件界面

(11) 可以看到在 Trigger Setup 窗口中，添加了 HWRITE 信号作为逻辑分析仪捕获数据的触发信号。

(12) 单击 HWRITE 一行所对应的 Compare Value 一栏下面的下拉框，出现浮动对话框界面，如图 10.9 所示。在该界面中，将 Value 的值改为 0。该设置表示将 HWRITE=0 作为触发信号的捕获条件。

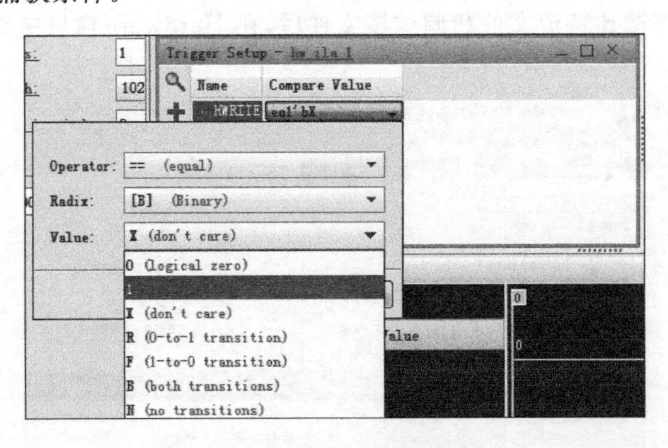

图 10.9　设置触发条件值的界面

(13) 在 Hardware 窗口中，再次选中名字为 xc7a75t_0 的一行，右击，出现浮动菜单。在浮动菜单内选择 Enable Auto Re-trigger。

(14) 单击 OK 按钮。

(15) 在 Hardware 窗口中，单击 ▶ 按钮，在线逻辑分析仪工具开始工作。当满足条件 HWRITE=0 时，就会捕获 1024 个数据，这些捕获的数据以波形的形式显示出来，如图 10.10 所示。

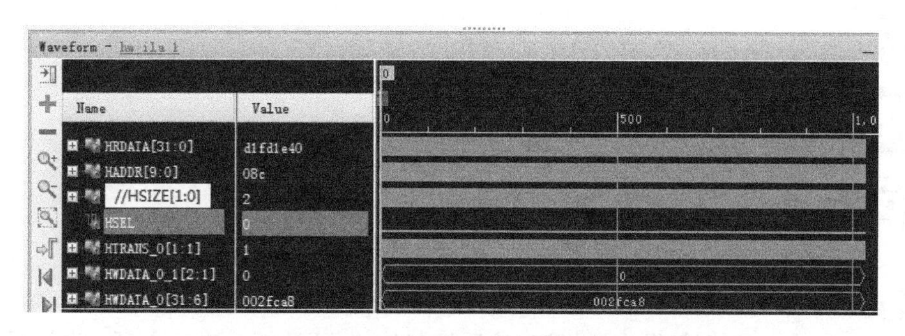

图 10.10 Waveform 窗口中显示捕获数据的波形

(16) 单击图 10.10 左侧一列工具栏中的 按钮，放大波形，可以清楚地看到软件程序在 Cortex-M0 处理器上运行时取指的过程，如图 10.11 所示。

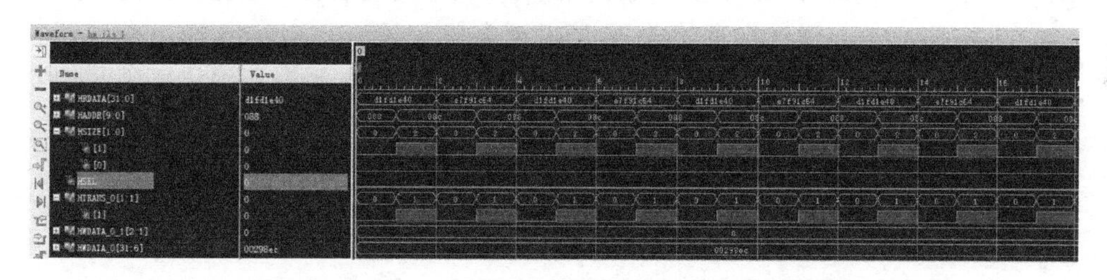

图 10.11 Waveform 窗口中显示放大后的捕获数据波形

思考与练习 10-9：根据图 10.11，分析在程序运行过程中取值的过程。

思考与练习 10-10：根据图 10.11，分析 Cortex-M0 主设备 AHB-Lite 总线的时序。

思考与练习 10-11：添加 7 段数码管模块内网络的网络作为调试网络的一部分，观察 7 段数码管的驱动逻辑的运行情况。

第11章 中断系统设计与实现

本章在 ARM Cortex-M0 的片上系统内增加中断机制，通过外部按键触发中断机制，然后控制外部 LED 灯。内容包括：设计目标、中断控制器原理、进入和退出异常句柄的过程、打开前面的设计工程、添加并分析按键消抖模块源文件、修改并分析顶层设计文件、编写程序代码、设计综合、添加约束条件、设计实现以及下载比特流文件。

通过本章的学习，读者可掌握在 Xilinx Vivado 2016 集成开发环境下，向系统中添加中断能力的方法，并且掌握汇编语言编写中断句柄的方法。

11.1 设计目标

本章为前面一章所设计的 Cortex-M0 嵌入式片上系统添加中断控制能力，主要设计目标包括包括：

1) 硬件设计和实现

(1) 在 Vivado 2016 集成开发环境中(以下简称 Vivado 2016)，通过修改顶层设计文件，将外部按键连接到系统中，并将其作为 Cortex-M0 嵌入式片上系统的外部中断源。

(2) 下载添加中断机制的 Cortex-M0 嵌入式片上系统设计到 FPGA 中，在 FPGA 内构建一个包含中断机制的 Cortex-M0 嵌入式片上系统，如图 11.1 所示。

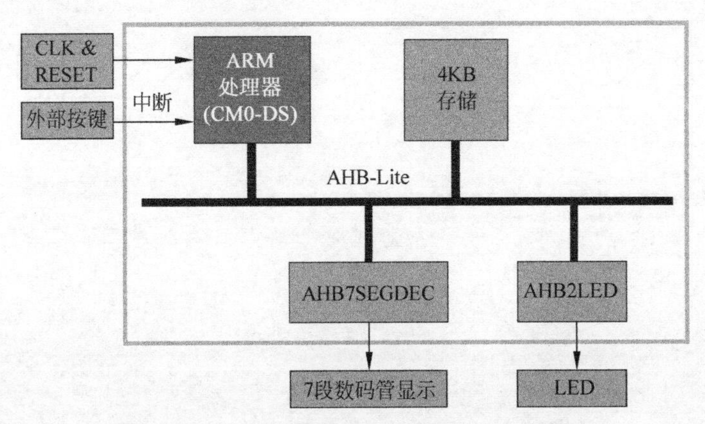

图 11.1 包含中断系统的片上系统内部结构

2）软件编程

(1) 在 Keil μVision5 集成开发环境中使用汇编语言对 Cortex-M0 处理器进行编程，实现中断句柄。在该中断句柄中，对外部按键事件进行处理。

(2) 建立(build)汇编语言设计文件，生成十六进制 PROM 文件。

11.2 中断控制器原理

在 Cortex-M0 处理器中集成了嵌套向量中断控制器(Nested Vectored Interrupt Controller，NVIC)。

11.2.1 NVIC 特点

NVIC 的主要特点包括：

(1) 支持最多 32 个 IRQ 输入和不可屏蔽中断 NMI 输入。

(2) 灵活的中断管理能力：①使能/禁止中断；②挂起控制；③优先级配置。

(3) 支持硬件嵌套的中断。

(4) 向量异常入口。

(5) 中断屏蔽。

(6) 支持使用 C 语言或者汇编语言访问 NVIC。

(7) 位置：私有外设总线→系统控制空间→NVIC。

11.2.2 NVIC 映射

NVIC 的存储器映射空间，如图 11.2 所示。

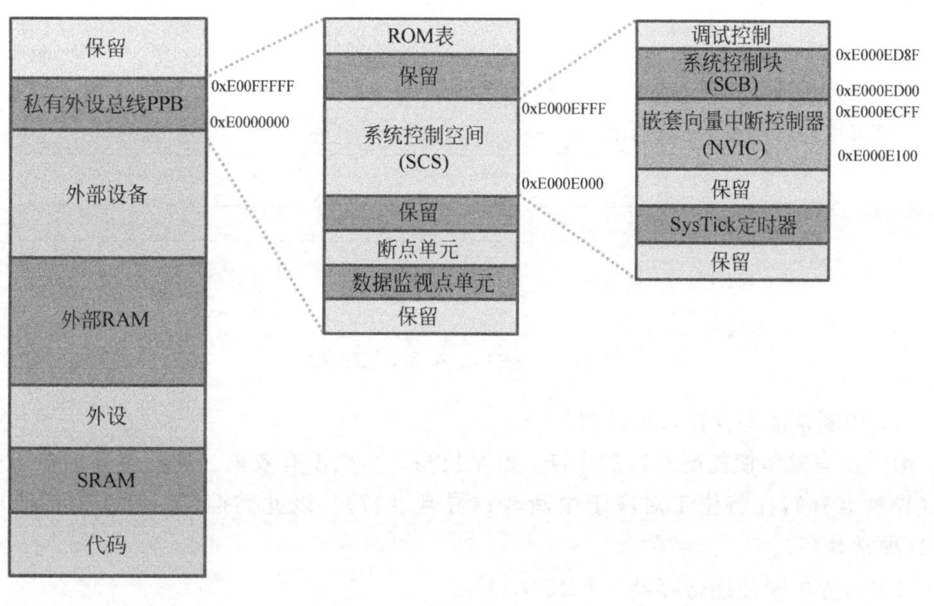

图 11.2 NVIC 空间映射

11.2.3 NVIC寄存器

NVIC内的寄存器及地址映射，如表11.1所示。

表11.1 NVIC寄存器列表

地　址	寄　存　器	读写属性
0xE000E100	中断使能寄存器(SETENA)	读/写
0xE000E104～0xE000E17F	保留	—
0xE000E180	清除中断使能寄存器(CLRENA)	读/写
0xE000E184～0xE000E1FF	保留	—
0xE000E200	中断挂起寄存器(SETPEND)	读/写
0xE000E204～0xE000E27F	保留	—
0xE000E280	清除中断挂起寄存器(CLRPEND)	读/写
0xE000E300～0xE000E3FC	保留	—
0xE000E400～0xE000E41C	中断优先级寄存器(IPRx)	读/写
0xE000E420～0xE000E43C	保留	—

与"读-修改-写"过程相比较，使用独立地址优势体现在：

(1) 减少了使能/禁止中断的步骤，从而减少了代码长度以及执行时间；

(2) 防止竞争条件，如，主线程正在使用"读-修改-写"访问一个寄存器，在读和写操作之间打断该过程。如果ISR再次修改主线程正在访问的相同寄存器，将导致发生冲突。

1. SETENA和CLRENA寄存器

SETENA和CLRENA寄存器内容，如图11.3所示。

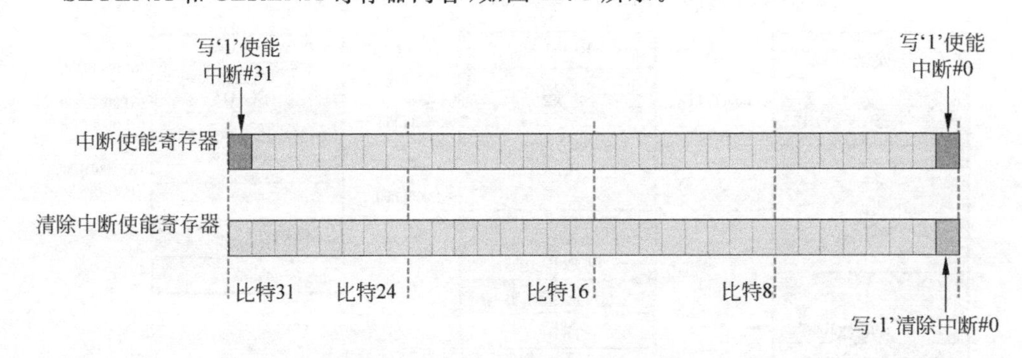

图11.3　SETENA和CLRENA

(1) 中断使能寄存器(SETENA)

给某位写"1"，使能所对应的中断；给某位写"0"，则没有效果。比特位0对应于中断＃0(异常＃16)，比特位1对应于中断＃1(异常＃17)。以此类推，比特31对应于中断＃31(异常＃47)。

(2) 清除中断使能寄存器(CLRENA)

给某位写"1"，清除所对应的中断；给某位写"0"，则没有效果。例如，给比特0写1，则清除中断＃0(异常＃16)。

2. SETPEND 和 CLRPEND 寄存器

如果发生一个中断,但是无法立即处理,例如处理器正在处理更高优先级的中断,此时将挂起该中断。在 Cortex-M0 中,将挂起状态保存在一个寄存器中,如果处理器当前优先级还没有降低到可以处理挂起请求时,并且没有手动清除挂起状态,将一直保持中断挂起状态。

通过设置挂起中断寄存器 SETPEND 和清除挂起中断寄存器 CLRPEND,读者可以访问或者修改中断挂起状态。与中断使能控制寄存器类似,中断挂起状态寄存器在物理上也是一个寄存器,并通过两个地址来实现设置和清除相关位。因此,可以单独修改其中的每一位,而无须担心在两个应用程序进程竞争访问时出现数据丢失。

中断挂起状态寄存器允许使用软件来触发中断。如果已经使能中断并且没有屏蔽该中断,当前没有运行更高优先级的中断时,会立即执行该中断服务程序。

3. 优先级寄存器 IPRx

优先级配置寄存器为 8 位宽度。但是,在 Cortex-M0 中只使用其中的两位。由于只使用最高的两位,可以表示四个优先级：0x00、0x40、0x80 和 0xC0,如图 11.4 所示。

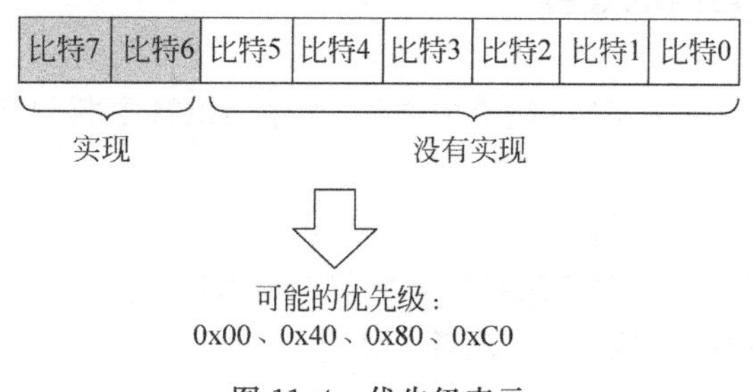

图 11.4 优先级表示

在 Cortex-M0 中,优先级的排列顺序如图 11.5 所示。在 Cortex-M0 中,提供了 8 个 32 位的寄存器用于给 32 个中断设置中断优先级。8 个寄存器中的每个寄存器包用于为 4 个中断设置优先级,每个中断优先级使用两位表示,如图 11.6 所示。

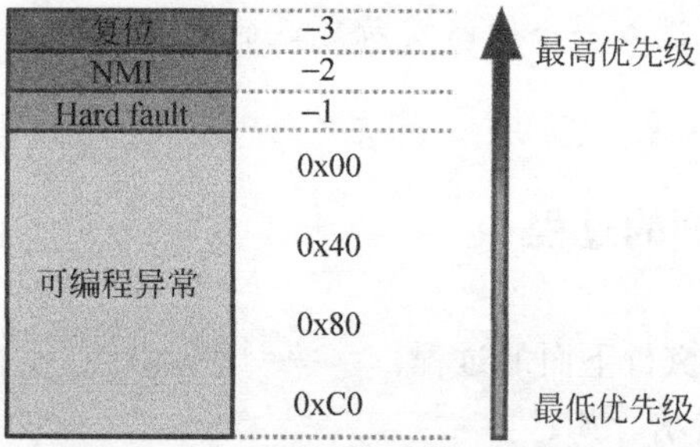

图 11.5 Cortex-M0 中优先级的排列顺序

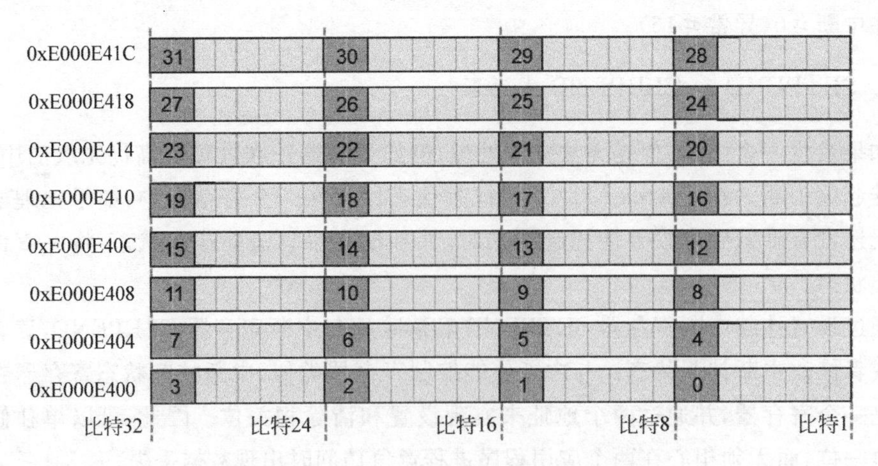

图 11.6　Cortex-M0 中中断优先级寄存器

11.3　进入和退出异常句柄的过程

本节介绍进入和退出异常句柄的过程。

11.3.1　进入中断句柄的过程

当产生中断，并且 Cortex-M0 响应中断后，程序会执行中断句柄，在进入一个异常句柄时，执行下面的过程：

(1) 完成当前指令(除了很长的指令以外)。

(2) 查找中断向量，分支跳转到异常句柄的地址入口。

(3) 将上下文(现场)入栈(MSP 或者 PSP)。

(4) 将异常句柄的地址加载到 PC。

(5) 加载 LR(包含 EXC_RETURN 代码)。

(6) 用异常号加载 IPSR。

(7) 开始执行异常句柄代码。

注：(1) 通常在异常请求之后的 16 个周期，才执行句柄的第一条指令。

(2) 中断延迟是指在进入一个中断前所延迟的时间。在实际中，应该尽量减少这个时间开销。

11.3.2　退出中断句柄的过程

当退出中断句柄时，执行下面的过程：

(1) 清除外设中断请求。如：

① 定时器有一个清除寄存器，用于清除中断请求。

② 此外，在某种条件下，外设本身也可以自己自动清除中断请求。如：当从接收 FIFO 中读取完所有的数据后，UART 可以清除它的中断请求。

(2) 恢复上下文(现场),出栈恢复寄存器。

(3) 更新 IPSR。

(4) 用返回地址加载 PC。

(5) 继续执行以前的程序代码。

11.4 打开前面的设计工程

本节打开前面的设计工程,主要步骤包括:

(1) 在 E:/cortex-m0_example 目录中,新建一个名字为 cortex_m0_irq 的子目录。

(2) 将 E:/cortex-m0_example/cortex_m0_seg7 目录中的所有文件和文件夹的内容复制到刚才新建的 cortex_m0_irq 子目录中。

(3) 启动 Vivado 2016.1 集成开发环境。

(4) 在 Vivado 集成开发环境主界面内的 Quick Start 分组下,单击 Open Project 图标。

(5) 出现 Open Project 对话框界面。在该界面中,将路径指向:

```
E:/cortex-m0_example/cortex_m0_irq
```

(6) 在该路径中,选择 cortex_m0. xprj。

(7) 单击 OK 按钮。

11.5 添加并分析按键消抖模块源文件

在本节设计中,将外部按键作为 Cortex-M0 系统的外部中断源。由于按键在按下和释放的过程中存在抖动,因此可能造成误触发外部中断。因此,在该设计中,需添加按键去抖动模块,用于对按键进行消抖处理。

11.5.1 添加按键消抖模块源文件

本节为该设计添加按键消抖模块源文件,主要步骤包括:

(1) 在 Sources 窗口下,找到并选择 Design Sources,右击,出现浮动菜单,在浮动菜单内,选择 Add Sources…选项。

(2) 出现 Add Source 对话框界面。在该设计中选中 Add or create design sources 前面的复选框。

(3) 单击 Next 按钮。

(4) 出现 Add Sources-Add or Create Design Sources 对话框界面。在该界面中,单击+按钮,出现浮动菜单。在浮动菜单内,选择 Add Files…选项。

(5) 出现 Add Source Files 对话框界面。在该对话框界面中,将路径指向:

```
E:\cortex-m0_example\source
```

选中 pb_debounce. v 文件。

（6）单击 OK 按钮。

（7）可以看到在 Add Source-Add or Create Design Sources 对话框界面中，新添加了名字为 pb_debounce.v 的文件。

（8）单击 Finish 按钮。

11.5.2 分析按键消抖模块源文件

本节分析按键消抖模块源文件。在 Sources 窗口中，找到并打开 pb_debounce.v 文件，设计代码如代码清单 11-1 所示。

代码清单 11-1 pb_debounce.v

```
module pb_debounce(
  input wire clk,
  input wire resetn,
  input wire pb_in,

  output wire pb_out,
  output reg pb_tick

  );
  localparam st_idle = 2'b00;
  localparam st_wait1 = 2'b01;
  localparam st_one = 2'b10;
  localparam st_wait0 = 2'b11;


  reg [1:0] current_state = st_idle;
  reg [1:0] next_state = st_idle;

  reg [21:0] db_clk = {21{1'b1}};
  reg [21:0] db_clk_next = {21{1'b1}};

  always @(posedge clk, negedge resetn)
  begin
    if(!resetn)
      begin
        current_state <= st_idle;
        db_clk <= 0;
      end
    else
      begin
        current_state <= next_state;
        db_clk <= db_clk_next;
      end
  end

  always @ *
  begin
    next_state = current_state;
    db_clk_next = db_clk;
```

```
    pb_tick = 0;

    case(current_state)
      st_idle:                          //没有按下按键
        begin
          //pb_out = 0;
          if(pb_in)
            begin
              db_clk_next = {21{1'b1}};
              next_state = st_wait1;
            end
        end

      st_wait1:                         //按下按键,等待信号稳定
        begin
          //pb_out = 0;
          if(pb_in)
            begin
              db_clk_next = db_clk - 1;
              if(db_clk_next == 0)
                begin
                  next_state = st_one;
                  pb_tick = 1'b1;
                end
            end
        end
      st_one:                           //信号稳定并且输出
        begin
          //pb_out = 1'b1;
          if(~pb_in)
            begin
              next_state = st_wait0;
              db_clk_next = {21{1'b1}};
            end
        end
      st_wait0:                         //确定按键释放,并且返回 idle 状态
        begin
          //pb_out = 1'b1;
          if(~pb_in)
            begin
              db_clk_next = db_clk - 1;
              if(db_clk_next == 0)
                next_state = st_idle;
            end
          else
            next_state = st_one;
        end
    endcase
  end

assign pb_out = (current_state == st_one || current_state == st_wait0) ? 1'b1 : 1'b0;

endmodule
```

该按键消抖模块的符号如图 11.7 所示。

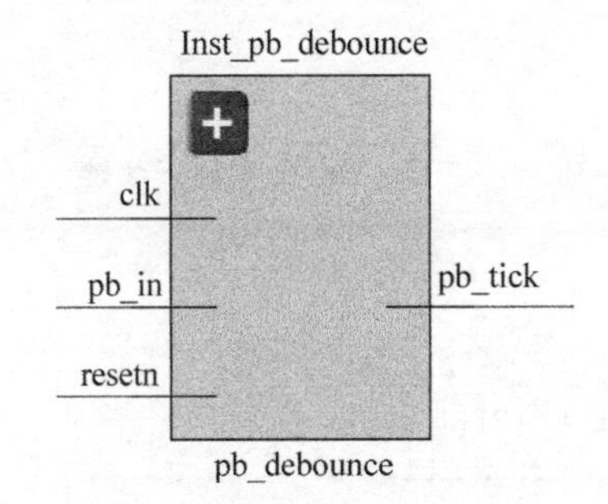

图 11.7　按键消抖模块符号

思考与练习 11-1：说明该模块所包含的接口。

思考与练习 11-2：根据上面的设计文件，说明对按键进行消抖的方法。

11.6　修改并分析顶层设计文件

本节修改顶层设计文件 AHBLITE_SYS.v 文件，主要步骤包括：

(1) 在该文件的第 42 行，添加下面的设计代码：

```
input wire btn,
```

注：该行代码用于在顶层设计文件中添加外部按键输入信号，该信号将用于触发 Cortex-M0 的外部中断。

(2) 在第 88 行添加下面的设计代码：

```
wire Int;
```

注：该行代码用于声明 Int 信号，该信号将用于连接到 Cortex-M0 的外部中断源。

(3) 在第 94 行添加下面的设计代码：

```
assign IRQ = {15'b0000_0000_0000_000,Int};
```

注：该行代码用于将 Int 连接到 IRQ[0]。

(4) 在第 111 行添加下面的设计代码，如代码清单 11-2 所示。

代码清单 11-2　pb_debounce 模块例化语句

```
pb_debounce Inst_pb_debounce(
    .clk(HCLK),
    .resetn(HRESETn),
    .pb_in(btn),
    .pb_out(),
    .pb_tick(Int)
  );
```

(5) 保存该设计文件。

(6) 在 Vivao 主界面左侧的 Flow Navigator 窗口中，找到并展开 RTL Analysis。在展开项中，找到并展开 Elaborated Design。在展开项中，单击 Schematic，打开系统结构，如图 11.8 所示。

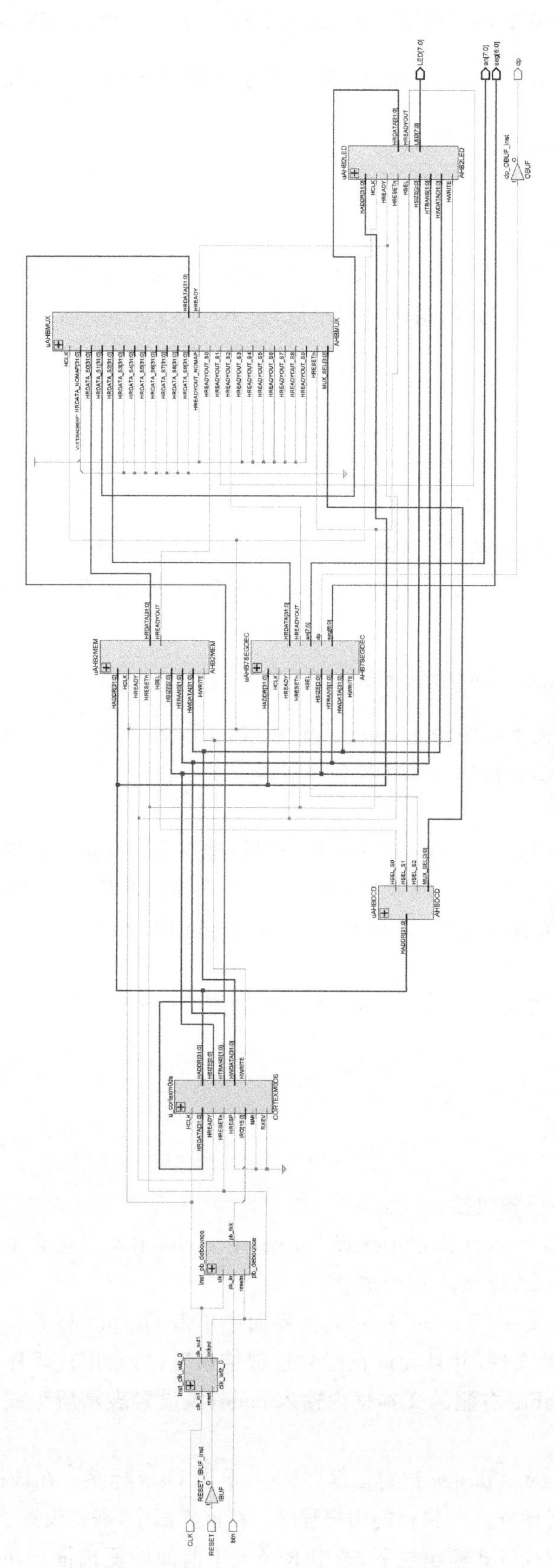

图 11.8 系统整体结构图

思考与练习 11-3：根据图 11.3，说明将外部中断引入到 Cortex-M0 系统的方法。

11.7 编写程序代码

本节通过 Keil μVision5 集成开发环境，设计一个可以运行在 Cortex-M0 处理器上的汇编语言程序。该汇编语言程序用于实现处理外部按键事件的中断句柄，在该句柄中将控制外部的 LED 灯。在编写完汇编语言程序后，过 Keil μVision5 内的编译器将对该程序进行编译和处理。

11.7.1 建立新设计工程

建立新设计工程的主要步骤包括：

1）在 μVision5 主界面主菜单下，选择 Project→New μVision Project…。

2）出现 Create New Project（创建新工程）对话框界面。按下面设置参数：

（1）指向下面的路径：

```
E:\cortex-m0_example\cortex_m0_irq\software
```

（2）在文本名右侧的文本框中输入 top，即该设计的工程名字为 top. uvproj。

注：读者可以根据自己的情况选择路径和输入工程名字。

3）单击“保存”按钮。

4）出现 Select Device for Target ‘Target 1’…对话框界面。在该界面左下方的窗口中找到并展开 ARM。在 ARM 展开项中，找到并展开 ARM Cortex-M0。在 ARM Cortex-M0 展开项中，选择 ARMCM0。在右侧 Description 中，给出了 Cortex-M0 处理器的相关信息。

5）出现 Manage Run-Time Environment 对话框界面。

6）单击 OK 按钮。

11.7.2 工程参数设置

设置工程参数的主要步骤包括：

1）在 μVision 左侧的 Project 窗口中选择 Target 1，右击，出现浮动菜单。在浮动菜单内选择 Option for Taget ‘Target 1’…选项。

2）在 Options for Target ‘Target 1’对话框界面中单击 Output 标签。在该标签窗口下，定义了工具链输出的文件，并且允许在建立过程结束后，启动用户程序。在该标签栏下，在 Name of Executable 右侧的文本框内输入 code，该设置表示所生成的二进制文件的名字为 code。

3）在 Options for Target ‘Target 1’对话框界面中，单击 User 标签。在该标签窗口中，制定了在编译/建立前或者建立后所执行的用户程序。在该界面中，需要设置下面的参数：

（1）在 After Build/Rebuild 标题栏下，选中 Run ＃1 前面的复选框。在右侧文本框中输入下面的命令：

```
fromelf -cvf .\objects\code.axf --vhx --32x1 -o code.hex
```

（2）在 After Build/Rebuild 标题栏下，选中 Run #2 前面的复选框。在右侧文本框中输入下面的命令：

```
fromelf -cvf .\objects\code.axf -o disasm.txt
```

fromelf 映像转换工具允许设计者修改 ELF 映像和目标文件，并且在这些文件上显示信息。其中：

（1）--vhx 选项，表示生成面向字节（Verilog HDL 内存模型）的十六进制格式。此格式适合加载到硬件描述语言仿真器的内存模型中。

（2）--32x1 选项，表示生成的内存系统中只有 1 个存储器，该存储器宽度为 32 位。

（3）-o 选项，用于指定输出文件的名字，如 code.hex 和 disasm.txt。

（4）所使用的文件.axf。该文件是 ARM 芯片使用的文件格式，即 ARM 可执行文件（ARM Executable File，AXF），它除了包含 bin 代码外，还包含了输出给调试器的调试信息。与 AXF 文件一起的还有 HEX 文件，HEX 文件包含地址信息，可以直接用于烧写或者下载 HEX 文件。

注：默认，该文件保存在当前工程路径的 objects 子目录下。

（5）-cvf 选项，对代码进行反汇编，输出映像的每个段和节的头文件详细信息。

4）单击 OK 按钮，退出目标选项设置对话框界面。

11.7.3 软件初始化中断

本节介绍配置 NVIC 的步骤，包括：

（1）设置中断优先级寄存器，如代码清单 11-3 所示。

代码清单 11-3 设置中断优先级寄存器

```
LDR     R0, =0xE000E400         ; 优先级 0 寄存器的地址
LDR     R1, [R0]                ; 读取优先级 0 寄存器
MOVS    R2, #0xFF               ; 字节屏蔽
BICS    R1, R1, R2              ; R1 = R1 并且 (Not (0x000000FF))
MOVS    R2, #0x40               ; 优先级
ORRS    R1, R1, R2              ; 更新优先级寄存器的值
STR     R1, [R0]                ; 写回到优先级寄存器
```

（2）设置中断使能寄存器，如代码清单 11-4 所示。

代码清单 11-4 设置中断使能寄存器

```
LDR     R0, =0xE000E100         ; NVIC 使能寄存器
MOVS    R1, #0x1                ; 中断#0
STR     R1, [R0]                ; 使能中断#0
```

（3）确认 PRIMASK 寄存器为 0。

对于有些对时间敏感的应用，需要在一段较短的时间内禁止所有中断。对于这种应

用来说，Cortex-M0 处理器没有使用中断使能/禁止控制寄存器来禁止所有中断然后再恢复，而是提供了一个单独的特性；特殊寄存器中有一位为 RRIMASK，通过它可以屏蔽到除了 NMI 和硬件异常的其他所有中断和系统异常。PRIMASK 寄存器只有一位有效，并且在复位后默认为 0。将 PRIMASK 设置为 0 的软件代码如代码清单 11-5 所示。

代码清单 11-5　设置 PRIMASK 为 0

```
MOVS      R0, #0x0
MSR       PRIMASK, R0                  ; 清除 PRIMASK 寄存器
```

11.7.4　添加和编译汇编文件

本节添加汇编文件，并在该文件中添加代码，完成汇编文件的设计。主要步骤包括：

1) 在 Project 窗口中，选择并展开 Target1。在 Target1 展开项中，找到并选中 Source Group1，右击，出现浮动菜单。在浮动菜单内，选择 Add New Item to Group 'Source Group 1'…。

2) 出现 Add New Item to Group 'Source Group 1'对话框界面。在该界面左侧窗口中，按下面设置参数：

(1) 选择 Asm File(.s)。

(2) 在 Name:右侧的文本框中，输入 main。

3) 单击 Add 按钮。

4) 在 main.s 文件中，按代码清单 11-6 所示输入设计代码。

代码清单 11-6　main.s 文件

```
当复位时,向量表映射到地址 0
                    PRESERVE8
                    THUMB
                    ;首个 32 字是向量表
                    AREARESET, DATA, READONLY
                    EXPORT __Vectors

__Vectors           DCD       0x000003FC                   ; 1K 内部存储器
                    DCD       Reset_Handler
                    DCD       0
                    DCD       0
                    DCD       0
                    DCD       0
                    DCD       0
                    DCD       0
                    DCD       0
                    DCD       0
                    DCD       0
                    DCD       0
                    DCD       0
                    DCD       0
```

```
                DCD         0
                DCD         0

                ; 外部中断
                DCD         Int_Handler
                DCD         0
                DCD         0
                DCD         0
                DCD         0
                DCD         0
                DCD         0
                DCD         0
                DCD         0
                DCD         0
                DCD         0
                DCD         0
                DCD         0
                DCD         0
                DCD         0
                DCD         0

                AREA |.text|, CODE, READONLY
;复位句柄
Reset_Handler   PROC
                GLOBAL Reset_Handler
                ENTRY

                LDR         R1, =0xE000E100         ;中断使能寄存器
                LDR         R0, =0x00000001
                STR         R0, [R1]

                LDR         R1, =0x50000000         ; LED 设置初值
                MOVS        R0, #0
                STR         R0,[R1]

AGAIN           B AGAIN
                ENDP

Int_Handler
                PUSH        {LR}
                LDR         R1, =0x50000000
                LDR         R0,[R1]
                ADDS        R0,R0,#1                ; 加 1
                STR         R0,[R1]                 ; 发送到 LED
                POP         {PC}

    END
```

5）在 Keil μVision5 主界面主菜单下，选择 Project→Build target，对程序进行编译。

注：当编译过程结束后，将在当前工程路径，即

```
E:\cortex-m0_example\cortex_m0_irq\software
```

路径下，生成 code.hex 文件。

思考与练习 11-4：在该路径下，找到并用写字板打开 code.hex 文件，分析该文件。

思考与练习 11-5：通过分析反汇编代码，进一步熟悉和掌握 Cortex-M0 指令集。

11.7.5 添加 HEX 文件到当前工程

本节将前面生成的 code.hex 文件添加到当前工程中，主要步骤包括：

1) 在 Vivado 主界面的在 Sources 窗口下，找到并选择 Design Sources。右击，出现浮动菜单。在浮动菜单内，选择 Add Sources…选项。

2) 出现 Add Sources(添加源文件)对话框界面。在该对话框界面内，选中 Add or create design sources 前面的复选框。

3) 单击 Next 按钮。

4) 出现 Add Sources-Add or Create Design Sources(添加源文件-添加或者创建设计源文件)对话框界面。在该界面中，单击+按钮，出现浮动菜单。在浮动菜单内选择 Add Files…选项。

5) 出现 Add Source Files 对话框界面。在该对话框界面中，将路径指向：

```
E:\cortex-m0_example\cortex_m0_irq\software
```

在该路径下，选中 code.hex 文件。

6) 单击 OK 按钮。

7) 返回到 Add Sources-Add or Create Design Sources 对话框界面。在该界面中，选中 Copy sources into project(复制源文件到工程)前面的复选框。

8) 单击 Finish 按钮。

9) 可以看到，在 Sources 标签窗口下添加了 code.hex 文件，但是该文件在 Unknown 文件夹下。

10) 选中 Unknown 文件下的 code.hex 文件，右击，出现浮动菜单。在浮动菜单内，选中 Source File Properties…选项。

11) 出现 Source File Properties 界面。在该界面中，单击▣按钮。

12) 出现 Set Type 对话框界面。在该对话框界面中，File Type 右侧的下拉框中，选择 Memory Initialization Files 选项。

13) 单击 OK 按钮。

14) 可以看到 UnKnown 文件夹的名字变成了 Memory Initialization Files。

至此，已将软件代码成功添加到 Vivado 设计工程中。这样，对该设计进行后续处理时，就能用于初始化 FPGA 内的片内存储器。

11.8 设计综合

本节对设计进行综合，主要步骤包括：

(1) 在 Vivado 集成开发环境左侧 Flow Navigator 窗口下，找到并展开 Synthesis。在 Synthesis 展开项中单击 Run Synthesis，Vivado 开始对设计进行综合。

(2) 当完成综合过程后，弹出 Synthesis Completed（综合完成）对话框界面。在该界面中，选中 Open Synthesized Design 前面的复选框。

(3) 单击 OK 按钮。

11.9 添加约束条件

本节通过 I/O 规划器的图形化界面添加外部按键 BTN0 引脚约束条件，主要步骤包括：

注：确认在执行下面的步骤之前，已经打开了综合后的网表文件。如果没有打开，则应该先打开综合后的网表。

(1) 在 Vivado 集成开发环境上方的下拉框中，选择 I/O Planning（I/O 规划）选项。

(2) 在 Site 标题下面输入 BTN0 按键在 FPGA 上的引脚位置，以及在 I/O Std（I/O 标准）标题下，添加逻辑端口定义其 I/O 电气标准，如图 11.9 所示。

Scalar ports (4)

btn	IN		F21		16	LVCMOS33*
CLK	IN		K19	✓	15	LVCMOS33*
dp	OUT		B15	✓	16	LVCMOS33*
RESET	IN		T5	✓	34	LVCMOS33*

图 11.9 I/O 约束界面

(3) 在当前约束界面的工具栏内，按 Ctrl+S 按键，保存新添加的约束条件。

(4) 在 Vivado 上方的下拉框中选择 Default Layout 选项，退出 I/O 约束界面。

11.10 设计实现

本节执行设计实现过程，主要步骤包括：

(1) 在 Vivado 的 Sources 窗口下，找到并选中 AHBLITE_SYS.v 文件。

(2) 在 Vivado 左侧的 Flow Navigator 窗口中，找到并展开 Implementation 选项。

(3) 在 Implementation 展开项中，单击 Run Implementation 选项，Vivado 开始执行设计实现过程；或者在 Tcl 命令行中，输入 launch_runs impl_1 脚本命令，运行实现过程。

11.11 下载比特流文件

本节生成比特流文件，主要步骤包括：

(1) 在 Vivado 源文件窗口中，选择顶层设计文件 AHBLITE_SYS.v。

(2) 在 Vivado 主界面左侧的 Flow Navigator 窗口下方，找到并展开 Program and Debug 选项。在 Program and Debug 展开项中，找到并单击 Generate Bitstream 选项，开始生成编程文件。

(3) 当生成比特流的过程结束后，出现 Bitstream Generation Completed 对话框界面。

(4) 单击 Cancel 按钮。

(5) 通过 USB 电缆，将 A7-EDP-1 开发平台上名字为 J12 的 USB-JTAG 插座与 PC/笔记本电脑上的 USB 接口进行连接。

(6) 将外部+5V 电源连接到 A7-EDP-1 开发平台的 J6 插座。

(7) 将 A7-EDP-1 开发平台上的 J11 跳线设置为 EXT 模式，即外部供电模式。

(8) 将 A7-EDP-1 开发平台上的 J10 插座设置为 JTAG，表示下面将使用 JTAG 下载设计。

(9) 将 A7-EDP-1 开发平台上的 SW8 开关设置为 ON 状态，给开发平台供电。

(10) 在 Vivado 主界面左侧的 Flow Navigator 窗口下方，找到并展开 Program and Debug 选项。在 Program and Debug 展开项中，找到并单击 Open Hardware Manager 选项。

(11) 在 Vivado 界面上方出现 Hardware Manager-unconnected 界面。

(12) 单击 Open target 选项，出现浮动菜单。在浮动菜单内选择 Auto Connect 选项。

(13) 出现 Auto Connect 对话框界面。

(14) 当硬件设计正确时，在 Hardware 窗口中会出现所检测到的 FPGA 类型和 JTAG 电缆的信息。

(15) 选中名字为 xc7a75t_0 的一行，右击，出现浮动菜单。在浮动菜单内选择 Program Device…。

(16) 出现 Program Device 对话框界面。在该界面中，默认将 Bitstream file(比特流文件)的路径指向：

```
E:/cortex - m0_example/cortex_m0_irq/cortex_m0.runs/impl_1/AHBLITE_SYS.bit
```

(17) 单击 Program 按钮，Vivado 工具自动将比特流文件下载到 FPGA 中。

思考与练习 11-6：当按下 A7-EDP-1 开发平台上的 BTN0 按键时，观察 LED7～LED0 的变化是否符合设计要求。

思考与练习 11-7：观察当按下 BTN0 按键时是否还有抖动，并说明原因。

第12章 定时器设计与实现

本章在 ARM Cortex-M0 的片上系统内增加定时器。在定时器内，提供了可以修改工作模式的寄存器，并且当定时器到达零时产生中断。定时器是 Cortex-M0 处理器系统不可缺少的重要功能部件，通过它可以运行多任务。内容包括：设计目标、打开前面的设计工程、添加并分析定时器模块源文件、修改并分析顶层设计文件、编写程序代码、设计综合、添加约束条件、设计实现以及下载比特流文件。

通过本章的学习，掌握在 Xilinx Vivado 2016 集成开发环境下，设计并在系统中添加定时器的方法，并且掌握汇编语言控制定时器运行的方法。

12.1 设计目标

本章将为前面一章所设计的 Cortex-M0 嵌入式片上系统添加定时器模块，主要设计目标包括：

1) 硬件设计和实现

(1) 在 Vivado 2016 集成开发环境中(以下简称 Vivado 2016)设计可控的定时器模块。

(2) 通过修改顶层设计文件，将定时器模块连接到系统中。

(3) 下载包含定时器模块的 Cortex-M0 嵌入式片上系统设计到 FPGA 中，在 FPGA 内构建一个包含定时器模块的 Cortex-M0 嵌入式片上系统，如图 12.1 所示。

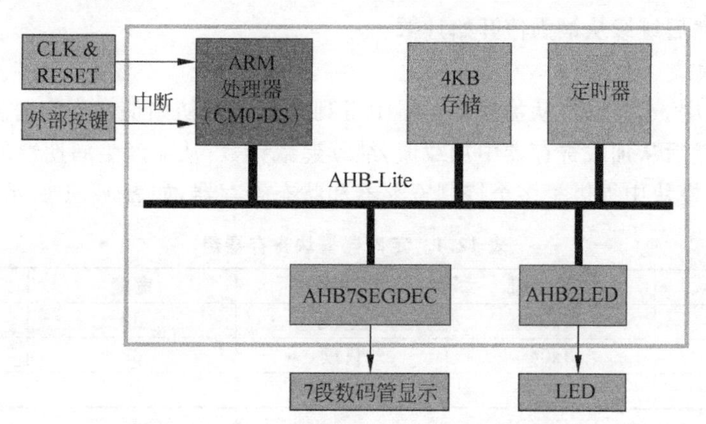

图 12.1 包含中断系统的片上系统内部结构

2）软件编程

（1）在 KeilμVision5 集成开发环境中使用汇编语言对 Cortex-M0 处理器进行编程，实现对定时器的控制。

（2）建立(build)汇编语言设计文件，生成十六进制 PROM 文件。

12.2 打开前面的设计工程

本节打开前面的设计工程，步骤包括：

（1）在 E:/cortex-m0_example 目录中新建一个名字为 cortex_m0_irq 的子目录。

（2）将 E:/cortex-m0_example/cortex_m0_irq 目录中的所有文件和文件夹的内容复制到新建的 cortex_m0_timer 子目录中。

（3）启动 Vivado 2016.1 集成开发环境。

（4）在 Vivado 集成开发环境主界面内的 Quick Start 分组下，单击 Open Project 图标。

（5）出现 Open Project 对话框界面。在该界面中，将路径指向：

```
E:/cortex - m0_example/cortex_m0_timer
```

（6）在该路径中选择 cortex_m0. xprj。

（7）单击 OK 按钮。

12.3 添加并分析定时器模块源文件

本节设计一个软件可控的定时器模块，首先介绍定时器的工作原理，然后介绍具体实现过程。

12.3.1 定时器模块设计原理

在该设计中，定时器可以工作在自由运行模式和周期模式。

1）自由运行模式

在该模式中，定时器将从加载寄存器中得到定时器的初始值。当定时器到达零时产生一个中断，然后继续从最大值开始计数。

2）周期模式

在该模式中，定时器将从加载寄存器中得到定时器的初始值。当定时器到达零时产生一个中断，然后从加载寄存器中加载值，继续递减计数，从而产生周期性的中断信号。

在定时器模块中提供了多个控制寄存器和状态寄存器，如表 12.1 所示。

表 12.1 定时器模块寄存器组

寄存器名字	偏移地址	类型	宽度	复位值
load	0x00	读/写	32	0x00000000
value	0x04	只读	32	0x00000000
control	0x08	读/写	4	0x0

其中：

（1）load 寄存器：该寄存器保存着最开始使能定时器的初值。如果定时器为周期模式，则当它到达零时，将 value 寄存器的值复位为 load 寄存器的值。

（2）value 寄存器：该寄存器保存着定时器当前的值。当 value 寄存器的值到达零时，产生一个中断，并且将 value 寄存器的值复位到最大值（自由运行模式）或 load 寄存器的值（周期模式）。

（3）control 寄存器：该寄存器用于控制寄存器的工作模式。control[3:2]用于对系统时钟进行预标定，如表 12.2 所示。control[1]用于控制定时器的工作模式，如表 12.3 所示。control[0]用于控制使能/禁止定时器，当该位为“1”时，启动定时器工作；否则，停止定时器。

表 12.2　定时器预标定值

control[3:2]	预标定值
00	1
01	16
1x	256

表 12.3　定时器工作模式

control[1]	Operation mode
0	自由运行
1	周期

12.3.2　添加定时器源文件

本节为该设计添加定时器源文件，主要步骤包括：

（1）在 Sources 窗口下，找到并选择 Design Sources，右击，出现浮动菜单。在浮动菜单内，选择 Add Sources…选项。

（2）出现 Add Source 对话框界面。在该设计中，选中 Add or create design sources 前面的复选框。

（3）单击 Next 按钮。

（4）出现 Add Sources-Add or Create Design Sources 对话框界面。在该界面中单击 + 按钮，出现浮动菜单。在浮动菜单内，选择 Add Files…选项。

（5）出现 Add Source Files 对话框界面。在该对话框界面中，将路径指向：

```
E:\cortex-m0_example\source
```

分别选中 AHBTIMER.v 和 prescaler.v 文件。

（6）单击 OK 按钮。

（7）可以看到在 Add Source-Add or Create Design Sources 对话框界面中，新添加了

名字为 AHBTIMER. v 和 prescaler. v 的文件

(8) 单击 Finish 按钮。

12.3.3 分析定时器源文件

本节对定时器源文件进行分析，内容如下：

(1) 在 Sources 窗口中，找到并打开 prescaler. v 文件。在该文件中添加设计代码，如代码清单 12-1 所示。

代码清单 12-1 prescaler. v

```
module prescaler(
  input wire inclk,
  output reg outclk
    );

reg [3:0] counter;

always @(posedge inclk)
begin
  counter <= counter + 1'b1;
  if(counter == 4'b1111)
      outclk <= ~outclk;
end
endmodule
```

注：该模块实现对输入时钟 inclk 的 16 分频，然后产生 16 分频时钟 outclk。

(2) 在 Sources 窗口中，找到并打开 AHBTIMER. v 文件。在该文件中添加设计代码，如代码清单 12-2 所示。

代码清单 12-2 AHBTIMER. v

```
module AHBTIMER(
    //输入
input wire HCLK,
input wire HRESETn,
input wire [31:0] HADDR,
input wire [31:0] HWDATA,
input wire [1:0] HTRANS,
input wire HWRITE,
input wire HSEL,
input wire HREADY,

    //输出
  output reg [31:0] HRDATA,
  output wire HREADYOUT,
  output reg timer_irq
);
```

```
parameter st_idle = 1'b0,st_count = 1'b1;
parameter int_gen = 2'b00,int_con = 2'b01,int_clr = 2'b10;
reg state;
reg [1:0] state1;
reg timer_irq_next;

//AHB寄存器
reg last_HWRITE;
reg [31:0] last_HADDR;
reg last_HSEL;
reg [1:0] last_HTRANS;

//内部寄存器
reg [3:0] control;
reg [31:0] load;
reg clear;
reg [31:0] value;

//预标定时钟信号
wire clk16;                          // HCLK/16
wire clk256;                         // HCLK/256
( * gated_clock = "false" * ) reg timerclk;

 assign HREADYOUT = 1'b1;            //总是准备就续

//生成16分频的时钟
prescaler Inst_precaler_clk16(
.inclk(HCLK),
.outclk(clk16)
);
 //生成256分频的时钟
prescaler Inst_precaler_clk256(
.inclk(clk16),
.outclk(clk256)
);
 //基于control[3:2] 1x= 256 ; 01 = 16 ; 00 = 1,选择定时器所用的时钟
always @( * )
begin
     case (control[3:2])
       2'b00 : timerclk <= HCLK;
       2'b01 : timerclk <= clk16;
       default : timerclk <= clk256;
     endcase
end

always @(posedge HCLK or negedge HRESETn)
begin
 if(!HRESETn)
```

```
      begin
        last_HSEL       <= 1'b0;
        last_HADDR      <= 32'h0;
        last_HTRANS     <= 2'b00;
        last_HWRITE     <= 1'b0;
      end
    else
     if(HREADY)
      begin
        last_HWRITE     <= HWRITE;
        last_HSEL       <= HSEL;
        last_HADDR      <= HADDR;
        last_HTRANS     <= HTRANS;
      end
  end
  //写控制寄存器
  always @(posedge HCLK or negedge HRESETn)
  begin
    if(!HRESETn)
      begin
        control <=  4'b0000;
        load<= 32'h00000000;
        clear<= 1'b0;
      end
    else
     begin
       if(last_HWRITE & last_HSEL & last_HTRANS[1])
           if(last_HADDR[3:0] == 4'h8)          //control 寄存器地址
               control <= HWDATA[3:0];
           else if(last_HADDR[3:0] == 4'h0)     //load 寄存器地址
            load <= HWDATA;
     end
  end

  //读状态寄存器
  always @(*)
  begin
    case(last_HADDR[3:0])
      4'h0 : HRDATA <= load;
      4'h4 : HRDATA <= value;
      4'h8 : HRDATA <= control;
      default : HRDATA <= 32'h00000000;
  endcase
  end
  //单进程有限自动状态机 FSM
  always @(posedge timerclk or negedge HRESETn)
  begin
    if(!HRESETn)
```

```
   begin
      timer_irq_next <= 1'b0;
      value <=  32'h0000_0000;
      state <= st_idle;
   end
  else
      case(state)
        st_idle:
          if(control[0])
              begin
                value <=  load;
                state <=  st_count;
              end
        st_count:
          if(control[0])                              //如果禁止,则停止计数
              if(value  ==  32'h0000_0000)
                begin
                    timer_irq_next  = 1'b1;
                    if(control[1]  ==  0)         //如果 control[1] = 0,定时器自由运行模式
                       value <= value - 1;
                    else if(control[1]  ==  1)  //如果 control[1] = 0,定时器周期模式
                       value <= load;
                end
              else
                begin
                    value <=  value - 1;
                    timer_irq_next <= 1'b0;
                end
    endcase
end
//中断处理模块,通过该模块将高电平中断脉冲信号 timer_irq 维持两个周期
always @(posedge HCLK or negedge HRESETn)
begin
 if(!HRESETn)
    begin
      timer_irq <= 1'b0;
      state1 <= int_gen;
    end
 else
  case (state1)
    int_gen:
      begin
         if(timer_irq_next == 1'b1)
           begin
             timer_irq <= 1'b1;
             state1 <= int_con;
           end
         else
             state1 <= int_gen;
      end
```

```
    int_con:
            state1 <= int_clr;
    int_clr:
      begin
          timer_irq <= 1'b0;
          if(timer_irq_next == 1'b0)
               state1 <= int_gen;
          else
               state1 <= int_clr;
      end
    endcase
end
endmodule
```

该定时器模块符号如图 12.2 所示。

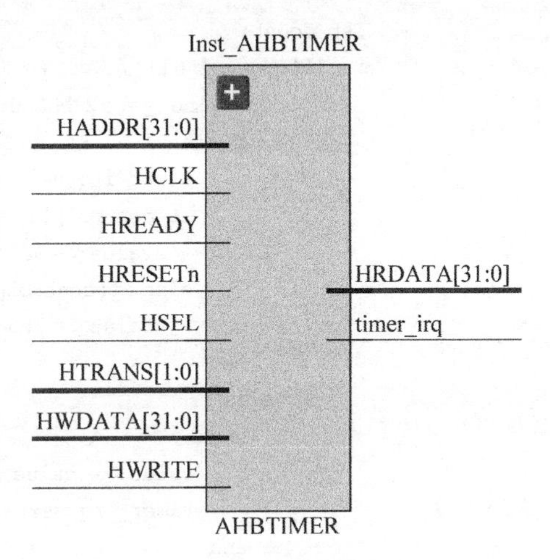

图 12.2　定时器模块符号

思考与练习 12-1：说明该模块所包含的接口。（提示：与 Cortex-M0 CPU 通过 AHB-Lite 接口以及用于连接定时器的驱动接口）。

思考与练习 12-2：参考本书 AHB-Lite 的介绍，说明图 12.2 接口信号的含义。

思考与练习 12-3：根据上面的代码清单，说明其寄存器的地址，以及实现的功能。

思考与练习 12-4：根据上面的代码清单，分析如何将软件给到寄存器的命令，并转换成可以控制定时器的驱动逻辑。

思考与练习 12-5：根据上面的代码清单，分析维持两个高电平中断脉冲信号的实现方法。

12.4　修改并分析顶层设计文件

本节修改顶层设计文件 AHBLITE_SYS.v 文件，主要步骤包括：

(1) 在该文件的第 75 行，添加下面的设计代码：

```
wire HSEL_TIMER,
```

注：该行代码用于在顶层设计文件中定义 HSEL_TIMER 信号。

(2) 在第 80 行，添加下面的设计代码：

```
wire[31:0] HRDATA_TIMER;
```

注：该行代码用于在顶层设计文件中定义 HRDATA_TIMER。

(3) 在第 85 行，添加下面的设计代码：

```
wire HREADYOUT_TIMER;
```

注：该行代码用于在顶层设计文件中定义 HREADYOUT_TIMER。

(4) 在第 92 行,添加下面的设计代码：

```
wire Int_timer;
```

注：该行代码用于在顶层设计文件中定义 Int_timer。

(5) 在第 98 行,添加下面的设计代码：

```
assign IRQ = {14'b0000_0000_0000_00,Int_timer,Int};
```

注：该行代码用于将 Int_timer 连接到 IRQ[1]。

(6) 在第 159 行,添加下面的映射关系：

```
.HSEL_S3(HSEL_TIMER),
```

注：该行代码用于将 HSEL_TIMER 连接到 HSEL_S3。

(7) 在第 181 行,添加下面的映射关系：

```
.HRDATA_S3(HRDATA_TIMER),
```

注：该行代码用于将 HRDATA_TIMER 连接到 HRDATA_S3。

(8) 在第 193 行,添加下面的映射关系：

```
.HREADYOUT_S3(HREADYOUT_TIMER),
```

注：该行代码用于将 HREADYOUT_TIMER 连接到 HREADYOUT_S3。

(9) 在第 263 行,添加下面的设计代码,如代码清单 12-3 所示。

代码清单 11-3　AHBTIMER 模块例化语句

```
  AHBTIMER Inst_AHBTIMER(
    .HCLK(HCLK),
    .HRESETn(HRESETn),
    .HADDR(HADDR),
    .HWDATA(HWDATA),
    .HTRANS(HTRANS[1:0]),
    .HWRITE(HWRITE),
    .HSEL(HSEL_TIMER),
    .HREADY(HREADY),
    .HRDATA(HRDATA_TIMER),
    .HREADYOUT(HREADYOUT_TIMER),
    .timer_irq(Int_timer)
);
```

(10) 保存该设计文件。

(11) 在 Vivado 主界面左侧的 Flow Navigator 窗口中,找到并展开 RTL Analysis。在 RTL Analysis 展开项中,找到并展开 Elaborated Design。在 Elaborated Design 展开项中,单击 Schematic,打开系统结构,如图 12.3 所示。

思考与练习 12-6：根据图 12.3,说明将定时器添加到 Cortex-M0 系统的方法。

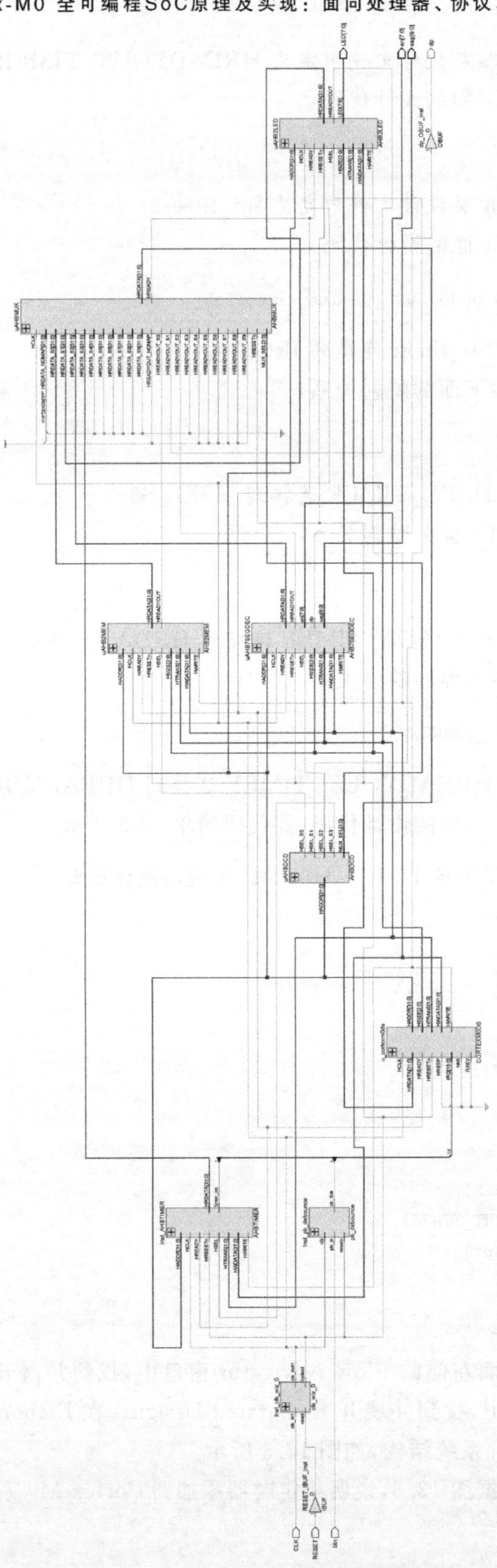

图 12.3　系统整体结构图

12.5 编写程序代码

本节通过 Keil μVision5 集成开发环境,设计一个可以运行在 Cortex-M0 处理器上的汇编语言程序。该汇编语言程序用于实现处理外部按键事件的中断句柄,在该句柄中将控制外部的 LED 灯。在编写完汇编语言程序后,通过 Keil μVision5 内的编译器对该程序进行编译和处理。

12.5.1 建立新设计工程

建立新设计工程的主要步骤包括:

1) 在 μVision5 主界面主菜单下,选择 Project→New μVision Project…。

2) 出现 Create New Project(创建新工程)对话框界面。按下面设置参数:

(1) 指向下面的路径:

```
E:\cortex-m0_example\cortex_m0_timer\software
```

(2) 在文本名右侧的文本框中输入 top,即该设计的工程名字为 top. uvproj。

注:读者可以根据自己的情况选择路径和输入工程名字。

3) 单击"保存"按钮。

4) 出现 Select Device for Target 'Target 1'…对话框界面。在该界面左下方的窗口中,找到并展开 ARM。在 ARM 展开项中,找到并展开 ARM Cortex-M0。在 ARM Cortex-M0 展开项中,选择 ARMCM0。在右侧 Description 中,给出了 Cortex-M0 处理器的相关信息。

5) 出现 Manage Run-Time Environment 对话框界面。

6) 单击 OK 按钮。

12.5.2 工程参数设置

设置工程参数的主要步骤包括:

1) 在 μVision 左侧的 Project 窗口中选择 Target 1,右击,出现浮动菜单。在浮动菜单内,选择 Option for Taget'Target 1'…选项。

2) 在 Options for Target 'Target 1'对话框界面中单击 Output 标签。在该标签窗口下定义了工具链输出的文件,并且允许在建立过程结束后启动用户程序。在该标签栏下,在 Name of Executable 右侧的文本框内输入 code,该设置表示所生成的二进制文件的名字为 code。

3) 在 Options for Target 'Target 1'对话框界面中单击 User 标签。在该标签窗口中制定了在编译/建立前或者建立后所执行的用户程序。在该界面中需要设置下面的参数:

(1) 在 After Build/Rebuild 标题栏下选中 Run #1 前面的复选框。在右侧文本框中输入下面的命令：

```
fromelf --cvf .\objects\code.axf --vhx --32x1 -o code.hex
```

(2) 在 After Build/Rebuild 标题栏下选中 Run #2 前面的复选框。在右侧文本框中输入下面的命令：

```
fromelf --cvf .\objects\code.axf -o disasm.txt
```

fromelf 映像转换工具允许设计者修改 ELF 映像和目标文件，并且在这些文件上显示信息。其中：

(1) --vhx 选项，表示生成面向字节(Verilog HDL 内存模型)的十六进制格式。此格式适合加载到硬件描述语言仿真器的内存模型中。

(2) --32x1 选项，表示生成的内存系统中只有 1 个存储器，该存储器宽度为 32 位。

(3) -o 选项，用于指定输出文件的名字，如 code.hex 和 disasm.txt。

(4) 所使用的文件.axf。该文件是 ARM 芯片使用的文件格式，即 ARM 可执行文件(ARM Executable File，AXF)，它除了包含 bin 代码外，还包含了输出给调试器的调试信息。与 AXF 文件一起的还有 HEX 文件，HEX 文件包含地址信息，可以直接用于烧写或者下载 HEX 文件。

注：默认，该文件保存在当前工程路径的 objects 子目录下。

(5) -cvf 选项，对代码进行反汇编，输出映像的每个段和节的头文件详细信息。

4) 单击 OK 按钮，退出目标选项设置对话框界面。

12.5.3 添加和编译汇编文件

本节添加汇编文件并在该文件中添加代码，完成汇编文件的设计。主要步骤包括：

1) 在 Project 窗口中选择并展开 Target1。在 Target1 展开项中找到并选中 Source Group1，右击，出现浮动菜单。在浮动菜单内，选择 Add New Item to Group ‘Source Group 1’…。

2) 出现 Add New Item to Group ‘Source Group 1’对话框界面。在该界面左侧窗口中，按下面设置参数：

(1) 选择 Asm File(.s)。

(2) 在 Name:右侧的文本框中，输入 main。

3) 单击 Add 按钮。

4) 在 main.s 文件中，按代码清单 12-4 所示输入设计代码。

代码清单 12-4 main.s 文件

```
;当复位时，向量表映射到地址 0

        PRESERVE8
        THUMB
;最开始的 32 个字是向量表
```

```
                AREA    RESET, DATA, READONLY
                EXPORT  __Vectors

__Vectors       DCD     0x000003FC          ; 1K 内部存储器
                DCD     Reset_Handler
                DCD     0
                DCD     0
                DCD     0
                DCD     0
                DCD     0
                DCD     0
                DCD     0
                DCD     0
                DCD     0
                DCD     0
                DCD     0
                DCD     0
                DCD     0
                DCD     0

                ; 外部中断

                DCD     BTN_Handler
                DCD     TIMER_Handler
                DCD     0
                DCD     0
                DCD     0
                DCD     0
                DCD     0
                DCD     0
                DCD     0
                DCD     0
                DCD     0
                DCD     0
                DCD     0
                DCD     0
                DCD     0
                DCD     0

                AREA |.text|, CODE, READONLY
;复位句柄
Reset_Handler   PROC
                GLOBAL Reset_Handler
                ENTRY

                LDR     R1, = 0xE000E100    ;中断使能寄存器
                LDR     R0, = 0x00000003
                STR     R0, [R1]
```

```
                LDR      R1, = 0x50000000  ; LED 设置初值
                MOVS     R0, #1
                STR      R0,[R1]
                ;配置定时器

                LDR      R1, = 0x52000000  ;定时器 load 寄存器地址
                LDR      R0, = 0x0007ffff  ;定时器初值
                STR      R0,[R1]
                LDR      R1, = 0x52000008  ;定时器 control 寄存器
                MOVS     R0, #0x03         ;prescaler = 1,使能定时器,重加载模式
                STR      R0,[R1]

AGAIN           B AGAIN
                ENDP

BTN_Handler PROC                           ;按键中断句柄,在该设计中为空
                PUSH {LR}
                POP{PC}
                ENDP
TIMER_Handler   PROC                       ;定时器中断句柄
                PUSH     {R0,R1,LR}        ;将 R0、R1 和 LR 入栈
                LDR      R0, = 0x50000000  ;LED 模块的地址
                LDR      R1,[R0]           ;从 LED 模块读端口的值
                ADDS     R1,R1,#2          ;端口的值递增 2
                STR      R1,[R0]           ;送到 LED 端口
                POP      {R0,R1,PC}        ;将 R0、R1 和 LR 出栈
    ENDP
END
```

5）在 Keil μVision5 主界面主菜单下，选择 Project→Build target，对程序进行编译。

注：当编译过程结束后，将在当前工程路径，即

```
E:\cortex-m0_example\cortex_m0_timer\software
```

路径下生成 code.hex 文件。

思考与练习 12-7：在该路径下找到并用写字板打开 code.hex 文件，分析该文件。

思考与练习 12-8：分析反汇编代码，进一步熟悉和掌握 Cortex-M0 指令集。

12.5.4 添加 HEX 文件到当前工程

本节将前面生成的 code.hex 文件添加到当前工程中，主要步骤包括：

(1) 在 Vivado 主界面的在 Sources 窗口下，找到并选择 Design Sources，右击，出现浮动菜单。在浮动菜单内，选择 Add Sources…选项。

(2) 出现 Add Sources(添加源文件)对话框界面。在该对话框界面内选中 Add or create design sources 前面的复选框。

(3) 单击 Next 按钮。

(4) 出现 Add Sources-Add or Create Design Sources(添加源文件-添加或者创建设

计源文件)对话框界面。在该界面中单击 + 按钮,出现浮动菜单。在浮动菜单内选择 Add Files…选项。

(5) 出现 Add Source Files 对话框界面。在该对话框界面中,将路径指向:

```
E:\cortex-m0_example\cortex_m0_timer\software
```

在该路径下,选中 code. hex 文件。

(6) 单击 OK 按钮。

(7) 返回到 Add Sources-Add or Create Design Sources 对话框界面。在该界面中,选中 Copy sources into project(复制源文件到工程)前面的复选框。

(8) 单击 Finish 按钮。

(9) 可以看到,在 Sources 标签窗口下添加了 code. hex 文件,但是该文件在 Unknown 文件夹下。

(10) 选中 Unknown 文件下的 code. hex 文件,右击,出现浮动菜单。在浮动菜单内,选中 Source File Properties…选项。

(11) 出现 Source File Properties 界面。在该界面中单击 按钮。

(12) 出现 Set Type 对话框界面。在该对话框界面中,File Type 右侧的下拉框中选择 Memory Initialization Files 选项。

(13) 单击 OK 按钮。

(14) 可以看到 UnKnown 文件夹的名字变成了 Memory Initialization Files。

至此,已将软件代码成功添加到 Vivado 设计工程中。这样,对该设计进行后续处理时,就能用于初始化 FPGA 内的片内存储器。

12.6 设计综合

本节对设计进行综合,主要步骤包括:

(1) 在 Vivado 集成开发环境左侧 Flow Navigator 窗口下找到并展开 Synthesis。在展开项中单击 Run Synthesis,Vivado 开始对设计进行综合。

(2) 当完成综合过程后,弹出 Synthesis Completed(综合完成)对话框界面。在该界面中选中 Open Synthesized Design 前面的复选框。

(3) 单击 OK 按钮。

12.7 设计实现

本节执行设计实现过程,主要步骤包括:

(1) 在 Vivado 的 Sources 窗口下找到并选中 AHBLITE_SYS. v 文件。

(2) 在 Vivado 左侧的 Flow Navigator 窗口中,找到并展开 Implementation 选项。

(3) 在展开项中,单击 Run Implementation 选项,Vivado 开始执行设计实现过程;或者在 Tcl 命令行中,输入 launch_runs impl_1 脚本命令,运行实现过程。

12.8 下载比特流文件

本节生成比特流文件，主要步骤包括：

(1) 在 Vivado 源文件窗口中，选择顶层设计文件 AHBLITE_SYS. v。

(2) 在 Vivado 主界面左侧的 Flow Navigator 窗口下方，找到并展开 Program and Debug 选项。在展开项中，找到并单击 Generate Bitstream 选项，开始生成编程文件。

(3) 当生成比特流的过程结束后，出现 Bitstream Generation Completed 对话框界面。

(4) 单击 Cancel 按钮。

(5) 通过 USB 电缆，将 A7-EDP-1 开发平台上名字为 J12 的 USB-JTAG 插座与 PC/笔记本电脑上的 USB 接口进行连接。

(6) 将外部+5V 电源连接到 A7-EDP-1 开发平台的 J6 插座。

(7) 将 A7-EDP-1 开发平台上的 J11 跳线设置为 EXT 模式，即外部供电模式。

(8) 将 A7-EDP-1 开发平台上的 J10 插座设置为 JTAG，表示下面将使用 JTAG 下载设计。

(9) 将 A7-EDP-1 开发平台上的 SW8 开关设置为 ON 状态，给开发平台供电。

(10) 在 Vivado 主界面左侧的 Flow Navigator 窗口下方，找到并展开 Program and Debug 选项。在 Program and Debug 展开项中，找到并单击 Open Hardware Manager 选项。

(11) 在 Vivado 界面上方出现 Hardware Manager-unconnected 界面。

(12) 单击 Open target 选项，出现浮动菜单。在浮动菜单内，选择 Auto Connect 选项。

(13) 出现 Auto Connect 对话框界面。

(14) 当硬件设计正确时，在 Hardware 窗口中会出现所检测到的 FPGA 类型和 JTAG 电缆的信息。

(15) 选中名字为 xc7a75t_0 的一行，右击，出现浮动菜单。在浮动菜单内，选择 Program Device…。

(16) 出现 Program Device 对话框界面。在该界面中，默认将 Bitstream file(比特流文件)的路径指向：

```
E:/cortex - m0_example/cortex_m0_timer/cortex_m0.runs/impl_1/AHBLITE_SYS.bit
```

(17) 单击 Program 按钮，Vivado 工具自动将比特流文件下载到 FPGA 中。

思考与练习 12-9：当下载完设计后，观察 LED7～LED0 的变化是否符合设计要求。

第13章 UART串口控制器设计与实现

本章要在 Xilinx Artix-7 系列的 FPGA 器件中，设计并实现一个 AHB UART 控制器，该控制器将要与片外的串口设备进行连接。内容包括：设计目标、串口通信基础、通用异步收发数据格式和编码、UART 串口控制器的实现原理、打开前面的设计工程、添加并分析串口模块源文件、修改并分析顶层设计文件、编写程序代码、设计综合、设计实现和下载比特流文件。

通过本章的学习，掌握在 Xilinx Vivado 2016 集成开发环境下，使用 Verilog HDL 语言描述 AHB UART 串口控制器的方法，UART 控制器时序的分析方法，并且掌握在 Cortex-M0 上使用汇编语言访问 AHB UART 串口控制器的方法。

13.1 设计目标

本章将为前一章所设计的 Cortex-M0 嵌入式片上系统添加 UART 串口控制器模块，主要设计目标包括：

1) 硬件设计和实现

(1) 理解和掌握 UART 接口的原理。

(2) 在 Vivado 2016 集成开发环境中(以下简称 Vivado 2016)，使用 Verilog HDL 语言设计和实现 UART 控制器。

(3) 在 Vivado 2016 中，设计和实现将 UART 控制器连接到 ARM Cortex-M0 处理器的 AHB 接口。

(4) 在 Vivado 2016 中，下载包含 Cortex-M0 处理器的嵌入式片上系统设计到 FPGA，在 FPGA 内构建一个 Cortex-M0 嵌入式片上系统，如图 13.1 所示。

2) 软件编程

(1) 在 Keil μVision 集成开发环境中使用汇编语言，对 Cortex-M0 处理器进行编程。

(2) 建立(build)汇编语言设计文件，生成十六进制存储器文件。

注：*该程序代码实现通过 UART 接口向主机发送信息，以及接收并回显主机发送的信息。*

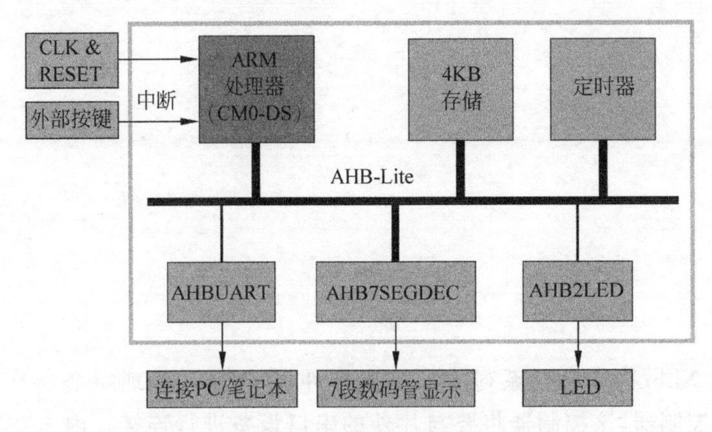

图 13.1　包含 UART 的片上系统内部结构

13.2　串行通信基础

在不同设备之间传输信息，通常是通过串行或者并行方式实现。如图 13.2(a)所示，对于串行通信来说，在一个时刻按照顺序的方式发送一个比特数据。如图 13.2(b)所示，对于并行通信来说，在一个时刻同时发送多个比特位。

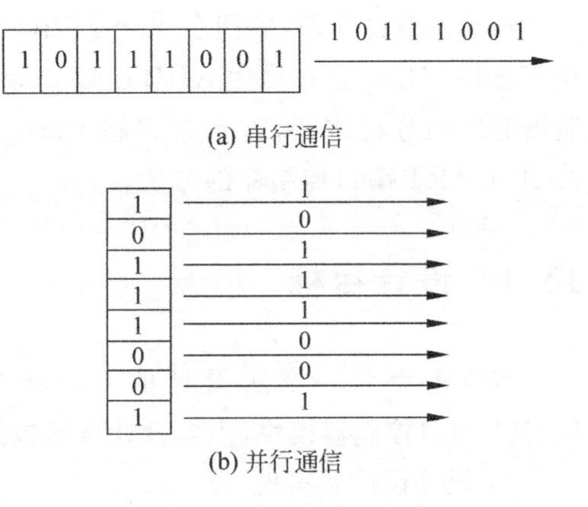

图 13.2　串行和并行通信

13.2.1　串行和并行通信之间的比较

串行通信主要用于在两个设备之间的长距离通信、调制解调和非网络通信环境。典型的，UART、SPI、I2C、USB、以太网和 PCI-E 都属于串行通信的范畴。

与并行通信相比，串行通信的优势主要体现在：

(1) 较低的开销和重量。这是由于与并行通信相比，采用串行通信需要较少的电缆以及采用了更小的连接器。

(2) 更好的可靠性。这是由于并行通信可能导致更大的时钟抖动，以及不同电缆之间的串扰。

(3) 更高的时钟速度。由于更好的可靠性，串行通信所需要的时钟频率可以更高，因此显著改善了吞吐量。

注：串行数据和并行数据之间的转换可能会产生额外的开销。

思考与练习 13-1：说明并行通信和串行通信的区别，以及串行通信的优势。

13.2.2 串行通信的类型

串行通信主要分为同步串行通信和异步串行通信两类。

1）同步串行通信

（1）在发送和接收方之间共享一个公共的时钟信号。

（2）由于采用一个信号线专用于数据传输，因此传输效率更高。

（3）由于要求额外的时钟线，因此成本较高。

2）异步串行通信

（1）发送方不需要向接收方提供时钟信号。

（2）对于发送方和接收方来说，它们之间事先在时序方面达成了一致的意见。

（3）需要添加额外的比特位用于异步数据的传输。

思考与练习 13-2：说明同步通信和异步通信的特点，以及它们的优缺点。

13.3 通用异步收发数据格式和编码

通用异步接收发送器（Universal Asynchronous Receiver/Transmitter，UART），用于实现两个设备之间的异步串行通信，如图 13.3 所示。在这种通信方式中，发送信号和接收信号分别使用不同的传输线缆。

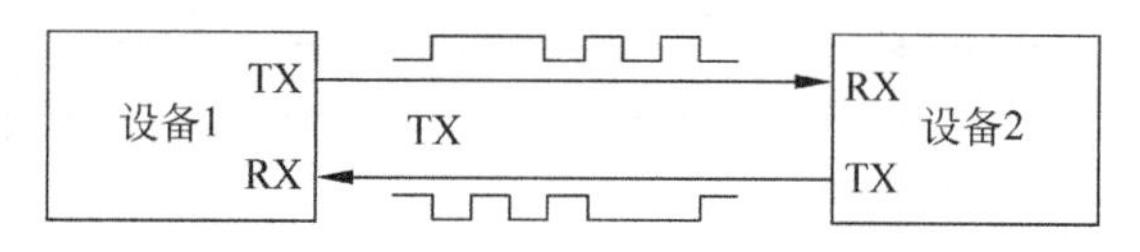

图 13.3 通用异步收发的设备架构

13.3.1 数据格式

采用 UART 的异步串行通信，如图 13.4 所示：

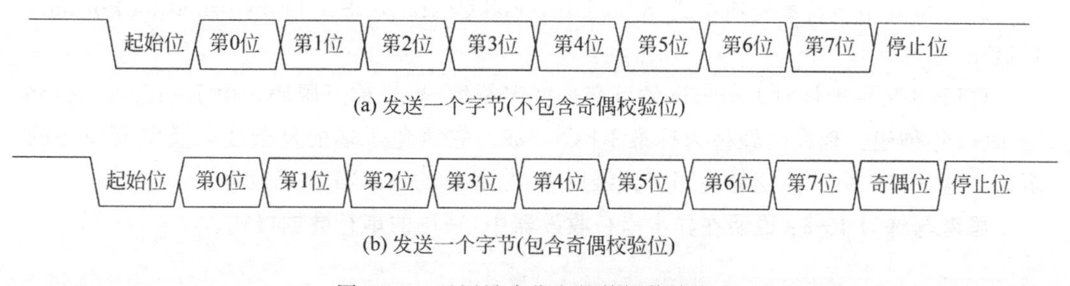

图 13.4 通用异步收发的数据传输格式

（1）在发送数据前，首先有一位起始位，该起始位持续一个比特率（波特率）时钟周期。

（2）随后的 8 个比特率时钟，将 8 个比特位数据按照顺序发送给接收方。

(3) 根据接收方和发送方的要求可以选择增加发送一个比特位作为奇偶校验位，用于提高传输的可靠性。

(4) 将数据线拉高 1 个、1.5 个和 2 个波特率时钟，用于表示当前传输数据的结束。

13.3.2 字符编码规则

从前面可以看出，在异步串行数据传输中，需要发送 8 位(一个字节)的数据。这 8 位数据的内容是什么呢?

1) 我们知道用于美国标准信息交换代码(American Standard Code for Information Interchange,ASCII)。在 ASCII 编码方案中，对 128 个字符进行编码，其中：

(1) 包含 95 个可打印的字符，如'a'、'b'、'1'和'2'等。

(2) 33 个不可打印字符，如换行符、退回符和 ESC 等。

注：它们也可以用 7 个比特位表示，但是为了方便起见，通常都保存为 8 位。

典型字符的 ASCII 码编码格式，如表 13.1 所示。

表 13.1 典型字符的 ASCII 码

十六进制	字符	十六进制	字符	十六进制	字符
0x30	0	0x41	A	0x61	a
0x31	1	0x42	B	0x62	b
0x32	2	0x43	C	0x63	c
0x33	3	0x44	D	0x64	d
0x34	4	0x45	E	0x65	e
0x35	5	0x46	F	0x66	f
0x36	6	0x47	G	0x67	g
0x37	7	0x48	H	0x68	h
0x38	8	0x49	I	0x69	i
0x39	9	0x4A	J	0x6A	J
…		…		…	

2) 8 位通用字符集变换格式(8 bit Universal Character Set Transformation Format, UTF-8)

UTF-8 是一种针对 Unicode 的可变长度字符编码，又称万国码。由 Ken Thompson 于 1992 年创建。现在已经称为标准 RFC 3629。它避免了端的复杂度以及字节顺序的屏蔽。这种编码方式广泛地应用于万维网中，与最早的 ASCII 编码兼容。

思考与练习 13-3：说明在异步串行收发器中，采用的串行数据格式。

13.4 UART 串口控制器的实现原理

在本设计中，UART 串口控制器的内部结构如图 13.5 所示，包括 UART 发送器、UART 接收器、发送器 FIFO、接收器 FIFO、波特率发生器和 AHB 接口。

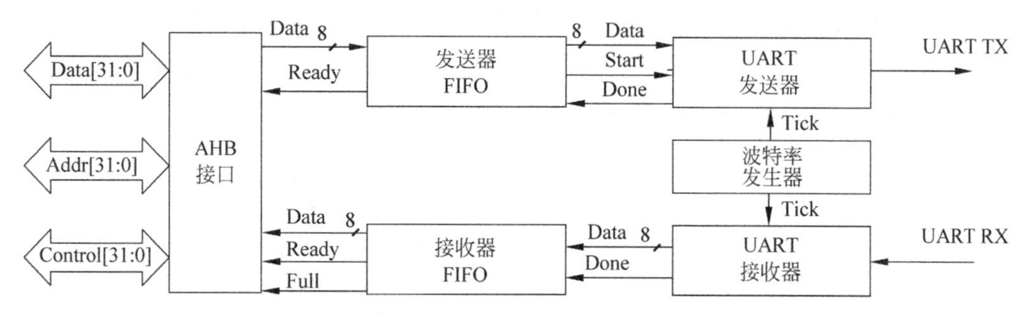

图 13.5 UART 串口控制器内部结构

13.4.1 UART 发送器

UART 发送器的功能主要包括：

(1) 从发送器 FIFO 中读取字节宽度的数据。

(2) 将字节宽度的一个数据转换成连续的比特位。

(3) 将比特位发送到 TX 引脚，发送比特位的速度由波特率发生器所确定的时钟频率决定。

13.4.2 UART 接收器

UART 接收器的功能主要包括：

(1) 从 RX 引脚接收连续的比特位，接收比特位的速度由波特率生成器所确定的时钟频率决定。

(2) 将比特组装成一个字节。

(3) 将接收到的字节写到接收 FIFO 中。

13.4.3 发送器/接收器 FIFO

先进先出(First In First Out，FIFO)是指数据缓冲区，它的输出是最早进入的数据，如数据队列，如图 13.6 所示。后进先出(Last In First Out，LIFO)是缓冲区，它的输出是最后输入的数据，如程序的堆栈，如图 13.7 所示。

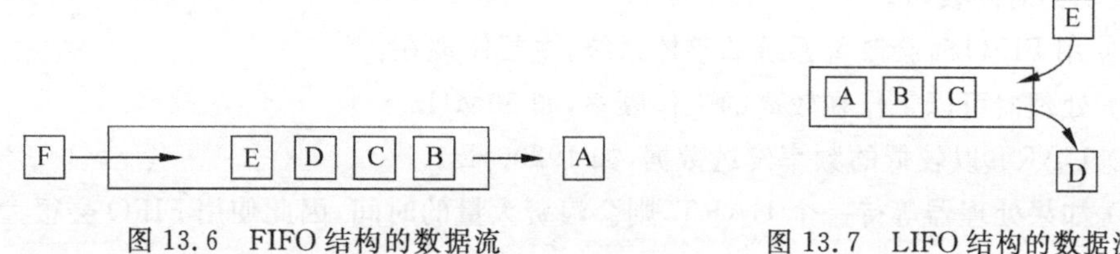

图 13.6 FIFO 结构的数据流　　　图 13.7 LIFO 结构的数据流

对于 FIFO 来说，分为同步 FIFO 和异步 FIFO。对于同步 FIFO 来说，其读写操作使用相同的时钟；对于异步 FIFO 来说，读写操作分别使用不同的时钟。

在 Xilinx FPGA 内，通常使用双端口存储器实现 FIFO。在双端口存储器中，一个端口用于读操作，而另一个端口用于写操作。在 FIFO 中，提供了一些额外的标志用于指示 FIFO 当前的状态，如图 13.8 所示，包括：

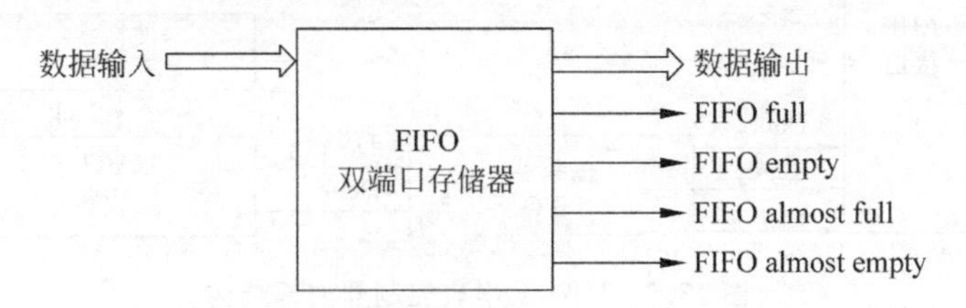

图 13.8 FIFO 的状态标志

(1) FIFO full：已经占用了所有的存储空间，因此不能再向 FIFO 写入数据。

(2) FIFO empty：在存储空间中没有数据，因此不能再读取 FIFO 内的数据。

(3) 此外，一些 FIFO 也提供了半满/空信号。

当 FPGA 内的双端口 BRAM 用于 FIFO，在数据进入和退出存储器时，自动管理两个端口的地址，其地址可以编码为二进制码或格雷码，如表 13.2 所示。

表 13.2 格雷码和二进制数编码列表

十进制数	格雷码	二进制数
0	000	000
1	001	001
2	011	010
3	010	011
4	110	100
5	111	101
6	101	110
7	100	111

(1) 对于二进制编码来说，它为递增的关系，并且当数值递增时，有一个或者多个比特位变化。这种编码的缺点是功耗大，以及切换时间较长。

(2) 对于格雷码来说，当递增的时候，只有一个比特位变化。这种编码的优点是功耗低，以及切换时间较短。

当使用 FIFO 时会改善系统的整体系统，主要体现在：

(1) 处理器可以工作在较高的工作频率，如 50MHz。

(2) UART 以较低的频率发送数据，如 19200Hz。

(3) 如果处理器等待一个 UART，则会浪费大量的时间，因此使用 FIFO 会很大程度上改善系统性能，如图 13.9 所示。

思考与练习 13-4：说明在 UART 模块中 FIFO 的作用。

思考与练习 13-5：说明 FIFO 满空标志的作用。

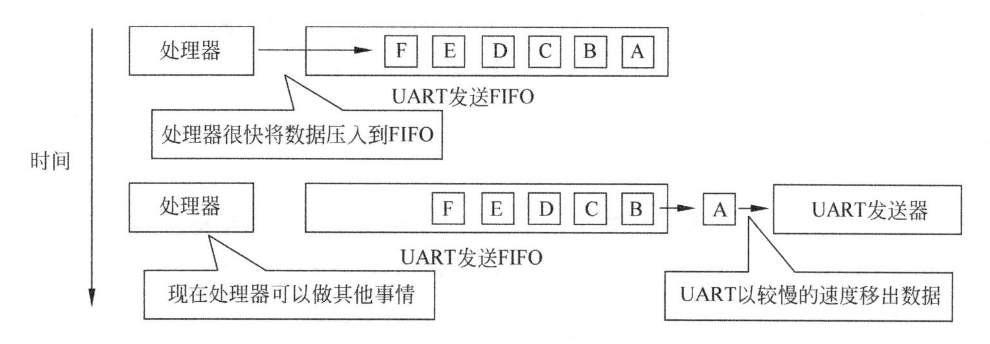

图 13.9　FIFO 对系统性能的改善

13.5　打开前面的设计工程

本节打开前面的设计工程，其步骤包括：

(1) 在 E:/cortex-m0_example 目录中新建一个名字为 cortex_m0_uart 的子目录。

(2) 将 E:/cortex-m0_example/cortex_m0_timer 目录中的所有文件和文件夹的内容复制到新建的 cortex_m0_uart 子目录中。

(3) 启动 Vivado 2016.1 集成开发环境。

(4) 在 Vivado 集成开发环境主界面内的 Quick Start 分组下，单击 Open Project 图标。

(5) 出现 Open Project 对话框界面。在该界面中，将路径指向：

```
E:/cortex - m0_example/cortex_m0_uart
```

(6) 在该路径中选择 cortex_m0. xprj。

(7) 单击 OK 按钮。

13.6　添加并分析 UART 模块源文件

本节添加并分析 UART 模块源文件。

13.6.1　添加 UART 模块源文件

本节为该设计添加 UART 模块源文件，主要步骤包括：

(1) 在 Sources 窗口下找到并选择 Design Sources。右击，出现浮动菜单。在浮动菜单内，选择 Add Sources…选项。

(2) 出现 Add Source 对话框界面。在该设计中选中 Add or create design sources 前面的复选框。

(3) 单击 Next 按钮。

(4) 出现 Add Sources-Add or Create Design Sources 对话框界面。在该界面中单击 + 按钮，出现浮动菜单。在浮动菜单内，选择 Add Files…选项。

(5) 出现 Add Source Files 对话框界面。在该对话框界面中，将路径指向：

```
E:\cortex-m0_example\source
```

分别选中 bandgen. v、fifo. v、uart_rx. v、uart_tx. v 和 AHBUART. v 文件。

(6) 单击 OK 按钮。

(7) 可以看到在 Add Source-Add or Create Design Sources 对话框界面中，新添加了名字为 bandgen. v、fifo. v、uart_rx. v、uart_tx. v 和 AHBUART. v 的文件。

(8) 单击 Finish 按钮。

13.6.2 分析 UART 模块源文件

本节对 UART 模块相关的源文件进行分析。

1. 波特率生成器模块源文件

在 Sources 窗口中，找到并打开 bandgen. v 文件。在该文件中，添加设计代码，如代码清单 13-1 所示。

代码清单 13-1 bandgen. v 文件

```
module BAUDGEN
(
  input wire clk,
  input wire resetn,
  output wire baudtick
);

reg [21:0] count_reg;
wire [21:0] count_next;

//计数器
always @ (posedge clk, negedge resetn)
  begin
    if(!resetn)
      count_reg <= 0;
    else
      count_reg <= count_next;
end

//波特率 = 9600 = 20MHz/(130 * 16)
assign count_next = ((count_reg == 129) ? 0 : count_reg + 1'b1);

assign baudtick = ((count_reg == 129) ? 1'b1 : 1'b0);

endmodule
```

波特率生成器模块符号如图 13.10 所示。

注：该模块实现对输入时钟 clk 分频，然后产生分频时钟 baudtick。

思考与练习 13-6：根据上面的代码，说明波特率发生器的实现原理。

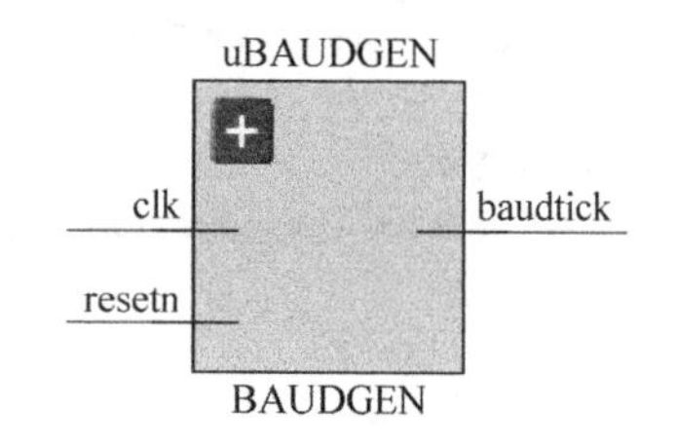

图 13.10 波特率模块符号描述

2. FIFO 模块源文件

在 Sources 窗口中，找到并打开 fifo. v 文件。在该文件中，添加设计代码，如代码清单 13-2 所示。

代码清单 13-2 fifo. v 文件

```
module FIFO #(parameter DWIDTH = 8, AWIDTH = 1)
(
  input wire clk,
  input wire resetn,
  input wire rd,
  input wire wr,
  input wire [DWIDTH - 1:0] w_data,

  output wire empty,
  output wire full,
  output wire [DWIDTH - 1:0] r_data
);

//声明内部信号
  reg [DWIDTH - 1:0] array_reg [2 ** AWIDTH - 1:0];
  reg [AWIDTH - 1:0] w_ptr_reg;
  reg [AWIDTH - 1:0] w_ptr_next;
  reg [AWIDTH - 1:0] w_ptr_succ;
  reg [AWIDTH - 1:0] r_ptr_reg;
  reg [AWIDTH - 1:0] r_ptr_next;
  reg [AWIDTH - 1:0] r_ptr_succ;

  reg full_reg;
  reg empty_reg;
  reg full_next;

  reg empty_next;

  wire w_en;

  always @ (posedge clk)
    if(w_en)
    begin
      array_reg[w_ptr_reg] <= w_data;
    end

  assign r_data = array_reg[r_ptr_reg];
```

```
  assign w_en = wr & ~full_reg;

//状态机
  always @ (posedge clk, negedge resetn)
  begin
    if(!resetn)
      begin
        w_ptr_reg <= 0;
        r_ptr_reg <= 0;
        full_reg <= 1'b0;
        empty_reg <= 1'b1;
      end
    else
      begin
        w_ptr_reg <= w_ptr_next;
        r_ptr_reg <= r_ptr_next;
        full_reg <= full_next;
        empty_reg <= empty_next;
      end
  end

//下状态逻辑
  always @ *
  begin
    w_ptr_succ = w_ptr_reg + 1;
    r_ptr_succ = r_ptr_reg + 1;

    w_ptr_next = w_ptr_reg;
    r_ptr_next = r_ptr_reg;
    full_next = full_reg;
    empty_next = empty_reg;

    case({w_en,rd})
      //2'b00: nop
      2'b01:
        if(~empty_reg)
          begin
            r_ptr_next = r_ptr_succ;
            full_next = 1'b0;
            if (r_ptr_succ == w_ptr_reg)
              empty_next = 1'b1;
          end
      2'b10:
        if(~full_reg)
          begin
            w_ptr_next = w_ptr_succ;
            empty_next = 1'b0;
            if (w_ptr_succ == r_ptr_reg)
              full_next = 1'b1;
          end
      2'b11:
```

```
        begin
          w_ptr_next = w_ptr_succ;
          r_ptr_next = r_ptr_succ;
        end
      endcase
    end

//设置满 full 和空 empty 标志

  assign full = full_reg;
  assign empty = empty_reg;

endmodule
```

发送 FIFO 和接收 FIFO 模块符号如图 13.11 所示。

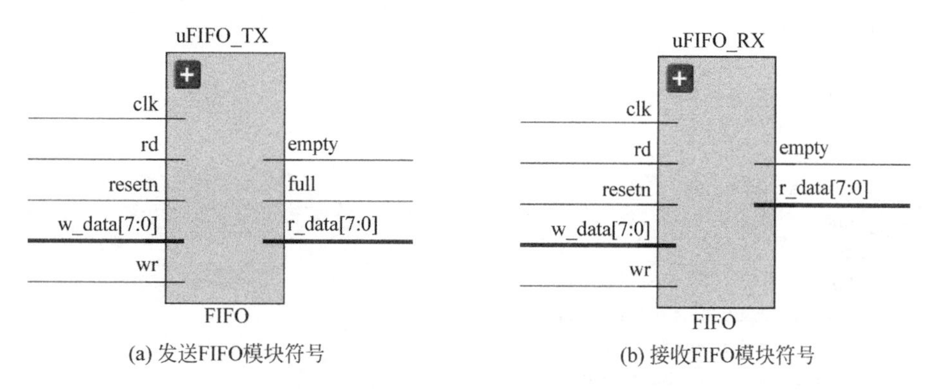

(a) 发送FIFO模块符号　　(b) 接收FIFO模块符号

图 13.11　发送和接收 FIFO 模块符号描述

思考与练习 13-7：根据上面的设计代码，说明使用 RAM 实现 FIFO 功能的方法。

3. 接收器模块源文件

在 Sources 窗口中，找到并打开 uart_rx.v 文件。在该文件中添加设计代码，如代码清单 13-3 所示。

代码清单 13-3　uart_rx.v 文件

```
module UART_RX(
  input wire clk,
  input wire resetn,
  input wire b_tick,                    //波特率生成时钟
  input wire rx,                        //RS-232 数据端口

  output reg rx_done,                   //传输完成
  output wire [7:0] dout                //输出数据
  );

//定义状态
  localparam [1:0] idle_st = 2'b00;
  localparam [1:0] start_st = 2'b01;
  localparam [1:0] data_st = 2'b11;
```

```
  localparam [1:0] stop_st = 2'b10;

//内部信号
  reg [1:0] current_state;
  reg [1:0] next_state;
  reg [3:0] b_reg;                          //波特率/过采样计数器
  reg [3:0] b_next;
  reg [2:0] count_reg;                      //数据位计数器
  reg [2:0] count_next;
  reg [7:0] data_reg;                       //数据寄存器
  reg [7:0] data_next;

//状态机
  always @ (posedge clk, negedge resetn)
  begin
    if(!resetn)
      begin
        current_state <= idle_st;
        b_reg <= 0;
        count_reg <= 0;
        data_reg <= 0;
      end
    else
      begin
        current_state <= next_state;
        b_reg <= b_next;
        count_reg <= count_next;
        data_reg <= data_next;
      end
  end

//下状态逻辑
  always @ *
  begin
    next_state = current_state;
    b_next = b_reg;
    count_next = count_reg;
    data_next = data_reg;
    rx_done = 1'b0;

    case(current_state)
      idle_st:
        if(~rx)
          begin
            next_state = start_st;
            b_next = 0;
          end

      start_st:
        if(b_tick)
          if(b_reg == 7)
```

```
          begin
            next_state = data_st;
            b_next = 0;
            count_next = 0;
          end
        else
          b_next = b_reg + 1'b1;

    data_st:
      if(b_tick)
        if(b_reg == 15)
          begin
            b_next = 0;
            data_next = {rx, data_reg [7:1]};
            if(count_next == 7)        // 8 个数据位
              next_state = stop_st;
            else
              count_next = count_reg + 1'b1;
          end
        else
          b_next = b_reg + 1;

    stop_st:
      if(b_tick)
        if(b_reg == 15)                //一个停止位
          begin
            next_state = idle_st;
            rx_done = 1'b1;
          end
        else
         b_next = b_reg + 1;
  endcase
end

assign dout = data_reg;

endmodule
```

接收器模块符号如图 13.12 所示。

思考与练习 13-8：根据上面的设计代码，说明实现接收器模块的方法。

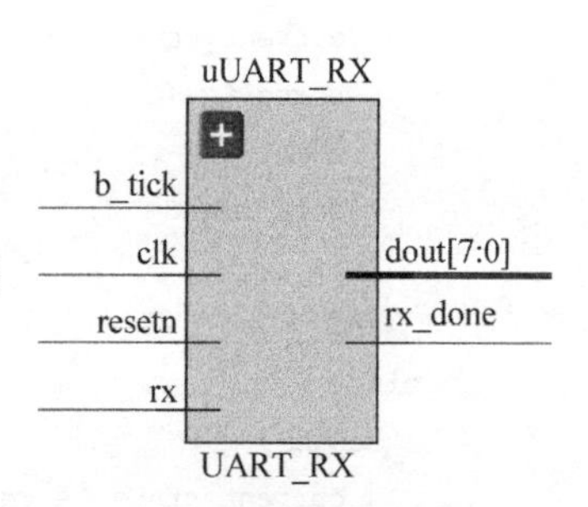

图 13.12 接收器模块符号描述

4. 发送器模块源文件

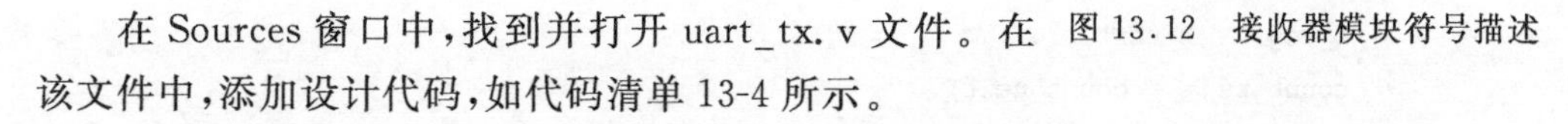

在 Sources 窗口中，找到并打开 uart_tx.v 文件。在该文件中，添加设计代码，如代码清单 13-4 所示。

代码清单 13-4 uart_tx.v 文件

```
module UART_TX(
  input wire clk,
```

```
  input wire resetn,
  input wire tx_start,
  input wire b_tick,                    //波特率滴答
  input wire [7:0] d_in,                //输入数据
  output reg tx_done,                   //传输完成
  output wire tx                        //将数据输出到 RS-232
  );


//定义状态
  localparam [1:0] idle_st = 2'b00;
  localparam [1:0] start_st = 2'b01;
  localparam [1:0] data_st = 2'b11;
  localparam [1:0] stop_st = 2'b10;

//内部信号
  reg [1:0] current_state;
  reg [1:0] next_state;
  reg [3:0] b_reg;                      //波特滴答计数器
  reg [3:0] b_next;
  reg [2:0] count_reg;                  //数据位计数器
  reg [2:0] count_next;
  reg [7:0] data_reg;                   //数据寄存器
  reg [7:0] data_next;
  reg tx_reg;                           //输出数据寄存器
  reg tx_next;

//状态机
  always @(posedge clk, negedge resetn)
  begin
    if(!resetn)
      begin
        current_state <= idle_st;
        b_reg <= 0;
        count_reg <= 0;
        data_reg <= 0;
        tx_reg <= 1'b1;
      end
    else
      begin
        current_state <= next_state;
        b_reg <= b_next;
        count_reg <= count_next;
        data_reg <= data_next;
        tx_reg <= tx_next;
      end
  end
```

```
//下状态逻辑
  always @ *
  begin
    next_state = current_state;
    tx_done = 1'b0;
    b_next = b_reg;
    count_next = count_reg;
    data_next = data_reg;
    tx_next = tx_reg;

    case(current_state)
      idle_st:
      begin
        tx_next = 1'b1;
        if(tx_start)
        begin
          next_state = start_st;
          b_next = 0;
          data_next = d_in;
        end
      end

      start_st:                              //发送起始位
      begin
        tx_next = 1'b0;
        if(b_tick)
          if(b_reg == 15)
            begin
              next_state = data_st;
              b_next = 0;
              count_next = 0;
            end
          else
            b_next = b_reg + 1;
      end

      data_st:                               //发送串行数据
      begin
        tx_next = data_reg[0];

        if(b_tick)
          if(b_reg == 15)
            begin
              b_next = 0;
              data_next = data_reg >> 1;
```

```
              if(count_reg == 7)        //8 个数据位
                next_state = stop_st;
              else
                count_next = count_reg + 1;
            end
          else
            b_next = b_reg + 1;
      end

      stop_st:                          //发送停止位
      begin
        tx_next = 1'b1;
        if(b_tick)
          if(b_reg == 15)               //一个停止位
            begin
              next_state = idle_st;
              tx_done = 1'b1;
            end
          else
            b_next = b_reg + 1;
      end
    endcase
  end

  assign tx = tx_reg;
```

发送器模块符号如图 13.13 所示。

思考与练习 13-9：根据上面的设计代码，说明实现发送器模块的方法。

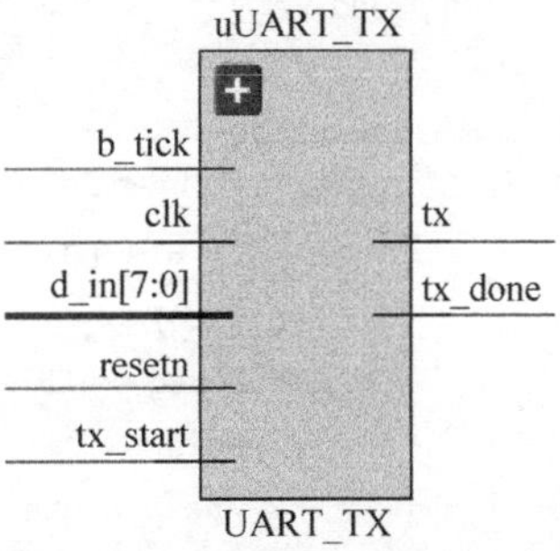

图 13.13　发送器模块符号描述

5. UART 模块顶层文件

在 Sources 窗口中，找到并打开 AHBUART.v 文件。在该文件中，添加设计代码，如代码清单 13-5 所示。

代码清单 13-5　AHBUART.v 文件

```
module AHBUART(
  //AHB 信号
  input wire          HCLK,
  input wire          HRESETn,
  input wire [31:0]   HADDR,
  input wire [1:0]    HTRANS,
  input wire [31:0]   HWDATA,
  input wire          HWRITE,
  input wire          HREADY,

  output wire         HREADYOUT,
```

```
  output wire [31:0] HRDATA,

  input wire         HSEL,

  //串口信号
  input wire         RsRx,             //来自 RS-232 的输入
  output wire        RsTx,             //输出到 RS-232
  //UART 中断

  output wire uart_irq                 //中断
);

//内部信号

  //在 AHB 和 FIFO 之间的数据 I/O
  wire [7:0] uart_wdata;
  wire [7:0] uart_rdata;

  //从 TX/RX 到 FIFOs 的信号
  wire uart_wr;
  wire uart_rd;

  //在 FIFO 和 TX/RX 之间的线网络
  wire [7:0] tx_data;
  wire [7:0] rx_data;
  wire [7:0] status;

  //FIFO 状态
  wire tx_full;
  wire tx_empty;
  wire rx_full;
  wire rx_empty;

  //UART 状态滴答
  wire tx_done;
  wire rx_done;

  //波特率信号
  wire b_tick;

  //AHB 寄存器
  reg [1:0] last_HTRANS;
  reg [31:0] last_HADDR;
  reg last_HWRITE;
  reg last_HSEL;

//为 AHB 地址状态设置寄存器
```

```
always@ (posedge HCLK)
begin
  if(HREADY)
  begin
    last_HTRANS <= HTRANS;
    last_HWRITE <= HWRITE;
    last_HSEL <= HSEL;
    last_HADDR <= HADDR;
  end
end

//如果读和 FIFO_RX 为空 - 等待
assign HREADYOUT = ~tx_full;

//UART 写选择
assign uart_wr = last_HTRANS[1] & last_HWRITE & last_HSEL& (last_HADDR[7:0] == 8'h00);
//只写 8 位数据
assign uart_wdata = HWDATA[7:0];

//UART 读选择
assign uart_rd = last_HTRANS[1] & ~last_HWRITE & last_HSEL & (last_HADDR[7:0] ==
8'h00);

assign HRDATA = (last_HADDR[7:0] == 8'h00) ? {24'h0000_00,uart_rdata}:{24'h0000_00,status};
assign status = {6'b000000,tx_full,rx_empty};

assign uart_irq = ~rx_empty;

//生成固定波特率 9600bps
BAUDGEN uBAUDGEN(
  .clk(HCLK),
  .resetn(HRESETn),
  .baudtick(b_tick)
);

//发送器 FIFO
FIFO
  #(.DWIDTH(8), .AWIDTH(4))
  uFIFO_TX
(
  .clk(HCLK),
  .resetn(HRESETn),
  .rd(tx_done),
  .wr(uart_wr),
  .w_data(uart_wdata[7:0]),
  .empty(tx_empty),
  .full(tx_full),
```

```
    .r_data(tx_data[7:0])
  );

  //接收器 FIFO
  FIFO
   #(.DWIDTH(8), .AWIDTH(4))
    uFIFO_RX(
    .clk(HCLK),
    .resetn(HRESETn),
    .rd(uart_rd),
    .wr(rx_done),
    .w_data(rx_data[7:0]),
    .empty(rx_empty),
    .full(rx_full),
    .r_data(uart_rdata[7:0])
  );

  //UART 接收器
  UART_RX uUART_RX(
    .clk(HCLK),
    .resetn(HRESETn),
    .b_tick(b_tick),
    .rx(RsRx),
    .rx_done(rx_done),
    .dout(rx_data[7:0])
  );

  //UART 发送器
  UART_TX uUART_TX(
    .clk(HCLK),
    .resetn(HRESETn),
    .tx_start(!tx_empty),
    .b_tick(b_tick),
    .d_in(tx_data[7:0]),
    .tx_done(tx_done),
    .tx(RsTx)
  );
```

UART 模块的内部结构关系如图 13.14 所示。

在 UART 外设中，有两个寄存器：

(1) 数据寄存器

用于输入数据和输出数据。

(2) FIFO 状态寄存器

① 比特 0：Rx FIFO 空。当该位为 1 时，处理器不能从 FIFO 读取数据。

② 比特 1：Tx FIFO 满。当该位为 1 时，处理器在写 FIFO 之前必须等待。

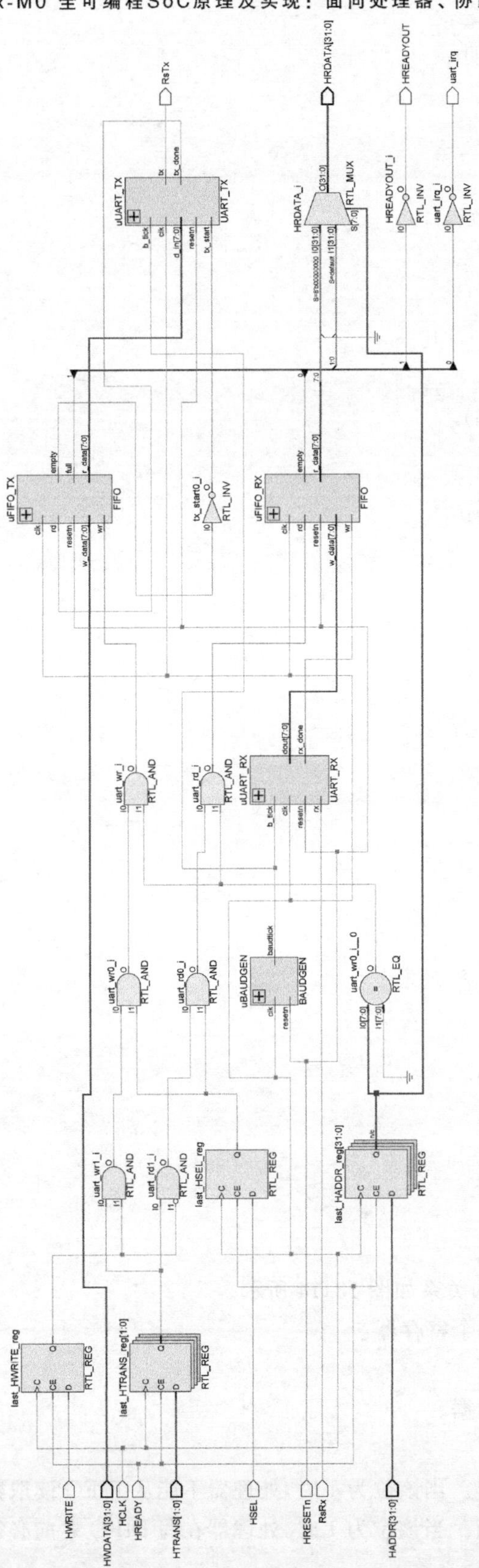

图 13.14　UART模块内部各个模块的连接关系

13.7 修改并分析顶层设计文件

本节修改顶层设计文件 AHBLITE_SYS.v,主要步骤包括:

(1) 在该文件的第 43 行,添加下面的设计代码:

```
input wire rx,
```

注:该行代码用于在顶层设计文件中定义一个输入端口 rx。

(2) 在该文件的第 49 行,添加下面的设计代码:

```
output wire tx
```

注:该行代码用于在顶层设计文件中定义一个输出端口 tx。

(3) 在该文件的第 77 行,添加下面的设计代码:

```
wire HSEL_UART,
```

注:该行代码用于在顶层设计文件中定义 HSEL_UART 信号。

(4) 在第 83 行,添加下面的设计代码:

```
wire [31:0] HRDATA_UART;
```

注:该行代码用于在顶层设计文件中定义 HRDATA_UART。

(5) 在第 89 行,添加下面的设计代码:

```
wire HREADYOUT_UART;
```

注:该行代码用于在顶层设计文件中定义 HREADYOUT_UART。

(6) 在第 97 行,添加下面的设计代码:

```
wire Int_uart;
```

注:该行代码用于在顶层设计文件中定义 Int_uart。

(7) 在第 103 行,添加下面的设计代码:

```
assign IRQ = {13'b0000_0000_0000_00,Int_uart, Int_timer,Int};
```

注:该行代码用于将 Int_uart 连接到 IRQ[2]。

(8) 在第 165 行,添加下面的映射关系:

```
.HSEL_S4(HSEL_UART),
```

注:该行代码用于将 HSEL_UART 连接到 HSEL_S4。

(9) 在第 187 行,添加下面的映射关系:

```
.HRDATA_S4(HRDATA_UART),
```

注:该行代码用于将 HRDATA_UART 连接到 HRDATA_S4。

(10) 在第 199 行,添加下面的映射关系：

```
.HREADYOUT_S4(HREADYOUT_UART),
```

注：该行代码用于将 HREADYOUT_UART 连接到 HREADYOUT_S4。

(11) 在第 282 行,添加下面的设计代码,如代码清单 13-6 所示

代码清单 13-6　AHBUART 模块例化语句

```
AHBUART Inst_AHBUART(
    .HCLK(HCLK),
    .HRESETn(HRESETn),
    .HADDR(HADDR),
    .HTRANS(HTRANS),
    .HWDATA(HWDATA),
    .HWRITE(HWRITE),
    .HREADY(HREADY),
    .HREADYOUT(HREADYOUT_UART),
    .HRDATA(HRDATA_UART),
    .HSEL(HSEL_UART),
    .RsRx(rx),
    .RsTx(tx),
    .uart_irq(Int_uart)
);
```

(12) 保存该设计文件。

(13) 在 Vivado 主界面左侧的 Flow Navigator 窗口中,找到并展开 RTL Analysis。在 RTL Analysis 展开项中,找到并展开 Elaborated Design。在 Elaborated Design 展开项中,单击 Schematic,打开系统结构,如图 13.15 所示。

思考与练习 13-10：根据图 13.15,说明将 UART 模块添加到 Cortex-M0 系统的方法。

思考与练习 13-11：根据上面的设计代码,说明 UART 模块在存储空间的基地址。

13.8　编写程序代码

本节通过 Keil μVision5 集成开发环境,设计一个可以运行在 Cortex-M0 处理器上的汇编语言程序。在编写完汇编语言程序后,通过 Keil μVision5 内的编译器对该程序进行编译和处理。汇编语言程序实现的功能包括：

(1) 通过片上系统的串口以 9600 波特率向 PC/笔记本电脑发送字符串"TEST"。

(2) 在 PC/笔记本串口调试软件中,通过串口以 9600 波特率向片上系统发送任意个数的输入字符；然后,通过片上系统的发送端口,将发送的输入字符再次回显到 PC/笔记本电脑的串口调试软件中。

13.8.1　建立新设计工程

建立新设计工程的主要步骤包括：

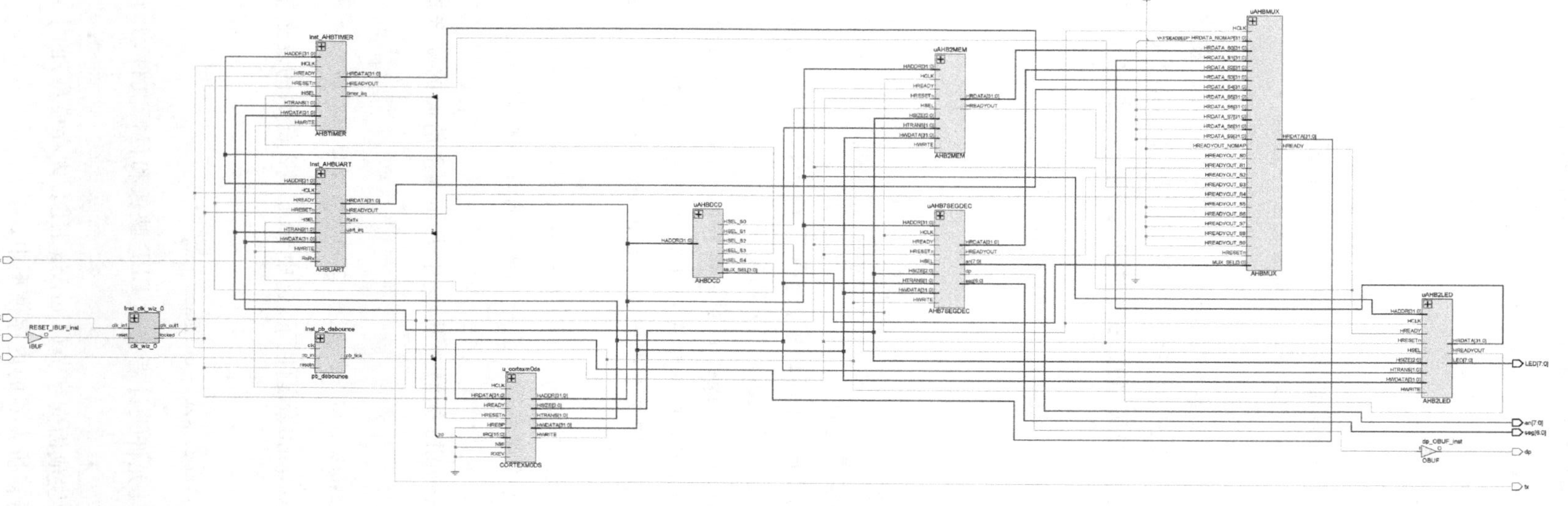

图 13.15　系统整体结构图

1）在 μVision5 主界面主菜单下，选择 Project→New μVision Project…。

2）出现 Create New Project(创建新工程)对话框界面。按下面设置参数：

(1）指向下面的路径：

```
E:\cortex - m0_example\cortex_m0_uart\software
```

(2）在文本名右侧的文本框中输入 top，即该设计的工程名字为 top. uvproj。

注：读者可以根据自己的情况选择路径和输入工程名字。

3）单击"保存"按钮。

4）出现 Select Device for Target 'Target 1'…对话框界面。在该界面左下方的窗口中，找到并展开 ARM。在 ARM 展开项中，找到并展开 ARM Cortex-M0。在 ARM Cortex-M0 展开项中，选择 ARMCM0。在右侧 Description 中，给出了 Cortex-M0 处理器的相关信息。

5）出现 Manage Run-Time Environment 对话框界面。

6）单击 OK 按钮。

13.8.2 工程参数设置

设置工程参数的主要步骤包括：

1）在 μVision 左侧的 Project 窗口中，选择 Target 1，右击，出现浮动菜单。在浮动菜单内选择 Option for Taget 'Target 1'…选项。

2）在 Options for Target 'Target 1'对话框界面中，单击 Output 标签。在该标签窗口下，定义了工具链输出的文件，并且允许在建立过程结束后启动用户程序。在该标签栏下 Name of Executable 右侧的文本框内输入 code，该设置表示所生成的二进制文件的名字为 code。

3）在 Options for Target 'Target 1'对话框界面中，单击 User 标签。在该标签窗口中制定了在编译/建立前或者建立后所执行的用户程序。在该界面中，需要设置下面的参数：

(1）在 After Build/Rebuild 标题栏下，选中 Run #1 前面的复选框。在右侧文本框中输入下面的命令：

```
fromelf - cvf .\objects\code.axf -- vhx -- 32x1 - o code.hex
```

(2）在 After Build/Rebuild 标题栏下，选中 Run #2 前面的复选框。在右侧文本框中输入下面的命令：

```
fromelf - cvf .\objects\code.axf - o disasm.txt
```

fromelf 映像转换工具允许设计者修改 ELF 映像和目标文件，并且在这些文件上显示信息。其中：

(1）–vhx 选项，表示生成面向字节(Verilog HDL 内存模型)的十六进制格式。此格式适合加载到硬件描述语言仿真器的内存模型中。

(2）–32x1 选项，表示生成的内存系统中只有 1 个存储器，该存储器宽度为 32 位。

(3) -o 选项,用于指定输出文件的名字,如 code.hex 和 disasm.txt。

(4) 所使用的文件.axf。该文件是 ARM 芯片使用的文件格式,即 ARM 可执行文件(ARM Executable File,AXF),它除了包含 bin 代码外,还包含了输出给调试器的调试信息。与 AXF 文件一起看到的还有 HEX 文件,HEX 文件包含地址信息,可以直接用于烧写或者下载 HEX 文件。

注:默认,该文件保存在当前工程路径的 objects 子目录下。

(5) -cvf 选项,对代码进行反汇编,输出映像的每个段和节的头文件详细信息。

4) 单击 OK 按钮,退出目标选项设置对话框界面。

13.8.3 添加和编译汇编文件

本节添加汇编文件,并在该文件中添加代码,完成汇编文件的设计。主要步骤包括:

1) 在 Project 窗口中,选择并展开 Target1。在 Target1 展开项中,找到并选中 Source Group1,右击,出现浮动菜单。在浮动菜单内选择 Add New Item to Group 'Source Group 1'…。

2) 出现 Add New Item to Group 'Source Group 1'对话框界面。在该界面左侧窗口中按下面设置参数:

(1) 选择 Asm File(.s)。

(2) 在 Name:右侧的文本框中,输入 main。

3) 单击 Add 按钮。

4) 在 main.s 文件中,按代码清单 13-7 所示输入设计代码。

代码清单 13-7 main.s 文件

```
;当复位的时候,向量表映射到地址 0

            PRESERVE8
            THUMB

            AREA   RESET, DATA, READONLY; 最开始的 32 个字是向量表
            EXPORT __Vectors

__Vectors   DCD    0x0000FFFC
            DCD    Reset_Handler
            DCD    0
            DCD    0
            DCD    0
            DCD    0
            DCD    0
            DCD    0
            DCD    0
            DCD    0
            DCD    0
            DCD    0
```

```
            DCD     0
            DCD     0
            DCD     0
            DCD     0

            ; 外部中断

            DCD     0
            DCD     0
            DCD     0
            DCD     0
            DCD     0
            DCD     0
            DCD     0
            DCD     0
            DCD     0
            DCD     0
            DCD     0
            DCD     0
            DCD     0
            DCD     0
            DCD     0
            DCD     0

            AREA |.text|, CODE, READONLY
;复位句柄
Reset_Handler PROC
            GLOBAL Reset_Handler
            ENTRY

;将"TEST"字符串通过 UART 发送到 PC/笔记本的串口调试界面中

            LDR     R1, =0x53000000
            MOVS    R0, #'T'
            STR     R0, [R1]            //发送字母 T

            LDR     R1, =0x53000000
            MOVS    R0, #'E'
            STR     R0, [R1]            //发送字母 E

            LDR     R1, =0x53000000
            MOVS    R0, #'S'
            STR     R0, [R1]            //发送字母 S

            LDR     R1, =0x53000000
            MOVS    R0, #'T'
            STR     R0, [R1]            //发送字母 T

;等待直到缓冲区非空

WAIT        LDR     R1, =0x53000004
```

```
        LDR     R0, [R1]
        MOVS    R1, #01
        ANDS    R0, R0, R1
        CMP     R0, #0x00
        BNE     WAIT

;将接收到的字符重新通过 UART 发送到 PC/笔记本的串口调试界面

        LDR     R1, = 0x53000000
        LDR     R0, [R1]
        STR     R0, [R1]
        B       WAIT

        ENDP

        ALIGN   4                       ; 对齐到字边界
END
```

5) 在 Keil μVision5 主界面主菜单下，选择 Project→Build target，对程序进行编译。

注：当编译过程结束后，将在当前工程路径，即

```
E:\cortex - m0_example\cortex_m0_uart\software
```

路径下，生成 code. hex 文件。

思考与练习 13-12：在该路径下，找到并用写字板打开 code. hex 文件，分析该文件。

思考与练习 13-13：通过分析反汇编代码，进一步熟悉和掌握 Cortex-M0 指令集。

13.8.4 添加 HEX 文件到当前工程

本节将前面生成的 code. hex 文件添加到当前工程中，主要步骤包括：

(1) 在 Vivado 主界面的在 Sources 窗口下，找到并选择 Design Sources。右击，出现浮动菜单。在浮动菜单内，选择 Add Sources…选项。

(2) 出现 Add Sources(添加源文件)对话框界面。在该对话框界面内，选中 Add or create design sources 前面的复选框。

(3) 单击 Next 按钮。

(4) 出现 Add Sources-Add or Create Design Sources(添加源文件-添加或者创建设计源文件)对话框界面。在该界面中单击 + 按钮，出现浮动菜单。在浮动菜单内，选择 Add Files…选项。

(5) 出现 Add Source Files 对话框界面。在该对话框界面中，将路径指向：

```
E:\cortex - m0_example\cortex_m0_uart\software
```

在该路径下，选中 code. hex 文件。

(6) 单击 OK 按钮。

(7) 返回到 Add Sources-Add or Create Design Sources 对话框界面。在该界面中选中 Copy sources into project(复制源文件到工程)前面的复选框。

(8) 单击 Finish 按钮。

(9) 可以看到，在 Sources 标签窗口下，添加了 code. hex 文件，但是该文件在 Unknown 文件夹下。

(10) 选中 Unknown 文件下的 code. hex 文件，右击，出现浮动菜单。在浮动菜单内，选中 Source File Properties…选项。

(11) 出现 Source File Properties 界面。在该界面中单击按钮。

(12) 出现 Set Type 对话框界面。在该对话框界面 File Type 右侧的下拉框中，选择 Memory Initialization Files 选项。

(13) 单击 OK 按钮。

(14) 可以看到 UnKnown 文件夹的名字变成了 Memory Initialization Files。

至此，已将软件代码成功添加到 Vivado 设计工程中。这样，对该设计进行后续处理时，就能用于初始化 FPGA 内的片内存储器。

13.9 设计综合

本节对设计进行综合，主要步骤包括：

(1) 在 Vivado 集成开发环境左侧 Flow Navigator 窗口下，找到并展开 Synthesis。在 Synthesis 展开项中，单击 Run Synthesis，Vivado 开始对设计进行综合。

(2) 当完成综合过程后，弹出 Synthesis Completed（综合完成）对话框界面。在该界面中选中 Open Synthesized Design 前面的复选框。

(3) 单击 OK 按钮。

13.10 添加约束条件

本节通过 I/O 规划器的图形化界面添加 UART 控制器模块的引脚约束条件，主要步骤包括：

注：确认在执行下面的步骤之前，已经打开了综合后的网表文件。如果没有打开，则应该先打开综合后的网表。

(1) 在 Vivado 集成开发环境上方的下拉框中，选择 I/O Planning(I/O 规划)选项。

(2) 在 Site 标题下面输入每个逻辑端口在 FPGA 上的引脚位置，以及在 I/O Std(I/O 标准)标题下，添加逻辑端口定义其 I/O 电气标准，如图 13.16 所示。

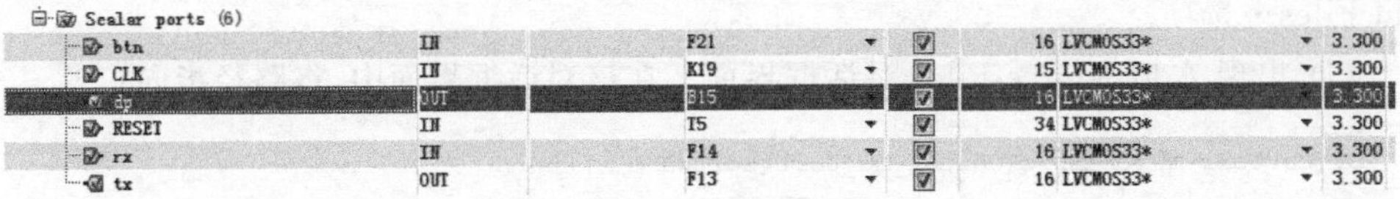

Scalar ports (6)						
btn	IN	F21	✓	16	LVCMOS33*	3.300
CLK	IN	K19	✓	15	LVCMOS33*	3.300
dp	OUT	B15	✓	16	LVCMOS33*	3.300
RESET	IN	T5	✓	34	LVCMOS33*	3.300
rx	IN	F14	✓	16	LVCMOS33*	3.300
tx	OUT	F13	✓	16	LVCMOS33*	3.300

图 13.16　I/O 约束界面

(3) 在当前约束界面的工具栏内，按 Ctrl+S 组合按键，保存约束条件。

(4) 在 Vivado 上方的下拉框中选择 Default Layout 选项，退出 I/O 约束界面。

13.11 设计实现

本节执行设计实现过程，主要步骤包括：

(1) 在 Vivado 的 Sources 窗口下，找到并选中 AHBLITE_SYS.v 文件。

(2) 在 Vivado 左侧的 Flow Navigator 窗口中，找到并展开 Implementation 选项。

(3) 在展开项中，单击 Run Implementation 选项，Vivado 开始执行设计实现过程；或者在 Tcl 命令行中，输入 launch_runs impl_1 脚本命令，运行实现过程。

13.12 下载比特流文件

本节生成比特流文件，主要步骤包括：

(1) 在 Vivado 源文件窗口中，选择顶层设计文件 AHBLITE_SYS.v。

(2) 在 Vivado 主界面左侧的 Flow Navigator 窗口下方，找到并展开 Program and Debug 选项。在展开项中，找到并单击 Generate Bitstream 选项，开始生成编程文件。

(3) 当生成比特流的过程结束后，出现 Bitstream Generation Completed 对话框界面。

(4) 单击 Cancel 按钮。

(5) 通过 USB 电缆，将 A7-EDP-1 开发平台上名字为 J12 的 Mini USB-JTAG 插座与 PC/笔记本电脑上的 USB 接口进行连接。

(6) 通过 USB 电缆，将 A7-EDP-1 开发平台上名字为 J13 的 Mini USB-UART 插座与 PC/笔记本电脑上的 USB 接口进行连接。

(7) 将外部+5V 电源连接到 A7-EDP-1 开发平台的 J6 插座。

(8) 将 A7-EDP-1 开发平台上的 J11 跳线设置为 EXT 模式，即外部供电模式。

(9) 将 A7-EDP-1 开发平台上的 J10 插座设置为 JTAG，表示下面将使用 JTAG 下载设计。

(10) 将 A7-EDP-1 开发平台上的 SW8 开关设置为 ON 状态，给开发平台供电。

(11) 打开 PC/笔记本电脑上的串口调试工具，当系统正常时，PC/笔记本电脑会检测到虚拟出来的串口端口号。设置串口通信参数：波特率 9600，8 个数据位，一个停止位，无奇偶校验，无硬件流量控制。

注：在本书中，使用 Xilinx SDK 2016.1 软件中自带的串口调试工具。

(12) 在 Vivado 主界面左侧的 Flow Navigator 窗口下方，找到并展开 Program and Debug 选项。在展开项中，找到并单击 Open Hardware Manager 选项。

(13) 在 Vivado 界面上方出现 Hardware Manager-unconnected 界面。

(14) 单击 Open target 选项，出现浮动菜单。在浮动菜单内选择 Auto Connect 选项。

(15) 出现 Auto Connect 对话框界面。

(16) 当硬件设计正确时，在 Hardware 窗口中会出现所检测到的 FPGA 类型和 JTAG 电缆的信息。

(17) 选中名字为 xc7a75t_0 的一行，右击，出现浮动菜单。在浮动菜单内，选择 Program Device…。

(18) 出现 Program Device 对话框界面。在该界面中，默认将 Bitstream file(比特流文件)的路径指向：

```
E:/cortex-m0_example/cortex_m0_uart/cortex_m0.runs/impl_1/AHBLITE_SYS.bit
```

(19) 单击 Program 按钮。Vivado 工具自动将比特流文件下载到 FPGA 中。

(20) 在串口调试界面中，可以看到接收到的字符串“TEST”，如图 13.17 所示。然后在下面的文本框中输入任意个数的字符，单击 Send 按钮，可以看到回显发送的字符。

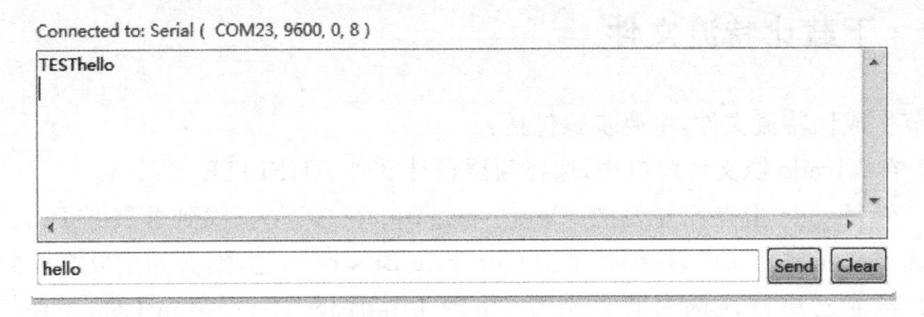

图 13.17　串口调试界面

第14章 VGA控制器设计与实现

本章要在Xilinx Artix-7系列的FPGA器件中，设计并实现一个AHB VGA控制器，该控制器将要与片外的VGA显示器进行连接。内容包括：设计目标、VGA工作原理、VGA显示硬件实现原理、打开前面的设计工程、添加并分析VGA模块源文件、修改其他设计、编写程序代码、设计综合、添加约束条件、设计实现和下载比特流文件。

通过本章的学习，掌握在Xilinx Vivado 2016集成开发环境下使用Verilog HDL语言描述AHB VGA控制器的方法和VGA时序的分析方法，并且掌握在Cortex-M0上使用汇编语言访问AHB VGA控制器以及在VGA上显示字符的方法。

14.1 设计目标

本章为前面一章所设计的Cortex-M0嵌入式片上系统添加VGA控制器模块，主要设计目标包括：

1) 硬件设计和实现

(1) 在Vivado 2016集成开发环境中(以下简称Vivado 2016)，使用Verilog HDL语言设计和实现VGA控制器。

(2) 在Vivado 2016中，设计和实现用于将VGA控制器连接到ARM Cortex-M0处理器的AHB接口。

(3) 在Vivado 2016中，下载包含Cortex-M0处理器的嵌入式片上系统设计到FPGA，在FPGA内构建一个Cortex-M0嵌入式片上系统，如图14.1所示。

2) 软件编程

(1) 在Keil μVision5集成开发环境中使用汇编语言，对Cortex-M0处理器进行编程。

(2) 建立(build)汇编语言设计文件，生成十六进制存储器文件。

注：该程序代码在VGA上显示文本和图像信息。

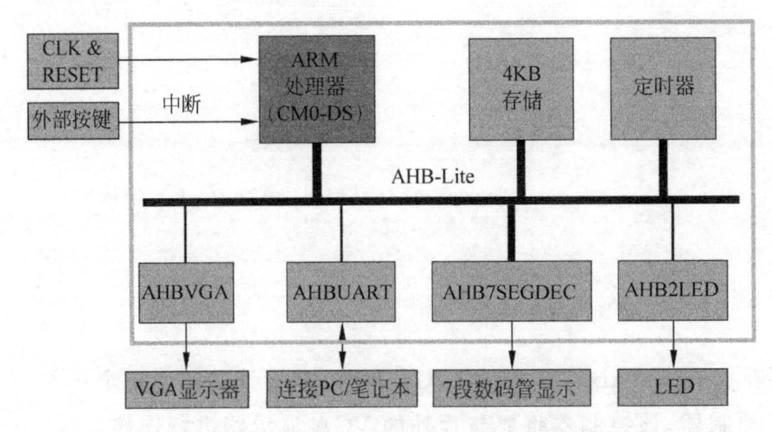

图 14.1 包含 UART 的片上系统内部结构

14.2 VGA 工作原理

本节详细介绍 VGA 的工作原理，包括 VGA 连接器。

14.2.1 VGA 连接器

视频图形阵列（Video Graphic Array，VGA）连接器，如图 14.2 所示。VGA 连接器的一端（公头）与 VGA 显示器连接在一起，通过 VGA 连接电缆与 VGA 母头连接器连接。

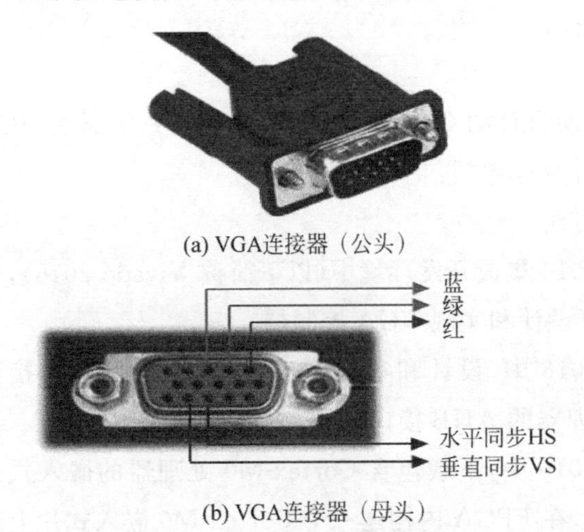

(a) VGA连接器（公头）

(b) VGA连接器（母头）

图 14.2 VGA 公头和母头连接器

VGA 电缆上传输的是模拟信号，主要包括 5 个模拟信号，即蓝色信号分量、绿色信号分量、红色信号分量、水平同步 HS 信号和垂直同步 VS 信号。VGA 在 1987 年就开始使用，至今仍然被广泛地使用。但是，未来 VGA 将会慢慢地被数字视频接口（Digital Visual Interface，DVI）和高清晰多媒体接口（High-Definition Multimedia Interface，HDMI）取代。

14.2.2 CRT 原理

在很多年前，VGA 显示器被称为阴极射线显像管(Cathode Ray Tube，CRT)，如图 14.3 所示。其显示原理是通过调幅将电子束(或者阴极射线)移动到荧光屏上显示信息。

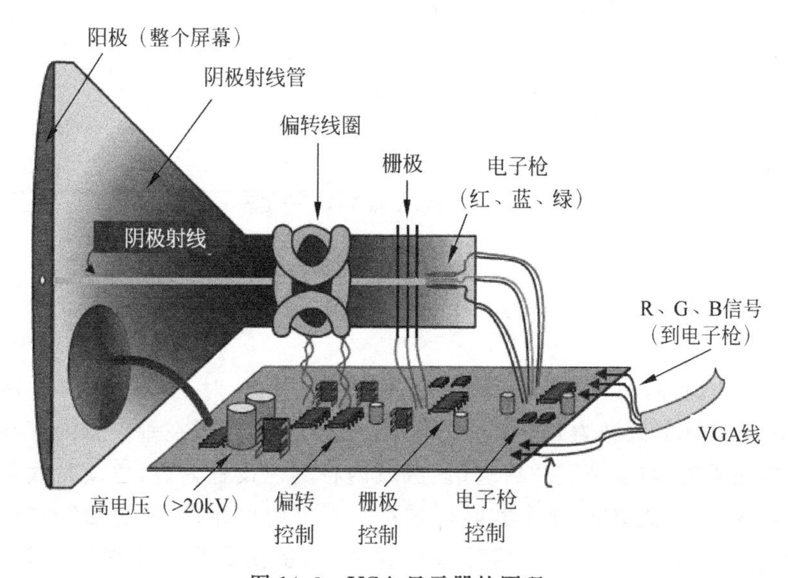

图 14.3 VGA 显示器的原理

注：LCD 显示使用了一个阵列开关，它们用于在少量的液晶上施加一个电压。因此，基于每个像素改变通过晶体的光介电常数。尽管本节的原理基于 CRT 显示，但是 LCD 显示也使用和 CRT 显示相同的时序。

彩色 CRT 使用了三个电子束，包括红、蓝和绿，用于给磷施加能量，其附着在阴极射线管显示末端的内侧。电子枪所发出电子束精确地指向加热的阴极，阴极放置在靠近称为“栅极”的正电荷的环形板旁。由栅极施加的静电力拖动来自阴极所施加能量的电子射线，并且，这些射线由电流驱动流到阴极。一开始这些粒子射线朝着栅极加速，但是在更大的静电力的影响下衰减，导致涂磷的 CRT 表面充电到 20kV(或者更高)。当射线穿过栅极时，将其聚焦为一个精准的束，然后将其加速碰撞到附着磷的显示表面。在碰撞点的磷涂层表面发光，并且在电子束消失后，持续几百微秒继续发光。送入阴极的电流越大，磷就越亮。

注：对于不同分辨率的 VGA 控制时序，在 VESA 组织所制定的规范中都有详细说明。

14.2.3 VGA 接口信号

通过电阻分压网络电路，可以将 FPGA 输出的数字逻辑电平信号转换为模拟信号。

典型地，在本设计中所使用的 A7-EDP-1 硬件开发平台中使用了 14 个信号线，包括：12 位颜色信号线(4 位红色分量、4 位绿色分量和 4 位蓝色分量)、1 位水平同步信号和

1 位垂直同步信号，如图 14.4 所示。

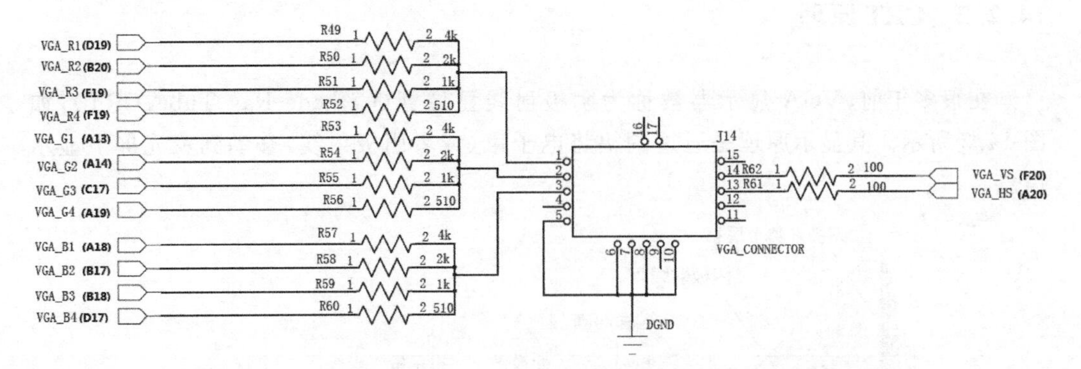

图 14.4　FPGA 和 VGA 连接器

14.2.4　VGA 时序

CRT 的扫描原理，如图 14.5 所示。从图中可以看出，对于一个分辨率为 640×480 的区域来说，其实际的区域为 800×600。但是，这个实际区域在垂直方向存在"前边沿"和"后边沿"，在垂直"前边沿"和"后边沿"区域内将颜色设置为黑，也就是我们经常所说的"不可显示区域"。类似的，这个实际区域在水平方向也存在"前边沿"和"后边沿"，在水平"前边沿"和"后边沿"区域内将颜色设置为黑，也就是我们经常所说的"不可显示区域"。

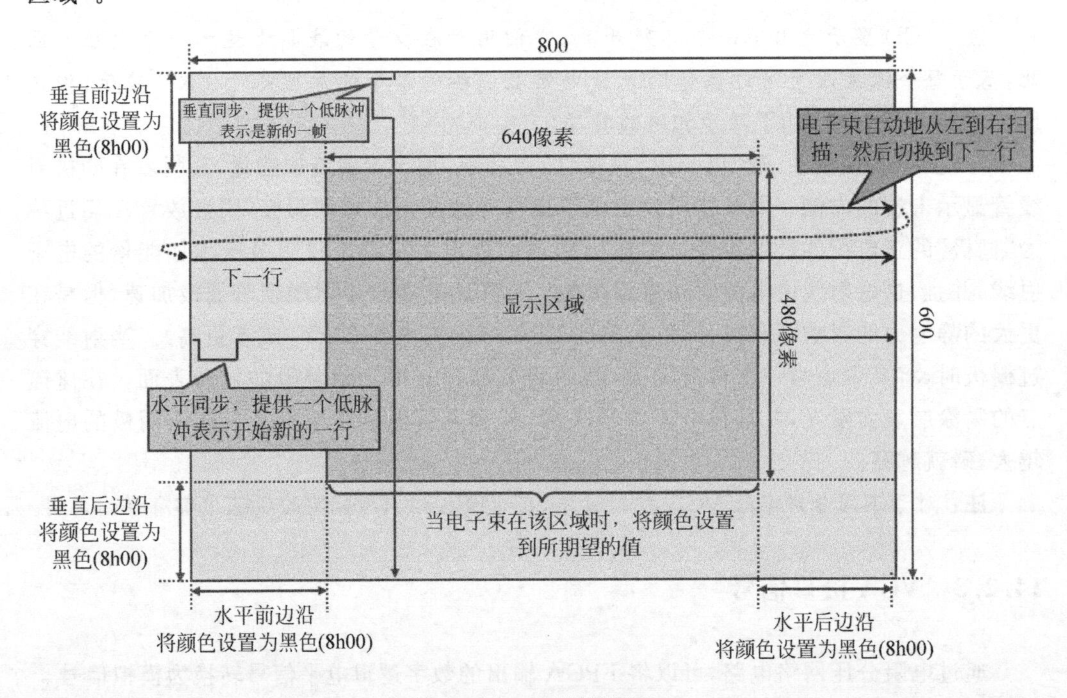

图 14.5　CRT 扫描原理

对于 CRT 来说，只有当电子束落到了 640×480 内的区域时，才是我们通常所说的可显示区域。当水平同步信号为低时，表示开始新的一行。从图中可以看出，在不可显示区域，水平同步信号出现低脉冲信号，然后电子束从左到右自动扫描。图中的虚线表示电子束到达边界后的"回扫"，在"回扫"期间内，不显示任何颜色。

从图 14.5 中可以看出，当垂直同步信号有效，即出现低脉冲时，表示新的一帧开始，可以看到低脉冲出现在垂直"前边沿"不可显示区域，然后为高，一直持续到实际边界为止。

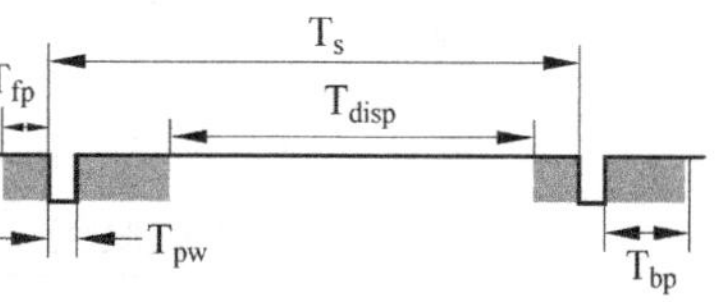

图 14.6　640×480 模式下的时序图

对于本设计 VGA 所使用的 640×480 分辨率来说，其时序如图 14.6 所示。用于产生 HS 和 VS 信号的时钟频率为 25MHz。时序的详细说明，如表 14.1 所示。

表 14.1　640×480 显示模式的时序说明

符　号	参　数	垂直同步 VS			水平同步 HS	
		时　间	时钟个数	行	时　间	时钟个数
T_s	同步脉冲	16.7ms	416800	521	32μs	800
T_{disp}	显示时间	15.36ms	384000	480	25.6μs	640
T_{pw}	脉冲宽度	64μs	1600	2	3.84μs	96
T_{fp}	前沿	320μs	8000	10	640ns	16
T_{bp}	后沿	928μs	23200	29	1.92μs	48

VGA 控制器对像素时钟驱动的行同步计数器进行解码，以产生正确的 HS 时序。这个计数器用来定位在一个给定行内任意像素的位置。类似地，用每个 HS 脉冲所递增的一个垂直同步计数器的输出生成 VS 信号时序，该计数器用于定位给定的任意行。这两个连续运行的计数器构成视频 RAM 的地址。对于 HS 脉冲的起始和 VS 脉冲的起始，没有说明时序关系。这样，使得设计者可以很容易设计计数器，以生成视频 RAM 地址，或者减少生成同步脉冲的译码逻辑。

思考与练习 14-1：根据图 14.6 和表 14.1，详细说明 VGA 的 HS 和 VS 信号之间的时序关系。

14.3　VGA 显示硬件实现原理

在 VGA 上要显示文字和图形，首先必须清楚在 VGA 上表示文字和图形原理。假设可以将 VGA 上可显示区域分为文字和图形两个区域，如图 14.7 所示。

(1) 文本区域(控制台)。以较高的分辨率显示文本串。

(2) 图像区域(帧缓冲)。以较低的分辨率显示期望的图像。

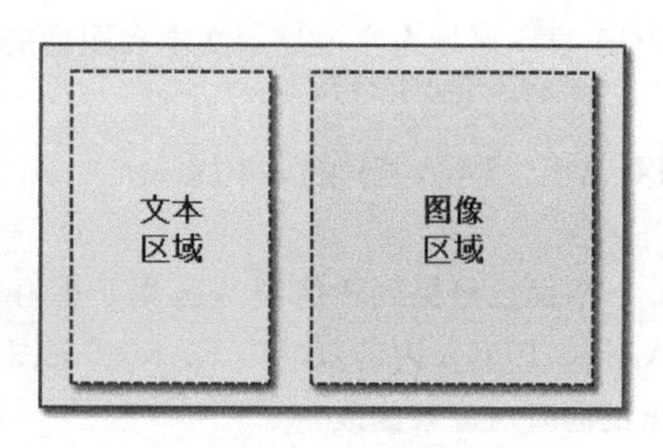

图 14.7　VGA 文本和图像显示区域

在理想情况下，所有的像素信息都保存在一个帧缓冲区内。然而，由于片上存储器的容量有限，因此降低了帧的分辨率。为了可以同时清晰显示文字，可将文本区域进行分割，使用动态硬件逻辑而不使用帧缓冲区。

通过 VGA 电缆，可以在显示器上显示文本和图像。VGA 控制器应该包含三个部分：VGA 接口、用于显示图像的图像缓冲区，以及一个用于显示文本的文本控制台模块，如图 14.8 所示。

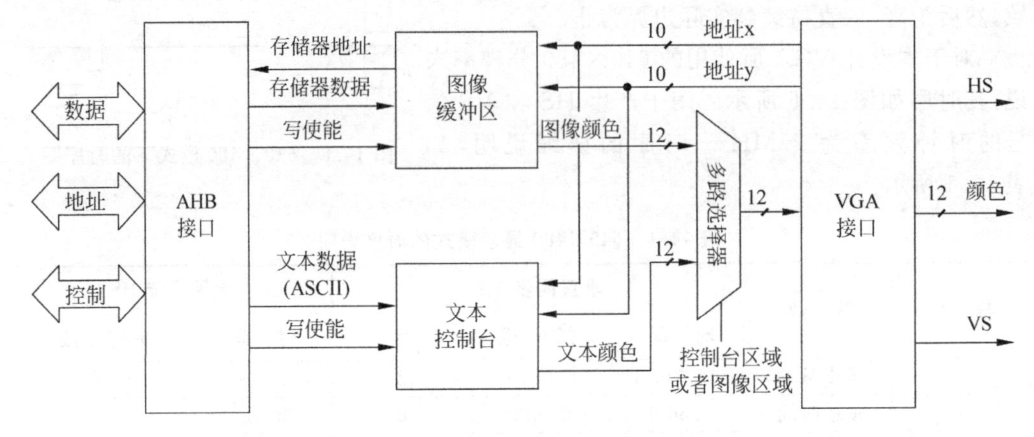

图 14.8　VGA 控制器内部结构

(1) VGA 接口。完成的功能主要包括：

① 为 VGA 端口产生同步信号。

② 直接连接到外部的 VGA 端口引脚。

③ 输出当前像素地址。

(2) 图像缓冲区，如图 14.9 所示。完成的主要功能包括：

① 保存图像区域所有像素的颜色信息。

② 使用双端口存储器实现。

(3) 文本控制台，如图 14.9 所示。完成的主要功能包括：

① 在文本区域显示像素。

② 使用硬件逻辑实现。

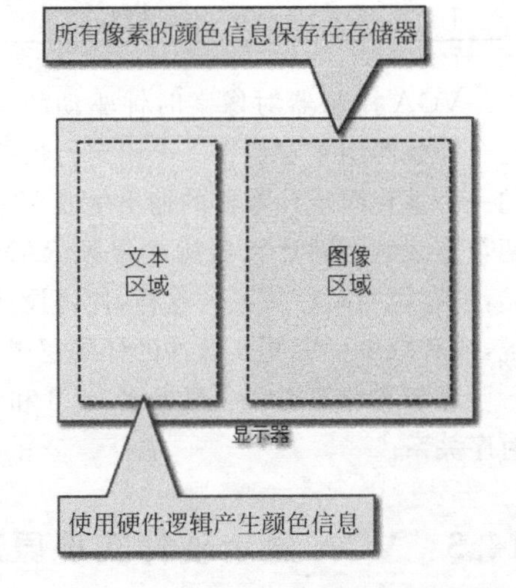

图 14.9　文本区域和图像区域的像素存储

思考与练习 14-2：根据图 14.8，说明在一个 VGA 显示区域内实现显示文本和图像的方法。

14.3.1　VGA 图像缓冲区

前面已经提到图像缓冲区用于保存图像区域内所有像素的 RGB 信息。通过使用 Artix-7 FPGA 内的双端口 RAM 实现图像缓冲区的功能。因此，允许 VGA 接口读取像素的同时对像素修改。

由于一些 FPGA 器件内部没有足够的片上存储器资源，如片上 RAM。在这种情况中，可将多个像素映射到单个数据，但是会降低分辨率。例如，在图像缓冲区内，4×4 像素区域可以用一个数据表示，如图 14.10 所示。

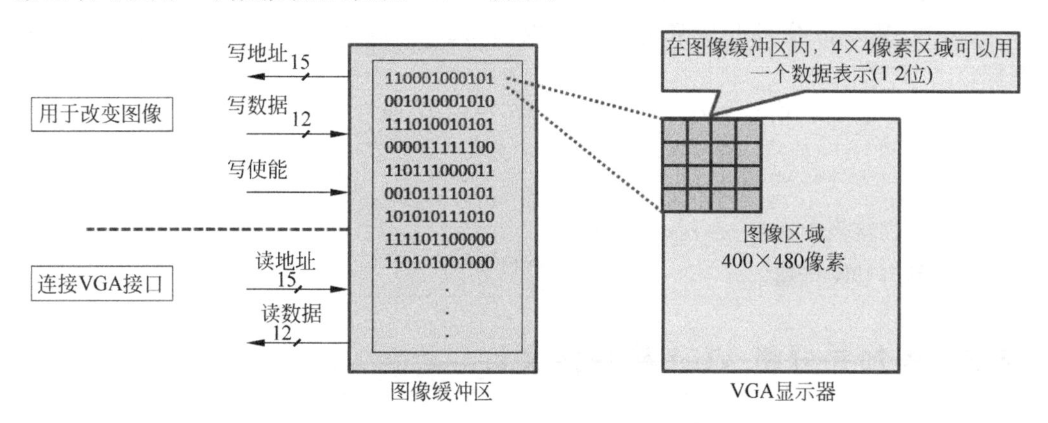

图 14.10　VGA 图像缓冲区的像素表示

思考与练习 14-3：根据图 14.10，说明使用双端口存储器实现缓存图像数据的方法。

14.3.2　VGA 控制台

VGA 控制台模块用于为文本区域的像素生成颜色信息。通过硬件逻辑，动态生成颜色信息，而不是在存储器中保存每个像素。这样，就可以节省 FPGA 内宝贵的存储器资源。

14.3.3　VGA 控制器存储器空间

VGA 内部的存储空间分成两个区域：

(1) 控制台文字：1 个字(4 个字节)空间指向一个字符。

(2) 图像缓冲区：剩余的空间用于保存图像区域的像素。

因此，在 VGA 内设置两个寄存器，如表 14.2 所示。

表 14.2　VGA 内的寄存器列表

寄存器	偏移地址	结束偏移地址	大　小
Console text	0x0000_0000	0x0000_0003	4 个字节
Image buffer	0x0000_0004	0x00FF_FFFF	15999996 个字节

14.4　打开前面的设计工程

本节打开前面的设计工程，其步骤包括：

(1) 在 E:/cortex-m0_example 目录中新建一个名字为 cortex_m0_vga 的子目录。

(2) 将 E:/cortex-m0_example/cortex_m0_uart 目录中的所有文件和文件夹的内容

复制到新建的 cortex_m0_vga 子目录中。

(3) 启动 Vivado 2016.1 集成开发环境。

(4) 在 Vivado 集成开发环境主界面内的 Quick Start 分组下，单击 Open Project 图标。

(5) 出现 Open Project 对话框界面。在该界面中，将路径指向：

```
E:/cortex - m0_example/cortex_m0_vga
```

(6) 在该路径中选择 cortex_m0. xprj。

(7) 单击 OK 按钮。

14.5 添加并分析 VGA 模块源文件

本节将添加并分析 VGA 模块源文件。

14.5.1 添加 VGA 模块源文件

本节为该设计添加 VGA 模块源文件，主要步骤包括：

(1) 在 Sources 窗口下，找到并选择 Design Sources，右击，出现浮动菜单。在浮动菜单内，选择 Add Sources…选项。

(2) 出现 Add Source 对话框界面。在该设计中，选中 Add or create design sources 前面的复选框。

(3) 单击 Next 按钮。

(4) 出现 Add Sources-Add or Create Design Sources 对话框界面。在该界面中单击 + 按钮，出现浮动菜单。在浮动菜单内，选择 Add Files…选项。

(5) 出现 Add Source Files 对话框界面。在该对话框界面中，将路径指向：

```
E:\cortex-m0_example\source\VGA
```

分别选中 AHBVGASYS. v、counter. v、dual_port_ram_sync、font_rom、vga_console. v、vga_image 和 vga_sync. v 文件。

(6) 单击 OK 按钮。

(7) 可以看到在 Add Source-Add or Create Design Sources 对话框界面中，新添加了名字为 AHBVGASYS. v、counter. v、dual_port_ram_sync、font_rom、vga_console. v、vga _image 和 vga_sync. v 的文件。

(8) 单击 Finish 按钮。

14.5.2 分析 VGA 模块源文件

本节对与 VGA 模块相关的源文件进行分析，包括 VGA 接口模块、文本显示模块、图像显示模块和顶层设计模块。

1. VGA 接口模块

在 Vivado 主界面 Sources 窗口中，可以看到 VGA 接口模块的顶层文件名为 vga_sync.v，该模块的输出直接和 VGA 显示器连接，产生 12 位颜色信号、行同步信号和场同步信号。该模块下面例化了三个 counter.v 文件模块，例化名字分别为 FreqDivider、HorzAddrCounter 和 VerAddrCounter，它们分别用于对时钟分频、行同步计数器和场同步计数器。

计数器模块设计如代码清单 14-1 所示。

代码清单 14-1　counter.v 文件

```
module GenericCounter(
     CLK,
     RESET,
     ENABLE_IN,
    TRIG_OUT,
    COUNT
    );
    parameter COUNTER_WIDTH = 4;
    parameter COUNTER_MAX = 4;

    input CLK;
    input RESET;
    input ENABLE_IN;
    output TRIG_OUT;
    output [COUNTER_WIDTH - 1:0] COUNT;

    reg [COUNTER_WIDTH - 1:0] counter;
    reg triggerout;


    always@(posedge CLK)begin
        if (RESET)
            counter <= 0;
        else begin
            if (ENABLE_IN) begin
                if (counter == (COUNTER_MAX))
                    counter <= 0;
                else
                    counter <= counter + 1;
            end
        end
    end

    always@(posedge CLK)begin
        if (RESET)
            triggerout <= 0;
        else begin
            if (ENABLE_IN && (counter == (COUNTER_MAX)))
```

```
                triggerout <= 1;
            else
                triggerout <= 0;
        end
    end
```

VGA 接口模块设计如代码清单 14-2 所示。

代码清单 14-2　vga_sync. v 文件

```
module VGAInterface(
    input CLK,
    input [11:0] COLOUR_IN,
    output reg [11:0] cout,                    //12 位颜色输出
    output reg hs,                             //行同步输出
    output reg vs,                             //垂直同步输出
    output reg [9:0] addrh,                    //行地址输出
    output reg [9:0] addrv                     //垂直地址输出
    );


// 垂直方向的时间
parameter VertTimeToPulseWidthEnd = 10'd2;
parameter VertTimeToBackPorchEnd = 10'd31;
parameter VertTimeToDisplayTimeEnd = 10'd511;
parameter VertTimeToFrontPorchEnd = 10'd521;

//水平方向的时间
parameter HorzTimeToPulseWidthEnd = 10'd96;
parameter HorzTimeToBackPorchEnd = 10'd144;
parameter HorzTimeToDisplayTimeEnd = 10'd784;
parameter HorzTimeToFrontPorchEnd = 10'd800;

wire TrigHOut, TrigDiv;
wire [9:0] HorzCount;
wire [9:0] VertCount;

//对时钟分频
GenericCounter #(.COUNTER_WIDTH(1), .COUNTER_MAX(1))
FreqDivider
(
    .CLK(CLK),
    .RESET(1'b0),
    .ENABLE_IN(1'b1),
    .TRIG_OUT(TrigDiv)
);

//水平计数器
GenericCounter #(.COUNTER_WIDTH(10), .COUNTER_MAX(HorzTimeToFrontPorchEnd))
HorzAddrCounter
(
```

```
    .CLK(CLK),
    .RESET(1'b0),
    .ENABLE_IN(TrigDiv),
    .TRIG_OUT(TrigHOut),
    .COUNT(HorzCount)
);

//垂直计数器
GenericCounter #(.COUNTER_WIDTH(10), .COUNTER_MAX(VertTimeToFrontPorchEnd))
VertAddrCounter
(
    .CLK(CLK),
    .RESET(1'b0),
    .ENABLE_IN(TrigHOut),
    .COUNT(VertCount)
);

//同步信号
always@(posedge CLK) begin
    if(HorzCount < HorzTimeToPulseWidthEnd)
            hs <= 1'b0;
    else
            hs <= 1'b1;

    if(VertCount < VertTimeToPulseWidthEnd)
            vs <= 1'b0;
    else
            vs <= 1'b1;
end

//颜色信号
always@(posedge CLK) begin
    if ( ( (HorzCount >= HorzTimeToBackPorchEnd ) && (HorzCount < HorzTimeToDisplayTimeEnd) ) &&
          ( (VertCount >= VertTimeToBackPorchEnd ) && (VertCount < VertTimeToDisplayTimeEnd) ) )
        cout <= COLOUR_IN;
    else
        cout <= 12'b000000000000;
end

//输出水平和垂直地址
always@(posedge CLK)begin
    if ((HorzCount > HorzTimeToBackPorchEnd)&&(HorzCount < HorzTimeToDisplayTimeEnd))
        addrh <= HorzCount - HorzTimeToBackPorchEnd;
    else
        addrh <= 10'b0000000000;
end

always@(posedge CLK)begin
    if ((VertCount > VertTimeToBackPorchEnd)&&(VertCount < VertTimeToDisplayTimeEnd))
        addrv <= VertCount - VertTimeToBackPorchEnd;
    else
```

```
        addrv <= 10'b0000000000;
    end

    endmodule
```

思考与练习 14-4：根据上面的代码，说明正确产生 VGA 信号 VS 和 HS 的方法。

2. 文本显示模块

在 Vivado 主界面 Sources 窗口中，可以看到文本显示模块的顶层文件名为 vga_console.v，该模块的输入为行地址、列地址和 7 位 ASCII 码等，输出为 12 位的颜色值和换行信号等。该模块下面例化了两个文件模块，例化名字分别为 ufont_rom.v 和 uvideo_ram.v，它们实现对文本显示的处理。

文本显示顶层设计模块如代码清单 14-3 所示。

代码清单 14-3　vga_console.v 文件

```
module vga_console(
  input wire clk,
  input wire resetn,
  input wire [9:0] pixel_x,
  input wire [9:0] pixel_y,

  input wire font_we,                        //写字体
  input wire [7:0] font_data,                //输入 7 位 ASCII 值

  output reg [11:0] text_rgb,                //输出颜色 12 位
  output reg scroll                          //信号滚动
);

  //屏幕单元参数
  localparam MAX_X = 30;                     //水平单元个数
  localparam MAX_Y = 30;                     //单元行个数

  //字体 ROM
  wire [10:0] rom_addr;
  wire [6:0] char_addr;
  wire [3:0] row_addr;
  wire [2:0] bit_addr;
  wire [7:0] font_word;
  wire font_bit;

  //双口 RAM
  wire [11:0] addr_r;
  wire [11:0] addr_w;
  wire [6:0] din;
  wire [6:0] dout;

  //光标
  reg [6:0] cur_x_reg;
  wire [6:0] cur_x_next;
```

```
reg [4:0] cur_y_reg;
wire [4:0] cur_y_next;
// wire cursor_on;

//像素缓冲区
reg [9:0] pixel_x1;
reg [9:0] pixel_x2;
reg [9:0] pixel_y1;
reg [9:0] pixel_y2;

wire [11:0] font_rgb;                          //用于文本的颜色
wire [11:0] font_inv_rgb;                      //包含顶层光标的文本颜色

reg current_state;
reg next_state;

wire return_key;                               //回车或者 '\n'
wire new_line;                                 //将光标移动到下一行

//reg scroll;
reg scroll_next;
reg [4:0] yn;                                  //行计数
reg [4:0] yn_next;
reg [6:0] xn;                                  //水平计数
reg [6:0] xn_next;

//模块例化
font_rom ufont_rom(
  .clk(clk),
  .addr(rom_addr),
  .data(font_word)
);

双端口 RAM 同步
#(.ADDR_WIDTH(12), .DATA_WIDTH(7))
uvideo_ram
( .clk(clk),
    .we(we),
    .addr_a(addr_w),
    .addr_b(addr_r),
    .din_a(din),
    .dout_a(),
    .dout_b(dout)
);

//用于光标和像素缓冲区的状态机
always @ (posedge clk, negedge resetn)
begin
  if(!resetn)
    begin
        cur_x_reg <= 0;
```

```
                cur_y_reg <= 0;
            end
        else
            begin
                cur_x_reg <= cur_x_next;
                cur_y_reg <= cur_y_next;
                pixel_x1 <= pixel_x;
                pixel_x2 <= pixel_x1;
                pixel_y1 <= pixel_y;
                pixel_y2 <= pixel_y1;
            end
    end


    //访问字体 ROM
    assign row_addr = pixel_y[3:0];                 //行值
    assign rom_addr = {char_addr,row_addr};         //ASCII 值和字符行
    assign bit_addr = pixel_x2[2:0]; //delayed
    assign font_bit = font_word[~bit_addr];         //从字体 ROM 输出

    //找到返回键
    assign return_key = (din == 6'b001101 || din == 6'b001010) && ~scroll; // Return ||
"\n"

    //退格
    assign back_space = (din == 6'b001000);

    //新的一行逻辑
    assign new_line = font_we && ((cur_x_reg == MAX_X-1) || return_key);

    //下一个光标位置逻辑
    assign cur_x_next = (new_line) ? 2 :
                        (back_space && cur_x_reg) ? cur_x_reg - 1 :
                        (font_we && ~back_space && ~scroll) ? cur_x_reg + 1 : cur_x_reg;

    assign cur_y_next = (cur_y_reg == MAX_Y-1) ? cur_y_reg :
                            ((new_line) ? cur_y_reg + 1 : cur_y_reg );

    //生成颜色
    assign font_rgb = (font_bit) ? 12'b000011110000 : 12'b000000000000;           //绿：黑
    assign font_inv_rgb = (font_bit) ? 12'b0000000 : 12'b000011110000;           //黑：绿

    //用于光标的显示逻辑
    // assign cursor_on = (pixel_x2[9:3] == cur_x_reg) && (pixel_y2[8:4] == cur_y_reg);

    //RAM 写使能
    assign we = font_we || scroll;

    //显示组合逻辑
    always @ *
    begin
```

```
            text_rgb = font_rgb;
        end

    //控制台状态机
    always @(posedge clk, negedge resetn)
      if(! resetn)
        begin
          scroll <= 1'b0;
          yn <= 5'b00000;
          xn <= 7'b0000000;
          current_state <= 1'b0;
        end
      else
        begin
          scroll <= scroll_next;
          yn <= yn_next;
          xn <= xn_next;
          current_state <= next_state;
        end

  //控制台下状态逻辑
  always @ *
  begin
      scroll_next = scroll;
      xn_next = xn;
      yn_next = yn;
      next_state = current_state;
      case(current_state)
        1'b0:                                   //等待新的一行,并且光标在屏幕的最后一行
          if(new_line && (cur_y_reg == MAX_Y-1))
          begin
              scroll_next = 1'b1;
              next_state = 1'b1;
              yn_next = 0;
              xn_next = 7'b1111111;             //Delayed by one cycle
          end
        else
          scroll_next = 1'b0;
      1'b1:                                     //计数穿过每个单元并且刷新
      begin
        if(xn_next == MAX_X)
          begin
              xn_next = 7'b1111111;             //延迟一个周期
              yn_next = yn + 1'b1;
              if(yn_next == MAX_Y)
                begin
                  next_state = 1'b0;
                  scroll_next = 0;
                end
            end
        else
```

```
            xn_next = xn + 1'b1;

        end
    endcase
end

//写 RAM
assign addr_w = (scroll) ? {yn,xn} : {cur_y_reg, cur_x_reg};
assign din = (scroll) ? dout : font_data[6:0];
//读 RAM
assign addr_r =(scroll) ? {yn+1'b1,xn_next} : {pixel_y[8:4],pixel_x[9:3]};
assign char_addr = dout;

endmodule
```

思考与练习 14-5：根据上面的代码，详细说明实现在 VGA 上显示文本的方法。

3. 图像显示模块

在 Vivado 主界面 Sources 窗口中，可以看到文本显示模块的顶层文件名为 vga_image.v，该模块的输入为像素行地址、像素列地址和像素值等，输出为 12 位的颜色值。该模块下面例化了一个名字为 dual_port_ram_sysnc 的双端口存储器模块，它们实现对图像显示的处理。

图像显示顶层设计模块如代码清单 14-4 所示。

代码清单 14-4　vga_image.v 文件

```
module vga_image(
  input wire clk,
  input wire resetn,
  input wire [9:0] pixel_x,
  input wire [9:0] pixel_y,
  input wire image_we,
  input wire [11:0] image_data,
  input wire [15:0] address,
  output wire [11:0] image_rgb
  );

  wire [15:0] addr_r;
  wire [14:0] addr_w;
  wire [11:0] din;
  wire [11:0] dout;

  wire [9:0] img_x;
  wire [9:0] img_y;

  reg [15:0] address_reg;

//缓冲区地址 = 总线 address - 1，因为第一个地址用于控制台
  always @(posedge clk)
```

```
    address_reg <= address - 1;

//帧缓冲区
  dual_port_ram_sync
  #(.ADDR_WIDTH(15), .DATA_WIDTH(12))
  uimage_ram
  ( .clk(clk),
    .we(image_we),
    .addr_a(addr_w),
    .addr_b(addr_r),
    .din_a(din),
    .dout_a(),
    .dout_b(dout)
  );

  assign addr_w = address_reg[14:0];
  assign din = image_data;

  assign img_x = pixel_x[9:0] - 240;
  assign img_y = pixel_y[9:0];

  assign addr_r = {1'b0,img_y[8:2], img_x[8:2]};

  assign image_rgb = dout;

endmodule
```

思考与练习 14-6：根据上面的代码，详细说明实现在 VGA 上显示图像的方法。

4. 顶层设计模块

前面已经介绍 VGA 控制器，包含 VGA 接口模块、文本显示模块和图像显示模块。通过 VGA 顶层文件 AHBVGASYS.v 文件，将前面的模块包含到 VGA 控制器中。VGA 控制器顶层设计文件，如代码清单 14-5 所示。

代码清单 14-5　AHBVGASYS.v 文件

```
module AHBVGA(
  input wire HCLK,
  input wire HRESETn,
  input wire [31:0] HADDR,
  input wire [31:0] HWDATA,
  input wire HREADY,
  input wire HWRITE,
  input wire [1:0] HTRANS,
  input wire HSEL,

  output wire [31:0] HRDATA,
  output wire HREADYOUT,
```

```
    output wire hsync,
    output wire vsync,
    output wire [11:0] rgb
);
    //寄存器位置
    localparam IMAGEADDR = 4'hA;
    localparam CONSOLEADDR = 4'h0;

    //内部 AHB 信号
    reg last_HWRITE;
    reg last_HSEL;
    reg [1:0] last_HTRANS;
    reg [31:0] last_HADDR;

    wire [11:0] console_rgb;                //控制台 rgb 信号
    wire [9:0] pixel_x;                     //当前 x 像素
    wire [9:0] pixel_y;                     //当前 y 像素

    reg console_write;                      //写到控制台
    reg [7:0] console_wdata;                //写到控制台的数据
    reg image_write;                        //写到图像
    reg [11:0] image_wdata;                 //写到图像的数据

    wire [11:0] image_rgb;                  //图像颜色

    wire scroll;                            //滚动信号

    wire sel_console;
    wire sel_image;
    reg [11:0] cin;

    always @(posedge HCLK)
    if(HREADY)
      begin
        last_HADDR <= HADDR;
        last_HWRITE <= HWRITE;
        last_HSEL <= HSEL;
        last_HTRANS <= HTRANS;
      end

    //在写之前,提供屏幕刷新的时间
    assign HREADYOUT = ~scroll;

    //VGA 接口：为指定分辨率提供同步和颜色信号
    VGAInterface uVGAInterface (
      .CLK(HCLK),
```

```
  .COLOUR_IN(cin),
  .cout(rgb),
  .hs(hsync),
  .vs(vsync),
  .addrh(pixel_x),
  .addrv(pixel_y)
  );

//VGA 控制台模块：在文本区域内输出像素
vga_console uvga_console(
  .clk(HCLK),
  .resetn(HRESETn),
  .pixel_x(pixel_x),
  .pixel_y(pixel_y),
  .text_rgb(console_rgb),
  .font_we(console_write),
  .font_data(console_wdata),
  .scroll(scroll)
  );

//VGA 图像缓冲区：在图像区域输出像素
vga_image uvga_image(
  .clk(HCLK),
  .resetn(HRESETn),
  .address(last_HADDR[15:2]),
  .pixel_x(pixel_x),
  .pixel_y(pixel_y),
  .image_we(image_write),
  .image_data(image_wdata),
  .image_rgb(image_rgb)
  );

assign sel_console = (last_HADDR[23:0] == 12'h000000000000);
assign sel_image = (last_HADDR[23:0] != 12'h000000000000);

//设置写控制台和写数据
always @(posedge HCLK, negedge HRESETn)
begin
  if(!HRESETn)
    begin
      console_write <= 0;
      console_wdata <= 0;
    end
  else if(last_HWRITE & last_HSEL & last_HTRANS[1] & HREADYOUT & sel_console)
    begin
      console_write <= 1'b1;
      console_wdata <= HWDATA[7:0];
    end
```

```
      else
        begin
          console_write <= 1'b0;
          console_wdata <= 0;
        end
    end

    //设置写图像和图像数据
    always @(posedge HCLK, negedge HRESETn)
    begin
      if(!HRESETn)
        begin
          image_write <= 0;
          image_wdata <= 0;
        end
      else if(last_HWRITE & last_HSEL & last_HTRANS[1] & HREADYOUT & sel_image)
        begin
          image_write <= 1'b1;
          image_wdata <= HWDATA[11:0];
        end
      else
        begin
          image_write <= 1'b0;
          image_wdata <= 0;
        end
    end

    //为特殊区域选择 rgb 颜色
    always @ *
    begin
      if(!HRESETn)
        cin <= 12'h000;
      else
        if(pixel_x[9:0]< 240 )
          cin <= console_rgb ;
        else
          cin <= image_rgb;
    end

  endmodule
```

VGA 模块的内部结构，如图 14.11 所示。

思考与练习 14-7：根据图 14.11，说明 VGA 控制器内部各个模块之间的连接关系。

思考与练习 14-8：根据上面的代码，说明通过 AHB 总线向 VGA 控制器写数据的方法。

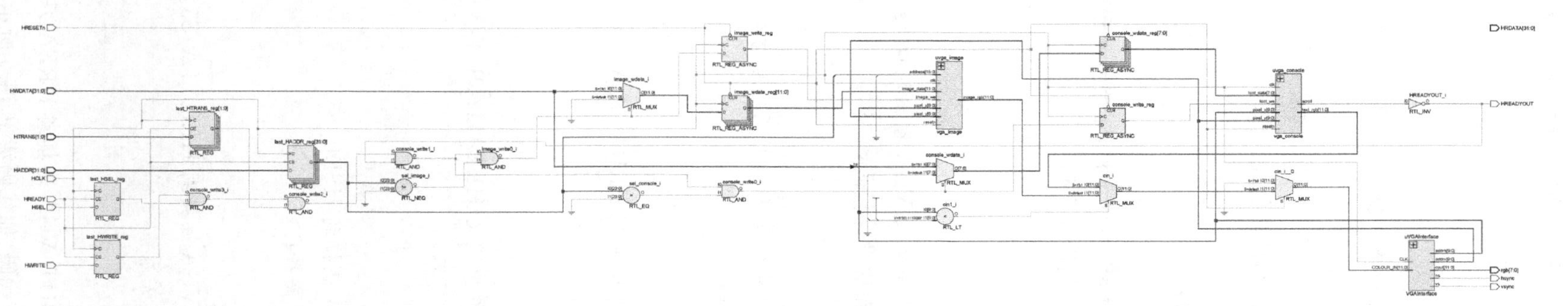

图 14.11　VGA 模块的内部结构

14.6 修改其他设计

在本设计中，除了需要修改系统顶层设计文件外，还需要修改其他设计部分。一方面，由于 VGA 控制器的时钟为 25MHz，而前面的设计都是 20MHz。所以，需要修改时钟生成器的输出频率；另一方面，前面的 UART 模块的波特率计算使用 20MHz，而该设计中采用 25MHz。因此，需要修改波特率计算公式。

14.6.1 添加并分析顶层设计文件

本节修改顶层设计文件 AHBLITE_SYS.v 文件，主要步骤包括：

(1) 在该文件的第 50 行，添加下面的设计代码：

```
output wire             hs,
output wire             vs,
output wire [11:0]      rgb
```

注：该行代码用于在顶层设计文件中定义 VGA 输出端口 hs、vs 和 rgb。

(2) 在该文件的第 81 行，添加下面的设计代码：

```
wire HSEL_VGA,
```

注：该行代码用于在顶层设计文件中定义 HSEL_VGA 信号。

(3) 在第 88 行，添加下面的设计代码：

```
wire [31:0] HRDATA_VGA;
```

注：该行代码用于在顶层设计文件中定义 HRDATA_VGA。

(4) 在第 95 行，添加下面的设计代码：

```
wire HREADYOUT_VGA;
```

注：该行代码用于在顶层设计文件中定义 HREADYOUT_VGA。

(5) 在第 172 行，添加下面的映射关系：

```
.HSEL_S5(HSEL_VGA),
```

注：该行代码用于将 HSEL_VGA 连接到 HSEL_S5。

(6) 在第 194 行，添加下面的映射关系：

```
.HRDATA_S5(HRDATA_VGA),
```

注：该行代码用于将 HRDATA_VGA 连接到 HRDATA_S5。

(7) 在第 206 行，添加下面的映射关系：

```
.HREADYOUT_S5(HREADYOUT_VGA),
```

注：该行代码用于将 HREADYOUT_VGA 连接到 HREADYOUT_S5。

(8) 在第 303 行，添加下面的设计代码，如代码清单 14-6 所示：

代码清单 14-6 AHBVGA 模块例化语句

```
AHBVGA Inst_AHBVGA(
    .HCLK(HCLK),
    .HRESETn(HRESETn),
    .HADDR(HADDR),
    .HWDATA(HWDATA),
    .HREADY(HREADY),
    .HWRITE(HWRITE),
    .HTRANS(HTRANS),
    .HSEL(HSEL_VGA),
    .HRDATA(HRDATA_VGA),
    .HREADYOUT(HREADYOUT_VGA),
    .hsync(hs),
    .vsync(vs),
    .rgb(rgb)
);
```

(9) 保存该设计文件。

14.6.2 修改时钟生成器输出频率

本节修改时钟生成器输出频率,步骤包括:

(1) 在 Vivado 的 Sources 窗口下,双击 Inst_clk_wiz_0。

(2) 出现 Re-customize IP 对话框界面。在该界面中单击 Output Clocks 标签。在该标签窗口下,将 clk_out1 所对应的 Output Freq 改为 25.000。

(3) 单击 OK 按钮。

(4) 出现 Generate Output Products 对话框界面。

(5) 单击 Generate 按钮。

(6) 出现 Generate Output Products 消息提示框界面。

(7) 单击 OK 按钮。

14.6.3 修改波特率时钟

本节修改用于 UART 模块的波特率时钟,主要步骤包括:

(1) 在 Vivado 主界面 Sources 窗口中,找到并双击 baudgen.v 文件。

(2) 按代码清单 14-7 所示,修改第 59 行开始的两行代码,设置正确的波特率。

代码清单 14-7 修改波特率时钟

```
//Baudrate = 9600 = 25MHz/(162 * 16)
assign count_next = ((count_reg == 161) ? 0 : count_reg + 1'b1);

assign baudtick = ((count_reg == 161) ? 1'b1 : 1'b0);
```

(3) 保存该设计文件。

(4) 在 Vivado 主界面左侧的 Flow Navigator 窗口中,找到并展开 RTL Analysis。在 RTL Analysis 展开项中,找到并展开 Elaborated Design。在 Elaborated Design 展开项中,单击 Schematic,打开系统结构,如图 14.12 所示。

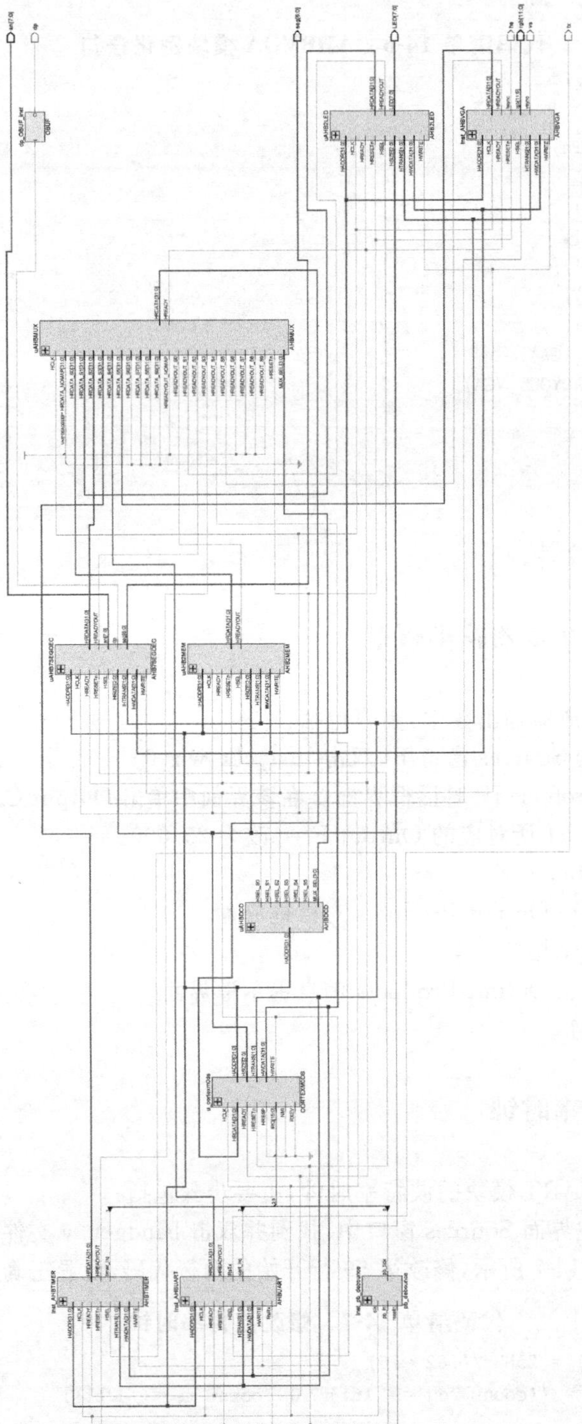

图 14.12 系统整体结构图

思考与练习 14-9：根据图 14.12，说明将 VGA 控制器连接到系统的方法。

14.7 编写程序代码

本节通过 Keil μVision5 集成开发环境，设计一个可以运行在 Cortex-M0 处理器上的汇编语言程序。在编写完汇编语言程序后，通过 Keil μVision5 内的编译器对该程序进行编译和处理。汇编语言程序实现的功能包括：

(1) 在 VGA 显示器上左上角第一行，打印"Cortex-M0"，在左上角第二行打印"SoC"。

(2) 在 VGA 显示器的右侧图像显示区域的四个顶点的位置绘制四个红色的点。

注：四个点实际上是 4×4 像素。

14.7.1 建立新设计工程

建立新设计工程的主要步骤包括：

1) 在 μVision5 主界面主菜单下，选择 Project→New μVision Project…。

2) 出现 Create New Project(创建新工程)对话框界面。按下面设置参数：

(1) 指向下面的路径：

```
E:\cortex-m0_example\cortex_m0_vga\software
```

(2) 在文本名右侧的文本框中输入 top，即该设计的工程名字为 top.uvproj。

注：读者可以根据自己的情况选择路径和输入工程名字。

3) 单击"保存"按钮。

4) 出现 Select Device for Target 'Target 1'…对话框界面。在该界面左下方的窗口中，找到并展开 ARM。在 ARM 展开项中，找到并展开 ARM Cortex-M0。在 ARM Cortex-M0 展开项中选择 ARMCM0。在右侧 Description 中，给出了 Cortex-M0 处理器的相关信息。

5) 出现 Manage Run-Time Environment 对话框界面。

6) 单击 OK 按钮。

14.7.2 工程参数设置

设置工程参数的主要步骤包括：

1) 在 μVision 左侧的 Project 窗口中，选择 Target 1，右击，出现浮动菜单。在浮动菜单内选择 Option for Taget 'Target 1'…选项。

2) 在 Options for Target 'Target 1'对话框界面中，单击 Output 标签。在该标签窗口下，定义了工具链输出的文件，并且允许在建立过程结束后启动用户程序。在该标签栏下 Name of Executable 右侧的文本框内输入 code，该设置表示所生成的二进制文件的名字为 code。

3）在 Options for Target ‘Target 1’对话框界面中，单击 User 标签。在该标签窗口中，制定了在编译/建立前或者建立后所执行的用户程序。在该界面中，需要设置下面的参数：

（1）在 After Build/Rebuild 标题栏下，选中 Run #1 前面的复选框。在右侧文本框中输入下面的命令：

```
fromelf -cvf .\objects\code.axf --vhx --32x1 -o code.hex
```

（2）在 After Build/Rebuild 标题栏下，选中 Run #2 前面的复选框。在右侧文本框中输入下面的命令：

```
fromelf -cvf .\objects\code.axf -o disasm.txt
```

fromelf 映像转换工具允许设计者修改 ELF 映像和目标文件，并且在这些文件上显示信息。其中：

（1）--vhx 选项，表示生成面向字节（Verilog HDL 内存模型）的十六进制格式。此格式适合加载到硬件描述语言仿真器的内存模型中。

（2）--32×1 选项，表示生成的内存系统中只有 1 个存储器，该存储器宽度为 32 位。

（3）-o 选项，用于指定输出文件的名字，如 code.hex 和 disasm.txt。

（4）所使用的文件.axf。该文件是 ARM 芯片使用的文件格式，即 ARM 可执行文件（ARM Executable File，AXF），它除了包含 bin 代码外，还包含了输出给调试器的调试信息。与 AXF 文件一起的还有 HEX 文件，HEX 文件包含地址信息，可以直接用于烧写或者下载 HEX 文件。

注：默认，该文件保存在当前工程路径的 objects 子目录下。

（5）-cvf 选项，对代码进行反汇编，输出映像的每个段和节的头文件详细信息。

4）单击 OK 按钮，退出目标选项设置对话框界面。

14.7.3 添加和编译汇编文件

本节添加汇编文件，并在该文件中添加代码，完成汇编文件的设计。主要步骤包括：

1）在 Project 窗口中，选择并展开 Target1。在 Target1 展开项中，找到并选中 Source Group1，右击，出现浮动菜单。在浮动菜单内，选择 Add New Item to Group ‘Source Group 1’…。

2）出现 Add New Item to Group ‘Source Group 1’对话框界面。在该界面左侧窗口中，按下面设置参数：

（1）选择 Asm File(.s)。

（2）在 Name：右侧的文本框中，输入 main。

3）单击 Add 按钮。

4）在 main.s 文件中，按代码清单 14-8 所示设计输入设计代码。

代码清单 14-8　main.s 文件

```
; 复位时向量表映射到地址 0

                PRESERVE8
                THUMB

                AREA    RESET, DATA, READONLY      ; 开始的 32 个字是向量表
                EXPORT  __Vectors

__Vectors       DCD     0x0000FFFC
                DCD     Reset_Handler
                DCD     0
                DCD     0
                DCD     0
                DCD     0
                DCD     0
                DCD     0
                DCD     0
                DCD     0
                DCD     0
                DCD     0
                DCD     0
                DCD     0
                DCD     0
                DCD     0

                ; 外部中断

                DCD     0
                DCD     0
                DCD     0
                DCD     0
                DCD     0
                DCD     0
                DCD     0
                DCD     0
                DCD     0
                DCD     0
                DCD     0
                DCD     0
                DCD     0
                DCD     0
                DCD     0
                DCD     0

                AREA |.text|, CODE, READONLY
;复位句柄
Reset_Handler   PROC
                GLOBAL Reset_Handler
                ENTRY
```

```
;写"Cortex-M0 SoC" 到文本控制台

        LDR     R1, =0x54000000
        MOVS    R0, #'C'
        STR     R0, [R1]

        LDR     R1, =0x54000000
        MOVS    R0, #'o'
        STR     R0, [R1]

        LDR     R1, =0x54000000
        MOVS    R0, #'r'
        STR     R0, [R1]

        LDR     R1, =0x54000000
        MOVS    R0, #'t'
        STR     R0, [R1]

        LDR     R1, =0x54000000
        MOVS    R0, #'e'
        STR     R0, [R1]

        LDR     R1, =0x54000000
        MOVS    R0, #'x'
        STR     R0, [R1]

        LDR     R1, =0x54000000
        MOVS    R0, #'-'
        STR     R0, [R1]

        LDR     R1, =0x54000000
        MOVS    R0, #'M'
        STR     R0, [R1]

        LDR     R1, =0x54000000
        MOVS    R0, #'0'
        STR     R0, [R1]

        LDR     R1, =0x54000000
        MOVS    R0, #'\n'
        STR     R0, [R1]

        LDR     R1, =0x54000000
        MOVS    R0, #'S'
        STR     R0, [R1]

        LDR     R1, =0x54000000
        MOVS    R0, #'o'
        STR     R0, [R1]
```

```
            LDR     R1, =0x54000000
            MOVS    R0, #'C'
            STR     R0, [R1]


;写四个红点到帧缓冲区的四个顶点位置

            LDR     R1, =0x54000204
            LDR     R0, =0xF00
            STR     R0, [R1]

            LDR     R1, =0x54000390
            LDR     R0, =0xF00
            STR     R0, [R1]

            LDR     R1, =0x5400EE04
            LDR     R0, =0xF00
            STR     R0, [R1]

            LDR     R1, =0x5400EF90
            LDR     R0, =0xF00
            STR     R0, [R1]

            ENDP

            ALIGN   4                       ;对齐到字边界

    END
```

5）在 Keil μVision5 主界面主菜单下，选择 Project→Build target，对程序进行编译。

注：当编译过程结束后，将在当前工程路径，即

```
E:\cortex-m0_example\cortex_m0_vga\software
```

路径下，生成 code.hex 文件。

思考与练习 14-10：在该路径下，找到并用写字板打开 code.hex 文件，分析该文件。

思考与练习 14-11：通过分析反汇编代码，进一步熟悉和掌握 Cortex-M0 指令集。

14.7.4 添加 HEX 文件到当前工程

本节将前面生成的 code.hex 文件添加到当前工程中，主要步骤包括：

(1) 在 Vivado 主界面的在 Sources 窗口下，找到并选择 Design Sources，右击，出现浮动菜单。在浮动菜单内，选择 Add Sources…选项。

(2) 出现 Add Sources(添加源文件)对话框界面。在该对话框界面内，选中 Add or create design sources 前面的复选框。

(3) 单击 Next 按钮。

(4) 出现 Add Sources-Add or Create Design Sources(添加源文件-添加或者创建设

计源文件)对话框界面。在该界面中单击➕按钮，出现浮动菜单。在浮动菜单内选择 Add Files…选项。

(5) 出现 Add Source Files 对话框界面。在该对话框界面中，将路径指向：

```
E:\cortex-m0_example\cortex_m0_vga\software
```

在该路径下，选中 code.hex 文件。

(6) 单击 OK 按钮。

(7) 返回到 Add Sources-Add or Create Design Sources 对话框界面。在该界面中，选中 Copy sources into project(复制源文件到工程)前面的复选框。

(8) 单击 Finish 按钮。

(9) 可以看到，在 Sources 标签窗口下添加了 code.hex 文件，但是该文件在 Unknown 文件夹下。

(10) 选中 Unknown 文件下的 code.hex 文件，右击，出现浮动菜单。在浮动菜单内，选中 Source File Properties…选项。

(11) 出现 Source File Properties 界面。在该界面中单击▣按钮。

(12) 出现 Set Type 对话框界面。在该对话框界面中，File Type 右侧的下拉框中，选择 Memory Initialization Files 选项。

(13) 单击 OK 按钮。

(14) 可以看到 UnKnown 文件夹的名字变成了 Memory Initialization Files。

至此，已将软件代码成功添加到 Vivado 设计工程中。这样，对该设计进行后续处理时，就能用于初始化 FPGA 内的片内存储器。

14.8 设计综合

本节对设计进行综合，主要步骤包括：

(1) 在 Vivado 集成开发环境左侧 Flow Navigator 窗口下，找到并展开 Synthesis。在 Synthesis 展开项中，单击 Run Synthesis，Vivado 开始对设计进行综合。

(2) 当完成综合过程后，弹出 Synthesis Completed(综合完成)对话框界面。在该界面中，选中 Open Synthesized Design 前面的复选框。

(3) 单击 OK 按钮。

14.9 添加约束条件

本节通过 I/O 规划器的图形化界面添加 UART 控制器模块的引脚约束条件，主要步骤包括：

注：确认在执行下面的步骤之前，已经打开了综合后的网表文件。如果没有打开，则应该先打开综合后的网表。

(1) 在 Vivado 集成开发环境上方的下拉框中，选择 I/O Planning(I/O 规划)选项。

(2) 在 Site 标题下面输入每个逻辑端口在 FPGA 上的引脚位置，以及在 I/O Std(I/O

标准)标题下,添加逻辑端口定义其 I/O 电气标准,如图 14.13 所示。

(3) 在当前约束界面的工具栏内,按 Ctrl+S 组合按键,保存约束条件。

(4) 在 Vivado 上方的下拉框中选择 Default Layout 选项,退出 I/O 约束界面。

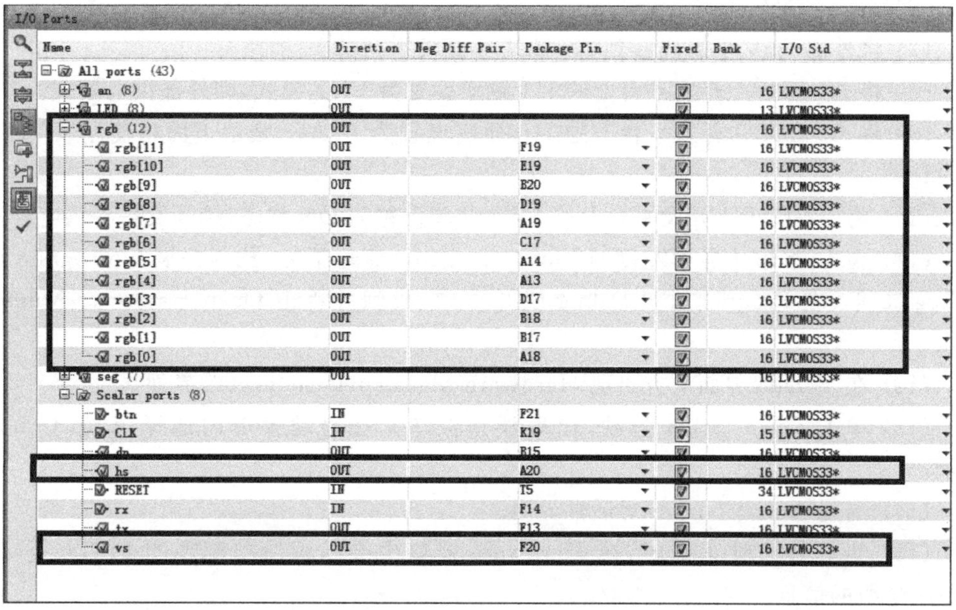

I/O Ports

Name	Direction	Neg Diff Pair	Package Pin	Fixed	Bank	I/O Std
All ports (43)						
an (8)	OUT			☑	16	LVCMOS33*
LED (8)	OUT			☑	13	LVCMOS33*
rgb (12)	OUT			☑	16	LVCMOS33*
rgb[11]	OUT		F19	☑	16	LVCMOS33*
rgb[10]	OUT		E19	☑	16	LVCMOS33*
rgb[9]	OUT		E20	☑	16	LVCMOS33*
rgb[8]	OUT		D19	☑	16	LVCMOS33*
rgb[7]	OUT		A19	☑	16	LVCMOS33*
rgb[6]	OUT		C17	☑	16	LVCMOS33*
rgb[5]	OUT		A14	☑	16	LVCMOS33*
rgb[4]	OUT		A13	☑	16	LVCMOS33*
rgb[3]	OUT		D17	☑	16	LVCMOS33*
rgb[2]	OUT		B18	☑	16	LVCMOS33*
rgb[1]	OUT		B17	☑	16	LVCMOS33*
rgb[0]	OUT		A18	☑	16	LVCMOS33*
seg (7)	OUT			☑	16	LVCMOS33*
Scalar ports (8)						
btn	IN		F21	☑	16	LVCMOS33*
CLK	IN		K19	☑	15	LVCMOS33*
dp	OUT		B15	☑	16	LVCMOS33*
hs	OUT		A20	☑	16	LVCMOS33*
RESET	IN		T5	☑	34	LVCMOS33*
rx	IN		F14	☑	16	LVCMOS33*
tx	OUT		F13	☑	16	LVCMOS33*
vs	OUT		F20	☑	16	LVCMOS33*

图 14.13 I/O 约束界面

14.10 设计实现

本节执行设计实现过程,主要步骤包括:

(1) 在 Vivado 的 Sources 窗口下,找到并选中 AHBLITE_SYS.v 文件。

(2) 在 Vivado 左侧的 Flow Navigator 窗口中,找到并展开 Implementation 选项。

(3) 在展开项中,单击 Run Implementation 选项,Vivado 开始执行设计实现过程;或者在 Tcl 命令行中,输入 launch_runs impl_1 脚本命令,运行实现过程。

14.11 下载比特流文件

本节生成比特流文件,主要步骤包括:

(1) 在 Vivado 源文件窗口中,选择顶层设计文件 AHBLITE_SYS.v。

(2) 在 Vivado 主界面左侧的 Flow Navigator 窗口下方,找到并展开 Program and Debug 选项。在 Program and Debug 展开项中,找到并单击 Generate Bitstream 选项,开始生成编程文件。

(3) 当生成比特流的过程结束后,出现 Bitstream Generation Completed 对话框界面。

(4) 单击 Cancel 按钮。

(5) 通过 USB 电缆，将 A7-EDP-1 开发平台上名字为 J12 的 Mini USB-JTAG 插座与 PC/笔记本电脑上的 USB 接口进行连接。

(6) 将 A7-EDP-1 开发平台上名字为 J14 的 VGA 插座与外部 VGA 显示器通过 VGA 连接电缆连接。

(7) 将外部+5V 电源连接到 A7-EDP-1 开发平台的 J6 插座。

(8) 将 A7-EDP-1 开发平台上的 J11 跳线设置为 EXT 模式，即外部供电模式。

(9) 将 A7-EDP-1 开发平台上的 J10 插座设置为 JTAG，表示下面将使用 JTAG 下载设计。

(10) 将 A7-EDP-1 开发平台上的 SW8 开关设置为 ON 状态，给开发平台供电。

(11) 在 Vivado 主界面左侧的 Flow Navigator 窗口下方，找到并展开 Program and Debug 选项。在 Program and Debug 展开项中，找到并单击 Open Hardware Manager 选项。

(12) 在 Vivado 界面上方出现 Hardware Manager-unconnected 界面。

(13) 单击 Open target 选项，出现浮动菜单。在浮动菜单内选择 Auto Connect 选项。

(14) 出现 Auto Connect 对话框界面。

(15) 当硬件设计正确时，在 Hardware 窗口中会出现所检测到的 FPGA 类型和 JTAG 电缆的信息。

(16) 选中名字为 xc7a75t_0 的一行，右击，出现浮动菜单。在浮动菜单内选择 Program Device…。

(17) 出现 Program Device 对话框界面。在该界面中，默认将 Bitstream file(比特流文件)的路径指向：

```
E:/cortex-m0_example/cortex_m0_vga/cortex_m0.runs/impl_1/AHBLITE_SYS.bit
```

(18) 单击 Program 按钮，Vivado 工具自动将比特流文件下载到 FPGA 中。

思考与练习 14-12：观察显示器界面，文本和图像输出是否满足设计要求。

第15章 DDR3存储器系统设计与实现

本章在 Xilinx Artix-7 系列的 FPGA 器件中，设计并实现一个 DDR3 存储器系统。通过在 FPGA 器件内构建 DDR3 存储器控制器系统，将片外 DDR3 存储器与 Cortex-M0 SoC 进行连接。

本章内容包括计算机搭载的存储器设备、存储器类型、系统设计目标、DDR3 SDRAM 控制器设计原理，以及 DDR3 SDRAM 控制器系统设计与实现。

通过本章的学习，读者将理解和掌握 IP 核构建用于控制外部 DDR3 SDRAM 的方法。

15.1 计算机搭载的存储器设备

计算机上的存储器是物理设备，它们用于保存程序代码或者处理过程中产生的暂时或永久数据，如图 15.1 所示。

图 15.1　计算机上的存储介质

一般将存储器分成两类：

1）易失性存储器

这种类型的存储器只有上电时才能保存数据，一旦断电，存储器内的所有数据都将丢失。它的特点主要包括：

(1) 要求上电以保存信息。

(2) 通常情况下，有较快的访问速度和较低的成本。

(3) 用于保存暂时的数据，如：CPU 的高速缓存 Cache 和内部存储器等。

典型的，笔记本和 PC 内存插槽上的 DDR3 SDRAM 内存条，就属于易失性存储器。

2) 非易失性存储器

这种类型的存储器可以永久保存数据，即使断电，存储器中仍然正确保存着写入的数据信息。它的特点主要包括：

(1) 一旦写入信息，在断电时仍能保存它。

(2) 通常情况下，有较低的访问速度和较高的成本。

(3) 用于第二级存储，或者长期永久保存数据。

典型的笔记本和 PC 所搭载的基本输入输出系统（Basic Input Output System，BIOS)，就是由非易失性存储器构成。

在计算机中，通常所说的存储器访问包括对存储器的读和写访问。其中：

(1) 写存储器。CPU 首先给出所要访问存储器的地址，然后再将数据写到该地址所指向存储器的地址空间。

(2) 读存储器。CPU 首先给出所要访问存储器的地址，然后从该地址所指向存储器的地址空间读取数据。

典型的 8 位宽度和 2^8 个存储深度的存储器的结构，如图 15.2 所示。

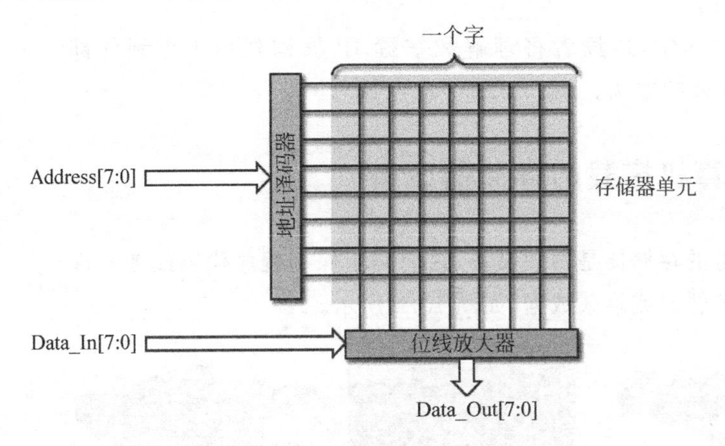

图 15.2　8×8 比特存储器的结构

从图 15.2 中可以看出，对于八位地址信号 Address[7:0]来说：

(1) 通过它，提供用于访问存储器内不同单元的地址。

(2) 通过存储器内建的地址译码器以及所提供的地址信息，选择存储器内的一个存储单元(也就是一个字)。

(3) 将该存储单元连接到位线放大器。

注：对于一个容量较大的存储器来说，将存储器的地址分为行和列两部分。

对于读操作来说：

(1) 将所要读取数据的单元与位线放大器连接。

(2) 位线放大器将读取的信号恢复到正常的电压，然后输出到 Data_Out[7:0]数据端口。

对于写操作来说：

(1) 将数据放到 Data_In[7:0]端口上。

(2) 放大器将位线设置到所期望的值，然后将端口上的值驱动存放到所对应的存储器单元中。

思考与练习 15-1：根据本节所介绍的知识，说明易失性存储器的特点。

思考与练习 15-2：根据本节所介绍的知识，说明非易失性存储器的特点。

15.2 存储器类型

前面从保存数据的能力将存储器分为易失性存储器和非易失性存储器。更进一步来说：

1) 典型的易失性存储器包括：

(1) 静态存储器(Static RAM,SRAM)。

(2) 动态存储器(Dynamic RAM,DRAM)。

2) 典型的非易失性存储器包括：

(1) 只读存储器(Read Only Memory,ROM)。

① 可擦写可编程的只读存储器(Erasable Programmable ROM,EPROM)。

② 可电擦写可编程的只读存储器(Electrically Erasable Programmable ROM,EEPROM)。

(2) 非易失性的随机访问存储器(Non-volatile Random-access Memory,NVRAM)。

Flash 存储器。

(3) 包含机械结构的存储设备。

① 硬盘。

② 磁带。

思考与练习 15-3：说明易失性存储器所包含的存储器类型。

思考与练习 15-4：说明非易失性存储器所包含的存储器类型。

15.2.1 易失性存储器

本节介绍易失性存储器，内容包括静态 RAM 和动态 RAM。

1. 静态 RAM

静态 RAM 属于易失性存储器。其特点主要包括：

(1) 当且仅当给静态 RAM 供电时，数据就一直保存在存储单元中。一旦掉电，则信息丢失。

(2) 通常使用六个晶体管保存一个比特位数据。

(3) 具有快速的数据访问能力。

(4) 静态 RAM 的功耗较大。

(5) 密度较低，所需要的面积较大。

(6) 其单位存储的成本较高。

静态 RAM 的一个存储单元内部结构，如图 15.3 所示。在 SRAM 内，一个存储单元由 6 个 MOSFET 晶体管构成。一个比特位保存在 $M_1 \sim M_4$ 这 4 个晶体管内，它构成两个反相器，通过两个晶体管 M_5 和 M_6，控制对该比特位的访问。晶体管 M_5 和 M_6 由 select 线控制。下面对其工作原理进行分析。

注：bit 和$\overline{\text{bit}}$为互补关系。

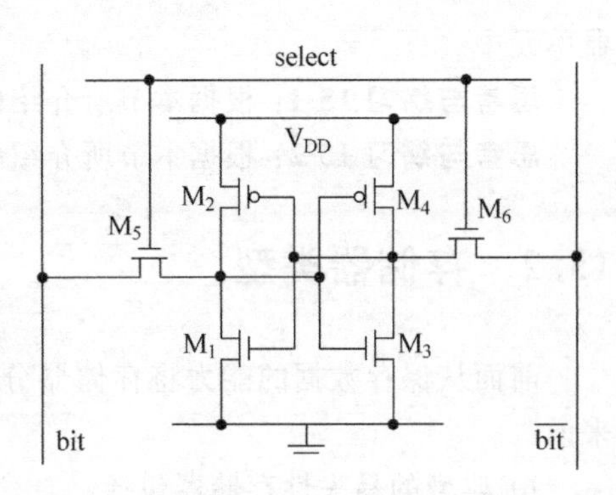

图 15.3　SRAM 一个存储单元的内部结构

对于读操作来说，按下面步骤操作：

(1) 对地址进行译码，选中所期望访问的单元。当选中某个单元时，该单元内的 select 信号驱动为逻辑"1"。

(2) 根据 4 个晶体管(M_1～M_4)上的值，将其中的一个位线充电到逻辑"1"，而另一个放电到逻辑"0"。

(3) 读取两个位线上的状态，将该状态作为一个比特位数据。

对于写操作来说，按下面步骤操作：

(1) 将两个位线(bit 和$\overline{\text{bit}}$)预充电到所希望的值。如：bit＝V_{DD}和$\overline{\text{bit}}$＝V_{ss}。

(2) 对给出地址进行译码，选中所期望的单元。当选中某个单元时，它所对应的 select 信号驱动为逻辑"1"。

(3) 改变 4 个晶体管的逻辑状态，即充电或者放电，这是因为与 4 个晶体管相比，位线上存在更大的电容。

2. 动态 RAM

对于动态 RAM 来说，其特点主要包括：

1) 在包含一个晶体管和电容的单元中保存一个数据比特位。根据电容的充电或者放电状态，表示比特位的逻辑"1"或者逻辑"0"状态。

2) 由于电容上的电荷会"泄漏"，因此需要周期性地刷新(充电)，如每 10ms 刷新一次。

3) 与 SRAM 相比，其存储密度高，占用的面积小，因此成本较低。

4) 根据数据率，将 DRAM 分为

(1) 单数据率(Single Data Rate，SDR)。

(2) 双数据率(Double Data Rate，DDR)。

(3) 双数据率×2(Double Data Rate 2，DDR2)。

(4) 双数据率×4(Double Data Rate 3，DDR3)。

(5) 双数据率×8(Double Data Rate 4，DDR4)。

5) 根据同步方式，将 DRAM 分为

(1) 同步 DRAM(Synchronous DRAM，SDRAM)。

(2) 非同步 DRAM。

在 DRAM 中，每个存储单元要求的晶体管很少，如三个晶体管单元，甚至是一个晶体管单元。

典型的，一个晶体管单元由一个晶体管和一个电容构成，如图 15.4 所示。其中：

(1) 晶体管用于选择一个单元。

(2) 电容用于保存该位的值(逻辑“0”或者逻辑“1”)。

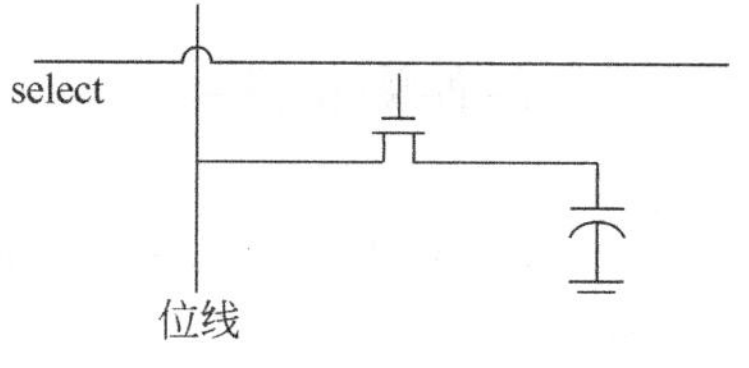

图 15.4　单管 DRAM 存储单元内部结构

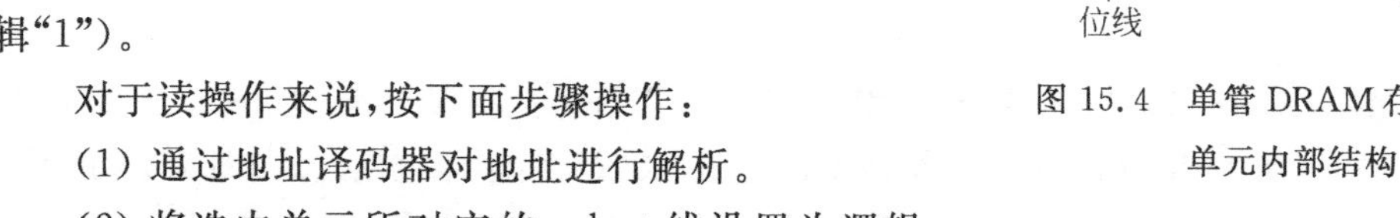

对于读操作来说，按下面步骤操作：

(1) 通过地址译码器对地址进行解析。

(2) 将选中单元所对应的 select 线设置为逻辑“1”。

(3) 根据电容的状态(存储/没有存储电荷)，改变位线的状态。例如，电容放电，则电流从位线到电容。这样，位线上的电压值将低于门限。

对于写操作来说，按下面步骤操作：

(1) 将单个位线预充电到期望的值(如：V_{DD}或者 V_{ss})。

(2) 通过地址译码器对地址进行解析，然后将所选择单元对应的 select 线设置为逻辑“1”。

(3) 由位线向电容充电，或者是由电容向位线放电。

思考与练习 15-5：根据本节所介绍的知识，说明 SRAM 的工作原理。

思考与练习 15-6：根据本节所介绍的知识，说明 DRAM 的工作原理。

15.2.2　非易失性存储器

本节对非易失性存储器分类进行详细说明。

1) 只读存储器(ROM)

对于只读存储器 ROM 来说，早期的时候，在制造 ROM 时就将期望的数据事先固化到其中，用户不能修改 ROM 中的数据。之后的 ROM 类型，允许用户通过重新编程 ROM 来修改其中的数据，如 EPROM 和 EEPROM。

2) 非易失性的随机访问存储器(NVRAM)

对于 NVRAM 来说，允许随机访问，可以读写数据，其中最典型的就是 Flash 存储器。

3) 机械存储设备

如硬盘、磁带和光盘。对于机械存储设备来说，成本较低，但是速度较慢。

15.3　系统设计目标

通过使用片外的 DDR3 存储器，将显著地增加 Cortex-M0 SoC 可用的存储器空间。此时，Cortex-M0 SoC 的存储器系统将由片内 Block RAM 和片外的 DDR3 SDRAM 构成。

本章的设计目标包括硬件系统构建和软件编程两个部分。

15.3.1 硬件构建目标

本节所介绍的硬件构建目标是设计和实现包含 DDR3 SDRAM 控制器的 Cortex-M0 SoC 硬件系统。

(1) 在 Vivado 2016.1 集成开发环境中(以下简称 Vivado 2016)，通过调用 AHBLite-AXI IP 核和 MIG IP 核，构成 DDR3 SDRAM 存储器控制器，如图 15.5 所示。

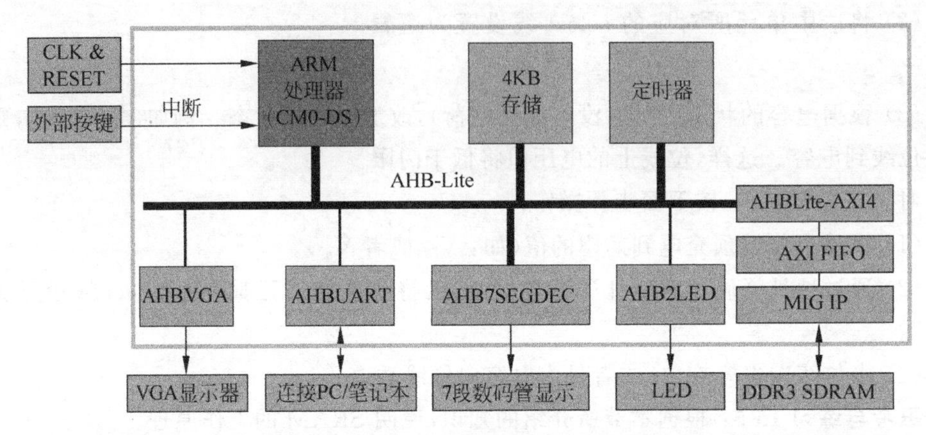

图 15.5 包含 DDR3 控制器的片上系统内部结构

① AHBLite-AXI IP 用于将 AXI-Lite 协议转换成 AXI4 协议，实现 AXI-Lite 和 AXI4 之间的接口。

② FIFO Generator IP 用于实现在 AHBLite-AXI IP 和 MIG IP 的不同时钟域进行转换。

注：AXILite-AXI IP 接口时钟速度为 50MHz，MIG AXI 接口时钟速度为 75MHz。

③ 存储器接口生成器(Memory Interface Generator，MIG) IP 核，通过 AXI4 接口，提供对 DDR3 SDRAM 存储器的读写访问控制。

(2) 在 Vivado 2016 中，通过 AHBLite-AXI4 IP 核，将用于控制 DDR3 SRAM 的 MIG IP 连接到 ARM Cortex-M0 处理器的 AHB-Lite 接口。

(3) 在 Vivado 2016 中，下载包含 Cortex-M0 处理器的设计到 FPGA，在 FPGA 内构建一个可以控制外部 DDR3 SDRAM 的 SoC 系统。

15.3.2 软件编程目标

本节介绍的软件编程目标包含：

(1) 在 Keil μVision 5 集成开发环境中使用汇编语言对 Cortex-M0 处理器进行编程，实现对 DDR3 SDRAM 的读写控制。

(2) 建立(build)设计代码，生成 HEX 文件。

15.4 DDR3 SDRAM 控制器设计原理

存储器控制器是 Cortex-M0 SoC 硬件系统的一部分，它用于控制通过存储器块的数据流，也就是对存储器的读/写操作，如图 15.6 所示。

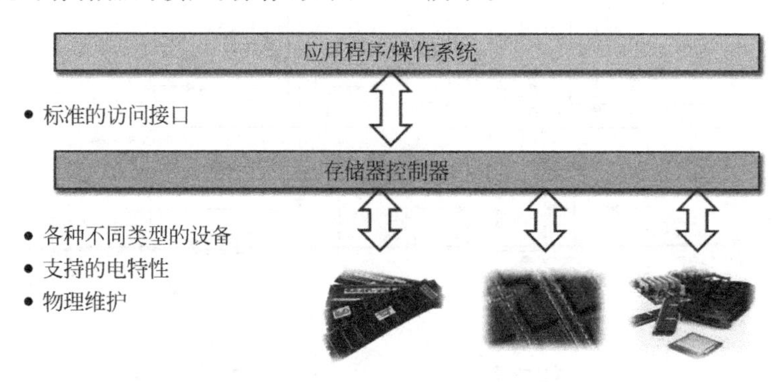

图 15.6 存储器控制器和存储器之间的关系

通过存储器控制器，CPU 或者其他主设备就可以访问各种不同类型的物理设备，如 SRAM、DRAM、Flash 和硬盘等。存储器控制器所实现的功能主要包括：

(1) 实现与特定类型的存储模块进行接口。在本设计中，与外部 DDR3 SDRAM 存储器连接。

(2) 提供与系统的通用接口，便于存储器访问，如到标准的 AXI4 总线接口。在该设计中，通过 AHB-Lite 到 AXI4 的 IP 核将存储器控制器连接到 Cortex-M0 SoC 上。

(3) 支持不同的存储器访问模式，如猝发模式和存储器分页等。

(4) 为存储器提供电气支持，如刷新一个 DRAM。

思考与练习 15-7：根据本节所介绍的知识，说明存储器控制器的作用。

15.4.1 DDR3 SDRAM 存储器结构

在该设计中，使用了 Micron(美光)公司(www. micron. com)型号为 MT41J128M16 的 DDR3 SDRAM 存储器。该 DDR3 存储器容量为 2Gb，即深度 128M，宽度为 16 位(128M×16b)，对于该存储器来说，其地址信息包括：

① 其结构为 16M×16×8 组(bank)。

② 刷新计数：8K。

③ 行地址：16K(A[13:0])。

④ 组(bank)寻址：8(BA[2:0])。

⑤ 列地址：1K(A[9:0])。

⑥ 页面大小：2KB。

该 DDR3 SDRAM 的内部结构，如图 15.7 所示，该存储器的接口信号如表 15.1 所示。

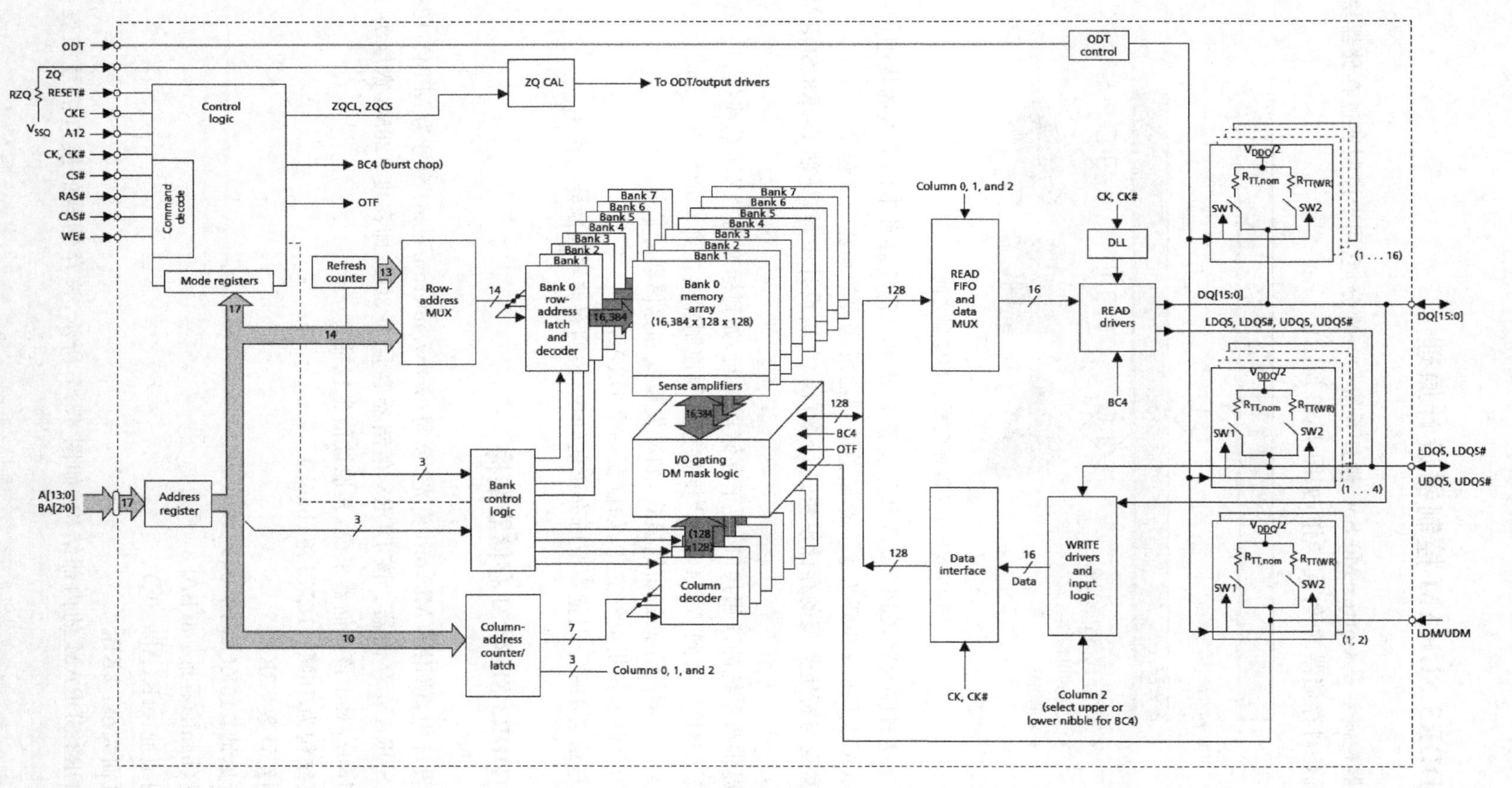

图 15.7　128M×16 DDR3 SDRAM 的内部结构

表 15.1　MT41J128M16 的接口信号

信　　号	类　型	描　　述
A13、A12/BC #、A11、A10/AP、A[9:0]	输入	地址输入：为 ACTIVATE 命令提供行地址，以及为 READ/WRITE 命令提供列地址和自动预充电比特 A10。在 PRECHARGE 命令采样 A10，确定是否将 PRECHARGE 应用于一个组（A10 低，由 BA[2:0]选择）或者所有组（A10 高）。地址输入也为 LOAD MODE 命令提供操作码。A12/BC#：当在模式寄存器 MR 中使能时，在 READ 和 WRITE 命令采样 A12，以确定是否执行猝发突变
BA[2:0]	输入	组地址输入：BA[2:0]决定 ACTIVATE、READ、WRITE 或者 PRECHARGE 命令所用的组。在 LOAD MODE 命令时，BA[2:0]确定所加载的模式寄存器（MR0、MR1、MR2 和 MR3）
CK、CK#	输入	时钟：CK 和 CK#为差分时钟输入。在穿过 CK 正沿和 CK#负沿时，采样所有的控制和地址输入信号。输出数据选通（DQS，DQS#）参照 CK 和 CK#
CKE	输入	时钟使能：CKE 高使能/低禁止 DRAM 内部的电路和时钟。对于指定电路的使能/禁止，取决于 DDR3 SDRAM 的配置和操作模式。将 CKE 拉低，提供预充电、断电和自刷新操作
CS#	输入	芯片选择：CS#低使能/高禁止命令译码器。当 CS#为高时，屏蔽所有命令
LDM	输入	输入数据屏蔽：LDM 用于低字节输入屏蔽信号，用于写操作。在写访问期间，当 LDM 为高时，屏蔽输入信号
ODT	输入	芯片端接：ODT 高使能/低禁止 DDR3 SDRAM 内部的端接电阻。在通常操作使能时，ODT 应用于 DQ[15:0]、LDQS、LDQS#、UDQS、UDQS#、LDM 和 UDM
RAS#、CAS#、WE#	输入	命令输入：这些信号和 CS#定义了进入的命令
RESET#	输入	复位：该信号低有效
UDM	输入	输入数据屏蔽：UDM 用于高字节输入屏蔽信号，用于写操作。在写访问期间，当 UDM 为高时，屏蔽输入信号
DQ[7:0]	输入/输出	数据输入/输出：用于×16 配置的低字节双向数据总线
DQ[15:8]	输入/输出	数据输入/输出：用于×16 配置的高字节双向数据总线
LDQS、LDQS#	输入/输出	低字节数据选通：包含读数据的输出，对齐边沿读数据；包含写数据的输入，对齐写数据的中间
UDQS、UDQS#	输入/输出	高字节数据选通：包含读数据的输出，对齐边沿读数据；包含写数据的输入，对齐写数据的中间
V_{DD}	电源	供电，1.5V
V_{DDQ}	电源	DQ 电源供电，1.5V
V_{REFCA}	电源	用于控制、命令和地址的参考电压
V_{REFDQ}	电源	用于数据的参考电压
V_{SS}	地	地
V_{SSQ}	地	DQ 地
ZQ	参考	用于输出标定的外部参考电阻，值为 240Ω

15.4.2 DDR3 SDRAM 控制器结构

DDR3 SDRAM 控制器由 AHBLite-AXI4 接口、先进先出 FIFO 和 MIG 三个模块构成，如图 15.8 所示。通过该 DDR3 SDRAM 控制器，Cortex-M0 内核可以直接访问外部的 DDR3 SDRAM 存储器。

注：(1) 高级可扩展接口 4(Advanced Extensible Interface，AXI4)和高级高性能总线(Advanced High-performance Bus Lite，AHB-Lite)都属于 ARM AMBA 的一部分，按照性能从低到高的顺序依次为 APB、AHB 和 AXI。

(2) 关于 AXI4 更详细的说明，可以参考 ARM AMBA 规范中的 AXI 部分。

思考与练习 15-8：根据图 15.8 所示，说明 DDR3 SDRAM 控制器中所包含的模块，以及这些模块所实现的功能。

思考与练习 15-9：根据图 15.8 所示，在每个模块都有主(Master，M)端口和从(Slave，S)端口，根据图中的连接关系，说明该控制器内三个模块的 M 端口和 S 端口的连接关系。

15.4.3 DDR3 SDRAM 的读写访问时序

本节以 MT41J128M8xx-125 为例说明 DDR3 SDRAM 的读写时序。

1. 写 DDR3 SDRAM 时序

写 DDR3 SDRAM 的时序，如图 15.9 所示。时序如下：

(1) 当开始写 DDR3 SDRAM 时，ddr3_cs_n＝0，ddr3_ras_n＝0，ddr3_cas_n＝1，ddr3_we_n＝1，ddr3_addr[13:0]＝“行地址”；

(2) 在延迟 CAS 后，ddr3_cs_n＝0，ddr3_ras_n＝1，ddr3_cas_n＝0，ddr3_we_n＝0，ddr3_addr[13:0]＝“列地址”；

(3) 在延迟 RL 后，ddr3_dq[7:0]＝“写入的数据”，ddr3_dqs_p/ddr3_dqs_n 对齐写入数据的中间。

2. 读 DDR3 SDRAM 时序

读 DDR3 SDRAM 的时序，如图 15.10 所示。时序如下：

(1) 当开始写 DDR3 SDRAM 时，ddr3_cs_n＝0，ddr3_ras_n＝0，ddr3_cas_n＝1，ddr3_we_n＝1，ddr3_addr[13:0]＝“行地址”；

(2) 在延迟 CAS 后，ddr3_cs_n＝0，ddr3_ras_n＝1，ddr3_cas_n＝0，ddr3_we_n＝1，ddr3_addr[13:0]＝“列地址”；

(3) 在延迟 RL 后，ddr3_dq[7:0]＝“读取的数据”，ddr3_dqs_p/ddr3_dqs_n 对齐读取数据的边界。

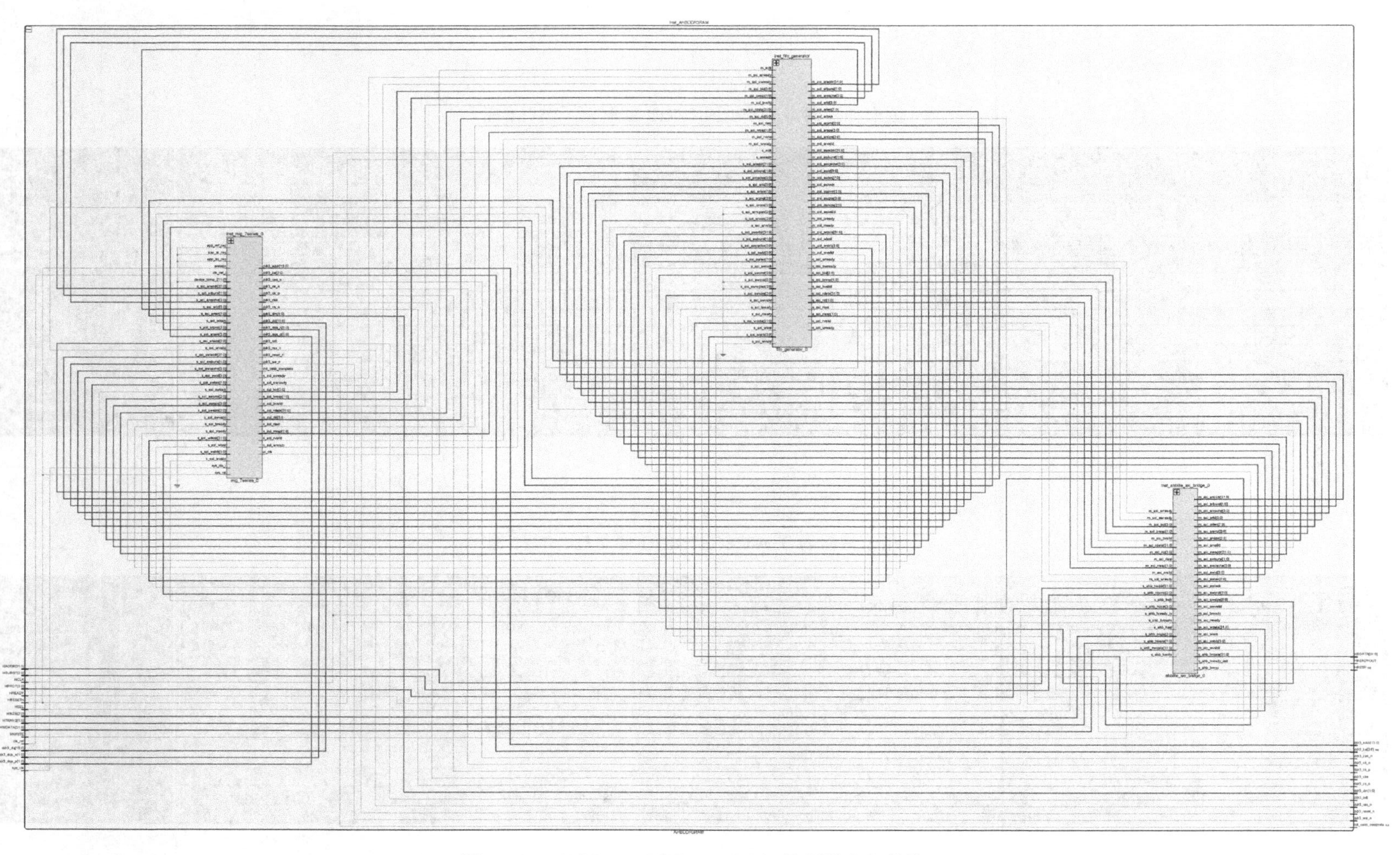

图 15.8 128M×16 DDR3 SDRAM控制器内部结构

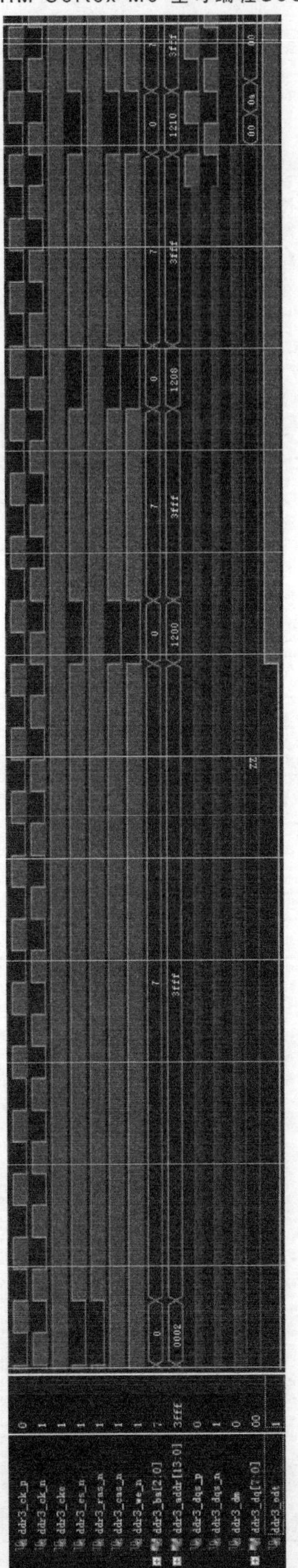

图 15.9　写外部 DDR3 SDRAM 存储器时序图

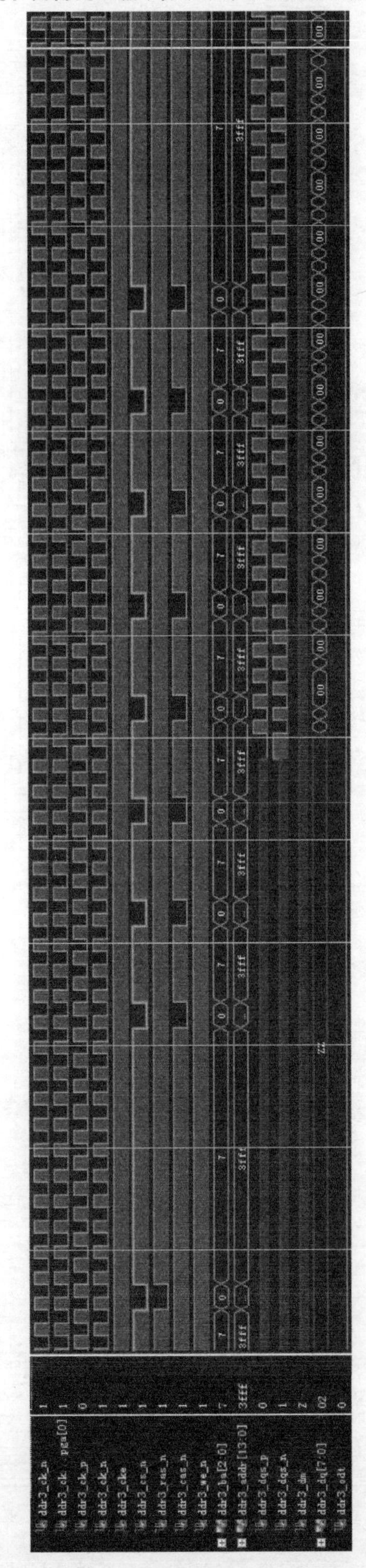

图 15.10　读外部 DDR3 SDRAM 存储器时序图

15.5 DDR3 SDRAM 控制器系统设计与实现

本节介绍在 Xilinx Artix-7 FPGA 内构建 DDR3 SDRAM 控制器的方法。通过该控制器模块，ARM Cortex-M0 将实现对外部 DDR3 SDRAM 存储器的控制。内容包括：打开前面的设计工程、设计 DDR3 SDRAM 存储器控制器、修改系统设计文件、编写程序代码、设计综合、设计实现和下载比特流文件。

15.5.1 打开前面的设计工程

本节打开前面的设计工程，其步骤包括：

(1) 在 E:/cortex-m0_example 目录中，新建一个名字为 cortex_m0_ddr 的子目录。

(2) 将 E:/cortex-m0_example/cortex_m0_vga 目录中的所有文件和文件夹的内容复制到刚才新建的 cortex_m0_ddr 子目录中。

(3) 启动 Vivado 2016.1 集成开发环境。

(4) 在 Vivado 集成开发环境主界面内的 Quick Start 分组下，单击 Open Project 图标。

(5) 出现 Open Project 对话框界面。在该界面中将路径指向：

```
E:/cortex-m0_example/cortex_m0_ddr
```

(6) 在该路径中选择 cortex_m0. xprj。

(7) 单击 Ok 按钮。

15.5.2 设计 DDR3 SDRAM 存储器控制器

本节介绍 DDR3 SDRAM 存储器控制器的设计方法。内容包括：添加 AHBLite-AXI 桥 IP 核、添加 FIFO IP 核、添加 MIG IP 核，以及添加存储器控制器顶层设计文件。

1. 添加 AHBLite-AXI 桥 IP 核

本节为该设计添加 AHBLite-AXI4 桥 IP 核，该 IP 核用于将 AHB-Lite 交易转换到 AXI4 交易。在 AHB 总线上，它作为 AHB-Lite 的从设备；在 AXI4 总线上，它作为 AXI4 的主设备。AHB-Lite 到 AXI 桥 IP 核的内部结构，如图 15.11 所示。

添加 AXILite-AXI4 IP 核的主要步骤包括：

(1) 在 Vivado 主界面左侧的 Flow Navigator 窗口中，找到并展开 Project Manager。在展开项中，找到并单击 IP Catalog。

(2) 在 Vivado 主界面右侧窗口中，出现 IP Catalog 标签界面。在该界面 Search：右侧文本框中输入 ahb。在下面的 IP 列表中，找到并双击 AHB-Lite to AXI Bridge。

(3) 出现 Re-customize IP(AHB-Lite to AXI Bridge(3. 0))对话框界面。在该界面中，按如下设置参数：

① 选中 Non Secure access 前面的复选框。

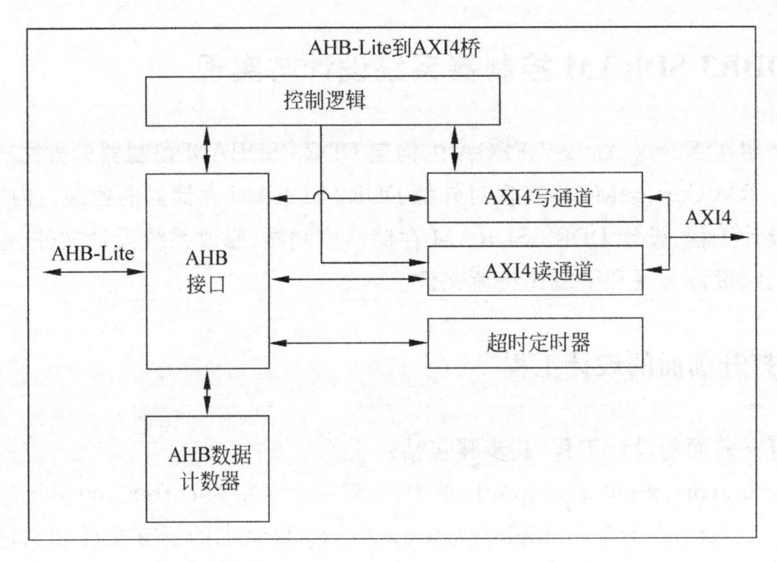

图 15.11　AHB-Lite 到 AXI 桥 IP 核的内部结构

② Data width：32。

③ Time Count：0。

④ AXI Thread ID width：4。

⑤ Address Width：32。

(4) 单击 OK 按钮。

(5) 出现 Generate Output Products 对话框界面。在该界面中使用默认设置。

(6) 单击 Generate 按钮。

(7) 出现 Generate Output Products 提示对话框，提示成功生成 IP 核消息。

(8) 单击 OK 按钮。

2. 添加 FIFO IP 核

本节为该设计添加带有 AXI 接口的 FIFO IP 核。通过该 FIFO 核，实现跨不同时钟域的两个 AXI 接口高性能的数据读写访问，如图 15.12 所示。

AXI 接口协议使用了双向的 valid 和 ready 握手信号机制。数据源方使用 valid 信号确认在通道上是否有可用的数据和控制信息，而数据目的方使用 ready 信号确认是否能接收数据。

图 15.13 给出了 AXI 接口 FIFO 的读写访问时序。当且仅当 valid 和 ready 信号都为高时，才能实现数据传输过程。图中：

(1) * valid 表示下面信号：awvalid/wvalid/bvalid/rvalid。

(2) * ready 表示下面的信号：/awready/wready/bready/arready/rready。

(3) information 表示下面的信号：s/m_axi_aw/wb/ar/r 通道信号(不包括 valid 和 ready 信号)。

AXI FIFO 工作在首字直接穿越(First-Word Fall-Through，FWFT)模式，因此在不需要给出读操作的情况下，就可以提前看到 FIFO 中可用的下一个字。当 FIFO 中有可用的数据时，第一个字直接通过 FIFO，自动出现在输出数据总线上。

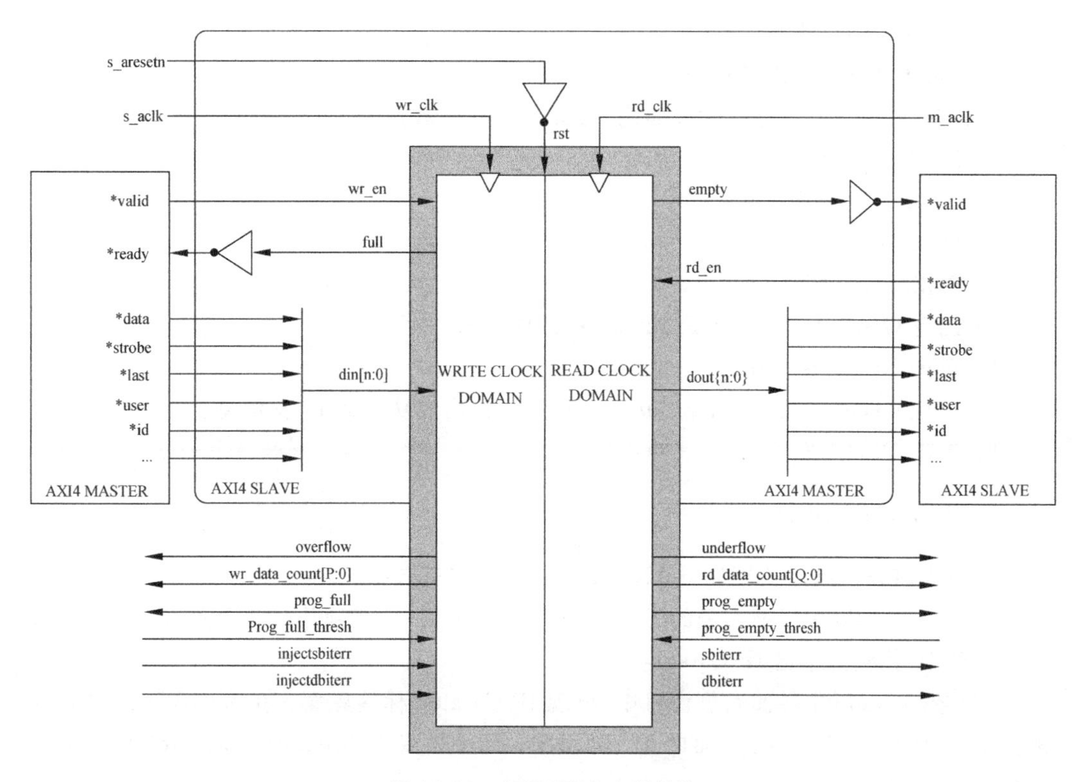

图 15.12　AXI FIFO 内部结构

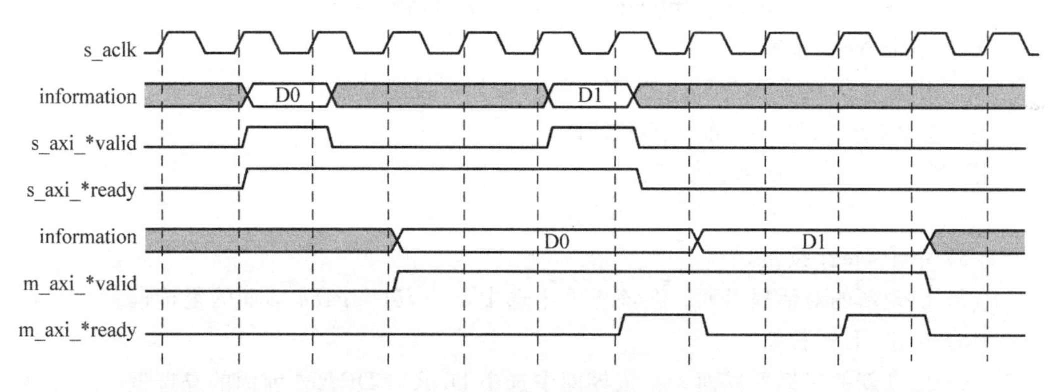

图 15.13　AXI 接口 FIFO 的读写访问时序

添加 FIFO IP 核的主要步骤包括：

1) 在 Vivado 主界面左侧的 Flow Navigator 窗口中，找到并展开 Project Manager。在展开项中，找到并单击 IP Catalog。

2) 在 Vivado 主界面右侧窗口中，出现 IP Catalog 标签界面。在该界面 Search：右侧文本框中输入 FIFO。在下面的 IP 列表中，找到并双击 FIFO Generator。

3) 出现 Re-customize IP(FIFO Generator (13.1))对话框界面。

(1) 在 Basic 标签栏界面内，按如下设置参数：

① Interface Type：AXI Memory Mapped。

② PROTOCOL：AXI4。

③ Read Write Mode：Read Write。

④ Clock Type AXI：Independent Clock。

(2) 在 AXI4 Ports 标签栏界面内，按如下设置参数：

① ID Width：4。

② Address Width：32。

③ Data Width：32。

4) 单击 OK 按钮。

5) 出现 Generate Output Products 对话框界面。

6) 单击 Generate 按钮。

7) 出现 Generate Output Products 消息框，给出成功生成 IP 核信息。

8) 单击 OK 按钮。

3. 添加 MIG IP 核

本节为该设计添加 AXILite-AXI4 IP 核，主要步骤包括：

(1) 在 Vivado 主界面左侧的 Flow Navigator 窗口中，找到并展开 Project Manager。在展开项中，找到并单击 IP Catalog。

(2) 在 Vivado 主界面右侧窗口中，出现 IP Catalog 标签界面。在该界面 Search：右侧文本框中输入 ahb。在下面的 IP 列表中，找到并双击 Memory Interface Generate (MIG 7 Series)。

(3) 出现 Xilinx Memory Interface Generator 对话框界面。

(4) 单击 Next 按钮。

(5) 出现新的对话框界面。在该界面中，按如下设置参数：

① 选中 Create Design 前面的复选框。

② Number of Controllers：1。

③ 选中 AXI4 Interface 前面的复选框。

(6) 单击 Next 按钮。

(7) 出现新的对话框界面。在该界面中选中 xc7a75t-fgg484 前面的复选框。

(8) 单击 Next 按钮。

(9) 出现新的对话框界面。在该界面中选中 DDR3 SDRAM 前面的复选框。

(10) 出现新的对话框界面。在该界面中按如下设置参数：

① Clock Period：3300 ps(303.03MHz)。

② PHY to Controller Clock Ratio：4∶1。

③ Memory Type：Components。

④ Memory Part：MT41J128M16XX-15E。

⑤ Data Width：16。

⑥ ORDERING：Strict。

(11) 单击 Next 按钮。

(12) 出现新的对话框界面。在该界面中按如下设置参数：

① Data Width：32。

② Aribitration Scheme：RD_PRI_REG。

③ ID Width：4。

(13) 单击 Next 按钮。

(14) 出现新的对话框界面。在该界面中按如下设置参数：

① Input Clock Period：13200ps(75.7576MHz)。

② Read Burst Type and Length：Sequential。

③ Output Driver Impedance Control：RZQ/7。

④ Controller Chip Select Pin：Enable。

⑤ RTT-On Die Termination(ODT)：RZQ/6。

(15) 单击 Next 按钮。

(16) 出现新的对话框界面。在该界面中，按如下设置参数：

① System Clock：No Buffer。

② Reference Clock：No Buffer。

③ System Reset Polarity：ACTIVE LOW。

④ Debug Signals for Memory Controller：OFF。

⑤ 选中 Internal Vref 后面的复选框。

⑥ IO Power Reduction：ON。

⑦ XADC Instantiation：Disable。

(17) 单击 Next 按钮。

(18) 出现新的对话框界面。在该界面中按如下设置参数：

Internal Termination Impedance：40ohms。

(19) 单击 Next 按钮。

(20) 出现新的对话框界面。在该界面中选中 Fixed Pin Out：Pre-existing pin out is known and fixed。

(21) 单击 Next 按钮。

(22) 出现新的对话框界面。在该界面中单击 Read XDC/UCF 按钮。

(23) 出现 Load your UCF 文件对话框界面。在该界面中选择下面的路径：

```
E:\cortex-m0_example\source
```

在该路径中，选择 ddr3.ucf 文件。

(24) 单击打开(O)按钮。

(25) 可以看到在 Xilinx Memory Interface Generator 对话框界面中，添加了端口对应的引脚信息。

注：这些引脚和 A7-EDP-1 开发平台的设计原理一致，读者可以参考该开发平台的原理图。

(26) 单击 Save PinOut 按钮。

(27) 出现 Open a file to save Pinout 对话框界面。在该界面的文件名右侧的文本框中输入 ddr3 作为文件名。

(28) 单击保存按钮。

(29) 单击 Validate 按钮，对分配的引脚进行有效性检查。

(30) 出现 DRC Validation Log mess…对话框界面。在该对话框中出现 Current Pinout is valid 信息。

(31) 单击 OK 按钮。

(32) 在 Xilinx Memory Interface Generator 对话框界面中，单击 Next 按钮。

(33) 出现新的对话框界面。

(34) 单击 Next 按钮。

(35) 出现新的对话框界面。在该界面中为 sys_rst、init_calib_complete 和 tg_compare_error 信号分配引脚，如表 15.2 所示。

表 15.2　引脚分配列表

信号名字	编　号	引脚编号
sys_rst	14	W21
init_calib_complete	14	W22
tg_compare_error	14	U17

(36) 单击 Next 按钮。

(37) 出现新的对话框界面，在该界面中给出该 IP 核的配置信息。

(38) 单击 Next 按钮。

(39) 出现新的对话框界面，在该界面中选中 Accept 前面的复选框。

(40) 单击 Next 按钮。

(41) 出现新的对话框界面，在该界面中给出 Creating Printed Circuit Boards for MIG Deisigns 信息。

(42) 单击 Next 按钮。

(43) 出现新的对话框界面，在该界面中给出 DDR3 SDRAM Design for Artix-7 FPGAs 信息。

(44) 单击 Generate 按钮。

(45) 出现 Generate Output Products 对话框界面。在该界面中使用默认设置。

(46) 单击 Generate 按钮。

(47) 出现 Generate Output Products 对话框。该该界面中提示生成输出文件的信息。

(48) 单击 OK 按钮。

4. 添加存储器控制器顶层设计文件

本节添加存储器控制器顶层设计文件，主要步骤包括：

(1) 在 Sources 窗口中，选中 Design Sources 文件夹，右击，出现浮动菜单。在浮动菜单内选择 Add Sources。

(2) 出现 Add Sources-Add Sources 对话框界面。在该界面中，选中 Add or Create design sources 前面的复选框。

(3) 单击 Next 按钮。

(4) 出现 Add Sources-Add or Create Design Sources 对话框界面。在该界面中，单击 Create File 按钮。

(5) 出现 Create Source File 对话框界面。在该界面中，按如下设置参数：

① File type：Verilog。

② File name：AHBDDR3RAM。

③ File location：Local to Project。

(6) 单击 OK 按钮。

(7) 单击 Finish 按钮。

(8) 在 Source 窗口中，找到并双击 AHBDDR3RAM.v 文件。在该文件中，添加设计代码，如代码清单 15-1 所示。

代码清单 15-1　AHBDDR3RAM.v 文件

```
module AHBDDR3RAM(
        //AHB - Lite 信号
        input             HCLK,              // input wire s_ahb_hclk
        input             HRESETn,           // input wire s_ahb_hresetn
        input             HSEL,              // input wire s_ahb_hsel
        input[31:0]       HADDR,             // input wire [31 : 0] s_ahb_haddr
        input[3:0]        HPROT,             // input wire [3 : 0] s_ahb_hprot
        input[1:0]        HTRANS,            // input wire [1 : 0] s_ahb_htrans
        input[2:0]        HSIZE,             // input wire [2 : 0] s_ahb_hsize
        input             HWRITE,            // input wire s_ahb_hwrite
        input [2:0]       HBURST,            // input wire [2 : 0] s_ahb_hburst
        input [31:0]      HWDATA,            // input wire [31 : 0] s_ahb_hwdata
        output            HREADYOUT,         // output wire s_ahb_hready_out
        input             HREADY,            // input wire s_ahb_hready_in
        output [31:0]     HRDATA,            // output wire [31 : 0] s_ahb_hrdata
        output            HRESP,             // output wire s_ahb_hresp
//DDR3 mig 系统
        input             sys_clk,           // system clock input
        input             clk_ref,           // reference clock input
//DDR3 接口
        output [13:0]     ddr3_addr,         // output [13:0] ddr3_addr
        output [2:0]      ddr3_ba,           // output [2:0] ddr3_ba
        output            ddr3_cas_n,        // output       ddr3_cas_n
        output            ddr3_ck_n,         // output [0:0] ddr3_ck_n
        output            ddr3_ck_p,         // output [0:0] ddr3_ck_p
        output            ddr3_cke,          // output [0:0] ddr3_cke
        output            ddr3_ras_n,        // output       ddr3_ras_n
        output            ddr3_reset_n,      // output       ddr3_reset_n
        output            ddr3_we_n,         // output       ddr3_we_n
        inout [15:0]      ddr3_dq,           // inout [15:0] ddr3_dq
        inout [1:0]       ddr3_dqs_n,        // inout [1:0]  ddr3_dqs_n
        inout [1:0]       ddr3_dqs_p,        // inout [1:0]  ddr3_dqs_p
        outpu             tinit_calib_complete, // output    init_calib_complete
        output            ddr3_cs_n,         // output [0:0] ddr3_cs_n
        output[1:0]       ddr3_dm,           // output [1:0] ddr3_dm
        output            ddr3_odt           // output [0:0] ddr3_odt
```

```
    );
    wire [3 : 0]     m_s_axi_awid_fifo;
    wire [7 : 0]     m_s_axi_awlen_fifo;
    wire [2 : 0]     m_s_axi_awsize_fifo;
    wire [1 : 0]     m_s_axi_awburst_fifo;
    wire [3 : 0]     m_s_axi_awcache_fifo;
    wire [31 : 0]    m_s_axi_awaddr_fifo;
    wire [2 : 0]     m_s_axi_awprot_fifo;
    wire             m_s_axi_awvalid_fifo;
    wire             m_s_axi_awready_fifo;
    wire             m_s_axi_awlock_fifo;
    wire [31 : 0]    m_s_axi_wdata_fifo;
    wire [3 : 0]     m_s_axi_wstrb_fifo;
    wire             m_s_axi_wlast_fifo;
    wire             m_s_axi_wvalid_fifo;
    wire             m_s_axi_wready_fifo;
    wire [3 : 0]     m_s_axi_bid_fifo;
    wire [1 : 0]     m_s_axi_bresp_fifo;
    wire             m_s_axi_bvalid_fifo;
    wire             m_s_axi_bready_fifo;
    wire [3 : 0]     m_s_axi_arid_fifo;
    wire [7 : 0]     m_s_axi_arlen_fifo;
    wire [2 : 0]     m_s_axi_arsize_fifo;
    wire [1 : 0]     m_s_axi_arburst_fifo;
    wire [2 : 0]     m_s_axi_arprot_fifo;
    wire [3 : 0]     m_s_axi_arcache_fifo;
    wire             m_s_axi_arvalid_fifo;
    wire [31 : 0]    m_s_axi_araddr_fifo;
    wire             m_s_axi_arlock_fifo;
    wire             m_s_axi_arready_fifo;
    wire [3 : 0]     m_s_axi_rid_fifo;
    wire [31 : 0]    m_s_axi_rdata_fifo;
    wire [1 : 0]     m_s_axi_rresp_fifo;
    wire             m_s_axi_rvalid_fifo;
    wire             m_s_axi_rlast_fifo;
    wire             m_s_axi_rready_fifo;

    wire [3 : 0]     m_s_axi_awid;
    wire [31 : 0]    m_s_axi_awaddr;
    wire [7 : 0]     m_s_axi_awlen;
    wire [2 : 0]     m_s_axi_awsize;
    wire [1 : 0]     m_s_axi_awburst;
    wire [0 : 0]     m_s_axi_awlock;
    wire [3 : 0]     m_s_axi_awcache;
    wire [2 : 0]     m_s_axi_awprot;
    wire [3 : 0]     m_s_axi_awqos;
    wire [3 : 0]     m_s_axi_awregion;
    wire             m_s_axi_awvalid;
    wire             m_s_axi_awready;
    wire [31 : 0]    m_s_axi_wdata;
    wire [3 : 0]     m_s_axi_wstrb;
```

```
wire            m_s_axi_wlast;
wire            m_s_axi_wvalid;
wire            m_s_axi_wready;
wire [3 : 0]    m_s_axi_bid;
wire [1 : 0]    m_s_axi_bresp;
wire            m_s_axi_bvalid;
wire            m_s_axi_bready;
wire [3 : 0]    m_s_axi_arid;
wire [31 : 0]   m_s_axi_araddr;
wire [7 : 0]    m_s_axi_arlen;
wire [2 : 0]    m_s_axi_arsize;
wire [1 : 0]    m_s_axi_arburst;
wire [0 : 0]    m_s_axi_arlock;
wire [3 : 0]    m_s_axi_arcache;
wire [2 : 0]    m_s_axi_arprot;
wire [3 : 0]    m_s_axi_arqos;
wire [3 : 0]    m_s_axi_arregion;
wire            m_s_axi_arvalid;
wire            m_s_axi_arready;
wire [3 : 0]    m_s_axi_rid;
wire [31 : 0]   m_s_axi_rdata;
wire [1 : 0]    m_s_axi_rresp;
wire            m_s_axi_rlast;
wire            m_s_axi_rvalid;
wire            m_s_axi_rready;

ahblite_axi_bridge_0 Inst_ahblite_axi_bridge_0 (
      .s_ahb_hclk(HCLK),                       // input wire s_ahb_hclk
      .s_ahb_hresetn(HRESETn),                 // input wire s_ahb_hresetn
      .s_ahb_hsel(HSEL),                       // input wire s_ahb_hsel
      .s_ahb_haddr(HADDR),                     // input wire [31 : 0] s_ahb_haddr
      .s_ahb_hprot(HPROT),                     // input wire [3 : 0] s_ahb_hprot
      .s_ahb_htrans(HTRANS),                   // input wire [1 : 0] s_ahb_htrans
      .s_ahb_hsize(HSIZE),                     // input wire [2 : 0] s_ahb_hsize
      .s_ahb_hwrite(HWRITE),                   // input wire s_ahb_hwrite
      .s_ahb_hburst(HBURST),                   // input wire [2 : 0] s_ahb_hburst
      .s_ahb_hwdata(HWDATA),                   // input wire [31 : 0] s_ahb_hwdata
      .s_ahb_hready_out(HREADYOUT),            // output wire s_ahb_hready_out
      .s_ahb_hready_in(HREADY),                // input wire s_ahb_hready_in
      .s_ahb_hrdata(HRDATA),                   // output wire [31 : 0] s_ahb_hrdata
      .s_ahb_hresp(HRESP),                     // output wire s_ahb_hresp
      .m_axi_awid(m_s_axi_awid_fifo),          // output wire [3 : 0] m_axi_awid
      .m_axi_awlen(m_s_axi_awlen_fifo),        // output wire [7 : 0] m_axi_awlen
      .m_axi_awsize(m_s_axi_awsize_fifo),      // output wire [2 : 0] m_axi_awsize
      .m_axi_awburst(m_s_axi_awburst_fifo),    // output wire [1 : 0] m_axi_awburst
      .m_axi_awcache(m_s_axi_awcache_fifo),    // output wire [3 : 0] m_axi_awcache
      .m_axi_awaddr(m_s_axi_awaddr_fifo),      // output wire [31 : 0] m_axi_awaddr
      .m_axi_awprot(m_s_axi_awprot_fifo),      // output wire [2 : 0] m_axi_awprot
      .m_axi_awvalid(m_s_axi_awvalid_fifo),    // output wire m_axi_awvalid
      .m_axi_awready(m_s_axi_awready_fifo),    // input wire m_axi_awready
      .m_axi_awlock(m_s_axi_awlock_fifo),      // output wire m_axi_awlock
```

```
    .m_axi_wdata(m_s_axi_wdata_fifo),          // output wire [31 : 0] m_axi_wdata
    .m_axi_wstrb(m_s_axi_wstrb_fifo),          // output wire [3 : 0] m_axi_wstrb
    .m_axi_wlast(m_s_axi_wlast_fifo),          // output wire m_axi_wlast
    .m_axi_wvalid(m_s_axi_wvalid_fifo),        // output wire m_axi_wvalid
    .m_axi_wready(m_s_axi_wready_fifo),        // input wire m_axi_wready
    .m_axi_bid(m_s_axi_bid_fifo),              // input wire [3 : 0] m_axi_bid
    .m_axi_bresp(m_s_axi_bresp_fifo),          // input wire [1 : 0] m_axi_bresp
    .m_axi_bvalid(m_s_axi_bvalid_fifo),        // input wire m_axi_bvalid
    .m_axi_bready(m_s_axi_bready_fifo),        // output wire m_axi_bready
    .m_axi_arid(m_s_axi_arid_fifo),            // output wire [3 : 0] m_axi_arid
    .m_axi_arlen(m_s_axi_arlen_fifo),          // output wire [7 : 0] m_axi_arlen
    .m_axi_arsize(m_s_axi_arsize_fifo),        // output wire [2 : 0] m_axi_arsize
    .m_axi_arburst(m_s_axi_arburst_fifo),      // output wire [1 : 0] m_axi_arburst
    .m_axi_arprot(m_s_axi_arprot_fifo),        // output wire [2 : 0] m_axi_arprot
    .m_axi_arcache(m_s_axi_arcache_fifo),      // output wire [3 : 0] m_axi_arcache
    .m_axi_arvalid(m_s_axi_arvalid_fifo),      // output wire m_axi_arvalid
    .m_axi_araddr(m_s_axi_araddr_fifo),        // output wire [31 : 0] m_axi_araddr
    .m_axi_arlock(m_s_axi_arlock_fifo),        // output wire m_axi_arlock
    .m_axi_arready(m_s_axi_arready_fifo),      // input wire m_axi_arready
    .m_axi_rid(m_s_axi_rid_fifo),              // input wire [3 : 0] m_axi_rid
    .m_axi_rdata(m_s_axi_rdata_fifo),          // input wire [31 : 0] m_axi_rdata
    .m_axi_rresp(m_s_axi_rresp_fifo),          // input wire [1 : 0] m_axi_rresp
    .m_axi_rvalid(m_s_axi_rvalid_fifo),        // input wire m_axi_rvalid
    .m_axi_rlast(m_s_axi_rlast_fifo),          // input wire m_axi_rlast
    .m_axi_rready(m_s_axi_rready_fifo)         // output wire m_axi_rready
  );

fifo_generator_0 Inst_fifo_generator (
    .m_aclk(ui_clk),                           // input wire m_aclk
    .s_aclk(HCLK),                             // input wire s_aclk
    .s_aresetn(HRESETn),                       // input wire s_aresetn
    .s_axi_awid(m_s_axi_awid_fifo),            // input wire [3 : 0] s_axi_awid
    .s_axi_awaddr(m_s_axi_awaddr_fifo),        // input wire [31 : 0] s_axi_awaddr
    .s_axi_awlen(m_s_axi_awlen_fifo),          // input wire [7 : 0] s_axi_awlen
    .s_axi_awsize(m_s_axi_awsize_fifo),        // input wire [2 : 0] s_axi_awsize
    .s_axi_awburst(m_s_axi_awburst_fifo),      // input wire [1 : 0] s_axi_awburst
    .s_axi_awlock(m_s_axi_awlock_fifo),        // input wire [0 : 0] s_axi_awlock
    .s_axi_awcache(m_s_axi_awcache_fifo),      // input wire [3 : 0] s_axi_awcache
    .s_axi_awprot(m_s_axi_awprot_fifo),        // input wire [2 : 0] s_axi_awprot
    .s_axi_awqos(4'b0000),                     // input wire [3 : 0] s_axi_awqos
    .s_axi_awregion(4'b0000),                  // input wire [3 : 0] s_axi_awregion
    .s_axi_awvalid(m_s_axi_awvalid_fifo),      // input wire s_axi_awvalid
    .s_axi_awready(m_s_axi_awready_fifo),      // output wire s_axi_awready
    .s_axi_wdata(m_s_axi_wdata_fifo),          // input wire [31 : 0] s_axi_wdata
    .s_axi_wstrb(m_s_axi_wstrb_fifo),          // input wire [3 : 0] s_axi_wstrb
    .s_axi_wlast(m_s_axi_wlast_fifo),          // input wire s_axi_wlast
    .s_axi_wvalid(m_s_axi_wvalid_fifo),        // input wire s_axi_wvalid
    .s_axi_wready(m_s_axi_wready_fifo),        // output wire s_axi_wready
    .s_axi_bid(m_s_axi_bid_fifo),              // output wire [3 : 0] s_axi_bid
    .s_axi_bresp(m_s_axi_bresp_fifo),          // output wire [1 : 0] s_axi_bresp
    .s_axi_bvalid(m_s_axi_bvalid_fifo),        // output wire s_axi_bvalid
```

```
.s_axi_bready(m_s_axi_bready_fifo),       // input wire s_axi_bready
.m_axi_awid(m_s_axi_awid),                // output wire [3 : 0] m_axi_awid
.m_axi_awaddr(m_s_axi_awaddr),            // output wire [31 : 0] m_axi_awaddr
.m_axi_awlen(m_s_axi_awlen),              // output wire [7 : 0] m_axi_awlen
.m_axi_awsize(m_s_axi_awsize),            // output wire [2 : 0] m_axi_awsize
.m_axi_awburst(m_s_axi_awburst),          // output wire [1 : 0] m_axi_awburst
.m_axi_awlock(m_s_axi_awlock),            // output wire [0 : 0] m_axi_awlock
.m_axi_awcache(m_s_axi_awcache),          // output wire [3 : 0] m_axi_awcache
.m_axi_awprot(m_s_axi_awprot),            // output wire [2 : 0] m_axi_awprot
.m_axi_awqos(m_s_axi_awqos),              // output wire [3 : 0] m_axi_awqos
.m_axi_awregion(m_s_axi_awregion),        // output wire [3 : 0] m_axi_awregion
.m_axi_awvalid(m_s_axi_awvalid),          // output wire m_axi_awvalid
.m_axi_awready(m_s_axi_awready),          // input wire m_axi_awready
.m_axi_wdata(m_s_axi_wdata),              // output wire [31 : 0] m_axi_wdata
.m_axi_wstrb(m_s_axi_wstrb),              // output wire [3 : 0] m_axi_wstrb
.m_axi_wlast(m_s_axi_wlast),              // output wire m_axi_wlast
.m_axi_wvalid(m_s_axi_wvalid),            // output wire m_axi_wvalid
.m_axi_wready(m_s_axi_wready),            // input wire m_axi_wready
.m_axi_bid(m_s_axi_bid),                  // input wire [3 : 0] m_axi_bid
.m_axi_bresp(m_s_axi_bresp),              // input wire [1 : 0] m_axi_bresp
.m_axi_bvalid(m_s_axi_bvalid),            // input wire m_axi_bvalid
.m_axi_bready(m_s_axi_bready),            // output wire m_axi_bready
.s_axi_arid(m_s_axi_arid_fifo),           // input wire [3 : 0] s_axi_arid
.s_axi_araddr(m_s_axi_araddr_fifo),       // input wire [31 : 0] s_axi_araddr
.s_axi_arlen(m_s_axi_arlen_fifo),         // input wire [7 : 0] s_axi_arlen
.s_axi_arsize(m_s_axi_arsize_fifo),       // input wire [2 : 0] s_axi_arsize
.s_axi_arburst(m_s_axi_arburst_fifo),     // input wire [1 : 0] s_axi_arburst
.s_axi_arlock(s_axi_arlock_fifo),         // input wire [0 : 0] s_axi_arlock
.s_axi_arcache(m_s_axi_arcache_fifo),     // input wire [3 : 0] s_axi_arcache
.s_axi_arprot(m_s_axi_arprot_fifo),       // input wire [2 : 0] s_axi_arprot
.s_axi_arqos(4'b0000),                    // input wire [3 : 0] s_axi_arqos
.s_axi_arregion(4'b0000),                 // input wire [3 : 0] s_axi_arregion
.s_axi_arvalid(m_s_axi_arvalid_fifo),     // input wire s_axi_arvalid
.s_axi_arready(m_s_axi_arready_fifo),     // output wire s_axi_arready
.s_axi_rid(m_s_axi_rid_fifo),             // output wire [3 : 0] s_axi_rid
.s_axi_rdata(m_s_axi_rdata_fifo),         // output wire [31 : 0] s_axi_rdata
.s_axi_rresp(m_s_axi_rresp_fifo),         // output wire [1 : 0] s_axi_rresp
.s_axi_rlast(m_s_axi_rlast_fifo),         // output wire s_axi_rlast
.s_axi_rvalid(m_s_axi_rvalid_fifo),       // output wire s_axi_rvalid
.s_axi_rready(m_s_axi_rready_fifo),       // input wire s_axi_rready
.m_axi_arid(m_s_axi_arid),                // output wire [3 : 0] m_axi_arid
.m_axi_araddr(m_s_axi_araddr),            // output wire [31 : 0] m_axi_araddr
.m_axi_arlen(m_s_axi_arlen),              // output wire [7 : 0] m_axi_arlen
.m_axi_arsize(m_s_axi_arsize),            // output wire [2 : 0] m_axi_arsize
.m_axi_arburst(m_s_axi_arburst),          // output wire [1 : 0] m_axi_arburst
.m_axi_arlock(m_s_axi_arlock),            // output wire [0 : 0] m_axi_arlock
.m_axi_arcache(m_s_axi_arcache),          // output wire [3 : 0] m_axi_arcache
.m_axi_arprot(m_s_axi_arprot),            // output wire [2 : 0] m_axi_arprot
.m_axi_arqos(m_s_axi_arqos),              // output wire [3 : 0] m_axi_arqos
.m_axi_arregion(m_s_axi_arregion),        // output wire [3 : 0] m_axi_arregion
.m_axi_arvalid(m_s_axi_arvalid),          // output wire m_axi_arvalid
```

```
    .m_axi_arready(m_s_axi_arready),        // input wire m_axi_arready
    .m_axi_rid(m_s_axi_rid),                // input wire [3 : 0] m_axi_rid
    .m_axi_rdata(m_s_axi_rdata),            // input wire [31 : 0] m_axi_rdata
    .m_axi_rresp(m_s_axi_rresp),            // input wire [1 : 0] m_axi_rresp
    .m_axi_rlast(m_s_axi_rlast),            // input wire m_axi_rlast
    .m_axi_rvalid(m_s_axi_rvalid),          // input wire m_axi_rvalid
    .m_axi_rready(m_s_axi_rready)           // output wire m_axi_rready
  );

mig_7series_0 Inst_mig_7series_0 (

    //存储器接口端口
    .ddr3_addr          (ddr3_addr),            // output [13:0]  ddr3_addr
    .ddr3_ba            (ddr3_ba),              // output [2:0]   ddr3_ba
    .ddr3_cas_n         (ddr3_cas_n),           // output         ddr3_cas_n
    .ddr3_ck_n          (ddr3_ck_n),            // output [0:0]   ddr3_ck_n
    .ddr3_ck_p          (ddr3_ck_p),            // output [0:0]   ddr3_ck_p
    .ddr3_cke           (ddr3_cke),             // output [0:0]   ddr3_cke
    .ddr3_ras_n         (ddr3_ras_n),           // output         ddr3_ras_n
    .ddr3_reset_n       (ddr3_reset_n),         // output         ddr3_reset_n
    .ddr3_we_n          (ddr3_we_n),            // output         ddr3_we_n
    .ddr3_dq            (ddr3_dq),              // inout [15:0]   ddr3_dq
    .ddr3_dqs_n         (ddr3_dqs_n),           // inout [1:0]    ddr3_dqs_n
    .ddr3_dqs_p         (ddr3_dqs_p),           // inout [1:0]    ddr3_dqs_p
    .init_calib_complete (init_calib_complete), // output         init_calib_complete

    .ddr3_cs_n          (ddr3_cs_n),            // output [0:0]   ddr3_cs_n
    .ddr3_dm            (ddr3_dm),              // output [1:0]   ddr3_dm
    .ddr3_odt           (ddr3_odt),             // output [0:0]   ddr3_odt
    //应用接口端口
    .ui_clk             (ui_clk),               // output         ui_clk
    .ui_clk_sync_rst    (),                     // output         ui_clk_sync_rst
    .mmcm_locked        (),                     // output         mmcm_locked
    .aresetn            (HRESETn),              // input          aresetn
    .app_sr_req         (1'b0),                 // input          app_sr_req
    .app_ref_req        (1'b0),                 // input          app_ref_req
    .app_zq_req         (1'b0),                 // input          app_zq_req
    .app_sr_active      (),                     // output         app_sr_active
    .app_ref_ack        (),                     // output         app_ref_ack
    .app_zq_ack         (),                     // output         app_zq_ack
    //从接口写地址端口
    .s_axi_awid         (m_s_axi_awid),         // input [3:0]    s_axi_awid
    .s_axi_awaddr       (m_s_axi_awaddr[27:0]), // input [27:0]   s_axi_awaddr
    .s_axi_awlen        (m_s_axi_awlen),        // input [7:0]    s_axi_awlen
    .s_axi_awsize       (m_s_axi_awsize),       // input [2:0]    s_axi_awsize
    .s_axi_awburst      (m_s_axi_awburst),      // input [1:0]    s_axi_awburst
    .s_axi_awlock       (m_s_axi_awlock),       // input [0:0]    s_axi_awlock
    .s_axi_awcache      (m_s_axi_awcache),      // input [3:0]    s_axi_awcache
    .s_axi_awprot       (m_s_axi_awprot),       // input [2:0]    s_axi_awprot
    .s_axi_awqos        (m_s_axi_awqos),        // input [3:0]    s_axi_awqos
    .s_axi_awvalid      (m_s_axi_awvalid),      // input          s_axi_awvalid
```

```
        .s_axi_awready          (m_s_axi_awready),        // output          s_axi_awready
        //从接口写数据端口
        .s_axi_wdata            (m_s_axi_wdata),          // input [31:0]    s_axi_wdata
        .s_axi_wstrb            (m_s_axi_wstrb),          // input [3:0]     s_axi_wstrb
        .s_axi_wlast            (m_s_axi_wlast),          // input           s_axi_wlast
        .s_axi_wvalid           (m_s_axi_wvalid),         // input           s_axi_wvalid
        .s_axi_wready           (m_s_axi_wready),         // output          s_axi_wready
        //从接口写响应端口
        .s_axi_bid              (m_s_axi_bid),            // output [3:0]    s_axi_bid
        .s_axi_bresp            (m_s_axi_bresp),          // output [1:0]    s_axi_bresp
        .s_axi_bvalid           (m_s_axi_bvalid),         // output          s_axi_bvalid
        .s_axi_bready           (m_s_axi_bready),         // input           s_axi_bready
        //从接口读地址端口
        .s_axi_arid             (m_s_axi_arid),           // input [3:0]     s_axi_arid
        .s_axi_araddr           (m_s_axi_araddr),         // input [27:0]    s_axi_araddr
        .s_axi_arlen            (m_s_axi_arlen),          // input [7:0]     s_axi_arlen
        .s_axi_arsize           (m_s_axi_arsize),         // input [2:0]     s_axi_arsize
        .s_axi_arburst          (m_s_axi_arburst),        // input [1:0]     s_axi_arburst
        .s_axi_arlock           (m_s_axi_arlock),         // input [0:0]     s_axi_arlock
        .s_axi_arcache          (m_s_axi_arcache),        // input [3:0]     s_axi_arcache
        .s_axi_arprot           (m_s_axi_arprot),         // input [2:0]     s_axi_arprot
        .s_axi_arqos            (m_s_axi_arqos),          // input [3:0]     s_axi_arqos
        .s_axi_arvalid          (m_s_axi_arvalid),        // input           s_axi_arvalid
        .s_axi_arready          (m_s_axi_arready),        // output          s_axi_arready
        //从接口读数据端口
        .s_axi_rid              (m_s_axi_rid),            // output [3:0]    s_axi_rid
        .s_axi_rdata            (m_s_axi_rdata),          // output [31:0]   s_axi_rdata
        .s_axi_rresp            (m_s_axi_rresp),          // output [1:0]    s_axi_rresp
        .s_axi_rlast            (m_s_axi_rlast),          // output          s_axi_rlast
        .s_axi_rvalid           (m_s_axi_rvalid),         // output          s_axi_rvalid
        .s_axi_rready           (m_s_axi_rready),         // input           s_axi_rready
        //系统时钟端口
        .sys_clk_i              (sys_clk),                //cortex-m0 system clk
        //参考时钟端口
        .clk_ref_i              (clk_ref),
        .device_temp_i          (12'h000),                // input [11:0]    device_temp_i
        .sys_rst                (HRESETn)                 // input sys_rst   //低电平有效
        );
endmodule
```

(9) 保存该设计文件。

15.5.3 修改系统设计文件

本节修改系统设计文件,内容包括:修改时钟 IP 核、修改地址译码器模块、修改多路选择器模块,以及修改顶层设计文件。

1. 修改时钟 IP 核

本节修改时钟 IP 核。在该 IP 核中修改和添加新的时钟。在该设计中,将 SoC 系统的主时钟修改为50MHz,并且新添加两个时钟,其时钟频率分别为75MHz(用于MIG IP的系统输入时钟)和200MHz(用于MIG IP的参考输入时钟)。主要步骤包括：

(1) 在Sources窗口中,找到并双击Inst_clk_wiz_0,打开时钟IP核。

(2) 在Re-customize IP对话框中,单击Output Clocks对话框界面,如图15.14所示。在该界面中,分别选中clk_out1、clk_out2和clk_out3前面的复选框,并且将clk_out1设置为50MHz、clk_out2设置为75MHz,以及将clk_out3设置为200MHz。

Clocking Options | Output Clocks | PLLE2 Settings | Port Renaming | Summary

The phase is calculated relative to the active input clock

Output Clock	Output Freq (MHz)		Phase (degrees)
	Requested	Actual	Requested
☑ clk_out1	50.000	50.000	0.000
☑ clk_out2	75.000	75.000	0.000
☑ clk_out3	200.000	200.000	0.000

图15.14　修改时钟输出界面

(3) 单击OK按钮。

(4) 出现Generate Output Products对话框界面。在该界面中提示生成的文件。

(5) 单击Generate按钮。

(6) 出现Generate Output Products消息框界面。在该界面中提示成功生成文件信息。

(7) 单击OK按钮。

2. 修改地址译码器模块

在ARM Cortex-M0处理器的4G地址空间中,0x60000000～0x9FFFFFFF的地址空间范围可用于外部存储器,该空间大小为1GB。在本设计中,搭载了MT41J128M16的DDR3 SDRAM存储器。该DDR3存储器容量为2Gb,即深度128M,宽度为16位(128M×16b)。因此,可用的地址空间范围为256MB,地址空间为0x60000000～0x6FFFFFFF。

因此,需要修改地址译码器模块,增加对该空间的选择信号,主要步骤包括：

(1) 在Sources窗口中,找到并双击AHBDCD.v,打开该文件。

(2) 在该文件第51行,添加如下代码：

```
output wire HSEL_S10,
```

该行代码用于新增加对选择信号HSEL_S10的声明。

(3) 在该文件的第71行,添加如下代码：

```
assign HSEL_S10 = dec[10];                //存储器映射 --> 0x6000_0000 to 0x6FFF_FFFF 256MB
```

该行代码用于实现将dec[10]作为新的选择信号输出。

(4) 在文件的第77行将case改成casex,这是由于在对新地址空间进行译码时,只考虑HADDR[31:28],而不需要考虑HADDR[27:24]。

(5) 在文件的第128行,添加如下代码,用于实现当Cortex-M0访问地址空间

0x6000_0000～0x6FFF_FFFF 时，产生有效的选择信号。

```
8'h6x:                                    //存储器映射 -->0x6000_0000 to 0x6FFF_FFFF 256MB
    begin
        dec = 16'b0000_0100_0000_0000;
        MUX_SEL = 4'b1010;
    end
```

（6）保存该设计文件。

3. 修改多路选择器模块

本节修改多路选择器模块，当 Cortex-M0 对 0x6000_0000～0x6FFF_FFFF 空间进行读写操作访问时，产生正确的 ready 信号，主要步骤包括：

（1）在 Sources 窗口中，找到并双击 AHBMUX.v，打开该文件。

（2）在该文件的第 57 行，添加如下代码：

```
input wire [31:0] HRDATA_S10,
```

该行代码用于声明从 0x6000_0000～0x6FFF_FFFF 空间读取的 32 位数据 HRDATA _S10。

（3）在该文件第 71 行，添加如下代码：

```
input wire HREADYOUT_S10,
```

该行代码用于声明从 0x6000_0000～0x6FFF_FFFF 空间读取的准备信号 HREADYOUT_S10。

（4）在该文件第 135 行，添加下面代码，用于将读取的数据和准备信号送给 Cortex-M0。

```
4'b1010: begin
    HRDATA = HRDATA_S10;
    HREADY = HREADYOUT_S10;
end
```

（5）保存该设计文件。

4. 修改顶层设计文件

本节修改顶层设计文件，将 DDR3 SDRAM 存储器控制器添加到 Cortex-M0 SoC 系统中，主要步骤包括：

（1）在 Sources 窗口中，找到并双击 AHBLITE _SYS.v，打开该设计文件。

（2）在该文件第 54 行开始的位置，添加 ddr3 SDRAM 存储器端口声明，如代码清单 15-2 所示。

代码清单 15-2　端口声明

```
output   wire [13:0]   ddr3_addr,      // output [13:0]   ddr3_addr
output   wire [2:0]    ddr3_ba,        // output [2:0]    ddr3_ba
output   wire          ddr3_cas_n,     // output          ddr3_cas_n
output   wire          ddr3_ck_n,      // output [0:0]    ddr3_ck_n
output   wire          ddr3_ck_p,      // output [0:0]    ddr3_ck_p
output   wire          ddr3_cke,       // output [0:0]    ddr3_cke
output   wire          ddr3_ras_n,     // output          ddr3_ras_n
```

```
output    wire          ddr3_reset_n,         // output          ddr3_reset_n
output    wire          ddr3_we_n,            // output          ddr3_we_n
inout     wire [15:0]   ddr3_dq,              // inout [15:0]    ddr3_dq
inout     wire [1:0]    ddr3_dqs_n,           // inout [1:0]     ddr3_dqs_n
inout     wire [1:0]    ddr3_dqs_p,           // inout [1:0]     ddr3_dqs_p
output    wire          init_calib_complete,  // output          init_calib_complete
output    wire          ddr3_cs_n,            // output [0:0]    ddr3_cs_n
output    wire [1:0]    ddr3_dm,              // output [1:0]    ddr3_dm
output    wire          ddr3_odt              // output [0:0]    ddr3_odt
```

(3) 在该文件的第75行，添加两行设计代码：

```
wire          REF_CLK_DDR3;
wire          SYS_CLK_DDR3;
```

这两行代码用于声明两个网络类型信号REF_CLK_DDR3和SYS_CLK_DDR3。

(4) 在该文件的第101行，添加如下设计代码：

```
wire          HSEL_DDR;
```

该行代码用于声明网络类型信号HSEL_DDR。

(5) 在该文件的第109行，添加如下设计代码：

```
wire [31:0] HRDATA_DDR;
```

该行代码用于声明网络类型信号HRDATA_DDR。

(6) 在该文件的第117行，添加如下设计代码：

```
wire          HREADYOYT_DDR;
```

该行代码用于声明网络类型信号HREADYOUT_DDR；

(7) 在该文件的第135行开始修改时钟例化模块，如代码清单15-3所示。

代码清单15-3　时钟例化模块

```
clk_wiz_0 Inst_clk_wiz_0
  (
  //时钟输入端口
   .clk_in1(CLK),                    // input clk_in1
   //时钟输出端口
   .clk_out1(HCLK),                  // output clk_out1
   .clk_out2(SYS_CLK_DDR3),          // output clk_out1
   .clk_out3(REF_CLK_DDR3),          // output clk_out3
   //状态和控制信号
   .reset(RESET),                    // input reset
   .locked(HRESETn)
   );                                // output locked
```

(8) 在该文件的第201行，添加如下设计代码：

```
.HSEL_S10(HSEL_DDR),
```

该行代码用于将模块AHBDCD的端口HSEL_S10和网络型信号HSEL_DDR进行

连接。

(9) 在该文件的第 224 行，添加如下设计代码：

```
.HRDATA_S10(HRDATA_DDR),
```

该行代码用于将模块 AHBMUX 的端口 HRDATA_S10 和网络型信号 HRDATA_DDR 进行连接。

(10) 在该文件的第 237 行，添加如下设计代码：

```
.HREADYOUT_S10(HREADYOUT_DDR),
```

该行代码用于将模块 AHBMUX 的端口 HREADYOUT_S10 和网络型信号 HREADYOUT_DDR 进行连接。

(11) 在该文件的第 346 行开始，添加 DDR3 SDRAM 控制器例化模块，如代码清单 15-4 所示。

代码清单 15-4　DDR3 SDRAM 控制器例化模块

```
AHBDDR3RAM Inst_AHBDDR3RAM(
        //AHB - Lite 信号
         .HCLK(HCLK),                          // input wire s_ahb_hclk
         .HRESETn(HRESETn),                    // input wire s_ahb_hresetn
         .HSEL(HSEL_DDR),                      // input wire s_ahb_hsel
         .HADDR(HADDR),                        // input wire [31 : 0] s_ahb_haddr
         .HPROT(HPROT),                        // input wire [3 : 0] s_ahb_hprot
         .HTRANS(HTRANS),                      // input wire [1 : 0] s_ahb_htrans
         .HSIZE(HSIZE),                        // input wire [2 : 0] s_ahb_hsize
         .HWRITE(HWRITE),                      // input wire s_ahb_hwrite
         .HBURST(HBURST),                      // input wire [2 : 0] s_ahb_hburst
         .HWDATA(HWDATA),                      // input wire [31 : 0] s_ahb_hwdata
         .HREADYOUT(HREADYOUT_DDR),            // output wire s_ahb_hready_out
         .HREADY(HREADY),                      // input wire s_ahb_hready_in
         .HRDATA(HRDATA_DDR),                  // output wire [31 : 0] s_ahb_hrdata
         .HRESP(),                             // output wire s_ahb_hresp
   //DDR3 Mig 系统
         .sys_clk(SYS_CLK_DDR3),               // 系统时钟输入
         .clk_ref(REF_CLK_DDR3),               // 参考时钟输入
   //DDR3 接口
         .ddr3_addr(ddr3_addr),                // output [13:0]   ddr3_addr
         .ddr3_ba(ddre_ba),                    // output [2:0]    ddr3_ba
         .ddr3_cas_n(ddr3_cas_n),              // output          ddr3_cas_n
         .ddr3_ck_n(ddr3_ck_n),                // output [0:0]    ddr3_ck_n
         .ddr3_ck_p(ddr3_ck_p),                // output [0:0]    ddr3_ck_p
         .ddr3_cke(ddr3_cke),                  // output [0:0]    ddr3_cke
         .ddr3_ras_n(ddr3_ras_n),              // output          ddr3_ras_n
         .ddr3_reset_n(ddr3_reset_n),          // output          ddr3_reset_n
         .ddr3_we_n(ddr3_we_n),                // output          ddr3_we_n
         .ddr3_dq(ddr3_dq),                    // inout [15:0]    ddr3_dq
         .ddr3_dqs_n(ddr3_dqs_n),              // inout [1:0]     ddr3_dqs_n
```

```
    .ddr3_dqs_p(ddr3_dqs_p),                      // inout [1:0]    ddr3_dqs_p
    .init_calib_complete(init_calib_completer), // output         init_calib_complete
    .ddr3_cs_n(ddr3_cs_n),                        // output [0:0]   ddr3_cs_n
    .ddr3_dm(ddr3_dm),                            // output [1:0]   ddr3_dm
    .ddr3_odt(ddr3_odt)                           // output [0:0]   ddr3_odt
  );
```

(12) 保存该设计文件。

15.5.4 编写程序代码

本节通过 Keil μVision5 集成开发环境，设计一个可以运行在 Cortex-M0 处理器上的汇编语言程序。在编写完汇编语言程序后，通过 Keil μVision5 内的编译器对该程序进行编译和处理。汇编语言程序实现的功能包括：

(1) 向 DDR3 写入 1024 个字 0xA5A5A5A5。

(2) 从 DDR3 读入 1024 个字。

(3) (可选择)。

1. 建立新设计工程

建立新设计工程的主要步骤包括：

1) 在 μVision5 主界面主菜单下，选择 Project→New μVision Project…。

2) 出现 Create New Project(创建新工程)对话框界面。按下面设置参数：

(1) 指向下面的路径：

```
E:\cortex-m0_example\cortex_m0_ddr\software
```

(2) 在文本名右侧的文本框中输入 top，即该设计的工程名为 top.uvproj。

注：读者可以根据自己的情况选择路径和输入工程名字。

3) 单击“保存”按钮。

4) 出现 Select Device for Target ‘Target 1’…对话框界面。在该界面左下方的窗口中，找到并展开 ARM。在 ARM 展开项中，找到并展开 ARM Cortex-M0。在 ARM Cortex-M0 展开项中，选择 ARMCM0。在右侧 Description 中，给出了 Cortex-M0 处理器的相关信息。

5) 出现 Manage Run-Time Environment 对话框界面。

6) 单击 OK 按钮。

2. 工程参数设置

设置工程参数的主要步骤包括：

1) 在 μVision 左侧的 Project 窗口中，选择 Target 1，右击，出现浮动菜单。在浮动菜单内，选择 Option for Taget ‘Target 1’…选项。

2) 在 Options for Target ‘Target 1’对话框界面中，单击 Output 标签。在该标签窗口下，定义了工具链输出的文件，并且允许在建立过程结束后，启动用户程序。在该标签栏下 Name of Executable 右侧的文本框内输入 code，该设置表示所生成的二进制文件的名字为 code。

3）在 Options for Target ‘Target 1’对话框界面中，单击 User 标签。在该标签窗口中，制定了在编译/建立前或者建立后所执行的用户程序。在该界面中，需要设置下面的参数：

（1）在 After Build/Rebuild 标题栏下，选中 Run #1 前面的复选框。在右侧文本框中输入下面的命令：

```
fromelf -cvf .\objects\code.axf --vhx --32x1 -o code.hex
```

（2）在 After Build/Rebuild 标题栏下，选中 Run #2 前面的复选框。在右侧文本框中输入下面的命令：

```
fromelf -cvf .\objects\code.axf -o disasm.txt
```

fromelf 映像转换工具允许设计者修改 ELF 映像和目标文件，并且在这些文件上显示信息。其中：

（1）--vhx 选项，表示生成面向字节（Verilog HDL 内存模型）的十六进制格式。此格式适合加载到硬件描述语言仿真器的内存模型中。

（2）--32x1 选项，表示生成的内存系统中只有 1 个存储器，该存储器宽度为 32 位。

（3）-o 选项，用于指定输出文件的名字，如 code.hex 和 disasm.txt。

（4）所使用的文件.axf。该文件是 ARM 芯片使用的文件格式，即 ARM 可执行文件（ARM Executable File，AXF），它除了包含 bin 代码外，还包含了输出给调试器的调试信息。与 AXF 文件一起的还有 HEX 文件，HEX 文件包含地址信息，可以直接用于烧写或者下载 HEX 文件。

注：默认，该文件保存在当前工程路径的 objects 子目录下。

（5）-cvf 选项，对代码进行反汇编，输出映像的每个段和节的头文件详细信息。

4）单击 OK 按钮，退出目标选项设置对话框界面。

3．添加和编译汇编文件

本节添加汇编文件，并在该文件中添加代码，完成汇编文件的设计。主要步骤包括：

1）在 Project 窗口中，选择并展开 Target1。在 Target1 展开项中，找到并选中 Source Group1，右击，出现浮动菜单。在浮动菜单内选择 Add New Item to Group ‘Source Group 1’…。

2）出现 Add New Item to Group ‘Source Group 1’对话框界面。在该界面左侧窗口中，按下面设置参数：

（1）选择 Asm File(.s)。

（2）在 Name：右侧的文本框中，输入 main。

3）单击 Add 按钮。

4）在 main.s 文件中，按代码清单 15-5 所示设计输入设计代码。

代码清单 15-5 main.s 文件

```
; 复位时,向量表映射到地址 0

            PRESERVE8
            THUMB

            AREA        RESET, DATA, READONLY
    EXPORT  __Vectors

__Vectors   DCD         0x0000FFFC
            DCD         Reset_Handler
            DCD         0
            DCD         0
            DCD         0
            DCD         0
            DCD         0
            DCD         0
            DCD         0
            DCD         0
            DCD         0
            DCD         0
            DCD         0
            DCD         0
            DCD         0
            DCD         0

            ; 外部中断

            DCD         0
            DCD         0
            DCD         0
            DCD         0
            DCD         0
            DCD         0
            DCD         0
            DCD         0
            DCD         0
            DCD         0
            DCD         0
            DCD         0
            DCD         0
            DCD         0
            DCD         0
            DCD         0

        AREA |.text|, CODE, READONLY
;复位向柄
Reset_Handler  PROC
                GLOBAL Reset_Handler
                ENTRY
```

```
;写"Cortex-M0 SoC" 到文本控制台
                LDR         R3, =0x000000FF
READY           SUBS        R3,R3,#1
                BNE         READY

                LDR         R0, =0xA5A5A5A5
                LDR         R2, =0xFFF
                LDR         R1, =0x60000000
WRITE           STR         R0, [R1]
                ADDS        R1,R1,#4
                SUBS        R2,R2,#1
                BNE         WRITE

                MOVS        R0, #0
                LDR         R2, =0xFFF
                LDR         R1, =0x60000000
READ            LDR         R0, [R1]
                ADDS        R1,R1,#4
                SUBS        R2,R2,#1
                BNE         READ

                ENDP

                ALIGN       4               ;对齐字边界

    END
```

5）在 Keil μVision5 主界面主菜单下，选择 Project→Build target，对程序进行编译。

注：当编译过程结束后，将在当前工程路径，即

```
E:\cortex-m0_example\cortex_m0_ddr\software
```

路径下，生成 code.hex 文件。

思考与练习 15-10：修改该设计代码，添加对读写数据进行测试的部分，验证读写的正确性。

4. 添加 HEX 文件到当前工程

本节将前面生成的 code.hex 文件添加到当前工程中，主要步骤包括：

(1) 在 Vivado 主界面的在 Sources 窗口下，找到并选择 Design Sources，右击，出现浮动菜单。在浮动菜单内，选择 Add Sources…选项。

(2) 出现 Add Sources(添加源文件)对话框界面。在该对话框界面内，选中 Add or create design sources 前面的复选框。

(3) 单击 Next 按钮。

(4) 出现 Add Sources-Add or Create Design Sources(添加源文件-添加或者创建设计源文件)对话框界面。在该界面中，单击 + 按钮，出现浮动菜单。在浮动菜单内，选择 Add Files…选项。

(5) 出现 Add Source Files 对话框界面。在该对话框界面中，将路径指向：

```
E:\cortex - m0_example\cortex_m0_ddr\software
```

在该路径下，选中 code. hex 文件。

(6) 单击 OK 按钮。

(7) 返回到 Add Sources-Add or Create Design Sources 对话框界面。在该界面中，选中 Copy sources into project(复制源文件到工程)前面的复选框。

(8) 单击 Finish 按钮。

(9) 可以看到，在 Sources 标签窗口下，添加了 code. hex 文件，但是该文件在 Unknown 文件夹下。

(10) 选中 Unknown 文件下的 code. hex 文件，右击，出现浮动菜单。在浮动菜单内，选中 Source File Properties…选项。

(11) 出现 Source File Properties 界面。在该界面中，单击按钮。

(12) 出现 Set Type 对话框界面。在该对话框界面中，File Type 右侧的下拉框中，选择 Memory Initialization Files 选项。

(13) 单击 OK 按钮。

(14) 可以看到 UnKnown 文件夹的名字变成了 Memory Initialization Files。

至此，已将软件代码成功添加到 Vivado 设计工程中。这样，对该设计进行后续处理时，就能用于初始化 FPGA 内的片内存储器。

15.5.5 设计综合

本节对设计进行综合，主要步骤包括：

(1) 在 Vivado 集成开发环境左侧 Flow Navigator 窗口下，找到并展开 Synthesis。在 Synthesis 展开项中单击 Run Synthesis，Vivado 开始对设计进行综合。

(2) 当完成综合过程后，弹出 Synthesis Completed(综合完成)对话框界面。在该界面中选中 Open Synthesized Design 前面的复选框。

(3) 单击 OK 按钮。

15.5.6 设计实现

本节执行设计实现过程，主要步骤包括：

(1) 在 Vivado 的 Sources 窗口下，找到并选中 AHBLITE_SYS. v 文件。

(2) 在 Vivado 左侧的 Flow Navigator 窗口中，找到并展开 Implementation 选项。

(3) 在 Implementation 展开项中，单击 Run Implementation 选项，Vivado 开始执行设计实现过程；或者在 Tcl 命令行中，输入 launch_runs impl_1 脚本命令，运行实现过程。

15.5.7 下载比特流文件

本节生成比特流文件，主要步骤包括：

(1) 在 Vivado 源文件窗口中，选择顶层设计文件 AHBLITE_SYS. v。

(2) 在 Vivado 主界面左侧的 Flow Navigator 窗口下方，找到并展开 Program and Debug 选项。Program and Debug 在展开项中，找到并单击 Generate Bitstream 选项。开始生成编程文件。

(3) 当生成比特流的过程结束后，出现 Bitstream Generation Completed 对话框界面。

(4) 单击 Cancel 按钮。

(5) 通过 USB 电缆，将 A7-EDP-1 开发平台上名字为 J12 的 Mini USB-JTAG 插座与 PC/笔记本电脑上的 USB 接口进行连接。

(6) 将 A7-EDP-1 开发平台上名字为 J14 的 VGA 插座与外部 VGA 显示器通过 VGA 连接电缆连接。

(7) 将外部+5V 电源连接到 A7-EDP-1 开发平台的 J6 插座。

(8) 将 A7-EDP-1 开发平台上的 J11 跳线设置为 EXT 模式，即外部供电模式。

(9) 将 A7-EDP-1 开发平台上的 J10 插座设置为 JTAG，表示下面将使用 JTAG 下载设计。

(10) 将 A7-EDP-1 开发平台上的 SW8 开关设置为 ON 状态，给开发平台供电。

(11) 在 Vivado 主界面左侧的 Flow Navigator 窗口下方，找到并展开 Program and Debug 选项。在 Program and Debug 展开项中，找到并单击 Open Hardware Manager 选项。

(12) 在 Vivado 界面上方出现 Hardware Manager-unconnected 界面。

(13) 单击 Open target 选项，出现浮动菜单。在浮动菜单内选择 Auto Connect 选项。

(14) 出现 Auto Connect 对话框界面。

(15) 当硬件设计正确时，在 Hardware 窗口中会出现所检测到的 FPGA 类型和 JTAG 电缆的信息。

(16) 选中名字为 xc7a75t_0 的一行，右击，出现浮动菜单。在浮动菜单内选择 Program Device…。

(17) 出现 Program Device 对话框界面。在该界面中，默认将 Bitstream file(比特流文件)的路径指向：

```
E:/cortex-m0_example/cortex_m0_ddr/cortex_m0.runs/impl_1/AHBLITE_SYS.bit
```

(18) 单击 Program 按钮。Vivado 工具自动将比特流文件下载到 FPGA 中。

第16章 Cortex-M0 C语言编程基础

本章介绍在 Cortex-M0 平台上，编写 C 语言的规则、程序编译、程序镜像、数据存储、数据类型，以及使用 C 语言访问外设的方法。内容包括：C 语言处理流程、C 语言镜像文件内容和存储、启动代码的分析、C 语言中数据的存储空间、C 语言数据类型及实现、C 语言编程 Cortex-M0、C 语言驱动的设计和实现以及 C 语言重定向及实现。

通过本章的学习，读者可掌握用 C 语言编程 Cortex-M0 的技巧和方法，并进一步体会软件和硬件协同设计的思想。

16.1 C 语言处理流程

在实际应用中，大多采用 C 语言对 Cortex-M0 系统进行编程，这是因为采用 C 语言编程的效率要高于使用汇编语言编程，如表 16.1 所示。当然，在一些特殊情况下，如对时间要求比较苛刻的应用场合，也采用汇编语言和 C 语言混合编程。

表 16.1 C 语言和汇编语言的比较

语言	优势	劣势
C	容易学习	不能直接访问 CPU 核的寄存器和堆栈
	可移植性好	不能直接控制产生指令的顺序
	容易处理复杂数据结构	不能直接控制堆栈的使用
汇编语言	允许直接控制每条指令，以及所有的存储器	需要花费较长的时间学习
	允许直接访问那些 C 语言不能生成的指令	很难管理数据结构
	—	可移植性差

图 16.1 给出了 C 语言的处理流程。当使用 C 语言对 Cortex-M0 处理器编程时，同样可以使用 Keil 集成开发环境，通过 Keil 集成开发环境提供的编译器生成汇编代码；然后，通过汇编器将所生成的汇编代码转换成目标代码；最后，通过链接器将所生成目标代码转化成程序镜像，在这个过程中会添加所需要的库文件。

当生成程序镜像文件后，就把它保存在程序存储器中。当运行

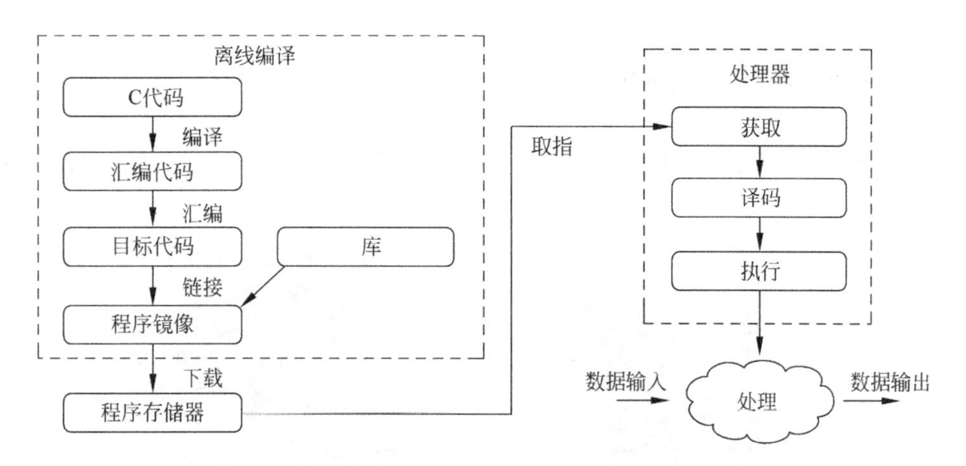

图 16.1 C 语言处理流程

Cortex-M0 处理器时，通过取指、译码和执行操作，运行由 C 语言所编写的代码。

C 语言/汇编语言最终转换为镜像文件的过程中，依赖于 ARM 提供的工具链，如图 16.2 所示。

注：程序镜像(有时也称为可执行文件)，通常是指一个准备执行的完整代码。

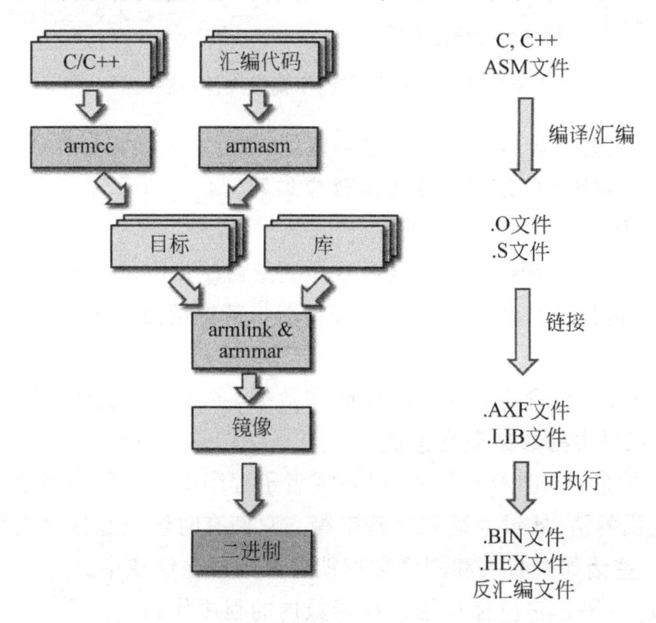

图 16.2 用于 Cotex-M0 平台的 ARM 工具链

思考与练习 16-1：说明使用汇编语言和 C 语言编程的优势和劣势。

思考与练习 16-2：说明在 Keil μVision 环境下，对 C 语言文件的处理流程。

16.2 C 语言镜像文件内容和存储

本节详细介绍 C 语言镜像文件所包含的内容和镜像文件的存储位置。

16.2.1 C语言镜像文件的内容

在 Cortex-M0 平台上，当使用 C 语言所编写的代码最终生成镜像文件时，其内容包括以下部分，如图 16.3 所示。

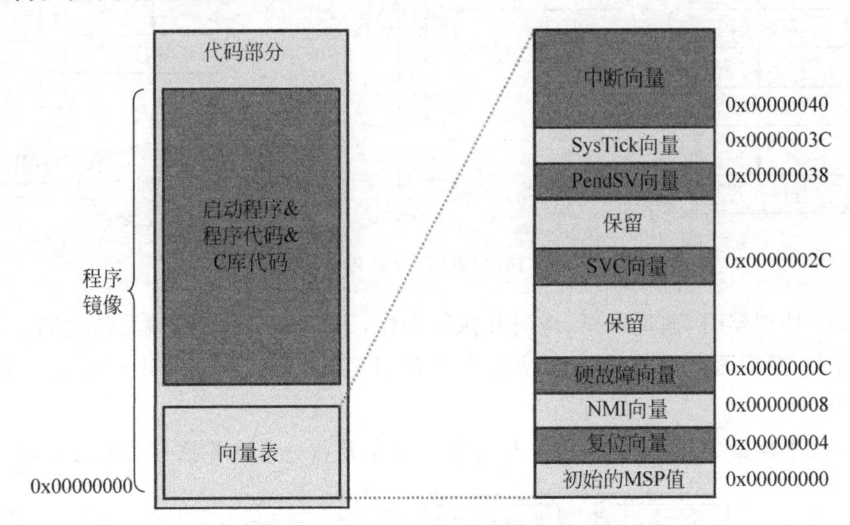

图 16.3　C 语言程序镜像文件内容

(1) 向量表。它包含异常(向量)开始的地址，以及主堆栈点(MSP)的值。

注：向量表可以使用 C 语言或者汇编语言编写。

(2) C 启动代码。其作用主要包括：

① 使用设置数据存储器，以及为全局数据变量初始化值。

② 由编译器/链接器自动插入，ARM 编译器将其标记为“_main”，或者由 GNU C 编译器标记为“_start”。

(3) 程序代码。它包含应用程序的代码和数据，主要是指从所编写的应用程序中生成的指令。程序代码中的数据类型包括：

① 变量的初始值：在执行程序时，函数或者子程序中初始化的本地变量。

② 常数：数据的值、外设地址和字符串等。它们有时候一起保存在称为文字池的数据块中。此外，一些诸如查找表和图像数据能合并到程序镜像中。

(4) C 语言库代码。它包含 C 语言库函数内的程序代码。

① 通过链接器，将库的目标代码插入到程序镜像中。

② 例如，除法功能是由导入的 C 库函数实现的，这是因为 Cortex-M0 没有除法指令。

16.2.2 C语言镜像文件的存储位置

最终所生成的镜像保存在全局存储器的代码区，如图 16.4 所示。其特点主要包括：

(1) 其地址空间最多为 512MB，地址范围为 0x00000000～0x1FFFFFF。

(2) 通常,非易失性存储器用于保存镜像文件,如片上 FLASH 存储器。

(3) 通常,它与程序数据分开,而程序数据被分配在 SRAM 区域(或者数据区)。

思考与练习 16-3:说明在 Cortex-M0 平台下,C 语言镜像文件所包含的内容。

思考与练习 16-4:说明在 Cortex-M0 平台下,C 语言镜像文件所在的位置。

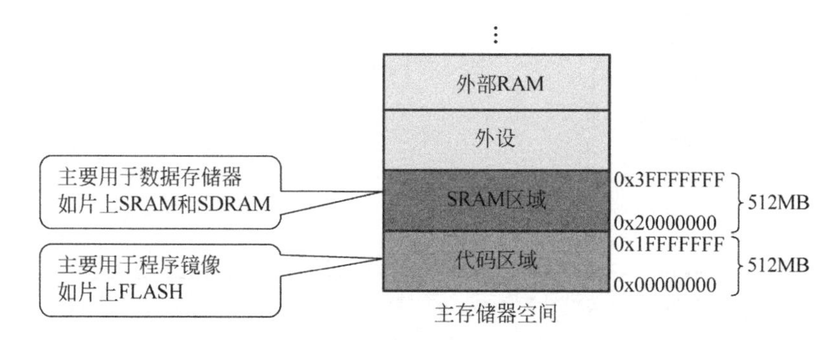

图 16.4　数据和程序镜像在主存储器空间的分配

16.3　启动代码的分析

当使用 Keil 集成开发环境编写 C 语言程序代码时,与使用汇编语言不同的是,需要在设计工程中,添加启动引导代码,如代码清单 16-1 所示。

注:*在本书中,该启动代码文件为 cm0dsasm.s。*

代码清单 16-1　启动引导代码 cm0dsasm.s 文件

```
Stack_Size      EQU     0x00000400                            ; 定义堆栈空间的大小为 256KB

                AREA    STACK, NOINIT, READWRITE, ALIGN = 4; 定义堆栈属性
Stack_Mem       SPACE   Stack_Size
__initial_sp


Heap_Size       EQU     0x00000400                            ; 定义堆的大小为 1MB

                AREA    HEAP, NOINIT, READWRITE, ALIGN = 4 ; 定义堆的属性
__heap_base
Heap_Mem        SPACE   Heap_Size
__heap_limit


; 当复位时,向量表映射到地址 0

                PRESERVE8                                     ;表示代码堆栈要保持 8 字节对齐
                THUMB                                         ;表示使用 THUMB 指令

                AREA    RESET, DATA, READONLY ;
                EXPORT  __Vectors
```

```
__Vectors       DCD     0x0000FFFC                      ;栈顶
                DCD     Reset_Handler                   ;复位向量
                DCD     0
                DCD     0
                DCD     0
                DCD     0
                DCD     0
                DCD     0
                DCD     0
                DCD     0
                DCD     0
                DCD     0
                DCD     0
                DCD     0
                DCD     0
                DCD     0

                ; 外部中断

                DCD     0
                DCD     0
                DCD     0
                DCD     0
                DCD     0
                DCD     0
                DCD     0
                DCD     0
                DCD     0
                DCD     0
                DCD     0
                DCD     0
                DCD     0
                DCD     0
                DCD     0
                DCD     0

        AREA |.text|, CODE, READONLY ;代码段开始
;复位句柄
Reset_Handler   PROC
                GLOBAL Reset_Handler
                ENTRY
                IMPORT  __main
                LDR     R0, __main
                BX      R0                              ;跳转到 main 入口
                ENDP

                ALIGN   4                               ;对齐到字边界

; 用户初始化堆栈和堆
                IF      :DEF:__MICROLIB
                EXPORT  __initial_sp
```

```
                EXPORT    __heap_base
                EXPORT    __heap_limit
                ELSE
                IMPORT    __use_two_region_memory
                EXPORT    __user_initial_stackheap
__user_initial_stackheap

                LDR       R0, = Heap_Mem
                LDR       R1, = (Stack_Mem + Stack_Size)
                LDR       R2, = (Heap_Mem + Heap_Size)
                LDR       R3, = Stack_Mem
                BX        LR

                ALIGN

                ENDIF

        END
```

思考与练习 16-5：根据上面的代码，说明启动代码所实现的功能。

16.4 C 语言中数据的存储空间

典型地，数据可以保存在三个区域：静态数据、堆栈和堆，如图 16.5 所示。

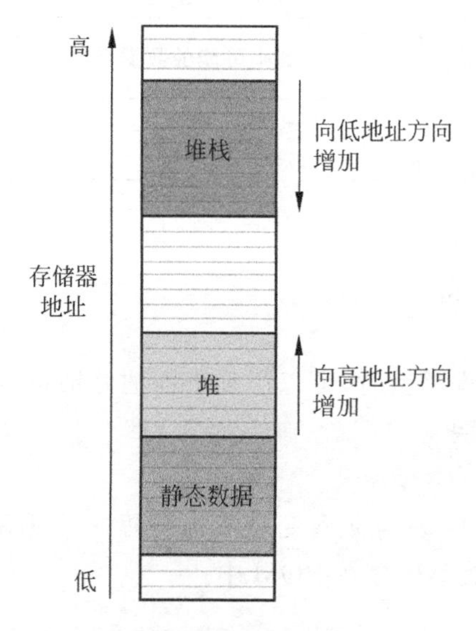

图 16.5　数据的存储空间

(1) 静态数据区：保存着全局变量和静态变量。

(2) 堆栈：保存用于本地变量的临时数据，在函数调用时传递的参数，以及异常时所保存的寄存器。

(3) 堆：包含着一块存储器空间，在调用程序的时候动态分配，如 alloc()和 malloc()。

16.5 C 语言数据类型及实现

C 语言支持大量的数据类型，但是这些数据类型的实现方式取决于处理器架构和所使用的 C 编译器。

16.5.1 C 语言支持的数据类型

在对 Cortex-M0 编程时，数据的宽度是指字节（byte）、半字（half word）、字（word）和双字（double word），如表 16.2 所示。

表 16.2 C 语言支持的数据类型

数据类型	宽 度	有符号数范围	无符号数范围
char，int8_t，uint8_t	字节	－128～ 127	0～255
short，int16_t，uint16_t	半字	－32 768 ～32 767	0～65 535
int，int32_t，uint32_t，long	字	－2 147 483 648～ 2 147 483 647	0～4 294 967 295
long long，int64_t，uint64_t	双字	$-2^{63}\sim 2^{63}-1$	$0\sim 2^{64}-1$
Float	字	$-3.4028234\times 10^{38}\sim 3.4028234\times 10^{38}$	
double，long double	双字	$-1.7976931348623157\times 10^{308}\sim$ $1.7976931348623157\times 10^{308}$	
Pointers	字	0x00 ～0xFFFFFFFF	
Enum	字节/半字/字	最小可能的数据类型	
bool (C++)，_bool(C)	字节	真或者假	
wchar_t	半字	0～65 535	

16.5.2 数据类型修饰符

在声明上面的基本数据类型时，可以添加下面的修饰符，用于对所声明基本数据类型的具体实现方式进行说明。

1）const

该修饰符表示所声明的数据类型变量不能被程序代码修改，实际上就是常数（常量），由 const 声明的数据类型保存在 ROM 中。

2）volatile

该修饰符表示可以在程序流的外部修改所声明的数据类型变量，如 ISR 和硬件寄存器，并且告诉编译器不要优化该数据类型变量，也就是说优化对该变量不起任何作用。

3）static

该修饰符表示在函数中所声明的数据类型，可以在不同的函数调用时保持它原来的值不变。使用这种修饰符的数据类型范围只能在函数内。

C 语言中数据类型的使用方法，如代码清单 16-2 所示。

代码清单 16-2　main.c 文件

```
#include <math.h>
  int a = 134;                    //定义全局整型变量
  const char c = 123;             //定义全局常量 c

int main()
{
  volatile int b = 300,d;         //定义局部整型变量 b 和 d
  int i,j = 500;                  //定义局部整型变量 i 和 j
  int e = 450;                    //定义并初始化局部整型变量 e
  char f[20];                     //定义并初始化局部字符型数组 f
  volatile int * array;           //定义整型指针
  array = &e;                     //array 指向变量 e 的地址
  e = ( * array) + 4095;          //给变量 e 赋值
  for(i = 0;i<20;i++)
      f[i] = 2 * i + a;           //给字符型数组 f 赋值
      b = b + c;                  //修改本地变量 b 的值
      a = e + b;                  //修改全局变量 a 的值
      d = e + a;                  //修改局部变量 d 的值
  return 0;
}
```

注：(1) 读者可以在本书资料下面路径\cortex-m0_example\datatype_c 下面找到该设计实例，并使用 keil μVision5 集成开发环境打开该设计。

(2) 在该设计中，将 C/C++的优化级别设置为 Level 0。

下面对该段 C 语言代码进行分析，以帮助读者进一步理解不同数据类型在存储器空间的位置。分析步骤如下：

(1) 在 Keil 集成开发环境主界面主菜单中，选择 Debug→Start/Stop Debug Session，进入调试器界面。

(2) 在调试器界面下，单击工具栏内的按钮，出现浮动菜单。在浮动菜单内选择 Watch 1，打开观察窗口，如图 16.6 所示。

(3) 在 Watch 1 窗口的 Name 栏下，依次输入变量的名字，a、b、c、d、e、f 和 j，如图 16.6 所示。

(4) 在程序代码中设置断点，如图 16.7 所示。

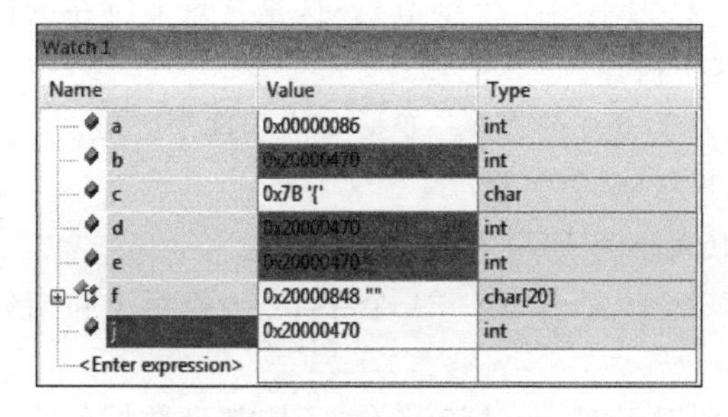

图 16.6　数据类型观察窗口

```
 4 int main()
 5 {
 6   volatile int b=300,d;
 7   int i,j=500;
 8   int e=450;
 9   char f[20];
10   volatile int *array;
11   array=&e;
12   e=(*array)+4095;
13   for(i=0;i<20;i++)
14       f[i]=2*i+a;
15       b=b+c;
16       a=e+b;
17       d=e+a;
18   return 0;
19 }
```

图 16.7　增加调试断点

(5) 按 F5 按键,一直运行到第 19 行断点为止。

(6) 仔细查看各个变量的值,如图 16.8 所示。可以很直观地看到为数组 f 分配的基地址为 0x20000848,为指针 * array 分配的存储空间是 0x2000085C。

(7) 在集成开发环境工具栏中,单击按钮,出现浮动菜单。在浮动菜单内,选择 Memory。在 Address：右侧分别输入 &a、&b 和 &c。可以得到变量 a 的地址为 0x20000000,变量 b 的地址为 0x20000864,变量 c 的地址为 0x00000214,如图 16.9 所示。

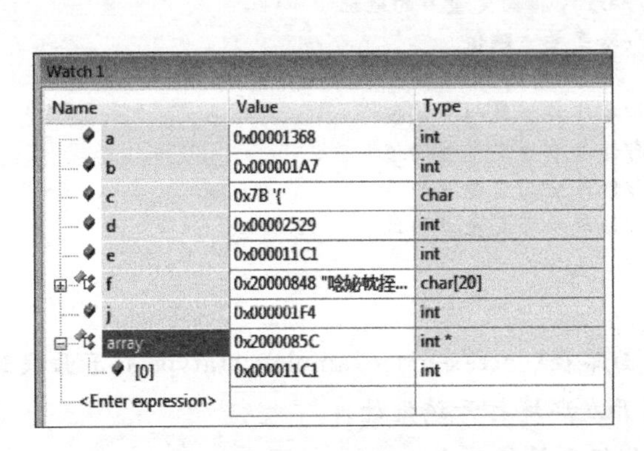

图 16.8　运行完断点后的监视窗口界面

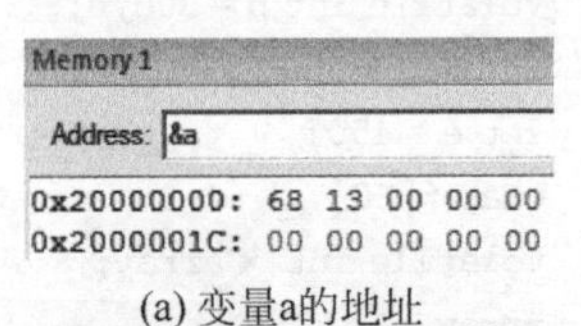

(a) 变量a的地址

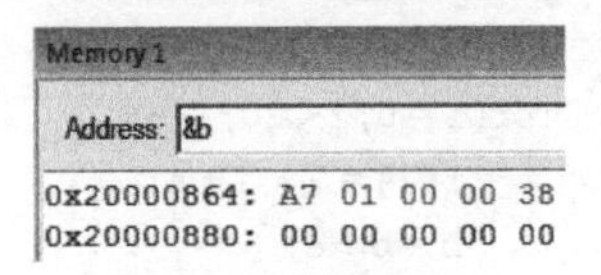

(b) 变量b的地址

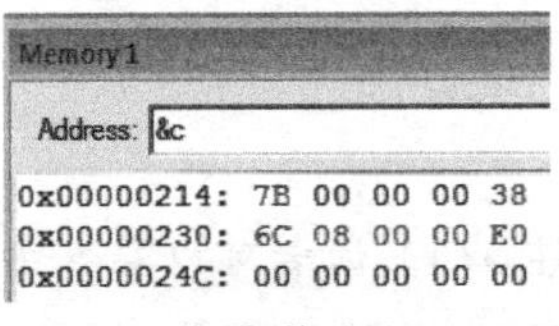

(c) 变量c的地址

图 16.9　变量的地址空间

(8) 在所给资料的下面路径\cortex-m0_example\datatype_c\listings 目录下,找到并双击 code.map 文件,如图 16.10 所示。在该文件中,将看到的信息和上面变量信息进行比较。

```
.constdata        0x00000214   Section      1   main.o(.constdata)
.data             0x20000000   Section      4   main.o(.data)
.bss              0x20000004   Section     96   libspace.o(.bss)
HEAP              0x20000070   Section   1024   cm0dsasm.o(HEAP)
Heap_Mem          0x20000070   Data      1024   cm0dsasm.o(HEAP)
STACK             0x20000470   Section   1024   cm0dsasm.o(STACK)
Stack_Mem         0x20000470   Data      1024   cm0dsasm.o(STACK)
```

图 16.10　不同段的地址空间分配

① .constdata 段的基地址为 0x00000214(大小为 1 个字节)。这是常量 c 所在的位置,从程序代码中,可以看出常量 c 保存在这个段。

② .data 段的基地址为 0x20000000(大小为 4 个字节)。变量 a 位于这个区域。

③ .bss 段的基地址为 0x20000004(大小为 96 个字节)。

④ HEAP(堆)的基地址为 0x20000070(大小为 1024 个字节)。

⑤ STACK(堆栈)的基地址为 0x20000470(大小为 1024 个字节)。数组 f 和指针 * array 位于这个区域。

思考与练习 16-6：根据上面的分析,说明对于 Cotex-M0 平台,不同类型数据的空间分配,包括初始化数据、未初始化数据、数组和指针。

16.6 C语言编程 Cortex-M0

本节介绍使用C语言编程SoC的一些关键知识，包括定义中断向量表、定义堆和堆栈、读写外设寄存器、汇编调用C函数、C语言调用汇编语言以及C语言中嵌入汇编语言。

16.6.1 定义中断向量表

前面已经提到可以使用C语言或者汇编语言定义中断向量表，并且已经给出了使用汇编语言定义中断向量表的方法，如代码清单16-3所示。

代码清单 16-3 中断向量表定义规则

```
typedef void( * const ExecFuncPtr)(void) __irq;
#pragma arm section rodata = "exceptions_area"
ExecFuncPtr exception_table[] = {
    (ExecFuncPtr)&Image$$ARM_LIB_STACK$$ZI$$Limit, /* Initial SP */
    (ExecFuncPtr)__main,          /* 初始化 PC */
    NMIException,
    HardFaultException,
    mManageException,
    BusFaultException,
    UsageFaultException,
    0, 0, 0, 0,                   /* 保留 */
    SVCHandler,
    DebugMonitor,
    0,                            /* 保留 */
    PendSVC,
    SysTickHandler
    /* 可配置的中断从此处开始… */
};
#pragma arm section
```

16.6.2 定义堆和堆栈

前面已经通过汇编语言定义了堆和堆栈，本节用C语言定义堆和堆栈（包含链接文件），如代码清单16-4所示。

代码清单 16-4 定义堆和堆栈

```
/* 设置堆栈和堆的参数 */
#define STACK_BASE    0x10020000        //堆栈起始地址
#define STACK_SIZE    0x5000            //堆栈长度
#define HEAP_BASE     0x10001000        //堆的起始地址
#define HEAP_SIZE     0x6000            //堆长度
/* 链接器生成堆栈基地址 */
```

```
extern unsigned int Image$$ARM_LIB_STACK$$ZI$$Limit
extern unsigned int Image$$ARM_LIB_STACKHEAP$$ZI$$Limit
```

16.6.3　读写外设寄存器

本书的设计例子对外设内的寄存器进行读写操作，最重要的是首先要给出这些外设的基地址，使用C语言定义外设基地址如代码清单16-5所示。

代码清单16-5　定义外设基地址

```
#define AHB_VGA_BASE      0x50000000
#define AHB_UART_BASE     0x51000000
#define AHB_TIMER_BASE    0x52000000
#define AHB_GPIO_BASE     0x53000000
#define AHB_7SEG_BASE     0x54000000
#define NVIC_INT_ENABLE 0xE000E100
```

写寄存器操作的C语言代码如代码清单16-6所示。

代码清单16-6　写寄存器操作

```
*(unsigned int *) AHB_TIMER_BASE = 0x3FFFF;     //将数值写到对应的外设寄存器
```

读寄存器操作的C语言代码如代码清单16-7所示。

代码清单16-7　读寄存器操作

```
i = *(unsigned int *) AHB_GPIO_BASE;             //从外设寄存器中读取值
```

16.6.4　汇编调用C函数

当使用汇编语言调用C语言程序时，需要执行下面的操作：

(1) 由于在调用的过程中可能会改变R0、R1、R2、R3、R12和LR的内容，因此需要将这些寄存器压栈。

(2) SP的值需要对齐到双字的地址边界。

(3) 将输入参数保存在正确的寄存器中，如寄存器R0和R3用于传递四个参数。

(4) 返回值必须保存在R0中。

典型地，使用C语言描述异常处理句柄，然后在汇编语言中调用。首先，用C语言描述异常处理句柄，如代码清单16-8所示。

代码清单16-8　异常句柄的C语言代码

```
void UART_ISR() {
    char c;
    c = *(char *) AHB_UART_BASE;                 //从UART读取字符
    …
}
```

当使用C语言描述异常句柄后，就可以在使用汇编语言编写的启动代码中，添加对异常句柄的调用,如代码清单 16-9 所示。

代码清单 16-9　汇编语言调用 C 语言代码

```
UART_Handler    PROC
                EXPORT UART_Handler     //在汇编语言中的标号名字
                IMPORT UART_ISR         // 在 C 语言中的函数名字
                PUSH   {R0,R1,R2,LR}    // 保存上下文
                BL     UART_ISR         // 跳转到用 C 语言编写的异常处理句柄
                POP    {R0,R1,R2,PC}    // 恢复上下文
                ENDP
```

16.6.5　C 语言调用汇编语言

当使用 C 语言调用汇编语言程序时,需要执行下面的操作:

(1) 如果需要修改 R4～R11 的内容,则需要在汇编语言程序中将它们保存(压栈)和恢复(出栈)。

(2) 如果在汇编语言中调用其他函数,则需要将 LR 寄存器保存在堆栈,并且恢复用于返回。

(3) 函数的返回值通常保存在 R0。

使用汇编语言编写函数,如代码清单 16-10 所示。

代码清单 16-10　汇编语言函数代码

```
EXPORT add_asm
add_asm  FUNCTION
         ADDS  R0, R0, R1
         ADDS  R0, R0, R2
         ADDS  R0, R0, R3
         BX    LR                      ;返回结果保存在 R0 中
         ENDFUNC
```

使用 C 语言调用汇编语言,如代码清单 16-11 所示。

代码清单 16-11　C 语言调用汇编语言代码

```
external int add_asm( int k1, int k2, int k3, int k4);
void main {
    int x;
    x = add_asm (11,22,33,44);           // 调用汇编语言函数
    …
}
```

16.6.6　C 语言嵌入汇编语言

嵌入式汇编器允许在 C 语言代码中嵌入汇编语言,如代码清单 16-12 所示。

代码清单 16-12　C 语言嵌入汇编语言

```
_asm int add_asm( int k1, int k2, int k3, int k4) {
                ADDS  R0, R0, R1
                ADDS  R0, R0, R2
                ADDS  R0, R0, R3
                BX    LR
}
void main {
        int x;
        x = add_asm (11,22,33,44);          // 调用汇编函数
     …
}
```

16.7　C 语言驱动的设计和实现

本节使用 C 语言实现对 SoC 系统内不同外设模块的控制。内容包括：打开前面的设计工程、建立新的软件设计工程、软件工程参数设置、创建并添加汇编文件、创建并添加头文件、创建并添加 C 文件、添加 HEX 文件到当前工程、设计综合、设计实现和下载比特流文件。

16.7.1　打开前面的设计工程

本节打开前面的设计工程，其步骤包括：

(1) 在 E:/cortex-m0_example 目录中，新建一个名字为 cortex_m0_c_prog 的子目录。

(2) 将 E:/cortex-m0_example/cortex_m0_vga 目录中的所有文件和文件夹的内容复制到刚才新建的 cortex_m0_c_prog 子目录中。

(3) 启动 Vivado 2016.1 集成开发环境。

(4) 在 Vivado 集成开发环境主界面内的 Quick Start 分组下，单击 Open Project 图标。

(5) 出现 Open Project 对话框界面。在该界面中，将路径指向：

```
E:/cortex - m0_example/cortex_m0_c_prog
```

(6) 在该路径中，选择 cortex_m0. xprj。

(7) 单击 OK 按钮。

注：在该设计中，请读者打开 AHB2BRAM. v 文件，将第 12 行的参数声明语句修改如下。

```
#(parameter MEMWIDTH = 14)
```

16.7.2　建立新的软件设计工程

建立新设计工程的主要步骤包括：

1) 在 μVision5 主界面主菜单下，选择 Project→New μVision Project…。

2) 出现 Create New Project(创建新工程)对话框界面。按下面设置参数：

(1) 指向下面的路径：

```
E:\cortex-m0_example\cortex_m0_c_prog\software
```

(2) 在文本名右侧的文本框中输入 top，即该设计的工程名为 top. uvproj。

注：读者可以根据自己的情况选择路径和输入工程名字。

3) 单击“保存”按钮。

4) 出现 Select Device for Target ‘Target 1’…对话框界面。在该界面左下方的窗口中，找到并展开 ARM。在 ARM 展开项中，找到并展开 ARM Cortex-M0。在 ARM Cortex-M0 展开项中，选择 ARMCM0。在右侧 Description 中，给出了 Cortex-M0 处理器的相关信息。

5) 出现 Manage Run-Time Environment 对话框界面。

6) 单击 OK 按钮。

16.7.3 软件工程参数设置

设置工程参数的主要步骤包括：

1) 在 μVision 左侧的 Project 窗口中，选择 Target 1，右击，出现浮动菜单。在浮动菜单内，选择 Option for Taget ‘Target 1’…选项。

2) 在 Options for Target ‘Target 1’对话框界面中，单击 Target 标签。在该标签窗口下，选中 Use MicroLIB 前面的复选框。

注：MicroLIB C 函数库用于对微控制器以及其他嵌入式应用的优化。MicroLIB 中的程序占用较少的存储器空间，不过同时也降低了性能，并且使用时还有一些局限性。

3) 在 Options for Target ‘Target 1’对话框界面中，单击 Output 标签。在该标签窗口下，定义了工具链输出的文件，并且允许在建立过程结束后，启动用户程序。在该标签栏下 Name of Executable 右侧的文本框内输入 code，该设置表示所生成的二进制文件的名字为 code。

4) 在 Options for Target ‘Target 1’对话框界面中，单击 User 标签。在该标签窗口中，制定了在编译/建立前或者建立后所执行的用户程序。在该界面中，需要设置下面的参数：

(1) 在 After Build/Rebuild 标题栏下，选中 Run #1 前面的复选框。在右侧文本框中输入下面的命令：

```
fromelf --cvf .\objects\code.axf --vhx --32x1 -o code.hex
```

(2) 在 After Build/Rebuild 标题栏下，选中 Run #2 前面的复选框。在右侧文本框中输入下面的命令：

```
fromelf --cvf .\objects\code.axf -o disasm.txt
```

fromelf 映像转换工具允许设计者修改 ELF 映像和目标文件，并且在这些文件上显示信息。其中：

① --vhx 选项，表示生成面向字节（Verilog HDL 内存模型）的十六进制格式。此格式适合加载到硬件描述语言仿真器的内存模型中。

② --32x1 选项，表示生成的内存系统中只有 1 个存储器，该存储器宽度为 32 位。

③ -o 选项，用于指定输出文件的名字，如 code. hex 和 disasm. txt。

④ 所使用的文件. axf。该文件是 ARM 芯片使用的文件格式，即 ARM 可执行文件（ARM Executable File，AXF），它除了包含 bin 代码外，还包含了输出给调试器的调试信息。与 AXF 文件一起的还有 HEX 文件，HEX 文件包含地址信息，可以直接用于烧写或者下载 HEX 文件。

注：默认地，该文件保存在当前工程路径的 objects 子目录下。

⑤ -cvf 选项对代码进行反汇编，输出映像的每个段和节的头文件详细信息。

5）在 Options for Target ‘Target 1’对话框界面中，单击 Linker 标签。在该标签界面中，不选中 Use Memory Layout from Target Dialog 前面的复选框。

6）单击 OK 按钮，退出目标选项设置对话框界面。

16.7.4 创建并添加汇编文件

本节添加汇编文件，并在该文件中添加代码，完成汇编文件的设计。主要步骤包括：

1）在 Project 窗口中，选择并展开 Target1。在 Target1 展开项中，找到并选中 Source Group1，右击，出现浮动菜单。在浮动菜单内，选择 Add New Item to Group ‘Source Group 1’…。

2）出现 Add New Item to Group ‘Source Group 1’对话框界面。在该界面左侧窗口中，按下面设置参数：

(1) 选择 Asm File(. s)。

(2) 在 Name：右侧的文本框中，输入 cm0dsasm。

3）单击 Add 按钮。

4）在 cm0dsasm. s 文件中，按代码清单 16-13 所示输入设计代码。

代码清单 16-13　cm0dsasm. s 文件

```
Stack_Size      EQU         0x00000400          ; 堆栈大小

                AREA        TACK, NOINIT, READWRITE, ALIGN = 4
Stack_Mem       SPACE       Stack_Size
__initial_sp


Heap_Size       EQU         0x00000400          ; 堆的大小

                AREA        HEAP, NOINIT, READWRITE, ALIGN = 4
__heap_base
Heap_Mem        SPACE       Heap_Size
```

```
__heap_limit

; 在复位时,将向量表映射到地址 0

                PRESERVE8
                THUMB

                AREA      RESET, DATA, READONLY
                EXPORT    __Vectors

__Vectors       DCD       __initial_sp
                DCD       Reset_Handler
                DCD       0
                DCD       0
                DCD       0
                DCD       0
                DCD       0
                DCD       0
                DCD       0
                DCD       0
                DCD       0
                DCD       0
                DCD       0
                DCD       0
                DCD       0
                DCD       0

                ; 外部中断

                DCD       Btn_Handler          ;按键中断
                DCD       Timer_Handler        ;定时器中断
                DCD       0
                DCD       0
                DCD       0
                DCD       0
                DCD       0
                DCD       0
                DCD       0
                DCD       0
                DCD       0
                DCD       0
                DCD       0
                DCD       0
                DCD       0
                DCD       0

            AREA |.text|, CODE, READONLY
;复位句柄
Reset_Handler PROC
                GLOBAL   Reset_Handler
```

```
                ENTRY
                IMPORT  __main
                LDR     R0, = __main
                BX      R0                      ;分支到__main
                ENDP
;按键句柄
Btn_Handler     PROC
                EXPORT  Btn_Handler
                IMPORT  Btn_ISR
                PUSH    {R0,R1,R2,LR}            ;调用前,现场入栈
                BL Btn_ISR                       ;跳转到按键 ISR
                POP     {R0,R1,R2,PC}            ;返回,现场出栈
                ENDP
;定时器句柄
Timer_Handler   PROC
                EXPORT  Timer_Handler
                IMPORT  Timer_ISR
                PUSH    {R0,R1,R2,LR}           ;调用前,现场入栈
                BL      Timer_ISR               ;跳转到定时器 ISR
                POP     {R0,R1,R2,PC}           ;返回,现场出栈
                ENDP

                ALIGN   4                       ;对齐字边界

; 用户初始的堆栈和堆
                IF      :DEF:__MICROLIB
                EXPORT  __initial_sp
                EXPORT  __heap_base
                EXPORT  __heap_limit
                ELSE
                IMPORT  __use_two_region_memory
                EXPORT  __user_initial_stackheap
__user_initial_stackheap

                LDR     R0, = Heap_Mem
                LDR     R1, = (Stack_Mem + Stack_Size)
                LDR     R2, = (Heap_Mem + Heap_Size)
                LDR     R3, = Stack_Mem
                BX      LR

                ALIGN

                ENDIF
    END
```

5）保存该设计文件。

思考与练习 16-7：分析上面的代码，说明启动引导程序的作用。

思考与练习 16-8：说明在启动代码中，描述不同外部中断 ISR 的方法。

16.7.5 创建并添加头文件

本节添加头文件，并在该文件中添加代码，完成头文件的设计。主要步骤包括：

1）在 Project 窗口中，选择并展开 Target1。在 Target1 展开项中，找到并选中 Source Group1，右击，出现浮动菜单。在浮动菜单内，选择 Add New Item to Group 'Source Group 1'…。

2）出现 Add New Item to Group 'Source Group 1'对话框界面。在该界面左侧窗口中，按下面设置参数：

（1）选择 Header File(.h)。

（2）在 Name：右侧的文本框中，输入 system。

3）单击 Add 按钮。

4）在 system.h 文件中，按代码清单 16-14 所示输入设计代码。

代码清单 16-14 system.h 文件

```
#ifndef system_address
#define system_address
#define AHB_VGA_BASE              0x54000000 ;VGA 模块基地址
#define AHB_UART_BASE             0x53000000 ;UART 模块基地址
#define AHB_TIMER_BASE            0x52000000 ;TIMER 模块加载寄存器基地址
#define AHB_TIMER_CONT            0x52000008 ;TIMER 模块控制寄存器基地址
#define AHB_7SEG_BASE             0x51000000 ;SEG7 模块基地址
#define AHB_LED_BASE              0x50000000 ;LED 模块基地址
#define NVIC_INT_ENABLE           0xE000E100 ;中断使能寄存器地址
#define NVIC_INT_PRIORITY0        0xE000E400 ;中断优先级寄存器地址
#endif
```

5）保存该设计文件。

16.7.6 创建并添加 C 文件

本节添加 C 源文件，并在该文件中添加代码，完成 C 源文件的设计。主要步骤包括：

1）在 Project 窗口中，选择并展开 Target1。在 Target1 展开项中，找到并选中 Source Group1，右击，出现浮动菜单。在浮动菜单内，选择 Add New Item to Group 'Source Group 1'…。

2）出现 Add New Item to Group 'Source Group 1'对话框界面。在该界面左侧窗口中，按下面设置参数：

（1）选择 C File(.c)。

（2）在 Name：右侧的文本框中，输入 main。

3）单击 Add 按钮。

4）在 main.c 文件中，按代码清单 16-15 所示输入设计代码。

代码清单 16-15　main.c 文件

```
#include "system.h"                                    //包含头文件

unsigned char i = 0;                                   //定义全局字符型变量 i
unsigned char en = 0;                                  //定义全局字符型变量 en
void Btn_ISR()                                         //按键 ISR
{
     i = 0;                                            //当触发按键中断时,将 i 置为 0
}

void Timer_ISR()                                       //定时器 ISR
{
  en = 1;                                              //当触发定时器中断时,将 en 置为 0
}
/////////////////////////////////////////////////////////////////
// 主程序
/////////////////////////////////////////////////////////////////
int main(void)
  {
    *(unsigned int *) AHB_TIMER_BASE = 0x0007ffff;     //设置定时器计数初值
    *(unsigned int *) AHB_TIMER_CONT  = 0x07;          //使能定时器,16 分频
    *(unsigned int *) AHB_7SEG_BASE  = 0x00000000;     //复位 7 段数码管显示
    *(unsigned int *) AHB_LED_BASE  = 0xA5;            //设置 LED 的初值为 0xA5
    *(unsigned int *) NVIC_INT_ENABLE  = 0x00000003;   //使能按键和定时器中断
    while(1)                                           //无限循环
    {
      if(en == 1)                                      //当定时器中断有效时
        {
        en = 0;                                        //将全局变量 en 设置为 0
        *(unsigned char *) AHB_LED_BASE  =  i;         //将变量 i 的值送到 LED 模块
        *(unsigned int *) AHB_7SEG_BASE  = i;          //将变量 i 的值送到 SEG7 模块
        *(unsigned int *) AHB_VGA_BASE  = i + 0x30;    //在 VGA 上显示变量 i 的字符值
        *(unsigned int *) AHB_VGA_BASE  = ' ';         //打印空格
        i = i + 1;                                     //全局变量 i 递增 1
          if (i == 100)                                //如果 i 等于 100
           *(unsigned int *) AHB_TIMER_CONT =  0;      //停止定时器
        }
    }
  return 0;
}
```

5）保存该设计文件。

6）在 Keil μVision5 主界面主菜单下，选择 Project→Build target，对程序进行编译。

注：该过程将在当前工程路径，即

```
E:\cortex-m0_example\cortex_m0_c_prog\software
```

路径下，生成 code.hex 文件。

思考与练习 16-9：在该路径下，找到并用写字板打开 code.hex 文件，分析该文件。

思考与练习 16-10：通过分析反汇编代码，进一步熟悉和掌握 Cortex-M0 指令集。

16.7.7 添加HEX文件到当前工程

本节将前面生成的 code. hex 文件添加到当前工程中，主要步骤包括：

(1) 在 Vivado 主界面左侧的 Sources 窗口下，找到并展开 Memory Initialization Files。在展开项中，找到并选择 code. hex，右击，出现浮动菜单。在浮动菜单内，选择 Remove File from Project…，彻底删除该文件。

(2) 在 Vivado 主界面的在 Sources 窗口下，找到并选择 Design Sources，右击，出现浮动菜单。在浮动菜单内，选择 Add Sources…选项。

(3) 出现 Add Sources(添加源文件)对话框界面。在该对话框界面内，选中 Add or create design sources 前面的复选框。

(4) 单击 Next 按钮。

(5) 出现 Add Sources-Add or Create Design Sources(添加源文件-添加或者创建设计源文件)对话框界面。在该界面中单击 按钮，出现浮动菜单。在浮动菜单内，选择 Add Files…选项。

(6) 出现 Add Source Files 对话框界面。在该对话框界面中，将路径指向：

```
E:\cortex-m0_example\cortex_m0_c_prog\software
```

在该路径下，选中 code. hex 文件。

(7) 单击 OK 按钮。

(8) 返回到 Add Source-Add or Create Design Sources 对话框界面。在该界面中，选中 Copy sources into project(复制源文件到工程)前面的复选框。

(9) 单击 Finish 按钮。

(10) 可以看到，在 Sources 标签窗口下添加了 code. hex 文件，但是该文件在 Unknown 文件夹下。

(11) 选中 Unknown 文件下的 code. hex 文件，右击，出现浮动菜单。在浮动菜单内，选中 Source File Properties…选项。

(12) 出现 Source File Properties 界面。在该界面中单击 按钮。

(13) 出现 Set Type 对话框界面。在该对话框界面中 File Type 右侧的下拉框中，选择 Memory Initialization Files 选项。

(14) 单击 OK 按钮。

(15) 可以看到 Unknown 文件夹的名字变成了 Memory Initialization Files。

至此，将软件代码成功地添加到 Vivado 设计工程中。这样，对该设计进行后续处理时，就能用于初始化 FPGA 内的片内存储器。

16.7.8 设计综合

本节对设计进行综合，主要步骤包括：

(1) 在 Vivado 集成开发环境左侧 Flow Navigator 窗口下，找到并展开 Synthesis。

在 Synthesis 展开项中，单击 Run Synthesis，Vivado 开始对设计进行综合。

（2）当完成综合过程后，弹出 Synthesis Completed（综合完成）对话框界面。在该界面中，选中 Open Synthesized Design 前面的复选框。

（3）单击 OK 按钮。

16.7.9 设计实现

本节执行设计实现过程，主要步骤包括：

（1）在 Vivado 的 Sources 窗口下，找到并选中 AHBLITE_SYS.v 文件。

（2）在 Vivado 左侧的 Flow Navigator 窗口中，找到并展开 Implementation 选项。

（3）在 Implementation 展开项中，单击 Run Implementation 选项，Vivado 开始执行设计实现过程；或者在 Tcl 命令行中，输入 launch_runs impl_1 脚本命令，运行实现过程。

16.7.10 下载比特流文件

本节生成并下载比特流文件，主要步骤包括：

（1）在 Vivado 源文件窗口中，选择顶层设计文件 AHBLITE_SYS.v。

（2）在 Vivado 主界面左侧的 Flow Navigator 窗口下方，找到并展开 Program and Debug 选项。在 Program and Debug 展开项中，找到并单击 Generate Bitstream 选项，开始生成编程文件。

（3）当生成比特流的过程结束后，出现 Bitstream Generation Completed 对话框界面。

（4）单击 Cancel 按钮。

（5）通过 USB 电缆，将 A7-EDP-1 开发平台上名字为 J12 的 Mini USB-JTAG 插座与 PC/笔记本电脑上的 USB 接口进行连接。

（6）通过 USB 电缆，将 A7-EDP-1 开发平台上名字为 J14 的 VGA 插座与外部 VGA 显示器通过 VGA 连接电缆连接。

（7）将外部+5V 电源连接到 A7-EDP-1 开发平台的 J6 插座。

（8）将 A7-EDP-1 开发平台上的 J11 跳线设置为 EXT 模式，即外部供电模式。

（9）将 A7-EDP-1 开发平台上的 J10 插座设置为 JTAG，表示下面将使用 JTAG 下载设计。

（10）将 A7-EDP-1 开发平台上的 SW8 开关设置为 ON 状态，给开发平台供电。

（11）在 Vivado 主界面左侧的 Flow Navigator 窗口下方，找到并展开 Program and Debug 选项。在 Program and Debug 展开项中，找到并单击 Open Hardware Manager 选项。

（12）在 Vivado 界面上方出现 Hardware Manager-unconnected 界面。

（13）单击 Open target 选项，出现浮动菜单。在浮动菜单内选择 Auto Connect 选项。

（14）出现 Auto Connect 对话框界面。

(15) 当硬件设计正确时，在 Hardware 窗口中会出现所检测到的 FPGA 类型和 JTAG 电缆的信息。

(16)，选中名字为 xc7a75t_0 的一行，右击，出现浮动菜单。在浮动菜单内，选择 Program Device…。

(17) 出现 Program Device 对话框界面。在该界面中默认将 Bitstream file(比特流文件)的路径指向：

```
E:/cortex-m0_example/cortex_m0_c_prog/cortex_m0.runs/impl_1/AHBLITE_SYS.bit
```

(18) 单击 Program 按钮，Vivado 工具自动将比特流文件下载到 FPGA 中。

思考与练习 16-11：观察 LED 灯、7 段数码管和 VGA 显示器界面中文本和图像输出是否满足设计要求。

16.8 C 语言重定向及实现

在使用 Cortex-M 处理器实现嵌入式系统设计时，库函数的使用非常多。例如，使用 printf 函数处理输出字符的格式化。在使用 ARM Cortex 处理器的嵌入式软件设计中，将其称为重定向。

若要使用 UART 接口的输入和输出，则需要进行额外的修改。对于 Keil μVision 集成开发环境提供的 C 编译器，C 语言库函数"fputc"作为输出重定向，以及使用"fgetc"作为输入重定向。为了方便处理，将这些函数集成在一个名字为 retarget.c 的文件中。在 Keil 集成开发环境的安装目录中包含了该函数的模板。

注：(1) retarget.c 文件保存在下面的路径：

```
C:\keil_v5\ARM\Startup\retarget.c
```

(2) 删除 system.h 头文件。

16.8.1 打开前面的设计工程

本节打开前面的设计工程，其步骤包括：

(1) 在 E:/cortex-m0_example 目录中，新建一个名字为 cortex_m0_retarget 的子目录。

(2) 将 E:/cortex-m0_example/cortex_m0_c_prog 目录中的所有文件和文件夹的内容复制到刚才新建的 cortex_m0_retarget 子目录中。

(3) 启动 Vivado 2016.1 集成开发环境。

(4) 在 Vivado 集成开发环境主界面内的 Quick Start 分组下，单击 Open Project 图标。

(5) 出现 Open Project 对话框界面。在该界面中，将路径指向：

```
E:/cortex-m0_example/cortex_m0_retarget
```

(6) 在该路径中，选择 cortex_m0.xprj。

(7) 单击 OK 按钮。

16.8.2 打开前面的软件设计工程

建立新设计工程的主要步骤包括：

1）在 μVision5 主界面主菜单下，选择 Project→Open Project…。

2）出现 Select Project File(选择工程文件)对话框界面。按下面设置参数：

(1) 指向下面的路径：

```
E:\cortex-m0_example\cortex_m0_retarget\software
```

(2) 选中名字为 top.uvproj 的工程文件。

3）单击"打开"按钮。

注：在 Options for Target 'Target 1'对话框界面中，单击 Target 标签。在该标签窗口下，不选中 Use MicroLIB 前面的复选框。

16.8.3 修改启动引导文件

本节修改启动文件，主要步骤包括：

(1) 在 Keil μVision 集成开发环境左侧的 Project 窗口中，找到并双击 cm0dsasm.s，打开该文件。

(2) 按代码清单 16-16 所示修改该文件。

代码清单 16-16 cm0dsasm.s 文件

```
Stack_Size      EQU     0x00000400              ; 堆栈大小

                AREA    STACK, NOINIT, READWRITE, ALIGN = 4
Stack_Mem       SPACE   Stack_Size
__initial_sp


Heap_Size       EQU     0x00000400              ; 堆大小

                AREA    HEAP, NOINIT, READWRITE, ALIGN = 4
__heap_base
Heap_Mem        SPACE   Heap_Size
__heap_limit

; 在复位时,向量表映射到地址 0
                PRESERVE8
                THUMB

                AREA    RESET, DATA, READONLY
                EXPORT  __Vectors


__Vectors       DCD     __initial_sp
                DCD     Reset_Handler
```

```
                DCD     0
                DCD     0
                DCD     0
                DCD     0
                DCD     0
                DCD     0
                DCD     0
                DCD     0
                DCD     0
                DCD     0
                DCD     0
                DCD     0
                DCD     0
                DCD     0

                ; 外部中断

                DCD     0
                DCD     0
                DCD     0
                DCD     0
                DCD     0
                DCD     0
                DCD     0
                DCD     0
                DCD     0
                DCD     0
                DCD     0
                DCD     0
                DCD     0
                DCD     0
                DCD     0
                DCD     0

                AREA |.text|, CODE, READONLY
;复位句柄
Reset_Handler  PROC
                GLOBAL Reset_Handler
                ENTRY
                IMPORT __main
                LDR     R0, = __main
                BX      R0              ;分支到 __main
                ENDP

                ALIGN  4
; 用户初始的堆栈和堆
                IF      :DEF:__MICROLIB
                EXPORT __initial_sp
                EXPORT __heap_base
                EXPORT __heap_limit
                ELSE
```

```
            IMPORT __use_two_region_memory
            EXPORT __user_initial_stackheap
__user_initial_stackheap

            LDR     R0, = Heap_Mem
            LDR     R1, =(Stack_Mem + Stack_Size)
            LDR     R2, = (Heap_Mem + Heap_Size)
            LDR     R3, = Stack_Mem
            BX      LR

            ALIGN

            ENDIF
    END
```

(3) 保存该设计文件。

16.8.4 导入并修改 retarget.c 文件

本节导入并修改 retarget.c 文件，主要步骤包括：

(1) 在 Keil μVision 左侧的 Project 窗口中，选中 Source Group1，右击，出现浮动菜单。在浮动菜单内，选择 Add Existing File to Group…。

(2) 出现 Add File to Group 对话框界面。在该界面中，将路径指向：

```
C:\keil_v5\ARM\Startup
```

(3) 选择 Retarget.c 文件。

(4) 单击 Add 按钮。

(5) 单击 Close 按钮。

(6) 可以看到在 Project 窗口中添加了 Retarget.c 文件。选择并双击打开该文件，如代码清单 16-17 所示。

代码清单 16-17　retarget.c 文件

```
#include <stdio.h>
#include <time.h>
#include <rt_misc.h>

#define AHB_UART_BASE      0x53000000                //定义 UART 发送和接收寄存器地址
#define AHB_UART_STATUS    0x53000004                //定义 UART 状态寄存器地址
#pragma import(__use_no_semihosting_swi)             //不使用自带的软件服务中断函数

struct __FILE {
    unsigned char * ptr;
    };

FILE __stdout = {(unsigned char * )AHB_UART_BASE}; //定义标准的输出设备串口
FILE __stdin = {(unsigned char * )AHB_UART_BASE};  //定义标准的输入设备串口
```

```
int fputc(int ch, FILE * f)                          //定义 fputc 函数,输出调用
{
  return(uart_out(ch));                              //返回调用 uart_out(ch)函数结果

}

int fgetc(FILE * f)                                  //定义 fgetc 函数,输入调用
{
    return(uart_in());                               //返回调用 uart_in()函数结果
}

int ferror(FILE * f)                                 //定义 ferror 函数,出错调用
{
  return 0;
}

int uart_out(int ch)                                 //定义 uart_out 函数
{
    unsigned char * UARTPtr;
    UARTPtr = (unsigned char * )AHB_UART_BASE;       //得到 UART 发送寄存器地址
     * UARTPtr = (char)ch;                           //将字符 ch 写到 UART 发送寄存器
    return(ch);                                      //返回 ch
}
__inline char UartDataAvail()                        //定义内联函数 UartDataAvail
{                                                    //该函数用于判断是否接收到数据
    char status;
    unsigned char * StatusPtr;
    StatusPtr = (unsigned char * )AHB_UART_STATUS;   //得到状态寄存器的地址
    status = * StatusPtr;                            //读取 UART 的状态
    return (status & 0x01);                          //返回接收缓冲区的状态
}

int uart_in()                                        //定义 uart_in 函数
{
    char ch;                                         //定义字符 ch
    unsigned char * UARTPtr;
    while(UartDataAvail()!= 0);                      //如果接收缓冲区为空,则一直等待
    UARTPtr = (unsigned char * )AHB_UART_BASE;       //得到接收寄存器的地址
    ch = * UARTPtr;                                  //读取接收到的字符
    uart_out(ch);                                    //调用 uart_out 函数,回显
    return((int)ch);                                 //返回接收到的字符
}

void _ttywrch(int ch)                                //定义 ttywrch 函数
{
  fputc(ch,&__stdout);                               //调用 fputc,将 ch 写到串口
}

void _sys_exit(void)                                 //定义 sys_exit 函数,退出时调用
{
```

```
    printf("\nTEST DONE\n");                        //打印信息
    while(1);

}
```

16.8.5 修改C设计文件

本节修改头文件，并在该文件中添加代码，完成头文件的设计。主要步骤包括：

(1) 在 Keil μVision 集成开发环境左侧的 Project 窗口中，找到并双击 main. c，打开该文件。

(2) 按代码清单 16-18 所示修改该文件。

代码清单 16-18　main. c 文件

```
#include <stdio.h>
#include <time.h>
#include <rt_misc.h>
#include <stdlib.h>
////////////////////////////////////////////////////////////////////////
// 主函数
////////////////////////////////////////////////////////////////////////

int main(void)
  {
  char a[10] = {0,10,20,30,40,50,60,70,80,90};   //定义字符数组a,并初始化该数组
  int i,j;                                        //定义整型变量i和j
  printf("please input value of j\n");            //在串口中端打印字符串
  scanf("%d",&j);                                 //输入整型变量j的值
  printf("j = %d",j);                             //打印整型变量的值
  printf("\n output value of array \n");          //提示打印数组a各个元素的值
  for(i = 0;i<10;i++)                             //循环10次
   printf("a[%d] = %d\n",i,a[i]);                 //打印数组a各个元素的值
  return 0;                                       //返回
}
```

(3) 保存该设计文件。

(4) 在 Keil μVision5 主界面主菜单下，选择 Project→Build target，对程序进行编译。

注：当编译过程结束后，将在当前工程路径，即

```
E:\cortex-m0_example\cortex_m0_retarget\software
```

路径下，生成 code. hex 文件。

思考与练习 16-12：尝试修改前面给出的C语言代码，实现不同的功能。

思考与练习 16-13：通过分析反汇编代码，进一步熟悉和掌握 Cortex-M0 指令集。

16.8.6 添加 HEX 文件到当前工程

本节将前面生成的 code. hex 文件添加到当前工程中，主要步骤包括：

(1) 在 Vivado 主界面左侧的 Sources 窗口下，找到并展开 Memory Initialization Files。在展开项中，找到并选择 code. hex，右击，出现浮动菜单。在浮动菜单内，选择 Remove File from Project…，彻底删除该文件。

(2) 在 Vivado 主界面左侧的 Sources 窗口下，找到并选择 Design Sources，右击，出现浮动菜单。在浮动菜单内选择 Add Sources…选项。

(3) 出现 Add Source(添加源文件)对话框界面。在该对话框界面内，选中 Add or create design sources 前面的复选框。

(4) 单击 Next 按钮。

(5) 出现 Add Sources-Add or Create Design Sources(添加源文件-添加或者创建设计源文件)对话框界面。在该界面中单击 + 按钮，出现浮动菜单。在浮动菜单内选择 Add Files…选项。

(6) 出现 Add Source Files 对话框界面。在该对话框界面中，将路径指向：

```
E:\cortex - m0_example\cortex_m0_retarget \software
```

在该路径下，选中 code. hex 文件。

(7) 单击 OK 按钮。

(8) 返回到 Add Sources-Add or Create Design Sources 对话框界面。在该界面中选中 Copy sources into project(复制源文件到工程)前面的复选框。

(9) 单击 Finish 按钮。

(10) 可以看到，在 Sources 标签窗口下添加了 code. hex 文件，但是该文件在 Unknown 文件夹下。

(11) 选中 Unknown 文件下的 code. hex 文件，右击，出现浮动菜单。在浮动菜单内选中 Source File Properties…选项。

(12) 出现 Source File Properties 界面。在该界面中单击 ▭ 按钮。

(13) 出现 Set Type 对话框界面。在该对话框界面中 File Type 右侧的下拉框中，选择 Memory Initialization Files 选项。

(14) 单击 OK 按钮。

(15) 可以看到 Unknown 文件夹的名字变成了 Memory Initialization Files。

16.8.7 设计综合

本节对设计进行综合，主要步骤包括：

(1) 在 Vivado 集成开发环境左侧 Flow Navigator 窗口下，找到并展开 Synthesis。在 Synthesis 展开项中，单击 Run Synthesis，Vivado 开始对设计进行综合。

(2) 当完成综合过程后，弹出 Synthesis Completed(综合完成)对话框界面。在该界面中，选中 Open Synthesized Design 前面的复选框。

(3) 单击 OK 按钮。

16.8.8 设计实现

本节执行设计实现过程，主要步骤包括：

(1) 在 Vivado 的 Sources 窗口下，找到并选中 AHBLITE_SYS. v 文件。

(2) 在 Vivado 左侧的 Flow Navigator 窗口中，找到并展开 Implementation 选项。

(3) 在 Implementation 展开项中，单击 Run Implementation 选项，Vivado 开始执行设计实现过程；或者在 Tcl 命令行中，输入 launch_runs impl_1 脚本命令，运行实现过程。

16.8.9 下载比特流文件

本节生成并下载比特流文件，主要步骤包括：

(1) 在 Vivado 源文件窗口中，选择顶层设计文件 AHBLITE_SYS. v。

(2) 在 Vivado 主界面左侧的 Flow Navigator 窗口下方，找到并展开 Program and Debug 选项。在 Program and Debug 展开项中，找到并单击 Generate Bitstream 选项。开始生成编程文件。

(3) 当生成比特流的过程结束后，出现 Bitstream Generation Completed 对话框界面。

(4) 单击 Cancel 按钮。

(5) 通过 USB 电缆，将 A7-EDP-1 开发平台上名字为 J12 的 Mini USB-JTAG 插座与 PC/笔记本电脑上的 USB 接口进行连接。

(6) 通过 USB 电缆，将 A7-EDP-1 开发平台上名字为 J13 的 Mini USB-UART 插座与 PC/笔记本电脑上的 USB 接口进行连接。

(7) 将外部＋5V 电源连接到 A7-EDP-1 开发平台的 J6 插座。

(8) 将 A7-EDP-1 开发平台上的 J11 跳线设置为 EXT 模式，即外部供电模式。

(9) 将 A7-EDP-1 开发平台上的 J10 插座设置为 JTAG，表示下面将使用 JTAG 下载设计。

(10) 将 A7-EDP-1 开发平台上的 SW8 开关设置为 ON 状态，给开发平台供电。

(11) 打开 PC/笔记本电脑上的串口调试工具，当系统正常时，PC/笔记本电脑会检测到虚拟出来的串口端口号。设置串口通信参数：波特率 9600，8 个数据位，一个停止位，无奇偶校验，无硬件流量控制。

注： *在本书中，使用 Xilinx SDK 2016.1 软件中自带的串口调试工具。*

(12) 在 Vivado 主界面左侧的 Flow Navigator 窗口下方，找到并展开 Program and Debug 选项。在 Program and Debug 展开项中，找到并单击 Open Hardware Manager 选项。

(13) 在 Vivado 界面上方出现 Hardware Manager-unconnected 界面。

(14) 单击 Open target 选项，出现浮动菜单。在浮动菜单内选择 Auto Connect 选项。

(15) 出现 Auto Connect 对话框界面。

(16) 当硬件设计正确时，在 Hardware 窗口中会出现所检测到的 FPGA 类型和 JTAG 电缆的信息。

(17) 选中名字为 xc7a75t_0 的一行，右击，出现浮动菜单。在浮动菜单内选择 Program Device…。

(18) 出现 Program Device 对话框界面。在该界面中默认将 Bitstream file(比特流文件)的路径指向：

```
E:/cortex-m0_example/cortex_m0_uart/cortex_m0.runs/impl_1/AHBLITE_SYS.bit
```

(19) 单击 Program 按钮，Vivado 工具自动将比特流文件下载到 FPGA 中。

(20) 在串口调试界面中，可以看到接收到的字符串“please input value of j”，如图 16.11 所示。然后在下面的文本框中输入变量 j 的值，单击 Send 按钮，可以看到回显发送变量 j 的值。然后，打印数组 a 各个元素的值。

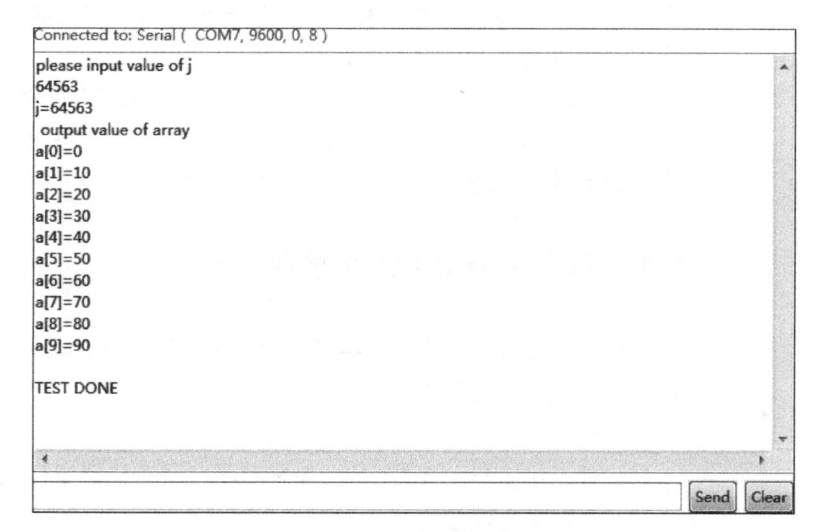

图 16.11　串口调试界面

第17章 CMSIS和驱动程序开发

Cortex 微控制器软件接口标准(Cortex Microcontroller Software Interface Standard,CMSIS)是底层软件框架,用于 Cortex-M 系列微控制器上运行的嵌入式应用程序。内容包括:引入 CMSIS 的必要性、CMSIS 的优势、CMSIS 的框架、使用 CMSIS 访问不同资源、软件驱动程序的设计以及动态图形交互系统设计。

本章介绍 ARM CMSIS,并介绍如何使用 CMSIS 提供的函数简化 Cortex-M0 微控制器代码的编写,此外,还将介绍设备驱动的知识,并为外设设计和实现标准的底层软件驱动程序。

17.1 引入 CMSIS 的必要性

在前面的设计中,详细介绍了在底层控制外设的方法。然而,直接在底层控制外设有很多缺点,包括:

(1) 在开发应用程序时,效率较低。

(2) 对于其他开发人员来说,理解程序以及对代码重用比较困难。

(3) 代码密度较低。

(4) 由于编写的代码效率低,降低了运行性能。

(5) 当把代码从一个平台移植到另一个平台时,可移植性差。

(6) 对于较长的代码来说,维护起来比较困难。

当有软件库或者应用程序接口 API 支持时,将明显看到其显著优势,包括:

(1) 缩短应用程序的开发时间,因此提高了程序开发的效率。

(2) 对于其他程序员来说,容易理解设计代码,并且可以实现代码重用。

(3) 由于采用了专家精心开发的程序库,因此有更好的代码密度。

(4) 由于提高了代码效率,因此提高了系统的运行性能。

(5) 当把代码从一个平台移植到另一个平台时,可移植性好。

(6) 容易维护和更新程序代码。

17.2 CMSIS 的优势

CMSIS 提供了标准的软件接口，如库函数。通过它可以帮助程序员很容易地实现对处理器的控制，如配置嵌套向量的中断控制器 NVIC。

此外，更重要的原因是它可以在不同 Cortex-M 系列处理器之间提高软件代码的可移植性，如图 17.1 所示。

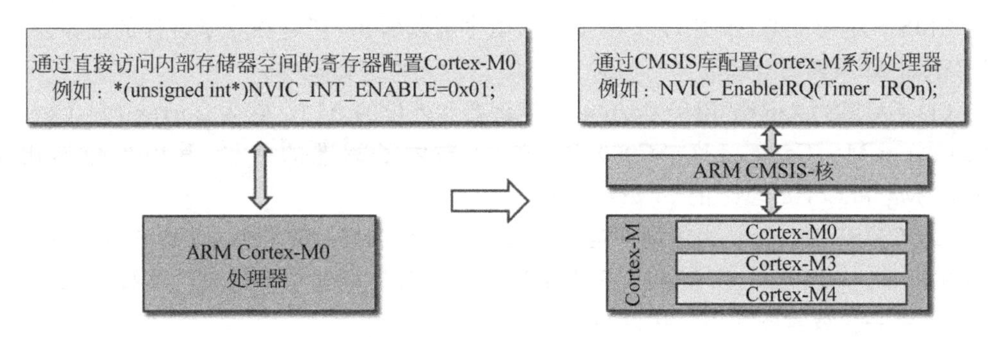

图 17.1　CMSIS 的抽象描述

从图 17.1 中可以看出，当不使用 CMSIS 时，对于 NVIC 的配置是通过直接访问 Cortex-M0 内的寄存器实现的，很明显这样做效率很低，一方面，换了 Cortex-M 系列的其他处理器后，需要修改底层寄存器的地址等，这要求程序员对底层硬件非常清楚；另一方面，降低了代码的可移植性。当使用 CMSIS 后，通过抽象的 API 函数即可实现对 NVIC 的配置，程序员根本不需要过多地关注底层硬件，从而提高 Cortex-M 不同处理器之间的代码可移植性。

使用 CMSIS 后，一切都标准化了，主要体现在以下几点：

(1) 使用标准化函数访问 NVIC、系统控制块(System Control Block，SCB)，以及系统滴答定时器 SysTick，例如：

① 使能一个中断或者异常：NVIC_EnableIRQ(IRQ_Type IRQn)；

② 设置中断挂起状态：NVIC_SetPendingIRQ(IRQ_Type IRQn)。

(2) 使用标准化函数访问特殊寄存器，例如：

① 读取 PRIMASK 寄存器：uint32_t __get_PRIMASK (void)；

② 设置 CONTROL 寄存器：void __set_CONTROL (uint32_t value)。

(3) 使用标准化函数访问特殊指令，例如：

① REV：uint32_t __REV(uint32_t int value)；

② NOP：void __NOP(void)。

(4) 标准化的系统初始化函数名字，例如：

系统初始化：void SystemInit(void)。

综上所述，使用 CMSIS 的优势主要体现在以下几点：

(1) 很容易将代码从 Cortex-M 系列的一个 MCU 移植到该系列的另一个 MCU。

(2) 显著降低了在不同 Cortex-M 系列 MCU 上代码重用的难度。

(3) 当集成第三方软件元件时，如应用程序、嵌入式OS和中间件等，兼容性会更好，这是因为它们可以共享标准的CMSIS接口。

(4) 由于CMSIS内的代码已经进行了测试及优化，因此具有更好的代码密度和较小的存储器空间需求。

17.3 CMSIS的框架

CMSIS结构框架，如图17.2所示。从图中可以看出，它是独立于硬件的抽象层，用于Cortex-M系列的处理器。下面对CMSIS内的元件进行说明：

(1) CMSIS-CORE：用于Cortex-M处理器和外设的API。它为Cortex-M0、Cortex-M3、Cortex-M4、Cortex-M7、SC000和SC300提供了标准的接口，其中也包括用于Cortex-M4和Cortex-M7的SIMD指令。

(2) CMSIS-Driver：为中间件定义了通用的外设驱动程序接口，使得它可重用于所支持的器件。API独立于RTOS，它用于将微控制器外设和中间件进行连接，如通信协议栈、文件系统或者图形用户接口GUI。

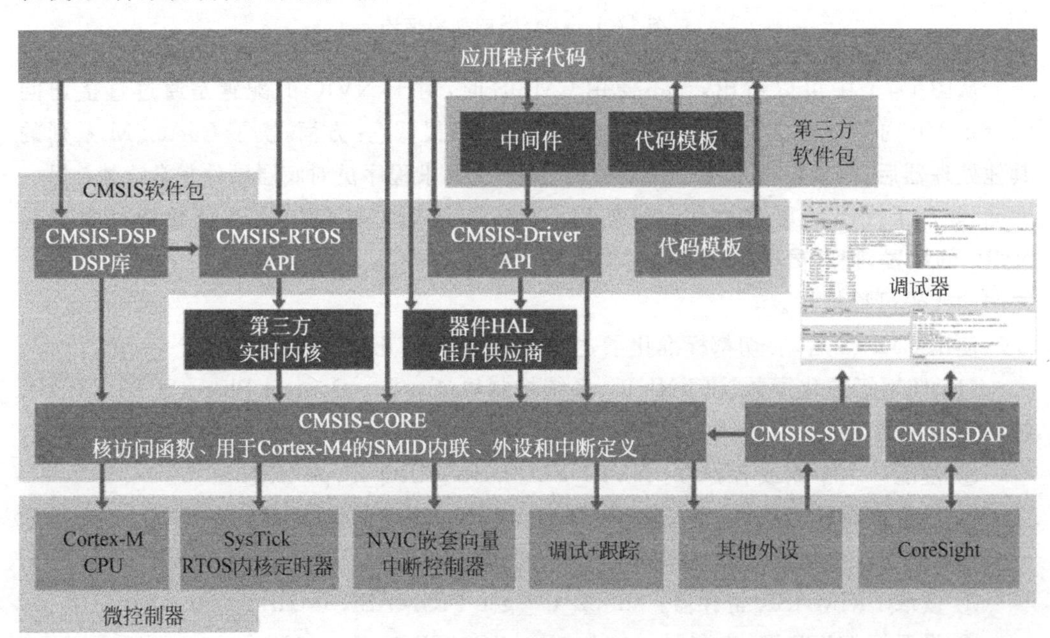

图17.2 CMSIS结构框架

(3) CMSIS-DSP：DSP库集合，包含用于不同数据类型的60多个函数，例如定点(小数q7、q15、q31)和单精度浮点(32位)。该库适用于所有的Cortex-M处理器核，并且针对Cortex-M4和Cortex-M7进行了优化，用于SIMD指令集。

(4) CMSIS-RTOS API：用于实时操作系统的公共API。它提供了标准化的编程接口，可以移植到很多RTOS。这样，使得软件模板、中间件、库和其他元件可以用于所支持的RTOS系统中。

(5) CMSIS-Pack：使用XML描述，它基于包描述(PDSX)文件，实际上是用户和器件相关部分的文件集合(称为软件包),包括源文件、头文件和库文件、文档、Flash 编程算法、源代码模板和工程示例。开发工具和 Web 基础架构使用 PDSC 文件提取器件参数、软件元件以及评估板配置。

(6) CMSIS-SVD:用于外设的系统视图描述。在一个 XML 文件中描述了器件外设,并且可以用于在调试器或者在包含外设寄存器和中断定义的头文件中创建外设识别。

(7) CMSIS-DAP:调试访问端口。用于调试单元的标准组件,它连接到 CoreSight 调试访问端口 DAP。CMSIS-DAP 作为一个独立的包发布,可以与评估板很好地集成,提供该元件进行独立下载。

ARM::CMSIS 包的内容,如表 17.1 所示。

表 17.1　ARM::CMSIS 包的内容

文件/目录	内　　容
ARM.CMSIS.pdsc	封装描述文件
CMSIS	CMSIS 元件(见表 17.2)
CMSIS_RTX	Keil RTXCMSIS-RTOS 的实现
Device	ARM Cortex-M 器件参考实现

注:(1) ARM:CMSIS 包位于安装盘符:\Keil_v5\ARM\Pack\ARM\CMSIS\4.2.0 路径下。

(2) 关于 CMSIS 更详细的信息请登录下面的网址查看:

http://www.keil.com/pack/doc/CMSIS/Core/html/index.html

目录 CMSIS 下包含着 pdf 和 RTF 格式的"CMSIS End User License Agreement"、README 文本文件、用于该文档的 index.html 文件,以及表 17.2 给出的子目录。

表 17.2　CMSIS 子目录内容

目　　录	内　　容
Documentation	CMSIS 文档
DAP	CMSIS-DAP 调试访问端口源代码,以及参考实现
Driver	Header files for the CMSIS-Driver 外设接口 API 的头文件
DSP_Lib	CMSIS-DSP 软件库源代码
Include	用于 CMSIS-CORE 和 CMSIS-DSP 的 Include 文件
Lib	用于 ARMCC 和 GCC 的 CMSIS-DSP 生成库
Pack	CMSIS-Pack 例子
RTOS	CMSIS-RTOS API 头文件
SVD	CMSIS-SVD 例子
UserCodeTemplates\ARM	ITM_Retarget.c, CMSIS 重定位到 ITM 通道 0 模板文件
Utilities	PACK.xsd (CMSIS-Pack schema file)、PackChk.exe (用于软件包的检查工具),CMSIS-SVD.xsd (CMSIS-SVD schema file)和 SVDConv.exe (用于 SVD 文件的转换工具)

思考与练习 17-1：说明 CMSIS 的框架结构。

思考与练习 17-2：说明 CMSIS 在程序开发中的优势。

17.4 使用 CMSIS 访问不同资源

本节介绍使用 CMSIS 访问不同资源的方法，包括访问 NVIC、访问特殊寄存器、访问特殊指令和访问系统。

17.4.1 访问 NVIC

CMSIS 提供了诸多函数用于访问 NVIC，如表 17.3 所示。

表 17.3 访问 NVIC 的函数

CMSIS 函数	功 能
void NVIC_EnableIRQ (IRQn_Type IRQn)	使能中断或异常
void NVIC_DisableIRQ (IRQn_Type IRQn)	禁止中断或异常
void NVIC_SetPendingIRQ (IRQn_Type IRQn)	将中断或者异常的挂起状态设置为 1
void NVIC_ClearPendingIRQ (IRQn_Type IRQn)	将中断或者异常的挂起状态清除为 0
uint32_t NVIC_GetPendingIRQ (IRQn_Type IRQn)	读中断或者异常的挂起状态。如果挂起状态设置为 1，该函数返回非零的数
void NVIC_SetPriority (IRQn_Type IRQn, uint32_t priority)	设置可配置优先级的中断或异常，将优先级设置为 1
uint32_t NVIC_GetPriority (IRQn_Type IRQn)	读可配置优先级中断或者异常的优先。该函数返回当前的优先级

17.4.2 访问特殊寄存器

CMSIS 提供了诸多函数用于访问特殊寄存器，如表 17.4 所示。

表 17.4 访问特殊寄存器的函数

特殊寄存器	访问	CMSIS 函数
PRIMASK	读	uint32_t __get_PRIMASK (void)
	写	void __set_PRIMASK (uint32_t value)
CONTROL	读	uint32_t __get_CONTROL (void)
	写	void __set_CONTROL (uint32_t value)
MSP	读	uint32_t __get_MSP (void)
	写	void __set_MSP (uint32_t TopOfMainStack)
PSP	读	uint32_t __get_PSP (void)
	写	void __set_PSP (uint32_t TopOfProcStack)

17.4.3 访问特殊指令

CMSIS 提供了诸多函数用于访问特殊指令,如表 17.5 所示。

表 17.5 访问特殊寄存器的函数

指 令	CMSIS 内联函数
CPSIE i	void __enable_irq(void)
CPSID i	void __disable_irq(void)
ISB	void __ISB(void)
DSB	void __DSB(void)
DMB	void __DMB(void)
NOP	void __NOP(void)
REV	uint32_t __REV(uint32_t int value)
REV16	uint32_t __REV16(uint32_t int value)
REVSH	uint32_t __REVSH(uint32_t int value)
SEV	void __SEV(void)
WFE	void __WFE(void)
WFI	void __WFI(void)

17.4.4 访问系统

CMSIS 提供了诸多函数用于访问系统,如表 17.6 所示。

表 17.6 访问系统的函数

CMSIS 函数	功 能
void NVIC_SystemReset(void)	初始化一个系统复位请求
uint32_t SysTick_Config(uint32_t ticks)	初始化并且启动 SysTick 计数器,以及它的中断
void SystemInit (void)	初始化系统
void SystemCoreClockUpdate(void)	更新 SystemCoreClock 变量

17.5 软件驱动程序的设计

软件驱动程序是软件程序,用于控制特殊的硬件外设,如图 17.3 所示。软件驱动程序的目的在于为应用程序开发人员提供简化易用的接口。

17.5.1 软件驱动程序的功能

在一个操作系统开发中,驱动程序是底层元件,用于和物理设备直接接口。对于驱

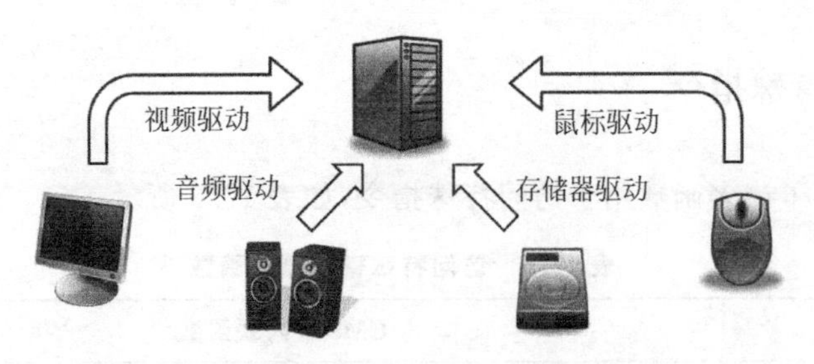

图 17.3 不同的驱动用于控制不同的外设

动程序的开发来说，通常涉及到物理设备供应商（物理级）和OS供应商（逻辑级）。

大多数的驱动程序能提供通用功能，以允许开发人员编写更高层的可以脱离指定硬件的应用程序，如图 17.4 所示。

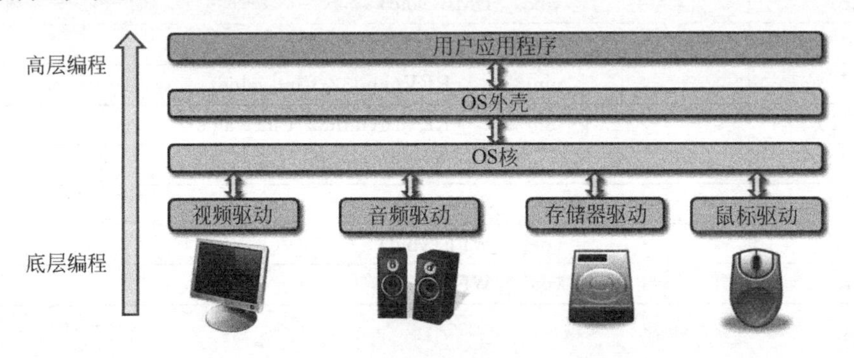

图 17.4 驱动程序的作用

17.5.2 AHB 外设驱动设计

如图 17.5 所示，设计 AHB 外设驱动的要求包括以下几点：

(1) 为每个外设编写软件驱动程序。

(2) 不需要操作系统的支持。

(3) 软件驱动程序应该提供基本的功能，用于简化外设的访问。

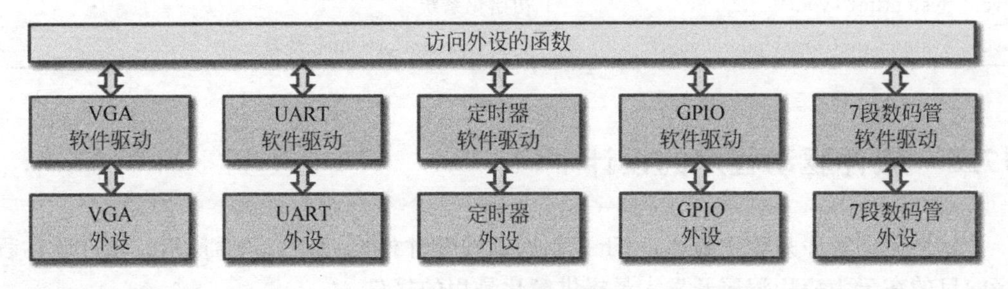

图 17.5 外设驱动

1. 使用指针访问外设

在 Cortex-M0 中，外设和它们的寄存器映射到全局存储器空间，因此可以使用存储指针访问它们,如代码清单 17-1 所示。

代码清单 17-1　指针访问寄存器

```
#define AHB_TIMER_BASE      0x52000000
#define AHB_TIMER_INITVALUE     (*((volatile unsigned long *)(AHB_TIMER_BASE + 0x00)))
#define AHB_TIMER_CURVALUE     (*((volatile unsigned long *)(AHB_TIMER_BASE + 0x04)))
#define AHB_TIMER_CONTROL     (*((volatile unsigned long *)(AHB_TIMER_BASE + 0x08)))
#define AHB_TIMER_CLEAR     (*((volatile unsigned long *)(AHB_TIMER_BASE + 0x0C)))
// 定时器初始化函数
void timer_init (int value, int control) {
    AHB_TIMER_INITVALUE = value;
    AHB_TIMER_CONTROL = control;
    AHB_TIMER_CLEAR = 0;
}
```

这种方法简化了应用程序的设计。然而,如果在同一个时刻存在相同类型外设的多个实例时,需要为每个外设定义寄存器,这使得代码的维护变得困难;另一方面,由于每个寄存器使用了独立的指针,因此程序镜像将消耗大量的存储空间。

2. 为外设定义数据结构

为了更进一步简化代码以及缩短代码长度,需要:

(1) 将寄存器集定义为一个数据结构;

(2) 将外设定义为一个指向该数据结构的存储器指针,如代码清单 17-2 所示。

代码清单 17-2　定义数据结构

```
typedef struct {
        volatile unsigned int INITVALUE;
        volatile unsigned int CURVALUE;
        volatile unsigned int CONTROL;
        volatile unsigned int CLEAR;
  } TIMER_TypeDef;
#define AHB_TIMER_BASE      0x52000000
#define TIMER     ((TIMER_TypeDef *) AHB_TIMER_BASE )
void timer_init (int value, int control) {
  TIMER->INITVALUE = value;
  TIMER->CONTROL = control;
  TIMER->CLEAR = 0;
  }
```

从上面的代码可以看出:

(1) 使用这种方法的优势可以在多个实例之间共享相同的外设寄存器数据结构。

(2) 更加容易维护代码。

(3) 降低立即保存数据的要求。

(4) 编译后的代码长度更小,具有更好的代码密度。

在大多数情况下,所有的寄存器定义为 32 位字,这是由于大多数的外设连接到 32

位的 AHB 总线上。通过将基本指针传递到函数，可以在多个实例中共享一个为外设所开发的函数。通过传递不同的指针，可以重用函数，如代码清单 17-3 所示。

代码清单 17-3　重用函数的设计代码

```
typedef struct {
        volatile unsigned int INITVALUE;
        volatile unsigned int CURVALUE;
        volatile unsigned int CONTROL;
        volatile unsigned int CLEAR;
  } TIMER_TypeDef;
#define AHB_TIMER0_BASE     0x52000000
#define AHB_TIMER1_BASE     0x52100000
#define TIMER0      ((TIMER_TypeDef *) AHB_TIMER0_BASE )
#define TIMER1      ((TIMER_TypeDef *) AHB_TIMER1_BASE )
void timer_init (TIMER_TypeDef *timer_pointer) {
    timer_pointer > INITVALUE = value;
    timer_pointer > CONTROL = control;
    timer_pointer > CLEAR = 0;
  }
```

3. 定义 AHB 外设

通过使用相同的标准格式，可以在设备头文件中定义所有的 AHB 外设，如代码清单 17-4 所示。

代码清单 17-4　定义 AHB 外设

```
#define AHB_VGA_BASE      0x51000000
#define AHB_UART_BASE     0x52000000
#define AHB_TIMER_BASE    0x52000000
#define AHB_GPIO_BASE     0x53000000
#define AHB_7SEG_BASE     0x54000000
typedef struct{
  …
} VGA_TypeDef;
typedef struct{
  …
} UART_TypeDef;
…
#define VGA              ((VGA_TypeDef *) AHB_VGA_BASE)
#define UART             ((UART_TypeDef *) AHB_UART_BASE)
#define TIMER            ((TIMER_TypeDef *) AHB_TIMER_BASE )
#define GPIO             ((GPIO_TypeDef *) AHB_GPIO_BASE )
#define SEVSEG           ((SEVENSEG_TypeDef *) AHB_7SEG_BASE )
```

对于简单外设的函数定义，如表 17.7 所示。

表 17.7 简单外设的函数定义

外 设	函 数	功 能
VGA	void VGA_plot_pixel (int x, int y, int col);	在图像区域绘制像素
7段数码管	void seven_seg_write(char dig1, char dig2, char dig3, char dig4);	写四位到七段数码管
定时器	void timer_init (int load_value, int prescale, int mode);	初始化定时器
	void timer_enable(void);	使能定时器
GPIO	int GPIO_read(void)	返回从输入端口读取的值
	void GPIO_write(int data)	将值写到 GPIO 端口

17.6 动态图形交互系统设计

本节在 3.2 英寸 TFT 彩色触摸屏模块上设计并实现动态图形交互系统，该动态图形交互系统实现的功能包括：

(1) 在 Cortex-M0 片上硬件系统中增加对 3.2 英寸 TFT 彩色触摸屏的控制模块。

(2) 标准 C 语言提供了绘图函数库，但是在嵌入式系统中并不支持这些图形库，所以需要使用 C 语言开发绘图函数库。在开发图形驱动库时，采用前面介绍的 CMSIS 风格进行描述。

17.6.1 动态图形交互硬件平台

本书使用了 3.2 英寸 TFT 彩色触摸屏模块 GPNT-TFT-1，该触摸屏由 ILI9341 芯片驱动，图像分辨率为 320×240，其外观结构如图 17.6 所示。该模块接口信号如表 17.8 所示。

图 17.6 GPNT-TFT-1 模块外观

注：(1) 彩色触摸屏模块采用了 8 位数据的模式，简化了接口的实现。

(2) 更详细的设计资料参见本书学习说明。

表 17.8 GPNT-TFT-1 模块接口信号

引脚号	描 述	引脚号	描 述
1	DGND(信号地)	40	DGND(信号地)
2	VCC3V3(3.3V 电源)	39	VCC3V3(3.3V 电源)
3	—	38	—
4	TFT_RS(用于选择数据或命令)	37	TFT_RS(与引脚 4 相连)
5	TFT_RD(读信号)	36	TFT_RD(与引脚 5 相连)
6	TFT_WR(写信号)	35	TFT_WR(与引脚 6 相连)
7	TFT_DB0(接 TFT 屏数据第 8 位)	34	TFT_DB0(与引脚 7 相连)
8	TFT_DB1(接 TFT 屏数据第 9 位)	33	TFT_DB1(与引脚 8 相连)
9	TFT_DB2(接 TFT 屏数据第 10 位)	32	TFT_DB2(与引脚 9 相连)
10	TFT_DB3(接 TFT 屏数据第 11 位)	31	TFT_DB3(与引脚 10 相连)
11	TFT_DB4(接 TFT 屏数据第 12 位)	30	TFT_DB4(与引脚 11 相连)
12	TFT_DB5(接 TFT 屏数据第 13 位)	29	TFT_DB5(与引脚 12 相连)
13	TFT_DB6(接 TFT 屏数据第 14 位)	28	TFT_DB6(与引脚 13 相连)
14	TFT_DB7(接 TFT 屏数据第 15 位)	27	TFT_DB7(与引脚 14 相连)
15	VCC3V3(3.3V 电源)	26	TFT_CS(触摸屏驱动芯片选择信号)
16	DGND(信号地)	25	TOUCH_PENIRQ(触摸芯片中断输出)
17	TOUCH_DOUT(触摸芯片数据输出)	24	TFT_RST(触摸屏复位)
18	TOUCH_DIN(触摸芯片数据输入)	23	—
19	TOUCH_CS(触摸芯片选择)	22	VCC3V3(3.3V 电源)
20	TOUCH_DCLK(触摸芯片时钟输入)	21	DGND(信号地)

通过 A7-EDP-1 开发平台上的 J7 连接器将 3.2 英寸 TFT 彩色触摸屏模块与 A7-EDP-1 开发平台连接，GPNT-TFT-1 模块与 xc7a75tfgg484-1 FPGA 的连接关系，如表 17.9 所示。

表 17.9 GPNT-TFT-1 模块与 xc7a75tfgg484-1 FPGA 的连接关系

GPNT-TFT-1 信号	xc7a75tfgg484-1 引脚	描 述
TFT_RS	Y1	在并口模式下，该信号用于选择数据或命令。当 TFT_RS 为‘1’时，选择数据；当 TFT_RS 为‘0’时，选择命令
TFT_RD	U3	在并口模式下，读控制信号
TFT_WR	V3	在并口模式下，写控制信号
TFT_RST	T3	触摸屏复位信号，低电平有效
TFT_CS	W1	3.2 英寸 TFT 触摸屏驱动芯片片选信号，低电平有效
TFT_DB0	T1	3.2 英寸 TFT 触摸屏第 8 位数据
TFT_DB1	U1	3.2 英寸 TFT 触摸屏第 9 位数据
TFT_DB2	U2	3.2 英寸 TFT 触摸屏第 10 位数据
TFT_DB3	V2	3.2 英寸 TFT 触摸屏第 11 位数据
TFT_DB4	R3	3.2 英寸 TFT 触摸屏第 12 位数据
TFT_DB5	R2	3.2 英寸 TFT 触摸屏第 13 位数据

续表

GPNT-TFT-1 信号	xc7a75tfgg484-1 引脚	描　述
TFT_DB6	W2	3.2 英寸 TFT 触摸屏第 14 位数据
TFT_DB7	Y2	3.2 英寸 TFT 触摸屏第 15 位数据
TOUCH_DCLK	AB1	触摸控制芯片时钟输入
TOUCH_CS	AB3	触摸控制芯片片选输入
TOUCH_DIN	AB2	触摸控制芯片数据输入
TOUCH_DOUT	Y3	触摸控制芯片数据输出
TOUCH_IRQ	AA1	触摸控制芯片中断信号输出

17.6.2 触摸屏显示控制方法

实际上，Cortex-M0 片上系统通过对触摸屏驱动芯片 ILI9341 的控制实现对触摸屏显示的控制。具体地，对触摸屏的控制包括：

(1) Cortex-M0 片上系统提供给触摸屏的读写控制信号时序。

(2) ILI9341 读写命令格式。

1. 触摸屏的读写控制信号

1) 触摸屏的写控制信号

在写周期内，TFT_WR 信号首先从逻辑高变化到逻辑低，然后再返回到逻辑高，如图 17.7 所示。在写周期内，由 Cortex-M0 SoC 提供信息，此后在 TFT_WR 信号的上升沿，显示屏模块捕获 Cortex-M0 SoC 提供的信息。

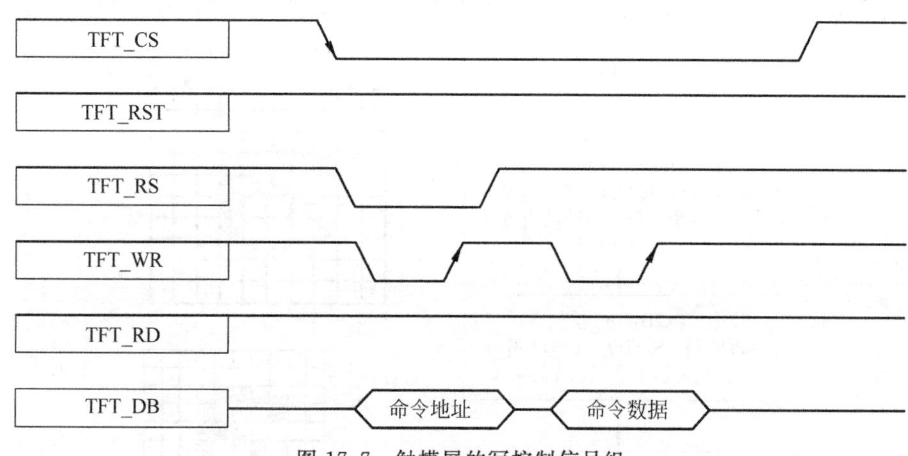

图 17.7 触摸屏的写控制信号组

(1) 当 TFT_RS 被驱动为逻辑低时，TFT_DB[0:7]上的数据为控制命令信息。

(2) 当 TFT_RS 被驱动为逻辑高时，TFT_DB[0:7]上的数据是 RAM 数据或命令参数。

2) 触摸屏的读控制信号

在读周期内，TFT_RD 信号首先从逻辑高变化到逻辑低，然后再返回到逻辑高，如图 17.8 所示。在读周期内，TFT 显示模块给 Cortex-M0 SoC 提供信息，在 TFT_RD 信号上升沿时，Cortex-M0 SoC 读取显示模块信息。

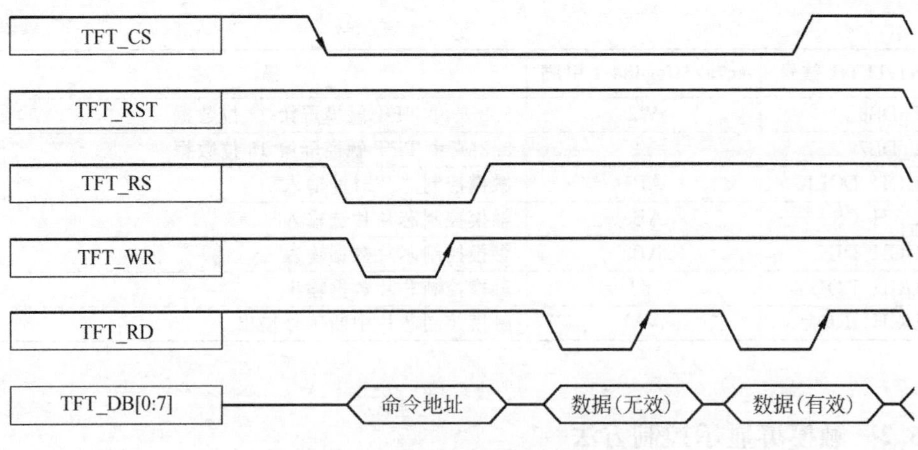

图 17.8　触摸屏的读控制信号组

(1) 当 TFT_RS 驱动为逻辑低时，TFT_DB[0:7]上的数据为命令信息。

(2) 当 TFT_RS 驱动为逻辑高时，TFT_DB[0:7]上的数据为 RAM 数据或命令参数。

2. ILI9341 读写命令/数据格式

在 ILI9341 驱动芯片内提供了大量的控制寄存器和状态寄存器。通过这些寄存器，可实现对 3.2 英寸触摸屏的控制。Cortex-M0 SoC 读写 ILI9341 内寄存器的格式，就是先发命令，然后再提供该命令的参数。

命令实际就是要读写命令存储空间的地址，地址为 8 位。这个过程需要将 TFT_RS 信号拉低，表示 Cortex-M0 SoC 给 ILI9341 提供命令。绘制图像的流程，如图 17.9 所示。

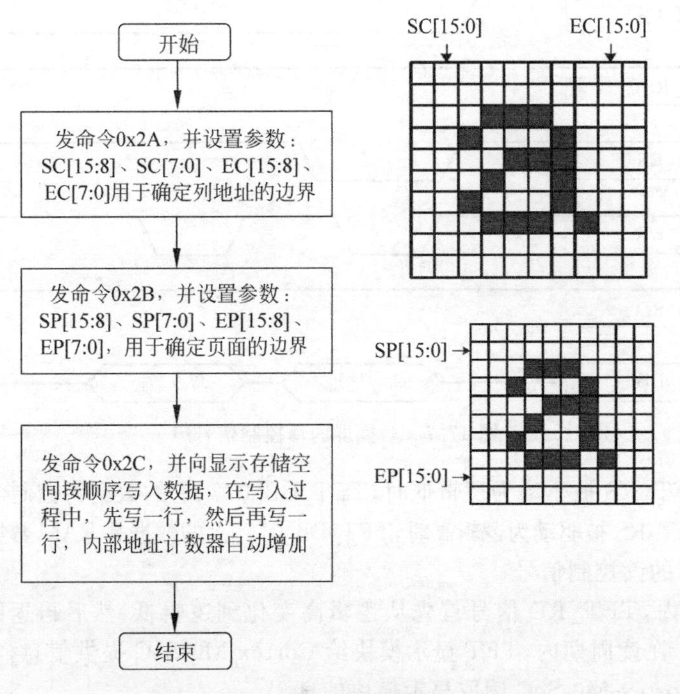

图 17.9　3.2 英寸 TFT 屏可显示区域

17.6.3 触摸屏触摸控制方法

本节介绍获取触摸屏触摸点位置的方法。内容包括：触摸屏和触摸控制器的连接、触摸控制器的时序。

1. 触摸屏和触摸控制器的连接

在3.2英寸TFT显示屏上搭载一个四线电阻触摸板。当触摸笔以一定的压力接触到电阻触摸板时，就会改变电阻屏X和Y方向的电阻值。

通过将电阻屏的XL和XR连接到触摸控制器XPT2046(与ADS7846兼容)的XP和XN引脚，并将YU和YD连接到触摸控制器XPT2046(与ADS7846兼容)的YP和YN引脚，以检测变换的电压值，如图17.10所示。然后，通过XPT2046内的ADC转换器将变化后的电压值转换为数字量，再通过计算将其转换成X和Y坐标位置信息。在本设计中，3.2英寸TFT屏的分辨率为240×320，水平方向为X轴(像素范围为0～239)，垂直方向为Y轴(像素范围为0～319)。

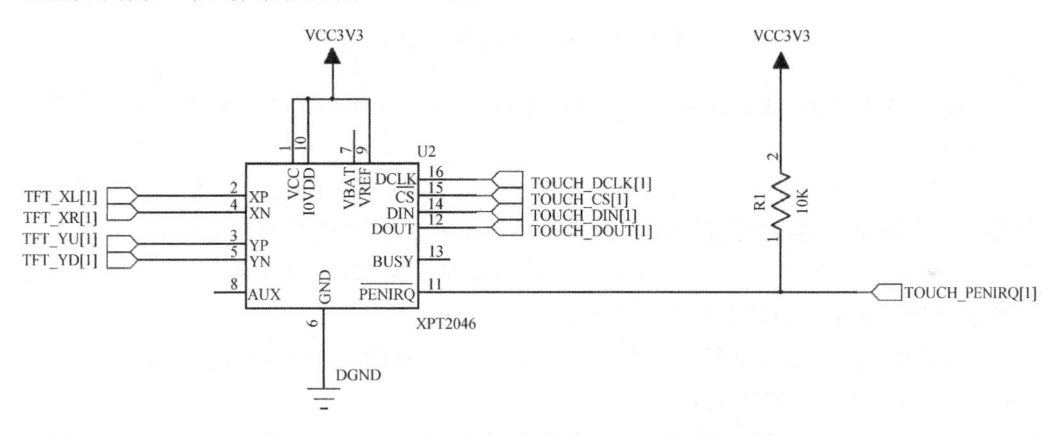

图17.10 电阻触摸屏和触摸控制器芯片之间的连线

注：(1) TOUCH_DCLK信号为串行输入时钟。

(2) TOUCH_CS信号为片选信号。

(3) TOUCH_DIN信号为串行输入数据。

(4) TOUCH_DOUT信号为串行输出数据。

(5) TOUCH_PENIRQ信号为笔接触触摸面板时产生的中断信号。只要有笔接触电阻触摸面板，就会产生低脉冲信号，脉冲信号的宽度与笔接触电阻触摸面板的时间有关。

2. 触摸屏控制器的读写时序

XPT2046是一款4线制电阻式触摸屏控制器，内含12位分辨率125kHz转换速率逐步逼近型A/D转换器。XPT2046支持1.5～5.25V的低电压I/O接口。XPT2046能通过执行两次A/D转换找出被触压的屏幕位置，除此之外，还可以测量施加在触摸屏上的压力。

XPT2046 数据接口采用串行通信方式，典型的工作时序如图 17.11 所示，图中的信号由 Cortex-M0 SoC 产生。处理器和转换器之间的通信需要 8 个时钟周期，可采用 SPI、SSI 和 Microwire 等同步串行接口。对于 XPT2046 来说，一次完整的 ADC 转换需要 24 个 DCLK 时钟。

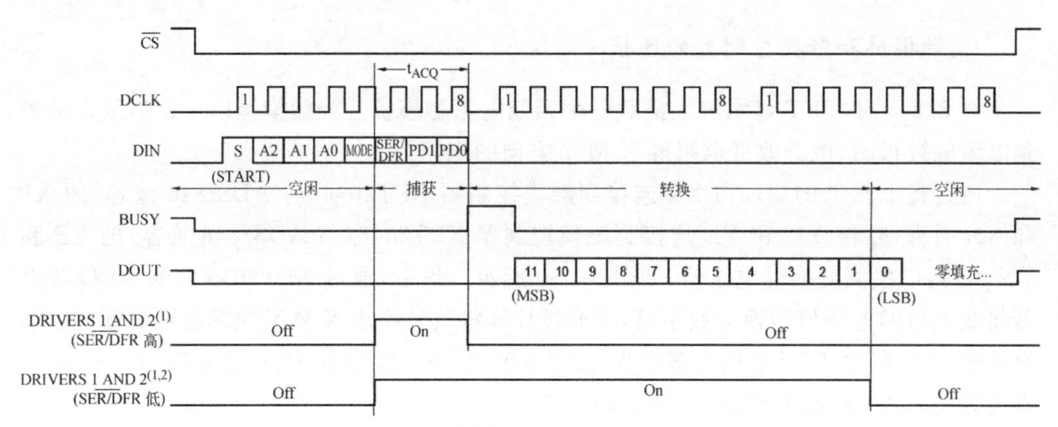

图 17.11 触摸控制器数字接口

注：在该设计中，通过模拟 SPI 接口时序，Cortex-M0 SoC 产生对触摸控制器芯片正确的读写控制信号。

1) 从图 17.11 可以看出，前 8 个时钟用于通过 DIN(TOUCH_DIN)引脚串行输入控制字节。当触摸控制器内建的 ADC 转换器得到下一次转换的足够信息后，接着根据获得的信息设置输入多路选择器和参考源输入，并进入采样模式，如果需要，则将启动触摸面板驱动器。图中控制信息的含义如下：

(1) S 比特位。该位必须为 1，即 S=1。在串行数据输入 DIN 引脚检测到起始位前，XPT2046 将忽略所有的其他输入信息。

(2) A2、A1 和 A0 地址信息位。它们的组合用于选择多路选择器的通道，触摸屏驱动和参考源输入，如表 17.10 所示。

表 17.10 差分模式输入配置(SER/DFR=0)

A2	A1	A0	+REF	−REF	YN	XP	YP	Y-位置	X-位置	Z1-位置	Z2-位置	驱动
0	0	1	YP	YN	—	+IN	—	测量	—	—	—	YP, YN
0	1	1	YP	XN	—	+IN	—	—	—	测量	—	YP, XN
1	0	0	YP	XN	+IN	—	—	—	—	—	测量	YP, XN
1	0	1	XP	XN	—	—	+IN	—	测量	—	—	XP, XN

(3) MODE 模式选择位。该比特位用于设置 ADC 的分辨率。当 MODE=0 时，下一次的 ADC 转换为 12 位模式；而当 MODE=1 时，下一次的 ADC 转换为 8 位模式。

注：在该设计中，采用 12 位 ADC 模式。

(4) SER/DFR 为控制参考源模式位，当 SER/DFR=1 时，为单端模式；而当 SER/DFR=0 时，为差分模式。在测量 X 坐标、Y 坐标和触摸压力时，为达到最佳性能，应首选差分工作模式。参考电压来自开关驱动器的电压。在单端模式下,转换器的参考电压固定为 VREF 相对于 GND 引脚的电压。

注:在该设计中,采用差分驱动模式。

(5) PD0 和 PD1 为电源控制位。掉电和内部参考电压配置的关系,如表 17.11 所示。ADC 的内部参考电压可以单独关闭或者打开。但是,在转换前需要额外的时间让内部参考电压稳定到最终稳定值;如果内部参考源处于掉电状态,还要确保有足够的唤醒时间。ADC 的要求是即时使用,无唤醒时间。还需注意,当 BUSY 是高电平的时候,内部参考源禁止进入掉电模式。

表 17.11 PD0、PD1 组合与电压配置的关系

PD1	PD0	PENIRQ	功能说明
0	0	使能	在两次 A/D 转换之间掉电,下次转换一开始,芯片立即进入完全上电状态,而无需额外的延时。在这种模式下,YN 开关一直处于 ON 状态
0	1	禁止	参考电压关闭,ADC 打开
1	0	使能	参考电压打开,ADC 关闭
1	1	禁止	芯片处于上电状态时,参考电压和 ADC 总是打开

注:(1) XPT2046 的通道改变后,如果要关闭参考源,则需重新对 XPT2046 写入命令。

(2) 在该设计中,将 PD1、PD0 设置为 0。

2) 3 个多时钟周期后,完成设置控制字节,转换器进入转换状态。这时,输入采样/保持器进入保持状态,触摸面板驱动器停止工作(单端工作模式)。

3) 当 ADC 设置为 12 位模式时,紧接着 12 个时钟周期将完成真正的模数转换。如果设置为差分方式,在转换过程中,ADC 将持续工作,第 13 个时钟将输出转换结果的最后一位。

4) 最后剩余的 3 个多时钟周期将用于完成被 ADC 转换器忽略的最后字节。此时,ADC 转换器将串行数据输出 DOUT 置位为"0"。

17.6.4 打开前面的设计工程

本节打开前面的设计工程,其步骤包括:

(1) 在 E:/cortex-m0_example 目录中,新建一个名字为 cortex_m0_cmsis 的子目录。

(2) 将 E:/cortex-m0_example/cortex_m0_c_prog 目录中的所有文件和文件夹的内容复制到刚才新建的 cortex_m0_cmsis 子目录中。

(3) 启动 Vivado 2016.1 集成开发环境。

(4) 在 Vivado 集成开发环境主界面内的 Quick Start 分组下,单击 Open Project 图标。

(5) 出现 Open Project 对话框界面。在该界面中,将路径指向:

```
E:/cortex-m0_example/cortex_m0_cmsis
```

(6) 在该路径中选择 cortex_m0. xprj。

(7) 单击 OK 按钮。

17.6.5 触摸屏控制器模块的设计实现

本节详细介绍触摸屏控制器模块的设计原理和实现过程。内容包括：触摸屏控制器内部寄存器、添加触摸屏控制器模块和触摸屏控制器模块结构。

1. 触摸屏控制器内部寄存器

通过 AHB-Lite 接口以及 Cortex-M0 写触摸屏控制器模块内的寄存器，实现 Cortex-M0 SoC 对 3.2 英寸 TFT 触摸屏的控制。寄存器的具体说明，如表 17.12 所示。

表 17.12 触摸屏控制器内寄存器含义

寄存器名字	偏移地址	读写属性	实现功能
tft_db	00	写	控制显示屏数据总线的数据值，最低 8 位有效
tft_cs	04	写	保存显示屏的片选信号，最低 1 位有效
tft_rs	08	写	显示屏命令和数据选择控制信号，最低 1 位有效
tft_rd	0c	写	显示屏读控制信号，最低 1 位有效
tft_wr	10	写	显示屏写控制信号，最低 1 位有效
tft_rst	14	写	显示屏复位控制信号，最低 1 位有效
touch_dclk	18	写	控制提供给触摸控制器的时钟信号，最低 1 位有效
touch_cs	1c	写	控制提供给触摸控制器的片选信号，最低 1 位有效
touch_din	20	写	控制提供给触摸控制器的串行输入数据，最低 1 位有效
touch_dout	24	读	由触摸控制器提供给 SoC 的串行输出数据，最低 1 位有效

2. 添加触摸屏控制器模块

本部分将添加触摸屏控制器模块，主要步骤包括：

(1) 在 Sources 窗口下，找到并选择 Design Sources，右击，出现浮动菜单。在浮动菜单内，选择 Add Sources…选项。

(2) 出现 Add Source 对话框界面。在该设计中选中 Add or create design sources 前面的复选框。

(3) 单击 Next 按钮。

(4) 出现 Add Sources-Add or Create Design Sources 对话框界面。在该界面中单击➕按钮，出现浮动菜单。在浮动菜单内，选择 Add Files…选项。

(5) 出现 Add Source Files 对话框界面。在该对话框界面中，将路径指向：

```
E:\cortex-m0_example\source
```

在该路径中，选中 AHBTOUCH. v 文件。

(6) 单击 OK 按钮。

(7) 可以看到在 Add Source-Add or Create Design Sources 对话框界面中，新添加了名字为 AHBTOUCH.v 的文件。

(8) 单击 Finish 按钮。

(9) 在 Sources 窗口中，找到并双击 AHBTOUCH.v，打开该文件，如代码清单 17-5 所示。

代码清单 17-5　AHBTOUCH.v 文件

```
module AHBTOUCH(
    //AHBLITE 接口
        //从设备选择信号
            input wire HSEL,
        //全局信号
            input wire HCLK,
            input wire HRESETn,
        //地址、控制和写数据
            input wire HREADY,
            input wire [31:0] HADDR,
            input wire [1:0] HTRANS,
            input wire HWRITE,
            input wire [2:0] HSIZE,

            input wire [31:0] HWDATA,

            input wire touch_dout,
        // 传输响应和读数据
            output wire HREADYOUT,
            output wire [31:0] HRDATA,
        //触摸显示屏 TFT 输出信号
            output reg tft_rs,
            output reg tft_rd,
            output reg tft_wr,
            output reg tft_rst,
            output reg tft_cs,
            output reg [7:0] tft_db,
            output reg touch_dclk,
            output reg touch_cs,
            output reg touch_din
);

//地址周期采样寄存器
  reg rHSEL;
  reg [31:0] rHADDR;
  reg [1:0] rHTRANS;
  reg rHWRITE;
  reg [2:0] rHSIZE;

//地址周期采样
  always @(posedge HCLK or negedge HRESETn)
```

```
begin
    if(!HRESETn)
    begin
        rHSEL <= 1'b0;
        rHADDR <= 32'h0;
        rHTRANS <= 2'b00;
        rHWRITE <= 1'b0;
        rHSIZE <= 3'b000;
    end
  else if(HREADY)
  begin
        rHSEL <= HSEL;
        rHADDR <= HADDR;
        rHTRANS <= HTRANS;
        rHWRITE <= HWRITE;
        rHSIZE <= HSIZE;
  end
end

//数据周期数据传输
always @(posedge HCLK or negedge HRESETn)
begin
  if(!HRESETn)
    begin
          tft_db <= 8'h00;
          tft_cs <= 1'b1;
          tft_rs <= 1'b1;
          tft_rd <= 1'b1;
          tft_wr <= 1'b1;
          tft_rst <= 1'b1;
          touch_dclk <= 1'b0;
          touch_cs <= 1'b1;
          touch_din <= 1'b0;
    end
  else if(rHSEL & rHWRITE & rHTRANS[1])
    if(rHADDR[7:0] == 8'h00)          //显示屏数据寄存器偏移地址
          tft_db <= HWDATA[7:0];
    else if(rHADDR[7:0] == 8'h04)     //显示屏片选信号寄存器偏移地址
          tft_cs <= HWDATA[0];
    else if(rHADDR[7:0] == 8'h08)     //显示屏寄存器信号选择寄存器偏移地址
          tft_rs <= HWDATA[0];
    else if(rHADDR[7:0] == 8'h0c)     //显示屏读信号寄存器偏移地址
          tft_rd <= HWDATA[0];
    else if(rHADDR[7:0] == 8'h10)     //显示屏写信号寄存器偏移地址
          tft_wr <= HWDATA[0];
    else if(rHADDR[7:0] == 8'h14)     //显示屏复位信号寄存器偏移地址
          tft_rst <= HWDATA[0];
    else if(rHADDR[7:0] == 8'h18)     //触摸控制器时钟信号寄存器偏移地址
          touch_dclk <= HWDATA[0];
    else if(rHADDR[7:0] == 8'h1c)     //触摸控制器片选信号寄存器偏移地址
          touch_cs <= HWDATA[0];
```

```
      else if(rHADDR[7:0] == 8'h20)      //触摸控制器串行输入数据寄存器偏移地址
            touch_din <= HWDATA[0];
  end

//传输响应
  assign HREADYOUT = 1'b1;              //单周期写和读,零等待状态操作

//读数据,该设计中,可以是任意读地址,为了方便,规定了偏移地址为0x24
assign HRDATA = {28'h0000000,3'b000,touch_dout};

endmodule
```

3. 触摸屏控制器模块结构

触摸屏控制器模块内部结构，如图 17.12 所示。

思考与练习 17-3：根据图 17.12 和上面的代码说明触摸屏控制器模块的设计方法。

17.6.6 修改顶层设计文件

本节修改顶层设计文件，主要步骤包括：

(1) 在 Vivado 主界面的 Sources 窗口中找到并双击 AHBLITE_SYS，打开 AHBLITE_SYS.v 文件。

(2) 从第 44 行开始，添加下面两行代码：

```
input     wire      touch_dout,
input     wire      touch_irq,
```

这两行代码声明来自触摸控制器的输入信号 touch_dout 和 touch_irq。

(3) 从第 55 行开始，添加下面的代码：

```
output    wire        tft_rs,
output    wire        tft_rd,
output    wire        tft_wr,
output    wire        tft_rst,
output    wire        tft_cs,
output    wire [7:0]  tft_db,
output    wire        touch_dclk,
output    wire        touch_cs,
output    wire        touch_din
```

以上代码用于声明 Cortex-M0 SoC 送给外部触摸屏的控制信号。

(4) 在第 93 行，添加下面的设计代码：

```
wire       HSEL_TOUCH;
```

该行代码用于声明内部 wire 型标量网络 HSEL_TOUCH。

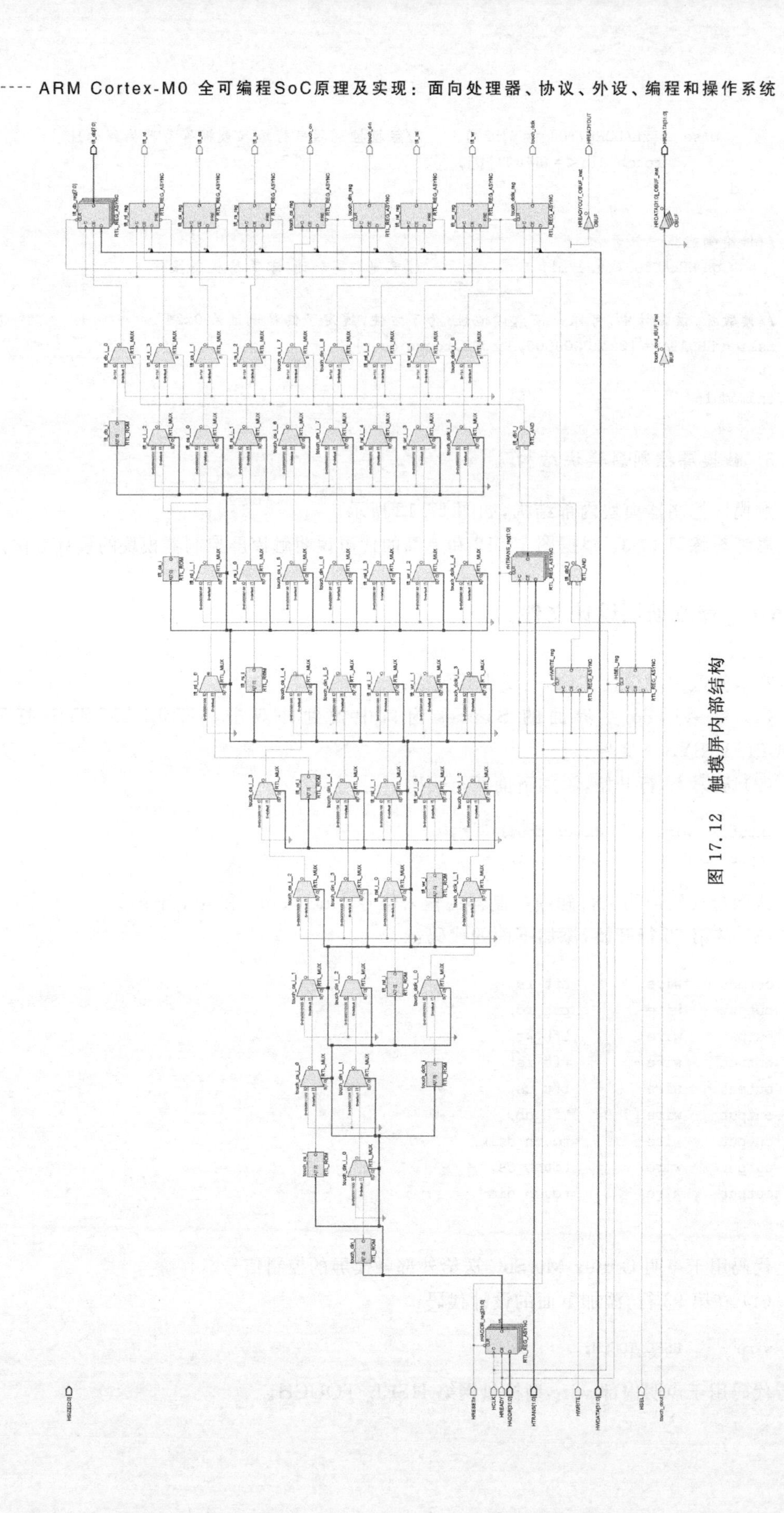

图 17.12　触摸屏内部结构

(5) 在第101行,添加下面的设计代码:

```
wire [31:0]   HRDATA_TOUCH;
```

该行代码用于声明内部 wire 型矢量网络 HRDATA_TOUCH。

(6) 在第109行,添加下面的设计代码:

```
wire        HREADYOUT_TOUCH;
```

该行代码用于声明内部 wire 型矢量网络 HREADYOUT_TOUCH。

(7) 修改第124行代码,将触摸屏中断信号连接到 Cortex-M0 的外部中断端口上:

```
assign    IRQ = {12'b0000_0000_0000,touch_irq,Int_uart,Int_timer,Int};
```

(8) 修改第188行代码,将 HSEL_TOUCH 信号连接到 HSEL_S6 端口上:

```
.HSEL_S6(HSEL_TOUCH),
```

注:这样连接,将触摸屏的基地址确定为 0x55000000。

(9) 修改第210行代码,将 HRDATA_TOUCH 信号连接到 HRDATA_S6 端口:

```
.HRDATA_S6(HRDATA_TOUCH),
```

(10) 修改第222行代码,将 HREADYOUT_TOUCH 信号连接到 HREADYOUT_S6 端口:

```
.HREADYOUT_S6(HREADYOUT_TOUCH),
```

(11) 从第333行开始,添加 AHBTOUCH 例化代码,如代码清单17-6所示。

代码清单 17-6　AHBTOUCH 例化代码

```
AHBTOUCH Inst_AHBTOUCH(
    //AHB-Lite 接口
        //从设备选择信号
      .HSEL(HSEL_TOUCH),
        //全局信号
      .HCLK(HCLK),
      .HRESETn(HRESETn),
        //地址、控制和写数据
      .HREADY(HREADY),
      .HADDR(HADDR),
      .HTRANS(HTRANS),
      .HWRITE(HWRITE),
      .HSIZE(HSIZE),
      .HWDATA(HWDATA),
      .touch_dout(touch_dout),
        //传输响应和读数据
      .HREADYOUT(HREADYOUT_TOUCH),
      .HRDATA(HRDATA_TOUCH),
        //触摸屏输出控制信号
      .tft_rs(tft_rs),
      .tft_rd(tft_rd),
```

```
        .tft_wr(tft_wr),
        .tft_rst(tft_rst),
        .tft_cs(tft_cs),
        .tft_db(tft_db),
        .touch_dclk(touch_dclk),
        .touch_cs(touch_cs),
        .touch_din(touch_din)
);
```

(12) 保存该设计文件。

包含触摸屏控制器模块的 Cortex-M0 SoC 的内部结构，如图 17.13 所示。

思考与练习 17-4：根据图 17.13 和上面的代码说明包含触摸屏控制器模块的 Cortex-M0 SoC 内部构成。

17.6.7 C 语言程序的设计和实现

本节使用 C 语言以及 CMSIS 库实现对外部触摸屏模块的控制。内容包括：建立新的软件设计工程、软件工程参数设置、创建并添加汇编文件、创建并添加头文件、创建并添加 C 语言驱动文件、创建并添加 C 语言主文件以及添加 HEX 文件到当前工程。

1. 建立新的软件设计工程

建立新设计工程的主要步骤包括：

1) 在 μVision5 主界面主菜单下，选择 Project→New μVision Project…。

2) 出现 Create New Project(创建新工程)对话框界面。按下面设置参数：

(1) 指向下面的路径：

```
E:\cortex-m0_example\cortex_m0_cmsis\software
```

(2) 在文本名右侧的文本框中输入 top，即该设计的工程名字为 top.uvproj。

注：读者可以根据自己的情况选择路径和输入工程名字。

3) 单击"保存"按钮。

4) 出现 Select Device for Target 'Target 1'…对话框界面。在该界面左下方的窗口中找到并展开 ARM。在 ARM 展开项中，找到并展开 ARM Cortex-M0。在 ARM Cortex-M0 展开项中选择 ARMCM0。在右侧 Description 中，给出了 Cortex-M0 处理器的相关信息。

5) 出现 Manage Run-Time Environment 对话框界面。

6) 单击 OK 按钮。

2. 软件工程参数设置

设置工程参数的主要步骤包括：

1) 在 μVision 左侧的 Project 窗口中选择 Target 1，右击，出现浮动菜单。在浮动菜单内，选择 Option for Taget 'Target 1'…选项。

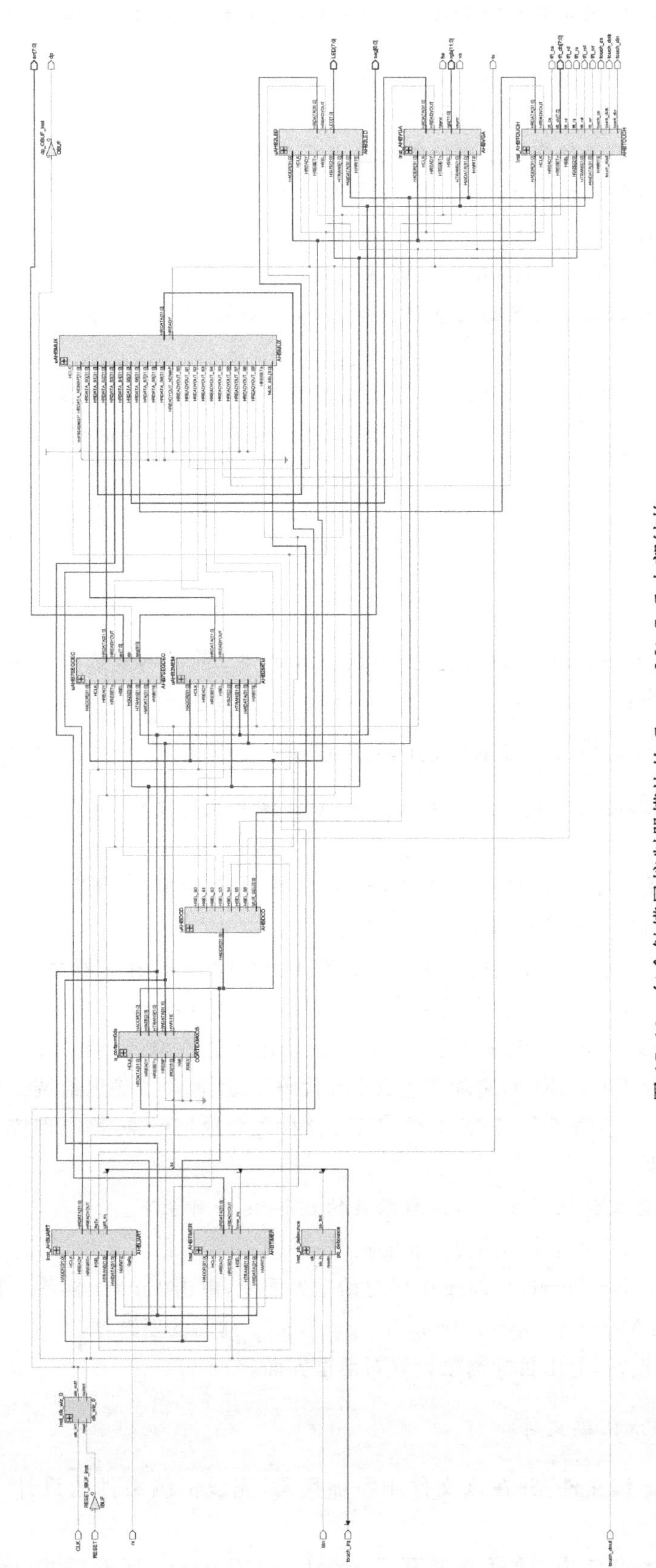

图 17.13 包含触摸屏控制器模块的 Cortex-M0 SoC 内部结构

2）在 Options for Target ‘Target 1’对话框界面中，单击 Target 标签。在该标签窗口下，选中 Use MicroLIB 前面的复选框。

注：MicroLIB C 函数库用于对微控制器以及其他嵌入式应用的优化。MicroLIB 中的程序占用较少的存储器空间，不过同时也降低了性能，并且使用时还有一些局限性。

3）在 Options for Target ‘Target 1’对话框界面中，单击 Output 标签。在该标签窗口下定义了工具链输出的文件，并且允许在建立过程结束后，启动用户程序。在该标签栏下 Name of Executable 右侧的文本框内输入 code，该设置表示所生成的二进制文件的名字为 code。

4）在 Options for Target ‘Target 1’对话框界面中，单击 User 标签。在该标签窗口中制定了在编译/建立前或者建立后所执行的用户程序。在该界面中需要设置下面的参数：

（1）在 After Build/Rebuild 标题栏下，选中 Run ＃1 前面的复选框。在右侧文本框中输入下面的命令：

```
fromelf --cvf .\objects\code.axf --vhx --32x1 -o code.hex
```

（2）在 After Build/Rebuild 标题栏下，选中 Run ＃2 前面的复选框。在右侧文本框中输入下面的命令：

```
fromelf --cvf .\objects\code.axf -o disasm.txt
```

fromelf 映像转换工具允许设计者修改 ELF 映像和目标文件，并且在这些文件上显示信息。其中：

① --vhx 选项，表示生成面向字节（Verilog HDL 内存模型）的十六进制格式。此格式适合加载到硬件描述语言仿真器的内存模型中。

② --32x1 选项，表示生成的内存系统中只有 1 个存储器，该存储器宽度为 32 位。

③ -o 选项，用于指定输出文件的名字，如 code.hex 和 disasm.txt。

④ 所使用的文件.axf。该文件是 ARM 芯片使用的文件格式，即 ARM 可执行文件（ARM Executable File，AXF），它除了包含 bin 代码外，还包含了输出给调试器的调试信息。与 AXF 文件一起的还有 HEX 文件，HEX 文件包含地址信息，可以直接用于烧写或者下载 HEX 文件。

注：默认地，该文件保存在当前工程路径的 objects 子目录下。

⑤ -cvf 选项，对代码进行反汇编，输出映像的每个段和节的头文件详细信息。

5）在 Options for Target ‘Target 1’对话框界面中，单击 Linker 标签。在该标签界面中，不选中 Use Memory Layout from Target Dialog 前面的复选框。

6）单击 OK 按钮，退出目标选项设置对话框界面。

3. 创建并添加汇编文件

本部分添加汇编文件，并在该文件中添加代码，完成汇编文件的设计。主要步骤包括：

1）在 Project 窗口中，选择并展开 Target1。在 Target1 展开项中，找到并选中

Source Group1，右击，出现浮动菜单。在浮动菜单内，选择 Add New Item to Group 'Source Group 1'…。

2）出现 Add New Item to Group 'Source Group 1'对话框界面。在该界面左侧窗口中，按下面设置参数：

(1) 选择 Asm File(.s)。

(2) 在 Name:右侧的文本框中，输入 cm0dsasm。

3）单击 Add 按钮。

4）在 cm0dsasm.s 文件中，按代码清单 17-7 所示输入设计代码。

代码清单 17-7　cm0dsasm.s 文件

```
Stack_Size      EQU         0x00000400              ; 定义堆栈空间

                AREA        STACK, NOINIT, READWRITE, ALIGN = 4
Stack_Mem       SPACE       Stack_Size
__initial_sp

Heap_Size       EQU         0x00000400              ; 定义堆的大小
                AREA        HEAP, NOINIT, READWRITE, ALIGN = 4
__heap_base
Heap_Mem        SPACE Heap_Size
__heap_limit

; 复位时,向量表映射到地址 0

                PRESERVE8
                THUMB

                AREA        RESET, DATA, READONLY
                EXPORT      __Vectors

__Vectors       DCD         __initial_sp
                DCD         Reset_Handler
                DCD         0
                DCD         0
                DCD         0
                DCD         0
                DCD         0
                DCD         0
                DCD         0
                DCD         0
                DCD         0
                DCD         0
                DCD         0
                DCD         0
                DCD         0
                DCD         0

                ;外部中断
```

```
              DCD          Btn_Handler                //按键中断向量
              DCD          Timer_Handler              //定时器中断向量
              DCD          Uart_Handler               //串口中断向量
              DCD          Touch_Handler              //触摸屏中断向量
              DCD          0
              DCD          0
              DCD          0
              DCD          0
              DCD          0
              DCD          0
              DCD          0
              DCD          0
              DCD          0
              DCD          0
              DCD          0
              DCD          0

              AREA |.text|, CODE, READONLY

Reset_Handler PROC                                    ;复位中断句柄
               GLOBAL Reset_Handler
               ENTRY
              IMPORT       __main
               LDR         R0, = __main
               BX          R0                         ;分支__main
               ENDP
Btn_Handler   PROC                                    ;按键中断句柄
               EXPORT Btn_Handler
              IMPORT Btn_ISR
               PUSH        {R0,R1,R2,LR}
              BL Btn_ISR
               POP         {R0,R1,R2,PC}              ;返回
               ENDP

Timer_Handler PROC                                    ;定时器中断句柄
               EXPORT Timer_Handler
              IMPORT Timer_ISR
               PUSH        {R0,R1,R2,LR}
              BL Timer_ISR
               POP         {R0,R1,R2,PC}              ;返回
               ENDP

Uart_Handler  PROC                                    ;串口中断句柄
               EXPORT Uart_Handler
              IMPORT Uart_ISR
               PUSH        {R0,R1,R2,LR}
              BL Uart_ISR
               POP         {R0,R1,R2,PC}              ;返回
               ENDP
```

```
Touch_Handler PROC                                          ;触摸屏中断句柄
               EXPORT Touch_Handler
              IMPORT Touch_ISR
               PUSH        {R0,R1,R2,LR}
              BL Touch_ISR
               POP         {R0,R1,R2,PC}                    ;返回
               ENDP

              ALIGN        4                                ; 对齐到字边界

; 用户初始的堆栈和堆
              IF           :DEF:__MICROLIB
              EXPORT       __initial_sp
              EXPORT       __heap_base
              EXPORT       __heap_limit
              ELSE
              IMPORT       __use_two_region_memory
              EXPORT       __user_initial_stackheap
__user_initial_stackheap

              LDR          R0, = Heap_Mem
              LDR          R1, = (Stack_Mem + Stack_Size)
              LDR          R2, = (Heap_Mem + Heap_Size)
              LDR          R3, = Stack_Mem
              BX           LR

              ALIGN

              ENDIF
    END
```

5）保存该设计文件。

思考与练习 17-5：分析上面的代码，说明启动引导程序的作用。

思考与练习 17-6：说明在启动代码中，描述不同外部中断 ISR 的方法。

4. 创建并添加头文件

本部分添加头文件，并在该文件中添加代码，完成头文件的设计。主要步骤包括：

1）在 Project 窗口中，选择并展开 Target1。在 Target1 展开项中，找到并选中 Source Group1，右击，出现浮动菜单。在浮动菜单内，选择 Add New Item to Group 'Source Group 1'…。

2）出现 Add New Item to Group 'Source Group 1'对话框界面。在该界面左侧窗口中，按下面设置参数：

(1) 选择 Header File(.h)。

(2) 在 Name:右侧的文本框中，输入 system。

3）单击 Add 按钮。

4）在 system.h 文件中，按代码清单 17-8 所示输入设计代码。

代码清单 17-8　system. h 文件

```
//-------------------------------------------------------------
//              外设存储器映射
//-------------------------------------------------------------
#ifndef system_address
#define system_address

/*
=========================================================================
* ---------- 定义中断号 -----------------------------------------
* ======================================================================
*/

typedef enum IRQn
{
/****** Cortex-M0 处理器异常号 ************************/

/* ToDo: 如果使用 Cortex-M0 器件,使用这个 Cortex 中断向量号 */
  NonMaskableInt_IRQn          = -14,   /*!<2 Cortex-M0 非屏蔽中断 */
  HardFault_IRQn               = -13,   /*!<3 Cortex-M0 硬件故障中断 */
  SVCall_IRQn                  = -5,    /*!< 11 Cortex-M0 SVC 中断 */
  PendSV_IRQn                  = -2,    /*!< 14 Cortex-M0 Pend SV 中断 */
  SysTick_IRQn                 = -1,    /*!< 15 Cortex-M0 系统滴答中断 */

/****** CMSDK 指定的中断号 **********************************************/
  Btn_IRQn                     = 0,     /* 外部按键中断 */
  Timer_IRQn                   = 1,     /* 定时器中断 */
  UART_IRQn                    = 2,     /* 定时器中断 */
  Touch_IRQn                   = 3,     /* 触摸屏中断 */
} IRQn_Type;

/* ===================================================================
* ----------- 处理器和核外设部分 --------------------------
* ==================================================================
*/
/* Cortex-M0 处理器和核外设配置 */
#define __CM0_REV                 0x0000    /*!<处理器核版本 r0p0 */
#define __NVIC_PRIO_BITS          2         /*!<用于优先级的比特位个数 */
#define __Vendor_SysTickConfig 0            /*!<如果使用不同的 SysTick 配置,则设置为 1 */
#define __MPU_PRESENT             0         /*!< MPU 存在或者没有 */
/***********************************************************************/

#define general_delay             20        //定义延迟常数

#define CHX                       0xD0      //触摸控制器测量 X 位置命令 0xD0
#define CHY                       0x90      //触摸控制器测量 Y 位置命令 0x90

#define SCREEN_X_START            0         //定义 TFT 屏水平方向的起始坐标
#define SCREEN_X_END              240       //定义 TFT 屏水平方向的结束坐标
#define SCREEN_Y_START            0         //定义 TFT 屏垂直方向的起始坐标
```

```
#define SCREEN_Y_END            320         //定义 TFT 屏垂直方向的结束坐标

#define x_slope                 0.066       //X 的斜率:(3867 - 230) * 0.066 = 240
#define y_slope                 0.090       //Y 的斜率:(3853 - 287) * 0.090 = 320
#define x_offset                -15.18      //X 的偏置: - 230 * 0.066 = - 15.18
#define y_offset                -25.83;     //Y 的偏置: - 287 * 0.090 = - 25.83

#define NOP __asm volatile ("nop");         //定义嵌入汇编命令,空操作

#define AHB_TFT_BASE            0x55000000      //定义 TFT 模块的基地址
#define AHB_TOUCH_BASE          0x55000018      //定义触摸模块的基地址
#define AHB_VGA_BASE            0x54000000      //定义 VGA 模块的基地址
#define AHB_UART_BASE           0x53000000      //定义 UART 模块的基地址
#define AHB_TIMER_BASE          0x52000000      //定义 TIMER 模块的基地址
#define AHB_7SEG_BASE           0x51000000      //定义七段数码管模块的基地址
#define AHB_LED_BASE            0x50000000      //定义 LED 模块的基地址
#define NVIC_INT_ENABLE         0xE000E100      //定义中断使能寄存器的基地址
#define NVIC_INT_PRIORITY0      0xE000E400      //定义中断优先级寄存器的基地址

//--------------------------------------------------------------
// 定义外设类型
//--------------------------------------------------------------
typedef struct                                  //定义用于定时器寄存器的结构体
{
  volatile unsigned int INITVALUE;
  volatile unsigned int CURVALUE;
  volatile unsigned int CONTROL;
} TIMER_TypeDef;

typedef struct                                  //定义用于 UART 寄存器的结构体
{
    volatile unsigned int DATA;
    volatile unsigned int STATUS;
} UART_TypeDef;

typedef struct                                  //定义用于 7 段数码管寄存器的结构体
{
  volatile unsigned int DIGIT;
} SEVENSEG_TypeDef;

typedef struct                                  //定义用于 LED 寄存器的结构体
{
  volatile unsigned int BITS;
} LED_TypeDef;

typedef struct                                  //定义用于 VGA 寄存器的结构体
{
  volatile unsigned int CONSOLE;
  volatile unsigned int IMG;
} VGA_TypeDef;
```

```
typedef struct                                          //定义用于 TFT 寄存器的结构体
{
    volatile unsigned int data;
    volatile unsigned int cs;
    volatile unsigned int rs;
    volatile unsigned int rd;
    volatile unsigned int wr;
    volatile unsigned int rst;
}TFT_TypeDef;

typedef struct                                          //定义用于触摸屏的结构体
{
    volatile unsigned int clk;
    volatile unsigned int cs;
    volatile unsigned int din;
    volatile unsigned int dout;
}TOUCH_TypeDef;

//--------------------------------------------------------
// 定义外设模块寄存器的基地址
//--------------------------------------------------------

#define TIMER     ((TIMER_TypeDef *) AHB_TIMER_BASE )
#define UART      ((UART_TypeDef *) AHB_UART_BASE )
#define GPIO      ((GPIO_TypeDef *) AHB_GPIO_BASE )
#define SEVSEG    ((SEVENSEG_TypeDef *) AHB_7SEG_BASE)
#define VGA       ((VGA_TypeDef *) AHB_VGA_BASE )
#define TFT       ((TFT_TypeDef *) AHB_TFT_BASE )
#define TOUCH     ((TOUCH_TypeDef *) AHB_TOUCH_BASE )

//--------------------------------------------------------
// 外设驱动函数
//--------------------------------------------------------
void write_seg7(unsigned int data);
void comm_out(unsigned char c);
void data_out(unsigned char c);
void write_data(unsigned char i, unsigned char j);
void reset_TFT(void);
void ini_ILI9341(void);
void display_horizontal_line(unsigned int value);
void ADS7843_SPI_Start(void);
void ADS7843_Write (unsigned char cmd);
unsigned int ADS7843_Read(void);
long get_x_position(void);
long get_y_position(void);
#endif
```

5）保存该设计文件。

思考与练习 17-7：说明使用结构体定义寄存器集的方法，以及指向寄存器集基地址的方法。

5. 创建并添加C语言驱动文件

本部分添加C语言驱动源文件，并在该文件中添加代码，完成C语言驱动源文件的设计。主要步骤包括：

1) 在Project窗口中，选择并展开Target1。在Target1展开项中，找到并选中Source Group1，右击，出现浮动菜单。在浮动菜单内，选择Add New Item to Group 'Source Group 1'…。

2) 出现Add New Item to Group 'Source Group 1'对话框界面。在该界面左侧窗口中，按下面设置参数：

(1) 选择C File(.c)。

(2) 在Name:右侧的文本框中，输入device_driver。

3) 单击Add按钮。

4) 在device_driver.c文件中，按代码清单17-9所示输入设计代码。

代码清单17-9　device_driver.c文件

```
#include "system.h"                    //包含system.h头文件

void write_seg7(unsigned int data)     //定义写7段数码管寄存器的函数write_seg7
{
    SEVSEG->DIGIT = data;              //将数据写到寄存器
}

void comm_out(unsigned char c)         //定义给TFT屏写命令的函数comm_out
{
    TFT->cs = 0;                       //将TFT屏的cs信号拉低
    TFT->rs = 0;                       //将TFT屏的rs信号拉低
    TFT->rd = 1;                       //将TFT屏的rd信号拉高
    TFT->wr = 0;                       //将TFT屏的wr信号拉低
    TFT->data = (unsigned int)c;       //将命令写到TFT屏数据总线上
    NOP;                               //空操作,延迟
    NOP;                               //空操作,延迟
    NOP;                               //空操作,延迟
    NOP;                               //空操作,延迟
    TFT->wr = 1;                       //将TFT屏的wr信号拉高
    TFT->rs = 0;                       //将TFT屏的rs信号拉低
    TFT->rd = 1;                       //将TFT屏的rd信号拉高
    TFT->cs = 1;                       //将TFT屏的cs信号拉高
}

void data_out(unsigned char c)         //定义给TFT屏写数据的函数comm_out
{
    TFT->cs = 0;                       //将TFT屏的cs信号拉低
    TFT->rs = 1;                       //将TFT屏的rs信号拉高
    TFT->rd = 1;                       //将TFT屏的rd信号拉高
    TFT->wr = 0;                       //将TFT屏的wr信号拉低
    TFT->data = (unsigned int)c;       //将数据写到TFT屏数据总线上
    NOP;                               //空操作,延迟
```

```
    NOP;                                    //空操作,延迟
    NOP;                                    //空操作,延迟
    NOP;                                    //空操作,延迟
    TFT->wr = 1;                            //将 TFT 屏的 wr 信号拉高
    TFT->rs = 0;                            //将 TFT 屏的 rs 信号拉低
    TFT->rd = 1;                            //将 TFT 屏的 rd 信号拉高
    TFT->cs = 1;                            //将 TFT 屏的 cs 信号拉高
}

void write_data(unsigned char i, unsigned char j)            //定义写像素函数 write_data
{
    TFT->rs = 1;                            //将 TFT 屏的 rs 信号拉高
    TFT->cs = 0;                            //将 TFT 屏的 cs 信号拉低
    TFT->wr = 1;                            //将 TFT 屏的 wr 信号拉高
    TFT->rd = 1;                            //将 TFT 屏的 rd 信号拉高
    TFT->data = (unsigned int)i;            //将数据 i 写到 TFT 屏的数据线上
    TFT->wr = 0;                            //将 TFT 屏的 wr 信号拉低
    NOP;                                    //空操作,延迟
    NOP;                                    //空操作,延迟
    NOP;                                    //空操作,延迟
    NOP;                                    //空操作,延迟
    TFT->wr = 1;                            //将 TFT 屏的 wr 信号拉高
    NOP;                                    //空操作,延迟
    NOP;                                    //空操作,延迟
    NOP;                                    //空操作,延迟
    NOP;                                    //空操作,延迟
    TFT->data = (unsigned int)j;            //将数据 j 写到 TFT 屏的数据线上
    TFT->wr = 0;                            //将 TFT 屏的 wr 信号拉低
    NOP;                                    //空操作,延迟
    NOP;                                    //空操作,延迟
    NOP;                                    //空操作,延迟
    NOP;                                    //空操作,延迟
    TFT->wr = 1;                            //将 TFT 屏的 wr 信号拉高
    TFT->cs = 1;                            //将 TFT 屏的 cs 信号拉高
}

void reset_TFT(void)                        //定义 TFT 屏复位函数
{
  int i = 0;
  TFT->rst = 1;                             //将 TFT 屏的 rst 信号拉高
  for(i = 0;i < 9000;i++);                  //for 循环,实现延迟
  TFT->rst = 0;                             //将 TFT 屏的 rst 信号拉低
  for(i = 0;i < 9000;i++);                  //for 延迟,实现延迟
  TFT->rst = 1;                             //将 TFT 屏的 rst 信号拉高
  for(i = 0;i < 9000;i++);                  //for 延迟,实现延迟
}

void ini_ILI9341()                          //定义初始化 ILI9341 的函数
{
  comm_out(0xCF);                           //电源控制命令 0xCF
  data_out(0x00);                           //参数 1
```

```
data_out(0xC1);                         //参数 2
data_out(0X30);                         //参数 3

comm_out(0xED);                         //电源控制序列命令 0xED
data_out(0x64);                         //参数 1
data_out(0x03);                         //参数 2
data_out(0x12);                         //参数 3
data_out(0x81);                         //参数 4

comm_out(0xE8);                         //驱动器时序控制 A 命令 0xE8
data_out(0x85);                         //参数 1
data_out(0x10);                         //参数 2
data_out(0x7A);                         //参数 3

comm_out(0xCB);                         //电源控制 A 命令 0xCB
data_out(0x39);                         //参数 1
data_out(0x2C);                         //参数 2
data_out(0x00);                         //参数 3
data_out(0x34);                         //参数 4
data_out(0x02);                         //参数 5

comm_out(0xF7);                         //泵比率控制命令 0xF7
data_out(0x20);                         //参数 1

comm_out(0xEA);                         //驱动器时序控制 B 命令 0xEA
data_out(0x00);                         //参数 1
data_out(0x00);                         //参数 2

comm_out(0xC0);                         //电源控制 1 命令 0xC0
data_out(0x21);                         /参数 1,VRH[5:0]

comm_out(0xC1);                         //电源控制 2 命令 0xC1
data_out(0x13);                         //参数 2,SAP[2:0],BT[3:0]

comm_out(0xC5);                         //VCM 控制 1 命令 0xC5
data_out(0x3F);                         //参数 1
data_out(0x3C);                         //参数 2

comm_out(0xC7);                         //VCM 控制 2 命令 0xC7
data_out(0XB3);                         //参数 1

comm_out(0x36);                         //存储器访问控制命令 0x36
data_out(0x08);                         //参数 1

comm_out(0x3A);                         //像素格式设置命令 0x3A
data_out(0x55);                         //参数 1

comm_out(0xB1);                         //帧率控制命令 0xB1
data_out(0x00);                         //参数 1
data_out(0x1B);                         //参数 2
```

```
comm_out(0xB6);                         //显示功能控制命令 0xB6
data_out(0x0A);                         //参数 1
data_out(0xA2);                         //参数 2

comm_out(0xF6);                         //接口控制命令 0xF6
data_out(0x01);                         //参数 1
data_out(0x30);                         //参数 2

comm_out(0xF2);                         //使能 3 伽玛命令 0xF2
data_out(0x00);                         //参数 1,禁止伽玛功能

comm_out(0x26);                         //伽玛设置命令 0x26
data_out(0x01);                         //选择伽玛曲线

comm_out(0xE0);                         //正伽玛矫正命令 0xE0
data_out(0x0F);                         //参数 1
data_out(0x24);                         //参数 2
data_out(0x21);                         //参数 3
data_out(0x0C);                         //参数 4
data_out(0x0F);                         //参数 5
data_out(0x09);                         //参数 6
data_out(0x4D);                         //参数 7
data_out(0XB8);                         //参数 8
data_out(0x3C);                         //参数 9
data_out(0x0A);                         //参数 10
data_out(0x13);                         //参数 11
data_out(0x04);                         //参数 12
data_out(0x0A);                         //参数 13
data_out(0x05);                         //参数 14
data_out(0x00);                         //参数 15

comm_out(0XE1);                         //负伽玛矫正命令 0xE1
data_out(0x00);                         //参数 1
data_out(0x1B);                         //参数 2
data_out(0x1E);                         //参数 3
data_out(0x03);                         //参数 4
data_out(0x10);                         //参数 5
data_out(0x06);                         //参数 6
data_out(0x32);                         //参数 7
data_out(0x47);                         //参数 8
data_out(0x43);                         //参数 9
data_out(0x05);                         //参数 10
data_out(0x0C);                         //参数 11
data_out(0x0B);                         //参数 12
data_out(0x35);                         //参数 13
data_out(0x3A);                         //参数 14
data_out(0x0F);                         //参数 15

comm_out(0x11);                         //退出休眠模式命令 0x11
Delayms(120);                           //延迟
comm_out(0x29);                         //打开显示命令 0x29
```

```
}

void display_horizontal_line(unsigned int value)    //使用垂直触摸位置 value 的值,绘制
{                                                   //不同宽度的水平横条
    unsigned char j;
    unsigned int i;
    comm_out(0x2A);                  //发命令 0x2A,设置列起始和结束地址
    data_out(0x00);                  //设置列起始地址高 8 位为 0x00
    data_out(0x00);                  //设置列起始地址低 8 位为 0x00,结果起始 0
    data_out(0x00);                  //设置列结束地址高 8 位为 0x00
    data_out(0xef);                  //设置列结束地址低 8 位为 0xef,结果结束为 239
    comm_out(0x2b);                  //发命令 0x2b,设置页面起始和结束地址
    data_out(0x00);                  //设置页面起始地址高 8 位为 0x00
    data_out(0x00);                  //设置页面起始地址低 8 位为 0x00,结果起始 0
    data_out(0x01);                  //设置页面结束地址高 8 位为 0x01
    data_out(0x3f);                  //设置页面结束地址低 8 位为 0x3f,结果结束为 319
    comm_out(0x2C);                  //发命令 0x2C,向设置区域按顺序写入数据
    for(i = 0;i < value;i++)         //用 value 的值确定蓝色区域的宽度
     for(j = 0;j < 240;j++)          //充满 240 列像素
         write_data(0x00,0x1f);      //用蓝色填充
    for(i = 0;i < 320 - value;i++)   //用 320 - value 的值确定剩余着色区域的宽度
     for(j = 0;j < 240;j++)          //充满 240 列像素
         write_data(0x1f,0x00);      //用绿色填充
}

void ADS7843_SPI_Start(void)         //定义初始化 ADS7863 SPI 接口的函数
{
  TOUCH -> clk = 0;                  //将触摸控制芯片的 clk 信号拉低
  TOUCH -> cs = 1;                   //将触摸控制芯片的 cs 信号拉高
  TOUCH -> din = 1;                  //将触摸控制芯片的 din 信号拉高
  TOUCH -> clk = 1;                  //将触摸控制芯片的 clk 信号拉高
  TOUCH -> cs = 0;                   //将触摸控制芯片的 cs 信号拉低
}

//*************************************************************
void ADS7843_Write (unsigned char cmd) //定义写 ADS7843 触摸控制芯片的函数
{
  unsigned char buf, i, j ;
  TOUCH -> clk = 0;                  //将触摸控制芯片的 clk 信号拉低
  for(i = 0; i<8; i++)               //for 循环 8 次,给触摸控制芯片发命令
  {
    buf = (cmd >> (7 - i)) & 0x1;    //右移,提取"0"或者"1"
    TOUCH -> din = buf;              //将比特送到触摸控制芯片的 din 引脚

    for(j = 0; j < general_delay; j++); //for 循环,延迟
    TOUCH -> clk = 1;                //将触摸控制芯片的 clk 信号拉高

    for(j = 0; j < general_delay; j++); //for 循环,延迟
    TOUCH -> clk = 0;                //将触摸控制芯片的 clk 信号拉低
  }
}
```

```
//*****************************************************************
unsigned int ADS7843_Read(void)            //定义读 ADS7843 串行数据的函数
{
  unsigned int buf = 0;
  unsigned char i,j;
  for(i = 0; i < 12; i++)                  //循环 12 次,用于读取 12 位的 ADC 数据
  {
    buf = buf << 1 ;                       //左移一位,相当于×2
    TOUCH - > clk = 1;                     //将触摸控制芯片的 clk 信号拉高
    for(j = 0; j < general_delay; j++);    //for 循环,延迟
    TOUCH - > clk = 0;                     //将触摸控制芯片的 clk 信号拉低
    for(j = 0; j < general_delay; j++);    //for 循环,延迟
    if (TOUCH - > dout)                    //读取触摸控制芯片的串行输出数据
    buf = buf + 1;                         //如果为 1,则加 1
    for(j = 0; j < general_delay; j++);    //for 循环,延迟
      }

  for(i = 0; i < 4; i++)                   //4 个空闲周期
  {
    TOUCH - > clk = 1;                     //将触摸控制芯片的 clk 信号拉高
    for(j = 0; j < general_delay; j++);    //for 循环,延迟
    TOUCH - > clk = 0;                     //将触摸控制芯片的 clk 信号拉低
    for(j = 0; j < general_delay; j++);    //for 循环,延迟
    }
  return(buf) ;                            //返回读取的 12 位串行 ADC 的值
}

long get_x_position(void)                  //定义计算 x 坐标位置的函数
{
    long x;
    ADS7843_Write(CHX);                    //发测量 x 坐标命令
    x = ADS7843_Read();                    //消抖,空读操作
    ADS7843_Write(CHX);                    //发测量 x 坐标命令
    x = ADS7843_Read();                    //读取 12 位 x 坐标的电压值
    ADS7843_Write(CHX);                    //发测量 x 坐标命令
    x += ADS7843_Read();                   //读取 12 位 x 坐标的电压值
    x = x/2;                               //求取平均,消抖处理
    x = x_slope * (x - 230);               //将读取电压的值,转换成 x 坐标值
    x = SCREEN_X_END - x;                  //x 坐标求补
    if(x < SCREEN_X_START)                 //判断 x 坐标边界,在起始点之外
      x = SCREEN_X_START;                  //将起始点作为 x 的坐标位置
    else if(x > SCREEN_X_END)              //判断 x 坐标边界,在结束点之外
      x = SCREEN_X_END;                    //将结束点作为 x 的坐标位置
    return x;                              //返回计算得到的 x 坐标值
}

long get_y_position(void)                  //定义计算 y 坐标位置的函数
{
   long y;
```

```
    ADS7843_Write(CHY);                     //发测量 y 坐标命令
   y = ADS7843_Read();                      //消抖,空读操作
    ADS7843_Write(CHY);                     //发测量 y 坐标命令
   y = ADS7843_Read();                      //读取 12 位 y 坐标的电压值
   ADS7843_Write(CHY);                      //发测量 y 坐标命令
   y += ADS7843_Read();                     //读取 12 位 y 坐标的电压值
   y = y/2;                                 //求取平均,消抖处理
   y = y_slope * (y - 287);                 //将读取电压的值,转换成 y 坐标值
    y = SCREEN_Y_END - y;                   //y 坐标求补
    if(y < SCREEN_Y_START)                  //判断 y 坐标边界,在起始点之外
       y = SCREEN_Y_START;                  //将起始点作为 y 的坐标位置
    else if (y > SCREEN_Y_END)              //判断 y 坐标边界,在结束点之外
       y = SCREEN_Y_END;                    //将结束点作为 y 的坐标位置
     return y;                              //返回计算得到的 y 坐标值
   }
```

5）保存该设计文件。

6. 创建并添加C语言主文件

本部分添加C语言主文件,并在该文件中添加代码,完成C语言主文件的设计。主要步骤包括：

1）在 Project 窗口中,选择并展开 Target1。在 Target1 展开项中,找到并选中 Source Group1,右击,出现浮动菜单。在浮动菜单内,选择 Add New Item to Group 'Source Group 1'…。

2）出现 Add New Item to Group 'Source Group 1'对话框界面。在该界面左侧窗口中,按下面设置参数：

(1) 选择 C File(.c)。

(2) 在 Name:右侧的文本框中,输入 main。

3）单击 Add 按钮。

4）在 main.c 文件中,按代码清单 17-10 所示输入设计代码。

代码清单 17-10　main.c 文件

```
#include "system.h"                       //包含 system.h 头文件
#include "math.h"                         //包含 math.h 头文件
#include "core_cm0.h"                     //包含 core_cm0.h 头文件
 unsigned char i = 0;                     //定义全局字符型变量 i,初始化为 0
 unsigned char en = 0;                    //定义全局字符型变量 en,初始化为 0
 unsigned char touch = 0;                 //定义全局字符型变量 touch,初始化为 0
 void Btn_ISR()                           //按键中断 ISR
{
    i = 0;
}

 void Timer_ISR()                         //定时器中断 ISR
{
    en = 1;                               //变量 en 设置为 1
   }
```

```
void Uart_ISR()                             //串口中断 ISR
{

}

void Touch_ISR()                            //触摸屏中断 ISR
{
touch = 1;                                  //将 touch 设置为 1

}
//////////////////////////////////////////////////////////////////////
// 主函数
//////////////////////////////////////////////////////////////////////

int main(void)
  {
    long x_pos,y_pos;                       //定义长整型变量 x_pos 和 y_pos
    char j;                                 //定义字符变量 j
    NVIC_EnableIRQ(Touch_IRQn);             //调用 CMSIS 函数,使能触摸屏中断
    reset_TFT();                            //复位 TFT 屏
    ini_ILI9341();                          //初始化 ILI9341
while(1)                                    //无限循环
     {
     if(touch == 1)                         //如果产生触摸中断
     {
       touch = 0;                           //将变量 touch 设置为 0
       ADS7843_SPI_Start();                 //启动 ADS7843
       for(j = 0; j<general_delay; j++);    //for 循环,延迟
       x_pos = get_x_position();            //读取触摸屏 x 坐标位置
       y_pos = get_y_position();            //读取触摸屏 y 坐标位置
       write_seg7(x_pos);                   //将 x 坐标的位置显示在 7 段数码管上
       display_horizontal_line(y_pos);      //根据 y 坐标的位置,绘制不同颜色区域
       TOUCH->cs = 1;                       //将触摸控制芯片 cs 信号拉高
     }
   }
    return 0;
}
```

5）保存该设计文件。

6）在 Keil μVision5 主界面主菜单下，选择 Project→Build target。对程序进行编译。

注：当编译过程结束后，将在当前工程路径，即

```
E:\cortex-m0_example\cortex_m0_c_prog\software
```

路径下，生成 code.hex 文件。

思考与练习 17-8：在该路径下，找到并用写字板打开 code.hex 文件，分析该文件。

思考与练习 17-9：通过分析上面的设计代码，进一步熟悉和掌握 CMSIS 架构的风格和调用方法。

7. 添加 HEX 文件到当前工程

本部分将前面生成的 code. hex 文件添加到当前工程中，主要步骤包括：

(1) 在 Vivado 主界面左侧的 Sources 窗口下，找到并展开 Memory Initialization Files。在展开项中，找到并选择 code. hex，右击，出现浮动菜单。在浮动菜单内，选择 Remove File from Project…，彻底删除该文件。

(2) 在 Vivado 主界面的 Sources 窗口下，找到并选择 Design Sources，右击，出现浮动菜单。在浮动菜单内，选择 Add Sources…选项。

(3) 出现 Add Sources(添加源文件)对话框界面。在该对话框界面内，选中 Add or create design sources 前面的复选框。

(4) 单击 Next 按钮。

(5) 出现 Add Sources-Add or Create Design Sources(添加源文件-添加或者创建设计源文件)对话框界面。在该界面中，单击➕按钮，出现浮动菜单。在浮动菜单内，选择 Add Files…选项。

(6) 出现 Add Source Files 对话框界面。在该对话框界面中，将路径指向：

```
E:\cortex-m0_example\cortex_m0_cmsis\software
```

在该路径下，选中 code. hex 文件。

(7) 单击 OK 按钮。

(8) 返回到 Add Sources-Add or Create Design Sources 对话框界面。在该界面中，选中 Copy sources into project(复制源文件到工程)前面的复选框。

(9) 单击 Finish 按钮。

(10) 可以看到在 Sources 标签窗口下，添加了 code. hex 文件，但是，该文件在 Unknown 文件夹下。

(11) 选中 Unknown 文件下的 code. hex 文件，右击，出现浮动菜单。在浮动菜单内，选中 Source File Properties…选项。

(12) 出现 Source File Properties 界面。在该界面中，单击⊟按钮。

(13) 出现 Set Type 对话框界面。在该对话框界面 File Type 右侧的下拉框中，选择 Memory Initialization Files 选项。

(14) 单击 OK 按钮。

(15) 可以看到 Unknown 文件夹的名字变成了 Memory Initialization Files。

至此，已将软件代码成功添加到 Vivado 设计工程中。这样，对该设计进行后续处理时，就能用于初始化 FPGA 内的片内存储器。

17.6.8 设计综合

本节对设计进行综合，主要步骤包括：

(1) 在 Vivado 集成开发环境左侧 Flow Navigator 窗口下，找到并展开 Synthesis。在 Synthesis 展开项中，单击 Run Synthesis，Vivado 开始对设计进行综合。

(2) 当完成综合过程后，弹出 Synthesis Completed(综合完成)对话框界面。在该界面中选中 Open Synthesized Design 前面的复选框。

(3) 单击 OK 按钮。

17.6.9 添加约束条件

本节通过 I/O 规划器的图形化界面添加触摸屏控制器模块的引脚约束条件。主要步骤包括：

注：确认在执行下面的步骤之前，已经打开了综合后的网表文件。如果没有打开，则应该先打开综合后的网表。

(1) 在 Vivado 集成开发环境上方的下拉框中，选择 I/O Planning(I/O 规划)选项。

(2) 在 Site 标题下面输入每个逻辑端口在 FPGA 上的引脚位置，以及在 I/O Std(I/O 标准)标题下，添加逻辑端口定义其 I/O 电气标准，如图 17.14 所示。

I/O Ports

Name	Direction	Neg Diff Pair	Package Pin	Fixed	Bank	I/O Std	Vcco	Vr
All ports (61)								
an (8)	OUT			✓	16	LVCMOS33*	3.300	
LED (8)	OUT			✓	13	LVCMOS33*	3.300	
rgb (12)	OUT			✓	16	LVCMOS33*	3.300	
seg (7)	OUT			✓	16	LVCMOS33*	3.300	
tft_db (8)	OUT			✓	34	LVCMOS33*	3.300	
tft_db[7]	OUT		Y2	✓	34	LVCMOS33*	3.300	
tft_db[6]	OUT		W2	✓	34	LVCMOS33*	3.300	
tft_db[5]	OUT		R2	✓	34	LVCMOS33*	3.300	
tft_db[4]	OUT		R3	✓	34	LVCMOS33*	3.300	
tft_db[3]	OUT		V2	✓	34	LVCMOS33*	3.300	
tft_db[2]	OUT		U2	✓	34	LVCMOS33*	3.300	
tft_db[1]	OUT		U1	✓	34	LVCMOS33*	3.300	
tft_db[0]	OUT		T1	✓	34	LVCMOS33*	3.300	
Scalar ports (18)								
btn	IN		F21	✓	16	LVCMOS33*	3.300	
CLK	IN		K19	✓	15	LVCMOS33*	3.300	
dp	OUT		B15	✓	16	LVCMOS33*	3.300	
hs	OUT		A20	✓	16	LVCMOS33*	3.300	
RESET	IN		T5	✓	34	LVCMOS33*	3.300	
rx	IN		F14	✓	16	LVCMOS33*	3.300	
tft_cs	OUT		W1	✓	34	LVCMOS33*	3.300	
tft_rd	OUT		U3	✓	34	LVCMOS33*	3.300	
tft_rs	OUT		Y1	✓	34	LVCMOS33*	3.300	
tft_rst	OUT		T3	✓	34	LVCMOS33*	3.300	
tft_wr	OUT		V3	✓	34	LVCMOS33*	3.300	
touch_cs	OUT		AB3	✓	34	LVCMOS33*	3.300	
touch_dclk	OUT		AB1	✓	34	LVCMOS33*	3.300	
touch_din	OUT		AB2	✓	34	LVCMOS33*	3.300	
touch_dout	IN		Y3	✓	34	LVCMOS33*	3.300	
touch_irq	IN		AA1	✓	34	LVCMOS33*	3.300	
tx	OUT		F13	✓	16	LVCMOS33*	3.300	
vs	OUT		F20	✓	16	LVCMOS33*	3.300	

图 17.14　I/O 约束界面

(3) 在当前约束界面的工具栏内，按 Ctrl+S 组合键，保存约束条件。

(4) 在 Vivado 上方的下拉框中选择 Default Layout 选项，退出 I/O 约束界面。

17.6.10 设计实现

本节执行设计实现过程，主要步骤包括：

(1) 在 Vivado 的 Sources 窗口下，找到并选中 AHBLITE_SYS.v 文件。

(2) 在 Vivado 左侧的 Flow Navigator 窗口中，找到并展开 Implementation 选项。

(3) 在 Implementation 展开项中,单击 Run Implementation 选项,Vivado 开始执行设计实现过程;或者在 Tcl 命令行中,输入 launch_runs impl_1 脚本命令,运行实现过程。

17.6.11 下载比特流文件

本节生成比特流文件,主要步骤包括:

(1) 在 Vivado 源文件窗口中,选择顶层设计文件 AHBLITE_SYS.v。

(2) 在 Vivado 主界面左侧的 Flow Navigator 窗口下方,找到并展开 Program and Debug 选项。在 Program and Debug 展开项中,找到并单击 Generate Bitstream 选项,开始生成编程文件。

(3) 当生成比特流的过程结束后,出现 Bitstream Generation Completed 对话框界面。

(4) 单击 Cancel 按钮。

(5) 通过 USB 电缆,将 A7-EDP-1 开发平台上名字为 J12 的 Mini USB-JTAG 插座与 PC/笔记本电脑上的 USB 接口进行连接。

(6) 通过 A7-EDP-1 开发平台上的 J7 插座,将 GPNT-TFT-1 触摸屏模块和 A7-EDP-1 开发平台连接。

(7) 将外部+5V 电源连接到 A7-EDP-1 开发平台的 J6 插座。

(8) 将 A7-EDP-1 开发平台上的 J11 跳线设置为 EXT 模式,即外部供电模式。

(9) 将 A7-EDP-1 开发平台上的 J10 插座设置为 JTAG,表示下面将使用 JTAG 下载设计。

(10) 将 A7-EDP-1 开发平台上的 SW8 开关设置为 ON 状态,给开发平台供电。

(11) 在 Vivado 主界面左侧的 Flow Navigator 窗口下方,找到并展开 Program and Debug 选项。在 Program and Debug 展开项中,找到并单击 Open Hardware Manager 选项。

(12) 在 Vivado 界面上方出现 Hardware Manager-unconnected 界面。

(13) 单击 Open target 选项,出现浮动菜单。在浮动菜单内选择 Auto Connect 选项。

(14) 出现 Auto Connect 对话框界面。

(15) 当硬件设计正确时,在 Hardware 窗口中会出现所检测到的 FPGA 类型和 JTAG 电缆的信息。

(16),选中名字为 xc7a75t_0 的一行,右击,出现浮动菜单。在浮动菜单内选择 Program Device…。

(17) 出现 Program Device 对话框界面。在该界面中默认将 Bitstream file(比特流文件)的路径指向:

```
E:/cortex-m0_example/cortex_m0_cmsis/cortex_m0.runs/impl_1/AHBLITE_SYS.bit
```

(18) 单击 Program 按钮,Vivado 工具自动将比特流文件下载到 FPGA 中。

思考与练习 17-10:以一定的压力用触摸笔接触 TFT 触摸屏表面,观察七段数码管上显示的 X 坐标值,以及在 3.2 英寸 TFT 屏上所显示的图像与触摸笔在触摸屏上位置之间的关系。

第18章 RTX操作系统原理及应用

一个完整的嵌入式系统必须包括操作系统，作为嵌入式系统最重要的一部分，本章将详细介绍 RTX 实时操作系统在 Cortex-M0 平台上运行的原理和实现方法。内容包括：RTOS 的优势、操作系统的概念、操作系统支持特性、RTX 内核架构的特点、RTX 的具体实现过程以及 RTX 内核功能。

通过本章的学习，读者将进一步理解操作系统内核的原理，并通过 Cortex-M0 平台实现 RTX 的运行和调试。

18.1 RTOS 的优势

典型地，在一些简单的系统内，使用超级循环的概念，即应用程序以固定的顺序执行每个函数。中断服务程序 ISR 用于程序中对时间比较敏感的部分。这种方法对于小系统来说效果非常好，但是对于复杂的应用来说，就存在很多局限性，主要表现在以下几方面：

（1）必须在 ISR 中处理对时间比较苛刻的操作。

① ISR 函数变得更加复杂，因此要求较长的执行时间。

② ISR 嵌套可能会造成不可预测的执行时间，以及堆栈要求。

（2）必须通过全局共享变量，才能实现超级循环和 ISR 的数据交换。

应用程序的开发人员负责数据的一致性。

（3）通过系统定时器，很容易对一个超级循环进行同步，但是：

① 如果系统要求一些不同的时钟周期，则实现将变得非常困难。

② 分割耗时的函数，将超过超级循环的周期。

③ 引起软件开销，并且使得应用程序的阅读变得异常困难。

（4）超级循环程序将变得复杂，因此很难进行扩展。

一个简单的修改，可能引起不可预测的负面效应，这种负面效应需要消耗大量的时间进行分析。

为了解决以上超级循环的缺点，需要使用实时操作系统（Real-Time Operating System，RTOS）。

思考与练习 18-1：说明在嵌入式系统中使用操作系统的必要性。

18.2 操作系统的概念

RTOS可以将程序函数分配到独立的任务中,并且按需调度任务的执行。一个高级RTOS,如下面将要详细介绍的Keil RTX,提供了下面的优势:

(1) 任务调度。当需要保证更好的程序流以及事件的响应时间时,调度任务。

(2) 多任务。任务调度,使我们产生一种错觉,即同时执行大量的任务。

(3) 确定性的行为。在一个确定的时间内处理事件和中断。

(4) 更短的ISR。使能中断行为更加确定。

(5) 任务间通信。在多个任务中将管理数据、存储器和硬件资源的共享。

(6) 定义堆栈的使用。为每个任务分配预先定义的堆栈空间,这样可以预测存储器的使用情况。

(7) 系统管理。允许程序员专注于应用程序的开发,而不再关注资源的管理(管家)。

思考与练习18-2:说明一个操作系统提供的主要功能。

18.3 操作系统支持特性

Cortex-M0中提供了一部分特性专用于嵌入式操作系统,它们包括:

(1) SysTick24位定时器,它实现向下计数,且产生周期异常。

(2) 额外的一个栈指针,即进程栈指针,通过两个栈指针,使得应用程序栈和操作系统内核栈之间相互独立。

(3) SVC异常和SVC指令。通过异常机制,应用程序可以使用SVC访问OS服务。

(4) PendSV异常,它可以被操作系统、设备驱动或者应用程序用于产生可延迟的请求服务。

注:本节内容引用《ARM Cortex-M0权威指南》一书(清华大学出版社,2013年)的内容。

18.3.1 SysTick定时器

对于支持多任务的操作系统来说,需要按一定的周期执行上下文的切换。因此,就需要使用定时器这样的资源产生周期性的中断来打断程序的运行。当定时器产生中断时,处理器就会在处理异常时执行操作系统内任务之间的调度(切换),同时还会维护操作系统。在操作系统中,使用SysTick定时器来产生周期性的中断。

当该计数器计数值减到0时,就会重新加载计数值,并且同时产生SysTick异常(编号为15)。该异常事件会引起操作系统的任务之间的调度。

对于不需要OS支持的系统来说,该定时器可用于其他方面,如定时、计数或者为需要周期执行的任务。可以通过编程来控制SysTick定时器,如果禁止该异常,则可以使用轮询的方法查看当前的计数值或者计数器的状态。

在Cortex-M0内,SysTick由四个寄存器控制,这些寄存器的具体功能如表18.1～

表 18.4 所示。

表 18.1 SysTick 控制和状态寄存器(地址 0xE000E010)

位	域	类型	复位值	描　　述
31:17	保留	—	—	保留
16	COUNTFLAG	只读	0	当计数到零时,该位为 1,读取寄存器会被清零
15:3	保留	—	—	保留
2	CLKSOURCE	读/写	0	=1,表示该定时器使用内核时钟；否则使用参考时钟频率
1	TICKINT	读/写	0	中断使能。当该位为 1 时,允许计数到 0 产生异常
0	ENABLE	读/写	0	=1,使能该定时器；否则,禁止该定时器

表 18.2　SysTick 重加载寄存器(地址 0xE000E014)

位	域	类型	复位值	描　　述
31:24	保留	—	—	保留
23:0	RELOAD	读/写	未定义	设置该计数器的重加载值

表 18.3　SysTick 当前值寄存器(0xE000E018)

位	域	类型	复位值	描　　述
31:24	保留	—	—	保留
23:0	CURRENT	读/写	未定义	读取该定时器当前数值,写入任何值都会清除寄存器,COUNTFLAG 也会清零,但不会引起异常

表 18.4　SysTick 校准值寄存器(地址 0xE000E01C)

位	域	类型	复位值	描　　述
31	NOREF	只读	—	如果读取的值为 1,则该定时器总是使用内核时钟；否则,表示有外部参考时钟可用
30	SKEW	只读	—	=1,表示 TENMS 不准确
29:24	保留	—	—	保留
23:0	TENMS	只读	—	10ms 校准值

18.3.2　堆栈指针

前面在介绍 Cortex-M0 内部架构时,提到它有两个堆栈指针,主堆栈指针(MSP)和进程栈指针(PSP)。它们都是 32 位的寄存器,并且可以通过 R13 进行访问,但是一个时刻只能使用一个。默认,MSP 是堆栈指针。当复位时,初始化为存储器的第一个字。对于简单应用来说,可以只使用 MSP。在这种情况下,也只有一个堆栈区域。但是,当使用操作系统 OS 时,通常需要较高的可靠性。此时,可以定义多个堆栈区域,一个用于 OS 内核以及异常,其他则用于不同的任务。

将它们分开的目的就是让上下文的切换更加简单。在上下文切换过程中,正在退出的应用任务的栈指针将被保存,栈指针会指向下一个任务的栈。内核代码的运行也需要栈空间,使用独立的内核堆栈可以避免更新堆栈指针时数据的丢失。

在使用操作系统时,各个任务使用的存储器空间是互相独立的,这样能够减少一个任务破坏另一个任务或者 OS 内核堆栈而引起的堆栈错误。尽管一些恶意程序能够破坏 RAM 中的数据,但是当操作系统切换上下文时,会检查堆栈指针的值,并且检测潜在的错误。这样,也有助于提高嵌入式系统的可靠性。

在使用操作系统的环境下,MSP 和 PSP 的用法如下:

(1) MSP,用于操作系统内核和异常处理。

(2) PSP,用于应用程序任务。

当操作系统切换上下文时,需要一直跟踪每个任务栈指针的值,并且改变 PSP 的值,这样每个任务都可以有自己的堆栈空间。

在介绍 Cortex-M0 内部架构时,已经说明堆栈指针的选择由 Cortex-M0 处理器的当前模式和 CONTROL 寄存器的值共同决定。当复位后,处理器处于线程模式,CONTROL 寄存器的值为 0。因此,将 MSP 作为默认的堆栈指针。

如果发生了异常,处理器进入到处理模式,并且选择 MSP 作为堆栈指针。根据 CONTROL 寄存器的值不同,压栈过程会将 R0～R3、R12、LR、PC 和 xPSR 压入 MSP 或者 PSP。

当处理完异常后,将 EXC_RETURN 的值。根据 EXC_RETURN 第 4 位的值不同,处理器可能进入线程模式、使用 PSP 的线程模式或者使用 MSP 的处理模式。同时,也会更新 CONTROL 的值,并且和 EXC_RETURN 的第二位保持一致。

在前面介绍指令集的时候已经提到,通过 MRS 和 MSR 指令可以访问 MSP 和 PSP。不建议使用 C 语言修改当前使用的堆栈指针,因此访问局部变量和函数参数时会使用堆栈指针的值。如果修改了堆栈指针,则可能会造成无法访问这些变量的情况。

18.3.3 SVC

要运行一个完整的操作系统,还需要其他处理器特性。典型的是让任务触发特定操作系统异常的软件中断 SWI 机制。在 ARM Cortex-M0 处理器中,将其称为请求管理调用(Supervisor Call,SVC)。前面已经介绍过,SVC 既是一条指令,也是一种异常。当执行 SVC 时,就会触发 SVC 异常。如果当前处理器没有执行相同优先级或者更高优先级的异常时,Cortex-M0 会立即处理 SVC 异常。

通过 SVC,应用程序可以访问 OS 提供的系统服务,并且不需要提供任何地址信息。因此,可以单独编译和启动 OS 和应用程序。所以,只要应用程序调用正确的 OS 服务,并且提供所需要的参数,就可以实现与 OS 的交互。

注:(1) 受到 Cortex-M0 处理器中断优先级的限制,SVC 只能运行在线程模式,或者比 SVC 自己优先级低的异常处理中。否则,会产生硬件故障错误。

(2) 不能在 SVC 访问的函数中使用 SVC 指令,因为它们有相同的优先级。此外,也不能在 NMI 和硬件错误异常处理中使用 SVC。

18.3.4 PendSV

PendSV 也是一种异常，可以通过设置 NVIC 的挂起状态来激活它。与 SVC 不同的是，可以延迟激活 PendSV。因此，即使在执行比 PendSV 优先级还要高的异常处理时，也可以设置它的挂起状态。该异常主要用于以下几方面：

(1) 嵌入式系统的上下文切换。

(2) 将一个中断处理过程划分为两个部分：

① 需要快速执行前一部分，并且在高优先级中断服务程序中处理。

② 不需要快速处理后半部分，可以在延迟的 PendSV 中处理，并且具有较低的优先级。

通过这种方法，就可以快速处理其他高优先级中断请求。

对于第二个功能理解起来比较简单，但是理解上下文切换就比较复杂。在典型的 OS 中，可以使用以下方式触发上下文切换：

(1) SysTick 处理期间的任务调度。

(2) 等待数据/事件的任务通过调用 SVC 服务切换到另一个任务中。

通常将 SysTick 异常设置为高优先级。因此，即使当正在执行其他的中断时，也可以处理 SysTick。但是，当正在执行 ISR 时，操作系统就不会实际执行上下文的切换，这是因为如果这样做，ISR 就将会被分割成很多部分。按照传统的方式，如果操作系统检测到正在运行 ISR 时，在下一个 OS 时钟到来之前，就不会执行上下文切换。

通过将切换上下文延迟到下一次 SysTick 异常，就可以在本次完成 ISR。但是，这个 IRQ 的生成节拍可能与任务切换一致，或者频繁产生 IRQ，这样就会导致有些任务会得到大量的执行时间，或者在很长时间内都无法执行上下文切换。

为了解决这个问题，实际的上下文切换过程可以发生在处理低优先级的 PendSV 中，并且与 SysTick 处理分开。当把 PendSV 异常的优先级设置为最低后，只有在没有执行其他 ISR 时，采用执行 PendSV。

思考与练习 18-3：说明在操作系统中 SysTick 所起的作用，以及在非操作系统的应用中 SysTick 可以使用的场合。

思考与练习 18-4：说明在 Cortex-M0 操作系统中，堆栈指针的不同作用。

思考与练习 18-5：说明在操作系统中，SVC 所起的作用。

思考与练习 18-6：说明在操作系统中，PendSV 所起的作用。

18.4 RTX 内核架构的特点

Keil RTX 是一个免费的实时操作系统，它用于 ARM 和 Cortex-M 器件。它允许程序员创建程序，该程序可以同时执行多个函数，并且帮助创建具有更好结构和更易于维护的应用程序。RTX 内核提供了一些机制用于进程间通信，包括事件标志、信号量、互斥和邮箱。

RTX 内核的特点主要包括：

(1) 灵活的调度机制：轮询、抢占和协同。

① 抢占。每个任务有不同的优先级，它们运行直到高优先级的任务准备运行为止。在交互系统中通常使用抢占的调度机制，在这种系统中，器件仅需处于待机或者后台模式，直到用户提供输入为止。

② 轮询。每个任务将运行固定的 CPU 周期(时间片)。典型的，数据记录器/系统监控器使用轮询的调度机制，轮流采样所有传感器或者数据源，它们并没有优先级。

③ 协同。运行任务，直到它将控制权交给其他任务或者存在阻塞 OS 调用为止。协同调度机制可以用于要求固定顺序执行的应用程序中。

(2) 包含低中断延迟的高速实时操作。

(3) 用于资源有限的系统时，占用较小的空间。

(4) 包含 254 个优先级的不限数量的任务。

(5) 不限数量的邮箱、信号量、互斥和定时器。

(6) 支持多线程和线程安全操作。

(7) 在 MDK-ARM 中，支持内核调试。

(8) 使用 μVision 的配置向导，基于对话框设置。

当运行 RTX 时，它对存储器资源的要求如表 18.5 所示。

表 18.5　运行 RTX 时对存储器资源的要求

任务规范	性　　能
CODE 大小	< 4.0KB
用于内核的 RAM 空间	<300B+128B 用户堆栈
用于一个任务的 RAM 空间	TaskStackSize+52B
用于一个邮箱的 RAM 空间	MaxMessages * 4+16B
用于一个信号量的 RAM 空间	8B
用于一个互斥的 RAM 空间	12B
用于一个用户定时器的 RAM 空间	8B
硬件要求	SysTick timer

注：(1) 用于该测试的 RTX 内核，配置为 10 个任务，10 个用户定时器，以及禁止堆栈检查。

(2) 所要求的 RAM 大小取决于同时运行的任务数量。

(3) 使用 MicoLib 运行库，计算代码和 RAM 的大小。

思考与练习 18-7：说明 RTX 操作系统架构的主要特点。

18.5　RTX 的具体实现过程

为了方便读者学习本书后面的内容，下面通过一个例子说明 RTX 内核的具体实现过程。内容包括：实现目标、打开前面的工程、修改工程属性设置、修改启动代码、导入 RTX_Config. c 文件、修改 main. c 文件，以及软件调试和测试。

18.5.1 实现目标

在这个应用中执行两个任务，当第二个任务 task2 运行完之后，第一个任务 task1 必须连续重复 50ms。当第一个任务 task1 运行完后，第二个任务 task2 必须连续重复 20ms。下面给出实现这个目标的过程：

(1) 将两个任务的代码分别放到两个独立的函数 task1 和 task2 中。使用定义在 RTL. H 内的__task 关键字定义这两个函数，作为 RTX 的任务，如代码清单 18-1 所示。

代码清单 18-1　定义 task1 和 task2

```
__task void task1 (void) {
  .... 将任务 1 的代码放在此处....
}
__task void task2 (void) {
  .... 将任务 2 的代码放在此处....
}
```

(2) 当系统启动后，必须在运行任务之前启动 RTX 内核。通过在 C 主程序中调用 os_sys_init 函数实现启动 RTX 内核。将第一个任务的名字作为参数传递给 os_sys_init 函数。这样就保证当初始化完 RTX 内核后，开始执行任务，而不是在 main 函数中继续执行程序。

在该例中，首先启动 task1。因此，需要 task1 创建 task2。可通过使用 os_tsk_create 函数实现该目的，如代码清单 18-2 所示。

代码清单 18-2　启动并运行任务

```
__task void task1 (void) {
  os_tsk_create (task2, 0);
  .... 将任务 1 的代码放在此处 ....
}
__task void task2 (void) {
  .... 将任务 2 的代码放在此处....
}
void main (void) {
  os_sys_init (task1);
}
```

(3) 实现时序要求。由于两个任务都要求无限重复，因此在每个任务中的无限循环内放置代码。当 task1 完成后，将向 task2 发送信号，并且等待 task2 的完成。当 task2 开始再次执行前，必须等待 50ms。程序员可以使用 os_dly_wait 函数等待若干系统间隔周期。通过对 ARM 处理器的片上硬件定时器编程，RTX 内核启动一个系统定时器。默认系统间隔为 10ms，使用定时器 0(这是可配置的)。

通过使用 os_evt_wait_or 函数，使得 task1 等待 task2 的完成。通过 os_evt_set 函数，程序员可以给 task2 发送信号。在该例中，当它完成后，使用事件标志的比特 2(位置 3)通知其他任务。

当 task1 完成后，task2 必须启动 20ms。程序员可以在 task2 中使用相同的函数等待并发送信号给task1。

18.5.2 打开前面的工程

本节基于前面所设计的软件工程，实现包含RTX操作系统的软件设计工程，主要步骤包括：

注：在本章中使用的是Keil μVisionV5.14.0.0，并没有包含RTX内核，需要额外安装Legacy支持。在网址https://www.keil.com/mdk5/legacy中，找到并单击Version5.14，下载并安装Legacy支持。

(1) 在路径E:\cortex-m0_example下，新建一个名字为cortex_m0_rtx_example_0的子目录。

(2) 将路径E:\cortex-m0_example\cortex-m0_c_prog\software下的所有文件（包括文件夹）复制到路径E:\cortex-m0_example\cortex_m0_rtx_example_0下。

(3) 在路径E:\cortex-m0_example\cortex_m0_rtx_example_0中找到并双击top.uvprojx，自动打开该设计工程。

(4) 在Keil μVision5集成开发环境左侧的Project窗口中找到并删除retarget.c文件。

18.5.3 修改工程属性设置

本节修改工程属性设置参数，主要步骤包括：

1) 在Keil μVision集成开发环境左侧的Project窗口中找到并选择Target 1文件夹，右击，出现浮动菜单。在浮动菜单内，选择Options for Target 'Target 1'…。

2) 出现Options for Target 'Target 1'对话框界面。在该对话框界面中，按下面设置参数：

(1) 单击Target标签，如图18.1所示。在该标签窗口下，按如下设置参数：

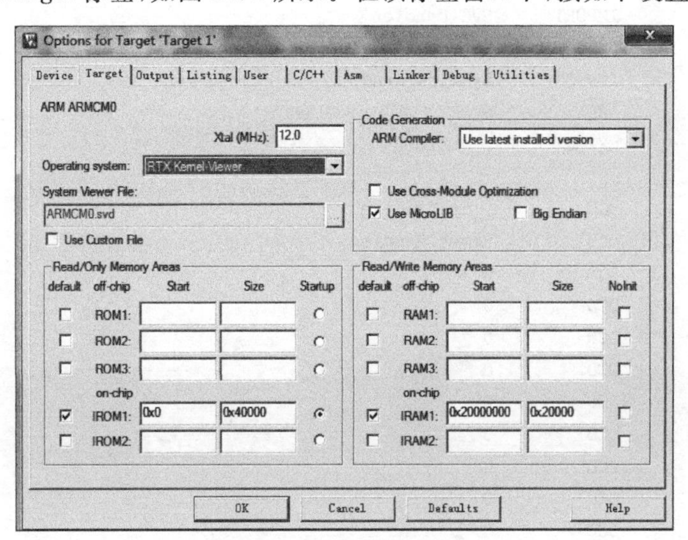

图18.1 Target标签界面

① 在 Operating system 右侧的下拉框中选择 RTX Kernel-Viewer。

② 选中 Use MicroLIB 前面的复选框。

(2) 单击 Liner 标签。在该标签窗口下，选中 Use Memory Layout from Target Dialog 前面的复选框。

3) 单击 OK 按钮。

18.5.4 修改启动代码

本节修改 cm0dsasm. s 文件，修改步骤如下：

(1) 在 Keil μVision5 集成开发环境左侧 Project 窗口中，找到并双击 cm0dsasm. s，打开该设计文件。

(2) 在该文件中添加异常处理向量，如代码清单 18-3 所示。

代码清单 18-3 cm0dsasm. s 文件

```
Stack_Size      EQU         0x00000400                          ;堆栈大小
                AREA        STACK, NOINIT, READWRITE, ALIGN = 4
Stack_Mem       SPACE       Stack_Size
__initial_sp

Heap_Size       EQU         0x00000400                          ;堆大小
                AREA        HEAP, NOINIT, READWRITE, ALIGN = 4
__heap_base
Heap_Mem        SPACE       Heap_Size
__heap_limit

; 在复位时,向量表映射到地址 0

                PRESERVE8
                THUMB
                IMPORT      SVC_Handler
                IMPORT      PendSV_Handler
                IMPORT      SysTick_Handler
                AREA        RESET, DATA, READONLY
                EXPORT      __Vectors

__Vectors       DCD         __initial_sp
                DCD         Reset_Handler
                DCD         0
                DCD         0
                DCD         0
                DCD         0
                DCD         0
                DCD         0
                DCD         0
                DCD         0
                DCD         0
                DCD         SVC_Handler                         ;SVC 异常向量
```

```
                DCD         0
                DCD         0
                DCD         PendSV_Handler                  ;PendSV异常向量
                DCD         SysTick_Handler                 ;SysTick异常向量

                ; 外部中断

                DCD         0
                DCD         0
                DCD         0
                DCD         0
                DCD         0
                DCD         0
                DCD         0
                DCD         0
                DCD         0
                DCD         0
                DCD         0
                DCD         0
                DCD         0
                DCD         0
                DCD         0
                DCD         0

                AREA |.text|, CODE, READONLY
;复位句柄
Reset_Handler  PROC
                GLOBAL      Reset_Handler
                ENTRY
                IMPORT      __main
                LDR         R0, = __main
                BX          R0                              ;分支到__main
                ENDP


                ALIGN       4
; 用户初始化堆栈
                IF          :DEF:__MICROLIB
                EXPORT      __initial_sp
                EXPORT      __heap_base
                EXPORT      __heap_limit
                ELSE
                IMPORT      __use_two_region_memory
                EXPORT      __user_initial_stackheap
__user_initial_stackheap

                LDR         R0, = Heap_Mem
                LDR         R1, = (Stack_Mem + Stack_Size)
                LDR         R2, = (Heap_Mem + Heap_Size)
                LDR         R3, = Stack_Mem
                BX          LR
```

```
            ALIGN

            ENDIF
    END
```

(3) 保存该设计文件。

18.5.5 导入 RTX_Config.c 文件

本节将 RTX_Config.c 文件导入到当前设计工程中，主要步骤包括：

(1) 在路径 C:\Keil_v5\ARM\RL\RTX\Config 下，找到并将 RTX_Conf_CM.c 复制到路径 E:\cortex-m0_example\cortex_m0_rtx_example_0 下。

(2) 将 RTX_Conf_CM.c 文件的名字重命名为 RTX_Config.c。

(3) 在 Keil μVision 集成开发环境左侧的 Project 窗口中，找到并选择 Source Group1 文件夹，右击，出现浮动菜单。在浮动菜单内，选择 Add Existing Files to Group 'Source Group1'…。

(4) 出现 Add Existing Files to Group 'Source Group1'对话框界面。在该对话框界面中，定位到路径 E:\cortex-m0_example\cortex_m0_rtx_example_0。在该路径下找到并选择 RTX_Config.c。

(5) 单击 Add 按钮。

(6) 单击 Close 按钮。

可以看到在 Project 窗口中，添加了 RTX_Config.c 文件。该文件为 Keil RTX Kernel 例程的配置文件，根据工程的不同要求，可能需要修改该文件，如代码清单 18-4 所示。

代码清单 18-4　RTX_Config.c 文件

```
/*-----------------------------------------------------------------------
 * RL-ARM - RTX
 *-----------------------------------------------------------------------
 * 名称: RTX_CONFIG.c
 * 目的: 用于配置 Cortex-M 的 RTX 内核
 * 版本.: V4.70
 *-----------------------------------------------------------------------
 * 本代码是 RealView 实时库的一部分。
 * 版权(c).2004-2014 KEIL——一个 ARM 公司。保留所有权利
 *---------------------------------------------------------------------*/

#include <RTL.h>

/*-------------------------------------------------------------------------
 * RTX 用户配置部分开始
 *-----------------------------------------------------------------------*/

//-------- <<<使用 Context 菜单中的配置向导>>> ----------------
```

```
//
// <h>任务配置
// =====================
//
//    <o>并发运行的任务个数<0～250>
//    <i>定义同时运行任务的最大个数
//    <i>默认: 6
#ifndef OS_TASKCNT
  #define OS_TASKCNT 6
#endif

// <o>包含用户提供堆栈任务的个数<0～250>
// <i>定义将要使用一个较大堆栈的任务的个数
// <i>用户提供的用于堆栈的存储器空间
// <i>默认: 0
#ifndef OS_PRIVCNT
  #define OS_PRIVCNT 0
#endif

// <o>任务堆栈大小[字节]<20～4096:8><#/4>
// <i>设置有系统所分配的用于任务的堆栈大小
// <i>默认: 512
#ifndef OS_STKSIZE
  #define OS_STKSIZE 128
#endif

// <q>检查堆栈溢出
// ===============================
// <i> 包含由于一个堆栈溢出的堆栈检查代码
// <i> 注意额外的代码降低了内核性能
#ifndef OS_STKCHECK
  #define OS_STKCHECK 1
#endif

// <q>运行在特权模式
// =========================
// <i>在特权模式下,运行所有任务
// <i>默认:非特权
#ifndef OS_RUNPRIV
  #define OS_RUNPRIV 0
#endif

// </h>
// <h>滴答定时器配置
// =============================
// <o>硬件定时器<0=>核 SysTick <1=>外设定时器
// <i>定义片上定时器用作 RTX 的时间基准
// <i>默认: 核 SysTick
#ifndef OS_TIMER
  #define OS_TIMER 0
#endif
```

```
//<o>定时器时钟值[Hz]<1～1000000000>
//<i>为所选的定时器设置定时器时钟值
//<i>默认：6000000(6MHz)
#ifndef OS_CLOCK
  #define OS_CLOCK      60000000
#endif

//<o>定时器滴答值[μs]<1～1000000>
//<i>为所选择的定时器设置定时器滴答值
//<i>默认：10000 (10ms)
#ifndef OS_TICK
  #define OS_TICK      10000
#endif

//</h>

//<h>系统配置
// =======================
//<e>轮询任务切换
// ==============================
//<i>使能轮询任务切换
#ifndef OS_ROBIN
  #define OS_ROBIN      1
#endif

//<o>轮询超时[ticks]<1～1000>
//<i>在切换任务之前,定义一个任务的执行时间长度值
//<i>默认：5
#ifndef OS_ROBINTOUT
  #define OS_ROBINTOUT     5
#endif

//</e>

//<o>用户定时器的个数<0～250>
//<i>定义在同一时刻所运行用户定时器的最大个数
//<i>默认：0 (禁止用户定时器)
#ifndef OS_TIMERCNT
  #define OS_TIMERCNT      0
#endif

//<o> ISR FIFO 队列大小<4 => 4 入口<8 => 8 入口
//                      <12 => 12 入口<16 => 16 入口
//                      <24 => 24 入口<32 => 32 入口
//                      <48 => 48 入口<64 => 64 入口
//                      <96 => 96 入口
//<i>当从中断句柄调用它们时,到该缓冲区的 ISR 函数保存请求
//<i>默认：16 入口
#ifndef OS_FIFOSZ
```

```
  #define OS_FIFOSZ     16
#endif

// </h>

//------------- <<<配置部分的结束>>> ----------------------

//标准库系统互斥
// ================================
// 定义用于保护 arm 标准库的系统互斥个数
// 对于 microlib,不使用它们
#ifndef OS_MUTEXCNT
  #define OS_MUTEXCNT     8
#endif

/*----------------------------------------------------------------
 * RTX 用户配置部分结束
 *---------------------------------------------------------------*/

#define OS_TRV          ((U32)(((double)OS_CLOCK * (double)OS_TICK)/1E6) - 1)

/*----------------------------------------------------------------
 * 全局函数
 *---------------------------------------------------------------- */

/*---------------------------- os_idle_demon ----------------------- */

__task void os_idle_demon (void) {
  /* 该函数为系统任务,当没有其他任务准备运行时运行该函数 */
  /* 不允许从该任务中调用'os_xxx' 函数 */

  for (;;) {
  /* 此处:当没有运行任务时,包含可选的用户代码 */
  }
}

/*---------------------------- os_tick_init ------------------------ */

#if (OS_TIMER != 0)
int os_tick_init (void) {
  /* 将硬件定时器初始化为系统滴答定时器 */
  /* ... */
  return (-1); /* 返回定时器的 IRQ 编号 (0~239) */
}
#endif

/*---------------------------- os_tick_irqack ---------------------- */

#if (OS_TIMER != 0)
void os_tick_irqack (void) {
  /* 响应定时器中断 */
```

```
  /* ... */
}
#endif

/* ---------------------------- os_tmr_call ---------------------------- */

void os_tmr_call (U16 info) {
  /* 当用户定时器时间到时,调用这个函数参数 */
  /* 'info'保存值,当创建定时器时定义它 */

  /* 此处包含在超时时将要执行的可选用户代码 */
}


/* ---------------------------- os_error ----------------------------*/

void os_error (U32 err_code) {
  /* 当检测到运行错误时,调用该函数参数 */
  /* 'err_code'保存运行错误编码(defined in RTL.H) */

  /* 此处包含在错误时将要执行的可选用户代码 */
  for (;;);
}


/* ------------------------------------------------------------------------
 * RTX 配置函数
 * ------------------------------------------------------------------------*/

#include <RTX_lib.c>

/* ------------------------------------------------------------------------
 * end of file
 * ------------------------------------------------------------------------*/
```

18.5.6 修改 main.c 文件

本节修改 cm0dsasm.s 文件,修改步骤如下：

(1) 在 Keil μVision 集成开发环境左侧 Project 窗口中,找到并双击 main.c,打开该设计文件。

(2) 在该文件中,按代码清单 18-5 所示修改设计代码。

代码清单 18-5　main.c 文件

```
/*包含用于 RTX 的头文件 rtl.h */
#include <rtl.h>

OS_TID id1, id2;                    //在运行时,id1, id2 将包含任务标识
__task void task1 (void);           //声明 task1
```

```
__task void task2 (void);            //声明 task2

unsinged char counter1;              //定义全局字符类型变量 counter1
unsigned char counter2;              //定义全局字符类型变量 counter2

__task void task1 (void)
{
  id1 = os_tsk_self();               //得到自己的系统任务识别号
  id2 = os_tsk_create (task2, 0);    //创建 task2,并且得到它的任务识别号
  while(1)
  {
    counter1++;                      //变量 counter1 递增
    os_evt_set(0x0004, id2);         //发送信号给 task2,表示完成 task1
    os_evt_wait_or(0x0004, 0xFFFF);        //等待完成 task2, 0xFFFF 使它等待没有超时,
                                           //0x0004 表示比特 2
    os_dly_wait(5);                  //在重新启动 task1 活动前,等待 50ms
  }
}

__task void task2 (void)
{
  while(1)
  {
    os_evt_wait_or(0x0004, 0xFFFF);        //等待 task1 完成,0xFFFF 使它等待没有超时,
                                           //0x0004 表示比特 2
    os_dly_wait(2);                  //在启动 task2 前,等待 20ms
    counter2++;                      //变量 counter2 递增
    os_evt_set(0x0004, id1);         //给 task1 发送信号,表示 task2 完成
  }
}

int main (void)
{
    os_sys_init(task1);              //启动 RTX 核,然后创建和执行 task1
  while(1);
}
```

(3) 保存该设计代码。

18.5.7 软件调试和测试

本节对该设计进行调试和测试,主要步骤包括:

(1) 在 Keil μVision 集成开发环境主界面主菜单下选择 Project→Rebuild all target files。

(2) 在 Keil μVision 集成开发环境主界面主菜单下选择 Debug→Start/Stop Debug Session,进入调试器界面。

(3) 在 Keil μVision 集成开发环境调试器界面工具栏内,单击 按钮,出现浮动菜单。在浮动菜单内选择 Logic Analyzer。

(4) 出现 Logic Analyzer 界面。在该界面中单击 Setup…按钮。

(5) 出现 Setup Logic Analyzer 界面。在该界面中单击按钮，添加 counter1 和 counter2 两个监控信号，如图 18.2 所示。

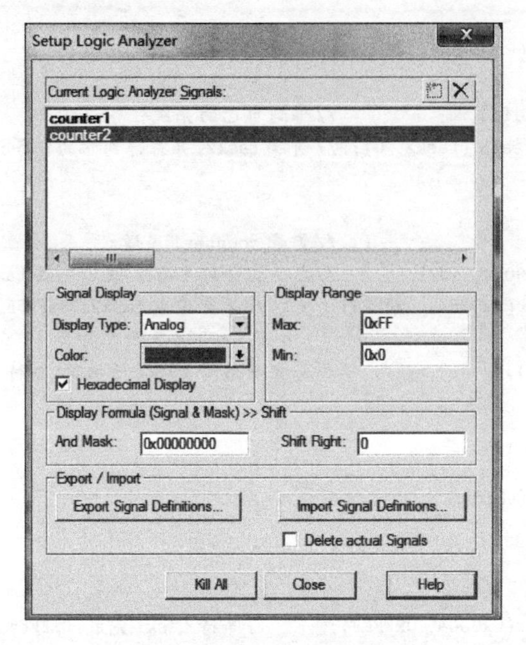

图 18.2　添加监控信号的界面

(6) 单击 Close 按钮，退出该对话框界面。

(7) 在 Keil μVision 集成开发环境调试器界面主菜单下，选择 Debug→OS Support→System and Thread Viewer，出现 System and Thread Viewer 标签界面。

(8) 在 Keil μVision 集成开发环境调试器界面主菜单下，选择 Debug→OS Support→Event Viewer，出现 Event Viewer 标签界面。

(9) 在 Keil μVision 集成开发环境调试器界面工具栏内，单击按钮，出现浮动菜单。在浮动菜单内，分别选择 Trace Data 和 Enable Trace Recording，出现 Trace Data 标签界面。

(10) 在 Keil μVision 集成开发环境调试器界面工具栏内，单击按钮，出现浮动菜单。在浮动菜单内选择 Watch 1，出现 Watch 1 窗口，如图 18.3 所示。在该窗口中，分别添加变量 counter1 和 counter2。

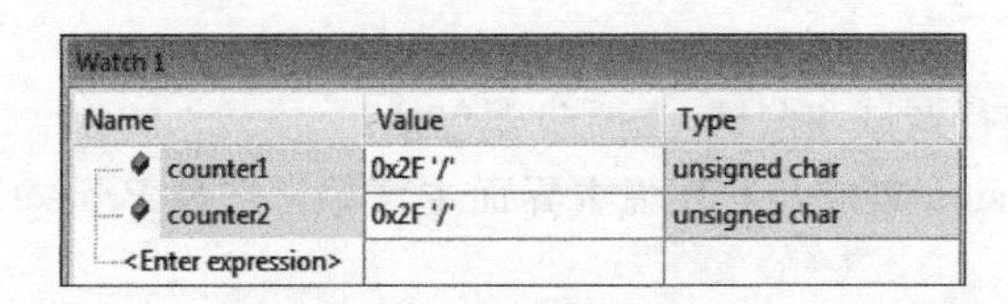

图 18.3　Watch 1 窗口界面

(11) 在 Keil μVision 集成开发环境调试器界面主菜单下，选择 Debug→Run，开始运行软件仿真过程。

(12) task1 和 task2 之间的任务切换如图 18.4 所示，图中为每个任务提供了优先级(Priority)、状态(State)、延迟(Delay)、事件值(Event Value)、事件屏蔽(Event Mask)和堆栈利用率(Stack Usage)等信息。

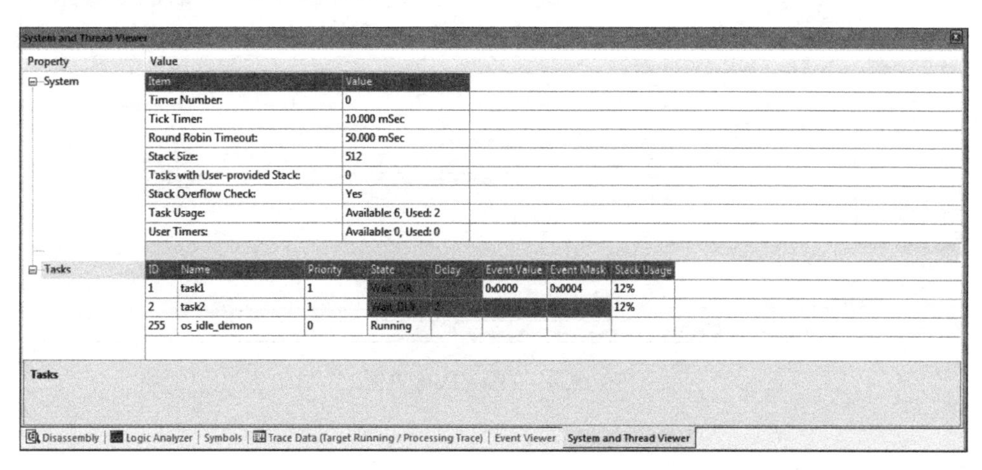

图 18.4　System and Thread Viewer 界面

思考与练习 18-8：仔细观察图 18.4，说明任务不同状态之间的切换过程。

(13) 变量 counter1 和 counter2 的变化过程反映在 Logic Analyzer 窗口中，如图 18.5 所示。

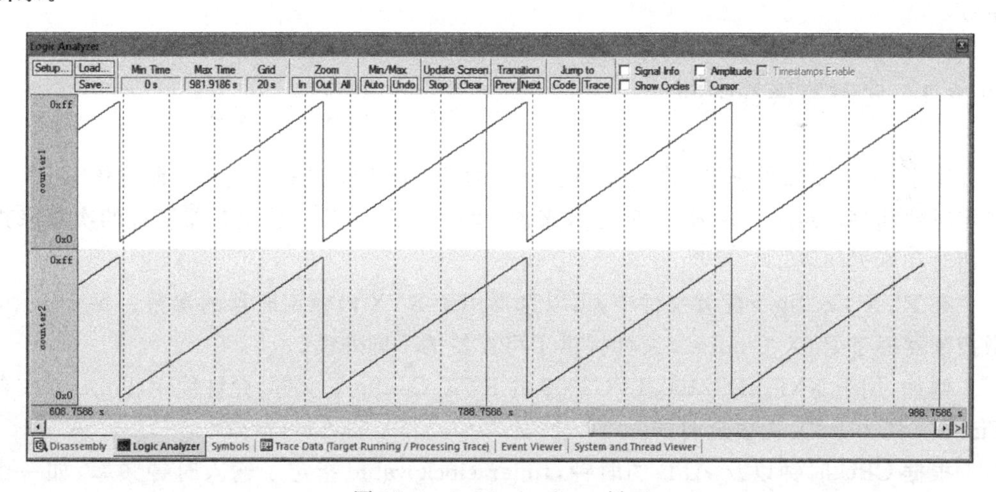

图 18.5　Logic Analyzer 界面

思考与练习 18-9：仔细观察图 18.5，说明 counter1 和 counter2 之间交替计数的过程和任务切换之间的关系。

(14) 程序执行过程中函数的调用情况，如图 18.6 所示。

思考与练习 18-10：仔细观察图 18.6，说明在程序运行的过程中，函数的调用过程与任务切换之间的关系。

思考与练习 18-11：观察 Watch 1 窗口内，两个变量 counter1 和 counter2 的变化情况。

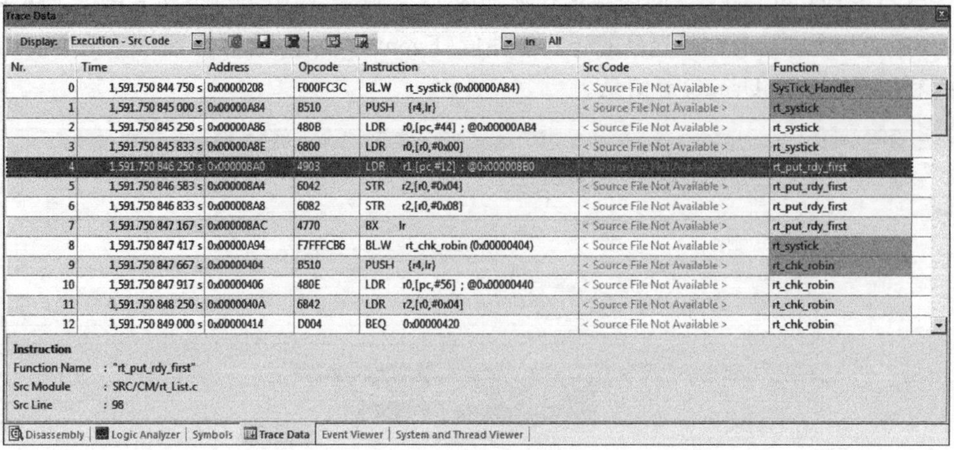

Trace Data

Display: Execution - Src Code　　in All

Nr.	Time	Address	Opcode	Instruction	Src Code	Function
0	1,591.750 844 750 s	0x00000208	F000FC3C	BL.W rt_systick (0x00000A84)	< Source File Not Available >	SysTick_Handler
1	1,591.750 845 000 s	0x00000A84	B510	PUSH {r4,lr}	< Source File Not Available >	rt_systick
2	1,591.750 845 250 s	0x00000A86	480B	LDR r0,[pc,#44] ; @0x00000AB4	< Source File Not Available >	rt_systick
3	1,591.750 845 833 s	0x00000A8E	6800	LDR r0,[r0,#0x00]	< Source File Not Available >	rt_systick
4	1,591.750 846 250 s	0x000008A0	4903	LDR r1,[pc,#12] ; @0x000008B0	< Source File Not Available >	rt_put_rdy_first
5	1,591.750 846 583 s	0x000008A4	6042	STR r2,[r0,#0x04]	< Source File Not Available >	rt_put_rdy_first
6	1,591.750 846 833 s	0x000008A8	6082	STR r2,[r0,#0x08]	< Source File Not Available >	rt_put_rdy_first
7	1,591.750 847 167 s	0x000008AC	4770	BX lr	< Source File Not Available >	rt_put_rdy_first
8	1,591.750 847 417 s	0x00000A94	F7FFFCB6	BL.W rt_chk_robin (0x00000404)	< Source File Not Available >	rt_systick
9	1,591.750 847 667 s	0x00000404	B510	PUSH {r4,lr}	< Source File Not Available >	rt_chk_robin
10	1,591.750 847 917 s	0x00000406	480E	LDR r0,[pc,#56] ; @0x00000440	< Source File Not Available >	rt_chk_robin
11	1,591.750 848 250 s	0x0000040A	6842	LDR r2,[r0,#0x04]	< Source File Not Available >	rt_chk_robin
12	1,591.750 849 000 s	0x00000414	D004	BEQ 0x00000420	< Source File Not Available >	rt_chk_robin

Instruction
Function Name : "rt_put_rdy_first"
Src Module : SRC/CM/rt_List.c
Src Line : 98

Disassembly | Logic Analyzer | Symbols | Trace Data | Event Viewer | System and Thread Viewer

图 18.6　Trace Data 界面

18.6　RTX 内核功能

本节详细介绍 RTX 内核所实现的功能，包括定时器滴答中断、系统任务管理器、任务管理、空闲任务、系统资源、任务调度策略、优先级倒置、堆栈管理、用户定时器和中断函数。

18.6.1　定时器滴答中断

用于 Cortex-M 的 RTX 内核使用了公共的 SysTick 定时器。这个中断称为 RTX 内核定时器滴答。对于一些 RTX 库函数来说，程序员以 RTX 内核定时器滴答的次数来指定超时和延迟间隔。

在 RTX_Config.c 配置文件中，可以选择用于 RTX 内核定时器的参数。每个 ARM 微控制器通过 RTX_Config.c 文件提供了可支持的不同外设。

例如，用于 NXP LPC2100/LPC2200 的 RTX_Config.c 文件，允许使用 Timer 0 或者 Timer 1 作为 RTX 内核定时器。

根据 CPU 时钟以及 APB 的时钟，timer clock value 指定了输入时钟频率，如一个 MCU 的 CPU 时钟频率为 60MHz，对 CPU 四分频，则外设时钟为 15MHz。因此，将值设置为 15000000。

time tick value 指定了 RTX 周期中断的间隔。10000μs 配置定时器滴答周期为 0.01s。

18.6.2　系统任务管理器

任务管理器是一个系统任务，在每个定时器滴答中断的时候执行。在 RTX 中，系统任务管理器被分配为最高优先级，不能被强占。本质上，该任务用于用户任务之间的切换。

RTX 的任务并不是真正的同时执行，它们按照时间片运行。可用的 CPU 时间被分割成时间片，RTX 内核为每个任务分配时间片。由于时间片非常短，默认 10ms，因此看上去任务是同时执行的。

任务执行它们的时间片间隔，除非任务的时间片通过明确调用 os_tsk_pass 或者 wait 库函数放弃。然后，RTX 内核切换到下一个准备运行的任务。在 RTX_Config. c 配置文件中，程序员可以设置时间片的间隔。

任务管理器是一个系统滴答定时器任务，它可以管理所有其他任务。它处理任务的延迟超时，将等待任务进入休眠。当发生所要求的事件时，它将等待的任务重新进入准备状态，这就是滴答定时器任务必须有最高优先级的原因。

不但当发生定时器滴答中断时运行任务管理器，而且当一个中断调用一个 isr_函数时也运行任务管理器。这是因为中断不会使当前的任务等待，因此中断不能执行任务切换。然而，中断可以为较高优先级的任务产生所等待的事件、信号量或者邮箱消息(使用一个 isr_库函数)。较高优先级的任务必须强占当前的任务，但是也可以在完成中断函数后这样做。因此，中断强迫产生定时器滴答中断。强制的滴答定时器中断启动任务管理器(时钟任务)调度器，任务调度器处理所有的任务，然后将最高优先级的任务设置为运行状态。这样，可以继续执行最高优先级任务。

注：(1) 滴答定时器任务是一个 RTX 系统任务，它由系统创建。

(2) 用于 Cortex-M 的 RTX 库使用 Cortex-M 器件扩展的 RTOS 特性。所有的 RTX 系统函数运行在 svc 模式。

思考与练习 18-12：说明在 RTX 操作系统中，任务管理器的作用。

18.6.3 任务管理

当运行 RTX 时，每个 RTX 任务都有一个确定的状态，如表 18.6 所示。

表 18.6 任务管理

状　态	描　　述
RUNNING	当前任务处于 RUNNING 状态。在这个状态下，在一个时刻只有一个任务。函数 os_tsk_self()返回当前运行的任务 ID(TID)
READY	准备运行的任务处于 READY 状态。一旦处理完正在运行的任务，RTX 选择下一个具有最高优先级的准备任务，并且运行它
WAIT_DLY	正在等待到达延迟时间的任务处于 WAIT_DLY 状态。一旦到达了延迟时间，将任务切换到 READY 状态。函数 os_dly_wait()用于将任务设置为 WAIT_DLY 状态
WAIT_ITV	正在等待到达一个间隔的任务处于 WAIT_ITV 状态。函数 The os_itv_wait()用于将任务设置为 WAIT_IVL 状态
WAIT_OR	正在等待至少一个事件标志的任务处于 WAIT_OR 状态。当发生事件时，将任务切换到 READY 状态。函数 os_evt_wait_or()用于将任务设置为 WAIT_OR 状态
WAIT_AND	正在等待所有设置事件发生的任务处于 WAIT_AND 状态。当设置所有事件标志时，将任务切换到 READY 状态。函数 os_evt_wait_and()用于将任务设置为 WAIT_AND 状态

续表

状　态	描　述
WAIT_SEM	正在等待一个信号量的任务处于 WAIT_SEM 状态。当从信号量得到令牌时，将任务切换到 READY 状态。函数 os_sem_wait()将任务设置为 WAIT_SEM 状态
WAIT_MUT	正在等待一个自由互斥的任务处于 WAIT_MUT 状态。当释放一个互斥并且任务获得互斥时，将任务切换到 READY 状态。函数 os_mut_wait()用于将任务设置为 WAIT_MUT 状态
WAIT_MBX	正在等待邮箱消息的任务处于 WAIT_MBX 状态。一旦消息到达时，将任务切换到 READY 状态。函数 os_mbx_wait()用于将任务设置为 WAIT_MBX 状态。当邮箱满时，任务等待发送消息，此时它也进入 WAIT_MBX 状态。当从邮箱读出消息时，将任务切换到 READY 状态。在这种情况下，os_mbx_send()函数用于将任务设置为 WAIT_MBX 状态
INACTIVE	没有被启动过的任务或者没有删除的任务处于 INACTIVE 状态。函数 os_tsk_delete()将已经被启动过的且使用 os_tsk_create()创建的任务设置为 INACTIVE 状态

思考与练习 18-13：说明在 RTX 操作系统中一个任务可能具有的状态，以及这些状态的具体含义。

18.6.4 空闲任务

当没有准备运行任务时，RTX 内核执行空闲任务 os_idle_demon，其本质是一个简单的无限循环。例如：

```
for (;;);
```

ARM 器件提供一个空闲模式，通过停止程序的执行(直到发生中断为止)来降低功耗。在该模式下，所有的外设包括中断系统仍然继续工作。

os_idle_demon 是一个由系统创建的 RTX 内核系统任务。当没有其他任务准备执行时，RTX 内核指示空闲模式。当 RTX 内核定时器滴答中断或者发生其他中断时，继续运行程序。

程序员可以在 RTX_Config.c 文件的 os_idle_demon 函数内添加定制的代码。

注：如果使用 JTAG 接口用于调试，则不适用空闲模式。当空闲时，一些 ARM 器件可能停止与 JTAG 接口的通信。

18.6.5 系统资源

RTX 内核任务由它们的任务控制块(Task Control Block，TCB)标识。它是一个动态分配的存储器块，在该位置分配了所有的控制和状态变量。当使用 os_tsk_create 或者 os_tsk_create_user 函数调用创建任务时，在运行时分配 TCB，如图 18.7 所示。

在 RTX_Config.c 配置文件中，定义了 TCB 存储器池的大小，它取决于同时运行任务的个数。RTX 内核也分配任务自己的堆栈。当分配 TCB 后，在运行时分配堆栈。指向堆栈存储器块的指针被写到 TCB 中，如图 18.8 所示。

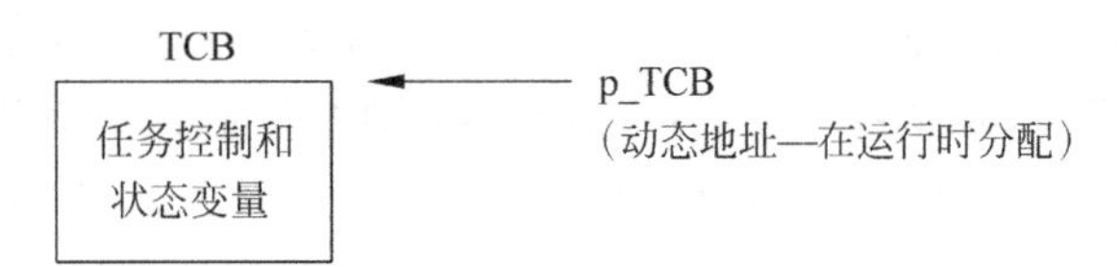

图 18.7　TCB 的动态分配(1)

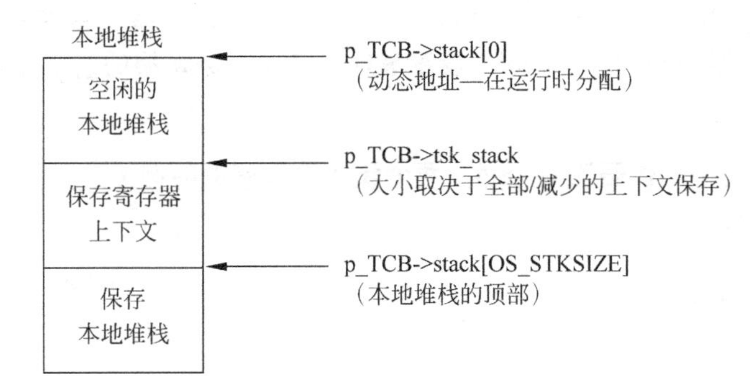

图 18.8　TCB 的动态分配(2)

思考与练习 18-14：说明在 RTX 操作系统中标识任务的方法。

18.6.6　任务调度策略

本节详细介绍任务调度策略，包括抢占调度、轮询调度和协同调度。

1. 抢占调度

RTX 是一个抢占多任务操作系统。如果一个任务的优先级高于当前运行的任务时，该任务处于准备状态，RTX 暂停当前运行的任务。

当下面情况发生时，切换抢占任务：

(1) 当系统滴答定时器中断时，执行任务调度器。任务调度器处理延迟任务。如果高优先级任务的延迟到达时，则高优先级任务代替当前运行的任务。

(2) 通过当前的任务或者一个 ISR 为一个高优先级事件设置事件，则暂停当前运行的任务时，则开始运行高优先级任务。

(3) 一个令牌返回到一个信号量，并且一个较高优先级的任务正在等待信号量令牌，则暂停当前运行的任务，开始运行高优先级任务。通过当前运行的任务或者一个 ISR 返回令牌。

(4) 释放互斥，并且一个较高优先级的任务正在等待互斥，则暂停当前运行的任务，开始运行高优先级任务。

(5) 一个消息进入邮箱，并且一个较高优先级的任务正在等待邮箱消息，则暂停当前运行的任务，开始运行高优先级任务。通过当前运行的任务或者一个 ISR，将消息输入到邮箱。

(6) 当邮箱满，并且一个高优先级的任务正在等待一个消息进入邮箱，一旦当前运行的任务或者ISR从邮箱取出消息时，开始运行高优先级任务。

(7) 当降低当前运行任务的优先级时，如果其他任务准备运行，并且比新优先级当前运行的任务优先级高时，则暂停当前运行的任务，继续执行高优先级任务。

下面的例子给出一个任务的切换机制。任务job1比任务job2的优先级高。当启动job1时，它创建任务job2，然后进入os_evt_wait_or函数。在该点，RTX内核停止job1，开始启动job2。一旦job2为job1设置一个事件标志，RTX内核停止job2并且继续job1。然后任务job1递增cnt1，调用os_evt_wait_or函数，然后再次停止。内核继续job2，它递增计数器cnt2，并且为job1设置事件标志。任务切换的过程无限持续，如代码清单18-6所示。

代码清单18-6　两个任务抢占调度的例子

```
#include <rtl.h>

OS_TID tsk1,tsk2;
int    cnt1,cnt2;

__task void job1 (void);
__task void job2 (void);

__task void job1 (void) {
  os_tsk_prio (2);
  tsk1 = os_tsk_self ();
  os_tsk_create (job2, 1);
  while (1) {
    os_evt_wait_or (0x0001, 0xffff);
    cnt1++;
  }
}

__task void job2 (void) {
  while (1) {
    os_evt_set (0x0001, tsk1);
    cnt2++;
  }
}

void main (void) {
  os_sys_init (job1);
  while (1);
}
```

2. 轮询调度

RTX可以配置为轮询多任务(或者任务切换)。轮询允许准并行执行多个任务。任务并不是真正的同时执行，而是按照时间片(可用的CPU时间被分成时间片，RTX为每个任务分配时间片)执行。由于时间片很短(只有几ms)，因此看上去好像任务是同时执行的。

任务执行它们的时间片间隔(除非放弃时间片),然后 RTX 切换到下一个任务,准备运行,并且具有相同优先级。如果没有相同优先级的其他任务准备运行,则继续运行当前任务。在 RTX_config.c 配置文件中,定义了时间片长度。

下面的例子说明使用轮询多任务调度。程序中的两个任务是循环计数器。RTX 启动执行任务 1,它的函数名为 job1,该函数创建其他任务称为 job2。当 job1 执行完它的时间片后,RTX 切换到 job2。当 job2 执行完它的时间片后,RTX 切换回 job1。以上过程无限重复,如代码清单 18-7 所示。

代码清单 18-7　两个任务轮询调度的例子

```
#include <rtl.h>

int counter1;
int counter2;

__task void job1 (void);
__task void job2 (void);

__task void job1 (void) {
  os_tsk_create (job2, 0);          /* 创建 job2,并且标记为准备 */
  while (1) {                       /* 无限循环 */
    counter1++;                     /* 更新计数器 */
  }
}

__task void job2 (void) {
  while (1) {                       /* 无限循环 */
    counter2++;                     /* 更新计数器 */
  }
}

void main (void) {
  os_sys_init (job1);               /* 初始化 RTX 内核并且启动 job1 */
  for (;;);
}
```

3. 协同调度

如果禁止了轮询多任务,程序员必须设计和实现自己的任务,这样它们能够协同工作。明确地,程序员必须调用系统等待函数,如 os_dly_wait()或者 os_tsk_pass()。这些函数给 RTX 发信号,用于切换到其他任务。

下面的例子说明使用协同多任务。RTX 内核开始执行 job1,该函数创建 job2。当 counter1 递增 1 后,内核切换到 job2。当 counter2 递增 1 后,内核切换回 job1。以上过程无限重复,如代码清单 18-8 所示。

代码清单 18-8　两个任务协同调度的例子

```
#include <rtl.h>

int counter1;
int counter2;

__task void task1 (void);
__task void task2 (void);

__task void task1 (void) {
  os_tsk_create (task2, 0);            /* 创建 job2,并且标记为准备 */
  for (;;) {                           /* 永远循环 */
    counter1++;                        /* 更新计数器 */
    os_tsk_pass ();                    /* 切换到 job2 */
  }
}

__task void task2 (void) {
  for (;;) {                           /* 永远循环 */
    counter2++;                        /* 更新计数器 */
    os_tsk_pass ();                    /* 切换到 job1 */
  }
}

void main (void) {
  os_sys_init(task1);                  /* 初始化 RTX 内核,并且启动 job1 */
  for (;;);
}
```

系统等待函数与 os_tsk_pass 的不同之处在于,系统等待函数允许任务等待一个事件,而 os_tsk_pass 立即切换到其他准备任务。

注：如果下一个任务的优先级比当前任务的优先级低,则调用 os_tsk_pass 不会引起任务切换。

思考与练习 18-15：说明在 RTX 操作系统中所提供的任务调度策略,以及实现这些任务调度策略的方法。

18.6.7　优先级倒置

RTX 实时操作系统利用了基于优先级的抢先调度器。RTX 调度器为每个任务分配一个唯一的优先级。调度器确保准备运行的任务中,总是运行优先级最高的任务。

由于任务共享资源,来自外部调度器控制外部的事件可以阻止准备运行的最高优先级任务。如果发生这种情况,就会失去最苛刻的底线,引起系统的失败。优先级倒置是一个脚本术语,它是指最高优先级准备好的任务运行失败。

1. 资源共享

准备进行资源共享的任务需要通信以及处理数据。任何时候,两个或者多个任务共享一个资源，如存储器缓冲区或者一个串口时，通常，它们中的一个有较高的优先级。当准备好时，较高优先级的任务希望立即运行。然而，如果此时低优先级的任务正在使用它们共享的资源，较高优先级任务必须等待低优先级任务完成对共享资源的使用。

2. 优先级继承

为了防止优先级倒置。RTX实时操作系统采用优先级继承的方法。较低优先级任务继承那些由于共享资源而挂起的较高优先级任务的优先级。在短时间内，较低优先级任务运行在挂起的较高优先级任务的优先级上。一旦高优先级任务被挂起，低优先级的任务就运行在挂起任务的优先级上。当较低优先级的任务停止使用共享资源时，将其优先级返回到正常。

注：RTX互斥对象(互斥锁对象)使用了优先级继承。

18.6.8 堆栈管理

RTX内核的堆栈管理用于优化存储器的使用。RTX内核系统需要为当前处于RUNNING状态的任务分配一个堆栈空间。

本地堆栈用于保存参数、自动变量和函数返回地址。基于ARM器件，这个堆栈可以是任何地方。然而，由于性能的原因，最好使用片上RAM作为本地堆栈。当发生一个任务切换时：

(1) 将当前正在运行任务的上下文保存在当前任务的本地堆栈中。

(2) 堆栈切换到下一个任务的本地堆栈。

(3) 恢复新任务的上下文。

(4) 开始运行新任务。

本地堆栈也保存正在等待或者准备任务的任务上下文，如图18.9所示。

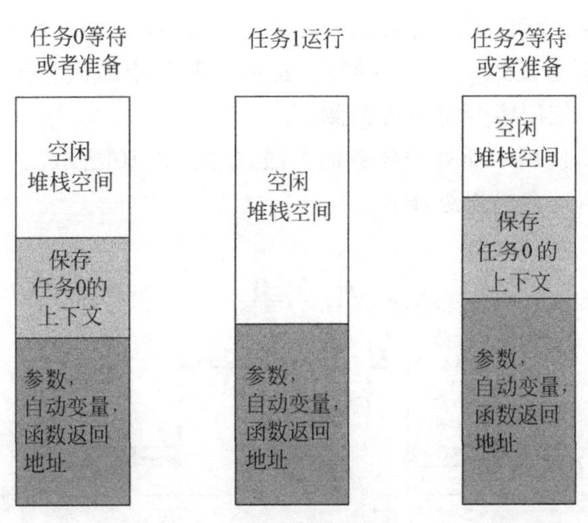

图18.9 本地堆栈

其他堆栈空间的配置在ARM startup文件中完成。所有任务运行在用户模式，任务调度器在任务之间切换用户/系统模式堆栈。由于这个原因，使用默认用户/系统模式堆栈(在 startup 文件中定义),直到创建并启动第一个任务为止。默认,堆栈对存储空间的要求很小,在 startup 文件中将用户/系统堆栈设置为 64 字节,

思考与练习 18-16：说明在 RTX 操作系统中管理堆栈的方法。

18.6.9 用户定时器

用户定时器是一个简单的定时器块,它在每个系统定时器滴答时,向下计数。用户定时器作为单发定时器实现。这就意味着程序员不能暂停和启动这些定时器。然而,程序员可以在运行时,动态创建和杀死用户定时器。如果在定时器超时前,没有杀死用户定时器,RTX 内核调用用户提供的回调函数 os_tmr_call(),然后在定时器超时前删除该定时器。

当由 os_tmr_create()函数创建定时器时,定义超时值。

RTX 内核调用包含参数信息的回调函数。当创建用户定时器时,用户提供这个参数。RTX 内核在定时器控制块中保存参数。当定时器超时时,将 os_tmr_call()函数内的参数重新传给用户。如果用户在超时前杀死用户定时器,则 RTX 不会调用回调函数。

程序员可以在 RTX_Config. c 配置文件中定制回调函数 os_tmr_call()。

注：(1) 回调函数 os_tmr_call 由系统任务调度器调用。推荐定制的 os_tmr_call()函数规模尽可能地小且执行速度尽可能快,这是因为回调函数会阻塞 RTX 任务调度器,阻塞的时间长度由执行回调函数的时间确定。

(2) 函数 os_tmr_call 的行为与标准的中断函数一致。它允许调用 isr_函数来设置一个事件,发生一个信号量,或者发送消息。程序员不能从 os_tmr_call()调用 os_库函数。

18.6.10 中断函数

RTX 可以与中断函数并行工作,然而最好避免 IRQ 嵌套。好的编程技巧使用短的中断函数给 RTOS 任务发送信号或者消息,这可以避免中断嵌套带来的公共问题,这是因为用户模式堆栈的使用将变得不可预测。

在 RTX 内核中,使用中断处理任务的方法,如图 18.10 所示。一个 IRQ 函数可以发送信号或者消息来启动高优先级任务。

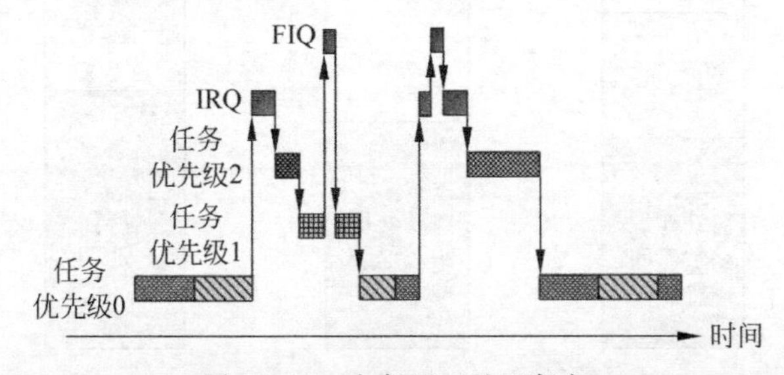

图 18.10 中断用于处理任务

与其他非 RTX 工程一样,将中断函数添加到一个 ARM 应用中。

注：(1) RTX 内核从不会禁止 FIQ 中断。

(2) 不能从 FIQ 中断函数中调用 isr_库函数。

下面的例子说明如何在 RTX 内核中使用中断。中断函数 ext0_int 给 process_task 发送一个事件，然后退出。任务 process_task 处理外部中断事件。在该例子中，采样 process_task 只对中断事件的次数进行计数，如代码清单 18-9 所示。

代码清单 18-9　在 RTX 内核中使用 ISR

```
#define EVT_KEY 0x0001

OS_TID pr_task;
int num_ints;

/* ------------------------------------------------------------------
 * 外部中断 0 中断服务程序
 * ------------------------------------------------------------------ */
void ext0_int (void) __irq {
  isr_evt_set (EVT_KEY, pr_task);        /* 给'process_task'发送事件 */
  EXTINT = 0x01;                         /* 响应中断 */
  VICVectAddr = 0;
}

/* ------------------------------------------------------------------
 * 'process_task'任务
 * ------------------------------------------------------------------ */
__task void process_task (void) {
  num_ints = 0;
  while (1) {
    os_evt_wait_or (EVT_KEY, 0xffff);
    num_ints++;
  }
}

/* ------------------------------------------------------------------
 * 任务'init_task'
 * ------------------------------------------------------------------ */
__task void init_task (void) {
  PINSEL1 &= ~0x00000003;                /* 使能 EINT0 */
  PINSEL1 |= 0x00000001;
  EXTMODE = 0x03;                        /* 边沿触发低->高跳变 */
  EXTPOLAR = 0x03;

  pr_task = os_tsk_create (process_task, 100);

  VICVectAddr14 = (U32)eint0_int;        /* 启动任务,使能中断 */
  VICVectCntl14 = 0x20 | 14;

  os_tsk_delete_self ();                 /* 终止任务 */
}
```

思考与练习 18-17：说明在 RTX 操作系统中中断函数的运行机制。